中国地震年鉴

CHINA EARTHQUAKE YEARBOOK

2021

地震出版社

图书在版编目（CIP）数据

中国地震年鉴. 2021 /《中国地震年鉴》编辑部编. —北京：地震出版社，2022.12
ISBN 978-7-5028-5510-9

Ⅰ. ①中… Ⅱ. ①中… Ⅲ. ①地震–中国–2021–年鉴 Ⅳ. ①P316.2-54

中国版本图书馆 CIP 数据核字（2022）第 218914 号

地震版　XM5372/P（6334）

中国地震年鉴（2021）
《中国地震年鉴》编辑部　编

责任编辑：王亚明　郭贵娟　刘素剑
责任校对：凌　樱

出版发行：地震出版社
　　　　　北京市海淀区民族大学南路 9 号　　邮编：100081
　　　　　发行部：68423031　68467993　　传真：68467991
　　　　　总编办：68462709　68423029
　　　　　编辑室：68467982
　　　　　http://seismologicalpress.com
　　　　　E-mail：dz_press@163.com

经销：全国各地新华书店
印刷：北京广达印刷有限公司

版（印）次：2022 年 12 月第一版　2022 年 12 月第一次印刷
开本：787×1092　1/16
字数：888 千字
印张：36.5
书号：ISBN 978-7-5028-5510-9
定价：198.00 元

版权所有　翻印必究
（图书出现印装问题，本社负责调换）

《中国地震年鉴》编辑委员会

主　编：闵宜仁
委　员：方韶东　韩志强　陈华静　王春华　马宏生
　　　　高亦飞　黄　蓓　朱芳芳　周伟新　徐　勇
　　　　米宏亮　兰从欣　牟艳珠　张　宏

《中国地震年鉴》编辑部

主　任：王春华　韩志强　张　宏
成　员：刘　强　彭汉书　刘小群　高光良　齐　诚
　　　　崔文跃　杨　鹏　陈俞含　李明霞　丁昌丽
　　　　李佩泽　连尉平　董　青　李玉梅　李巧萍
编　辑：董　青　李玉梅

2021年1月8日，2021年全国地震局长会议在北京召开。中国地震局党组书记、局长闵宜仁作工作报告

（中国地震局办公室　提供）

2021年6月9日，中国地震局党组书记、局长闵宜仁（左一）带领中国地震局党组理论学习中心组在香山革命纪念馆重温入党誓词

（中国地震局办公室　提供）

2021年6月21日,中国地震局党组书记、局长闵宜仁(右二)带领中国地震局党组同志参观"致敬百年路 开启防震减灾事业现代化新征程——庆祝中国共产党成立100周年"主题展览

(中国地震局办公室 提供)

2021年9月28日,党史学习教育中央第二十三指导组组长姜洋(中)一行到中国地震台网中心调研指导"我为群众办实事"实践活动推进落实情况。中国地震局党组书记、局长闵宜仁出席调研活动

(中国地震台网中心 提供)

2021年7月28日,第二届全国防震减灾科普大会在唐山召开。中国地震局党组书记、局长闵宜仁(右五),河北省委副书记、省长许勤(左五)出席大会开幕式并致辞,科学技术部党组成员陆明(左四),中国科学技术协会副主席、书记处书记孟庆海(右四)出席大会开幕式

(中国地震局公共服务司(法规司) 提供)

2021年6月10日,中国地震局党组成员、副局长阴朝民(左二)与华为技术有限公司副总裁、数字政府业务部总裁杨瑞凯(右二)代表双方签署《中国地震局 华为技术有限公司战略合作协议》

(中国地震局办公室 提供)

2021年5月22日,中国地震局党组成员、副局长阴朝民(左五)在云南漾濞6.4级地震灾区查看灾情

(中国地震局办公室 提供)

2021年4月2日,中国地震局党组成员、副局长王昆(左二)出席中国地震局机关青年理论学习小组座谈会

(中国地震局办公室 提供)

2021年4月9日,中国地震局党组成员、副局长王昆(右三)率国务院抗震救灾指挥部办公室工作组到云南督导检查

(云南省地震局 提供)

2021年6月3日,中国地震局党组成员、副局长倪岳伟(左二)赴中国地震局第一监测中心调研地震计量工作

(中国地震局第一监测中心 提供)

2021年9月16日,中国地震局党组成员、副局长倪岳伟(左二)带队赴四川泸县6.0级地震现场指导抗震救灾工作

(四川省地震局 提供)

2021年9月17日,中国地震局党组成员、副局长陈小军(左四)赴湖北省地震局调研防震减灾工作

(湖北省地震局 提供)

2021年12月10日,中国地震局党组成员、副局长陈小军(右三)赴中国地震局发展研究中心调研融媒体建设情况

(中国地震局发展研究中心 提供)

2021年6月2日,北京市人民政府召开防震抗震工作领导小组电视电话会议

(北京市地震局 提供)

2021年9月10日,天津市地震局、中国广电天津网络有限公司在2021第九届天津融媒体粉丝狂欢节上共同举办地震预警电视发布试运行启动仪式

(天津市地震局　提供)

2021年6月15日,内蒙古自治区地震局举办"守护北疆安全"2021年内蒙古自治区抗震救灾演习

(内蒙古自治区地震局　提供)

2021年5月12日,中国地震局火山研究所与吉林大学组织召开学习弘扬抗震救灾精神研讨会

(吉林省地震局　提供)

2021年11月25日,黑龙江省人民政府召开地震易发区房屋设施加固工程推进会

(黑龙江省地震局　提供)

2021年11月24日,上海市地震局与同济大学签署合作框架协议

(上海市地震局 提供)

2021年5月12日,浙江省地震局选派选手取得"第五届全国防震减灾科普讲解大赛"总决赛一等奖1名、二等奖1名、三等奖2名的成绩

(浙江省地震局 提供)

2021年5月10日,安徽省地震局为国家防震减灾科普示范学校太和县解放路小学授牌

(安徽省地震局 提供)

2021年6月7日,福建省人民政府召开福建省人民政府抗震救灾指挥部暨防震减灾联席会议

(福建省地震局 提供)

2021年8月27日,江西省人民政府新闻办公室、江西省地震局联合召开《江西省"十四五"防震减灾规划》印发实施新闻发布会

(江西省地震局　提供)

2021年9月6日,广东省人民政府新闻办公室、广东省地震局联合召开《广东省地震预警管理办法》实施新闻发布会

(广东省地震局　提供)

2021年8月25日,广西壮族自治区主席蓝天立(中)赴广西壮族自治区地震局调研

(广西壮族自治区地震局　提供)

2021年6月16日,陕西省人民政府召开2021年省防震减灾工作联席会议

(陕西省地震局　提供)

2021年4月29日,甘肃省人民政府召开甘肃省抗震救灾指挥部、甘肃省防震减灾工作领导小组全体(扩大)会议

(甘肃省地震局　提供)

2021年4月7日,宁夏回族自治区防震减灾科普讲解大赛在宁夏银川举行

(宁夏回族自治区地震局　提供)

2021年9月15日,第十届天山地震国际学术研讨会在乌鲁木齐召开

(新疆维吾尔自治区地震局 提供)

2021年9月25—27日,中国地震学会第十七次学术大会暨中国地震科学实验场第三届学术年会在广西桂林召开

(中国地震局地球物理研究所 提供)

2021年7月28日,中国地震局地质研究所召开第八届《地震地质》期刊编辑委员会议

(中国地震局地质研究所 提供)

2021年5月17日,中国地震局地球物理勘探中心科研人员在洪泽湖水域开展地震背景噪声观测及成像技术研究

(中国地震局地球物理勘探中心 提供)

目 录

专 载

中国地震局党组书记、局长闵宜仁在2021年全国地震局长会议上的讲话（摘要） ……………………………………………………………………………………………（ 3 ）

中国地震局党组书记、局长闵宜仁在全国地震监测中心站站长工作会议上的讲话（摘要） ……………………………………………………………………………（ 17 ）

中国地震局党组成员、副局长阴朝民在国家地震烈度速报与预警工程项目实施推进会上的讲话（摘要） ……………………………………………………………（ 21 ）

中国地震局党组成员、副局长王昆在听取联系单位全面从严治党和基层党支部联系点党建工作汇报会上的讲话（摘要） …………………………………………（ 25 ）

中国地震局党组成员、副局长倪岳伟在中国地震局2021年规划财务工作会议上的讲话（摘要） ………………………………………………………………………（ 27 ）

中国地震局党组成员、副局长陈小军在防震减灾融媒体建设工作会议上的讲话（摘要） …………………………………………………………………………………（ 32 ）

2021年发布《地震信息化标准体系表》等5项地震行业标准 ………………………（ 36 ）

中国地震局　中国科协关于印发《"十四五"防震减灾科普规划》的通知 ………（ 38 ）

"十四五"防震减灾科普规划 …………………………………………………………（ 38 ）

浙江省第十三届人民代表大会常务委员会公告（第49号） ………………………（ 45 ）

浙江省防震减灾条例 ……………………………………………………………………（ 45 ）

江西省第十三届人民代表大会常务委员会公告（第104号） ………………………（ 51 ）

江西省防震减灾条例 ……………………………………………………………………（ 51 ）

江苏省人大常委会公告（第69号） ……………………………………………………（ 62 ）

江苏省人民代表大会常务委员会关于加强地震预警管理的决定 ……………………（ 62 ）

吉林省防震减灾条例 ……………………………………………………………………（ 65 ）

福建省防震减灾条例 ……………………………………………………………………（ 74 ）

天津市人民政府令（第25号） …………………………………………………………（ 81 ）

天津市地震预警管理办法 ………………………………………………………………（ 81 ）

河北省人民政府令（第2号） ……………………………………………………………（ 85 ）

河北省地震预警管理办法 ………………………………………………………………（ 85 ）

山东省人民政府令（第343号） …………………………………………………………（ 89 ）

山东省地震预警管理办法 ………………………………………………………………（ 89 ）

湖北省人民政府令（第415号） …………………………………………………………（ 92 ）

湖北省地震安全性评价管理办法	（92）
广东省人民政府令（第285号）	（95）
广东省地震预警管理办法	（95）
西藏自治区人民政府令（第165号）	（99）
《西藏自治区地震预警管理办法》	（99）

地震与地震灾害

2021年全球 $M \geq 7.0$ 地震目录	（105）
2021年中国及周边沿海地区 $M \geq 4.0$ 地震目录	（106）
2021年地震活动综述	（112）
2021年中国地震灾害情况述评	（114）
2021年全球重要地震事件震害及影响	（117）

各地区地震活动

首都圈地区	（121）
北京市	（121）
天津市	（121）
河北省	（122）
山西省	（122）
内蒙古自治区	（122）
辽宁省	（123）
吉林省	（123）
黑龙江省	（124）
上海市	（124）
江苏省及附近海域	（124）
浙江省	（125）
安徽省	（125）
福建省及其近海（含台湾地区）	（125）
江西省	（126）
山东省及附近海域	（126）
河南省	（127）
湖北省	（127）
湖南省	（128）
广东省	（128）
广西壮族自治区及近海区域	（128）
海南省	（129）
重庆市	（129）
四川省	（129）

贵州省	（130）
云南省	（130）
西藏自治区	（131）
陕西省	（131）
甘肃省	（132）
青海省	（132）
宁夏回族自治区	（132）
新疆维吾尔自治区	（133）

重要地震与震害

2021年1月23日云南盐津4.7级地震	（134）
2021年3月19日西藏比如6.1级地震	（134）
2021年3月24日新疆拜城5.4级地震	（134）
2021年5月21日云南漾濞6.4级地震	（135）
2021年5月22日青海玛多7.4级地震	（135）
2021年6月10日云南双柏5.1级地震	（136）
2021年6月12日云南盈江5.0级地震	（136）
2021年9月16日四川泸县6.0级地震	（136）
2021年11月24日贵州修文4.6级地震	（137）

防震减灾

2021年防震减灾工作综述	（141）

地震监测预报预警

2021年地震监测预报预警工作综述	（144）
2021年中国地球物理台网建设运行管理	（147）
2021年中国测震台网建设运行管理	（154）

各省、自治区、直辖市，中国地震局直属单位地震监测预报预警工作

北京市	（156）
天津市	（157）
河北省	（159）
山西省	（161）
内蒙古自治区	（164）
辽宁省	（165）
吉林省	（166）
黑龙江省	（167）
上海市	（168）
江苏省	（171）
浙江省	（173）

安徽省	（173）
福建省	（176）
江西省	（177）
山东省	（179）
河南省	（180）
湖北省	（182）
湖南省	（184）
广东省	（185）
广西壮族自治区	（187）
海南省	（189）
重庆市	（190）
四川省	（192）
贵州省	（195）
云南省	（196）
西藏自治区	（198）
陕西省	（199）
甘肃省	（199）
青海省	（201）
宁夏回族自治区	（202）
新疆维吾尔自治区	（204）
中国地震局地球物理研究所	（206）
中国地震局工程力学研究所	（208）
中国地震局发展研究中心	（208）
中国地震局地球物理勘探中心	（208）
中国地震局第一监测中心	（210）
中国地震局第二监测中心	（211）

台站风貌

福建省龙岩地震台	（212）
河南省鹤壁地震监测中心站	（212）
安徽省蒙城地震监测中心站	（213）
宁夏回族自治区银川地磁台	（213）
新疆维吾尔自治区且末地震监测中心站	（214）

地震灾害风险防治

2021年地震灾害防御工作综述	（215）
2021年地震应急响应保障工作综述	（219）

各省、自治区、直辖市，中国地震局直属单位地震灾害风险防治工作

北京市	（221）
天津市	（222）

河北省	（223）
山西省	（226）
内蒙古自治区	（228）
辽宁省	（229）
吉林省	（231）
黑龙江省	（233）
上海市	（235）
江苏省	（237）
浙江省	（238）
安徽省	（239）
福建省	（241）
江西省	（243）
山东省	（245）
河南省	（246）
湖北省	（249）
湖南省	（252）
广东省	（253）
广西壮族自治区	（254）
海南省	（256）
重庆市	（258）
四川省	（260）
贵州省	（261）
云南省	（262）
西藏自治区	（264）
陕西省	（265）
甘肃省	（266）
青海省	（268）
宁夏回族自治区	（269）
新疆维吾尔自治区	（271）
中国地震局地球物理研究所	（273）
中国地震局工程力学研究所	（275）
中国地震台网中心	（277）
中国地震灾害防御中心	（278）
中国地震局地球物理勘探中心	（279）
中国地震局第一监测中心	（280）
中国地震局机关服务中心	（281）
防灾科技学院	（281）

防震减灾公共服务与法治建设

2021年防震减灾公共服务与法治建设工作综述 …………………………………………（283）

中国地震局属各单位防震减灾公共服务与法治建设工作

北京市地震局 ……………………………………………………………………………（286）
天津市地震局 ……………………………………………………………………………（286）
河北省地震局 ……………………………………………………………………………（287）
内蒙古自治区地震局 ……………………………………………………………………（289）
辽宁省地震局 ……………………………………………………………………………（291）
吉林省地震局 ……………………………………………………………………………（293）
黑龙江省地震局 …………………………………………………………………………（294）
上海市地震局 ……………………………………………………………………………（295）
江苏省地震局 ……………………………………………………………………………（296）
浙江省地震局 ……………………………………………………………………………（298）
安徽省地震局 ……………………………………………………………………………（299）
福建省地震局 ……………………………………………………………………………（300）
江西省地震局 ……………………………………………………………………………（301）
河南省地震局 ……………………………………………………………………………（305）
湖北省地震局 ……………………………………………………………………………（307）
湖南省地震局 ……………………………………………………………………………（311）
广东省地震局 ……………………………………………………………………………（312）
广西壮族自治区地震局 …………………………………………………………………（314）
重庆市地震局 ……………………………………………………………………………（317）
四川省地震局 ……………………………………………………………………………（318）
贵州省地震局 ……………………………………………………………………………（321）
云南省地震局 ……………………………………………………………………………（322）
西藏自治区地震局 ………………………………………………………………………（324）
陕西省地震局 ……………………………………………………………………………（325）
甘肃省地震局 ……………………………………………………………………………（326）
青海省地震局 ……………………………………………………………………………（328）
宁夏回族自治区地震局 …………………………………………………………………（328）
新疆维吾尔自治区地震局 ………………………………………………………………（330）
中国地震局地球物理研究所 ……………………………………………………………（332）
中国地震局地质研究所 …………………………………………………………………（333）
中国地震局工程力学研究所 ……………………………………………………………（335）
中国地震台网中心 ………………………………………………………………………（337）
中国地震灾害防御中心 …………………………………………………………………（338）
中国地震局发展研究中心 ………………………………………………………………（339）
中国地震局地球物理勘探中心 …………………………………………………………（341）

中国地震局第一监测中心……………………………………………………………………（342）
防灾科技学院……………………………………………………………………………………（343）
中国地震局机关服务中心………………………………………………………………………（343）
重要会议
2021年全国地震局长会议………………………………………………………………………（345）
第二届全国防震减灾科普大会…………………………………………………………………（346）
2022年全国地震趋势会商会……………………………………………………………………（347）
北京市防震抗震工作领导小组会议……………………………………………………………（347）
河北省防震减灾工作联席会议…………………………………………………………………（348）
吉林省防震抗震减灾工作领导小组会议………………………………………………………（348）
上海市防震减灾工作会议………………………………………………………………………（349）
江苏省防震减灾工作联席会议　暨抗震救灾指挥部会议……………………………………（349）
福建省防震减灾工作领导小组（联席）会议…………………………………………………（350）
江西省防震抗震减灾工作领导小组会议………………………………………………………（350）
河南省防震抗震指挥部（抗震救灾应急指挥部）会议………………………………………（350）
湖南省防震减灾工作联席会议…………………………………………………………………（351）
广西壮族自治区防震减灾工作领导小组全体成员（扩大）会议……………………………（352）
海南省防震减灾工作联席会议…………………………………………………………………（352）
重庆市防震减灾工作联席会议…………………………………………………………………（353）
贵州省防震减灾工作联席会议…………………………………………………………………（353）
云南省防震减灾工作联席会议…………………………………………………………………（354）
西藏自治区抗震救灾应急指挥部电视电话会议………………………………………………（355）
陕西省防震减灾工作联席会议…………………………………………………………………（355）
甘肃省抗震救灾指挥部和甘肃省防震减灾工作领导小组全体（扩大）会议………………（356）
青海省防震减灾工作领导小组工作会议………………………………………………………（357）
宁夏回族自治区防震减灾工作领导小组（扩大）会议………………………………………（357）

科技创新与成果推广

2021年地震科技工作综述………………………………………………………………………（361）
科技成果
2021年防震减灾科学成果奖一等奖成果简介…………………………………………………（364）
专利及技术转让…………………………………………………………………………………（369）
科技进展
河北省地震局科技进展…………………………………………………………………………（388）
内蒙古自治区地震局科技进展…………………………………………………………………（388）
辽宁省地震局科技进展…………………………………………………………………………（389）
吉林省地震局科技进展…………………………………………………………………………（389）

黑龙江省地震局科技进展 …………………………………………………………………… （390）
上海地震局科技进展 ………………………………………………………………………… （390）
江苏省地震局科技进展 ……………………………………………………………………… （391）
浙江省地震局科技进展 ……………………………………………………………………… （391）
安徽省地震局科技进展 ……………………………………………………………………… （392）
福建省地震局科技进展 ……………………………………………………………………… （393）
江西省地震局科技进展 ……………………………………………………………………… （394）
山东省地震局科技进展 ……………………………………………………………………… （394）
河南省地震局科技进展 ……………………………………………………………………… （394）
湖北省地震局科技进展 ……………………………………………………………………… （395）
湖南省地震局科技进展 ……………………………………………………………………… （396）
广东省地震局科技进展 ……………………………………………………………………… （396）
广西壮族自治区地震局科技进展 …………………………………………………………… （397）
四川省地震局科技进展 ……………………………………………………………………… （398）
贵州省地震局科技进展 ……………………………………………………………………… （399）
陕西省地震局科技进展 ……………………………………………………………………… （399）
甘肃省地震局科技进展 ……………………………………………………………………… （400）
宁夏回族自治区地震局科技进展 …………………………………………………………… （401）
中国地震局地球物理研究所科技进展 ……………………………………………………… （401）
中国地震局地质研究所科技进展 …………………………………………………………… （402）
中国地震局地震预测研究所科技进展 ……………………………………………………… （403）
中国地震局工程力学研究所科技进展 ……………………………………………………… （404）
中国地震台网中心科技进展 ………………………………………………………………… （405）
中国地震灾害防御中心科技进展 …………………………………………………………… （406）
中国地震局发展研究中心软科学研究进展 ………………………………………………… （406）
中国地震局地球物理勘探中心科技进展 …………………………………………………… （408）
中国地震局第一监测中心科技进展 ………………………………………………………… （409）
中国地震局第二监测中心科技进展 ………………………………………………………… （410）
防灾科技学院科技进展 ……………………………………………………………………… （410）

科学考察
云南漾濞6.4级地震科学考察 ……………………………………………………………… （412）
青海玛多7.4级地震科学考察 ……………………………………………………………… （412）
四川泸县6.0级地震科学考察 ……………………………………………………………… （413）
新疆拜城5.4级地震科学考察 ……………………………………………………………… （414）

机构·人事·教育

机构设置
中国地震局领导班子名单 …………………………………………………………………… （417）

中国地震局机关司、处级领导干部名单 …… （417）
中国地震局所属各单位领导班子成员名单 …… （420）

人事教育
2021年中国地震局人事教育工作综述 …… （426）
2021年中国地震局系统职工继续教育情况综述 …… （429）

中国地震局属各单位教育培训工作
河北省地震局 …… （432）
内蒙古自治区地震局 …… （432）
辽宁省地震局 …… （432）
吉林省地震局 …… （433）
上海市地震局 …… （433）
江苏省地震局 …… （433）
浙江省地震局 …… （434）
安徽省地震局 …… （434）
福建省地震局 …… （434）
江西省地震局 …… （435）
河南省地震局 …… （435）
湖北省地震局 …… （436）
湖南省地震局 …… （436）
广东省地震局 …… （436）
广西壮族自治区地震局 …… （437）
重庆市地震局 …… （437）
四川省地震局 …… （438）
贵州省地震局 …… （438）
云南省地震局 …… （438）
陕西省地震局 …… （438）
甘肃省地震局 …… （439）
宁夏回族自治区地震局 …… （439）
中国地震局地球物理研究所 …… （439）
中国地震局地质研究所 …… （440）
中国地震局地震预测研究所 …… （440）
中国地震局工程力学研究所 …… （441）
中国地震台网中心 …… （441）
中国地震灾害防御中心 …… （441）
中国地震局发展研究中心 …… （442）
中国地震局地球物理勘探中心 …… （442）
中国地震局第一监测中心 …… （443）
中国地震局第二监测中心 …… （443）

防灾科技学院 ……………………………………………………………………………（444）
中国地震局机关服务中心 ………………………………………………………………（444）

人物

2021年荣获全国杰出专业技术人才及先进集体 ……………………………………（445）
2021年度中国地震局科技创新团队入选名单 ………………………………………（445）
2021年度中国地震局人才库入选名单 …………………………………………………（445）
2021年度获得中国地震局专业技术二级岗位任职资格人员名单 …………………（447）
2021年度通过中国地震局正高级职称任职评审人员名单 …………………………（447）

表彰奖励

合作与交流

合作与交流项目

2021年中国地震局合作与交流工作综述 ……………………………………………（463）
中国地震局合作交流项目 ………………………………………………………………（465）

学术交流

中国地震科学实验场第三届学术年会 …………………………………………………（466）
第293期双清论坛 …………………………………………………………………………（466）
天津市地震局学术交流 …………………………………………………………………（466）
河北省地震局学术交流 …………………………………………………………………（467）
内蒙古自治区地震局学术交流 …………………………………………………………（467）
上海市地震局学术交流 …………………………………………………………………（468）
江苏省地震局学术交流 …………………………………………………………………（468）
安徽省地震局学术交流 …………………………………………………………………（469）
河南省地震局学术交流 …………………………………………………………………（469）
湖北省地震局学术交流 …………………………………………………………………（470）
湖南省地震局学术交流 …………………………………………………………………（470）
广东省地震局学术交流 …………………………………………………………………（470）
广西壮族自治区地震局学术交流 ………………………………………………………（471）
四川省地震局学术交流 …………………………………………………………………（471）
贵州省地震局学术交流 …………………………………………………………………（472）
云南省地震局学术交流 …………………………………………………………………（472）
陕西省地震局学术交流 …………………………………………………………………（472）
新疆维吾尔自治区地震局学术交流 ……………………………………………………（473）
中国地震局地球物理研究所学术交流 …………………………………………………（473）
中国地震局地质研究所学术交流 ………………………………………………………（475）
中国地震局地震预测研究所学术交流 …………………………………………………（476）
中国地震局工程力学研究所学术交流 …………………………………………………（477）

中国地震台网中心学术交流 …………………………………………………………（479）
中国地震灾害防御中心学术交流 ………………………………………………（479）
中国地震局第一监测中心学术交流 ……………………………………………（480）
中国地震局地球物理勘探中心学术交流 ………………………………………（480）
防灾科技学院学术交流 …………………………………………………………（480）

政务·规划财务

政务工作
2021年政务工作综述 ……………………………………………………………（485）
规划财务工作
2021年规划财务工作综述 ………………………………………………………（488）
重大项目建设情况 ………………………………………………………………（491）
财务决算及分析 …………………………………………………………………（491）
机构、人员、台站、观测项目、固定资产等统计情况 ………………………（492）
国有资产管理及政府采购工作等情况 …………………………………………（494）
2021年审计工作综述 ……………………………………………………………（495）

党的建设

2021年党建工作综述 ……………………………………………………………（499）
2021年全面从严治党工作综述 …………………………………………………（501）
2021年巡视工作综述 ……………………………………………………………（504）

附　录

2021年中国地震局大事记 ………………………………………………………（509）
2021年中国地震局系统各单位离退休人员统计概况 …………………………（538）
防震减灾科技图书简介 …………………………………………………………（541）
《中国地震年鉴》特约审稿人名单 ……………………………………………（547）
《中国地震年鉴》特约组稿人名单 ……………………………………………（548）

专　　载

主要收载党中央、国务院，以及应急管理部和中国地震局领导有关防震减灾工作的重要讲话；国务院、国务院办公厅和应急管理部、中国地震局及省级人民政府公布和印发的有关防震减灾工作的重要法规和文件。

中国地震局党组书记、局长闵宜仁在2021年全国地震局长会议上的讲话（摘要）

（2021年1月8日）

这次全国地震局长会议是"十四五"开局之年召开的重要会议，主要任务是：以习近平新时代中国特色社会主义思想为指导，全面贯彻党的十九大和十九届二中、三中、四中、五中全会精神及中央经济工作会议精神，深入学习贯彻习近平总书记防灾减灾救灾重要论述和防震减灾重要指示批示精神，认真落实全国应急管理工作会议部署，总结"十三五"时期和2020年防震减灾工作，谋划"十四五"事业发展，部署2021年重点任务。

一、"十三五"时期防震减灾事业发展回顾

"十三五"时期是我国防震减灾事业发展历程中不平凡的五年。习近平总书记就防灾减灾救灾发表系列重要论述，多次对防震减灾作出重要指示批示，明确提出"两个坚持、三个转变"新理念，亲自推动应急管理体制改革，亲自部署自然灾害防治九项重点工程，高度重视中国地震科学实验场建设，为防震减灾事业发展提供了根本遵循和行动指南。李克强总理、韩正副总理、刘鹤副总理、王勇国务委员等中央领导也多次作出指示批示。党和国家机构改革后，应急管理部党委高度重视防震减灾工作，应急管理部党委书记、部长黄明多次作出指示并到中国地震局调研。在各部门大力支持下，全国地震系统广大干部职工迎难而上、开拓进取，扎实推进防震减灾事业改革发展，各项工作取得积极进展。

这五年，我们始终坚决贯彻落实习近平总书记防灾减灾救灾重要论述，是防震减灾新理念不断树牢的五年。地震系统各级党组织始终把贯彻落实习近平总书记重要论述作为首要政治任务，深入学习领会，结合实际谋划部署，切实抓好贯彻落实。局党组紧紧围绕统筹推进"五位一体"总体布局和协调推进"四个全面"战略布局，先后出台7个重要指导性文件，描绘了防震减灾事业发展的蓝图。地震系统广大干部职工始终把满足人民对包括地震安全在内的美好生活向往作为奋斗目标，更加注重融入经济社会发展大局，更加注重发挥市场机制和社会力量作用，"两个坚持、三个转变"成为引领事业发展的新航向，"人民至上、生命至上"成为共识，深入人心。

这五年，我们始终践行初心使命，是有效防范应对重大地震灾害风险的五年。地震系统广大干部职工牢记习近平总书记"防震减灾 造福人民"的重要嘱托，认真践行初心使命，为人民谋幸福、谋安全，为中华民族谋复兴提供地震安全保障。积极开展地震灾害风险隐患调查和风险防治，完成55条主要活动断层和21个城市活动断层探测，实施第五代地震动参数区划图，取消不设防地区，统筹推进农村民居地震安全工程，督促支持2827万户危房改造。加强震情监视和趋势研判，启动79次应急响应，做好地震烈度评定和灾害损

失评估，开展应急宣传和舆论引导，妥善应对四川九寨沟7.0级、西藏米林6.9级、新疆精河6.6级、伽师6.4级、四川长宁6.0级等多次中强以上地震，受到灾区党委政府和人民的肯定。

这五年，我们始终坚持全面深化改革，是防震减灾体制机制不断完善的五年。地震系统全面落实中央推进防灾减灾救灾体制机制改革各项要求，着力构建适应国家安全需求的体制机制。落实党和国家机构改革部署，主动融入"全灾种、大应急"管理体制，完成人员转隶、职能划转。及时完成中国地震局机关"三定"调整和局属单位新一轮"三定"规定编制，强化公共服务，提高管理效能。修订地震安评条例，制修订35部地方法规规章，发布35项地震标准，配合全国人大常委会首次开展防震减灾法执法检查，督促各级政府和有关部门全面履行法定职责。出台监测站网规划，深化地震台站改革，不断优化监测预报业务布局。贯彻落实"放管服"改革要求，深化地震安全性评价管理改革，在全国开展地震安全监管大检查。随着改革不断深化，防震减灾法治化、规范化、现代化水平进一步提高，事业发展的动力和活力不断增强。

这五年，我们始终坚持融入经济社会发展大局，是防震减灾能力不断提升的五年。落实脱贫攻坚和援疆援藏政治责任，定点扶贫县甘肃永靖正式脱贫摘帽，选派23名干部、安排专项经费，助力提升新疆维吾尔自治区和西藏自治区防震减灾和守边固边能力。服务国家重大战略，编制完成雄安新区战略发展、京津冀协同发展、海南自贸港建设等地震安全专项规划。服务重大工程建设，完成川藏铁路、浙江海岛核电、中俄东线天然气管道等重大工程地震安全性评价900余项，北京大兴国际机场等1300余项建设工程应用减隔震技术，港珠澳大桥等10余项工程布设结构健康监测和诊断技术系统。圆满完成党的十九大、全国"两会"、庆祝新中国成立70周年、"一带一路"高峰论坛等50余次重大活动地震安全保障任务。监测能力大幅提升，全国大部分地区地震监测能力达到2.5级，其中首都圈1.0级，东部地区2.0级。国内地震实现2分钟自动速报。新疆精河6.6级、云南墨江5.9级地震的震情研判和应对处置取得良好减灾实效。

这五年，我们始终坚持创新驱动发展，是地震科技创新和现代化建设扎实推进的五年。优化局属研究所布局，"5+6+1+N"科技创新体系逐步形成。实施国家地震科技创新工程，启动中国地震科学实验场建设，地震科学研究取得一系列创新性成果，获得国家级奖励3项、省部级奖励12项。地震预测与危险性分析、地震监测预警、特大地震风险评估与区划等关键技术取得显著进展。电磁监测试验卫星"张衡一号"成功发射，为地球科学研究提供新的技术手段。自主发展主动源探测新技术、多种异常信息提取新方法，绝对重力仪、井下宽频带地震仪等观测仪器研发取得重要进展。地震监测预报实验场成功转型中国地震科学实验场，人工智能技术在地震速报领域探索成效初显。出台推进防震减灾事业现代化建设的意见和纲要，在山东省地震局、中国地震台网中心等7个单位开展试点，地震灾害风险防治、基本业务、科技创新、社会治理体系建设初见成效。

这五年，我们始终坚持开放合作，是国内国际开放融通、合作共赢的五年。积极服务国家总体外交，在习近平主席的见证下，与白俄罗斯、厄瓜多尔等国签订合作协议，完成商务部重点援外项目"尼泊尔地震监测台网"建设和移交。举办汶川地震十周年国际研讨会和两届地震预警国际研讨会，20个国家和2个国际组织加入"一带一路"地震减灾合作机制,保障我国援外工程及人员的地震安全,为印尼、非洲等提供地震安全服务。联合中国科协、教育部等召开首届全国地震科普大会,与山东、广东等地方政府合作推进现代化建设,与国家自然基金委设立联合基金,与天津大学、吉林大学、中国地质大学等共同推进地震科技创新,与中铁、中核、中再等推进技术成果应用,与中国铁塔合作建设地震预警一体化站网,发挥社会力量作用共同推进地震预警工作。

这五年,我们始终坚持打铁必须自身硬,是党的建设和全面从严治党向纵深发展的五年。坚持以习近平新时代中国特色社会主义思想为指导,扎实推进"两学一做"学习教育常态化、制度化,巩固深化"不忘初心、牢记使命"主题教育成果,增强"四个意识"、坚定"四个自信"、做到"两个维护",自觉在思想上、政治上、行动上同以习近平同志为核心的党中央保持高度一致。坚持强化政治引领,制定加强和维护党中央集中统一领导的实施意见,加强党对防震减灾工作的全面领导。坚决贯彻中央八项规定及其实施细则精神,连续3年开展"作风建设月"活动,改进学风、文风、会风和工作作风,力戒形式主义和官僚主义。坚持贯彻新时代党的组织路线,推动基层党组织全面进步、全面过硬,着力筑牢防范化解地震灾害风险的战斗堡垒。坚持党管干部、党管人才,持续开展中国地震局属单位领导班子分析研判,建立优秀年轻干部库,实施地震人才工程,大力推动人才体系建设。先后两次接受中央巡视,扎实开展内部巡视,坚持正风肃纪,综合运用监督执纪"四种形态",大力营造风清气正良好政治生态。

2020年是新中国历史上极不寻常的一年,全年形势严峻复杂,任务艰巨繁重。在以习近平同志为核心的党中央坚强领导下、应急管理部指导督促下,地震系统坚持以习近平新时代中国特色社会主义思想为指导,砥砺前行,积极作为,较好完成各项任务。一是坚决打赢疫情防控阻击战。中国地震局党组坚决贯彻落实中央关于疫情防控各项决策部署,统筹调度全系统疫情防控工作。各单位严格落实应急管理部、中国地震局和属地党委政府要求,结合实际做好疫情防控工作。地震系统基层党组织和党员干部充分发挥战斗堡垒和先锋模范作用,组织志愿者下沉社区协助开展疫情防控,主动开展捐款捐物等活动,始终让党旗在防控疫情斗争第一线高高飘扬。湖北省地震局抗疫党员下沉突击队荣获"全国抗击新冠肺炎疫情先进集体"。二是中央巡视整改取得阶段性成果。中国地震局党组切实担起政治责任,全面配合中央巡视,抓实巡视整改,做到边巡边改、立行立改、全面整改。163项整改措施全部完成,其中26项持续推进,制修订40项制度,巡视反馈事项得到有力整改。通过集中整改,地震系统政治意识明显增强,事业发展思路更加清晰,全面从严治党"两个责任"进一步压实,落实新时代党的组织路线更加有力。三是改革和现代化建设迈出新步伐。及时跟进学习习近平总书记在中央深改委重要讲话精神,召开6次中国地震局党组改革领导小组会议和推进会,审议19项议题。编制全面深化改革工作思路和任务清单,做好督查、评估和宣传工作。科学编制"十四五"国家防震减灾规划,凝练业务发展思路,全力推进国家地震监测台(站)网改扩建工程、中国地震科学实验场、第六代地震灾害风险区划3个项目立项。批复中国地震局地震预测研究所、震害防御中心现代化试点建设三年行动方案,总结推广试点经验,每季度开展督查,对山东省地震局、广东地震局等5个单位现代化建设情况开展评估。四是地震监测预报预警能力不断提升。从政治高度大力推进预警工作,实行局党组同志包片负责制,预警工程站点土建基本竣工,设备招标全部完成，预警中心建设全面启动，专用信息终端安装计划全部落实，联合广电总局在5个省（自治区）开展信息广播试点。优化地震监测站网布局，调整国家业务中心职能职责，出台地震台站改革指导意见，加快中心站能力建设，完成248个地震监测站标准化改造。全年地震速报1063次，5级以上地震自动速报震级偏差由0.35级减小到0.15级。健全长、中、短、临预报工作机制，建立京津冀地区震情跟踪协同机制。开展2021—2030年地震重点监视防御区确定工作，出台年度全国危险区震情跟踪和应急准备工作规则，实施大震应急救灾物资储备项目。五是地震灾害风险防治稳步推进。落实习近平总书记重要批示精神，编制特大城市地震风险防控工作方案。制定地震灾害风险调查和重点隐患排查工程、地震易发区房屋设施加固工程总体方案、实施专项方案，开展普查试点"大会战"，强化加固工程地方责任督导，加快推进工程实施。按照"保留审批、压减范围"改革新思路，加强与相关部委沟通协调，推进出台深化地震安全性评价管理改革的意见。全国建设工程地震安全监管检查近31万项，抽查安评报告205份，排查地震安全监测和健康诊断系统68项，完成31个省（自治区、直辖市）学校、医院及9大类工程专项数据复核，强化安全隐患整改落实。六是防震减灾公共服务取得新进展。出台公共服务事项清单，确定35项公共服务事项和第一批51个服务产品。首次开展防震减灾公共服务需求调查和满意度评估，完成公共服务平台和标准框架编制，北京市地震局、河南省地震局、四川省地震局、中国地震局地震预测研究所、中国地震局第二监测中心开展公共服务试点。内蒙古、新疆、河南等省（自治区）出台地震预警政府规章。建成"互联网+监管"系统。为陕西府谷、山东兰陵等96起事件提供非天然地震信息服务。完成川藏铁路沿线地震区划和32个重点桥梁地震安全性评价。开展防灾减灾日、玉树地震10周年等45个重点时段科普活动，发布院士系列等科普精品，全年发放科普图书资料百万余份，各类活动参与公众超2亿人次。北京市地震局宣教中心和中国地震局工程力学研究所曲哲获全国科普工作先进集体和先进工作者。七是科技创新和人才队伍建设加快推进。编制国家地震科技中长期规划，出台科技创新支撑现代化建设实施意见，开展局属重点实验室评估，新组建火山研究所和成都青藏高原地震研究所。制定"十四五"地震人才发展规划，高层次人才培养引进取得突破，入选国家千人计划、万人计划各1人，入选科学技术部重点领域创新团队1个。八是党的建设与全面从严治党持续推进。深入学习贯彻习近平新时代中国特色社会主义思想和党的十九大精神，以党的政治建设为统领，把旗帜鲜明讲政治落实到防震减灾工作各方面和全过程。持续深化政治机关建设，开展模范机关创建、政治机关意识教育、"灯下黑"问题整治等专项工作。严肃党内政治生活，推进基层党支部标准化规范化建设。编制廉政勤政风险防控机制工作手册，开展经常性纪律教育和警示教育专项行动。积极配合中央选人用人专项检查，加大领导班子配备力度，加强优秀年轻干部选拔培养。制定实施组织人事工作监督清单等系列制度，全面规范组织人事工作。中国地震局地质研究所获全国文明单位。此外，保密、档案、信访、审计、安全生产、财务管理、资产管理、后勤保障、统战群团等工作进一步加强，老干部工作服务保障水平不断提高。

五年来的工作实践，我们深刻体会到：必须把党对防震减灾工作的全面领导作为事业发展的根本保证，旗帜鲜明讲政治，始终把党的领导贯彻到防震减灾工作的全过程和各方面。必须把"防震减灾 造福人民"作为事业发展的根本目的，坚持"人民至上、生命至上"，不断增强人民群众对防震减灾工作的获得感和安全感。必须把"两个坚持、三个转变"作为事业发展的根本遵循，树牢风险意识和底线思维，切实防范化解地震灾害风险，全面提升全社会抵御地震灾害的综合防范能力。必须把全面深化改革作为事业发展的根本动力，更加注重改革的系统性、整体性、协同性，依靠改革破除体制机制障碍，推动工作水平不断提升。必须把干部人才队伍建设作为事业发展的根本保障，推进全面从严治党，着力打造忠诚干净担当的高素质专业化干部人才队伍。

上述成绩的取得，得益于党中央国务院的坚强领导，得益于应急管理部党委的指导督促，得益于各部门、各地方和社会各界的大力支持，得益于一代代地震人接续奋斗奠定的坚实基础，得益于全系统干部职工发扬"开拓创新、求真务实、攻坚克难、坚守奉献"行业精神，甘当党和人民"守夜人"的辛勤付出。

在总结成绩的同时，我们也清醒地认识到，与复杂严峻震情形势和人民日益增长的美好生活需要相比，还存在一些短板弱项，地震预报没有取得实质性突破，地震监测基础还不够扎实，地震预警尚未全面开展服务，地震灾害风险底数还不够清楚，抗震设防要求监管还不到位，科技创新对事业发展支撑引领还不足，应对大震巨灾的体制机制还不够完善，干部和人才队伍建设相对滞后，这些问题必须下大力气加以解决。

二、深入贯彻落实党的十九届五中全会精神，准确把握"十四五"防震减灾发展形势和发展思路

党的十九届五中全会是在我国即将进入新发展阶段、实现中华民族伟大复兴正处在关键时期召开的一次具有全局性、历史性意义的重要会议。学习贯彻党的十九届五中全会精神是当前和今后一段时期最紧要的政治任务，我们必须坚决贯彻落实全会精神，准确把握防震减灾发展形势，认真落实党的十九届五中全会审议通过的规划《中共中央关于制定国民经济和社会发展第十四个五年规划和二〇三五年远景目标的建议》涉及防震减灾重点工作安排，进一步明确业务发展思路。

（一）准确把握防震减灾发展新形势新要求

第一，深刻认识防震减灾发展的机遇和挑战。党的十九届五中全会指出，当前和今后一个时期，我国发展仍处于重要战略机遇期，但机遇和挑战都有新的发展变化。中央经济工作会议就落实"十四五"规划建议要求、做好2021年工作进行了全面部署，重点部署了推进高质量发展的各项重要工作。防震减灾事业发展与国家发展大势紧密相连，面临新机遇新挑战。

从发展机遇看，一是关心关注前所未有。习近平总书记对防灾减灾救灾和防震减灾作出一系列重要指示批示。党的十九届五中全会通过的规划《中共中央关于制定国民经济和社会发展第十四个五年规划和二〇三五年远景目标的建议》明确要求提升地震等自然灾害防御工程标准，提高防灾、减灾、抗灾、救灾能力。人民群众对地震安全更为关注，期盼更加及时有效的地震信息、更加结实抗震的房屋设施和更加实用的地震自救互救知识。二是创新驱动逐步加快。创新在我国现代化建设全局中的核心地位进一步强化，科技自立自强作为国家发展的战略支撑，科教兴国、人才强国、创新驱动发展等战略的深入实施，创

新型国家建设成果更加丰硕,为防震减灾转型升级注入强大动力。三是提质增效全面推进。高质量发展是"十四五"时期我国经济社会发展的主题,全社会正在推动质量变革、效率变革、动力变革,特别是房屋设施建设领域以标准化促进精细化,以实施精准管理提升安全管理效能,将有助于提升防震减灾事业发展质量和效益。四是发展空间不断拓宽。随着构建新发展格局不断推进,必将推动重大工程基础设施建设,推进区域协调发展和新型城镇化,实现高水平对外开放,建设更高水平的平安中国,防震减灾服务经济社会发展的领域将更加广阔。

当前,防震减灾事业发展处于重要战略机遇期的内涵正在发生深刻变化,面临的风险和挑战日益增多。一是地震安全形势严峻复杂。随着经济社会快速发展,高层建筑和生命线工程不断增加,地下空间开发快速增长,地震灾害链不断延长,尤其是特大城市地震灾害风险防控十分紧迫。二是转型发展任重道远。从危机管理向风险管理的实际行动转变还不到位,从运用行政手段管理社会到通过信息服务、技术服务提升社会防灾能力的思想认识转变还不够彻底,从传统科研型工作思路向业务服务型工作思路转变还不到位,提升全社会防震减灾能力的着力点还不够精准。三是刚性约束持续增强。全面建设社会主义现代化国家需要牢牢守住安全发展的底线,要全力避免重特大地震灾害迟滞甚至中断中华民族伟大复兴进程。我国城市化率已经上升到60.6%,"高地大"基础设施(即高层建筑、地下设施和大型综合体)大量增加,如全国高层建筑63.7万余栋,地下轨道交通运营里程6500千米,更加复杂的环境对地震安全保障是重大考验。同时,生产发展和社会财富不断增长,人民对生命财产安全的需求越来越高,需要加快构建强大的地震灾害风险防治体系,筑牢地震安全防护网。

第二,推进与新发展阶段相适应的防震减灾事业现代化。我国现代化建设进入新发展阶段,这是中华民族伟大复兴进程的大跨越,在我国发展进程中具有里程碑意义。新发展阶段,防震减灾事业现代化建设呈现出新的特征。

一是保障全面建设社会主义现代化国家的现代化。重特大地震可能会影响社会主义现代化国家建设,防震减灾事业现代化建设要坚持底线思维,善于运用大概率思维应对小概率事件,做好大震巨灾应对准备,提升更加复杂环境的减灾能力,切实减轻重特大地震灾害风险。二是满足人民美好生活需要的现代化。提升全社会地震安全水平,是人民美好生活的基本需求,防震减灾现代化要加强监测预报预警,保障人民地震信息知情权,强化抗震设防和实用地震自救互救科普服务供给,提升人民地震安全感。三是走中国特色防震减灾道路的现代化。防震减灾事业现代化要坚持为了人民、依靠人民,以系统性思维加强综合防震减灾,把制度优势转化为治理效能,提高地震灾害风险防治能力,特别是要统筹地震长中短临、统筹科技创新和群防群控、统筹观测异常和宏观异常、统筹地震部门专业优势和属地管理行政优势,构建中国特色监测预报体系。四是以构建防震减灾发展新格局为主题的现代化。统筹发展和安全,面向国家重大需求,防震减灾事业现代化要服务"全灾种、大应急"管理体制,深度融入经济社会发展,加强部门合作,发挥好防震减灾多元主体作用,促进对外开放合作,构建"立足应急管理、服务社会需求、增强国际合作"防震减灾发展新格局。五是遵循科学发展规律的现代化。防震减灾具有鲜明的科技属性和社会属性,地震部门是一个知识密集型部门,必须主动适应社会变革和科技变革,顺应数字化、网络化、智能化的发展趋势，发挥基层组织社会治理的优势，推动防震减灾事业科学发展，不断满足经济社会发展需求。

第三，深入贯彻新发展理念推动防震减灾事业高质量发展。习近平总书记强调，新发展阶段的发展必须贯彻新发展理念，必须是高质量发展。"十四五"时期防震减灾事业发展，要把质量建设摆在更加突出的位置，坚定不移贯彻新发展理念。

要推进防震减灾工作更高"智"量。坚持创新发展，更加注重解决发展动力问题。要聚焦核心技术创新，开展基础性、关键性技术研究攻关，推进大数据和人工智能等技术的应用，提高防震减灾信息化、智能化水平。激发人才创新活力，深化人才发展体制机制改革，汇聚高质量发展强大智力支撑。要推进防震减灾工作更高效率。坚持协调发展，更加注重解决发展不平衡问题。要聚焦科学布局防震减灾资源，巩固和厚植优势，着力补短板强弱项，实现业务体系资源、区域资源与震情灾情风险协调配置，东部与西部共同发展，投入与产出相匹配，增强防震减灾事业发展的整体性协同性。要推进防震减灾工作更高水平。坚持绿色发展，更加注重解决人与自然和谐问题。要聚焦优化国土空间布局，服务主体功能区战略和城市规划、重大工程建设、韧性城市建设和乡村振兴战略，最大限度降低地震灾害对国家经济安全、公共安全、生态环境的影响和冲击。要推进防震减灾工作更高格局。坚持开放发展，更加注重解决发展内外联动问题。要聚焦构建防震减灾发展新格局，在"全灾种、大应急"管理体制下，加强与地方政府和有关部门合作，充分发挥好地震专业力量和社会力量作用，丰富对外开放内涵、提升对外开放水平，为发展注入新动力、增添新活力、拓展新空间，大力推进开放合作，以开放促创新、促融合、促发展。要推进防震减灾工作更高标准。坚持共享发展，更加突出人民至上，致力于解决发展中共享性不够、受益不平衡问题。要把人民生命安全放在首位，高标准实施精细化管理，强化预报预警、大震情景构建、巨灾保险、提高防御标准等服务供给，健全服务机制，提升服务质量，努力让人民群众有更多更实在的获得感。

新阶段面临新形势，新理念提出新要求，必须用系统思维、全局观念、发展眼光科学看待防震减灾工作所处的历史方位。要深刻认识到，防震减灾工作服务发展大局的使命没有变，但使命的具体指向发生了变化，服务经济社会发展更加全面精准，"防大震、减大灾"的要求更加突出；防震减灾工作全面推进现代化建设没有变，但现代化的内涵和重点发生了变化，更加突出以信息化驱动现代化，更加注重立足应急管理、服务社会需求、增强国际合作，突出用户思维；防震减灾工作坚定不移贯彻新发展理念没有变，但发展的质量要求发生了变化，发展方式从粗放型向精细化转变，以鲜明的问题导向攻坚体制机制改革，推进防震减灾工作更高"智"量、更高水平、更高效率、更高格局、更高标准发展；防震减灾工作坚持扩大开放的战略方针没有变，但是开放格局发生了变化，既要加强服务应急管理，也要重视与国内行业部门和国际社会的开放合作。地震系统干部职工要坚定发展信心，保持战略定力，发扬斗争精神，做好改革、开放、创新三大文章。

（二）明确"十四五"时期防震减灾业务发展思路

在应急管理部党委指导督促下，中国地震局党组于"十三五"收官之年启动了国家防震减灾"十四五"发展规划和各专项规划的编制工作，在深入研判发展形势的基础上，把握新发展阶段、贯彻新发展理念、构建新发展格局，对今后五年防震减灾工作进行部署安排，总体要求是：到2025年初步形成新时代防震减灾事业现代化体系，监测预报预警、灾害风险防治、公共服务和应急救援保障能力显著提高，地震科技水平进入国际先进行列，地震预报预警取得突破，地震灾害防御水平明显提升，高质量公共服务体系基本建成，社会公众防震减灾素质进一步提升，不断提高"防大震、减大灾、抗大震、救大灾"高质量服务能力，保障国家经济社会发展和人民群众生命财产安全更加有力。

未来五年地震系统防震减灾业务发展思路是：

夯实监测基础。科学规划地震监测站网，优化观测布局，实施国家地震监测台（站）网改扩建工程，增加地震多发区监测站密度，发展海洋地震观测系统，形成覆盖我国海陆及周边地区的现代化综合地震监测体系。推进地震台站改革，明晰职责任务，建立健全监测站网运维保障及质量管理体系，优化业务流程，推动地震台站业务转型升级。

加强预报预警。推进地震预测预报长中短临一体化，加强对地球物理观测异常和宏观异常分析研判，健全完善地震预报责任体系和业务体系，建立新时代群测群防模式，加强地震短临预报实践，力争取得减灾实效。加快建设地震预警体系，推进地震预警业务化，强化地震预警信息服务，完善信息发布政策和制度，加大社会合作力度，推进信息发布"最后一公里"建设，最大限度发挥地震预警综合减灾效益。

摸清风险底数。实施地震灾害风险普查，开展地震活动构造、地震活动断层、场地条件探测，以及房屋、危化品厂库等承灾体调查，探索开展海洋地震危险源探测，开展重点地区地震灾害风险预评估。推动实施第六代地震区划工程，建立分级管理的系列尺度地震灾害风险区划体系，修订中国地震动参数区划图，建设地震灾害风险防治业务信息化平台。

强化抗震设防。深化地震安全性评价"放管服"改革，依法加强抗震设防要求管理，加强事中事后监管，构建建设单位、地方政府、行业部门和地震部门全链条监管体系。落实重大工程、各类开发区、工业园区房屋建筑和城市基础设施、一般工程、学校医院等人员密集场所的抗震设防要求，形成四大类、全覆盖、差别化的抗震设防要求制度体系。精准组织推进地震易发区房屋设施抗震加固，推动重大工程建立地震安全监测和健康诊断系统，加强减隔震等抗震新技术应用，促进城市抗震韧性整体提升。

保障应急响应。加强地震应急响应预案体系建设，配合建立城市群、都市圈及京津冀、长三角、珠三角等地区地震灾害联防联控机制，规范大震应急处置流程，健全地震现场工作队联动机制和现场队伍预置机制，完善技术系统，提升7级以上地震响应能力。构建"震前预评估、排查重点隐患，震时快速评估、开展烈度评定，震后破坏调查、服务恢复重建"业务体系，提高应急准备建议的针对性。推进建立与应急管理部门深入融合的协调机制，为地震应急决策和救援工作提供高质量服务。

增强公共服务。构建防震减灾决策服务、公众服务、专业服务和专项服务体系，制定动态化服务事项清单和产品清单，出台相关政策和标准。深化公共服务业务和科技支撑，提升基础业务数据精准度，推进服务产品规划设计和核心业务产品研制。强化公共服务供给，打造集基础业务数据、核心业务产品、数据开发治理和统一服务窗口于一体的公共服务平台。切实抓好科普宣传教育工作，提高全民防震减灾意识和抗震救灾能力。深化部门合作，引入市场机制，支持社会力量参与防震减灾公共服务，推动形成多元供给的公共服务局面。

创新地震科技。加快建设中国地震科学实验场，积极推进国家重点实验室重组，开展相关物理模型和监测新技术新方法研究，推动开放共享，做好科学研究实验与成果示范应用。扎实推进国家地震科技创新工程实施，做好"四大计划"重点任务的项目支撑，积极参与"深地计划"专项，开展关键科研技术攻关。加快推进研究所改革，突出创新导向、结果导向和实绩导向，建立高效运行管理机制。完善科技成果认定机制，更加突出对业务发展的实际贡献和成果的原创性。加强科技创新团队建设，持续实施地震人才工程，大力弘扬科学家精神，激发地震科技创新活力。

推进现代化建设。以纲要规划为引领，以重大项目为支撑，以试点建设为带动，以指标体系为引导，坚定不移推进地震灾害风险防治、基本业务、科技创新、防震减灾社会治理"四大体系"建设，努力实现防治精细、监测智能、服务高效、科技先进、管理科学的现代智慧防震减灾，着力提高信息化水平和服务能力，大力推进防震减灾事业现代化建设。

发展思路已经明确，事业蓝图已经绘就，地震系统干部职工要始终保持良好精神状态，不断提振干事创业精气神，敢于挑最重的担子、啃最难啃的骨头，把我们这一代人的奋斗姿态镌刻在防震减灾事业高质量发展的征程上！

三、扎实做好 2021 年防震减灾工作，确保"十四五"开好局

2021 年是实施"十四五"规划、开启全面建设社会主义现代化国家新征程的第一年，也是中国共产党成立 100 周年、中国地震局成立 50 周年，做好防震减灾工作意义重大。我们要以习近平新时代中国特色社会主义思想为指导，全面贯彻落实党的十九大和十九届二中、三中、四中、五中全会精神及中央经济工作会议精神，认真贯彻全国应急管理工作会议精神，始终坚持以人民为中心，紧扣高质量发展主题，立足新发展阶段、贯彻新发展理念、构建新发展格局，以"十四五"国家防震减灾规划为统领，坚持系统观念，聚焦主责主业，扎实推进全面深化改革，全力推动新时代防震减灾事业现代化建设，开启新时代防震减灾高质量发展新局面。重点做好以下九个方面工作：

（一）做好重特大地震灾害风险防范

加强震情监视跟踪。研究制定全国震情监视跟踪工作方案，完善地震会商技术系统。动态跟踪观测资料变化，加强异常现场调查核实和流动监测，健全地震预报决策工作机制，推进重点危险区群测群防试点工作。强化重特大地震应对准备。统筹日常监测预报与大震应对，完善地震系统应急响应预案体系，指导省局修订应急响应预案。开展地震现场应急演练，完善应急现场工作、灾害事件调查和区域联动支援机制。加快构建京津冀、长三角、珠三角地区地震灾害联防联控机制，开展京津冀地区大震情景构建试点工作。夯实震灾评估基础。开展重点危险区地震灾害损失预评估，在危化品高风险地区试点开展专项预评估，在全国范围内开展区域房屋抗震能力遥感快速评估。全力做好地震安全服务保障。做好建党 100 周年和全国"两会"等重大活动期间的震情分析研判，开展地震灾害风险动态评估，提出防治避险措施建议。

（二）进一步提升地震监测预警能力

加强地震监测。落实进一步加强地震监测预报工作的实施意见，编制地下流体等监测

站网规划和海洋地震观测规划。实施京津冀、重点危险区地震监测站网老旧设备改造，开展监测仪器设备运行状况大检查，推进监测站质量管理体系建设。召开全国地震监测中心站站长工作会议。全面启动军民融合重大示范工程实施。强化非天然地震事件监测。加快建设中国地震预警网。全面推进预警工程项目建设，确保6月份在京津冀、四川、云南实现预警功能建设目标，推进高铁预警试点，加快形成预警服务能力。推动信息化建设。编制地震信息化三年行动方案，升级地震云基础设施，优化地震数据资源平台，构建地震数据治理体系框架。

（三）坚决打好摸清风险底数攻坚战

大力实施地震灾害风险调查和重点隐患排查工程。完成86个试点市县调查，启动全国地震灾害风险普查。建设活动断层与场地探测资料数据库、重点地区震源调查与潜在震源模型数据库，开展全国1:100万地震构造图编制和地震灾害重点隐患分级评价。加快组织实施地震易发区房屋设施加固工程。发挥国务院抗震救灾指挥部办公室和加固工程协调工作组牵头抓总作用，落实各地各部门责任，完善协同工作机制，统筹资源，加大投入。完成抗震设防信息采集和管理系统平台建设，组织编制抗震加固房屋设施清单，开展评估问效，做好技术指导和督导落实。做好地震构造环境探测。扩大城市活动断层探测覆盖面，加快推进四川、河南等省地震构造环境探测，开展京津冀、粤港澳大湾区地震构造环境探测。推进绿色主动源新型高精度探测方法试点应用。推进地震区划工作。启动第六代地震区划编制，细化工作方案和技术方案，组织开展基础数据收集、相关技术模型和数据库建设，指导省级试点编制地震灾害风险区划图。

（四）加快推动防震减灾服务提质增效升级

加强公共服务顶层设计。出台推进防震减灾公共服务指导意见和规范社会力量参与防震减灾实施意见，建立公共服务白皮书制度。做好公共服务试点中期评估，完成公共服务平台设计，制定地震灾害风险防治、公共服务等重点标准。加大公共服务力度。制定地震预警信息服务发布指南。推动活动断层探测成果在国土整治、国土空间规划、工程建设方面的应用。推进雄安新区地震安全专项规划实施。强化抗震设防要求监管服务。分类整改地震安全监管检查发现的问题，推动建设工程安全监管检查纳入全国自然灾害防治工作综合督察检查，做好一般工程、学校医院和重大工程抗震设防要求监督，积极推进地震安全性评价"互联网+监管"。大力开展科普宣传教育。发布"十四五"防震减灾科普规划，召开全国第二届防震减灾科普大会。继续研发推广院士系列等科普精品，认定一批国家防震减灾科普教育基地和示范学校。做好"5·12"防灾减灾日、重大地震事件纪念日等时段科普宣传，推进防震减灾科普社会化。

（五）不断增强防震减灾自主创新能力

加快推进中国地震科学实验场建设。积极推动实验场建设工程立项，争取地震科学联合基金、重点研发计划支持地震预测预报科技项目，开展地震预测预报技术评估。编制实施中长期科技规划。配合科技部编制"十四五"国家重点研发计划项目指南，编制修购专项三年规划。统筹各方资源实施国家地震科技创新工程，积极参与"深地计划"专项实施，完善地震"星火计划"项目管理，深入落实加强科技创新支撑新时代防震减灾事业现代化建设实施意见。加强科技创新团队建设。科学组建创新团队，推动重要领域关键核心技术攻关，培养造就具有国际水平的行业领军人才。大力培养骨干人才和青年人才，鼓励优秀青年科技人员开展国内外交流访学。

（六）继续全面深化改革

统筹做好"十四五"规划编制和实施。做好各层级规划有效衔接，及时组织开展宣传解读，争取国家地震监测台（站）网改扩建工程、大震情景构建等项目立项。全面推进现代化建设。结合高质量发展的新要求，推进试点建设三年行动方案落实，完善评价指标体系，扩大评估范围，强化督查考核，狠抓工作落实。厘清改革思路。认真贯彻中央全面深化改革决策部署，抓好已经部署和出台的改革举措落实，结合新形势新要求新任务研究改革新方向，制定年度改革要点，明确重点任务，加强督促落实。推进重点改革。指导进一步理顺市县相关部门防震减灾工作责任。推进地震监测中心站改革，健全完善监测业务体系架构。进一步规范事前、事中、事后监管流程，全面推进地震安全性评价监管工作。深化开放合作，构建"前店后厂"的公共服务工作机制和多元供给的服务体系。完善科技成果认定机制，健全现代科研院所管理制度。开展"三定"规定执行情况监督检查，试点评估核心职能运行效能，推动建立机构人员编制资源均衡配置机制。深化事业单位分类改革，进一步明确公益一类、二类事业单位运行机制，鼓励有条件的事业单位加强科技服务，增强发展活力。鼓励基层探索。加快推进试点单位改革，做好改革成效评估，用足用好地方政策开展差别化创新，加大推广宣传形成良好氛围。

（七）提升依法行政水平和行业监管能力

完善法律规范体系。开展《中华人民共和国防震减灾法》修订专题研究，修订地震安全性评价管理条例。探索京津冀地区地震预警协同立法，推进地震预警地方立法，编制法治宣传教育第八个五年规划。提高行政执法能力。推动开展防震减灾法律法规执法检查和执法调研。编制中国地震局权责清单。落实中央应急管理综合行政执法改革意见，完善地震行政执法制度，加强地震安全性评价和抗震设防要求执行情况等行政执法和监督。加强政策咨询研究。围绕事业改革发展的重大问题，开展调查研究和政策咨询研究。进一步规范课题管理，提高政策研究质量，强化成果应用。加强智库建设，健全评价机制，充分运用系统内外智力资源，提高咨询评估水平。

（八）全面深化对外交流合作

持续深化国际合作。编制"十四五"防震减灾国际合作规划和"一带一路"地震安全保障行动计划。组织召开第二届"一带一路"地震减灾协调人会议，指导举办第十届天山地震国际研讨会和中亚及南亚国家地震监测技术国际培训班，推进援老挝、肯尼亚和中国东盟地震海啸监测预警系统建设，强化同俄罗斯、日本、欧洲等国家和地区的技术合作。深化国内开放合作。梳理业务和科技开放的领域及内容，大力加强与部委、地方政府、高校、企业建立有效合作机制，推动合作协议各项任务落到实处。

（九）加强党的建设和落实全面从严治党

持续巩固和深化中央巡视整改成果。加强督查检查，开展中央巡视整改"回头看"，对已完成的整改任务要抓深化抓巩固，对长期坚持的要持续抓推进抓突破，确保取得实效。提高党建工作质量。隆重庆祝建党 100 周年，深入开展党史学习教育，继续开展创建模范机关、强化政治机关意识教育、学习贯彻习近平总书记重要训词精神等系列主题活动。严格落实加强局属事业单位党的建设实施意见、全面从严治党主体责任清单,加强省局、中心站党的建设分类指导,完善党建考核评估、党建述职考核等制度。夯实党的基层基础。抓好"三会一课"和主题党日活动,建立干部职工思想动态评估工作机制。抓好党支部标准化规范化建设,严格落实基层党组织按期换届提醒督促机制,推动基层党组织按期规范换届。持续构建良好政治生态。巩固深化"不忘初心、牢记使命"主题教育成果,深入开展理想信念教育和社会主义核心价值观、应急文化、地震行业精神宣传教育,加强党务干部队伍建设,广泛开展模范机关、"两优一先"等评选表彰活动,加大奖励激励力度。严格执行中央八项规定及其实施细则精神,持续加强作风建设,坚决破除形式主义、官僚主义,强化监督执纪问责,精准运用"四种形态",加强巡视监督、干部监督、审计监督与执纪监督贯通融合。认真落实驻应急管理部纪检监察组有关要求和规定,全力支持和配合开展工作。加强领导班子建设。落实全国党政领导班子建设规划纲要和局党组实施办法,开展领导班子综合分析研判,加强班子配备调整,持续优化班子结构。加强优秀年轻干部发现培养选拔,动态调整优秀年轻干部库。加强干部教育管理监督。完成处级以上党员领导干部党的十九届五中全会精神全员轮训,举办局属单位主要负责人专题研讨班,开展全国地震监测台站业务轮训,用好上挂下派、援疆援藏等方式培养锻炼干部。各级党组织要经常性开展思想政治工作,做到职工家庭及身体状况、性格脾气及爱好特长、工作表现及优缺点、不同时期思想变化"四必清",职工思想波动情绪反常、工作失责、岗位变动、组织处理、发现苗头性问题"五必谈"。

当前疫情形势严峻,外防输入、内防反弹的压力持续存在,必须时刻绷紧疫情防控这根弦,坚决贯彻落实习近平总书记重要指示精神和党中央决策部署,积极参与联防联控,毫不放松做好疫情防控工作。要落实"过紧日子"的要求,坚持精打细算、勤俭节约,提高资金使用效益,把宝贵的财政资金用在刀刃上。进一步巩固拓展定点扶贫成果,扎实做好援疆援藏工作,认真做好离退休干部工作,统筹做好财务管理、统计、保密、档案、信访、维稳、政务信息、安全生产、后勤保障、统战群团等各项工作,以扎实的工作成效迎接中国地震局成立50周年。

四、加强自身建设,提高管理能力和服务水平

进入新发展阶段,我们要切实转变思想观念,顺应发展潮流,进一步规范管理、优化服务,不断提升工作水平推进事业高质量发展。当前和今后一段时期,要从五个方面加强地震系统自身建设。

(一)坚持政治建局

政治建局是根本,决定事业发展的正确方向。地震部门作为政治机关,必须增强政治意识,善于从政治上看问题,善于把握政治大局,不断提高政治判断力、政治领悟力、政治执行力。筑牢思想根基,深入学习习近平新时代中国特色社会主义思想、党章党规和宪法法律规范等,以理论上的清醒确保理想信念的坚定。把准政治方向,发挥政治建设的指南针作用,引导广大党员干部职工增强"四个意识"、坚定"四个自信"、做到"两个维护",把党的路线方针政策和党中央决策部署贯穿防震减灾事业改革发展的各方面全过程。

永葆政治本色，用习近平总书记重要训词精神培根铸魂，牢记初心使命，贯彻党的群众路线，坚持以人民为中心，为全面建设社会主义现代化国家提供地震安全保障，当好党和人民的"守夜人"。提高政治能力，加强党对防震减灾工作的全面领导，强化基层党组织建设，促进政治与业务深度融合、党建与业务同频共振，坚持全面从严治党，强化正风肃纪，营造风清气正、干事创业的良好政治生态。

（二）坚持服务立局

服务立局是宗旨，是防震减灾工作的根本出发点、立足点。地震部门要坚持"人民至上、生命至上"，落实"两个坚持、三个转变"，立足应急响应、服务经济社会，以高质量服务为主题推进事业高质量发展。树牢服务意识，以服务国家经济社会发展为导向，以提升人民群众获得感、幸福感、安全感为目标，着眼于人民群众最关心、最急迫的实际需要，提供高质量的地震安全服务。增强公共服务，实行公共服务清单化管理，进一步丰富公共服务内容和载体，构建地震监测速报、公众预警、风险区划、科学普及等基本公共服务产品体系，提升公共服务能力和水平。拓展服务领域，转变观念，深化服务内容，拓宽服务渠道，创新服务方式，规范服务管理，积极开展地质构造探测、地形变化监测、地灾调查评估、灾害专业预警、地震安全性评价、减隔震技术推广等科技服务，更好地服务经济社会发展。夯实服务基础，建立资源集约管理和统一供给的公共服务平台，构建全链条、全生命周期的公共服务标准体系，完善科技服务有关制度，加强专业化、复合型、高素质的服务管理和技术队伍建设，推进高质量服务。

（三）坚持科技兴局

科技兴局是关键，科技创新是事业发展的根本驱动和核心支撑。地震部门要加快推进科技创新能力建设，加强关键核心技术攻关，为事业发展提供新动能。强化顶层设计和系统谋划，坚持"四个面向"，培育发展地震战略科技力量，明确地震科技创新发展路线图，加强科学前瞻和技术预测，鼓励原始创新，优化体系布局，完善体制机制，走好地震科技自立自强之路。提升科技创新综合实力，组织实施重大科技专项，打造产学研用创新链条，提升自主创新、区域创新和成果转化能力；实行以增加知识价值为导向的分配政策，突破制约事业发展科技瓶颈，营造自主创新良好环境。改进科技创新统筹工作机制，聚焦主责主业，依托重大工程实施、重点研发计划和重点任务落实，优化科技创新团队整合工作机制；鼓励学科交叉和技术融合，统筹项目、基地、人才、资金等创新要素，汇聚各方力量开展科技合作，促进科技资源开放共享，推动科技创新与产业深度融合。

（四）坚持人才强局

人才强局是支撑，推进防震减灾事业改革发展，干部是决定因素，人才是第一资源。地震部门要把人才摆在事业发展的优先位置，促进广大干部人才新时代新担当新作为。坚持规划引领，坚持新时代党的组织路线，贯彻落实全国党政领导班子建设规划纲要，加强局属单位领导班子分析研判，坚持选人用人正确导向，激励和约束并重，精准化培养和一线"墩苗"相结合，加强思想淬炼、政治历练、实践锻炼、专业训练，培养忠诚干净担当的高素质干部。实施地震人才工程，实施好"十四五"地震人才发展规划，优化人才资源布局，加强人才培养历练，实施人才精细化目标管理，建设高素质专业化人才队伍。完善教育培训体系，构建线上线下常态化教育机制，分级分类实施职工教育培训，聚焦"政治过硬、本领高强"加强局属单位党政一把手履职培训,围绕重大项目工程实施开展业务骨干培训,实施台站人员业务轮训。创新人才工作机制,把握好"吸引、培养、激励、使用、保障、留住"六个重要环节,构建包含首席专家、领军人才、骨干人才、青年人才在内的人才梯队；完善地震观测人员、预报分析人员、风险评估人员等人才分类评价机制,完善人才选拔任用机制、分配激励机制和人才表彰奖励机制。深化人事制度改革,严把公务员招录和事业人员招聘"入口关",深化地震专业技术职称改革,实施事业单位全员聘任,实行评聘分离,推进能上能下,全面实施绩效工资制度,激励干事创业。

（五）坚持依法治局

依法治局是保障,是依法行政、规范管理的必然要求。地震部门要深入学习贯彻习近平法治思想,牢固树立法治意识,运用法治思维和法治方式深化改革、推动发展、化解矛盾、应对风险。完善法规制度体系,坚持立改废释并举,健全防震减灾法规体系,完善监测预报、震害防御、公共服务领域的行业管理制度；进一步细化财务、人事、项目、科技、外事、政务等内部管理制度。严格依法依规履职,编制地震部门权力和责任清单,切实履行行政管理、公共服务、行业监管等防震减灾职责；严格规范单位内部管理,进一步强化制度执行,加大追责问责力度,提升制度执行效能；推进政务信息公开,加快构建"互联网+政务"服务体系。强化权力运行监督,建立重大行政决策风险评估和合法性审查机制,强化内部权力制约和流程控制,对权力集中部门和岗位实行分事行权、分岗设权、分级授权、定期轮岗；加强对预算执行、基本建设、政府采购等重要领域、重点项目和重要资金的审计监督,健全廉政勤政风险防控机制。加强法治宣传教育,落实普法责任制,将法治建设内容纳入各级党委（党组）中心组学习和各级干部教育培训；加强内部管理制度解读宣传,引导干部职工熟知工作程序、掌控重要环节,提高遵守制度的自觉性。

防震减灾责任重大、使命光荣。让我们在以习近平同志为核心的党中央坚强领导下,始终坚持以习近平新时代中国特色社会主义思想为指导,牢牢把握新的历史机遇,锐意进取、奋发有为,全面推进新时代防震减灾事业现代化建设,以优异成绩庆祝中国共产党成立100周年,为全面建设社会主义现代化国家、实现中华民族伟大复兴的中国梦作出新的更大贡献！

（中国地震局办公室）

中国地震局党组书记、局长闵宜仁在全国地震监测中心站站长工作会议上的讲话（摘要）

（2021年11月5日）

2021年是中国共产党成立100周年，也是中国地震局成立50周年，对于地震台站工作来说，同样具有重要的意义。我国地震台站建设始于20世纪50年代初，经过几代地震工作者的接续奋斗、不懈努力，取得了令人鼓舞的成果。从初期的24个测震台和8个地磁台，逐步建成了位居世界前列的大规模地震监测台网，观测手段实现了从单一到多样、从单点到成网、从模拟到数字的跨越式发展，为防震减灾事业高质量发展奠定了坚实的基础，为我国经济社会发展和国防建设做出了积极贡献。地震台站广大干部职工数十年如一日，默默坚守地震工作一线，为防震减灾事业发展奉献了青春和汗水，用实际行动践行了习近平总书记的重要训词精神，诠释和传承了防震减灾行业精神。

党的十八大以来，习近平总书记就防灾减灾救灾发表系列重要论述，明确提出"两个坚持、三个转变"新理念，为防震减灾事业发展提供了根本遵循和行动指南。中国地震局党组深刻认识到全面深化改革是新时代防震减灾事业发展进步的活力之源，深刻认识到地震台站改革是地震系统深化改革的重要基础，将地震台站改革纳入全面深化改革布局的总体框架，作出系列部署。2020年，印发实施《中国地震局党组关于推进地震台站改革的指导意见》，又制定印发《中国地震局党组关于进一步加强地震监测中心站改革若干问题的意见》，对深化中心站改革作出部署。我们召开这次会议，就是要深入学习贯彻习近平总书记防灾减灾救灾重要论述和防震减灾重要指示批示精神，进一步统一思想认识，明确当前和未来一段时期中心站改革的主攻方向和重点任务，坚定不移推进中心站改革向纵深发展。

一、统一思想，充分认识深化中心站改革的重要性紧迫性

地震科学是一门观测科学，地震科学的发展依赖于技术的进步和基础数据的积累，没有观测，地震预报预警都是空谈。地震台站是地震监测预报预警和科学研究的前沿阵地，中心站是基层台站的管理机构，是地震工作部门的基本单元，在防震减灾工作中占有十分重要的地位，发挥着非常重要的作用。中心站工作不仅直接影响我国地震监测预报预警的质量和水平，也影响地震安全保障能力和防震减灾综合能力的提高。

（一）进一步深化中心站改革是优化防震减灾工作体制机制的必然要求

近年来，中国地震局党组深入贯彻落实习近平总书记重要论述和中央决策部署，始终牢记习近平总书记"防震减灾 造福人民"的殷切嘱托，坚持"人民至上、生命至上"，扎实推进防震减灾体制机制改革。当前中心站的管理体系、业务体系、人才体系等方面与"全灾种、大应急"任务需要不相适应的问题日益突出，"小而散"的常态、业务单一的状

态、固步自封的心态，无法为防震减灾提质增效提供有力支撑。按照已经发布的测震站网和地球物理站网规划，地震监测站规模还要继续扩展，需要建设上下协同、优化高效的中心站体系，把测震站网和地球物理站网高质量运行起来。同时要贯彻落实"两个坚持、三个转变"，深化震害风险防范方面业务，在市县机构改革后，发挥作为省级地震局在区域的防震减灾工作"桥头堡"作用。

（二）进一步深化中心站改革是实现地震监测业务现代化的必然要求

防震减灾高质量发展，地震监测业务是关键。地震活动性监测与地球物理现象观测都离不开地震监测站网，必须"夯实监测基础"，否则基础不牢，地动山摇。地震监测仪器设备已经实现了数字化，将来还要实现智能化，这是现代化趋势；未来很多地震监测站将不需要有人值守，这是发展趋势。地震监测业务必须要转型升级，继续维持过去的模式和做法没有前途。我们正在申报全国地震监测台（站）网改扩建工程，要吸取国家预警工程的经验教训，从技术上和政策上都要做好准备，用2~3年的时间，进一步优化项目管理方式，健全组织体系，做好全国地震监测台（站）网改扩建工程的实施准备。此外，中心站还要进一步适应地震监测业务现代化的需要，完善工作体系，开拓服务领域，加强与科研院所合作，强化数据分析和异常核查。

（三）进一步深化中心站改革是加强地震系统基层队伍建设的必然要求

经过多年的努力，地震部门人才队伍整体素质明显提高，人才工作体制机制逐步完善，但是基层台站人才短缺、结构不合理，与事业发展需求之间的矛盾依然突出。推进地震台站改革，整合有人值守地震台站设置中心站，就是为了把宝贵的人力资源从简单重复的工作中解放出来，做大做强形成集体力量、发挥规模效应，推进集约化规范化管理。发挥好防震减灾工作"桥头堡"作用，中心站的工作就不能是孤立的，要有开放性，把符合准入要求的市县地震监测站纳入到业务体系管理起来，打开驻中心站所在辖区的防震减灾工作新局面，同时主动接受属地党的工作部门领导，充分发挥业务和服务两方面的作用，打牢防震减灾工作基础。

二、坚持问题导向，进一步明确中心站改革工作思路

地震台站改革启动以来，各单位、各部门在优化整合资源、提升观测质量、健全管理机制等方面开展了有益探索，取得了明显进展和成效，但是仍然存在一些制约深化改革的突出问题。一是对改革的认识还不到位，改革的主观能动性不够。二是中心站业务运行体系尚不健全，业务逻辑还未理顺。三是人才队伍建设无法适应现代化的需要。四是党建和党风廉政建设工作还有差距。基层台站干部职工干事创业的精气神有待提振。

（一）坚持把加强党的领导贯穿中心站改革全过程

党的领导是防震减灾事业高质量发展的根本保证，也是中心站改革取得成功的根本和关键，要不断强化思想政治引领，切实发挥党组织政治功能，推动改革任务落实落地。要发挥各单位党委（党组）的领导核心作用，从全局高度主动谋划改革，最大限度激发和调动各方面推进改革的积极性、主动性、创造性。要重视基层台站党建工作，发挥政治优势，统一干部职工的思想认识，推动中心站党组织建设全面进步、全面过硬。要推进中心站党

建和业务深度融合,让党建引领业务发展,加强精细化管理,建立评价机制和评价体系,加强制度执行能力建设和抓落实本领。

(二) 坚持以优化业务功能和提高效能为中心推进中心站改革

一方面要夯实地震监测运维基本业务工作,不断优化升级;另一方面要加强异常跟踪、应急响应、震灾风险防范等业务工作,推动这些业务交叉融合,切实建设"小站大网",形成区域优势。要更加注重优化业务功能,提高业务效能,中国地震局第一监测中心要履行运维保障和装备管理牵头职责,加强仪器常规检测和故障诊断工作,定期出检测报告,防止出现大规模的仪器技术问题;中国地震局第二监测中心要履行数据汇集和质量监控牵头职责,加强观测数据质量管理,指导省级地震局和中心站开展数据质量分析。各中心站也要加强对外交流,特别是震灾风险防范工作,要加强与市县部门的合作,发挥好市县部门的作用,共同开展地震风险区划等工作,形成相互促进、良性互动、协同配合的工作局面,推动各项工作更加精细更有实效。

(三) 坚持以加强中心站管理标准化规范化为目标推进中心站改革

不论是中心站的管理工作还是业务工作,都要推进标准化和规范化,做到用制度管人管事。要制定设备巡检和更新制度;要制定异常现场核实和宏观异常调查核实工作制度,实现异常核实流程标准化,既推进新时代地震预报专群结合机制建设,也推进防震减灾科技成果更好服务于地方经济发展。

(四) 坚持以因地制宜开拓创新的方法推进中心站改革

我国地域辽阔,各地差异很大,地震台站发展不平衡,改革面临的困难和挑战也各不相同。深化中心站改革一定要始终坚持因地制宜,完全生搬硬套是不行的。要善于开拓创新工作方法,与市县加强合作,建设区域地震灾害风险防范科技成果推广服务站,切实发挥中心站作为防震减灾业务服务联络的"桥梁"作用;要加强与科研院所的合作,积极推进建设野外科学观测研究站,探索建立科学家工作站等形式,既把中心站作为科学家们检验新型观测技术和观测仪器的基地,又能促进实现"产学研用"一体化发展。

三、务求实效,扎扎实实推进中心站改革

改革永远在路上,我们要认真学习贯彻习近平总书记关于防灾减灾救灾重要论述和防震减灾重要指示批示精神,立足"防大震、减大灾、抗大震、救大灾",统筹好改革发展与稳定的关系,平稳有序推进中心站改革,按照事业高质量发展的要求,通过几年的时间,理顺基础性工作,形成新的能力,逐步向现代化的目标推进。

(一) 强化政治建设,不断筑牢中心站改革的思想根基

必须坚持把政治建设放在首要位置,深入学习习近平新时代中国特色社会主义思想,贯彻落实习近平总书记关于防灾减灾救灾重要论述和防震减灾重要指示批示精神,结合党史学习教育,筑牢中心站改革的思想根基。各级党组织要加强对中心站改革工作的领导,落实中心站党支部应建尽建,原则上实行属地管理,选好配强党支部书记和支部委员;加强对中心站党建工作检查督导,推进党建工作责任落实落地;加强党建与业务深度融合,统筹谋划和推进党建与业务工作。党建的目的是引领业务发展,要把党建的工作方法融合

运用到中心站各项工作中，发挥党支部的战斗堡垒作用和党员的先锋模范作用，激励广大干部职工积极投身改革发展。

（二）完善业务运行体系，加快构建中心站防震减灾工作的新格局

要完善中心站业务运行体系，建立中心站业务清单。既要进一步深化地震监测预报预警基础业务，也要通过省级地震局力量下沉等多种方式，抓紧形成应急响应、地震灾害风险防范服务、防震减灾科普宣传和科技创新服务等拓展业务。

（三）强化制度建设，大力推进中心站管理制度化规范化

无论人事管理、财务管理和业务管理，都需要加强制度化建设。2022年要开展"挺纪立规、强化责任"的大讨论，进一步强化政治责任、社会责任和使命意识教育，细化管人管事管业务的制度，加强制度执行力建设。推动高质量发展，核心要求之一就是制度化、规范化和标准化，要学习借鉴其他行业、部门的先进经验，进一步细化工作要求，明确工作标准、工作流程，切实规范业务工作。大力传承发扬严谨认真的科学精神，构建精细化管理、规范化管理的业务文化。

（四）加强队伍建设，不断提高中心站工作能力和水平

事业发展，人才是关键。组织人事部门要知人善任，分析现有人员情况，扬长避短，将其放在合适的岗位上，充分发挥优势。要强化岗位意识，全面实施岗位聘用管理制度，实现中心站人员从身份管理向岗位管理转变。要加大业务培训，落实中心站人员轮训规划，分级分类开展全方位针对性培训。要加大中心站优秀业务人员轮岗交流，鼓励东西部、少震区与多震区、基础薄弱地区与业务优势突出地区交流任职和挂职锻炼，带动人员业务素质提升和管理能力建设。

（五）明确责任要求，推进中心站改革政策持续落地

要建立健全工作协同机制，加快出台配套制度，完善中心站管理模式和运行机制。对于不符合改革工作要求的政策与制度，要尽快予以修订完善，强化制度执行，堵住一切漏洞。机关有关内设机构要加强指导与监督。中国地震台网中心等业务中心要加快建立完善中心站业务运行技术规范。局属研究所要支持中心站开展区域特色的科研活动。省级地震局要把政策研究透，因地制宜，发挥自身优势创造性开展工作，领导干部要加强相关专业知识学习，逐步做到专业的人干专业的事。

习近平总书记强调，"一分部署，九分落实""改革推进到今天，比认识更重要的是决心，比方法更关键的是担当"。各单位、各部门要高度重视，切实提高思想认识，加强组织领导，主要负责同志要亲自部署，亲自督办，带领干部职工以钉钉子的精神抓落实，以干事创业的劲头抓落实，以严明的纪律抓落实，确保如期实现中心站改革各项任务目标。

（中国地震局办公室）

中国地震局党组成员、副局长阴朝民在国家地震烈度速报与预警工程项目实施推进会上的讲话
（摘要）

（2021 年 8 月 20 日）

这次会议的主要任务是：科学总结 2021 年以来预警工程实施工作，深入分析面临的问题困难和风险挑战，进一步统一思想、提高认识，研究部署下半年各项工作。总的来看，国家预警工程总体进展还是比较显著的，尤其是先行先试地区通过实施"百日攻坚"，成功实现上线试运行，按期完成应急管理部党委和中国地震局党组年度重点工作任务。

一、充分肯定地震预警工作取得的初步成效和阶段性成果

通过上半年攻坚和整体项目实施，取得了以下 6 个方面的显著进展。一是进一步夯实了观测基础，完成了先行先试地区全部观测站点建设、设备安装集成、预警专网架设以及数据稳定回传，打通了地震预警"最先一公里"。二是集中全国技术力量联合开展现场攻坚和技术攻关，进一步打通了项目建设中的难点堵点。完成专业软件核心功能模块的测试定型以及部署联调，实现"全国一张网、一套处理系统、一个处理结果、一套发布平台、一体化监控、多元化信息服务"的技术架构。三是通过创新服务方式方法进一步拓展了发布渠道。在完成项目专用终端部署的基础上，有效打通并拓展了应急广播、电视、手机等发布渠道，在全面打通信息发布"最后一公里"方面取得了明显成效，为其他建设单位后续建设提供了宝贵经验。四是通过开放进一步加强了合作共建。地震预警是系统性工程和社会化工程，需要各级政府和全社会共同推进、广泛参与，中国地震局先后与广电、国铁、铁塔、华为等企业建立了战略合作关系。五是业务系统运维保障得到强化。先行先试各单位建立健全了涵盖观测、处理、发布、网络、机房运行等全链条各关键环节的运行管理制度，组建了运维管理团队并强化了人员培训，不断提升运维管理水平和运维人员业务素质，为系统建设向业务运维的快速衔接转变奠定了坚实基础。六是建立了督导检查和监督机制，进一步确保了先行先试目标实现。各现场工作组按照中国地震局党组部署，通过现场驻扎督办，定期通报攻坚进展并采取销账式管理，机关党委、机关纪委也充分发挥监督作用，形成合力开展专项监督，为攻坚目标如期实现提供了坚实的政治保障。先行先试专项攻坚目标的实现为 2021 年地震预警工作开了一个好头，也取得了较好效果。当前，第二批重点地区专项攻坚和全国总体项目建设正在压茬推进，受疫情防控等因素影响，后续任务将更加艰巨，各单位丝毫不能放松警惕、麻痹大意，要全力以赴推进地震预警各项工作和国家预警工程项目建设，确保如期实现攻坚目标和年度任务。

二、进一步认识做好地震预警工作面临的形势要求和风险挑战

第一，进一步提高政治站位，深刻认识做好地震预警工作的重大意义。

党的十八大以来，习近平总书记多次就防灾减灾救灾工作作出重要指示批示，提出了一系列新理念、新思想、新战略，为做好新时代防震减灾工作提供了根本遵循。中国地震局党组高度重视、突出重点、扎实推进，指导各建设单位全力开展地震预警工作和国家预警工程项目建设，这是贯彻落实习近平总书记重要指示批示的直接体现，是地震系统强化政治担当，坚决做到"两个维护"的具体举措。

要充分认识到全面做好地震预警工作是我国进入新发展阶段，推动高质量发展的必然要求。随着我国经济快速发展并进入高质量发展阶段，重大建设工程、民生工程日趋密集，城市群发展和人口集中度不断提升，财富累积和聚集程度日益增高，更加凸显了高层建筑、地下基础设施、大型综合体等民生设施和人民生命财产面临的严峻复杂的地震安全风险。要深刻领会习近平总书记"七一"重要讲话精神，立足新发展阶段，完整、准确、全面贯彻新发展理念，构建新发展格局，推动高质量发展，深刻认识到全面做好地震监测预警工作是提升防震减灾能力的重要措施，是统筹发展和安全、保障我国经济社会稳定和人民生命财产安全的国之大者，也是我们履职有为的重要体现。

要充分认识到全面做好地震预警工作是深入开展党史学习教育，践行"我为群众办实事"的重要抓手。党的十八大以来，在以习近平同志为核心的党中央坚强领导下，中国特色社会主义事业取得了全方位的伟大成就，脱贫攻坚战如期打赢，实现了第一个百年奋斗目标。站在"两个一百年"历史交汇点上，要深刻认识到加快推进地震预警能力建设是地震系统承担防范化解重大安全风险、担负保护人民群众生命财产安全和维护社会稳定的重要使命，是充分践行"我为群众办实事"的重要途径，是地震人更好推动防震减灾事业高质量发展，不断增强人民群众获得感、幸福感、安全感的集中体现。

第二，进一步强化底线思维，清醒认识当前面临的形势和挑战。

一是疫情防控形势仍然严峻。对于疫情形势变化对项目实施工作的影响，我们要有足够的认识。各单位要一手抓疫情防控，一手抓地震预警工作及国家预警工程建设，紧绷疫情防控这根弦，最大限度降低疫情对工作推进和工程建设进度的影响，根据国家和地方疫情防控政策，及时调整工作计划和措施，在确保安全生产的前提下，抢抓施工黄金期，确保各项工作有序扎实推进。

二是震情形势挑战仍然严峻。2021年我国震情形势复杂多变，云南漾濞和青海玛多相继发生6.4级、7.4级地震，世界多地也接连发生大震、强震，整体上全球正处于强震活跃时段。要清醒认识震情形势的紧迫性，全力以赴推进地震预警各项工作，力争早日实现地震预警能力，早日发挥减灾效益。

三是国家经济形势仍然严峻。受新冠肺炎疫情和国际贸易保护主义的持续影响，国内经济恢复仍然不稳固、不均衡。党中央、国务院要求各级政府过紧日子，坚决压减一般性支出。我们要严格预算管理，做好经费执行计划，在确保项目经费安全的基础上，加快经费执行力度。

第三，进一步强化问题导向，深刻剖析实施工作存在的差距与不足。在肯定地震预警工作前期所取得成绩的同时，我们也要清醒地认识到，部分建设单位、部分建设任务仍存在滞后情况，工作推进的紧迫感和责任感还需加强。

三、全力以赴推进下半年地震预警工作，确保年度攻坚目标和工作计划保质保量完成

2021年是地震预警工作和国家预警工程建设见实效的关键一年。各单位党组党委要把地震预警系统建设作为重中之重任务，明确任务和责任，主要负责人要亲自研究，亲自部署，亲自督导，这也是先行先试单位取得的一条重要成功经验。要在先行先试取得阶段性成果的基础上，乘势而上、迎难而上，紧盯工程项目年度工作任务和目标，认真梳理查找差距、问题与难点，制定有效措施，明确责任和时限，压实岗位职责，任务细化到人，全力抓好项目实施工作，确保项目年度各项工作任务保质保量按时完成。

一是压紧压实压细职责责任，确保先行先试示范运行稳定可靠。各先行先试单位要进一步落实主体责任，认真查找并解决观测、处理、发布到应用环节存在的问题与差距，持续优化完善技术系统，加强观测站的日常检查和维修维护，建立每日检查机制，及时剔除数据异常观测站、及时修复故障点，加强业务人员运维管理培训，加强对设备厂商和运维企业的监督指导，确保观测站的运行质量和数据质量；中国地震台网中心作为全国监测业务运行总体技术牵头单位，要抓紧做好全国观测站数据汇集、参数同步与运行监控工作，建立健全观测站运行质量和数据质量考核评价体系，开展试运行观测站运行质量日常考核评价，建立完善定期报告通报机制。中国地震台网中心要会同中国地震局第一监测中心、中国地震局第二监测中心，加快推进观测站设备运行和数据质量日常监控体系建设，结合测震站网业务管理职责和台站改革任务分工要求，抓紧形成全国数据业务和运行维护技术管理牵头能力。

二是认真总结先行先试成功经验，指导全国项目建设和第二批攻坚高质量推进。各先行先试单位要认真总结凝练先行先试攻坚成果、经验和教训，发挥好传帮带作用，通过对口或划片帮扶，加强集中培训和现场指导，从管理和实施两个层面传递经验，指导第二批攻坚单位尽快进入攻坚状态，以时不我待、只争朝夕的精神，按照"两清单一方案"要求高质量推进各项建设任务。其他单位要把各项任务抓紧抓实抓到位，确保2021年底具备烈度速报和预警产出能力。

三是进一步完善与地方政府和社会企业的合作模式。各建设单位要高度重视人口密集城市（地区）的监测预警能力建设，压实地方政府责任并调动积极性，立足于为地方政府做好地震基本信息服务、提供信息发布决策支撑的角度主动作为，进一步加大行业预警的推广力度，为地方经济建设和发展提供安全保障。要以更高的眼光、更大的智慧和更宽广的胸怀有力有序引导社会力量更好服务防震减灾事业发展，机关相关内设机构要进一步加强统筹协调，中国地震台网中心、四川省地震局要加强各项工作落实落地，按照合作谅解备忘录要求与成都高新减灾研究所有序推进各项工作，在试点评估基础上积极推进"一张网"融合。

四是全力推进国家预警工程总体建设，统筹兼顾做好预警工程各项工作任务。2022年是国家预警工程项目建设收官之年，从现在算起最多还有一年的时间完成工程剩余各项建设任务实施，各建设单位要切实增强紧迫感和责任感，梳理后续任务、倒排工期、挂牌督办，确保2021年底项目主体建设任务全面完工。项目法人单位中国地震台网中心要做好2022年预算和投资计划编报，抓紧组织做好可调剂资金以及预备费的使用方案编制和报批，按要求推进先行先试单位运行经费的编报工作，要科学规划好2022年项目分项验收、总验收工作，牵头做好项目试运行和验收管理办法的制定出台。中国地震局机关各内设机构要加强组织指导、问题研究和政策疏导，为项目实施提供有力的保障。

（中国地震局办公室）

中国地震局党组成员、副局长王昆 在听取联系单位全面从严治党和基层党支部联系点 党建工作汇报会上的讲话（摘要）

（2021 年 11 月 26 日）

第一，强化政治引领。全面从严治党首先要从政治上看，要强化政治引领，最根本就是要用习近平新时代中国特色社会主义思想来武装头脑、指导实践、推动工作。站位不够高的表现是习惯于"就业务谈业务""就事论事"，不能从政治层面看问题，政治判断力、政治领悟力、政治执行力跟不上去。要把党的十九届六中全会精神学习好、宣传好、贯彻好，要和党史学习教育有机统筹、结合起来，和贯彻落实习近平总书记关于防灾减灾救灾的重要论述和防震减灾重要指示批示精神结合起来，切实把"两个维护"体现在践行"防震减灾 造福人民"的光荣使命上，体现在落实"两个坚持、三个转变"要求上，体现在贯彻落实党中央重大决策部署的举措和成效上，体现在防震减灾工作成效上。

第二，强化重点突破。党建和全面从严治党是一个大课题，要以加强党的长期执政能力建设、先进性和纯洁性建设为主线，突出地震系统特点抓好落实。局党组提出夯实监测基础、加强预报预警，摸清风险底数、强化抗震设防，保障应急响应、增强公共服务，创新地震科技、推进现代化建设的业务发展思路和"坚持政治建局、服务立局、改革强局、科技兴局、人才强局、依法治局"的自身建设要求，政治建局在"五个坚持"中是第一位。落实政治建局要求，要做到"神形兼备"。一是"塑形"。"形"就是要加强党的全面领导，不断健全完善党的组织体系，即各级党组织要提高组织力、动员力、号召力、执政能力，夯实党建工作基础。要把"党的组织是不是全覆盖""党的基层组织设置是不是科学""党的基层组织配备是否完善"等问题融入组织建设全过程。二是"凝神"。"神"就是党建的政治引领，要把政治引领转化为业务能力、精神状态、思想境界，深入推动党建和业务融合。业务是广义的，包括很多方面，体现在政策水平、科研水平、战略谋划，也可以体现在专项工作进展，体现在如何对待个人得失和思想境界、道德水平等。只有"神形兼备"，我们党的执政能力建设，先进性和纯洁性建设才有保证。做到"神形兼备"，要抓住"一个基础"和"两个关键"，"基础"即基层党支部和基础性制度。"关键"就是"关键少数"，特别是抓好"一把手"这个"关键少数"中的"关键少数"和青年干部这个"未来的关键少数"。抓好基础关键是做到党支部层面的党建业务融合。当前，各单位党委（党组）层面普遍融合较好，基层党支部层面党建与业务融合更为迫切。党建与业务融合既要久久为功，也要争取重点突破，当前就是要把党建业务融合的主要工作放在党支部，作为党支部建设的内在要求，组织经验交流，逐年推进。同时，要加强青年理论学习小组学习机制建设。青年是我们的未来，具有重要战略意义，做好青年工作是事关党和国家前途命运的重大战略任务，事关党和人民事业发展后继有人这个根本大计，要加强制度机制建设,全面提高青年理论学习质量。

第三,强化挺纪立规。一是完善风险防控体系,各单位制定了廉政勤政风险防控手册,要从"管用不管用,好用不好用,能用不能用"来对照检查,真正用好廉政勤政风险防控手册。二是开展专项治理。2021年,在驻应急管理部纪检监察组支持指导下开展了地震安评等科技服务领域突出问题专项治理,既查找问题,又着重建立长效机制,各单位完善了制度、列出了"三虚"问题负面清单,要严格执行,并作为今后一个阶段纪检监察、巡视、审计各方面的监督重点,在地震系统营造严的导向、铁的规矩和制度刚性执行的氛围。

第四,强化责任传导。落实全面从严治党主体责任的要求要一级传一级,从"一把手"传导到班子成员,从班子成员传导到分管部门。要重视在责任传导中不同程度责任丢失、衰减弱化的问题,要从抓班子成员入手,看有没有把全面从严治党主体责任在分管领域履行起来。要落实好基层党建工作联系点制度,要发挥好领导干部带动作用,真正把责任传到基层,把压力传到基层。

(中国地震局办公室)

中国地震局党组成员、副局长倪岳伟在中国地震局2021年规划财务工作会议上的讲话（摘要）

(2021年12月23日)

这次会议的主要任务是，深入学习贯彻习近平新时代中国特色社会主义思想以及党的十九大和十九届二中、三中、四中、五中、六中全会精神，学习贯彻中央经济工作会议精神，贯彻落实习近平总书记关于防灾减灾救灾重要论述和防震减灾重要指示批示精神，全面总结规划财务工作，深入分析当前面临的新形势新要求，研究部署防震减灾规划财务工作高质量发展的重点举措。

一、2021年规划财务各项工作成效明显

（一）协助局党组切实抓好党中央重大决策部署的贯彻落实

近两年来，党中央相继召开了中央第三次新疆工作座谈会、中央第七次西藏工作座谈会和全国脱贫攻坚总结表彰大会，对做好新时代援疆援藏工作和乡村振兴工作做出一系列重大决策部署。中国地震局党组坚决扛起政治责任，对地震系统援疆援藏和定点帮扶工作做出安排。中国地震局规划财务司会同局机关相关内设机构和局属单位认真落实局党组要求，突出行业特点，认真谋划帮扶项目，多措并举帮助定点帮扶的甘肃永靖县做好巩固拓展脱贫攻坚成果与乡村振兴的有效衔接；全面总结"十三五"地震系统援疆援藏工作成绩，加强顶层设计，制定了"十四五"地震系统援疆援藏工作方案，完善对口援助工作机制，集中全国地震系统力量，合力推动援疆援藏工作任务落实，帮助新疆西藏加快推进防震减灾事业高质量发展。地震系统各单位坚决落实党中央决策部署和局党组工作要求，扎实推进地震系统援疆援藏工作，按照各地党委政府部署接续做好巩固拓展脱贫攻坚工作，确保党中央关于援疆援藏和定点帮扶等重大决策部署在地震系统全面落实并取得初步成效。

（二）有力支撑防震减灾事业发展

一是"十四五"防震减灾规划体系建设成效明显。局党组高度重视，提早谋划，抢抓机遇，中国地震科学实验场项目和提升地震灾害防御工程标准纳入了《中华人民共和国国民经济和社会发展第十四个五年规划和2035年远景目标纲要》，防震减灾核心任务和重大工程等纳入"十四五"国家应急体系规划，从国家重点专项规划层面，高阶位对"十四五"防震减灾工作进行谋划部署。"十四五"防震减灾规划体系建设统筹推进，国家防震减灾规划编制主体任务顺利完成，待应急管理部审定发布。科普规划、人才规划等专项规划已通过局党组审议。27个省（自治区、直辖市）已经印发本地区"十四五"防震减灾规划，其他省份年内能够完成发布。17个省（自治区、直辖市）已落实32个项目，涉及投

资 3.2 亿元，实现了"十四五"良好开局。二是现代化建设稳步推进。持续完善现代化评价指标体系，扩大现代化建设评估范围，实现中国地震局属单位全覆盖。继续深化现代化试点建设，组织开展现代化督查和综合考评，有力推进防震减灾事业现代化建设。三是全力争取资金保障。在中央预算不断压减的情况下，积极争取预算资金，为日常工作和事业发展提供了资金保障。推动地震监测运维新增经费需求进入 2022 年财政部项目预算评审，为监测系统常规运维和预警先行先试地区运维等核心业务运转提供资金保障。

（三）持续强化规划财务领域风险防范

2021 年，按照驻部纪检监察组会商意见和局党组工作部署，局规划财务司结合财务稽查组织开展了中心站财务管理、房屋土地、公务用车、基本建设项目 4 个专项检查，进一步摸清风险底数，深入查找分析问题根源，形成 5 个专项报告，提出多项工作措施。在督促各单位整改的同时，强化源头治理，形成整改合力，印发了《地震监测中心站财务管理细则》，制修订《中国地震局基本建设项目管理办法》《中国地震局公务用车管理办法》和《中国地震局国有资产管理办法》及 3 个细则等多项制度。加强政策解读和宣贯培训，通过完善制度体系、强化制度执行，进一步提升了规划财务领域风险防范能力。

（四）不断夯实规划财务工作基础

一是以预算管理一体化试点建设推动财务管理信息化。预算管理一体化是预算管理改革的重要抓手和基础性工作，局党组高度重视，成立领导小组和工作专班，高位推动试点建设，在各单位共同努力下，一体化系统已全面上线并在地震系统试运行。坚持系统思维和统筹谋划，同步做好一体化建设与财务信息系统建设的有效衔接，有力推进财务管理规范化、标准化、信息化建设。二是加强规划财务队伍建设。加强规划财务人才队伍分析，结合实际，初步提出了用好规划财务和财资中心两支队伍的建议。采用线上方式，继续开展财务管理人员业务人员轮训，利用巡视、审计、财务稽查专项工作以干代训，切实提升规划财务队伍能力素质，为规划财务工作高质量发展提供人才保障。

二、深刻认识当前面临的新形势新要求

（一）开启全面建设社会主义现代化国家新征程对做好防震减灾规划财务工作创造了新机遇

我们要抓好"十四五"开局起步的关键时期，充分发挥好规划财务部门的作用，继续在贯彻落实党中央、国务院重大决策部署、推进规划任务的落实和重大项目的立项实施方面，努力抢抓机遇，加强统筹协调，为"十四五"防震减灾事业改革发展争取良好条件保障。

（二）党中央对应急管理和防灾减灾救灾工作的决策部署对做好防震减灾规划财务工作明确了发展方向

我们要准确把握习近平总书记系列重要论述和指示批示精神，深入贯彻落实党的十九届六中全会精神，充分发挥规划财务支撑保障作用，服务防震减灾事业高质量发展。

（三）中央经济工作会议和中央财政预算管理改革对做好防震减灾规划财务工作提出新要求

我们要认真贯彻落实中央经济工作会议部署，充分认识进一步深化预算管理制度改革

和预算管理一体化建设的重要意义，深入分析深化预算管理制度改革带来的挑战，把握机遇，完善预算管理的体制机制，推进现代预算制度建设，构建起现代信息技术条件下"制度＋技术"的预算管理机制，提高预算管理精细化、精准化水平。

（四）防震减灾事业高质量发展对做好防震减灾规划财务工作提出新任务

我们要适应新发展阶段，立足规划财务职能职责，进一步转变思想观念，顺应发展潮流，不断完善和细化规划财务领域高质量发展的举措，为防震减灾事业高质量发展提供支撑保障。

（五）适应新形势新要求，防震减灾规划财务工作还存在短板弱项

近年来，防震减灾规划财务工作虽然取得了长足发展，但是实际工作中还存在一些短板和弱项：一是贯彻落实上级决策部署和要求不到位；二是预算管理改革不到位；三是财务制度建设重视程度不够；四是财务风险防范意识不强；五是财务监督不够到位；六是会计基础工作不够规范。

总体来讲，当前和今后一个时期，规划财务工作要紧紧围绕防震减灾中心工作，聚焦高质量发展主题，坚持问题导向、目标导向、结果导向相统一，以增强资金保障能力为核心，以确保资金安全和提高资金使用效益为重点，创新方式方法，补短板强弱项，处理好四个关系：一是政府与市场的关系。防震减灾是公益性事业，要用好预算内基本建设投资和财政专项资金两个渠道，各地要积极落实双重计划财务体制，推动各级政府加大经费投入。同时，要注重发挥市场机制作用，鼓励和引导各类社会主体参与防震减灾工作，多渠道筹集防震减灾建设资金。二是开源与节流的关系。当前，防震减灾投入不能适应防震减灾事业发展需求，必须开源节流并重，狠抓增收节支。一方面要稳定现有经费来源，积极开辟新的经费渠道，保障防震减灾经费投入不断增长；另一方面要勤俭节约，牢固树立"过紧日子"思想，大力压缩公用经费，严格控制一般性支出，做好党中央决策部署、防震减灾重要改革和核心业务经费保障。三是规模与效益的关系。要适应防震减灾事业改革发展和业务领域迅速拓展的需要，科学编制预算规划和预算定额，努力争取经费投入规模和发展速度保持在较高水平。要进一步突出保障重点，优化支出结构，整合项目资源，盘活用好各项资金，加快推进科学化精细化管理，不断提高规划财务管理水平和资金使用效益。四是服务与监管的关系。一方面要紧紧围绕防震减灾中心工作，把握改革发展的重点，不断增强服务基层、服务改革、服务发展的意识，着力解决基层单位改革发展中的困难；另一方面要坚持依法理财、加强监管，确保资金规范、合理、有效使用，切实把好事办实，实事办好。

三、强化系统思维，统筹推进规划财务工作

（一）坚持党的全面领导，强化责任担当

要坚持党的全面领导，不断提高政治站位，增强"四个意识"，坚定"四个自信"，做到"两个维护"，要立足有为有位，准确把握好国家各项改革要求和财经政策，做好顶层设计，更好发挥引领和支撑作用。要全面压实责任，强党性、勇担当、敢行动、真落实，加快推进防震减灾规划财务工作高质量发展。各单位党委（党组）要高度重视规划财务工作，

严格落实工作规则和议事内容清单要求，对重大项目安排和大额资金使用充分讨论集体研究决策，以高度的政治责任感严格落实重大事项请示报告制度。

（二）注重战略导向，推动规划落实

要紧扣中国地震局党组防震减灾事业高质量发展的战略部署，落实局党组确定的业务发展思路和自身建设要求，全力推进"十四五"规划的落实，坚持项目落实和任务完成并重，确保规划目标如期实现。要充分发挥"大应急"体系作用，精准聚焦局党组工作部署，持续推进项目储备提质扩面，不断提升重大项目的管理能力和建设成效。各单位要结合省情、震情，立足实际，坚持抓重点、补短板、强弱项，坚持需求导向、问题导向、目标导向，充分发挥双重计划财务体制的优势，积极争取地方投资支持，推动防震减灾事业与国民经济社会发展深度融合。

（三）深化预算改革，强化预算管理

按照中国地震局党组"坚决落实党中央、国务院关于预算管理制度改革的重要部署，克服'分钱'的固有观念，加大预算统筹和约束力度，强化预算绩效管理"的地震系统预算改革的思路，认真学习贯彻《关于进一步深化预算管理制度改革的意见》，完善制度建设，缺失的要补充完善，失效的要及时修订，繁杂的要精简优化，空洞的要实化细化，确保财务管理制度体系全覆盖。按照有效管用的原则，完善各项制度流程，确保制度具有可操作性，以"精细化制度约束"取代"粗放型管理"。加快推进预算管理一体化建设试点工作。要坚持过紧日子，高度重视项目储备，提高项目成熟度，着力构建项目全生命周期管理体系，强化零基预算理念，打破常规项目预算固化模式，推进支出标准体系建设。强化绩效管理，推进绩效管理走深走实。建立健全预算安排与执行进度、项目文本质量、项目实施绩效以及财务监督结果等多个方面挂钩机制，不断增强预算约束力，精准传导压力，破解预算管理难题，发挥好预算对事业改革发展的导向作用。

（四）强化监督检查，防范化解风险

各单位要不断提高思想认识和政治站位，把监督检查成果升华为顶层设计，从源头上、根本上健全长效机制，更好地发挥规划财务工作对事业发展的支撑保障和导向作用。要落实财务监督管理责任，严肃财经纪律，加强过程管理，强化对关键环节和重点领域的把控，加强风险防控，建立健全覆盖预算、政府采购、收支、资产、合同、基建工程等业务层面的内控体系。强化国有资产和招标采购的归口管理，强化对关键环节和重点领域的把控，杜绝"甩手掌柜""一放了之"现象，避免监管真空、盲区。同时要规范权力运行，组织开展预算、支出报销、决算"三公开"，主动推动信息公开，加强群众监督。

（五）夯实工作基础，建设一流队伍

各单位党委（党组）要全面落实主体责任，切实加强对规划财务工作的领导和支持。加强队伍建设，关心规划财务干部成长，选优配强规划财务干部。持续开展业务能力培训，打造一支政治过硬、业务精通、作风优良、勇于改革、善于创新的新时代规划财务工作队伍。规划财务战线同志要坚定理想信念，加强党风廉政建设，锤炼过硬专业本领，始终保持"事不避难，勇往直前"的勇气、担当和韧劲，把岗位当作施展才华、干事创业、无私奉献的平台，忠于职守，扎实工作，不辱使命。要提升服务意识，完善制度、优化流程，为业务和科研人员提供优质服务。要善学善思、求实创新、精益求精，大力弘扬"工匠精神",当好新时代防震减灾事业高质量发展的"管家"和"参谋"。

（六）落实主体责任，抓好预算执行

各单位党委（党组）要压实主体责任，财务与业务部门通力配合、各负其责，纪检、审计部门强化监督，形成合力，做好岁末年初预算执行工作，要认真贯彻落实过紧日子有关要求，严格执行财经纪律和国库集中支付制度，按照部门预算、项目进度、合同约定和规定程序支付资金，预算执行既要合法合规，又要防范风险。现在已经到了2022年预算"一下""二上"阶段，各单位在做好2021年预算执行的同时，也要超前开展2022年项目实施方案、市场调研、需求论证、招标采购等前期准备工作，为2022年预算执行打下坚实的基础。

（中国地震局办公室）

中国地震局党组成员、副局长陈小军在防震减灾融媒体建设工作会议上的讲话（摘要）

（2021年11月18日）

一、深刻认识重要意义

（一）推进防震减灾融媒体建设是落实习近平总书记关于防灾减灾救灾、新闻舆论、科学普及重要论述的必然要求

防震减灾事业发展关系人民生命财产安全和经济社会发展全局，推进防震减灾融媒体建设，不断增强宣传舆论和科学普及能力水平，是地震系统贯彻习近平总书记重要论述精神，落实党中央决策部署，更好服务社会经济发展大局，满足人民群众新期待的重要职责。

（二）推进防震减灾融媒体建设是落实意识形态工作责任制的必要举措

做好意识形态工作，责任制是"牛鼻子"。地震系统拥有出版社、报刊、政务网站和社交媒体等不同形式的意识形态阵地，都必须管住管好。推进防震减灾融媒体建设是加强意识形态阵地的统筹管理，落实工作责任，巩固宣传思想阵地，夯实意识形态工作根基的重要抓手。

（三）推进防震减灾融媒体建设是营造防震减灾事业高质量发展良好舆论环境的重要保障

推进融媒体建设的进一步发展，充分利用网络等信息化手段，主动引导社会公众支持和参与，提升社会公众在防震减灾领域的知情权，改进"互联网+科普"工作，让防震减灾成果最便捷地惠及全体人民，凝聚社会正能量，打通引导群众、服务群众"最后一公里"，是实现防震减灾事业高质量发展的必要途径。

二、准确把握目标任务

（一）准确把握建设目标

要通过激发"合力+活力"，打造"平台+作品"，实现地震系统融媒体平台粉丝数量和"10万+"作品量的"双增长"，推动提升防震减灾宣传科普工作的传播力和影响力。具体来说，就是完善融媒体运行机制，优化采编工作流程，逐步在人才队伍、品牌建设、资源库建设、"现象级"产品生产等方面实现突破，打造"重大宣传统一策划、统一采写、统一编审、统一发布，日常宣传分工负责"的全媒体传播功能体，建立完善现代化防震减灾融媒体平台，努力建设防震减灾事业高质量发展舆论宣传阵地。

（二）准确把握主要任务

一是始终坚持政治方向。以习近平新时代中国特色社会主义思想为指导，坚持党管宣传、党管意识形态，突出政治要求，严把政治标准，做大做强正面宣传，把防震减灾融媒体建设成为宣传学习贯彻习近平总书记关于防灾减灾救灾重要论述的主阵地。始终把社会效益放在首位，坚持正确舆论导向和价值取向，贴近实际、贴近生活、贴近群众，创造经得起受众评价和时间检验的优秀作品，呈现防震减灾事业发展成效和地震人的良好精神风貌，满足公众的防震减灾信息需求。

二是加快形成矩阵效应。整合宣传科普信息资源和发布渠道，通过建立传播矩阵推动宣传科普工作在传统渠道和新媒体渠道之间融通，形成矩阵有机生态链，促进各种传播方式之间优势互补，多用社会公众喜闻乐见的形式来运营和"增粉"，变用户为粉丝，在扩大媒体矩阵影响力的同时，催生新的生产力。

三是充分发挥人才优势。通过体制机制创新，进一步发掘人才潜力，实现"1加1大于2"。要坚持中国地震局全局一盘棋，强化人才整合，重视融媒体专门人才培养和使用，着力破除束缚人才发展的思想观念，充分激发人才创造活力，大兴识才、爱才、敬才、用才之风，培养一支既懂业务又懂宣传、既懂科技又懂科普的防震减灾融媒体工作专兼职人才队伍，努力形成人人关心宣传、人人了解宣传、人人参与宣传的大好局面。

四是切实提升宣传效果。要在整合资源的基础上，提升宣传科普"合力"，激发宣传科普"活力"，聚焦精品生产，提升宣传效果，充分了解受众群体特征，打造"新内容"，运行"新模式"，满足社会公众对防震减灾信息的多层次需求，为社会公众提供更加优质的信息服务，增进社会公众对防震减灾事业的理解和支持，努力为发展减灾事业高质量发展营造良好社会舆论环境。

三、正确处理辩证关系

（一）"新"与"旧"的关系

随着互联网技术的发展，社会公众的信息需求和信息接收渠道发生了很大变化，地震系统及时通过运用新媒体平台传播行业声音、提供公共服务，进行了有益尝试，涌现一批优秀产品。传统媒体和新兴媒体不是取代关系，而是迭代关系；不是谁主谁次，而是此长彼长；不是谁强谁弱，而是优势互补。地震系统的媒体融合也不是用新媒体替代传统媒体，而是融合系统内书刊出版等传统媒体和网站、微博、微信等新媒体资源，融合系统内院士专家、新闻宣传人员、科技普及工作者等人才力量，融合新闻媒体、志愿者、企事业单位等社会资源，最大限度调动资源力量。

（二）"统"与"分"的关系

融媒体建设过程中，"统"与"分"的关系是个关键问题。目前，有些单位虽然建成了采编发联动指挥调度中心平台，但是在实际工作中各媒体仍然各自为战，造成表面融合、实则"两张皮"的现象。我们要吸取这方面的教训，发挥集合优势和矩阵效应，把全系统的宣传科普力量汇聚起来。既要加大"统"的力度，实现重大宣传统一策划、统一采编、统一审核、统一发布，打造强大声势。又发挥"分"的优势，保持和提升创作单位活力，充分利用好现有的人才和平台资源，不断激活力量和平台，把本地区本领域的宣传科普工作做大做强，打造鲜明特色，共同为防震减灾事业发展提供坚强支撑。

(三)"正"与"活"的关系

防震减灾融媒体建设必须秉持正确价值取向、坚守神圣责任使命，牢牢把握住为防震减灾高质量发展服务这个主题，合理利用新技术新应用，确保发布信息的真实性、客观性、权威性，大力弘扬时代主题和主流价值，积极培育向上向善的行业文化。同时要充分激发各类主体的积极性，坚持内容为王，通过强化理念塑造、流程优化和平台再造，打造形态多样、手段先进、竞争力强的地震系统新型媒体，在信息时代发展的汹涌大潮中拓展媒体发展的广阔空间，努力使媒体发展体现时代性、把握规律性、富于创造性。

(四)"内"与"外"的关系

防震减灾融媒体建设首先要实现地震系统内部资源的共享，要敢于打破地震系统内部资源分散、分布的藩篱，实现思想融合、媒体融合、人员融合、资源融合，将地震系统内全部新媒体优质平台、成功渠道、技术创新视作防震减灾融媒体拓展的"增量"主体。同时，要积极吸收外部力量和外部资源参与防震减灾融媒体建设，越来越多的企事业单位瞄准新技术新需求，聚集了一大批专业人才，我们要通过社会化项目、宣传科普合作等方式实现"为我所用"。推动地震行业的价值理念、社会形象、权威信息、品质内容进入主流媒体。

四、努力取得建设实效

(一)加强组织领导，落实工作责任

各单位要切实提高政治站位，把推进融媒体建设作为当前的一项重要工作任务。中国地震局属各单位一把手负起主体责任，严把政治关、意识形态关，按照"谁开设、谁负责""谁主管、谁负责"的原则，压实责任，加强监管。要关心关注宣传力量建设，专门安排新闻宣传和科学普及经费，确保专门工作小组和驻地通信站工作正常开展，要把融媒体建设相关工作纳入年度考核，作为评奖评优的重要依据。中国地震局办公室作为融媒体建设主管内设机构，要认真贯彻意识形态工作责任制，积极协调推动中国地震局机关各内设机构、各单位支持和加强融媒体建设，与公共服务司一起会同局机关各内设机构依职能分别对新闻宣传稿件和科普作品审核把关。中国地震局发展研究中心要切实承担起主办职责，组建团队，积极运维融媒体平台，建好融媒体品牌，牵头组织防震减灾宣传科普核心资源库的建设和使用管理。北京市地震局、山东省地震局、浙江省地震局要发挥融媒体协办单位作用，建好专门工作小组，承担区域协调和专项任务。

(二)加强顶层设计，整合人员力量

要进一步完善融媒体建设方案，加快建立健全融媒体建设机制，切实调动全地震系统参与融媒体建设的积极性。要加强政治学习，把习近平总书记关于防灾减灾救灾、新闻舆论、科学普及的重要论述作为必修课，切实提高政治站位。要加强业务培训，让参与融媒体建设和宣传科普工作的人员不断掌握新知识、熟悉新领域、开拓新视野、适应新形势，不断增强脚力、眼力、脑力、笔力，增强防震减灾融媒体的生产能力、聚合能力及传播能力。要建立指挥调度中心，真正实现新闻信息"一次采集、多种生成、多元播发"。

(三)融合资源平台，提升传播能力

中国地震局发展研究中心牵头组织建立防震减灾融媒体核心资源库，建立收集和审核

标准，对防震减灾领域的媒体信息、科普资料、历史影像、重要稿件、图片资料、音频视频等数据进行统一规范存储，实现资源共享、信息增值及优质服务，为社会力量深度加工再利用提供权威高效的基础服务。各单位要积极主动配合完成核心资源库建设，及时将各类信息上传。要聚焦传播能力提升，深入了解系统资源特点，组建社交媒体矩阵，不断推进传统媒体与新媒体在内容、渠道、平台、管理方面的深度融合，实现重大宣传统一指挥部署，分层管理，切实提升防震减灾重大宣传的效果。

（四）坚持稳中求进，做好经验推广

按照分步建设、逐步推进的原则开展试运行。中国地震局发展研究中心牵头，北京市地震局、山东省地震局、浙江省地震局主动配合，其他各单位积极参与，按照中国地震局党组重点部署和社会公众需求，积极策划选题、制作融合产品。在试运行过程中积累和总结推广经验，及时校准偏差，探索更加符合地震系统实际的融媒体运作方式，切实发挥融媒体传播功能。结合当前六中全会宣传，要充分发挥融媒体作用，用好网站、微博、微信等各类宣传阵地，营造浓厚学习氛围。要主动借助融媒体传播优势，着力打造一批形态多样、手段先进、具有竞争力的新媒体账号，建成几家拥有强大实力的示范单位，大力倡导院士专家、科技人员通过新媒体开展科普活动。要正确理解融媒体建设，坚持轻资产的理念和非必要不投入的原则，落实"过紧日子"要求，防止盲目开展硬件建设，统筹规划、集约建设融媒体平台。

（中国地震局办公室）

2021 年发布《地震信息化标准体系表》等 5 项地震行业标准

标准名称：DB/Z 1—2021《地震信息化标准体系表》
英文名称：Standard system diagram for earthquake informatization
发布日期：2021 年 9 月 6 日
实施日期：2022 年 1 月 1 日
范　　围：本文件给出了地震信息化标准体系的框架结构、层次划分和标准化对象。本文件适用于地震信息化标准的规划、制修订及实施。

标准名称：DB/T 13—2021《地面震动观测仪器接口与控制》（代替 DB/T 13—2000）
英文名称：Interface and control of ground motion observation instruments
发布日期：2021 年 9 月 6 日
实施日期：2022 年 1 月 1 日
范　　围：本文件规定了传感器输出接口、数据采集器的传感器输入接口、授时接口、网络通信接口、电源接口连接器规格及接端定义、输入输出指标。本文件适用于数据采集器、传感器（地震计、力平衡加速度计）的设计、生产、使用、维护、引进和质量监督。

标准名称：DB/T 85—2021《地震监测台网编码规则》
英文名称：Coding rules for earthquake monitoring network
发布日期：2021 年 11 月 11 日
实施日期：2022 年 4 月 1 日
范　　围：本文件规定了地震监测台网的编码原则和编码方法。本文件适用于各类地震监测台网代码的编制，用于地震监测台网的管理，以及产出产品的标志。其他行业地震监测台网代码编制可参照使用。

标准名称：DB/T 86—2021《地震波形数据通道标识》
英文名称：Identification of seismic waveform data channel
发布日期：2021 年 11 月 11 日
实施日期：2022 年 4 月 1 日
范　　围：本文件规定了地震波形数据通道代码和通道标识码。本文件适用于测震台站、强震动台站、地震烈度速报与预警台站和全球导航卫星系统（GNSS）基准站的地震波形数据的汇集、管理、处理与共享。

标准名称：DB/T 87—2021《地震观测仪器型号编码及名称命名规则》
英文名称：The rules of model coding and nomenclature for earthquake observation instrument

发布日期：2021 年 11 月 11 日

实施日期：2022 年 4 月 1 日

范　　围：本文件规定了地震观测仪器的型号编码及仪器名称命名的原则和方法。本文件适用于地震观测仪器的列装和管理。

中国地震局 中国科协关于印发《"十四五"防震减灾科普规划》的通知

各省、自治区、直辖市地震局、科协，新疆生产建设兵团科协，中国地震局各直属单位：

根据党中央、国务院关于科普和防震减灾工作的要求部署，为增强社会公众防震减灾意识和应急避险、自救互救能力，提升全民防震减灾科学素质，中国地震局、中国科协联合制定《"十四五"防震减灾科普规划》，现印发给你们，请认真贯彻执行。

中国地震局　中国科协
2021年12月22日

"十四五"防震减灾科普规划

为深入贯彻落实习近平总书记关于防灾减灾救灾、科学普及和科学素质建设重要论述精神，实现防震减灾科普高质量发展，根据《中华人民共和国科学技术普及法》《中华人民共和国防震减灾法》，依照《全民科学素质行动规划纲要（2021—2035年）》的总体要求与战略部署，按照《中国地震局"十四五"国家防震减灾规划编制工作方案》要求，制定本规划。

一、发展环境

习近平总书记指出"科技创新、科学普及是实现创新发展的两翼，要把科学普及放在与科技创新同等重要的位置。没有全民科学素质普遍提高，就难以建立起宏大的高素质创新大军，难以实现科技成果快速转化"。要求建立防灾减灾救灾宣传教育的长效机制，号召广大科技工作者以提高全民科学素质为己任，把普及科学知识、弘扬科学精神、传播科学思想、倡导科学方法作为义不容辞的责任，在全社会推动形成讲科学、爱科学、学科学、用科学的良好氛围。习近平总书记的重要论述是新时代防震减灾科普工作高质量发展的根本遵循。

（一）防震减灾科普工作取得的成效

在以习近平同志为核心的党中央坚强领导下，"十三五"期间各地各部门认真贯彻党中央、国务院决策部署，围绕新时代防震减灾事业现代化建设，对接国家科普事业总体规划，组织实施《全民科学素质行动计划纲要实施方案（2016—2020年）》《国家防震减灾规划（2006—2020）》等，贯彻落实《加强新时代防震减灾科普工作的意见》和两届全国防震减灾科普大会精神，开拓进取，守正创新，防震减灾科普能力明显提升，为服务国家经济社会发展，保障人民群众生命财产安全作出了积极贡献。

政治引领更加突出，始终坚持党对科普工作的全面领导，坚持"两个至上"，贯彻"两个坚持、三个转变"工作方针，把防震减灾科学普及和科技创新放在同等重要的位置。工作格局不断完善，各地应急、科技、教育、科协、地震等部门协同合作机制逐步建立，齐抓共管的工作局面正在形成，广泛参与防震减灾科普的社会氛围更加浓厚。主题活动卓有成效，"六进"活动扎实开展，在全国防灾减灾日、科技活动周、全国科普日等重要时段，线上线下相结合开展形式多样、内容丰富的科普活动，打造全国防震减灾科普讲解大赛、作品大赛、知识大赛、"千场讲座"等品牌活动，科普深度与广度得到有效提升。科普创作成果丰硕，生产发行电影、图书、科普剧、动漫、微视频、绘本、挂图等大批多种形式的优秀作品，多部作品获得省部级奖励。防震减灾科普支持地震多发区力度不断加大，充分发挥普及知识、解疑释惑、引导舆论的积极作用。业务能力明显增强，"十三五"期间创建国家防震减灾科普教育基地79个、国家防震减灾科普示范学校294所，防震减灾科普内容逐步进入各级科技场馆，地震系统网站、新媒体矩阵传播效应显现，传播力、影响力不断扩大，初步形成由专兼职人员组成，包括专家和志愿者在内的科普人才队伍。

（二）机遇挑战

面临机遇。党的十九届五中全会提出，"统筹发展和安全，建设更高水平的平安中国""坚持人民至上、生命至上，把保护人民生命安全摆在首位，全面提高公共安全保障能力"，地震安全作为平安中国和保障人民生命安全的重要组成，对防震减灾科普工作提出了新要求。"全灾种、大应急"管理体制和提高地震灾害综合防治能力、防范化解地震灾害风险的转型要求，为防震减灾科普工作开拓了新格局。创新供给、融合传播、智慧服务、社会协作、精准评估成为科学普及新常态，基于互联网的新技术应用为防震减灾科普工作提供了新动能。

面临挑战。地震多、强度大、分布广、灾害重是我国的基本国情，未来五年我国震情形势依然复杂严峻；特大城市和城市群在产业布局、国土空间利用、基础设施建设中对大震巨灾风险考虑有待加强；社会公众防震减灾意识仍需进一步提高；防震减灾科普工作机制还不健全；新技术新成果的科普转化不够，融媒体传播平台建设滞后，高质量科普作品创作与推广不足，共建共享的核心资源库尚未形成。

总体上看，"十四五"时期我国防震减灾科普事业改革发展机遇与挑战并存，必须深刻认识新发展阶段的新要求，着眼"两个大局"，牢固树立总体国家安全观，认识和把握防震减灾科普发展规律，抢抓机遇，应对挑战，推进防震减灾科普事业高质量发展。

二、指导思想、基本原则与发展目标

（一）指导思想

以习近平新时代中国特色社会主义思想为指导，深入贯彻落实习近平总书记关于防灾减灾救灾、科学普及和科学素质建设的重要论述精神，坚持党的全面领导，坚持以人民为中心，坚持统筹发展和安全，以防震减灾现代化建设为依托，以提升公民防震减灾科学素质、加强防震减灾科普能力建设为重点，推进精品化生产、智慧化传播、社会化协作、国际化发展、法治化保障，实现防震减灾科普高质量发展，不断增强社会公众防震减灾意识，减轻地震灾害风险，全面提升全社会抵御地震灾害的综合防范能力，为全面建设社会主义现代化国家提供地震安全保障。

（二）**基本原则**

加强党的全面领导。坚持党对防震减灾科普工作的领导，提高政治站位、强化政治意识，落实意识形态工作责任制，将培育和践行社会主义核心价值观贯彻科普工作全过程，大力弘扬抗震救灾精神，勇于担当作为，坚定初心使命，聚焦公众科学素质提升，为实现防震减灾高质量发展提供根本保障。

坚持"两个至上"。坚持人民至上、生命至上，把人民生命安全放在首位，把服务经济社会发展和满足人民群众地震安全需求作为出发点和落脚点，提升社会公众防震减灾意识和应急避险能力，不断满足人民群众对包括地震安全在内的美好生活需求。

强化创新拓展。准确把握时代特征，始终站在时代前列和实践前沿，把握防震减灾科学发展趋势，持续推进防震减灾科普资源供给侧改革，不断加强精品创作、活动创新和融媒体建设，扩大防震减灾科普覆盖面、传播动能和影响力。

坚持精准施策。科学认识和系统把握地震致灾规律及防震减灾科普规律，围绕不同人群和区域的科普需求，有针对性地制定科普策略、创作科普产品、组织科普活动，开展防震减灾科普评估。

扩大开放合作。强化"党委领导、政府主导、部门协作、社会参与"，落实各级政府的主体责任，广泛动员社会力量，深化国际国内和部门内外合作交流。完善地震部门与应急管理、科技、教育、科协等部门的协同联动机制，形成共享、开放、协调的防震减灾科普工作局面。

（三）**发展目标**

到2025年，服务国家重大发展战略和新时代防震减灾事业现代化建设的能力显著提升。科普精品创作规模不断扩大，与社会公众地震安全需求相适应的科普供给能力明显提高。科普平台建设取得较大进展，精准化传播水平有效增强，防震减灾科普品牌在国内产生重要影响。科普工作机制不断完善，与监测预报、震害防御、地震科技创新、地震应急服务等领域融合式发展的现代化科普体系基本建成。防震减灾科普社会化程度显著提高，社会力量广泛参与，公众科学素质进一步提升。

——广泛普及防震减灾科学知识、弘扬防震减灾科学精神、传播防震减灾科学思想、倡导防震减灾科学方法，研究构建我国公民防震减灾科学素质的评价体系。

——形成以科普图书、音视频、交互性产品等为核心，满足不同人群需求的科普产品体系。出版精品图书20部，发布特色音视频作品累计时长超1000分钟，向社会推送百部科普精品。

——打造科普教育基地和示范学校、防震减灾融媒体、流动科普场馆等功能互补的传播平台。新增国家防震减灾科普教育基地50个、示范学校500所，省级科普教育基地和示范学校总量增加3000个。推进在地震重点监视防御区每个市（地、州、盟）建设1个包含防震减灾内容的综合性科普场馆。

——推进科技人员和科普人员深度融合，吸引各类人才参与防震减灾科普，动员鼓励更多科技工作者投身科普实践。遴选30名国家防震减灾首席科学传播师，300名省级防震减灾科学传播师。

——推进科技与科普融合，力争80%以上国家级基础研究项目有科普产出。

——社会化参与程度明显提升。鼓励支持社会组织、企业等参与防震减灾科普工作，培育一批与科普工作衔接紧密、能力突出、效益明显的社会组织、企业。

三、主要任务

（一）围绕国家重大战略和安全发展需要，提升防震减灾科普服务能力

围绕京津冀协同发展、长江经济带发展、粤港澳大湾区建设、长三角一体化发展、黄河流域生态保护和高质量发展等区域发展战略和推进乡村振兴、新型城镇化建设等重大战略，依托自然灾害防治工程、国家地震烈度速报与预警工程等重大项目，坚持科普为政治夯基、为发展赋能、为安全服务，加大对地震重点监视防御区、中心城市和城市群、革命老区、民族地区、边远地区、欠发达地区的科普服务力度，为防震减灾服务国家重大战略和安全发展营造良好氛围。

聚焦应急科普服务，在突发地震事件发生后，发挥跨行业、跨部门合作机制，及时发布科普产品，做好政策解读、知识普及。坚持日常科普与应急宣传相统一、经常性科普与集中式科普相统一，建设防震减灾融媒体核心资源库，强化与媒体的沟通协调，加大应急科普作品的传播推广力度，提高社会公众地震应急意识和应对能力。

面向青少年、农民、产业工人、老年人、领导干部和公务员等重点人群，有针对性地开展防震减灾科普"六进"，推进防震减灾知识纳入中小学生安全教育、各级党校（行政学院）培训内容等，普及防震减灾科学知识，弘扬抗震救灾精神，传播防震减灾文化，激发防震减灾科学兴趣，有效提升全社会防震减灾科学素质。

（二）加强科普创新创作，提升防震减灾科普多元化供给能力

丰富科普创作内容。加强科普与防震减灾业务各层面、各环节融合发展，围绕地震监测预警、现代化站网建设、地震灾害风险防治等，创作内容丰富、通俗易懂、形式多样的科普产品，为社会和公众提供地震监测预警、地震活动断层、地震动参数区划图、地震安全性评价、减隔震技术、应急避险和自救互救等科学知识和实用方法。

推进科普源头创新。发挥科研院所、高校、社会研究机构科普源头创新作用，鼓励院士、优秀科学家和科技创新团队丰富科普创作与产出，推动最新科技成果的科普转化。加强科普内容与国家重点科研项目和重大科学工程融合创作。依托中国地震科学实验场、深部探测技术与实验研究专项、灾害风险调查和重点隐患排查工程、地震易发区房屋设施加固工程等强化科技项目成果科普转化，提升科普产品科学性、权威性。

鼓励支持科普原创。弘扬抗震救灾精神，挖掘、整理和传承防震减灾文化，吸纳文学、艺术、教育、传媒等社会各方面力量繁荣产品创作，促进原创优秀科普作品不断涌现。加强和互联网平台的合作，共同策划创作适合移动互联网传播规律的防震减灾科普精品。

大力推进科普场馆建设。按照因地制宜、特色鲜明、标准规范的原则，推进防震减灾科普内容进各级科普实体场馆，推进在地震重点监视防御区每个市（地、州、盟）建设1个包含防震减灾内容的综合性科普场馆；广泛应用数字技术，建设防震减灾数字科普馆

（博物馆），开发现代科普展品展项。充分发挥地震科普馆、抗震纪念馆、地震监测中心站、重点实验室等作用，在全国防灾减灾日等重点时段向社会公众开放。

（三）推进传统媒体和新兴媒体融合发展，提升防震减灾科普传播能力

创新科普服务模式。推进防震减灾科普与大数据、云计算、人工智能、移动互联等信息技术深度融合，依托满足公众需求的各种社交媒体信息平台，充分利用用户数据资源，创新用户驱动的科普服务模式，实现科普信息即时获取、精准推送，提高防震减灾科普传播效率。

建强融合传播平台。充分发挥中国地震台网速报微博示范作用，建强中国地震局官方网站、新媒体等科普传播平台，创建中国地震科普网品牌。依托防震减灾融媒体建设，推进图书、报刊、音像等与新媒体深度融合，做强融媒体品牌，显著提升科普传播能力。积极发挥省市县地震主管部门信息发布平台科普传播作用，引导主流媒体平台和抖音、快手等新兴媒体平台参与科普传播，实现科普内容一次创作、多次开发，全媒体呈现、多渠道推送传播。

用好社会传播平台。依托"科普中国"平台，创作、引导优质科普资源进入中小学校园。推进防震减灾科普融入社会媒体和公共科普馆，提高传播能力。鼓励传媒、广告等相关行业和各类机构加大科普知识、热点事件、科技人物、科技成果等传播力度，提升科普传播效益。

（四）加强科普业务、人才和制度建设，提升防震减灾科普体系整体效能

加强防震减灾科普业务体系建设。推进"国省两级、辐射市县"防震减灾科普业务体系建设。统筹谋划、建立全国防震减灾科普业务布局，理顺科普业务和管理体制机制，出台相应的业务流程、标准和规范，强化基层科普指导，确保科普工作持续稳定高质量发展。

加强防震减灾科普人才体系建设。强化开放合作，建立国家、省级防震减灾科学传播师队伍，支持鼓励院士专家、科技工作者、社会各界人才参与科普工作。各省级地震部门要建设高素质的科普人才队伍，着力完善科普人才队伍培养机制，全面提高人才队伍专业化水平。

加强防震减灾科普制度体系建设。完善科普组织管理机制，制定科普工作规则，健全省（自治区、直辖市）科普业务运行工作制度，编制科普场馆建设、示范学校认定等标准规范，建立以公众关注度和满意度为核心的科普评价体系，推动科普工作制度化、标准化、规范化发展。

（五）深挖防震减灾科普潜力，提升社会化国际化水平

扩大防震减灾科普社会化途径。健全完善相关工作机制，深化与应急、科技、科协、教育等相关部门、行业的战略合作，充分发挥各级学会、协会、研究会等社团作用，探索创新跨行业、跨领域的科普合作模式。

推动防震减灾科普产业发展。结合防震减灾科普领域工作实际，广泛吸纳社会力量和资源，探索科普市场化运作模式，培育一批具有较强实力的科普企业，鼓励引导企业参与科普活动，参与科普产品的研发、生产和推广，逐步形成防震减灾科普产业链。

建立防震减灾国际合作机制。积极同世界各国开展防震减灾科普交流，推进科普资源国际共享，充分利用"一带一路""中国—东盟"等扩大防震减灾科普国际影响，为其他国家开展防震减灾科普提供中国智慧、中国方案。

四、重点工程

（一）防震减灾科普品牌创建工程

围绕"了解地震，减轻风险"科普主题，推动建设以科普作品、科普活动为主体，以融媒体中心为载体的科普品牌体系，创建个性独特、内涵丰富的科普品牌形象，打造核心科普创作团队，研发创作高质量科普产品，组织特色科普活动，加强科普品牌落地应用，提升品牌效应和传播效益。

实施科普精品创作。持续创作院士系列科普图书，做好衍生科普产品创作，"十四五"期间产出不少于10部（件）院士系列科普精品。聚焦社会公众需求和行业核心职能，引导社会力量参与开发地震监测预警、地震灾害风险防治、公共服务等领域不少于5部（件）科普精品。结合国内重大地震事件周年纪念日等特殊时间节点，拍摄制作主题科普视频。推动"防震减灾优秀科普作品榜"建设，不断增强科普作品创作源头活力。建设防震减灾融媒体核心资源库，规范防震减灾科普产品标准。

深入推进科普主题活动。扩大防震减灾科普供给，以面向民族学校开展图书捐赠、科普讲座、应急演练、教师培训等系列活动为抓手，引领带动各地中小学校广泛参与，着力提升青少年防震减灾科学素养。持续打造防震减灾科普讲解大赛、作品大赛等具有一定知名度和影响力的精品活动。发挥国家防震减灾科普教育基地资源优势，开展"云游科普馆""防灾馆游学""科普体验营"等系列活动。

（二）防震减灾科普智慧服务工程

搭建智能化科普传播平台。充分发挥防震减灾融媒体中心和中国地震局地震科普传播研究中心作用，加强中国地震科普网建设，提升中国地震局官方网站、中国地震台网速报微博等科普智慧服务水平，打造集需求分析、选题策划、产品创作、产品发布、效果评估于一体的科普综合业务平台，推动传播方式、组织运营、服务推广等创新升级，为社会公众和各级政府部门、行业组织提供多种界面（网页、公众号、自媒体、智能终端APP、小程序等）的全天候防震减灾科普信息精准服务。推进在防震减灾科普教育基地和示范学校中布设全媒体终端，提升科普宣传覆盖面。

加大先进技术应用。建设中国数字地震科普馆。充分利用虚拟现实/增强现实技术、静态图像和远程控制视频点播系统、3D打印等高新技术，运用高分辨率三维数字影像展示、人机互动、实物及模型展示、房屋设施地震反应体验等形式，开发包括科普动漫、科学实验、互动游戏、情景视频等科普精品智能课程，提供智慧科普服务。

（三）防震减灾科普主体培育工程

组建防震减灾科普"国家队"，培养防震减灾科普领军人才、骨干人才和创新团队，加大培训力度，通过项目带动、交流合作等措施，打造科普核心力量。鼓励科技人才产出精品。实施防震减灾科学传播师培育计划，联合中国科协扶持培育防震减灾科普专家，打造防震减灾科学传播权威专家团队。

夯实科普阵地，在现有国家级科普教育基地的基础上，支持打造 1~2 个示范性精品科普场馆，逐步形成主题鲜明、分布合理、针对性强的防震减灾科普场馆体系。到 2025 年创建国家防震减灾科普教育基地 50 个、示范学校 500 所，省级科普教育基地和示范学校总量增加 3000 个。加强地震遗迹遗址的保护和发掘，推动建设国家地震遗址遗迹公园。

动员和组织社会各界人员积极参加科普工作，壮大防震减灾科普志愿者队伍。定期面向社会发布科普创作指南，通过举办科普展览会等形式，积极引导社会力量利用新技术开发科普产品，推动主题展览巡展和科普产品交流展示，培育一批从事地震科普策划、设计、创作、展览的企业单位。强化各级政府机构、各行业部门的科普资源共享，实现科普产品更新迭代，推动防震减灾科普高质量发展。

五、保障措施

（一）加强组织领导

要加强对防震减灾科普工作的组织领导，各单位结合实际制定实施方案，细化工作分工，落实责任主体，加强规划实施与年度计划的衔接，明确规划各项任务的推进计划、时间节点和阶段目标。强化统筹协调，确保规划实施有序推进，确保重大举措有效落地，确保各项目标如期实现。

（二）强化政策支持

建立科普成果转化机制和激励机制，发挥防震减灾科学技术成果奖科普专项示范带动作用，推动将科普成效纳入各类基础科研项目、重大科技任务的绩效评估体系。压实科技工作者的科普责任，把科普作为科技人员职称评聘、绩效考核的重要参考。推动科普工作业绩与专业技术人员职称评定体系融通对接。在表彰奖励、人才计划实施中充分考虑科普，并予以支持。

（三）完善经费保障

把防震减灾科普规划组织实施纳入年度目标考核，推动科普与其他工作同步安排，建立考评体系，加强经费使用绩效考评。保障财政科普经费投入力度，鼓励引导社会资金通过建设科普场馆、开展科普活动等多种形式投入科普，形成多元化投入机制。在地震科技项目、专项任务中安排一定比例经费用于防震减灾科普。探索建立社会资金投入机制，发挥市场作用，按照"谁投入、谁受益"的原则，推动防震减灾科普产业发展。

（四）加强监督评估

建立健全规划实施评估制度，将规划任务落实情况作为督查和评价的重要内容。定期开展规划实施中期评估和总结评估，分析实施进展情况及存在问题，并提出改进措施，及时公布进展情况报告。

浙江省第十三届人民代表大会常务委员会公告

（第 49 号）

《浙江省人民代表大会常务委员会关于修改〈浙江省防震减灾条例〉等五件地方性法规的决定》已于 2021 年 3 月 26 日经浙江省第十三届人民代表大会常务委员会第二十八次会议通过，现予公布，自公布之日起施行。

浙江省人民代表大会常务委员会
2021 年 3 月 26 日

浙江省防震减灾条例

（2014 年 5 月 28 日浙江省第十二届人民代表大会常务委员会第十次会议通过　根据 2017 年 11 月 30 日浙江省第十二届人民代表大会常务委员会第四十五次会议《关于修改〈浙江省水资源管理条例〉等十九件地方性法规的决定》第一次修正　根据 2021 年 3 月 26 日浙江省第十三届人民代表大会常务委员会第二十八次会议《关于修改〈浙江省防震减灾条例〉等五件地方性法规的决定》第二次修正）

第一条　为了防御和减轻地震灾害，保护人民生命和财产安全，促进经济社会的可持续发展，根据《中华人民共和国防震减灾法》和有关法律、行政法规，结合本省实际，制定本条例。

第二条　本条例适用于本省行政区域内的防震减灾活动。

第三条　县级以上人民政府应当加强对防震减灾工作的领导，将防震减灾工作纳入国民经济和社会发展规划，健全防震减灾工作体系，完善防震减灾工作责任制，加强防震减灾工作机构和队伍建设。

县级以上人民政府应当将防震减灾工作所需经费列入本级财政预算，并建立与经济社会发展水平相适应的防震减灾投入增长机制。

县级以上人民政府地震工作主管部门以及应急管理、发展改革、财政、民政、卫生健康、公安、住房城乡建设、水行政、交通运输、自然资源、教育、渔业等部门，按照职责分工，共同做好防震减灾工作。

乡镇人民政府、街道办事处应当依照本条例规定，做好抗震设防、应急处置、应急救援演练、信息报送、防震减灾知识宣传等工作，并明确相应的兼职人员。

第四条　县级以上人民政府抗震救灾指挥机构负责统一领导、指挥和协调本行政区域的抗震救灾工作。

县级以上人民政府抗震救灾指挥机构的日常工作，由本级人民政府应急管理主管部门承担。

第五条 各级人民政府应当鼓励、引导、规范社会组织和个人开展地震群测群防，参与地震应急基础设施建设，参加抗震救灾志愿服务。

县级以上人民政府应当逐步提高防震减灾科学技术研究经费投入，支持高等院校、科研院所和企业事业单位以及其他社会组织开展防震减灾科学技术研究，推广应用先进的防震减灾科学技术。

第六条 县级以上人民政府地震工作主管部门应当会同有关部门，根据上一级防震减灾规划和本地实际情况，编制本行政区域的防震减灾规划，报本级人民政府批准后组织实施，并报上一级人民政府地震工作主管部门备案。

防震减灾规划应当与国土空间规划等规划相互衔接。

第七条 县级以上人民政府地震工作主管部门应当加强地震监测预测预警工作，完善地震监测预警系统、烈度速报系统，提高地震监测预测预警能力和水平。

省地震工作主管部门应当建立健全地震监测预警信息共享平台，为社会提供服务。

第八条 全省地震监测台网由省级地震监测台网和市、县级地震监测台网（站）组成，实行统一规划，分级、分类管理。

省级地震监测台网和市、县级地震监测台网（站）建设、运行和维护的经费，按照事权与财权相统一的原则，列入财政预算。

第九条 大型水库、核电站、跨海跨江特大桥梁、城市轨道交通等重大建设工程的建设单位，应当按照《地震监测管理条例》的规定，建设专用地震监测台网或者强震动监测设施。

专用地震监测台网、强震动监测设施的建设应当符合国家标准、行业标准，保证建设质量。专用地震监测台网、强震动监测设施的运行、管理由建设单位或者管理单位负责，并接受地震工作主管部门的指导。

专用地震监测台网、强震动监测设施的管理单位应当向省地震工作主管部门实时传输监测数据。

第十条 沿海县级以上人民政府地震工作主管部门应当会同应急管理、自然资源、渔业主管部门建立海域地震信息通报制度。

海域地震发生后，县级以上人民政府地震工作主管部门应当立即向同级应急管理、自然资源、渔业主管部门通报情况。

第十一条 一次性齐发爆破用药相当于四千千克梯恩梯炸药当量以上的爆破作业，爆破单位应当在实施爆破作业四十八小时前，将爆破地点、时间以及用药量书面报告爆破作业实施地县级以上人民政府地震工作主管部门。

第十二条 单位和个人观测到可能与地震有关的异常现象，应当向县级以上人民政府地震工作主管部门报告。地震工作主管部门接到报告后，应当立即登记、组织调查核实，并及时予以回复。

第十三条 本省行政区域内的地震预报意见和地震预警信息由省人民政府按照国家规

定程序统一发布。经省人民政府授权，地震预警信息可以由省地震工作主管部门向社会统一发布。

新闻媒体刊登、播发地震预报消息，应当以国务院或者省人民政府发布的地震预报意见为准，并注明发布主体；播发地震预警信息，应当以省人民政府或者其授权的省地震工作主管部门发布的地震预警信息为准，并注明发布主体。

第十四条 设区的市和地震重点监视防御区所在地的县（市）人民政府地震工作主管部门应当委托有资质的单位开展地震断层活动性探测工作，并将探测结果书面通报同级自然资源主管部门和当地乡镇人民政府、街道办事处。

自然资源主管部门在地质勘查过程中，发现地质断层的，应当及时将有关情况通报同级地震工作主管部门。

自然资源主管部门和乡镇人民政府应当依据地震断层活动性探测结果，在国土空间规划中明确建设工程的避让措施或者工程性防御措施。乡村公共设施项目和统一规划建设的村民住宅的选址应当避开地震活动断层。

第十五条 下列区域所在的市、县人民政府应当安排必要的经费和技术力量，组织制定地震小区划图：

（一）地震重点监视防御区内的城市、镇规划区；

（二）位于地震活动断层等复杂地质条件区域内的城市、镇规划区；

（三）需要开发利用但现有地震资料无法确定抗震设防要求的海岛、海域等区域。

第十六条 新建、扩建、改建建设工程，应当达到抗震设防要求。

下列重大建设工程和可能发生严重次生灾害的建设工程应当进行地震安全性评价，并按照经审定的地震安全性评价报告所确定的抗震设防要求进行抗震设防：

（一）核电站和核设施建设工程；

（二）特大桥梁，长度大于一千米的隧道，大型、特大型火车站，一级汽车客运站，城市轨道交通工程，运输机场，五万吨级以上港口工程（码头、泊位等）；

（三）大型水库的大坝和城市上游的一级挡水坝，装机容量一百万千瓦以上的火电厂、三十万千瓦以上的水电厂及其变电站，五百千伏以上的枢纽变电站；

（四）省、设区的市广播电视中心主体工程，总发射功率大于二百千瓦的广播电视发射塔，通信枢纽的程控机主楼、应急通信指挥用房；

（五）大中城市主要供电、供水、供气、输油管（网）的调度控制工程，三级以上医院的门诊楼、病房楼，省、设区的市急救中心、血液中心、中心血站和疾病预防与控制中心；

（六）大型海洋平台，五万吨级以上大型船坞项目；

（七）高度超过一百米的建筑工程，一千二百座以上影剧院、会堂，四万座以上体育场，六千座以上体育馆，属于超限建筑且单体面积超过三万平方米的商场、会展中心；

（八）大型化工厂和炼油厂，重要贮油贮气工程、大型长线输油输气管道输送设施等易燃、易爆、有剧毒物质的建设工程；

（九）法律、法规和省人民政府规定的其他需要进行地震安全性评价的工程。

建设工程地震安全性评价和审定依照国务院《地震安全性评价管理条例》执行。

第十七条　对各类开发区（园区）、特色小镇等区域，县级以上人民政府应当根据需要组织开展区域性地震安全性评价。区域性地震安全性评价结果应当报经省地震工作主管部门审定。

本条例第十六条规定需要开展地震安全性评价的房屋建筑和城市基础设施等工程，在区域性地震安全性评价范围内的，依据区域性地震安全性评价结果进行抗震设防，不再单独开展地震安全性评价。

第十八条　不需要进行地震安全性评价的建设工程，按照地震动参数区划图或者地震小区划图确定抗震设防要求。其中，学校、幼儿园、养老院、医院、机场、车站、体育场馆、大型商场、大型娱乐场所等人员密集场所的建设工程，应当按照国家有关规定，在当地建筑抗震设防要求的基础上提高一档进行抗震设防。

第十九条　扩建、改建、装修房屋建筑及其附属设施时，不得擅自改变主体结构，不得破坏抗震设施与减震、隔震装置。

第二十条　《中华人民共和国防震减灾法》第三十九条规定的已经建成的建设工程，未采取抗震设防措施或者抗震设防措施未达到抗震设防要求的，建设工程的所有权人或者管理人应当按照国家有关规定委托相应资质的单位进行抗震性能鉴定，并采取必要的抗震加固措施。

市、县人民政府应当根据本地实际组织住房城乡建设、自然资源、地震等部门，对学校、幼儿园、养老院、医院、机场、车站、体育场馆、大型商场、大型娱乐场所等人员密集场所和地震重点监视防御区内的已经建成的建设工程开展抗震设防普查；发现未采取抗震设防措施或者抗震设防措施未达到抗震设防要求的，市、县人民政府应当责令所有权人或者管理人及时采取必要的抗震加固措施。

第二十一条　县级以上人民政府应当加强对乡村公共设施、村民住宅抗震设防的管理，支持、引导乡村公共设施、村民住宅依法开展抗震设防。

住房城乡建设主管部门应当会同同级地震工作主管部门，组织开展农村实用抗震技术的研究和开发，制定村民住宅建设技术规范，建设示范工程，加强农村建筑工匠培训；开展地震环境和场地条件勘察，提供地震环境、建房选址技术咨询和技术服务，编制农村住宅抗震设计图集和施工技术指南，并向建房村民免费提供。

第二十二条　新建乡村公共设施、统一建设的村民住宅、地震重点监视防御区内的村民住宅，应当按照抗震设防要求进行设计和施工。

第二十三条　县级以上人民政府应当鼓励、引导农村村民对未采取抗震设防措施或者抗震设防措施未达到抗震设防要求的已有自建房屋进行抗震加固。未采取抗震设防措施或者抗震设防措施未达到抗震设防要求的乡村公共设施，由市、县人民政府统筹安排抗震加固工作，乡镇人民政府、街道办事处负责具体组织实施工作。

第二十四条　各级人民政府应当将地震应急避难场所建设纳入国土空间规划，利用广场、绿地、公园、学校、体育场馆等公共场所，统筹规划、建设应急避难场所。

地震应急避难场所应当完善配套的交通、供电、供水、排污等基础设施，并具备安全避险、医疗救护、基本生存保障等功能。所有权人或者管理人应当按照国家有关规定，做好地震应急避难场所的日常维护和管理工作。

学校、幼儿园、养老院、医院、机场、车站、体育场馆、大型商场、大型娱乐场所等人员密集场所，应当设置应急疏散通道。

应急避难场所、应急疏散通道应当采用统一标志，并在显著位置予以标识。

第二十五条　县级以上人民政府及其有关部门，乡镇人民政府、街道办事处，村（居）民委员会等基层组织，社会团体、企业事业单位等应当组织开展防震减灾知识宣传普及活动，定期组织必要的地震应急救援演练，提高公众的防震减灾意识和应对地震灾害能力。

县级以上人民政府教育主管部门应当将防震减灾知识纳入中小学生公共安全教育内容。

中小学校、幼儿园应当每学年至少组织一次地震紧急疏散演练，提高师生应急避险、自救互救能力。

新闻媒体应当无偿开展地震灾害预防和应急、自救互救知识的公益宣传，扩大防震减灾宣传教育覆盖面。

每年5月12日所在周为全省防震减灾宣传活动周。

第二十六条　县级以上人民政府应当加强抗震救灾指挥体系建设，组织建立地震灾情实时获取系统和地震救援数据库，提高抗震救灾指挥决策能力。

县级以上人民政府及其有关部门应当建立健全应急电力和通信保障体系，提高应急保障能力。

第二十七条　各级人民政府、有关部门和单位应当依法制定地震应急预案。

县级以上人民政府应急管理主管部门应当督促、指导有关部门和单位依法制定、适时修订地震应急预案。

第二十八条　县级以上人民政府应当建立地震事件新闻发布制度，按照国务院规定对地震震情、灾情和抗震救灾等信息实行统一管理，并准确、及时向社会发布。

第二十九条　任何单位和个人不得制造、散布地震谣言。

发生地震谣传、误传事件时，县级以上人民政府地震工作主管部门应当会同应急管理、公安、新闻出版、广播电视主管部门予以澄清，及时向社会发布相关信息。

第三十条　地震灾害发生后，地震发生地县级以上人民政府应当根据地震灾害级别，组织有关部门立即启动相应地震应急预案，依照《中华人民共和国防震减灾法》等法律、法规规定做好地震应急救援工作，并及时将地震震情、灾情和抗震救灾等信息向上级人民政府报告。

第三十一条　地震灾害发生后，地震灾区各级人民政府应当组织有关部门和单位，根据地震灾区实际情况，在确保安全的前提下，做好受灾群众过渡性安置和灾后恢复重建工作。

第三十二条　地震灾害发生后，省地震工作主管部门应当及时会同应急管理、财政、发展改革、住房城乡建设、自然资源、水行政、民政、交通运输、市场监督管理、农业农村等部门开展地震灾害损失调查评估工作。地震灾害损失调查评估结果应当报省人民政府和国务院地震工作主管部门。

第三十三条　县级以上人民政府有关部门应当按照职责分工，加强对工程建设抗震设防要求、强制性标准执行情况的监督检查；对地震应急救援、地震灾后过渡性安置和恢复重建资金、物资使用等情况依法进行管理和监督。

第三十四条 违反本条例规定的行为，法律、行政法规已有法律责任规定的，从其规定。

第三十五条 违反本条例第九条第三款规定，专用地震监测台网、强震动监测设施的管理单位未按规定实时传输监测数据的，由省地震工作主管部门责令限期改正；逾期不改正的，处三千元以上三万元以下罚款。

第三十六条 违反本条例第十一条规定，爆破单位未按规定报告的，由县级以上人民政府地震工作主管部门给予警告，并处三千元以上一万元以下罚款。

第三十七条 违反本条例规定，有下列情形之一的，由有权机关对直接负责的主管人员和其他直接责任人员依法给予处分：

（一）未依法审定地震安全性评价报告、确定抗震设防要求的；

（二）迟报、谎报、瞒报地震震情、灾情和抗震救灾情况的；

（三）侵占、截留、挪用地震应急救援、地震灾后过渡性安置或者灾后恢复重建资金、物资的；

（四）法律、法规规定的其他情形。

第三十八条 本条例自 2014 年 10 月 1 日起施行。《浙江省实施〈中华人民共和国防震减灾法〉办法》同时废止。

江西省第十三届人民代表大会常务委员会公告

（第 104 号）

《江西省人民代表大会常务委员会关于修改〈江西省医疗纠纷预防与处理条例〉等 11 件地方性法规的决定》已由江西省第十三届人民代表大会常务委员会第三十一次会议于 2021 年 7 月 28 日通过，现予公布，自公布之日起施行。

江西省人民代表大会常务委员会
2021 年 7 月 28 日

江西省防震减灾条例

（2000 年 6 月 24 日江西省第九届人民代表大会常务委员会第十七次会议通过 2007 年 3 月 29 日江西省第十届人民代表大会常务委员会第二十八次会议修订 2011 年 3 月 30 日江西省第十一届人民代表大会常务委员会第二十三次会议第一次修正 2018 年 7 月 27 日江西省第十三届人民代表大会常务委员会第四次会议第二次修正 2021 年 7 月 28 日江西省第十三届人民代表大会常务委员会第三十一次会议第三次修正）

第一章 总 则

第一条 为了防御与减轻地震灾害，保护人民生命和财产安全，保障经济建设和社会发展顺利进行，根据《中华人民共和国防震减灾法》等有关法律、法规的规定，结合本省实际，制定本条例。

第二条 在本省行政区域内从事地震监测预报、地震灾害预防、地震应急救援、地震灾后过渡性安置和恢复重建等防震减灾活动，适用本条例。

第三条 各级人民政府应当按照预防为主、防御与救助相结合的方针和有重点的全面防御的要求，对本行政区域内的防震减灾工作实行统一领导。县级以上人民政府应当建立健全工作机制和工作体系。

第四条 县级以上人民政府应当将防震减灾工作纳入本级国民经济和社会发展规划，所需经费列入本级财政预算，其经费投入总体水平应当随着国民经济与社会发展和财政收入的增长逐步提高。

第五条 县级以上人民政府抗震救灾指挥机构负责领导、协调本级人民政府各有关部门的防震减灾工作；在地震灾害发生后，负责统一领导、指挥和协调本行政区域的抗震救灾工作。

县级以上人民政府负责管理地震工作的部门或者机构承担本级人民政府抗震救灾指挥机构的日常工作。

第六条　省人民政府负责管理地震工作的部门（以下简称省地震工作主管部门）在防震减灾工作中，主要负责地震行业管理，工程建设场地地震安全性评价、建设工程抗震设防要求的监督管理，并具体组织编制和实施省地震监测预报方案。

设区的市和县级人民政府负责管理地震工作的部门或者机构，按照职责负责本行政区域内防震减灾的监督管理，接受省地震工作主管部门对地震工作的指导。

第七条　县级以上人民政府发展改革主管部门在防震减灾工作中，主要负责将防震减灾的有关工作任务纳入本级国民经济和社会发展规划，并根据责权划分的原则，保障必要经费投入。

县级以上人民政府住房和城乡建设主管部门在防震减灾工作中，主要负责城乡建设以及工业与民用建筑和市政公用设施的工程建设强制性标准实施，抗震设计和施工的监督管理。

县级以上人民政府应急管理主管部门在防震减灾工作中，主要负责地震灾害发生后灾民的基本生活救助和灾后居民住房恢复重建的有关工作。

县级以上人民政府交通运输、水利、电力、通信等有关主管部门负责专业建设工程的工程建设强制性标准实施和施工的监督管理。

县级以上人民政府其他有关部门按照职责分工，各负其责，密切配合，共同做好防震减灾工作。

第八条　县级以上人民政府负责管理地震工作的部门或者机构应当会同同级有关部门，根据上一级防震减灾规划和本行政区域的实际情况，组织编制本行政区域的防震减灾规划，报本级人民政府批准后组织实施，并报上一级人民政府负责管理地震工作的部门或者机构备案。

第九条　县级以上人民政府应当依法加强对下列工作的监督检查：

（一）防震减灾规划的编制与实施；

（二）地震应急预案的编制与实施；

（三）地震应急避难场所的设置与管理；

（四）地震灾害紧急救援队伍的建设与培训；

（五）防震减灾知识宣传教育；

（六）地震应急救援演练；

（七）防震减灾相关工作经费的投入和使用情况；

（八）其他防震减灾重点工作。

第十条　县级以上人民政府应当采取措施，增强公民防震减灾意识，鼓励和支持防震减灾科学技术研究，积极参与国内、国际合作交流，推广先进科技成果，提高防震减灾工作水平。

第十一条　任何单位和个人对妨碍、破坏防震减灾工作的行为有制止和举报的权利，有依法参加防震减灾活动的义务。

第二章 地震监测预报

第十二条 县级以上人民政府应当加强地震监测设施建设、群测群防网络体系建设和专业队伍建设，依靠科学技术进步不断提高地震监测预报水平。

第十三条 省地震工作主管部门根据地震活动趋势，提出确定和调整省级地震重点监视防御区的意见，报省人民政府批准。

国务院和省人民政府确定的地震重点监视防御区内的县级以上人民政府负责管理地震工作的部门或者机构，应当加强地震监测工作，制定短期与临震预报方案，建立震情跟踪会商制度，提高地震监测预报能力。

第十四条 县级以上人民政府负责管理地震工作的部门或者机构，应当加强对地震活动与地震前兆信息的检测、传递、分析、处理和对可能发生的地震地点、时间和震级的预测。

一次齐发爆破用药相当于四吨梯恩梯炸药能量以上爆破作业，公安机关应当在办理审批手续后，及时告知当地县级以上人民政府负责管理地震工作的部门或者机构，并在爆破作业三日前向社会发布信息。

第十五条 地震监测台网建设，由省地震工作主管部门统一规划，实行分级、分类管理。全省地震监测台网，由省级地震监测台网和市、县地震监测台网组成，其建设、运行所需资金按照事权和财权相统一的原则，由省人民政府和地震监测台网所在地的市、县人民政府共同承担。

市、县地震监测台网的中止或者终止由所在地人民政府负责管理地震工作的部门或者机构提出申请，报省地震工作主管部门批准，并报国务院地震工作主管部门备案。省级地震监测台网的中止或者终止，必须报国务院地震工作主管部门批准。

核电站、水库大坝、特大桥梁、发射塔等重大建设工程应当根据国家有关规定设置强震动监测设施。强震动监测设施的建设资金和运行经费，由建设单位承担，并列入项目建设、营运成本。强震动监测设施由建设单位或者使用单位负责管理。

根据国家有关规定应当建设专用地震监测台网的建设工程单位，自行投资建设和管理专用地震监测台网，其台址的勘选、设计和技术验收，应当接受县级以上人民政府负责管理地震工作的部门或者机构的指导。

第十六条 地震监测设施及其观测环境受法律保护，任何单位和个人不得危害地震监测设施和地震观测环境，不得干扰和妨碍地震监测台的工作，不得侵占地震监测场地，不得占用地震专用通信网的线缆、信道及其设施，不得擅自移动、损坏地震监测仪器、设施、标志。

县级以上人民政府负责管理地震工作的部门或者机构会同公安机关联合设立地震监测设施保护标志。

第十七条 新建、扩建、改建建设工程，应当避免对地震监测设施和地震观测环境造成危害。建设国家重点工程，确实无法避免对地震监测设施和地震观测环境造成破坏的，建设单位应当按照工程所在地县级以上人民政府负责管理地震工作的部门或者机构的要求，增建抗干扰设施或者新建地震监测设施后，方可进行建设。

需要新建地震监测设施的，县级以上人民政府负责管理地震工作的部门或者机构，可以要求新建地震监测设施正常运行 1 年以后，再拆除原地震监测设施。

对地震观测环境保护范围内的建设工程项目，自然资源主管部门在依法核发选址意见书时，应当征求负责管理地震工作的部门或者机构的意见；不需要核发选址意见书的，自然资源主管部门在依法核发建设用地规划许可证或者乡村建设规划许可证时，应当征求负责管理地震工作的部门或者机构的意见。

本条第一款、第二款规定的措施所需费用，由建设单位承担。

第十八条 省人民政府应当依照国家发布地震预报的规定，统一向社会及时发布地震预报。新闻媒体刊登或者播发地震预报消息，应当以国务院、省人民政府发布的地震预报为准。

任何单位和个人不得散布有关地震的谣言。对造成或者可能造成社会秩序混乱的有关地震谣言，县级以上人民政府应当迅速采取有效措施及时予以澄清，消除影响。

第十九条 设区的市、县级人民政府负责管理地震工作的部门或者机构，必须及时核实、上报地震异常信息。已经发布短期预报的地区，如果发现明显临震异常，在紧急情况下，当地市、县人民政府可以发布四十八小时之内的临震预报，同时向省人民政府及其地震工作主管部门报告。

第二十条 省地震工作主管部门应当按照全国地震烈度速报系统建设的要求，组织实施省地震烈度速报系统建设，为地震灾害发生后指挥抗震救灾工作和重要工程设施的紧急自动处置提供依据。

第三章 地震灾害预防

第二十一条 地震灾害预防，坚持工程性预防措施和非工程性预防措施相结合的原则。

第二十二条 各级人民政府制定城乡规划应当充分考虑地震地质构造环境。建设工程应当避开地震活动断层。有活动断层通过的城市和经济开发区，应当开展活动断层探测，为科学规划提供依据。

第二十三条 新建、扩建、改建建设工程必须达到抗震设防要求。

重大建设工程和可能发生严重次生灾害的建设工程，必须进行地震安全性评价，并根据地震安全性评价的结果，确定抗震设防要求，进行抗震设防。

前款规定以外的建设工程必须按照国家颁布的地震动参数区划图所确定的抗震设防要求，进行抗震设防。对学校、医院等人员密集场所的建设工程，应当按照国家有关规定，高于当地房屋建筑的抗震设防要求进行抗震设防。

第二十四条 省地震工作主管部门负责必须进行地震安全性评价建设工程和省级立项的建设工程抗震设防要求的确定。

设区的市和县级人民政府负责管理地震工作的部门或者机构负责本级立项的建设工程抗震设防要求的确定。

省人民政府住房和城乡建设主管部门负责在超限高层建筑工程初步设计阶段实施抗震

设防审批。

第二十五条　县级以上人民政府负责项目审批的部门，应当将抗震设防要求纳入建设工程可行性研究报告的审查内容。对可行性研究报告中未包含抗震设防要求的项目，不予批准。

第二十六条　下列工程必须进行地震安全性评价，并根据地震安全性评价结果，确定抗震设防要求：

（一）交通工程

1. 多孔跨径总长大于一千米或者单孔跨径大于一百五十米公路、铁路干线的桥梁，长度大于一千米的隧道，城市道路上的大跨度桥、高架桥、地下铁道、地下公路、城市快速轨道交通工程；

2. 铁路、公路干线上的大中城市火车站与铁路枢纽工程、一级汽车客运站；

3. 新建、扩建民用航空机场，五千吨级以上港口工程。

（二）能源工程

1. 省、设区的市电力调度中心；

2. 单机容量三百兆瓦以上或者规划容量八百兆瓦以上的火力发电厂；

3. 单机容量一百兆瓦以上或者总装机容量三百兆瓦以上的水力发电厂；

4. 枢纽变电站（所）和五百千伏以上变电站（所）、五百千伏以上线路大跨越塔；

5. 抽水蓄能电站；

6. 大型工矿企业的自备电厂。

（三）广播电视、通信与信息工程

1. 省、设区的市广播电视中心主体工程、高度在一百米以上或者总发射功率大于二百千瓦的广播电视发射塔；

2. 通信枢纽工程、本地网汇接局、应急通信指挥用房和金融、证券、保险、铁路、民航、电力、海关、税务等重要信息系统工程。

（四）工业与民用建筑、公共设施

1. 大型的矿山、化工、石化、钢铁、有色金属等工程；

2. 省、设区的市领导机关办公楼；

3. 一百米以上高层建筑工程或者平面和竖向的结构均不规则的建筑工程；

4. 一千二百座以上大型影剧院、六千座以上体育馆、大型体育场、二万五千平方米以上会展中心和商场、一万平方米以上教学楼；

5. 省级博物馆、档案馆、科技馆、展览馆、图书馆；

6. 省、设区的市级急救中心、中心血站和疾病预防与控制中心；

7. 五百张以上床位的综合性医院或者专科医院的住院楼、门诊楼；

8. 规划人口五十万以上城市各类救灾应急指挥中心、邮政枢纽；

9. 城市日供水十万吨以上和日污水处理二十万吨以上的主体工程；

10. 具有重要纪念意义的大型建（构）筑物。

（五）特殊工程

核电站、核反应堆、核供热装置及核废料处理工程。

（六）可能产生严重次生灾害的工程

1. 重要的易燃、易爆、剧毒、放射性物质生产和仓储设施工程；
2. 研究、生产和存放传染性生物制品和细菌与病毒的设施工程；
3. 三万立方米以上的贮油工程，气态五万立方米以上、液态一千立方米以上的贮气工程，大型长线输油、输气管道输送设施工程；
4. 十亿立方米以上的大型水库和Ⅰ级挡水坝；
5. 大中型化工工程；
6. 大Ⅱ型尾矿坝。

（七）其他工程

1. 位于地震动参数区划分界线两侧各五千米范围内的新建、扩建、改建建设工程；
2. 地震研究程度和资料详细程度较差的边远地区的建设工程；
3. 位于复杂工程地质条件区域的城市、新建开发区的建设工程及长距离生命线工程。

第二十七条 从事地震安全性评价工作的单位，必须按照国务院《地震安全性评价管理条例》的有关规定，有与从事地震安全性评价相适应的地震学、地震地质学、工程地震学方面的专业技术人员和从事地震安全性评价的技术条件。

从事地震安全性评价工作的单位，应当在工程建设项目所在地的县级以上人民政府负责管理地震工作的部门或者机构进行业务登记，并接受管理和监督。

第二十八条 地震安全性评价单位必须严格按照国家标准及技术规范对建设工程进行地震安全性评价，并编制该建设工程的地震安全性评价报告。

省地震工作主管部门应当自收到地震安全性评价报告之日起十五日内，对地震安全性评价报告进行评审，结合建设工程特性和其他综合因素，确定建设工程的抗震设防要求。

抗震设防要求确定后，省地震工作主管部门应当以书面形式通知建设单位，并告知建设工程所在地的市、县人民政府负责管理地震工作的部门或者机构。

第二十九条 任何单位和个人不得降低抗震设防要求。

县级以上人民政府负责管理地震工作的部门或者机构应当加强对抗震设防要求的监督管理。

设计单位必须按照抗震设防要求和工程建设强制性标准进行抗震设计，施工单位必须按照抗震设计进行施工，工程监理单位必须按照设计要求对抗震设防措施进行监理。建设单位不得拒绝和阻碍抗震设防的设计和施工。

县级以上人民政府住房和城乡建设主管部门或者交通运输、水利、电力、通信等有关主管部门应当按照各自职责对设计单位、施工单位、工程监理单位、建设单位不按照工程建设强制性标准进行设计、施工的行为进行查处。涉及抗震设防的建设工程在竣工验收时应当对抗震设防质量进行验收，抗震设防质量不符合要求的，建设工程不得投入使用。

第三十条 已经建成的下列建设工程，未采取抗震设防措施或者抗震设防措施未达到抗震设防要求的，其所有权人应当按照国家有关规定进行抗震性能鉴定，并采取必要的抗震加固措施：

（一）重大建设工程；

（二）可能发生严重次生灾害的建设工程；

（三）具有重大历史、科学、艺术价值或者重要纪念意义的建设工程；
（四）学校、医院等人员密集场所的建设工程；
（五）地震重点监视防御区内的建设工程。

第三十一条 农村的建制镇、集镇规划区公用建筑必须根据地震动参数区划图确定的抗震设防要求和工程建设强制性标准进行设计、施工。

各级人民政府对于农村民居等建筑，应当制定相应政策，采取建设示范点、免费提供设计图纸等扶持措施，在农民自愿的基础上，组织实施农村民居地震安全工程，引导村民采取必要的抗震设防措施，逐步提高农村民居的抗震能力。

县级以上人民政府住房和城乡建设主管部门和负责管理地震工作的部门或者机构应当加强对农村民居防震保安的技术指导和服务。

第三十二条 县级以上人民政府应当根据地震应急避难的需要，在城乡规划中合理确定应急疏散通道和应急避难场所，统筹安排地震应急避难场所必需的交通、供水、供电、排污等基础设施建设。已有的广场、公园、城市绿地、学校操场和体育场馆等场所可以辟为应急避难场所。应急避难场所、应急疏散通道应当设置明显的指示标志。

县级以上人民政府有关部门应当加强地震应急避难场所基础设施的维护、管理，保证其正常使用。

县级以上人民政府负责管理地震工作的部门或者机构应当会同有关部门，对地震应急避难场所的建设管理和维护给予技术指导。

第三十三条 县级人民政府及地震、教育、科技、农业农村、住房和城乡建设、卫生健康等有关部门和乡镇人民政府、城市街道办事处等基层组织，应当组织开展地震应急知识的宣传普及活动和地震应急救援演练，提高公民在地震灾害中自救互救的能力。

居民委员会、村民委员会和机关、团体、企业、事业等单位，应当根据所在地人民政府的要求，结合各自的实际情况，在本区域、本单位开展地震应急知识的宣传活动和地震应急救援演练。

学校应当将地震应急知识教育纳入公共安全教育内容，每年至少组织开展一次地震应急救援演练，培养学生的安全避险和自救互救能力。教育主管部门应当对学校开展地震应急知识教育工作进行指导和监督。

新闻媒体应当无偿开展地震灾害预防和应急、自救互救知识的公益宣传。

县级以上人民政府负责管理地震工作的部门或者机构，应当指导、协助、督促有关部门和单位做好防震减灾知识的宣传教育和地震应急救援演练等工作。

每年5月12日所在周为本省防震减灾宣传教育活动周。

第四章 地震应急救援

第三十四条 省人民政府有关部门应当根据省地震应急预案，制定本部门的地震应急预案，并报省应急管理主管部门和省地震工作主管部门备案。

设区的市和县级人民政府负责管理地震工作的部门或者机构，应当参照上级人民政府地震应急预案，会同有关部门制定本行政区域的地震应急预案，报本级人民政府批准实施，并报上一级人民政府负责管理地震工作的部门或者机构备案，县级地震应急预案应当同时报省地震工作主管部门备案。

县级以上人民政府应当加强对应急预案的动态管理，根据情况变化适时对应急预案进行修订。

第三十五条 地震灾害分为特别重大、重大、较大和一般四级。

本省行政区域内特别重大地震灾害事件的抗震救灾工作按照国家规定由国务院抗震救灾指挥机构统一领导、指挥和协调；重大地震灾害事件的抗震救灾工作由省人民政府抗震救灾指挥机构统一领导、指挥和协调；较大、一般地震灾害事件的抗震救灾工作分别由发生地设区的市和县级人民政府抗震救灾指挥机构统一领导、指挥和协调。

第三十六条 省、设区的市和地震重点监视防御区所在的县、市（区）人民政府可以根据实际需要，充分利用消防等现有队伍，按照一队多用、专职与兼职结合的原则，建立地震灾害紧急救援队伍，并为地震灾害紧急救援队伍配备相应的装备、器材，组织开展培训和演练，提高救援能力。

县级以上人民政府应当加强地震应急指挥技术系统、灾情速报系统和应急救灾基础数据库系统建设，保证应急救援工作协调、有序和高效地开展。

县级以上人民政府及其有关部门应当加强地震应急救援志愿者队伍建设，开展地震应急救援知识培训和技能演练，适时组织地震应急演习，提高地震应急响应和救助能力。地震应急救援志愿者队伍应当在抗震救灾指挥机构的统一安排下开展救援活动；抗震救灾指挥机构应当为其开展抗震救灾活动提供必要物资、安全和卫生保障。

第三十七条 临震预报发布后，省人民政府可以宣布预报区进入临震应急期，并指明临震应急期的起止时间。临震应急期一般为十日，必要时可以延长十日。预报区各级人民政府应当按照地震应急预案，统一部署和领导临震应急工作。

各有关部门应当按照应急预案的职责分工，各负其责，密切配合，做好临震应急工作，对生命线工程和次生灾害源采取紧急防护措施，做好以人员紧急疏散、重要设施保护和危险品管理等为主要内容的地震应急工作。

在地震发生时，学校、幼儿园、医院、养老院等单位的工作人员，应当积极履行人员疏散和救护职责；交通运输、铁路、电力、通信等单位的值守人员应当按照地震应急预案的规定履行职责。

第三十八条 地震灾害发生后，抗震救灾指挥机构应当立即启动应急预案，组织有关部门和单位迅速查清受灾情况，提出地震应急救援力量的配置方案，并按照国家有关规定采取以下紧急措施：

（一）迅速组织抢救被压埋人员，并组织有关单位和人员开展自救互救；

（二）迅速组织实施紧急医疗救护，协调伤员转移和接收、救治；

（三）迅速组织抢修毁损的交通运输、铁路、水利、电力、通信等基础设施；

（四）启用应急避难场所或者设置临时避难场所，设置救济物资供应点，提供救济物品、简易住所和临时住所，及时转移和安置受灾群众，确保饮用水消毒和水质、食品安全，积极开展卫生防疫和卫生监督工作，妥善安排受灾群众生活；

（五）迅速控制危险源，封锁危险场所，做好次生灾害的排查和监测预警工作，防范地震可能引发的火灾、水灾、爆炸、山体滑坡和崩塌、泥石流、地面塌陷，或者剧毒、强腐蚀性、放射性物质泄漏等次生灾害以及传染病疫情的发生；

（六）依法采取维持社会秩序、维护社会治安的必要措施。

第三十九条 地震灾区的各级人民政府应当及时将震情、灾情及其发展趋势等信息报告上一级人民政府和省地震工作主管部门。地震震情、灾情和抗震救灾等信息按照国务院有关规定实行归口管理，统一、准确、及时发布。

第四十条 地震灾害发生后，由省人民政府宣布灾区进入应急期，震后应急期一般为十日，必要时可以延长二十日。应急工作结束后，由省人民政府宣布应急期结束。

第四十一条 地震灾害发生后，县级以上人民政府负责管理地震工作的部门或者机构，应当加强现场地震监测预报，及时向本级人民政府和上一级人民政府报告地震有关参数，并对地震趋势作出判断。

地震灾害发生后，省地震工作主管部门应当会同有关部门对现场地震灾害损失进行调查、评估，灾情调查结果应当及时报告省人民政府和国务院地震工作主管部门。地震灾情及评估结果由省人民政府统一对外公告。

地震对工程建筑造成破坏的，县级以上人民政府负责管理地震工作的部门或者机构、住房和城乡建设主管部门应当会同有关部门进行安全性能鉴定。

第五章 地震灾后过渡性安置和恢复重建

第四十二条 地震灾害发生后，受灾群众需要过渡性安置的，灾区各级人民政府应当按照国家有关规定，合理设置过渡性安置点，采取灵活多样的方式做好过渡性安置工作，确保受灾群众的安全和基本生活需要。

第四十三条 地震灾区的任何单位和个人，必须服从当地人民政府抗震救灾指挥机构的统一指挥和调度，自觉维护社会秩序，积极参加救灾与重建活动。

第四十四条 地震灾害发生后，省人民政府应当对地震灾区提供救助，并责成有关部门统筹安排救灾资金和物资，保障救灾物资和人员及时到达地震灾区，情况紧急时可以依法临时征用房屋、运输工具、通信设备等。

非地震灾区的县级以上人民政府应当根据震情和灾情，组织和动员社会力量对地震灾区及时提供援助。

对省内外提供的援助，由地震灾区县级以上人民政府负责组织接受和分配。

第四十五条 地震救灾资金和物资通过国家救助、社会捐赠、自筹、公民互助、保险理赔和信贷等多种方式筹集。

因救灾需要，临时征用房屋、运输工具、通信设备等，应当依法给予补偿。

各级人民政府应当加强对救灾资金和物资的管理，做到专款专用、专物专用，登记造册，张榜公布。

国外、境外捐赠，按照国家有关规定办理。

县级以上人民政府审计机关应当对地震救灾资金使用和物资分配情况实行专项审计监督。

第四十六条　地震灾区人民政府应当及时恢复灾区的生产、生活、社会秩序，根据省地震工作主管部门核定的抗震设防要求，统筹规划安排地震灾区重建工作。

地震灾区人民政府应当及时编制地震灾区恢复重建规划，并组织实施。

第四十七条　地震灾区县级以上人民政府依法保护典型的地震遗址、遗迹，作为防震减灾科学研究和宣传教育基地，并列入灾区的重建规划。

第四十八条　地震灾区和受地震灾害影响较大地方的人民政府应当组织有关部门和单位，对可能发生山体滑坡、崩塌、泥石流、地面塌陷等地质灾害以及剧毒、强腐蚀性、放射性物质泄漏等其他次生灾害的危险源进行排查和长期监测，并采取必要措施加以防范或者消除。

第六章　法律责任

第四十九条　违反本条例规定，散布有关地震谣言，扰乱公共秩序，构成违反治安管理行为的，由公安机关依法给予处罚。

第五十条　违反本条例规定，不进行地震安全性评价，或者不按照地震安全性评价结果确定的抗震设防要求进行抗震设防的，由县级以上人民政府负责管理地震工作的部门或者机构责令限期改正；逾期不改正的，根据下列不同情况处以罚款：

（一）总投资额一千万元以下的，处三万元以上九万元以下罚款；

（二）总投资额一千万元以上二千万元以下的，处九万元以上十五万元以下罚款；

（三）总投资额二千万元以上一亿元以下的，处十五万元以上二十万元以下罚款；

（四）总投资额一亿元以上三亿元以下的，处二十万元以上二十五万元以下罚款；

（五）总投资额三亿元以上的，处二十五万元以上三十万元以下罚款。

第五十一条　县级以上人民政府负责管理地震工作的部门或者机构以及其他有关部门，有下列情形之一的，由上级主管机关责令改正，并对直接负责的主管人员和其他直接责任人员，依法给予处分：

（一）应当出具抗震设防要求的意见而不出具或者不按照规定出具的；

（二）超出规定的权限确定建设工程抗震设防要求，或者擅自降低抗震设防要求的；

（三）对项目可行性研究报告中未包含抗震设防要求的项目予以审批的；

（四）发现违法行为或者接到对违法行为的举报不予查处的；

（五）其他未依照本条例规定履行职责的行为。

第七章　附　　则

第五十二条　本条例下列用语的含义：

（一）地震安全性评价，是指根据对建设工程场址和场址周围的地震活动与地震地质环境的分析，按照工程设防的风险水准，给出与工程抗震设防要求相应的地震动参数，以及场地的地震地质灾害预测结果。主要内容包括：工程场地和场地周围区域的地震活动环境评价、地震地质环境评价、断裂活动性鉴定、地震危险性分析、设计地震动参数确定、地震地质灾害评价等。

（二）抗震设防要求，是指建设工程抗御地震破坏的准则和在一定风险水准下抗震设计采用的地震烈度或者地震动参数。

（三）重大建设工程，是指对社会有重大价值或者有重大影响的工程。

（四）可能发生严重次生灾害的建设工程，是指受地震破坏后可能引发水灾、火灾、爆炸、剧毒或者强腐蚀性物质大量泄漏和其他严重次生灾害的建设工程，包括水库大坝、堤防和贮油、贮气、贮存易燃易爆、剧毒或者强腐蚀性物质的设施以及其他可能发生严重次生灾害的建设工程。

第五十三条 本条例自 2007 年 7 月 1 日起施行。

江苏省人大常委会公告

（第 69 号）

《江苏省人民代表大会常务委员会关于加强地震预警管理的决定》已由江苏省第十三届人民代表大会常务委员会第二十五次会议于 2021 年 9 月 29 日通过，现予公布，自 2022 年 1 月 1 日起施行。

江苏省人民代表大会常务委员会

2021 年 9 月 29 日

江苏省人民代表大会常务委员会
关于加强地震预警管理的决定

为了规范地震预警活动，加强地震预警管理，发挥地震预警作用，减轻地震灾害损失，保护人民生命和财产安全，维护经济社会秩序稳定，根据《中华人民共和国突发事件应对法》《中华人民共和国防震减灾法》和国务院《地震监测管理条例》等法律、行政法规，结合本省实际，作出如下决定：

一、本省行政区域以及管辖海域内地震预警系统规划、建设、运行和维护，地震预警信息发布、传播和应用，地震预警工作监督管理以及其他相关活动，适用本决定。

国家对地震预警管理另有规定的，按照其规定执行。

二、本决定所称地震预警，是指利用地震预警系统，在地震发生后、破坏性地震波到达前，向可能遭受破坏的区域发出地震警报信息。

本决定所称地震预警系统，是指具有地震监测、数据传输、信息处理、预警信息发布等功能的设施设备和信息技术的集成。

三、地震预警工作遵循党委领导、政府负责、部门联动、社会参与的原则，坚持预警系统统一规划、分级分类建设和管理，预警技术统一规范和标准，预警信息统一发布。

四、县级以上地方人民政府应当将地震预警工作纳入防震减灾规划，建立健全地震预警工作协调机制，建立完善地震预警工作管理责任制，统筹协调解决地震预警重大问题，将当地地震预警系统建设、运行和维护经费列入财政预算。

五、省管理地震工作的部门负责全省地震预警及其监督管理工作。

设区的市、县（市、区）管理地震工作的部门，按照法律、法规和省人民政府有关规定做好本地区地震预警工作。

发展改革、财政、应急管理、交通运输、住房城乡建设、自然资源、生态环境、水利、民政、卫生健康、公安、教育、科技、广播电视、通信管理等部门，按照职责分工做好地震预警相关工作。

六、省管理地震工作的部门应当会同有关部门编制全省地震预警系统建设方案，报省人民政府批准后实施。设区的市、县（市、区）人民政府根据全省地震预警系统建设方案，组织实施地震预警系统相关设施设备的建设、运行、维护和管理工作。

地震预警系统建设应当统筹利用已有的地震监测台站等资源，合理规划布局，避免重复建设。

七、地震预警设施建设需要使用土地的，应当依法办理用地手续；需要利用他人不动产的，应当与权利人协商一致。自然资源部门和有关单位、个人应当给予支持。

八、水库、油田、核电站等重大建设工程的建设单位，根据需要建设专用地震预警系统，系统建设和运行维护费用自行承担。

建设专用地震预警系统的，建设单位应当将建设情况向省管理地震工作的部门报告，省管理地震工作的部门应当加强指导和监督。经建设单位同意，省管理地震工作的部门可以将建成的专用地震预警系统纳入全省地震预警系统。

九、全省地震预警系统建设、运行、管理，预警信息发布、传播，执行统一的技术规范和标准。

省管理地震工作的部门应当根据国家有关规定，制定全省地震预警系统建设、运行、管理以及预警信息发布、传播的规范。

十、地震预警信息由省管理地震工作的部门统一向社会发布。其他任何单位和个人不得向社会发布地震预警信息。

禁止编造、传播虚假地震预警信息。

十一、省管理地震工作的部门根据地震可能造成破坏程度和社会影响，确定地震预警信息发布阈值。地震预估参数达到确定的阈值时，由地震预警系统自动向相关区域发布地震预警信息。

地震预警信息内容应当包含破坏性地震波预计到达时间、预测地震烈度等。

十二、省人民政府应当指定广播、电视、互联网、移动通信等媒体和单位向公众播发地震预警信息，并向社会公布。鼓励其他媒体播发地震预警信息。

向公众播发地震预警信息的媒体和单位，应当建立地震预警信息自动接收播发机制，及时、准确播发地震预警信息，并接受当地管理地震工作的部门指导和监督。

十三、省管理地震工作的部门应当建立全省地震预警信息平台，加强预警信息共享和大数据应用分析，并建立信息汇集、处理和应用机制，保证数据信息真实、可溯。

十四、对地震预警信息内容有特定需求的单位和个人，可以向省管理地震工作的部门提出定制信息服务申请。具体办法由省管理地震工作的部门会同省财政、发展改革等部门另行制定。

十五、县级以上地方人民政府及其有关部门应当建立健全地震预警应急处置机制，接收到地震预警信息后，应当及时采取应急处置措施。

下列单位应当制定地震预警应急处置措施并纳入地震应急预案：

（一）铁路、城市轨道交通、水利水电、电力、通信、供气供水等基础设施的经营管理单位；

（二）核电、石油化工、矿山和危险物品生产、贮存等可能发生次生灾害的生产经营单位；

（三）幼儿园、学校、医院、大型商场、体育场馆、剧场剧院、机场、客运车站等人员密集场所的经营管理单位。

前款第一项、第二项所列单位应当建立地震预警信息自动接收和应急处置系统。

县级人民政府应当在人员密集场所设置地震预警信息自动接收和播放装置。鼓励其他单位设置地震预警信息自动接收和播放装置。

十六、鼓励、支持自然人、法人和非法人组织依法参与地震预警系统建设，开展地震预警科技创新、产品研发以及成果应用等活动。

十七、县级以上地方人民政府及其有关部门应当组织开展地震预警和应急知识宣传教育、地震应急救援演练，提高公众地震应急避险的能力。

机关、团体、企业、事业单位和村民委员会、居民委员会等，应当加强地震预警和应急知识宣传教育、培训，开展地震应急救援演练。

学校应当进行地震预警和应急知识宣传教育，组织开展地震应急救援演练，培养学生的安全意识和自救互救能力。

新闻媒体应当开展地震预警和应急知识的公益宣传。

十八、县级以上地方人民政府应当组织地震、住房城乡建设、自然资源、生态环境、公安等有关部门和地震预警设施所在地的乡（镇）人民政府或者街道办事处，做好地震预警设施和观测环境保护工作。

任何单位和个人不得侵占、毁损或者擅自移动、拆除地震预警设施。

十九、违反本决定第十条第一款规定，擅自向社会发布地震预警信息的，由管理地震工作的部门对单位处以一万元以上五万元以下罚款，对个人处以二千元以上一万元以下罚款；构成违反治安管理行为的，由公安机关依法给予处罚。

违反本决定第十条第二款规定，编造、传播虚假地震预警信息的，由公安机关依法给予处罚。

违反本决定第十五条第三款规定，有关单位未按照规定建立地震预警信息自动接收和应急处置系统的，由管理地震工作的部门责令限期改正；逾期未改正的，处以二万元以上二十万元以下的罚款。

违反本决定第十八条第二款规定，侵占、毁损或者擅自移动、拆除地震预警设施的，由管理地震工作的部门责令停止违法行为，恢复原状或者采取其他补救措施；造成损失的，依法承担赔偿责任；情节严重的，对单位处以二万元以上二十万元以下的罚款，对个人处以一千元以上二千元以下的罚款；构成违反治安管理行为的，由公安机关依法给予处罚。

二十、本决定自 2022 年 1 月 1 日起施行。

吉林省防震减灾条例

《吉林省防震减灾条例》经 2000 年 11 月 24 日吉林省第九届人民代表大会常务委员会第二十次会议通过，2013 年 9 月 27 日吉林省第十二届人民代表大会常务委员会第四次会议第一次修订，2021 年 9 月 28 日吉林省第十三届人民代表大会常务委员会第三十次会议第二次修订通过，自公布之日起施行。

第一章 总 则

第一条 为了防御和减轻地震、火山灾害，保护人民生命和财产安全，促进经济社会可持续发展，根据《中华人民共和国防震减灾法》等有关法律、法规，结合本省实际，制定本条例。

第二条 在本省行政区域内从事地震、火山活动监测预报、灾害预防、应急救援、灾后过渡性安置和恢复重建等防震减灾活动，适用本条例。

第三条 防震减灾工作实行预防为主、防御与救助相结合的方针。

第四条 县级以上人民政府应当加强对防震减灾工作的领导，将防震减灾工作纳入本级国民经济和社会发展规划，所需经费列入本级财政预算，并逐步增加对防震减灾的投入。

县级以上人民政府应当加强防震减灾工作体系建设，建立健全防震减灾工作机构，加强防震减灾队伍建设，将防震减灾工作纳入政府绩效管理考评。

第五条 县级以上人民政府地震工作主管部门和应急管理、发展改革、财政、住房城乡建设、民政、卫生、公安、教育、自然资源以及其他有关部门，应当在本级人民政府领导下，按照职责分工，各负其责，密切配合，共同做好防震减灾工作。

乡、镇人民政府、城市街道办事处应当指定人员，在县级以上人民政府地震工作主管部门及其他相关部门的指导下，做好防震减灾工作。

第六条 县级以上人民政府防震减灾议事协调机构负责统一领导、组织和协调本行政区域的防震减灾工作，其日常工作由本级人民政府地震工作主管部门承担。

第七条 各级人民政府及其地震、广播电视、文化、教育、科技、卫生等部门，应当加强防震减灾知识的宣传教育，增强公民的防震减灾意识，提高全社会的防震减灾能力。

每年 5 月 12 日国家防灾减灾日所在周为全省防震减灾宣传周。县级以上人民政府地震、应急管理部门和相关部门应当指导、协助、督促有关单位开展防震减灾基本知识宣传、防灾技能训练和应急救援演练等工作。

第八条 县级以上人民政府应当鼓励、支持防震减灾科学技术研究，推广先进的科学技术研究成果。

第九条 任何单位和个人都有依法参加防震减灾活动的义务，并有权制止和举报妨碍、破坏防震减灾工作的行为。

各级人民政府应当鼓励、引导人民团体及其他社会组织和个人开展宏观观测、灾情速报和防震减灾知识宣传等群测群防活动。地震工作主管部门应当加强对群测群防活动的指导。

各级人民政府应当鼓励、引导志愿者依法有序参加防震减灾活动。

第十条 各级人民政府对在防震减灾工作中做出突出贡献的单位和个人，按照国家有关规定，给予表彰和奖励。

第二章 防震减灾规划

第十一条 县级以上人民政府地震工作主管部门应当会同其他有关部门，根据法律法规、上一级防震减灾规划和本行政区域的实际，组织编制本行政区域的防震减灾规划，报本级人民政府批准，并报上一级人民政府地震工作主管部门备案。

省及火山所在地的市、县级防震减灾规划还应当包括火山活动监测、灾害预防、应急救援以及相应的保障措施等相关内容。

县级以上人民政府有关部门应当及时向防震减灾规划编制部门提供相关资料。

第十二条 各级防震减灾规划应当与国民经济和社会发展总体规划、城乡规划等相关规划相衔接，统筹资源配置，实现防震减灾与经济社会同步规划、同步实施、同步发展。

第十三条 防震减灾规划公布后应当严格执行，由县级以上人民政府组织地震、发展改革以及其他有关部门做好实施工作。

第三章 监测预报

第十四条 县级以上人民政府应当加强地震、火山监测预报工作，建立和完善多学科地震、火山监测系统，支持监测预报理论、方法和技术创新，实行专业台网监测与群测群防相结合，逐步提高地震、火山监测预报水平。

第十五条 地震、火山监测台网实行统一规划，分级、分类建设和管理。

省地震监测台网由省级地震监测台网和市、县级地震监测台网组成。省地震工作主管部门根据全国地震监测台网总体规划，制定全省地震台网规划并组织实施。市、县级人民政府地震工作主管部门根据上级地震监测台网规划，按照布局合理、资源共享的原则，制定本级地震监测台网规划并组织实施。

省人民政府和火山所在地的市、县级人民政府应当加强火山监测台网和预警系统建设，提高火山灾害监控防御能力。

省及市（州）人民政府应当建立健全地震烈度速报系统，为抗震救灾提供科学依据。

地震、火山监测台网建设和运行经费列入本级财政预算。

第十六条 水库、油田、矿山、核电站、特大桥梁、发射塔等重大建设工程，应当按照国家有关规定，建设专用地震监测台网或者专用强震动监测设施。

建设单位应当将专用地震监测台网、强震动监测设施的建设情况，报省地震工作主管部门备案。

专用地震监测台网或者强震动监测设施的建设资金和运行经费由建设单位承担。

第十七条　地震、火山监测台网不得擅自中止或者终止运行；确需中止或者终止的，省级监测台网必须经国务院地震工作主管部门批准，市、县级监测台网必须经省地震工作主管部门批准，并报国务院地震工作主管部门备案。

专用地震监测台网、强震动监测设施中止或者终止运行的，应当报省地震工作主管部门备案。

第十八条　各级人民政府应当依法保护地震、火山监测设施和观测环境。

任何单位和个人不得侵占、毁损、拆除或者擅自移动地震、火山监测设施。

任何单位和个人不得危害地震、火山观测环境，干扰和妨碍地震、火山监测设施的正常运行。

县级以上人民政府地震工作主管部门应当会同自然资源、规划、测绘等有关部门，按照有关法律、法规和国家标准，划定地震、火山观测环境保护范围，将其纳入土地利用总体规划和城乡规划，并设置保护标志，标明保护要求。

第十九条　在地震、火山观测环境保护范围内的新建、改建和扩建建设工程，城乡规划主管部门在依法核发选址意见书时，应当征求地震工作主管部门的意见。不需要核发选址意见书的，城乡规划主管部门在依法核发建设用地规划许可证或者乡村建设规划许可证时，应当征求地震工作主管部门的意见。

建设国家重点工程，确实无法避免对地震、火山监测设施和观测环境造成危害的，建设单位应当按照地震工作主管部门的要求，增建抗干扰设施或者新建地震、火山监测设施，其费用由建设单位承担。

第二十条　省地震工作主管部门应当建立健全地震、火山监测信息共享平台，为社会提供服务。

县级以上人民政府地震工作主管部门应当将地震、火山监测信息及时报送上一级地震工作主管部门。

专用地震监测台网和强震动监测设施的管理单位，应当将地震监测信息及时报省地震工作主管部门。

第二十一条　县级以上人民政府地震工作主管部门应当加强对地震、火山活动预测预报工作的管理，完善会商机制。

单位和个人观测到可能与地震、火山活动有关的异常现象，可以向地震工作主管部门报告。地震工作主管部门应当进行登记，并及时组织调查核实。

单位和个人通过研究提出的地震预测意见，应当以书面形式向地震工作主管部门报告。地震工作主管部门应当进行登记并出具接收凭证，及时组织分析论证。

第二十二条　地震、火山喷发预报实行统一发布制度。

省地震工作主管部门提出地震、火山喷发预报意见报省人民政府，由省人民政府按照国务院规定的程序统一发布。

在已经发布地震或者火山喷发短期预报的地区，如果发现明显临震或者临近喷发异常，情况紧急时，当地县级以上人民政府可以发布四十八小时之内的地震或者火山喷发临近预报，同时向上一级人民政府和地震工作主管部门报告。

地震或者火山喷发短期预报和临近预报在发布预报的时间和地域内有效。在预报期内未发生地震或者火山喷发的，原发布机关应当及时作出解除或者延期的决定，并向社会公布。

第二十三条 除发表本人或者本单位关于长期、中期地震、火山活动趋势的研究成果及进行相关学术交流外，任何单位和个人不得向社会散布地震、火山喷发预测意见。

任何单位和个人不得向社会散布地震、火山喷发预报意见及其评审结果。

新闻媒体报道与地震、火山喷发预报有关的信息，应当以国务院或者省人民政府发布的地震、火山喷发预报为准。

禁止制造、散布地震、火山喷发谣言。因地震、火山喷发谣言影响社会正常秩序时，由县级以上人民政府或者由其授权地震工作主管部门及时采取措施予以澄清，其他有关部门和新闻媒体应当予以配合。

第四章　灾害预防

第二十四条 地震灾害预防应当坚持工程性预防为主，工程性预防与非工程性预防相结合的原则。

第二十五条 新建、改建、扩建建设工程，应当达到抗震设防要求。

下列工程应当进行地震安全性评价，并按照经审定的地震安全性评价报告所确定的抗震设防要求进行抗震设防：

（一）铁路干线上长度大于一千米的桥梁；公路上单孔跨径大于一百五十米的特大桥梁；城市地铁、轻轨工程；

（二）国际通信出入口局、国际无线电台、国家卫星通讯地球站；混凝土结构高度大于二百五十米或者钢结构高度大于三百米的省级以上广播电视发射塔；

（三）库容大于十亿立方米的大型水库；位于大中城市区域内或者上游的中型以上水库；

（四）国家和区域的电力调度中心；

（五）核电站和核设施建设工程；贮气、贮油设施；贮存易燃、易爆、剧毒、强腐蚀性物质的设施；

（六）承担研究、中试和存放高危险传染病毒、细菌的疾病预防与控制中心工程；

（七）三级医院承担特别重要医疗任务的门诊楼、医技楼、住院楼；

（八）科学实验建筑中，研究、中试生产和存放具有高放射性物品以及剧毒的生物制品、化学制品、天然和人工细菌、病毒的建筑工程；

（九）法律、法规、相关技术标准规定需要进行地震安全性评价的建设工程；建设单位要求进行地震安全评价的建设工程。

其他需要进行地震安全性评价的建设工程，由省人民政府制定具体目录。

本条第二款规定以外的建设工程，应当按照地震动参数区划图或者地震小区划所确定的抗震设防要求进行抗震设防。幼儿园、学校、医院等人员密集场所的建设工程，应当按照高于当地房屋建筑的抗震设防要求进行设计和施工，采取有效措施，增强抗震设防能力。

第二十六条 地震安全性评价报告除按照规定由国务院地震工作主管部门审定的以外，

由省地震工作主管部门负责审定，并确定抗震设防要求。

第二十七条 建设单位对建设工程的抗震设计、施工的全过程负责。

设计单位应当按照抗震设防要求和工程建设强制性标准进行抗震设计，并对抗震设计的质量以及出具的施工图设计文件的准确性负责。

施工单位应当按照施工图设计文件和工程建设强制性标准进行施工，并对施工质量负责。

建设单位、施工单位应当选用符合施工图设计文件和国家有关标准规定的材料、构配件和设备。

工程监理单位应当按照施工图设计文件和工程建设强制性标准实施监理，并对施工质量承担监理责任。

第二十八条 需要进行地震安全性评价的建设工程，建设单位应当在项目设计前组织完成地震安全性评价工作。

从事地震安全性评价的单位应当具备承担工作必要的技术人员和技术条件，并对地震安全性评价报告的质量负责。

第二十九条 已经建成的下列建设工程，未采取抗震设防措施或者抗震设防措施未达到抗震设防要求的，应当按照国家有关规定进行抗震性能鉴定，并采取必要的抗震加固措施：

（一）对社会有重大价值或者有重大影响的建设工程；

（二）受地震破坏后可能引发水灾、火灾、爆炸，或者剧毒、强腐蚀性、放射性物质大量泄漏，以及其他严重次生灾害的建设工程，包括水库大坝和贮油、贮气设施，贮存易燃易爆或者剧毒、强腐蚀性、放射性物质的设施，以及其他可能发生严重次生灾害的建设工程；

（三）具有重大历史、科学、艺术价值或者重要纪念意义的建设工程；

（四）学校、幼儿园、医院等人员密集场所的建设工程；

（五）地震重点监视防御区内的建设工程。

第三十条 县级以上人民政府应当加强农村建设工程的抗震设防管理，组织开展农村实用抗震技术的研究和开发，推广达到抗震设防要求、经济适用、具有当地特色的建筑设计和施工技术，培训相关技术人员，建设示范工程，引导乡村居民在建房时采取科学的抗震措施，提高农村民居和乡村公共基础设施的抗震设防水平。

第三十一条 县级以上人民政府应当加强防震减灾的基础研究，开展地震、火山灾害区划、灾害预测预防和活动断层探测等防震减灾基础性工作，逐步推行区域性地震安全性评价，为城乡规划、土地利用总体规划、防震减灾规划编制，以及建设工程选址提供科学依据。

石油、化工、水库、矿山等企业、事业单位及其主管部门，对地震、火山活动可能引起的火灾、爆炸、毒气泄漏、放射性、生物以及化学污染、山体滑坡、水灾等严重次生灾害，应当进行专项灾害预测，采取有效的防护和预警措施。

场地位于火山灾害危险地区的重大建设工程和可能发生严重次生灾害的建设工程，应当进行火山灾害评估。

第三十二条　县级以上人民政府应当根据实际，将地震、火山应急避难场所纳入城乡规划，组织民政、规划、住房城乡建设、地震等有关部门，利用城市广场、体育场馆、绿地、公园、操场等公共设施设立应急避难场所，统筹安排所需的交通、供水、供电、排污等设备设施。应急避难场所应当设置明显的指示标识，并向社会公布。

学校、幼儿园、医院、大型文体场馆、大型商业设施等人员密集场所应当设置应急疏散通道，配备必要的救生避险设施。

第三十三条　县级以上人民政府应当按照全省综合防灾减灾规划和有关工作要求，根据本行政区域实际情况，充分利用现有资源，建设和完善救灾资金、物资储备，建立健全应急物资储备、调拨、配送、征用和监督管理制度，保障应急救援需要。

第三十四条　各级人民政府应当建立健全防震减灾宣传教育长效机制，把防震减灾知识宣传教育纳入国民素质教育体系、中小学公共安全教育纲要和幼儿园安全教育内容，通过科普教育基地、防震减灾宣传周和科技周等形式加强防震减灾宣传教育。

县级人民政府及其有关部门和乡、镇人民政府、城市街道办事处应当定期组织开展地震应急知识的宣传普及活动和应急演练。鼓励居民委员会、村民委员会开展地震应急知识的宣传普及活动和应急演练，提倡公民自备应急救护器材，提高公民在灾害中自救互救的能力。

机关、团体、企业、事业等单位，应当对本单位人员进行地震应急知识宣传教育，排查和消除地震可能引发的安全隐患，定期进行应急救援演练。

各级党校和行政学院应当把防震减灾宣传纳入各级党政干部培训教学计划，提高领导干部的风险决策和应急管理水平。

学校、幼儿园应当进行地震应急知识教育。学校每学期组织师生开展地震紧急疏散演练，提高学生的安全避险和自救互救能力。火山所在地的各级人民政府及有关部门，应当开展火山灾害防御知识的宣传普及和应急演练活动。

新闻媒体应当开展地震、火山灾害预防和应急、自救互救知识的公益宣传。

第五章　应急救援

第三十五条　县级以上人民政府应急管理部门应当会同本级人民政府有关部门，根据法律、法规、规章、上级人民政府的地震应急预案和本行政区域实际情况，制定本行政区域的地震应急预案，报本级人民政府批准后实施，并报上一级人民政府地震工作主管部门备案。

县级以上人民政府有关部门，应当根据本级人民政府地震应急预案、上级部门的地震应急预案，结合各自的社会管理与公共服务职责，制定本部门的地震应急预案，并报同级地震工作主管部门备案。

乡、镇人民政府应当根据上级人民政府及其有关部门的地震应急预案和本行政区域实际情况，制定本行政区域的地震应急预案。

交通、水利、电力、通信等基础设施和学校、幼儿园、医院、大型文体场馆、大型商业设施等人员密集场所的经营、管理单位，以及可能发生严重次生灾害的核电、矿山、危险物品的生产经营单位，应当制定地震应急预案，并报当地地震工作主管部门备案。

省人民政府和火山所在地的市、县级人民政府制定的地震应急预案应当包括火山灾害应急内容，或者制定专项的火山灾害应急预案。

第三十六条 县级以上人民政府应当建立具备灾情速报、灾害评估、辅助决策、调度指挥等功能的地震应急指挥系统。

县级以上人民政府应当加强应急通信保障体系建设，建立有线与无线相结合、基础电信网络与机动通信系统相配套的应急通信系统，保障地震应急工作通信畅通。

第三十七条 县级以上人民政府应当加强地震灾害应急救援力量的建设，可以建立由消防、武警、民兵和预备役部队等部门或者力量组成的地震灾害应急救援队伍，形成以专业队伍为主，其他社会力量为补充的救援队伍体系。

县级以上人民政府应当为地震灾害应急救援队伍配备防护装备和救援器材，提供经费，支持应急救援队伍开展培训和演练，提高应急救援能力。

第三十八条 县级以上人民政府及其有关部门可以组织企业、事业单位、社会团体组建地震灾害救援志愿者队伍，开展应急救援培训和演练。

应急管理部门应当对志愿者队伍的培训和演练提供技术指导。

第三十九条 地震预报发布后，省人民政府可以宣布有关区域进入临震应急期，并确定临震应急期的起止时间。预报区域内的各级人民政府应当按照地震应急预案，组织有关部门做好应急防范和抗震救灾准备。

第四十条 地震灾害发生后，各级人民政府抗震救灾指挥机构应当根据有关法律、法规和地震应急预案，启动相应级别的应急响应，组织相关部门和单位采取紧急措施，组织实施被压埋人员抢救、医疗救护、灾民紧急救助、基础设施抢修、次生灾害源控制与除险、维护社会秩序等紧急救援行动。

第四十一条 发布火山喷发预报或者发生火山喷发事件后，所在地县级以上人民政府抗震救灾指挥机构应当根据应急预案，立即启动火山灾害应急响应。

第四十二条 地震、火山灾区的各级人民政府应当将灾情及时报告上一级人民政府，必要时可以越级上报，不得迟报、谎报、瞒报。灾情和救灾等信息实行归口管理，由抗震救灾指挥机构统一、准确、及时发布。

第四十三条 地震、火山灾害发生后，应急救援队伍应当立即进入应急状态，按照抗震救灾指挥机构的统一部署，赶赴灾区实施救援。县级以上人民政府有关部门应当按照职责分工，协调配合，采取有效措施，保障地震应急救援队伍、医疗救治队伍以及其他救援力量快速、有效地开展应急救援行动。

第六章 灾后过渡性安置和恢复重建

第四十四条 地震、火山灾害发生后，省人民政府应当及时组织开展灾害损失调查评估工作，为应急救援、灾后过渡性安置和恢复重建提供依据。

地震、火山灾害损失调查评估的具体工作，由省地震工作主管部门和财政、住房城乡建设、应急管理等有关部门依照国务院的规定承担。

第四十五条 地震、火山灾区受灾群众需要过渡性安置的，灾区各级人民政府应当组织应急管理、民政、公安、卫生、住房城乡建设、交通、水利、电力、通信和农业等有关部门，根据灾区的实际情况，在确保安全的前提下，采取灵活多样的方式进行安置，并且组织受灾群众和企业开展生产自救。

第四十六条 特别重大灾害发生后，省人民政府应当配合国务院有关部门共同编制灾后恢复重建规划。重大、较大以及一般灾害发生后，应当根据实际需要，由省发展改革部门会同有关部门以及灾区市、县级人民政府，组织编制灾后恢复重建规划，报省人民政府批准后实施。

第四十七条 地震、火山灾区的各级人民政府应当组织相关部门、社会团体等，针对受灾群众的实际情况，做好救助、救治、康复、补偿、抚慰、抚恤、安置、心理援助、法律服务、公共文化服务等工作。

各级人民政府及有关部门应当做好受灾群众的就业工作，鼓励企业、事业单位优先吸纳符合条件的受灾群众就业。

第四十八条 县级以上人民政府应当加强对地震、火山遗址、遗迹的保护，组织地震、自然资源、规划等部门以及有关专家确定典型地震、火山遗址、遗迹的保护范围和措施，并设置明显的保护标志。

第七章　监督管理

第四十九条 县级以上人民政府应当依法加强对防震减灾规划和地震、火山应急预案的编制与实施、防震减灾工作经费投入与使用、应急避难场所的设置与管理、应急救援队伍的培训、防震减灾知识宣传教育、应急救援演练和救灾物资储备等工作的监督检查。

第五十条 县级以上人民政府地震、住房城乡建设、交通、水利、电力等部门，应当加强对建设工程强制性标准、抗震设防要求执行情况和地震安全性评价工作的监督检查。

第五十一条 禁止侵占、截留、挪用应急救援、灾后过渡性安置和恢复重建的资金、物资。

县级以上人民政府财政、民政等有关部门和审计机关应当按照各自职责，依法加强对地震、火山灾害应急救援、灾后过渡性安置和恢复重建的资金、物资以及社会捐赠款物的筹集、使用情况的管理和监督。

第五十二条 监察机关应当加强对参与防震减灾工作的行政机关和法律、法规授权的具有管理公共事务职能的组织及其工作人员的监察。

第八章　法律责任

第五十三条 县级以上人民政府地震工作主管部门和依照本条例规定行使管理权的其他部门及其工作人员，有下列行为之一的，对直接负责的主管人员和其他直接责任人员，依法给予处分：

（一）未依法作出行政许可或者办理批准文件的；

（二）未执行抗震设防要求规定和标准，造成严重后果的；
（三）迟报、谎报、瞒报震情、灾情信息的；
（四）拒不服从上级人民政府或者抗震救灾指挥机构的决定和指挥，造成重大损失的；
（五）其他未依法履行职责的行为。

第五十四条　违反本条例规定，有下列行为之一的，由县级以上地震工作主管部门责令停止违法行为，恢复原状或者采取其他补救措施；造成损失的，依法承担赔偿责任：
（一）侵占、毁损、拆除或者擅自移动地震、火山监测设施的；
（二）危害地震、火山观测环境，干扰和妨碍地震、火山监测设施正常运行的；
（三）破坏典型地震、火山遗址、遗迹的。

单位有前款所列违法行为，情节严重的，处二万元以上二十万元以下的罚款；个人有前款所列违法行为，情节严重的，处二千元以下的罚款。违反治安管理规定的，由公安机关依法给予处罚；构成犯罪的，依法追究刑事责任。

第五十五条　违反本条例规定，未按照要求增建抗干扰设施或者新建地震、火山监测设施的，由县级以上人民政府地震工作主管部门责令限期改正；逾期不改正的，处二万元以上二十万元以下的罚款；造成损失的，依法承担赔偿责任。

第五十六条　违反本条例规定，未依法进行地震安全性评价，或者未按照地震安全性评价报告所确定的抗震设防要求进行抗震设防的，由县级以上地震工作主管部门责令限期改正；逾期不改正的，处三万元以上三十万元以下的罚款。

第五十七条　有下列行为之一，违反治安管理规定的，由公安机关依法给予处罚；构成犯罪的，依法追究刑事责任：
（一）向社会散布地震、火山喷发预测意见的；
（二）向社会散布地震、火山喷发预报意见及其评审结果的；
（三）散布地震、火山喷发谣言，扰乱公共秩序的；
（四）在灾后过渡性安置或者恢复重建中扰乱社会秩序的。

第五十八条　违反本条例规定的其他行为，法律、法规已有处罚规定的，从其规定。

第九章　附　　则

第五十九条　本条例自2013年12月1日起施行。

福建省防震减灾条例

(2013年9月27日福建省第十二届人民代表大会常务委员会第五次会议通过,根据2021年4月1日福建省第十三届人民代表大会常务委员会第二十六次会议《福建省人民代表大会常务委员会关于修改〈福建省村集体财务管理条例〉等三项涉及"放管服"改革的地方性法规的决定》修正)

第一章 总 则

第一条 为了防御和减轻地震灾害,保护人民生命和财产安全,促进经济社会可持续发展,根据《中华人民共和国防震减灾法》等有关法律、法规,结合本省实际,制定本条例。

第二条 在本省行政区域内及毗邻海域从事地震监测预报、地震灾害预防、地震应急救援、地震灾后过渡性安置和恢复重建等防震减灾活动,适用本条例。

第三条 防震减灾工作,实行预防为主、防御与救助相结合的方针。

第四条 县级以上地方人民政府应当加强对防震减灾工作的组织领导,建立健全防震减灾工作体系,将防震减灾工作纳入本级国民经济和社会发展规划,所需经费列入财政预算,并把防震减灾纳入政府绩效考评内容。

县级以上地方人民政府应当提高本地区地震灾害防治能力,加强地震风险普查及防控,强化城市活动断层探测。

第五条 县级以上地方人民政府负责管理地震工作的部门或者机构、发展和改革、住房和城乡建设、自然资源、应急管理、教育、卫生健康、公安以及其他有关部门,按照职责分工,各负其责,密切配合,共同做好本行政区域的防震减灾工作。

第六条 县级以上地方人民政府抗震救灾指挥机构负责统一领导、指挥和协调本行政区域的抗震救灾工作。

县级以上地方人民政府负责管理地震工作的部门或者机构承担本级人民政府抗震救灾指挥机构的日常工作。

乡(镇)人民政府、街道办事处应当确定人员负责防震减灾日常工作。

第七条 县级以上地方人民政府负责管理地震工作的部门或者机构会同同级有关部门组

织编制本行政区域的防震减灾规划,报本级人民政府批准后组织实施,并报上一级人民政府地震工作主管部门备案。

编制、修改防震减灾规划,应当广泛听取专家和公众意见。经依法批准的防震减灾规划,应当及时向社会公布。

县级以上地方人民政府有关部门应当根据防震减灾规划编制年度计划,保障防震减灾规划的执行。

县级以上地方人民政府应当适时组织有关部门对防震减灾规划执行情况进行评估和监督检查。

第八条 地方各级人民政府应当组织开展防震减灾知识的宣传教育，增强公民的防震减灾意识，提高全社会的防震减灾能力。

报纸、广播、电视、互联网等媒体应当加强与地震部门合作，开展地震灾害预防和应急避险、自救互救知识的宣传，刊登或者播放防震减灾公益广告。

每年5月12日所在周为全省防震减灾宣传活动周。

第九条 县级以上地方人民政府应当支持高等院校、科研院所和企业事业单位及其他社会组织开展防震减灾科学技术研究，推广应用先进的防震减灾科学技术。

县级以上地方人民政府应当支持开展地震群测群防活动，鼓励、引导、规范社会组织和个人参加防震减灾活动。

对在防震减灾工作中做出突出贡献的单位和个人，县级以上地方人民政府给予表彰和奖励。

第二章 地震监测预报

第十条 县级以上地方人民政府应当对本行政区域内的地震监测台网建设、运行，提供必要的建设用地、交通、通信、供水、供电等保障条件。

第十一条 坝高100米以上或者库容5亿立方米以上的大型水库和受地震破坏后可能引发严重次生灾害的矿山、化工等重大建设工程，应当建设专用地震监测台网。

核电站、大型水库大坝、跨江跨海特大桥梁和大型公共建筑，应当按照国家规定设置强震动监测设施。

专用地震监测台网和强震动监测设施的建设应当接受县级以上地方人民政府负责管理地震工作的部门或者机构的业务指导，建设单位应当将地震监测设施建设情况报省人民政府地震工作主管部门备案。

第十二条 专用地震监测台网和强震动监测设施的建设应当符合国家技术标准，所产生的监测数据应当符合相关技术规范要求。

第十三条 省地震工作主管部门负责建设全省地震烈度速报系统。广播、电视、互联网、移动通信等媒体应当配合地震部门做好地震烈度速报信息及其他震情信息的即时发布。

第十四条 鼓励和支持先进地震监测技术的推广应用。地震监测设施、设备的更新换代，按照分级管理的原则，由地方各级人民政府给予必要的支持。

第十五条 支持开展闽台之间地震科技交流与合作，推进双方地震监测台网的联网联测，加强台湾海峡海域地震监测、预测工作。

第十六条 县级以上地方人民政府负责管理地震工作的部门或者机构，应当根据国家有关标准和规范，会同同级自然资源主管部门，划定地震观测环境保护范围，向社会公布。地震观测环境保护范围应当纳入土地利用总体规划和城乡规划。

县级以上地方人民政府负责管理地震工作的部门或者机构应当会同有关部门，设置地震监测设施保护标志。

第十七条　新建、扩建、改建建设工程应当避免对地震监测设施和地震观测环境造成干扰及危害。

建设国家或者省重点工程，确实无法避免对地震监测设施和地震观测环境造成危害的，建设单位应当按照县级以上地方人民政府负责管理地震工作的部门或者机构的要求，增建抗干扰设施或者新建地震监测设施，并承担全部费用。

对地震观测环境保护范围内的建设工程项目，县级以上地方人民政府城乡规划主管部门在核发选址意见书时，应当征求县级以上地方人民政府负责管理地震工作的部门或者机构的意见；不需要核发选址意见书的，在依法核发建设用地规划许可证或者乡村建设规划许可证时，应当征求县级以上地方人民政府负责管理地震工作的部门或者机构的意见。

第十八条　县级以上地方人民政府负责管理地震工作的部门或者机构应当加强对群众监测活动的引导，因地制宜开展地震宏观前兆异常观察；收到可能与地震有关的异常现象报告，应当进行登记，及时组织调查核实，并将调查核实情况适时公开。

设区的市、县（市、区）人民政府负责管理地震工作的部门或者机构应当及时将可能与地震有关的异常现象调查核实情况向省地震工作主管部门报告。

第十九条　省地震工作主管部门应当组织召开震情会商会，对地震预测意见和可能与地震有关的异常现象进行分析研究。形成地震预报意见的，经评审后将地震预报意见和对策建议报省人民政府。

设区的市、县（市、区）人民政府负责管理地震工作的部门或者机构组织召开的震情会商会，形成的会商意见应当向省地震工作主管部门报告。

破坏性地震发生后，省地震工作主管部门应当对震后地震活动趋势进行会商，形成的会商意见报省人民政府并适时向社会发布。

第二十条　省地震工作主管部门应当根据地震活动趋势，提出确定省地震重点监视防御区的意见，报省人民政府批准。

省地震工作主管部门应当根据全省年度地震活动趋势会商的情况，提出全省地震重点危险区和值得注意地区的判定意见及年度防震减灾工作意见，报省人民政府。

第二十一条　鼓励和支持开展地震监测预报基础性工作。县级以上地方人民政府负责管理地震工作的部门或者机构应当加强对省地震重点监视防御区的流动地球物理综合观测，开展地壳深部地震构造环境探测。

第二十二条　地震预报实行统一发布制度。本省行政区域内及毗邻海域的地震预报意见，由省人民政府按照国家有关规定发布。

报纸、广播、电视、互联网、移动通信等媒体刊登、播发地震预报消息，应当以省级以上人民政府发布的地震预报为准。

第二十三条　任何单位和个人不得向社会散布地震预报意见及其评审结果，不得制造、散布地震谣言。

对扰乱社会秩序的地震谣言，县级以上地方人民政府负责管理地震工作的部门或者机构应当会同公安机关、新闻主管部门及时予以澄清和平息。

第三章　地震灾害预防

第二十四条　县级以上地方人民政府负责管理地震工作的部门或者机构负责本行政区域内建设工程地震安全性评价的监督管理工作。

第二十五条　位于地震重点监视防御区的城市以及位于复杂工程地质条件区域内的新建开发区，应当开展地震小区划工作。地震小区划图依法经审定后，作为确定一般建设工程抗震设防要求的依据。

第二十六条　建设工程的抗震设防要求应当纳入基本建设管理程序。新建、扩建、改建建设工程的抗震设防要求，按照以下规定确定：

（一）一般建设工程按照地震动参数区划图或者经审定的地震小区划图确定抗震设防要求；

（二）重大建设工程、可能产生严重次生灾害的建设工程和本省行政区域有重大价值或者有重大影响的建设工程，应当进行工程场地地震安全性评价，并根据地震安全性评价结果确定抗震设防要求；

（三）位于地震动参数区划图分界线附近区域和地震研究程度及资料详细程度较差地区的建设工程，应当进行地震动参数复核，并根据地震动参数复核结果确定抗震设防要求。

前款规定的建设工程所在区域已由政府统一组织实行区域评估的，可以直接采用区域评估中有关地震区域评估结果作为抗震设防要求。

第二十七条　应当进行地震安全性评价建设工程的具体范围，依照有关法律、法规、规章规定执行。本省行政区域有重大价值或者有重大影响的建设工程具体范围，由省地震工作主管部门规定，报省人民政府批准后公布。

按照规定必须进行地震安全性评价的建设项目，县级以上地方人民政府投资主管部门在审批项目可行性研究报告或者核准项目申请报告时，应当审查是否有经审定的地震安全性评价报告，对未按照规定进行建设工程地震安全性评价的建设项目，不予批准。实行备案制的建设项目，在备案后项目初步设计前，应当开展地震安全性评价并按照规定进行抗震设防。

第二十八条　县级以上地方人民政府应当组织有关部门对本行政区域内已建成建设工程进行抗震性能检查。未达到抗震设防要求的已建成建设工程，应当采取必要的抗震加固措施。中小学、幼儿园、医院等人员密集场所的建设

工程，应当严格按照国家规定的标准进行抗震加固。

第二十九条　县级以上地方人民政府对需要抗震设防的农村村民住宅和乡村公共设施，在技术指导、工匠培训、信息服务、资金补贴等方面给予必要支持。

住房和城乡建设、地震等有关部门应当编制适合本地区的农村住宅抗震设计图集和施工技术指南，并免费提供给建房农村村民；在农村住宅建设中推广具有抗震性能的房屋结构，鼓励、引导村民建设具有抗震能力的住宅。

村镇住宅小区建设、库区移民、灾区重建和"造福工程"等住宅建设项目以及乡村公共设施应当按照抗震设防要求和有关工程建设的强制性标准进行抗震设防。

第三十条 县级以上地方人民政府应当结合城市公园、广场、体育场馆、学校操场等场所，规划和建设地震应急避难场所，设置明显应急避险标志，配备必需的供水、供电、排污等保障设施，并加强日常维护。鼓励社会力量参与地震应急避难场所建设。

地震应急避难场所建设应当纳入城乡规划。县级以上地方人民政府负责管理地震工作的部门或者机构应当会同有关部门对地震应急避难场所建设进行指导。县级以上地方人民政府应当组织有关部门制定地震应急避难场所启用预案，并根据预案开展演练。

第三十一条 县级以上地方人民政府负责管理地震工作的部门或者机构应当指导、协助、督促有关单位做好防震减灾宣传教育和地震应急救援演练等工作。机关、团体、企业事业单位以及其他社会组织，应当开展防震减灾宣传教育，组织地震应急避险、救援演练。

县级以上地方人民政府教育行政管理部门应当将防震减灾知识纳入中小学生安全教育内容。

学校应当每学期组织师生开展地震紧急疏散演练活动，提高师生应急避险和自救互救能力。

科普工作主管部门、科学技术协会应当鼓励和支持开展地震科普作品创作，逐步提高地震科普作品创作经费投入，推广优秀的地震科普作品，提高地震科普知识普及水平。

第三十二条 科技馆、文化馆（站）、博物馆、科技活动中心、工人文化宫、青少年宫等场所，应当开展防震减灾科普宣传。

鼓励利用地震遗迹、学生素质教育基地、地震科研单位等场所建设防震减灾科普教育展馆。

县级以上地方人民政府应当根据当地实际，对防震减灾科普设施的建设予以支持。

第四章　地震应急救援

第三十三条 县级以上地方人民政府及其有关部门和乡（镇）人民政府、街道办事处应当制定本行政区域或者本部门地震应急预案。

交通、铁路、水利、电力、通信等基础设施和学校、医院等人员密集场所的经营管理单位，以及可能发生次生灾害的核电、矿山、危险物品等生产经营单位，应当制定地震应急预案。

县级以上地方人民政府应当组织有关部门定期对应急预案的制定、修订和落实情况进行监督检查。

第三十四条 建立健全全省地震预警系统，在本省行政区域及毗邻海域、周边区域发生破坏性地震时，对地震在本省可能造成的影响迅速发布地震预警信息。

广播、电视、互联网、移动通信等媒体应当配合地震部门做好地震预警信息的迅速发布。

第三十五条 高速铁路、城市轻轨、地铁、枢纽变电站、输油输气管线（站）、石油化工、核电、通信等工程设施和可能发生严重次生灾害的建设工程，应当建立地震紧急处置工作机制和技术系统，根据地震预警信息采取紧急防范措施。

第三十六条 县级以上地方人民政府及其负责管理地震工作的部门或者机构应当配备

地震应急通讯设备，建立健全地震应急指挥技术保障系统。

第三十七条　县级以上地方人民政府应当建立地震应急救援物资、应急处置装备和生活必需品的储备制度。

地震重点监视防御区的县级以上地方人民政府应当根据实际需要，在本级财政预算安排抗震救灾资金，储备救灾物资。

鼓励机关、团体、企业事业单位以及其他社会组织、家庭储备地震应急处置装备和生活必需品。

第三十八条　县级以上地方人民政府应当依托武装警察部队、民兵预备役、消防救援机构、矿山救援、交通、水利等现有队伍，按照

一队多用、专职与兼职相结合的原则，组建地震灾害紧急救援专业队伍。

县级以上地方人民政府应当为地震灾害紧急救援专业队伍配备相应的装备、器材，并组织开展培训和演练，建立健全地震灾害紧急救援专业队伍行动机制。

第三十九条　县级以上地方人民政府负责管理地震工作的部门或者机构以及共青团、红十字会等社会团体和组织可以组织、动员社会力量组建地震灾害救援志愿者队伍，开展地震应急救援培训和演练。

第四十条　临震预报发布后，省人民政府可以根据情况宣布有关区域进入临震应急期，所在地人民政府应当按照地震应急预案，采取下列紧急措施：

（一）加强震情监视，及时报告、通报震情变化；

（二）督促交通、水利、电力、铁路、通信、供水、供气等基础设施和核电站、堤坝、尾矿库、危险化学品的生产经营管理单位立即采取紧急防范措施；

（三）组织地震灾害紧急救援队伍和负有相关职责的人员进入待命状态；

（四）加强地震应急避险知识宣传，组织和引导民众采取避震抗震措施；

（五）维护社会秩序稳定；

（六）其他防御和减轻地震灾害的紧急措施。

第四十一条　地震灾害发生后，县级以上地方人民政府抗震救灾指挥机构应当立即组织有关部门和单位查清受灾情况，并采取下列紧急措施：

（一）组织地震灾害紧急救援队伍迅速开展救援工作，组织地震灾害救援志愿者和其他民众有序参加抗震救灾活动；

（二）组织医疗人员对灾区受伤人员进行紧急医疗救护；

（三）启用应急避难场所或者设置临时避难场所，及时转移和安置受灾群众；

（四）组织交通运输、通信、供水、供电等部门为抗震救灾提供保障，合理配置物流资源，组织有关企业生产、供应应急救援物资；

（五）迅速控制危险源，做好次生灾害的排查与监测预警工作，防范地震可能引发的次生灾害以及传染病疫情的发生；

（六）加强震情跟踪分析，防范强余震；

（七）及时向本级人民政府报告震情、灾情和抗震救灾情况等信息；

（八）组织新闻媒体及时、准确发布震情、灾情及抗震救灾等信息；

（九）维护社会秩序稳定。

第五章　地震灾后恢复重建

第四十二条　地震灾区县级以上地方人民政府应当组织应急管理、公安、卫生健康、住房和城乡建设、工业和信息化、发展和改革、自然资源、交通运输、农业农村、水利、通信等有关部门以及乡（镇）人民政府、街道办事处，做好受灾群众的过渡性安置工作，组织受灾群众和企业开展生产自救。

第四十三条　抗震救灾、恢复重建的资金和物资通过国家救助、生产自救、社会捐赠、社会互助、保险理赔、银行贷款等多种渠道和方式解决。

财政、审计等有关部门应当加强对抗震救灾、恢复重建资金和物资的监督和检查。

第四十四条　鼓励开展闽台地震信息交流，组织、引导闽台赈灾人员、资金、物资、技术参与震后应急救援和灾后恢复重建等互助活动。

第四十五条　重大、较大及一般地震灾害发生后，省人民政府应当根据国家规定组织编制地震灾后恢复重建规划，由设区的市人民政府组织实施。

典型的地震遗址应当予以保护，并报经省人民政府批准后，列入地震灾区的重建规划。

第四十六条　恢复重建应当根据地震灾害情况，避开抗震危险地段，落实抗震设防要求，确保各类建筑工程具备相应抗震能力。

第四十七条　卫生健康、市场监督管理、药品监督管理等有关部门应当加强对抗震救灾所需食品、药品、医疗器械、消毒产品、建筑材料等物资的质量、价格的监督检查。

第六章　法律责任

第四十八条　县级以上地方人民政府负责管理地震工作的部门或者机构，以及其他依照本条例规定行使监督管理权的部门，未依照本条例规定履行防震减灾职责的，对直接负责的主管人员和其他直接责任人员，依法给予处分。

第四十九条　违反本条例第十一条、第十二条规定，未按要求建设专用地震监测台网或

者未设置强震动监测设施的，由县级以上地方人民政府负责管理地震工作的部门或者机构责令限期改正，采取相应的补救措施；对直接负责的主管人员和其他直接责任人员，依法给予处分。

第五十条　违反本条例第二十三条第一款规定，擅自向社会散布地震预报意见及其评审结果或者制造、散布地震谣言，扰乱社会秩序，构成违反治安管理行为的，由公安机关依法给予处罚；构成犯罪的，依法追究刑事责任。

第七章　附　　则

第五十一条　本条例自 2013 年 12 月 1 日起施行。1997 年 10 月 25 日福建省第八届人民代表大会常务委员会第三十五次会议通过的《福建省防震减灾条例》同时废止。

天津市人民政府令

（第 25 号）

《天津市地震预警管理办法》已于 2021 年 12 月 3 日经市人民政府第 173 次常务会议通过，现予公布，自 2022 年 1 月 15 日起施行。

天津市市长　廖国勋

2021 年 12 月 12 日

天津市地震预警管理办法

第一章　总　　则

第一条　为了加强地震预警管理，发挥地震预警作用，减轻地震灾害损失，保障人民生命和财产安全，根据《中华人民共和国防震减灾法》《地震监测管理条例》《天津市防震减灾条例》等法律、法规，结合本市实际，制定本办法。

第二条　在本市行政区域内从事地震预警系统规划与建设、地震预警信息发布与处置以及相关监督管理等活动，适用本办法。

本办法所称地震预警，是指地震发生后，在地震波到达可能遭受破坏或者影响的区域前，通过地震预警系统向该区域发出地震警报信息的行为。

本办法所称地震预警系统，包括地震预警监测系统、信息自动处理系统、信息发布和传播系统。

第三条　地震预警工作应当遵循政府主导、区域协同、社会参与的原则，实行统一规划、统一管理、统一发布的工作机制。

第四条　市和区人民政府建立地震预警协调工作机制，统筹协调解决地震预警重大问题，将开展地震预警工作所需经费纳入本级财政预算。

市和区地震工作主管部门负责本行政区域内地震预警及其监督管理工作。

发展改革、城市管理、交通运输、应急、公安、规划资源、水务、教育、卫生健康、文化和旅游等有关部门按照各自职责，做好地震预警相关工作。

第五条　地震预警系统规划建设与运行管理、地震预警信息发布与处置等活动，应当遵守有关法律、法规和规章，符合国家和本市相关标准及技术要求。

第六条　本市鼓励和支持社会力量依法参与地震预警系统建设，开展地震预警科技创新、产品研发和成果应用。

第二章　规划建设与设施保护

第七条　市地震工作主管部门应当根据国家地震预警系统建设规划，会同有关部门编制本市地震预警系统建设规划，并纳入市防震减灾规划，报市人民政府批准后组织实施。

第八条　市地震工作主管部门按照地震预警系统建设规划，组织建设全市统一的地震预警系统。区地震工作主管部门协助做好地震预警系统建设的相关工作。

建设地震预警监测系统，应当充分利用和整合已有的地震监测台站资源，避免重复建设。

第九条　学校、医院、车站、机场、体育场馆等人员密集场所应当安装地震预警信息接收和播发装置。

高速铁路、城市轨道交通、电力调度中心、输油输气管道干线（站）、大型水库等重大建设工程和涉及危险化学品等其他可能发生严重次生灾害的建设工程，其建设单位或者管理单位应当安装地震预警信息接收装置，也可以根据需要建设专用地震预警系统，所建设的专用地震预警系统应当报市地震工作主管部门备案。

第十条　社会力量建设的地震预警台站（点），符合地震预警系统建设规划和相关技术要求的，可以纳入地震预警系统，实现信息共享。

第十一条　地震预警系统建成后，应当试运行一年以上，试运行结束并经国家或者市地震工作主管部门验收合格后，方可投入正式运行。

第十二条　任何单位和个人不得侵占、毁损、拆除或者擅自移动地震预警设施，不得危害地震观测环境。

第十三条　地震预警系统运行管理单位和地震预警信息接收单位，应当加强对地震预警系统及其设施的维护和管理，确保地震预警系统正常运行。

第十四条　市地震工作主管部门应当定期对地震预警系统运行情况进行监督检查。

市和区地震工作主管部门应当加强对地震预警设施和地震观测环境的保护工作，地震预警设施和地震观测环境遭受破坏的，应当及时组织修复。

第三章　信息发布与处置

第十五条　地震预警信息由市人民政府授权市地震工作主管部门通过地震预警系统统一发布，其他任何单位和个人不得以任何形式向社会发布地震预警信息。

第十六条　地震预警信息应当通过广播、电视、互联网等媒体和通信运营企业，向社会公众播发。

广播、电视、互联网等媒体和通信运营企业应当在市地震工作主管部门和有关部门的指导下，建立地震预警信息自动接收播发机制，及时、准确、无偿地向社会公众播发地震预警信息。

第十七条　地震发生后，市地震工作主管部门应当向本市行政区域内预估地震烈度5度及以上区域发送地震预警信息。地震预警信息应当包括预警等级、地震波到达时间、预估地震烈度、地震震中、震级、发震时间等内容。

第十八条　市和区人民政府及其有关部门接收到地震预警信息后，应当按照地震应急预案，依法及时做好地震应急处置工作。

第十九条　人员密集场所的管理单位接收到地震预警信息后，应当按照地震应急预案，立即采取相应避险措施。

第二十条　重大建设工程和其他可能发生严重次生灾害的建设工程的建设单位或者管理单位接收到地震预警信息后，应当按照各自行业规定、技术规范和地震应急预案立即进行处置。

第二十一条　市地震工作主管部门应当根据实际情况及时更新地震预警信息。

第四章　宣传教育与应急演练

第二十二条　市和区人民政府及其有关部门、乡镇人民政府、街道办事处应当组织开展地震预警知识宣传普及活动和必要的地震应急演练，提高社会公众应用地震预警信息进行避险的能力。

村（居）民委员会应当根据所在地人民政府的要求，组织开展地震预警知识宣传普及活动和必要的地震应急演练。

第二十三条　机关、团体、企业、事业等单位应当加强对本单位人员地震预警知识的宣传教育，按照所在地人民政府要求，结合各自实际情况开展地震应急演练。

第二十四条　学校应当将地震预警知识纳入教学内容，每年至少组织一次地震应急疏散演练。

第二十五条　广播、电视、报刊、互联网等媒体应当开展地震预警知识的公益宣传活动。

第二十六条　市和区地震工作主管部门应当向社会公众宣传普及地震预警知识，指导、协助、督促有关单位做好地震预警知识的宣传教育和地震应急演练工作。

第五章　区域协同

第二十七条　本市与北京市、河北省建立地震预警协同工作机制，加强地震预警交流与合作。

第二十八条　本市与北京市、河北省统一地震预警信息源和地震预警信息发布阈值、发布内容。

第二十九条　市地震工作主管部门与北京市、河北省地震工作主管部门协同推动建设区域地震监测预警平台，建立地震预警数据和信息共享机制，实现地震预警信息互为备份、互为服务，提升区域地震预警能力。

第三十条　市地震工作主管部门与北京市、河北省地震工作主管部门共同推进区域内地震预警新技术的推广应用，推动建设集科研实验、成果转化、科技交流、集成示范为一体的区域地震预警科技创新平台。

第六章　法律责任

第三十一条　违反本办法第九条规定，未安装地震预警信息接收装置或者播发装置的，由地震工作主管部门责令限期改正；逾期未改正的，对直接负责的主管人员和其他直接责任人员依法给予处分。

第三十二条　违反本办法第十二条规定的，按照下列规定处理：

（一）侵占、毁损、拆除、擅自移动地震监测设施，或者危害地震观测环境的，由地震工作主管部门责令停止违法行为，恢复原状或者采取其他补救措施；情节严重的，对单位处2万元以上20万元以下罚款，对个人处2000元以下罚款；造成损失的，依法承担赔偿责任；构成违反治安管理行为的，由公安机关依法给予处罚。

（二）侵占、毁损、拆除或者擅自移动其他地震预警设施的，由地震工作主管部门责令停止违法行为，恢复原状或者采取其他补救措施；情节严重的，对单位处1万元以下罚款，对个人处1000元以下罚款；造成损失的，依法承担赔偿责任；构成违反治安管理行为的，由公安机关依法给予处罚。

第三十三条　违反本办法第十五条规定，擅自向社会发布地震预警信息的，由市地震工作主管部门责令改正；构成违反治安管理行为的，由公安机关依法给予处罚；构成犯罪的，依法追究刑事责任。

第三十四条　市和区地震工作主管部门以及有关部门的工作人员，在地震预警工作中滥用职权、玩忽职守、徇私舞弊的，对直接负责的主管人员和其他直接责任人员依法给予处分；构成犯罪的，依法追究刑事责任。

第七章　附　　则

第三十五条　本办法自2022年1月15日起施行。

河北省人民政府令

（第 2 号）

《河北省地震预警管理办法》已经 2021 年 11 月 6 日省政府第 133 次常务会议通过，现予公布，自 2022 年 1 月 1 日起施行。

代省长　王正谱
2021 年 11 月 12 日

河北省地震预警管理办法

第一章　总　　则

第一条　为加强地震预警管理，有效发挥地震预警作用，减轻地震灾害损失，保障公众生命财产安全，根据《中华人民共和国防震减灾法》《地震监测管理条例》《河北省防震减灾条例》等法律、法规，结合本省实际，制定本办法。

第二条　在本省行政区域内从事地震预警系统规划建设、地震预警信息发布与响应及其监督管理等活动，适用本办法。

本办法所称地震预警，是指地震发生后，在破坏性地震波到达可能遭受破坏的区域前，利用地震预警系统自动快速获取地震信息，向该区域提前发出地震警报的行为。

第三条　地震预警工作遵循政府主导、部门协同、社会参与的原则，实行统一规划、统一管理、统一发布的工作机制。

第四条　县级以上人民政府应当加强对地震预警工作的领导，将地震预警工作纳入本行政区域防震减灾规划，并实行以公共财政投入为主、与财政事权和支出责任相匹配、与政府发展规划相衔接的经费投入机制。

第五条　县级以上人民政府地震工作主管部门负责本行政区域内的地震预警及其监督管理工作。

县级以上人民政府发展改革、教育、科技、公安、财政、自然资源、住房城乡建设、交通运输、水利、卫生健康、广播电视、通信管理等部门，应当按照各自职责做好地震预警相关工作。

第六条　鼓励和支持社会力量依法参与地震预警系统建设，开展地震预警科技创新、产品研发和成果推广应用。

第七条 县级以上人民政府地震工作主管部门应当广泛开展地震预警知识宣传教育工作，指导、督促、协助有关单位开展地震应急演练，提高公众应急避险能力。

机关、团体、企业事业等单位应当组织开展地震预警知识的宣传普及和必要的地震预警应急演练。

广播电视、互联网、移动通信等媒体应当开展地震预警知识的公益宣传活动。

第二章　地震预警系统规划建设

第八条 省人民政府地震工作主管部门应当根据国家地震预警系统建设规划和要求，组织编制全省地震预警系统建设规划，并纳入省防震减灾规划。

第九条 地震预警系统包括下列内容：

（一）地震预警监测系统；

（二）地震预警信息发布系统；

（三）地震预警信息播发系统；

（四）地震预警信息接收系统；

（五）地震预警应急处置系统。

第十条 建设地震预警系统应当采用符合国家标准、行业标准或者有关地震预警技术要求的设备和软件。

第十一条 县级以上人民政府地震工作主管部门应当按照地震预警系统建设规划等相关要求，组织建设全省统一的地震预警监测系统。

地震预警监测系统建设应当依托地震监测台网，充分利用已有的各类地震监测台站，避免重复建设。

第十二条 地震预警信息发布系统由省人民政府地震工作主管部门根据地震预警系统建设规划组织建设。

第十三条 县级以上人民政府应当建立地震预警信息自动接收播发机制，指定播发媒体。

广播电视、互联网、移动通信等被指定的播发媒体应当在地震工作主管部门和有关部门指导下，建设地震预警信息播发系统，做好地震预警信息播发工作。

第十四条 地震易发区的学校、医院、养老服务机构、商场、车站、机场、体育场馆、影剧院等人员密集场所，应当安装地震预警信息接收系统。

鼓励其他区域人员密集场所安装地震预警信息接收系统。

第十五条 高速铁路、城市轨道交通、枢纽变电站、输油输气管线（站）、大型水库、核电站等生命线工程和其他可能发生严重次生灾害的建设工程（以下统称重点工程）的建设单位或者管理单位应当安装地震预警信息接收系统和地震预警应急处置系统。

第十六条 地震预警监测系统、地震预警信息发布系统、地震预警信息播发系统应当经过一年以上试运行。试运行结束，经国家或者省人民政府地震工作主管部门入网验收合格后方可正式运行。

第三章　地震预警信息发布与响应

第十七条　地震预警信息由省人民政府地震工作主管部门通过地震预警信息发布系统向预估地震烈度达到地震预警信息发布条件的区域自动统一发布。其他任何单位和个人不得以任何形式发布地震预警信息，不得编造和传播虚假地震预警信息。

地震预警信息发布内容应当包括发震时间、震中、震级、预估地震烈度等。

第十八条　县级以上人民政府及其有关部门接收到地震预警信息后，应当按照地震应急预案规定，依法及时做好地震应急处置工作。

第十九条　地震预警信息接收单位在接收到地震预警信息后，应当按照地震应急预案进行处置，避免或者减轻地震灾害损失。

第二十条　县级以上人民政府指定的播发媒体，接收到地震预警信息后，应当自动、高效、无偿地向社会公众播发地震预警信息。

第二十一条　因技术等原因造成地震预警信息误发或者偏差较大时，省人民政府地震工作主管部门应当及时通过原渠道进行更正，并采取措施消除影响。

第四章　区域协同

第二十二条　本省与北京市、天津市及周边其他区域建立地震预警协同工作机制，加强地震预警交流与合作。

第二十三条　本省与北京市、天津市统一地震预警信息源和地震预警信息发布阈值、发布内容。

第二十四条　省人民政府地震工作主管部门与北京市、天津市人民政府地震工作主管部门建立地震预警数据和信息共享机制，实现地震预警信息互为备份、互为服务，提高区域地震预警能力。

第二十五条　省人民政府地震工作主管部门与北京市、天津市人民政府地震工作主管部门共同推进区域内地震预警新技术的推广应用，推动建设集科研实验、成果转化、科技交流、集成示范为一体的区域地震预警科技创新平台。

第五章　监督管理

第二十六条　县级以上人民政府地震工作主管部门应当加强对地震预警系统运行情况的监督管理。

建设和安装地震预警系统的单位，应当加强日常维护管理，确保地震预警系统正常使用。

第二十七条　任何单位和个人不得侵占、损毁或者擅自拆除、移动地震预警系统设施。

第二十八条　任何单位和个人对危害、破坏地震预警系统设施和地震观测环境的行为，有权向县级以上人民政府地震工作主管部门或者其他有关部门举报。接到举报的部门应当依法及时处理。

第六章　法律责任

第二十九条　县级以上人民政府地震工作主管部门和其他有关部门及其工作人员在地震预警工作中滥用职权、玩忽职守、徇私舞弊的，由上级机关责令改正；情节严重的，对直接负责的主管人员和其他直接责任人员依法给予处分；构成犯罪的，依法追究刑事责任。

第三十条　违反本办法规定，有下列行为之一的，由县级以上人民政府地震工作主管部门责令限期改正，逾期未改正的，处三千元以上一万元以下罚款：

（一）未采用符合国家标准、行业标准或者有关地震监测技术要求的设备和软件建设地震预警系统的；

（二）地震易发区的人员密集场所未按规定安装地震预警信息接收系统的；

（三）重点工程未按规定安装地震预警信息接收系统和地震预警应急处置系统的。

第三十一条　违反本办法规定，编造、传播虚假地震预警信息或者擅自向社会发布地震预警信息，扰乱社会秩序，构成违反治安管理行为的，由公安机关依法处理；构成犯罪的，依法追究刑事责任。

第三十二条　违反本办法规定，侵占、损毁或者擅自拆除、移动地震预警系统设施的，依照《中华人民共和国防震减灾法》《地震监测管理条例》《河北省防震减灾条例》等有关规定予以处理。

第七章　附　　则

第三十三条　本办法自 2022 年 1 月 1 日起施行。

山东省人民政府令

（第 343 号）

《山东省地震预警管理办法》已经 2021 年 5 月 31 日省政府第 115 次常务会议通过，现予公布，自 2021 年 9 月 1 日起施行。

省长　李干杰
2021 年 7 月 3 日

山东省地震预警管理办法

第一条　为了规范地震预警活动，防御和减轻地震灾害，保护人民生命财产安全，根据《中华人民共和国防震减灾法》《山东省防震减灾条例》等法律、法规，结合本省实际，制定本办法。

第二条　在本省行政区域内从事地震预警系统规划与建设、地震预警信息发布与处置、监督管理与保障以及其他相关活动，适用本办法。

本办法所称地震预警，是指地震发生后，利用地震监测设施、设备以及相关技术，在地震波到达之前向可能遭受地震破坏的区域提前发出地震警报信息的行为。

第三条　地震预警工作应当遵循政府主导、部门协同、社会参与的原则，实行统一规划、统一管理、统一发布的工作机制。

第四条　县级以上人民政府应当加强对地震预警工作的领导，将地震预警系统建设和运行管理纳入国民经济和社会发展规划，建立地震预警协调工作机制，统筹解决地震预警重大问题，所需经费列入本级财政预算。

第五条　县级以上人民政府地震工作主管部门负责本行政区域的地震预警工作。

县级以上人民政府发展改革、教育、工业和信息化、公安、财政、住房城乡建设、交通运输、水利、应急、广电、通信管理等主管部门按照各自职责，密切配合，共同做好地震预警相关工作。

第六条　县级以上人民政府地震工作主管部门应当广泛开展地震预警知识宣传教育工作，指导、督促、协助有关单位开展地震应急演练，提高公众应急避险能力。

广播、电视、报刊、互联网等媒体和通信运营企业应当开展地震预警知识的公益宣传活动。

学校应当普及地震预警知识，组织开展必要的地震应急演练，培养师生的地震安全意识，提高应急避险、自救互救能力。

第七条 省人民政府地震工作主管部门应当根据国家地震预警系统建设规划以及相关要求，组织编制全省地震预警系统建设规划，并纳入全省防震减灾规划，报省人民政府批准后组织实施。

地震预警系统建设规划应当包括地震预警台网建设、信息自动处理系统建设、信息播发系统建设等内容。

第八条 省人民政府地震工作主管部门应当根据地震预警系统建设规划，组织建设全省地震预警监测台网。

设区的市、县（市、区）地震工作主管部门根据防震减灾工作需要，建设本行政区域内地震预警监测站点，并纳入全省地震预警监测台网。

第九条 高速铁路、城市轨道交通、核设施以及其他可能发生严重地震灾害的建设工程，应当根据需要配套建设专用地震预警监测站点，并报省人民政府地震工作主管部门备案。

第十条 人员密集场所和高速铁路、城市轨道交通、核设施工程、大型水库、大型矿山、大中型危险品生产存储设施等建设工程，应当安装地震预警信息接收和播发装置，并建立地震预警应急处置机制。

鼓励其他单位、场所安装地震预警信息接收和播发装置。

第十一条 地震预警信息由省人民政府地震工作主管部门统一发布。

其他单位和个人不得以任何形式向社会发布地震预警信息。

第十二条 省人民政府地震工作主管部门根据地震可能造成破坏程度和社会影响，确定地震预警信息发布阈值。地震预估参数达到确定的阈值时，由地震预警系统自动向相关区域发布地震预警信息。

地震预警信息应当包括地震发生时间、地震震中、地震波到达时间、预估地震烈度等内容。

第十三条 省人民政府地震工作主管部门应当通过广播、电视、互联网等媒体和通信运营企业，及时向社会发布地震预警信息。

广播、电视、互联网等媒体和通信运营企业应当建立地震预警信息自动接收播发机制。

第十四条 县级以上人民政府及其有关部门接收到地震预警信息后，应当立即组织开展人员疏散、灾害防范等应急处置工作，并按照有关规定启动地震应急预案。

第十五条 人员密集场所接收到地震预警信息后，应当立即组织人员紧急避险、自救互救。

高速铁路、城市轨道交通、核设施工程、大型水库、大型矿山、大中型危险品生产存储设施等建设工程管理单位接收到地震预警信息后，应当立即按照相关技术规范和地震应急预案进行紧急处置。

第十六条 地震预警系统运行管理单位和地震预警信息接收、播发单位，应当加强对地震预警设施、装置及运行系统的维护和管理，保障地震预警系统的正常运行。

省人民政府地震工作主管部门应当定期组织对地震预警系统运行情况进行监督检查。

第十七条 任何单位和个人不得侵占、毁损、拆除或者擅自移动地震预警设施，不得危害地震观测环境。

县级以上人民政府公安、自然资源、地震等部门应当依法保护地震预警设施和观测环境。

第十八条 任何单位和个人对地震预警活动中的违法行为，有权向县级以上人民政府地震工作主管部门进行举报。

地震工作主管部门接到举报后，应当及时组织调查，并依法作出处理。

第十九条 违反本办法规定的行为，法律、法规已规定法律责任的，从其规定；法律、法规未规定法律责任的，依照本办法规定执行。

第二十条 违反本办法规定，人员密集场所和高速铁路、城市轨道交通、核设施工程、大型水库、大型矿山、大中型危险品生产存储设施等建设工程，未按规定安装地震预警信息接收和播发装置的，由县级以上人民政府地震工作主管部门责令改正；拒不改正的，处1万元以上3万元以下罚款。

第二十一条 违反本办法规定，擅自向社会发布地震预警信息的，由县级以上人民政府地震工作主管部门责令改正，处5千元以上1万元以下罚款；构成违反治安管理行为的，由公安机关依法给予处罚；构成犯罪的，依法追究刑事责任。

第二十二条 违反本办法规定，侵占、毁损、拆除或者擅自移动地震监测设施，或者危害地震观测环境的，由县级以上人民政府地震工作主管部门责令停止违法行为，恢复原状或者采取其他补救措施；造成损失的，依法承担赔偿责任。

单位有前款所列违法行为，情节严重的，处2万元以上20万元以下罚款；个人有前款所列违法行为，情节严重的，处2千元以下罚款；构成违反治安管理行为的，由公安机关依法给予处罚；构成犯罪的，依法追究刑事责任。

第二十三条 地震工作主管部门违反本办法规定，在地震预警监督管理工作中滥用职权、玩忽职守、徇私舞弊的，对直接负责的主管人员和其他直接责任人员依法给予处分；构成犯罪的，依法追究刑事责任。

第二十四条 本办法自2021年9月1日起施行。

湖北省人民政府令

（第 415 号）

《湖北省地震安全性评价管理办法》已经 2020 年 12 月 24 日省人民政府常务会议审议通过，现予公布，自 2021 年 3 月 1 日起施行。

省长　王晓东
2021 年 1 月 1 日

湖北省地震安全性评价管理办法

第一条　为了加强对地震安全性评价的管理，确定科学合理的抗震设防要求，防御与减轻地震灾害，保护人民生命和财产安全，根据《中华人民共和国防震减灾法》《地震安全性评价管理条例》《湖北省防震减灾条例》等法律、法规，结合本省实际，制定本办法。

第二条　在本省行政区域内从事地震安全性评价活动，适用本办法。

第三条　省地震工作主管部门负责全省的地震安全性评价监督管理工作。

县级以上人民政府地震工作主管部门负责本行政区域内地震安全性评价的监督管理工作。

县级以上人民政府发展改革、教育、财政、自然资源、住房和城乡建设、交通运输、水利、卫生健康等部门应当按照各自职责，共同做好与地震安全性评价相关的管理工作。

第四条　下列建设工程必须进行地震安全性评价，并根据地震安全性评价结果，确定抗震设防要求：

（一）国家重大建设工程；

（二）受地震破坏后可能引发水灾、火灾、爆炸、剧毒或者强腐蚀性物质大量泄露或者其他严重次生灾害的建设工程，包括水库大坝、堤防和贮油、贮气、贮存易燃易爆、剧毒或者强腐蚀性物质的设施以及其他可能发生严重次生灾害的建设工程；

（三）受地震破坏后可能引发放射性污染的核电站和核设施建设工程；

（四）省人民政府规定的对本行政区域有重大价值或者有重大影响的其他建设工程，具体范围由省地震工作主管部门会同省发展改革、教育、经济和信息化、住房和城乡建设、交通运输、水利、卫生健康、应急管理、铁路等行业主管部门确定，报省人民政府同意后公布。

第五条　新建、扩建、改建建设工程必须达到抗震设防要求。本办法第四条规定以外的建设工程，必须按照国家颁布的地震烈度区划图或者地震动参数区划图规定的抗震设防要求进行抗震设防，可不再进行专门的地震安全性评价。

县级以上地震工作主管部门应当向社会公布地震烈度区划图或者地震动参数区划图，并免费提供相关咨询服务。

第六条　县级以上人民政府负责项目审批的部门，应当将抗震设防要求纳入建设工程可行性研究报告的审查内容。对可行性研究报告中未包含抗震设防要求的项目，不予批准。

第七条　建设单位应当委托具有相应条件的地震安全性评价单位开展地震安全性评价。从事地震安全性评价的单位应当具备下列条件：

（一）具有独立法人资格；

（二）具有与从事地震安全性评价相适应的地震学、地震地质学、工程地震学3个相关专业背景的技术人员，每个专业具有高级专业技术职称人员不少于2人；

（三）具有承担地震安全性评价工作的技术装备和专用软件系统，并具备相应的实验、测试条件和分析能力；

（四）具有健全的质量管理体系。

第八条　地震安全性评价单位对建设工程进行地震安全性评价后，应当编制该建设工程的地震安全性评价报告。建设单位应当将地震安全性评价报告按下列工程范围报送国务院地震工作主管部门或省地震工作主管部门：

（一）国家重大建设工程、跨省（自治区、直辖市）行政区域的建设工程、核电站和核设施建设工程的地震安全性评价报告按规定报国务院地震工作主管部门审定；

（二）其他建设工程的地震安全性评价报告，报省地震工作主管部门审定。

第九条　省地震工作主管部门应当自收到地震安全性评价报告之日起15日内进行审定，依法确定建设工程的抗震设防要求，书面通知建设单位和建设工程所在地的地震工作主管部门，并按规定报国务院地震工作主管部门备案。

地震安全性评价报告审定未通过的，地震安全性评价单位必须重新评价，并承担所需费用。未经审定或者审定未通过的地震安全性评价结果不得使用。

第十条　建设工程应当按照抗震设防要求和抗震设计规范进行抗震设计，并按照抗震设计进行施工。

第十一条　县级以上地震、发展改革、住房和城乡建设以及其他行业主管部门应当按照各自职责，加强对地震安全性评价及抗震设防工作的监督检查。

建立地震安全性评价单位信用监管机制，具体办法由省地震工作主管部门制定。

第十二条　未依法进行地震安全性评价，或者未按照地震安全性评价报告所确定的抗震设防要求进行抗震设防的，依照《中华人民共和国防震减灾法》的有关规定给予行政处罚。

第十三条　地震安全性评价单位有下列行为之一的，由县级以上地方人民政府负责管理地震工作的部门或者机构依据职权，责令改正，没收违法所得，并处1万元以上5万元以下的罚款：

（一）以其他地震安全性评价单位的名义承揽地震安全性评价业务的；

（二）允许其他单位以本单位名义承揽地震安全性评价业务的。

第十四条 负责地震安全性评价管理和工程建设项目审批工作的国家工作人员玩忽职守、滥用职权、徇私舞弊的，由有关主管部门按照规定给予处分；构成犯罪的，依法追究刑事责任。

第十五条 本办法自 2021 年 3 月 1 日起施行。湖北省人民政府 2008 年 12 月 30 日公布的《湖北省地震安全性评价管理办法》（湖北省人民政府令第 327 号）同时废止。

广东省人民政府令

（第 285 号）

《广东省地震预警管理办法》已经 2021 年 7 月 1 日十三届广东省人民政府第 151 次常务会议通过，现予公布，自 2021 年 9 月 1 日起施行。

省长　马兴瑞
2021 年 7 月 7 日

广东省地震预警管理办法

第一章　总　　则

第一条　为了规范和促进地震预警管理，防御和减轻地震灾害，保护人民生命和财产安全，保障经济社会持续稳定发展，根据《中华人民共和国防震减灾法》《地震监测管理条例》《广东省防震减灾条例》等法律法规，结合本省实际，制定本办法。

第二条　在本省行政区域内从事地震预警系统规划、建设和维护，地震预警信息发布、传播和运用以及相关监督管理工作，适用本办法。

本办法所称地震预警，是指在地震发生后，破坏性地震波到达前，利用地震监测设施、设备及相关技术自动快速获取地震信息，并自动向有关区域发出警报的行为。

本办法所称地震预警系统，包括地震监测系统、地震监测数据传输和处理系统、地震预警信息服务系统。

第三条　地震预警工作遵循政府主导、部门协同、社会参与的原则。

第四条　县级以上人民政府应当加强对地震预警工作的领导，将地震预警工作纳入本级国民经济和社会发展规划，所需经费列入同级财政预算。

第五条　县级以上人民政府负责管理地震工作的部门或者机构（以下简称地震工作管理部门）负责本行政区域内地震预警监督管理工作。

应急管理、发展改革、教育、科技、公安、财政、自然资源、住房城乡建设、交通运输、水利、广播电视、气象和通信管理等部门，在各自职责范围内做好地震预警相关工作。

第六条　鼓励和支持社会力量开展地震预警科技创新、产品研发、成果运用，参与地震预警系统建设。

第二章　地震预警系统规划与建设

第七条　省人民政府地震工作管理部门应当根据国家相关要求和本省实际情况，结合本省数字政府改革建设工作部署，组织编制全省地震预警系统建设规划，报省人民政府批准后组织实施。

市、县、区人民政府地震工作管理部门应当根据全省地震预警系统建设规划，组织编制本行政区域的地震预警系统建设实施方案，报本级人民政府批准后组织实施。

第八条　高速铁路、轨道交通、枢纽变电站、输油输气管线（站）、矿山、石油化工、核设施、重要的特大桥梁、大型水库以及其他可能由地震引发严重次生灾害的建设工程，建设单位或者运营管理单位应当设置地震预警信息自动接收装置。

前款规定的建设工程，建设单位或者运营管理单位可以建立专用地震预警系统。专用地震预警系统建设情况应当报省人民政府地震工作管理部门备案。

第九条　地震重点监视防御区的幼儿园、学校、医院和人员密集的机场、车站、体育场馆、大型娱乐场所、商业中心等公共场所，应当设置地震预警信息自动接收和播放装置。

鼓励机关、团体、企业、事业等单位设置地震预警信息自动接收和播放装置。

第十条　地震预警建设项目应当按照国家和省有关规定进行验收，合格后方可正式运行。

市、县、区人民政府建设的地震预警设施，应当纳入全省地震预警系统。有关单位建设的专用地震预警系统，可以申请纳入全省地震预警系统。纳入全省地震预警系统的，应当在系统中实时传输监测数据。

第三章　地震预警信息发布与应急处置

第十一条　根据预估最大地震烈度，将地震预警分为一级、二级、三级和四级，分别用红色、橙色、黄色和蓝色标示，一级为最高级别。

第十二条　省人民政府地震工作管理部门负责本省行政区域内的地震预警信息制作、产出。

地震预警信息内容包括预警级别、发震时间、震中、震级、破坏性地震波预计到达时间和预估地震烈度等。

第十三条　地震预警信息由全省地震预警系统统一发布、更新或者撤销。

专用地震预警系统不得向社会发布地震预警信息。

第十四条　广播、电视、互联网、移动通信以及其他有关媒体应当在地震工作管理部门指导下，建立地震预警信息自动传播机制，及时、准确、无偿传播地震预警信息。

第十五条　县级以上人民政府及其有关部门、乡镇人民政府以及依法应当制定地震应急预案的单位制定的地震应急预案，应当包括组织指挥体系及其职责，预防和预警机制，处置程序，应急响应和应急保障措施等。

在接收到地震预警信息后，有关区域的单位应当立即按照相关规定、应急预案和技术规范进行应急处置，实施应急避险措施。

第四章　保障措施

第十六条　各级人民政府应当加强对地震预警设施和地震观测环境的保护。地震工作管理部门具体负责对地震预警设施和地震观测环境的巡查和保护工作。

地震预警设施遭受破坏的，地震工作管理部门应当及时组织修复；地震观测环境遭受破坏影响地震预警设施工作效能的，有关单位应当排除妨碍、消除影响、恢复原状或者易地重建。

地震预警系统、地震预警设施运行管理单位和地震预警信息接收单位应当加强对相关系统设施的维护管理，保障地震预警系统正常运行。

第十七条　任何单位和个人不得侵占、毁损、拆除或者擅自移动地震预警设施，不得危害地震观测环境。

任何单位和个人对危害、破坏地震预警设施和地震观测环境的行为有权举报。

第十八条　高速铁路、轨道交通、枢纽变电站、输油输气管线（站）、矿山、石油化工、核设施、重要的特大桥梁、大型水库及其他可能由地震引发严重次生灾害的建设工程，建设单位或者运营管理单位应当建立地震预警应急响应机制，设置地震预警应急处置设施，定期开展地震预警应急演练。

第十九条　地震重点监视防御区的幼儿园、学校、医院以及人员密集的机场、车站、体育场馆、大型娱乐场所、商业中心等公共场所，应当建立地震预警应急响应机制，确保地震预警信息能在本场所全范围即时播报，显著标明安全撤离的通道、路线，保证安全通道、出口畅通，定期开展地震预警应急演练。

第二十条　县级人民政府及其有关部门、乡镇人民政府、街道办事处应当组织开展地震预警和应急知识宣传普及活动和必要的地震预警应急演练，提高全民的地震风险防范意识和避险救助能力。

地震工作管理部门应当向社会普及地震预警和应急知识，指导、协助、督促有关单位做好地震预警和应急知识宣传教育以及地震预警应急演练等工作。

机关、团体、企业、事业等单位应当按照所在地人民政府的要求，结合各自实际情况，加强对本单位人员的地震预警和应急知识宣传教育，开展必要的地震预警应急演练。

幼儿园、学校应当开展地震预警和应急知识教育，培养学生的安全意识和自救互救能力。

新闻媒体应当开展地震预警和应急、地震自救和互救知识公益宣传。

第五章　法律责任

第二十一条　擅自向社会发布地震预警信息或者编造、传播虚假地震预警信息，构成违反治安管理行为的，由公安机关依法处罚；构成犯罪的，依法追究刑事责任。

第二十二条 县级以上人民政府地震工作管理部门和有关行政机关工作人员在地震预警监督管理工作中滥用职权、玩忽职守、徇私舞弊的，对直接负责的主管人员和其他直接责任人员依法给予处分；构成犯罪的，依法追究刑事责任。

第六章 附 则

第二十三条 本办法自 2021 年 9 月 1 日起施行。

西藏自治区人民政府令

（第 165 号）

（2021 年 9 月 7 日西藏自治区人民政府令第 165 号公布自 2021 年 11 月 1 日起施行）

《西藏自治区地震预警管理办法》

第一章 总 则

第一条 为了加强地震预警工作的管理，有效发挥地震预警作用，防御或者减轻地震灾害损失，保障人民生命和财产安全，根据《中华人民共和国防震减灾法》《地震监测管理条例》《西藏自治区实施〈中华人民共和国防震减灾法〉办法》等法律法规，结合自治区实际，制定本办法。

第二条 在自治区行政区域内从事地震预警系统规划与建设、地震预警信息发布与处置、监督管理与保障以及其他相关活动，适用本办法。

第三条 本办法所称地震预警，是指地震发生后，在破坏性地震波到达可能遭受破坏的区域前，利用地震监测和信息传输设施设备及相关技术，向该区域提前发出地震警报信息的行为。

第四条 地震预警工作坚持中国共产党的领导，以人民为中心，预防和减少灾害损失，服务自治区经济社会发展的原则，实行统一规划、统一管理、统一发布的工作机制。

第五条 县级以上人民政府应当加强对地震预警工作的领导，将地震预警系统建设和运行管理纳入国民经济和社会发展规划，建立地震预警协调工作机制，统筹解决地震预警工作中涉及的重大问题，所需资金按照现行管理体制予以保障。

第六条 县级以上人民政府负责管理地震工作的部门或者机构（以下简称地震工作主管部门）负责本行政区域内地震预警工作的监督管理。

县级以上人民政府有关部门应当按照各自职责做好地震预警相关管理工作。

第七条 县级以上人民政府地震工作主管部门应当广泛开展地震预警知识宣传教育工作，指导、督促学校、医院等有关单位开展应急演练，提高公众科学应用地震预警信息进行避险的能力。

第八条 县级以上人民政府及其有关部门、乡（镇）人民政府街道办事处，村（居）民委员会应当组织开展地震预警知识宣传普及活动和必要的应急演练，提高公民应用地震预警信息避险的能力。

第九条 国家机关、企业事业单位、人民团体等按照所在地人民政府的要求，结合各自实际，加强对本单位人员地震预警知识的宣传教育，开展必要的应急演练。

广播、电视、报刊、互联网以及其他有关媒体，应当配合地震工作主管部门开展地震预警知识的公益宣传。

第二章 地震预警系统规划与建设

第十条 自治区地震工作主管部门应当根据国家地震预警系统建设规划和相关要求，会同住房城乡建设、应急管理、自然资源交通运输、水利、教育等部门组织编制自治区地震预警系统建设规划，报自治区人民政府批准后组织实施。

自治区地震预警系统建设规划由自治区地震工作主管部门向社会公布。

第十一条 自治区地震预警系统建设规划应当包括地震预警监测台站系统、通信网络系统、数据处理系统、信息服务系统、技术支持与保障系统等内容。

第十二条 自治区地震工作主管部门按照地震预警系统建设规划，组织建设全区统一的地震预警系统。

地（市）行署（人民政府）、县（区）人民政府地震工作主管部门协助做好地震预警系统建设的相关工作。

地震预警监测台站建设应当充分利用和整合已有的各类地震监测台站资源，避免重复建设。

第十三条 大型电网工程、输油输气管线（站）、大型水利水电工程、通信枢纽、机场、大型矿山、铁路、高速公路等重大建设工程和其他可能产生严重次生灾害的建设工程，可以根据需要建设专用地震预警系统。

专用地震预警系统的建设、运行及终止，应当由建设单位报自治区地震工作主管部门备案，自治区地震工作主管部门可以根据需要将其纳入全区地震预警系统。纳入全区地震预警系统的专用地震预警系统应当按照规定传送监测数据。

专用地震预警系统的建设、运行、维护和管理，所需资金由建设单位承担。

第十四条 社会力量自主建设的地震预警台站，符合国家和自治区地震预警系统规划和相关技术规范的，可以申请纳入全区地震预警系统。

第十五条 地震预警系统建成后，应当经过1年以上试运行，试运行结束经国家或者自治区地震工作主管部门验收合格后，方可正式运行。

第十六条 鼓励和支持公民、法人和其他组织依法参与地震预警系统建设，开展地震预警科学技术研究，推进地震预警相关产品的研发和成果应用。

第十七条 地震预警的系统建设、运行管理、信息发布与传播等相关技术及应用，应当遵守国家有关法律法规规定，并符合国家和行业标准。

第三章 地震预警信息发布与处置

第十八条 自治区行政区域内地震预警信息由自治区地震工作主管部门向社会统一

发布。

其他任何单位和个人不得以任何形式向社会发布地震预警信息，不得编造、传播虚假地震预警信息。

第十九条 地震预警信息发布的条件、范围、方式等应当符合国家、行业标准和自治区有关规定。

地震预警信息内容应当包括发震时刻、震中参考地名、震级预警时间、预估地震烈度等要素。

第二十条 地震预警信息应当通过自治区人民政府指定的应急广播、电视、互联网等媒体和机构向公众播发。

自治区人民政府指定的媒体应当在自治区地震工作主管部门和有关部门的指导和监督下，建立地震预警信息接收和播发机制及时、准确、无偿向公众播发地震预警信息。

第二十一条 县级以上人民政府及其相关部门收到地震预警信息后，应当及时启动地震预警应急预案，按照职责开展地震灾害应急防范工作。

第二十二条 大型电网工程、输油输气管线（站）、大型水利水电工程、通信枢纽、机场、大型矿山、铁路、高速公路等重大建设工程和其他可能产生严重次生灾害的建设工程，应当制定地震预警应急预案，建立地震预警信息接收及应急处置系统；接收到破坏性地震预警信息后，应当按照各自行业有关规定、技术规范和地震预警应急预案进行紧急处置。

第二十三条 地震重点监视防御区的学校、医院、车站、机场等人员密集场所，应当安装地震预警信息接收和播发装置，建立应急处置机制，在接收到地震预警信息后，立即采取相应避险措施。

鼓励其他地区的人员密集场所，安装地震预警信息接收和播发装置，建立应急处置机制。

第二十四条 地震预警信息接收和播发装置确需迁移的，应当提前告知所在地县（区）人民政府地震工作主管部门，所在地县（区）人民政府地震工作主管部门逐级上报，由自治区地震工作主管部门负责组织迁移。

第二十五条 因技术原因误发、漏发地震预警信息，自治区地震工作主管部门应当及时修正、更新。县级以上人民政府及相关部门应当及时采取措施消除影响。

第四章 监督管理与保障

第二十六条 县级以上人民政府地震工作主管部门应当定期对地震预警系统运行情况进行监督检查。

县级以上人民政府地震工作主管部门应当加强对地震预警设施和观测环境的保护工作，地震预警设施和观测环境遭受破坏的应当及时组织修复。

第二十七条 地震预警系统运行管理单位和地震预警信息接收播发单位，应当加强对地震预警设施、装置及其系统的维护和管理，保障地震预警系统正常运行。

第二十八条 地震预警设施及其观测环境依法受保护。任何单位和个人不得侵占、拆除、损毁或者擅自移动地震预警设施，不得危害地震预警观测环境。

地震预警设施所在地乡（镇）人民政府、街道办事处和县级以上人民政府公安、自然资源、住房城乡建设等部门应当配合地震工作主管部门依法保护地震预警设施和观测环境。

第二十九条 任何单位和个人对地震预警活动中的违法行为，有权进行举报。接到举报的单位应当按照职责依法及时处理。

第三十条 县级以上人民政府应当组织相关部门和单位为本行政区域内地震预警系统的建设、运行，提供必要的建设用地、通信、供电等条件保障。

第五章 法律责任

第三十一条 违反本办法规定，擅自向社会发布地震预警信息或者编造、传播虚假地震预警信息的，由县级以上人民政府地震工作主管部门责令改正；引发群众恐慌，扰乱社会秩序，构成违反治安管理行为的，由公安机关依法给予处罚；构成犯罪的，依法追究刑事责任。

第三十二条 违反本办法规定，有下列行为之一的，由县级以上人民政府地震工作主管部门责令改正，并采取相应补救措施：

（一）未按照规定建立地震预警信息接收、播发和应急处置机制的；

（二）应当制定地震预警应急预案、建立地震预警信息接收及应急处置系统，而未制定、建立的；

（三）专用地震预警系统建设、运行及终止，未向自治区地震工作主管部门备案的；

（四）纳入全区地震预警系统，未按照规定传送地震预警系统监测数据的；

（五）地震预警系统未按照规定进行试运行或者未经验收合格，正式运行的；

（六）未按照相关法律法规、国家和行业标准进行地震预警系统建设和运行管理的。

第三十三条 违反本办法规定，侵占、拆除、损毁、擅自移动地震预警设施或者危害地震预警观测环境的，由县级以上人民政府地震工作主管部门按照《中华人民共和国防震减灾法》等法律法规的有关规定给予处罚。

第三十四条 县级以上人民政府地震工作主管部门及其工作人员在地震预警工作中，滥用职权、玩忽职守、徇私舞弊的，对直接负责的主管人员和其他直接责任人员依法给予处分；构成犯罪的依法追究刑事责任。

第三十五条 违反本办法规定，《中华人民共和国防震减灾法》等有关法律法规已经作出处罚规定的，从其规定。

第六章 附 则

第三十六条 本办法自 2021 年 11 月 1 日起施行。

地震与地震灾害

主要收载全球7.0级及以上地震目录；中国大陆及沿海地区4.0级及以上地震目录；我国及全球地震活动综述、地震灾害情况简介；我国各地地震活动及破坏性地震震害等。

2021 年全球 $M \geqslant 7.0$ 地震目录

2021 年，全球发生 7.0 级以上地震 19 次，其中 7.0~7.9 级地震 18 次，8.0~8.9 级地震 1 次，最大地震为美国阿拉斯加州以南海域 8.1 级地震。

2021 年全球 7.0 级以上地震

序号	月	日	时:分:秒	纬度/°	经度/°	深度/km	震级 M	地　区
1	1	24	07:36:52	-61.7	-55.6	10	7.0	南设得兰群岛
2	2	10	21:19:59	-23.05	171.5	10	7.4	洛亚蒂群岛
3	2	13	22:07:50	37.7	141.8	50	7.1	日本本州东岸近海
4	3	4	21:27:32	-37.41	179.5	10	7.3	新西兰北岛海域
5	3	5	01:41:21	-29.73	-177.67	10	7.2	新西兰克马德克群岛
6	3	5	03:28:32	-29.51	-177.04	10	7.8	新西兰克马德克群岛
7	3	20	17:09:46	38.43	141.84	60	7.0	日本本州东岸近海
8	5	22	02:04:11	34.59	98.34	17	7.4	青海果洛州玛多县
9	7	29	14:15:47	55.4	-158	10	8.1	美国阿拉斯加州以南海域
10	8	13	02:32:51	-57.21	-24.81	50	7.6	南桑威奇群岛
11	8	14	19:57:43	55.3	-157.75	10	7.0	美国阿拉斯加州以南海域
12	8	14	20:29:08	18.35	-73.45	10	7.3	海地地区
13	8	18	18:10:05	-14.79	167.04	100	7.0	瓦努阿图群岛
14	8	23	05:33:22	-60.55	-24.9	10	7.0	南桑威奇群岛
15	9	8	09:47:51	17.12	-99.6	30	7.1	墨西哥
16	10	2	14:29:18	-21.1	174.95	530	7.2	瓦努阿图群岛
17	11	28	18:52:12	-4.5	-76.7	100	7.3	秘鲁北部
18	12	14	11:20:24	-7.6	122.2	80	7.3	弗洛勒斯海
19	12	30	02:25:52	-7.75	127.6	200	7.5	印度尼西亚班达海

注：在经纬度中，正数值表示东经和北纬，负数值表示西经和南纬。

（中国地震台网中心）

2021 年中国及周边沿海地区 $M \geq 4.0$ 地震目录

2021 年，中国及周边沿海地区发生 4.0 级以上地震 199 次，其中 4.0~4.9 级地震 162 次，5.0~5.9 级地震 31 次，6.0~6.9 级地震 5 次，7.0~7.9 级地震 1 次，最大地震为青海果洛州玛多县 7.4 级地震。

表 1　2021 年中国及周边海域 4.0 级以上地震

序号	月	日	时:分:秒	纬度/°N	经度/°E	深度/km	震级 M	地　区
1	1	2	21:26:47.9	24.07	122.24	24	4.4	台湾花莲县海域
2	1	4	10:58:29.3	29.41	104.02	13	4.2	四川乐山市犍为县
3	1	8	11:48:56.3	42.11	81.02	10	4.2	新疆阿克苏地区拜城县
4	1	9	19:35:50.3	24.70	122.21	80	5.1	台湾宜兰县海域
5	1	10	11:23:29.2	23.77	121.49	11	4.3	台湾花莲县
6	1	17	07:10:56.8	22.44	121.44	20	5.1	台湾台东县海域
7	1	17	12:44:44.4	24.33	99.36	8	4.1	云南保山市昌宁县
8	1	19	02:21:28.9	35.79	123.97	12	4.6	黄海海域
9	1	21	21:42:40.7	36.68	76.94	100	4.6	新疆喀什地区叶城县
10	1	23	09:59:10.4	28.18	104.22	10	4.7	云南昭通市盐津县
11	1	25	19:39:22.2	24.83	122.27	95	4.0	台湾宜兰县海域
12	1	28	15:29:31.5	22.49	121.12	10	4.5	台湾台东县海域
13	2	2	10:31:15.3	28.55	87.50	10	4.7	西藏日喀则市定日县
14	2	4	13:06:23.6	28.64	87.52	28	4.3	西藏日喀则市定日县
15	2	5	01:02:04.6	36.86	77.02	100	4.3	新疆喀什地区叶城县
16	2	6	22:54:29.9	38.59	93.80	10	4.2	青海海西州茫崖市
17	2	7	01:36:04.7	24.65	122.50	70	5.2	台湾宜兰县海域
18	2	9	00:56:31.1	24.32	122.43	20	4.0	台湾宜兰县海域
19	2	9	00:58:01.9	24.32	122.12	20	5.3	台湾宜兰县海域
20	2	15	16:23:11.2	28.12	104.84	10	4.0	四川宜宾市珙县
21	2	18	02:38:47.9	22.23	121.41	16	4.6	台湾台东县海域
22	2	22	09:50:47.7	22.42	121.89	75	4.5	台湾台东县海域
23	3	2	17:23:00.7	21.92	121.17	20	5.3	台湾屏东县海域
24	3	4	22:24:56.5	24.75	122.36	10	4.3	台湾宜兰县海域
25	3	5	01:57:33.0	34.17	80.32	10	4.2	西藏阿里地区日土县
26	3	14	18:26:00.2	41.95	81.11	22	4.5	新疆阿克苏地区拜城县
27	3	14	14:27:16.0	44.46	80.85	8	4.2	新疆伊犁州霍城县
28	3	19	14:11:26.5	31.94	92.74	10	6.1	西藏那曲市比如县

续表

序号	月	日	时:分:秒	纬度/°N	经度/°E	深度/km	震级 M	地　　区
29	3	20	23:30:24.6	34.70	83.49	10	4.7	西藏阿里地区改则县
30	3	23	01:23:34.6	31.93	92.89	10	4.2	西藏那曲市比如县
31	3	24	05:14:16.6	41.70	81.11	10	5.4	新疆阿克苏地区拜城县
32	3	26	08:18:30.3	35.26	91.23	10	4.0	青海玉树州治多县
33	3	27	03:02:03.2	27.54	92.71	25	4.8	西藏山南市错那县
34	3	27	07:08:30.5	40.77	83.22	10	4.8	新疆阿克苏地区沙雅县
35	3	28	01:24:11.5	35.47	89.75	10	4.1	青海玉树州治多县
36	3	28	14:41:18.1	24.51	122.76	80	4.6	台湾宜兰县海域
37	3	30	01:27:24.7	34.38	87.68	10	5.8	西藏那曲市双湖县
38	4	2	03:20:04.7	40.83	79.00	8	4.3	新疆阿克苏地区柯坪县
39	4	2	15:55:51.9	35.55	89.51	10	4.4	西藏那曲市安多县
40	4	2	16:58:35.3	34.47	87.90	10	4.2	西藏那曲市双湖县
41	4	7	05:48:36.7	31.89	92.84	10	4.7	西藏那曲市比如县
42	4	7	05:55:48.6	31.87	92.85	10	4.0	西藏那曲市比如县
43	4	7	21:19:35.2	23.81	121.60	20	4.2	台湾花莲县海域
44	4	16	16:06:06.3	39.75	118.71	9	4.3	河北唐山市滦州市
45	4	18	22:11:39.2	23.92	121.53	7	5.6	台湾花莲县
46	4	18	22:14:38.6	23.94	121.43	5	6.1	台湾花莲县
47	4	21	21:28:23.7	29.80	89.62	24	4.0	西藏日喀则市南木林县
48	4	27	19:43:17.8	35.59	89.80	8	4.0	青海玉树州治多县
49	4	28	06:10:53.2	23.14	120.95	12	4.2	台湾台东县
50	4	29	22:32:58.2	21.78	121.72	15	4.2	台湾屏东县海域
51	5	3	19:42:39.3	36.62	94.16	10	4.0	青海海西州格尔木市
52	5	8	05:24:16.2	22.66	120.85	10	4.3	台湾台东县
53	5	12	22:37:06.3	37.12	85.08	10	4.1	新疆巴音郭楞州且末县
54	5	13	11:42:36.4	24.43	99.24	8	4.7	云南保山市施甸县
55	5	18	21:39:35.9	25.65	99.93	8	4.2	云南大理州漾濞县
56	5	19	20:05:56.5	25.66	99.92	8	4.4	云南大理州漾濞县
57	5	21	20:56:02.7	25.63	99.93	8	4.2	云南大理州漾濞县
58	5	21	21:21:25.1	25.63	99.92	10	5.6	云南大理州漾濞县
59	5	21	21:23:43.8	25.66	99.97	8	4.5	云南大理州漾濞县
60	5	21	21:48:34.8	25.67	99.87	8	6.4	云南大理州漾濞县
61	5	21	21:53:47.8	25.62	99.98	9	4.1	云南大理州漾濞县
62	5	21	21:55:28.9	25.67	99.89	8	5.0	云南大理州漾濞县
63	5	21	21:56:37.5	25.64	99.95	8	4.9	云南大理州漾濞县
64	5	21	22:02:00.8	25.66	99.89	8	4.1	云南大理州漾濞县

续表

序号	月	日	时:分:秒	纬度/°N	经度/°E	深度/km	震级 M	地 区
65	5	21	22:15:16.2	25.59	99.96	8	4.0	云南大理州漾濞县
66	5	21	22:31:10.6	25.59	99.97	8	5.2	云南大理州漾濞县
67	5	21	23:23:34.7	25.60	99.98	8	4.5	云南大理州漾濞县
68	5	22	00:51:41.1	25.70	99.87	8	4.0	云南大理州漾濞县
69	5	22	02:04:11.3	34.59	98.34	17	7.4	青海果洛州玛多县
70	5	22	03:03:06.3	34.46	99.07	5	4.3	青海果洛州玛沁县
71	5	22	03:49:13.5	34.74	98.01	10	4.6	青海果洛州玛多县
72	5	22	05:59:34.7	34.64	98.46	10	4.6	青海果洛州玛多县
73	5	22	09:48:00.8	25.67	99.90	12	4.0	云南大理州漾濞县
74	5	22	10:29:34.1	34.85	97.50	10	5.1	青海果洛州玛多县
75	5	22	10:38:44.4	34.55	98.94	10	4.9	青海果洛州玛沁县
76	5	22	11:21:16.8	34.72	98.07	10	4.7	青海果洛州玛多县
77	5	22	11:30:43.6	34.28	100.90	10	4.4	甘肃甘南州玛曲县
78	5	22	12:03:35.2	35.63	99.12	10	4.0	青海海西州都兰县
79	5	22	15:06:22.2	34.51	98.92	10	4.8	青海果洛州玛沁县
80	5	22	17:39:34.4	34.77	97.65	10	4.3	青海果洛州玛多县
81	5	22	20:14:36.6	25.61	99.93	10	4.4	云南大理州漾濞县
82	5	23	15:24:31.7	34.48	99.06	11	4.0	青海果洛州玛沁县
83	5	24	16:31:27.9	34.78	97.56	9	4.1	青海果洛州玛多县
84	5	24	22:15:19.4	34.45	99.02	10	4.4	青海果洛州玛沁县
85	5	25	07:00:19.6	34.73	98.04	10	4.1	青海果洛州玛多县
86	5	26	00:48:00.7	23.96	121.53	21	4.3	台湾花莲县
87	5	26	04:46:08.0	28.99	86.47	10	4.2	西藏日喀则市聂拉木县
88	5	27	12:14:28.9	24.86	122.62	11	4.0	台湾宜兰县海域
89	5	27	19:52:46.5	25.74	99.95	12	4.1	云南大理州漾濞县
90	5	27	21:06:07.0	34.46	99.17	8	4.9	青海果洛州玛沁县
91	5	30	12:50:08.1	34.67	98.31	9	4.9	青海果洛州玛多县
92	5	30	14:55:14.6	34.65	98.48	9	4.9	青海果洛州玛多县
93	6	2	20:44:01.4	40.95	78.28	10	4.0	新疆克孜勒苏州阿合奇县
94	6	3	13:55:17.3	34.75	97.90	10	4.9	青海果洛州玛多县
95	6	10	19:46:07.5	24.34	101.91	8	5.1	云南楚雄州双柏县
96	6	11	13:12:48.9	23.91	121.58	8	4.9	台湾花莲县
97	6	11	15:33:26.4	23.88	121.55	10	5.3	台湾花莲县
98	6	12	05:58:58.2	22.64	121.14	10	4.9	台湾台东县海域
99	6	12	18:00:46.8	24.96	97.89	16	5.0	云南德宏州盈江县
100	6	15	12:00:14.3	34.80	97.55	11	4.0	青海果洛州玛多县

续表

序号	月	日	时:分:秒	纬度/°N	经度/°E	深度/km	震级 M	地 区
101	6	16	15:35:36.2	24.33	101.91	8	4.2	云南楚雄州双柏县
102	6	16	16:48:58.1	38.14	93.81	10	5.8	青海海西州茫崖市
103	6	20	22:50:13.5	23.78	121.52	10	4.4	台湾花莲县
104	6	23	13:40:25.9	24.07	121.50	21	4.5	台湾花莲县
105	6	25	09:42:09.6	41.12	83.45	10	4.7	新疆阿克苏地区库车市
106	6	28	19:48:14.6	24.31	101.89	8	4.6	云南楚雄州双柏县
107	7	2	09:15:45.6	43.18	81.53	21	4.5	新疆伊犁州昭苏县
108	7	5	05:48:28.6	32.92	99.02	7	4.0	四川甘孜州石渠县
109	7	6	09:50:52.0	34.68	98.28	10	4.0	青海果洛州玛多县
110	7	7	04:19:28.2	28.05	104.99	9	4.2	云南昭通市威信县
111	7	7	15:27:10.2	34.47	99.02	9	4.4	青海果洛州玛沁县
112	7	7	18:01:19.1	34.50	98.95	9	4.1	青海果洛州玛沁县
113	7	7	19:24:58.4	23.88	121.66	9	5.3	台湾花莲县海域
114	7	8	21:38:27.7	23.87	121.66	7	4.3	台湾花莲县海域
115	7	8	06:11:55.3	23.88	121.68	10	5.1	台湾花莲县海域
116	7	8	21:05:02.5	41.65	81.01	12	4.6	新疆阿克苏地区温宿县
117	7	8	21:23:23.9	34.74	98.00	10	4.9	青海果洛州玛多县
118	7	14	06:52:04.3	23.89	121.73	10	5.2	台湾花莲县海域
119	7	14	06:59:25.0	23.93	121.65	10	4.4	台湾花莲县海域
120	7	14	07:45:27.4	23.94	121.67	10	4.8	台湾花莲县海域
121	7	14	11:36:32.5	23.94	121.72	10	4.2	台湾花莲县海域
122	7	14	20:55:33.2	23.97	121.69	10	4.0	台湾花莲县海域
123	7	14	23:36:07.4	30.97	103.37	15	4.8	四川阿坝州汶川县
124	7	15	01:00:45.0	23.95	121.62	10	4.3	台湾花莲县海域
125	7	16	07:05:04.7	23.98	121.62	8	4.4	台湾花莲县
126	7	16	07:29:26.2	23.94	121.70	7	4.4	台湾花莲县海域
127	7	18	19:25:42.9	24.02	121.69	5	4.0	台湾花莲县海域
128	7	21	23:00:00.0	36.21	87.14	10	4.1	西藏那曲市双湖县
129	7	23	20:55:20.9	29.28	105.44	15	4.1	四川泸州市泸县
130	7	24	03:44:08.1	40.61	82.91	25	4.2	新疆阿克苏地区沙雅县
131	7	26	04:59:14.8	40.67	77.92	10	4.3	新疆克孜勒苏州阿合奇县
132	7	29	03:24:04.8	34.92	90.98	8	4.2	青海玉树州治多县
133	7	29	12:33:28.2	23.95	122.66	8	4.1	台湾花莲县海域
134	7	30	06:55:17.7	23.85	121.61	6	4.3	台湾花莲县海域
135	8	4	19:12:53.2	23.38	106.71	10	4.8	广西百色市德保县
136	8	5	05:50:45.1	24.82	122.31	10	5.8	台湾宜兰县海域

续表

序号	月	日	时:分:秒	纬度/°N	经度/°E	深度/km	震级 M	地　　区
137	8	6	16:11:04.3	24.76	122.30	20	5.4	台湾宜兰县海域
138	8	6	19:12:30.7	23.15	121.31	10	5.1	台湾花莲县
139	8	9	18:51:25.9	40.09	75.95	15	4.8	新疆克孜勒苏州阿图什市
140	8	11	06:35:57.2	34.68	98.29	11	4.7	青海果洛州玛多县
141	8	13	12:21:35.5	34.58	97.54	8	5.8	青海果洛州玛多县
142	8	19	15:50:56.0	23.94	121.67	8	4.0	台湾花莲县海域
143	8	21	10:20:10.2	27.12	105.31	10	4.5	贵州毕节市七星关区
144	8	22	19:52:02.3	23.21	120.56	20	4.2	台湾台南市
145	8	23	18:56:37.4	24.80	122.37	5	4.4	台湾宜兰县海域
146	8	25	00:48:14.4	32.10	78.82	10	4.0	西藏阿里地区札达县
147	8	26	07:38:18.9	38.88	95.50	15	5.5	甘肃酒泉市阿克塞县
148	8	28	23:21:30.9	35.53	89.27	10	4.3	西藏那曲市安多县
149	9	1	06:27:56.5	23.24	120.73	17	4.1	台湾高雄市
150	9	2	18:56:58.5	23.14	120.57	5	4.4	台湾台南市
151	9	3	21:30:37.9	28.09	104.92	15	4.8	四川宜宾市珙县
152	9	3	23:48:32.5	37.86	77.88	10	4.0	新疆喀什地区叶城县
153	9	4	09:28:03.8	37.89	77.87	8	4.8	新疆喀什地区叶城县
154	9	4	09:39:00.2	37.79	77.93	7	4.3	新疆和田地区皮山县
155	9	4	09:54:08.3	37.87	77.96	7	5.1	新疆和田地区皮山县
156	9	5	01:52:08.7	37.79	77.85	10	5.0	新疆喀什地区叶城县
157	9	5	01:55:27.9	37.79	77.83	10	4.2	新疆喀什地区叶城县
158	9	6	22:00:25.5	23.90	122.07	21	5.2	台湾花莲县海域
159	9	10	07:48:25.6	36.88	78.67	9	4.0	新疆和田地区皮山县
160	9	11	15:05:43.1	23.39	106.71	10	4.3	广西百色市德保县
161	9	13	18:41:26.5	24.13	121.09	35	4.6	台湾南投县
162	9	16	04:33:31.7	29.20	105.34	10	6.0	四川泸州市泸县
163	9	19	17:36:30.9	28.56	96.33	10	4.5	西藏林芝市察隅县
164	9	25	12:41:04.1	30.30	94.80	10	4.2	西藏林芝市波密县
165	9	26	06:21:17.5	24.47	121.67	20	4.8	台湾宜兰县
166	9	29	11:33:55.9	33.79	89.36	10	4.2	西藏那曲市双湖县
167	10	4	11:24:19.2	30.41	94.82	10	4.0	西藏林芝市波密县
168	10	4	14:07:50.7	24.86	122.27	10	4.6	台湾宜兰县海域
169	10	7	21:16:24.0	44.43	92.85	9	4.3	新疆哈密市巴里坤县
170	10	13	14:02:42.7	41.91	83.40	21	4.1	新疆阿克苏地区库车市
171	10	14	08:04:20.5	33.67	91.86	10	4.1	青海海西州唐古拉地区
172	10	15	05:10:03.5	44.20	120.24	10	4.7	内蒙古赤峰市阿鲁科尔沁旗

续表

序号	月	日	时:分:秒	纬度/°N	经度/°E	深度/km	震级 M	地 区
173	10	18	08:37:00.2	29.26	103.96	10	4.3	四川乐山市犍为县
174	10	18	13:49:17.7	24.22	121.76	31	4.3	台湾花莲县海域
175	10	21	08:12:22.6	43.77	84.15	11	4.2	新疆伊犁州尼勒克县
176	10	23	11:16:03.9	24.09	121.69	10	4.9	台湾花莲县海域
177	10	24	13:11:34.5	24.55	121.80	60	6.3	台湾宜兰县
178	10	27	01:47:01.7	42.34	83.88	9	4.7	新疆阿克苏地区库车市
179	11	5	09:48:30.6	28.73	87.44	10	4.2	西藏日喀则市定日县
180	11	10	02:24:11.7	23.94	122.45	9	4.2	台湾花莲县海域
181	11	12	09:50:55.2	28.08	105.09	10	4.3	云南昭通市威信县
182	11	14	21:05:15.9	24.58	122.02	50	4.8	台湾宜兰县海域
183	11	17	10:25:34.2	24.80	122.25	10	4.7	台湾宜兰县海域
184	11	17	13:54:29.5	33.50	121.19	17	5.0	江苏盐城市大丰区海域
185	11	17	23:36:20.8	28.14	104.75	13	4.7	四川宜宾市珙县
186	11	18	20:42:53.7	38.00	106.27	19	4.0	宁夏银川市灵武市
187	11	21	18:51:00.9	28.45	104.79	11	4.6	四川宜宾市长宁县
188	11	24	17:16:40.1	26.87	106.68	10	4.6	贵州贵阳市修文县
189	11	24	17:55:18.5	24.03	122.33	20	4.8	台湾花莲县海域
190	11	29	14:46:01.5	41.16	83.43	18	4.1	新疆阿克苏地区库车市
191	11	30	21:53:43.2	31.76	87.94	10	5.8	西藏那曲市双湖县
192	12	1	05:39:33.8	28.34	104.97	9	4.2	四川宜宾市长宁县
193	12	6	14:26:52.8	34.21	100.58	9	4.7	青海果洛州甘德县
194	12	6	21:05:51.7	24.92	122.02	90	4.5	台湾宜兰县海域
195	12	17	14:54:38.6	43.43	88.82	25	4.4	新疆乌鲁木齐市达坂城区
196	12	19	07:54:28.8	38.95	92.73	10	5.3	青海海西州茫崖市
197	12	22	21:46:16.8	31.76	120.00	10	4.2	江苏常州市天宁区
198	12	30	05:30:22.9	36.92	94.67	10	4.9	青海海西州格尔木市
199	12	30	14:47:07.7	23.90	122.50	20	5.1	台湾花莲县海域

(中国地震台网中心)

2021 年地震活动综述

一、2021 年中国地震活动概况

据中国地震台网测定，2021 年中国共发生 5.0 级以上地震 37 次（大陆地区 19 次，大陆近海 1 次，台湾地区及海域 17 次），高于年均 24 次的活动水平。2021 年我国大陆地区发生 6.0 级以上地震 4 次，分别为 3 月 19 日西藏比如 6.1 级地震、5 月 21 日云南漾濞 6.4 级地震、5 月 22 日青海玛多 7.4 级地震和 9 月 16 日四川泸县 6.0 级地震，6.0 级以上地震频次与年均 4 次的活动水平持平。2021 年我国大陆 5 级以上地震活动频次与 2020 年（20 次）持平，主要分布在大陆西部地区。

2021 年地震活动有以下特点：

2021 年 5 月 22 日青海玛多 7.4 级地震打破了我国大陆自 2017 年 8 月 8 日四川九寨沟 7.0 级地震以来持续约 3.8 年的 7.0 级以上地震平静。2021 年大陆地区发生了 3 月 19 日西藏比如 6.1 级、5 月 21 日云南漾濞 6.4 级、5 月 22 日青海玛多 7.4 级和 9 月 16 日四川泸县 6.0 级地震，6.0 级以上地震活动由弱转强。

云南地区中强地震活跃。2021 年云南地区发生 6 次 5.0 级以上地震，最大为 5 月 21 日漾濞 6.4 级地震。相较于 2019 年和 2020 年，地震活动显著增强。此外，云南境外的老挝 2021 年 12 月接连发生 2 次 6.0 级地震。

青海地区 5.0 级以上地震活跃。2021 年青海地区发生 5.0 级以上地震 5 次，最大为 5 月 22 日玛多 7.4 级地震。相较于 2019 年和 2020 年，地震活动水平显著增强，地震频次达到 2011 年以来最高。

新疆地区 6.0 级以上地震平静、5.0 级以上地震低频。2021 年新疆地区仅发生 3 次 5.0 级以上地震，最大为 3 月 24 日拜城 5.4 级地震。相较于 2020 年，5 级以上地震频次显著降低，且低于历史平均水平。

东部地区地震活动增强。2021 年 11 月 17 日江苏盐城海域发生 5.0 级地震，是东部地区继 2020 年 7 月 12 日河北唐山 5.1 级地震后发生的又一次 5.0 级地震，地震活动有所增强。

台湾地区 7.0 级地震平静异常显著。2021 年台湾及近海发生 6.0 级以上地震 2 次，最大为 10 月 24 日台湾宜兰县 6.3 级地震。截至 2021 年底，台湾地区 7 级以上地震平静 15 年，为 1900 年以来的最长平静时间。

二、2021 年全球地震活动概况

据中国地震台网测定，2021 年全球发生 7 级以上地震 19 次，以浅源地震为主（14 次），略低于全球 7.0 级以上地震年均 20 次的水平，最大地震为 7 月 29 日美国阿拉斯加州以南海域 8.1 级地震。2021 年全球 7.0 级以上地震频次显著高于 2020 年（10 次），主要分布在环太平洋地震带。

2021年全球7.0级以上地震活动有以下特点：

全球地震活动强度增强、频次增加。强度上，2021年全球发生的最大地震为7月29日美国阿拉斯加州以南海域8.1级地震，结束了自2018年8月19日斐济群岛地区8.1级地震以来持续约2.9年的全球8.0级以上地震平静。年频次上，较2019年和2020年显著上升，接近全球7.0级以上地震年均20次的活动水平。

2021年全球7.0级以上地震活动在时空上不均匀。空间上，主要发生在环太平洋地震带，且集中分布在澳大利亚板块东北边界（8次）。时间上，集中发生在2021年1月1日至3月20日、7月30日至10月2日和11月28日至12月31日，共18次，其他时段仅发生1次。时间上呈现出平静—活跃交替分布的特点。

（中国地震台网中心）

2021年中国地震灾害情况述评

一、2021年中国地震情况

2021年，中国共发生5.0级及以上地震37次（大陆地区19次，大陆近海1次，台湾地区及海域17次）。其中5.0～5.9级地震31次，6.0～6.9级地震5次，7.0～7.9级地震1次，震级最大地震为5月22日青海果洛州玛多7.4级地震。

2021年中国5.0级及以上地震一览表

序号	日期	北京时间（时:分）	震级 M	经度/°E	纬度/°N	深度/km	震中位置
1	1月9日	19:35	5.1	122.21	24.70	80	台湾宜兰县海域
2	1月17日	07:10	5.1	121.44	22.44	20	台湾台东县海域
3	2月7日	01:36	5.2	122.50	24.65	70	台湾宜兰县海域
4	2月9日	00:58	5.3	122.12	24.32	20	台湾宜兰县海域
5	3月2日	17:23	5.3	121.17	21.92	20	台湾屏东县海域
6	3月19日	14:11	6.1	92.74	31.94	10	西藏那曲市比如县
7	3月24日	05:14	5.4	81.11	41.70	10	新疆阿克苏地区拜城县
8	3月30日	01:27	5.8	87.68	34.38	10	西藏那曲市双湖县
9	4月18日	22:11	5.6	121.53	23.92	7	台湾花莲县
10	4月18日	22:14	6.1	121.43	23.94	5	台湾花莲县
11	5月21日	21:21	5.6	99.92	25.63	10	云南大理州漾濞县
12	5月21日	21:48	6.4	99.87	25.67	8	云南大理州漾濞县
13	5月21日	21:55	5.0	99.89	25.67	8	云南大理州漾濞县
14	5月21日	22:31	5.2	99.97	25.59	8	云南大理州漾濞县
15	5月22日	02:04	7.4	98.34	34.59	17	青海果洛州玛多县
16	5月22日	10:29	5.1	97.50	34.85	10	青海果洛州玛多县
17	6月10日	19:46	5.1	101.91	24.34	8	云南楚雄州双柏县
18	6月11日	15:33	5.3	121.55	23.88	10	台湾花莲县
19	6月12日	18:00	5.0	97.89	24.96	16	云南德宏州盈江县
20	6月16日	16:48	5.8	93.81	38.14	10	青海海西州茫崖市
21	7月7日	19:24	5.3	121.66	23.88	9	台湾花莲县海域
22	7月8日	06:11	5.1	121.68	23.88	10	台湾花莲县海域
23	7月14日	06:52	5.2	121.73	23.89	10	台湾花莲县海域
24	8月5日	05:50	5.8	122.31	24.82	10	台湾宜兰县海域
25	8月6日	16:11	5.4	122.30	24.76	20	台湾宜兰县海域

续表

序号	日期	北京时间（时:分）	震级 M	经度/°E	纬度/°N	深度/km	震中位置
26	8月6日	19:12	5.1	121.31	23.15	10	台湾花莲县
27	8月13日	12:21	5.8	97.54	34.58	8	青海果洛州玛多县
28	8月26日	07:38	5.5	95.50	38.88	15	甘肃酒泉市阿克塞县
29	9月4日	09:54	5.1	77.96	37.87	7	新疆和田地区皮山县
30	9月5日	01:52	5.0	77.85	37.79	10	新疆喀什地区叶城县
31	9月6日	22:00	5.2	122.07	23.90	21	台湾花莲县海域
32	9月16日	04:33	6.0	105.34	29.20	10	四川泸州市泸县
33	10月24日	13:11	6.3	121.80	24.55	60	台湾宜兰县
34	11月17日	13:54	5.0	121.19	33.50	17	江苏盐城市大丰区海域
35	11月30日	21:53	5.8	87.94	31.76	10	西藏那曲市双湖县
36	12月19日	07:54	5.3	92.73	38.95	10	青海海西州茫崖市
37	12月30日	14:47	5.1	122.50	23.90	20	台湾花莲县海域

注：数据来源于中国地震台网中心。

二、2021年中国大陆地震灾害情况

2021年，中国大陆地区地震共造成9人死亡，216人受伤，直接经济损失约106.52亿元。其中，造成人员伤亡最严重的地震为四川泸县6.0级地震，造成3人死亡，157人受伤，直接经济损失约25.22亿元；震级最大、造成经济损失最严重的地震是青海玛多7.4级地震，造成19人受伤，直接经济损失约41亿元。

2021年中国大陆地区主要地震灾害损失一览表

序号	日期	北京时间（时:分）	震中位置	震级 M	人员伤亡/人		直接经济损失/亿元
					死亡	受伤	
1	1月23日	09:59	云南昭通市盐津县	4.7	0	4	0.07
2	3月19日	14:11	西藏那曲市比如县	6.1	0	0	4.75
3	3月24日	05:14	新疆阿克苏地区拜城县	5.4	3	0	0.72
4	5月21日	21:48	云南大理州漾濞县	6.4	3	34	33.16
5	5月22日	02:04	青海果洛州玛多县	7.4	0	19	41.00
6	6月10日	19:46	云南楚雄州双柏县	5.1	0	2	0.40
7	6月12日	18:00	云南德宏州盈江县	5.0	0	0	0.46
8	9月16日	04:33	四川泸州市泸县	6.0	3	157	25.22
9	11月24日	17:16	贵州贵阳市修文县	4.6	0	0	0.14

注：数据来源于应急管理部救灾和物资保障司。

三、2021 年中国地震灾害主要特点

地震灾害相比 2020 年总体水平偏高。2020 年中国大陆地区地震共造成 5 人死亡，30 人受伤，直接经济损失 20.60 亿元，与 2020 年相比，2021 年因灾死亡人数、受伤人数和直接经济损失分别上升 80%、620% 和 417%。

地震灾害区域性特征明显。云南省发生 4 次地震灾害事件，其中，云南漾濞 6.4 级地震造成 3 人死亡，34 人受伤，直接经济损失约 33.16 亿元，分别约占全年各项损失的 33%，16% 和 31%。青海玛多 7.4 级地震造成 19 人受伤，直接经济损失约 41 亿元，分别约占全年各项损失的 9% 和 38%。四川泸县 6.0 级地震造成 3 人死亡，157 人受伤，直接经济损失约 25.22 亿元，分别占全年各项损失的 33%，73% 和 24%。新疆拜城 5.4 级地震造成 3 人死亡，占全年死亡人数的 33%。

西部地区发生多起强震大震，但灾情有所下降。青海玛多 7.4 级地震受灾范围广，但倒塌房屋数量少，人员伤亡少。由于脱贫攻坚、生态移民、易地搬迁安置等工程实施，抗震设防能力显著提高，减灾实效显现。云南漾濞 6.4 级地震和四川泸县 6.0 级地震造成的人员伤亡与经济损失在 2021 年主要地震灾害中占比较高，但相比较云南省和四川省前几年同级别地震灾情有明显减轻，反映了通过富民安居工程、新农村建设提升了农居抗震水平，减少了人员伤亡，减轻了地震损失，取得了减灾实效。

地震次生灾害日益突出。次生灾害频发也是造成经济损失较大的一个直接原因，比如，青海玛多 7.4 级地震造成交通等基础设施受损，桥梁桥墩压溃、落梁、路面开裂、路基下沉等。

2021 年，台湾地区及海域发生 5.0 级及以上地震 17 次，均未造成人员伤亡和经济损失。

（中国地震局震害防御司）

2021年全球重要地震事件震害及影响

2021年，全球共发生6.0级及以上地震115次，其中6.0~6.9级地震96次，7.0~7.9级地震18次，8.0级及以上地震1次。震级最大地震为7月29日美国阿拉斯加州以南海域8.1级地震。

2021年，全球地震灾害造成至少2746人死亡（含332人失踪），15319人受伤。其中，国外6.0级及以上地震共造成2737人死亡（含332人失踪），15103人受伤。地震造成死亡人数最多的是8月14日发生在海地地区的7.3级地震，共造成2577人死亡（含329人失踪），12763人受伤。

2021年国外6.0级及以上地震灾害一览表

序号	日期	北京时间（时:分）	震级 M	震源深度/km	震中位置	死亡（含失踪）	受伤
1	1月12日	05:32	6.8	10	蒙古	0	53
2	1月15日	02:28	6.2	10	印度尼西亚苏拉威西岛	110（3）	826
3	1月19日	10:46	6.6	10	阿根廷	0	14
4	2月13日	01:01	6.1	100	塔吉克斯坦	1	5
5	2月13日	22:07	7.1	50	日本本州东岸近海	1	185
6	3月3日	18:16	6.2	10	希腊	1	11
7	3月20日	17:09	7.0	60	日本本州东岸近海	0	11
8	4月10日	15:00	6.0	70	印度尼西亚爪哇岛以南海域	10	104
9	4月28日	10:21	6.2	10	印度	2	12
10	5月1日	09:27	6.6	30	日本本州东岸近海	0	3
11	7月10日	10:14	6.4	150	塔吉克斯坦	5	30
12	7月26日	20:09	6.4	10	印度尼西亚苏拉威西岛附近海域	1	0
13	7月31日	01:10	6.3	30	秘鲁	0	721
14	8月12日	01:46	6.9	40	棉兰老岛附近海域	1	0
15	8月14日	20:29	7.3	10	海地地区	2577（329）	12763
16	9月8日	09:47	7.1	30	墨西哥	13	23
17	11月14日	20:07	6.2	10	伊朗	2	98
18	11月14日	20:08	6.3	10	伊朗		
19	11月26日	07:45	6.1	50	缅甸	0	1
20	11月28日	18:52	7.3	100	秘鲁北部	12	136
21	12月14日	11:20	7.3	80	弗洛勒斯海	1	97
22	12月24日	21:43	6.0	15	老挝	0	10
				合计		2737（332）	15103

注：数据来源于维基百科、EM-DAT（OFDA/CRED）国际灾害数据库。

2021年国外地震活动和人员伤亡有如下特点：

（1）2021年全球7.0级及以上地震频次相比2012年以来年均15.2次偏高。地震造成的死亡人数也高于近十年年均1800人的水平。

（2）地震灾害相对集中，主要是海地地震、印度尼西亚苏拉威西岛地震和秘鲁地震造成了大量人员伤亡，这三次地震的死亡和受伤人数分别占全年的98.17%和94.75%。

（3）灾区房屋抗震性能差与次生灾害重是导致人员伤亡的主要原因。造成人员伤亡较多的几次地震都发生在经济落后、房屋抗震性能较差的地区，加之地震引发严重的次生灾害（滑坡、海啸等），因而造成了非常严重的人员伤亡和经济损失。

1. 蒙古6.8级地震

北京时间1月12日05时32分（当地时间05时32分），蒙古库苏古尔湖北部发生6.8级地震，震源深度10km。地震造成53人受伤。本次地震是蒙古自1967年发生7.0级地震以来最大的地震，蒙古和俄罗斯以及中国边境等地约1.7万人有震感。

2. 印度尼西亚苏拉威西岛6.2级地震

北京时间1月15日02时28分（当地时间01时28分），印度尼西亚苏拉威西岛发生6.2级地震，震源深度10km。地震造成107人死亡，3人失踪，826人受伤，直接经济损失超过8219亿印尼盾。地震造成7000多所房屋、21处卫生设施及包括超市、港口和公共办公室在内的建筑物受损或毁坏，多个发电站在地震中受损，造成电力中断。马杰内和马穆朱地区发生山体滑坡，切断了连接两个县的主要道路，同时造成多人被掩埋。

3. 阿根廷6.6级地震

北京时间1月19日10时46分（当地时间1月18日23时46分），阿根廷西部圣胡安省发生6.6级地震，震源深度10km。地震造成14人受伤。圣胡安省的各种建筑物遭到破坏，一些建筑物倒塌，出现电力中断、山体滑坡和道路受损的情况。

4. 塔吉克斯坦6.1级地震

北京时间2月13日01时01分（当地时间2月12日22时01分），塔吉克斯坦东部发生6.1级地震，震源深度100km。地震造成相邻的巴基斯坦哈里普尔区1人死亡、5人受伤，部分建筑物损坏。震中位于塔吉克斯坦戈尔诺—巴达赫尚自治州穆尔加布区，包括塔吉克斯坦首都杜尚别、乌兹别克斯坦首都塔什干、巴基斯坦首都伊斯兰堡在内的多个地区有明显震感。

5. 日本本州东岸近海7.1级地震

北京时间2月13日22时07分（当地时间23时07分），日本本州东岸近海发生7.1级地震，震源深度50km。地震造成1人死亡，185人受伤。地震造成日本多地发生大面积停电和断水，东北地区至少10个火力发电机组暂停发电，福岛第一核电站1号机组核反应堆的收纳设施出现异常。

6. 希腊6.2级地震

北京时间3月3日18时16分（当地时间12时16分），希腊拉里萨发生6.2级地震，震源深度10km。地震造成1人死亡，11人受伤，希腊中部和北部均有震感。本次地震余震较多，加重了房屋和基础设施的破坏，山体滑坡导致沃洛斯市和整个马格尼西亚州出现部分电力、交通中断。

7. 日本本州东岸近海 7.0 级地震

北京时间 3 月 20 日 17 时 09 分（当地时间 18 时 09 分），日本本州东岸近海发生 7.0 级地震，震源深度 60km。地震造成岩手县、宫城县和福岛县 11 人轻伤。地震导致东北地区部分电力中断，高速列车服务暂停。地震发生后，日本气象厅向宫城县发布了海啸预警，大约 90 分钟后解除了海啸警报。

8. 印度尼西亚爪哇岛以南海域 6.0 级地震

北京时间 4 月 10 日 15 时整（当地时间 14 时整），印尼爪哇岛以南海域发生 6.0 级地震，震源深度 70km。地震造成 10 人死亡，104 人受伤。地震造成 1.6 万余间房屋遭受不同程度损坏，引发东爪哇地区山体滑坡。

9. 印度尼西亚 6.2 级地震

北京时间 4 月 28 日 10 时 21 分（当地时间 07 时 51 分），印度阿萨姆邦发生 6.2 级地震，震源深度 10km。地震造成 2 人死亡，12 人受伤。阿萨姆邦建筑物遭到普遍破坏，西孟加拉邦等印度东北部其他地区也有震感。

10. 日本本州东岸近海 6.6 级地震

北京时间 5 月 1 日 09 时 27 分（当地时间 10 时 27 分），日本本州东岸近海发生 6.6 级地震，震源深度 30km。地震造成 3 人受伤。日本东海岸部分地区震感强烈。

11. 塔吉克斯坦 6.4 级地震

北京时间 7 月 10 日 10 时 14 分（当地时间 07 时 14 分），塔吉克斯坦发生 6.4 级地震，震源深度 150km。地震造成 5 人死亡，30 人受伤，至少 20 座房屋毁坏，5560 人流离失所。

12. 印度尼西亚苏拉威西岛附近海域 6.4 级地震

北京时间 7 月 26 日 20 时 09 分（当地时间 19 时 09 分），印尼苏拉威西岛附近海域发生 6.4 级地震，震源深度 10km。地震造成 1 人死亡。地震造成至少 7 所房屋遭受中度至重度损坏，1 所学校受到中度损坏，3 个礼拜场所受到轻微损坏。

13. 秘鲁 6.3 级地震

北京时间 7 月 31 日 01 时 10 分（当地时间 7 月 30 日 12 时 10 分），秘鲁发生 6.3 级地震，震源深度 30km。地震造成 721 人受伤。地震造成部分基础设施和公共建筑破坏，至少 187 所房屋受损。

14. 棉兰老岛附近海域 6.9 级地震

北京时间 8 月 12 日 01 时 46 分（当地时间 01 时 46 分），棉兰老岛附近海域发生 6.9 级地震，震源深度 40km。地震造成 1 人死亡，未造成重大损失。

15. 海地 7.3 级地震

北京时间 8 月 14 日 20 时 29 分（当地时间 09 时 29 分），海地发生 7.3 级地震，震源深度 10km。地震造成 2248 人死亡，329 人失踪，12763 人受伤，经济损失估计超过 15 亿美元，约占该国国内生产总值的 10%。距震中最近的海地第三大城市莱斯凯斯市，遭受了严重破坏，大量房屋、建筑和礼拜场所毁坏。本次地震是 2021 年全球死亡人数最多的地震，也是自 2010 年以来海地遭受的最严重地震灾害。

16. 墨西哥 7.1 级地震

北京时间 9 月 8 日 09 时 47 分（当地时间 9 月 7 日 20 时 47 分），墨西哥发生 7.1 级地震,震源深度30km,震中位于格雷罗峡谷南部。地震造成13人死亡,23人受伤。地震造成至少8700座建筑物遭到破坏,包括至少35所学校、13所医院、6个礼拜场所和13家酒店。地震造成交通、电力等大量公共设施受损,大量山体滑坡和道路坍塌事故。

17. 伊朗6.2、6.3级地震

北京时间11月14日20时07分、08分(当地时间15时37分、38分),伊朗南部连续发生6.2级和6.3级地震,震源深度10km,震中位于霍尔木兹甘省。地震造成2人死亡,98人受伤,经济损失估计为7000亿托曼(1660万美元)。地震造成阿巴斯港的一些房屋被毁,部分地区电力中断,山体滑坡。

18. 缅甸6.1级地震

北京时间11月26日07时45分(当地时间06时15分),缅甸发生6.1级地震,震源深度50km,震中位于缅甸西北部钦邦。地震造成1人受轻伤。距离钦邦首府哈卡市80km的隆觉村有一座宗教建筑屋顶坍塌。

19. 秘鲁北部7.3级地震

北京时间11月28日18时52分(当地时间05时52分),秘鲁北部发生7.3级地震,震源深度100km,震中位于洛雷托地区。地震造成12人死亡,136人受伤。地震造成大量房屋毁坏,部分公路被山体滑坡掩埋,桥梁、水库等基础设施遭到破坏。本次地震是秘鲁自2019年以来遭受的最大一次地震,秘鲁全国以及邻国厄瓜多尔和哥伦比亚均有震感。

20. 弗洛勒斯海7.3级地震

北京时间12月14日11时20分(当地时间10时20分),印度尼西亚弗洛勒斯海发生7.3级地震,震源深度80km。地震造成1人死亡,97人受伤,346间房屋遭受不同程度损坏。

21. 老挝6.0级地震

北京时间12月24日21时43分(当地时间21时43分),老挝丰沙里省约乌县发生6.0级地震,震源深度15km,震中距中国边境最近处4km。地震造成中国云南省10人受伤。地震造成中国部分公路出现裂缝,个别房屋墙体开裂、屋顶坍塌等破坏。云南省普洱市江城县和思茅区震感强烈。

(中国地震局震害防御司)

各地区地震活动

首都圈地区

1. 地震概况

2021年首都圈地区共发生1.0级以上地震196次,其中2.0~2.9级地震32次,3.0~3.9级地震1次,4.0~4.9级地震1次。最大为4月16日河北唐山滦州4.3级地震,其次为6月24日河北唐山滦州3.0级地震。

2. 地震活动特征表现

(1) 2021年首都圈地区1.0级地震频次较2020年降低,3.0级、4.0级地震频次明显减弱且未发生5.0级以上地震,但2.0级地震频次较2020年升高,继2019年河北唐山丰南发生4.5级地震以来,唐山老震区的地震活动持续增强。

(2) 首都圈地区1.0级以上地震活动的空间分布特征为:地震活动主要分布在唐山老震区、京津冀地区和晋冀蒙交界;3.0级、4.0级地震主要分布在唐山老震区,地震活动次数较去年减少,4.0级以上地震发生在唐山老震区,强度较去年减弱。

(中国地震台网中心)

北京市

1. 地震概况

2021年,北京地区地震活动水平明显高于2020年,也高于多年以来的平均水平,除东城区、西城区、石景山区、丰台区外,其他各区都有地震记录,其中顺义区最多,共有20次。但总体上震级不高,无破坏性地震发生(最大地震2.3级)。

2. 地震活动特征表现

2021年1月1日至12月31日,北京行政区发生地震113次,其中1.0~1.9级地震15次,2.0~2.9级地震1次;最大地震为3月25日发生在顺义的2.3级地震。无3.0级以上地震。

地震活动具有以下主要特点:

(1) 地震活动水平显著上升,相比2020年,地震活动频次从94次增加到113次,明显高于1970年以来0级以上地震71次的平均水平;2021年北京地区显著的地震事件为3月25日顺义2.3级地震,自1996年12月16日顺义4.0级地震以来,已连续25年未发生4.0级以上地震。

(2) 地震空间分布,1.0级以上地震主要分布在顺义、昌平、平谷和怀柔,其中顺义、昌平、平谷各3次,怀柔2次,此外,通州、房山、朝阳、门头沟各1次;2.0级以上地震1次,位于顺义区。

(3) 北京未发生1.7级以上非天然地震。

(北京市地震局)

天津市

1. 地震概况

2021年,天津市行政区范围内发生1.0级以上地震11次,其中1.0~1.9级地震9次,2.0~2.9级地震2次,最大地震为2021年11月12日天津滨海海域2.9级地震。

2. 地震活动特征表现

2021年天津行政区范围内地震数目比2020年（13次）略有减少，但地震活动强度有所增强（2021年最大地震为2021年6月15日静海区1.9级地震）；地震的空间分布主要在北部蓟州地区、西南静海地区和滨海新区附近海域。

（天津市地震局）

河北省

1. 地震概况

2021年，河北省及周边海域共发生地震3662次，其中$M1.0$以下地震3441次，$M1.0 \sim 1.9$地震169次，$M2.0 \sim 2.9$地震45次，$M3.0 \sim 3.9$地震6次，$M4.0$以上地震1次。

2. 地震活动特征表现

2021年河北省及周边海域$M \geq 2.0$地震活动频度是52次，与2020年相比，地震频度有所上升，唐山、张家口、邢台地区地震频度相对较高，成丛性明显。

地震强度小于2020年。最大地震为2021年4月16日河北滦州$M4.3$（39.75°N，118.71°E）地震，震源深度10千米。截至4月30日24时，该区共发生余震245次，最大余震为$M1.6$地震，$M1.0$以下地震238次，$M1.0 \sim 1.9$级地震7次。

从空间分布特征看，河北地震活动主要集中在张家口—渤海地震带和河北平原地震带，大的空间格局没有改变。

（河北省地震局）

山西省

1. 地震概况

2021年，山西省共发生0.0级以上地震832次，其中0.0～0.9级地震664次，1.0～1.9级地震145次，2.0～2.9级地震21次，3.0～3.9级地震2次，最大地震为2021年4月8日山西省临汾市洪洞县3.1级地震。

2. 地震活动特征表现

空间特征。从空间分布上看，地震主要集中在大同、忻定、太原、临汾和运城五大断陷盆地内，分别发生0.0级以上地震、2.0级以上地震679次、18次，占全省地震总次数的81.6%和80%。

强度特征。2021年山西省地震活动水平表现为持续低频次、弱活动的特征。2016年以来，山西省已连续五年未发生4.0级以上地震，2021年发生的最大地震为4月8日山西洪洞$M3.1$地震，与2020年最大地震（山西祁县$M3.7$地震）相比强度有所减弱；2000年以来，山西省年均发生2.0级以上地震28次、3.0级以上地震3～4次，2021年山西省发生2.0级以上地震23次、3.0级以上地震2次，均低于2000年以来的平均水平；3.0级以上地震自2016年以来已连续五年低于年平均水平。

时间特征。2021年，山西省2.0级以上地震在发震时间上具有不均匀性。如，5月份发生5次，1月份和7月份各发生3次，3月份为0次。以季度进行统计，第一、第二、第三、第四季度分别发生5次、8次、7次和3次，总体表现为第二、三季度略高于第一、四季度。

（山西省地震局）

内蒙古自治区

1. 地震概况

2021年，内蒙古自治区发生$M \geq 1.0$地震400次，其中$M1.0 \sim 1.9$地震303次，

$M2.0\sim2.9$ 地震 88 次，$M3.0\sim3.9$ 地震 8 次，$M4.0\sim4.9$ 地震 1 次。最大地震是 2021 年 10 月 15 日 5 时 10 分阿鲁科尔沁旗（44.2°N，120.24°E）发生的 $M4.7$ 地震。以上地震次数统计均为可定位地震，2021 年度未发生震群活动。

2. 地震活动特征表现

（1）$M\geqslant3.0$ 地震活动频度、强度。2021 年发生 $M\geqslant3.0$ 地震 8 次，2020 年发生 $M\geqslant3.0$ 地震 11 次，2021 年 $M\geqslant3.0$ 地震活动频度水平低于 2020 年。2021 年最大地震是阿鲁科尔沁旗 $M4.7$ 地震，2020 年最大地震是和林格尔县 $M4.0$ 地震。2021 年地震强度高于 2020 年，但均未发生中强以上地震。

（2）地震活动强度中部较强，东部地区、西部次之。2021 年 $M\geqslant4.0$ 地震的 1 次，其中，发生在东部地区。最大地震位于东部地区阿鲁科尔沁旗，震级为 $M4.7$。中等地震活动特征显示，中部地区地震相对较强，东部、西部地区强度次之。

（3）中小地震丛集、有序活动区。2021 年度全部地震活动图像表现出 3 个丛集活动区：乌海至阿拉善地区，地震活动较为活跃、呈现密集分布特征，未发生 $M4.0$ 以上地震；包头、呼和浩特至蒙晋交界地区，地震活动活跃，沿河套地震带分布，未发生 $M4.0$ 以上地震；锡林郭勒盟至呼伦贝尔市扎兰屯地区，地震活动沿大兴安岭隆起带分布，条带内无发生 $M4.0$ 以上地震，显示地震活动较为活跃。

（内蒙古自治区地震局）

辽宁省

1. 地震概况

2021 年辽宁及邻区（38°～44°N，119°～126°E）共发生 $M\geqslant2.0$ 地震 120 次，其中 2.0～2.9 级地震 106 次，3.0～3.9 级地震 13 次，最大地震为 2021 年 1 月 11 日辽宁康平 $M4.1$ 地震。

2. 地震活动特征表现

（1）辽宁地区 4.0 级地震持续平静。自 2021 年 1 月 11 日辽宁康平 $M4.1$ 地震之后，截止到 2021 年 12 月 31 日，辽宁地区 $M\geqslant4.0$ 地震平静已 354 天。

（2）3.0 级地震活动较弱，但空间分布集中有序。2021 年辽宁地区共发生 $M\geqslant3.0$ 地震 13 次，明显弱于 1980 年以来的均值（约 32 次/年）水平。但空间分布集中有序，主要分布在辽宁的营口—海城—岫岩、辽西—辽蒙交界及环渤海海域一带。与往年相比，辽南—渤海一带 3.0 级地震相对较少，地震活动水平总体偏弱。

（3）小震和震群序列活动总体偏弱。2021 年辽宁地区共发生 $M\geqslant2.0$ 地震 120 次，弱于 1990 年以来的均值（212 次/年），小震序列活动也不显著。

总之，2021 年度辽宁及邻区的中小震活动频次均低于均值，活动水平亦不高（4.0 级地震平静已近一年）。在此背景下，3.0 级地震空间分布集中有序，集中在营海岫老震区、辽蒙交界地区及环渤海地区。

（辽宁省地震局）

吉林省

1. 地震概况

2021 年，吉林省共记录到 $M2.0$ 以上地震 12 次，震级分布为：$M3.0\sim3.9$ 地震 2 次、$M2.0\sim2.9$ 地震 10 次。

2. 地震活动特征表现

2021 年，吉林省共记录到 $M2.0$ 以上地震 12 次，最大地震为 3 月 5 日白山市抚松

县 $M3.1$ 地震。吉林省地震空间分布不均匀，地震主要沿北东向和北西向的断裂带展布，总体上表现为西部地区多于东部地区。其中松原地区地震主要分布在北东向的扶余/松原—肇东断裂带附近，该带地震活动相对较强，主要集中在松原宁江、前郭、长岭地区；东部地区地震主要分布在北西向范家屯—营地子断裂和四方顶子—马鹿沟隐伏断裂附近。

（吉林省地震局）

黑龙江省

1. 地震概况

2021年，黑龙江省共记录到 $M2.0$ 以上地震15次，其中 $M2.0$ ~ 2.9 地震12次，$M3.0$ ~ 3.9 地震3次，最大地震是2021年8月18日漠河 $M3.9$ 地震。

2. 地震活动特征表现

2021年黑龙江省地震活动以小震活动为主，主要分布在嫩江断裂北段和依舒断裂的汤原—萝北段，$M2.0$ 以上地震活动主要集中在8月，记录到4次。

（黑龙江省地震局）

上海市

1. 地震概况

据上海地震台网测定，2021年上海行政区及周边海域共记录到 $M0.0$ 以上地震2次。其中上海行政区陆域范围内未记录到地震，近海海域记录到2次地震，分别为：2021年6月23日上海崇明海域1.1级地震（距上海海岸最近距离约38km），以及2021年1月26日浙江舟山市嵊泗县1.5级地震（距上海海岸最近距离约30km）。

2. 地震活动特征表现

2021年地震活动特点如下：2021年上海行政区及周边海域共发生2次地震，震级均在2.0级以下，其频度和强度均低于2020年地震活动水平，也低于1970年以来的平均水平。2次地震均发生在海域，上海行政区陆域范围内未记录到地震，持续海强陆弱的格局，但周边地区包括苏中沿海地震活动仍然较为活跃，2021年11月17日在江苏盐城市大丰区海域发生了5.0级地震（震中距上海市中心城区约254km），2021年12月22日在江苏常州市天宁区发生了4.2级地震（震中距上海市中心城区约149km），上述2次地震上海市均有感。

（上海市地震局）

江苏省及附近海域

1. 地震概况

2021年，江苏陆地及附近50km内海海域共发生3.0级以上地震3次，分别为11月17日盐城大丰海域5.0级、12月8日盐城大丰海域3.2级和12月22日常州天宁区4.2级地震。

2. 地震活动特征表现

3.0级以上地震活动增强。2021年江苏陆地及附近50km内海域3.0级以上地震活动频度和强度均略高于2000年以来区域平均水平，但仍处于正常活动波动范围。2021年共发生3.0级以上地震3次，发生4.0级以上地震活动2次。2010年以来，江苏陆地及近海（50km内）平均4~5年发生一次4.0级以上地震，其中2021年11月17日大丰海域5.0级地震是强度最大的地震。

11月17日大丰区海域5.0级地震震中区共记录到余震15次，最大余震为12月8

日 3.2 级地震，余震衰减正常。2021 年 12 月 22 日常州天宁 4.2 级地震余震较少，仅记录到余震 3 次，最大震级为 0.3 级。

小震活动特点。江苏陆地及附近 50km 内海域小震活动处于正常背景活动水平。11 月 17 日盐城市大丰区海域 5.0 级地震后，小震活动有所增强。2021 年共发生 2.0 级以上地震 18 次，其中包括盐城市大丰区海域 5.0 级地震序列的 10 次地震。

淮安地区自 2018 年活动增强以来，经历了数次"活跃—平静"的交替起伏活动，2021 年 2—7 月小震活跃，8 月以来活动减弱；11 月 17 日盐城大丰海域 5.0 级地震后，淮安地区小震再次活动，共发生 2 次 2.0 级以上地震。

（江苏省地震局）

浙江省

1. 地震概况

2021 年，浙江省共发生 $M≥0$ 地震 57 次，其中 $M1.0\sim1.9$ 地震 11 次，$M2.0\sim2.9$ 地震 2 次，最大为 4 月 3 日浙江嘉兴南湖区 $M2.6$ 地震和 8 月 26 日浙江宁波海曙区 $M2.6$ 地震。

2. 地震活动特征表现

2021 年地震活动特点：2021 年大部分地震发生在宁波市海曙区，共记录到 $M≥0$ 地震 41 次，最大为 8 月 26 日 $M2.6$ 地震。

（浙江省地震局）

安徽省

1. 地震概况

2021 年，安徽省共记录到地震 729 次。其中 $M≥1.0$ 地震 47 次；$M≥2.0$ 地震 8 次；$M≥3.0$ 地震 1 次，为 2021 年 1 月 4 日安徽广德 $M3.3$ 地震。2021 年度，安徽省较为显著地震有：1 月 4 日广德 $M3.3$ 地震、4 月 2 日宿松 $M2.6$ 地震、6 月 5 日定远 $M2.5$ 地震、7 月 22 日宣城 $M2.8$ 地震和 8 月 13 日蒙城 $M2.8$ 地震。

2. 地震活动表现特征

近年来，安徽地区地震活动水平整体不高，相比于 2020 年度，2021 年度地震活动强度有所增强，但 $M≥1.0$ 地震频次均有所减弱。在空间分布上，除在霍山地区存在小震密集活动，其他区域未出现集中活动现象，相比于 2020 年度皖中部地区地震活动减弱。时间分布上，上半年地震活动更为集中。

（安徽省地震局）

福建省及其近海（含台湾地区）

1. 地震概况

2021 年，福建及其近海地区发生 $M≥2.0$ 地震 10 次，其中 $M2.0\sim2.9$ 地震 8 次，$M3.0\sim3.9$ 地震 2 次，最大地震为 2 月 8 日福建晋江海域 $M3.4$ 地震；台湾海峡地区发生 $M≥2.0$ 地震 6 次，其中 $M2.0\sim2.9$ 地震 6 次，最大地震为 1 月 15 日台湾海峡南部 $M2.9$ 地震；台湾地区发生 $M≥5.0$ 地震 17 次，其中 $M5.0\sim5.9$ 地震 15 次，$M6.0\sim6.9$ 地震 2 次，最大地震为 10 月 24 日台湾宜兰 $M6.3$ 地震。

2. 地震活动特征表现

2021 年，福建及近海地区 $M≥2.0$ 地震活动频次水平较 2020 年略有上升，发生的最大地震为 2 月 8 日晋江海域 $M3.4$ 地震，较 2020 年度强度水平有所升高。$M≥3.0$ 地震分布在晋江海域和长泰地区。福建陆域地震活动水平低于其近海海域地区，陆域最大地震为1月3日长泰 $M3.0$ 地震。$M \geq 2.0$ 地震主要分布在长泰地区和永安—晋江断裂带附近，其中以长泰地区地震活动强度水平更高。长泰地震序列自2020年12月12日开始出现地震活动，地震类型特征分析显示，长泰序列属于震群型地震序列，且其该地震序列震源深度具有相对较深的特征，主要分布于30km左右深度，已处于该地区下地壳深度，为福建地区少有的下地壳地震活动。

2021年台湾海峡地区地震活动水平较2020年显著下降，其中，强度水平和频次水平均下降显著。未发生 $M \geq 3.0$ 地震，最大地震分布在台湾海峡南部地区，该区域为2018年11月26日台湾海峡6.2级地震的余震区。自2018年11月26日台湾海峡6.2级地震后，余震区地震活动水平衰减特征显著，截至2021年12月31日，该余震区的地震活动水平已接近其背景地震活动水平。

2021年台湾地区地震活动强度水平较2020年略有升高，频次水平显著升高。受菲律宾海板块北西向与欧亚板块碰撞汇聚作用影响，台湾地区 $M \geq 5.0$ 地震主要相对集中分布在花莲和宜兰及其近海地区的板块边界附近。总体来看，2021年度台湾地区的中强地震活动水平虽然有所增强，但7.0级以上强震平静背景仍然相对突出，自2006年12月26日台湾恒春海域7.2级地震后，台湾地区7.0级以上地震已持续平静超过15年，为1900年以来台湾地区最长的7.0级以上地震平静期。

（福建省地震局）

江西省

1. 地震概况

2021年，江西省境内共记录到地震69次，其中2.0～2.9级地震2次、3.0级以上地震1次，最大地震为3月13日鹰潭余江3.1级地震。

2. 地震活动特征表现

2021年度江西省地震活动强度与2020年度相当，频次较2020年度有所降低。赣北的地震主要发生在九江和瑞昌地区，赣中的地震主要发生在萍乡—高安、萍乡—广丰断裂附近，赣南的地震主要发生在寻乌、安远和全南等地。

2010年以来，江西省内一个比较突出的地震现象是萍乡—新余—丰城一带出现北东东向的小震条带，这条地震条带展布在萍乡—广丰断裂带北侧。2021年该断裂带小震继续活跃，但总体水平不高，震级在3.0级以下，共发生2.0～2.9级地震1次，为1月30日萍乡2.1级地震。

2021年江西省发生的最大地震为3月13日鹰潭余江3.1级地震，发生在鹰潭—余干断裂与萍乡—广丰断裂交界处附近。该地震的发生打破了赣北地区2018年7月2日浮梁3.7级地震以来长达43个月的3.0级以上地震平静，也是鹰潭市1970年以来发生的最大地震。

2021年南昌市未发生2.0级以上地震，最大地震为3月14日南昌县1.5级地震，该地震打破了南昌市2012年6月29日1.0级地震以来长达8年多的1.0级以上地震平静。

（江西省地震局）

山东省及附近海域

1. 地震概况

2021年，记录到山东统计区天然地震292次，其中1.0～1.9级地震118次，2.0～2.9级地震24次，3.0～3.9级地震8次，

4.0级以上地震1次，山东海域最大地震为1月19日黄海海域4.6级地震，山东陆域最大地震为6月25日长清2.6级。

2021年山东地区小震活动主要位于胶东半岛及两侧海域、沂沭断裂带及其北西向分支断裂地区。根据地震活动频次、应变能释放水平统计分析，2021年山东地区3.0级以上地震活动频次略高于2020年，应变能释放水平明显高于2020年。

2. 地震活动特征表现

2021年胶东半岛两侧海域地区地震活动水平增强，鲁西隆起区地震活动水平相对减弱。

2020年11月28日开始，蓬莱附近海域发生震群活动，截至2021年6月震群结束，共记录到小震活动107次，最大地震为2021年1月6日3.8级地震和2021年5月31日3.8级地震，分析认为震群具有一定的前兆指示意义。同时，2020年12月14日以及2021年5月31日长岛窗两次开窗，显示该区区域应力背景水平较高。

鲁西隆起区地震活动水平相对减弱。沂沭带及其北西向分支断裂为主体的鲁西隆起区2019—2020年2.3级以上地震年频度均为6次，为近10年来的最高活动水平。2021年该区仅发生2次2.3级以上地震活动，即6月25日长清2.6级，7月9日兰陵2.3级地震。2021年6月25日长清2.6级地震是2020年长清4.1级地震序列原震中区再次发生的有感地震活动，该地震序列位于鲁西隆起区的西北缘，是发生在少震区的显著地震事件，表明震源区附近区域应力场处于较高的水平，对华北平原地震带中强地震活动有一定的指示意义。

（山东省地震局）

河南省

1. 地震概况

2021年，河南省共记录到河南省2.0级以上地震18次，记录到3.0级以上地震1次，年度最大地震是3月7日河南西峡3.1级地震。地震活动与2020年度基本持平，空间上主要沿陕州至淮滨北西向带状展布，在安阳、汝州、平顶山、西峡、淅川地区均有地震活动。

2. 地震活动特征表现

2021年2月份以来河南省平顶山及附近地区小震活跃，这些地震主要分布在平煤矿区附近，经过现场调研和技术手段分析认为，它们可能与平煤集团工业活动有关。

1970年以来河南省平均每年发生2.0级以上地震9.2次；3.0级以上地震1~2次；2021年河南省2.0级以上地震18次，高于1970年以来年均值，地震频次明显增强，全年发生1次3.0级以上地震。

2021年河南周边共发生2.0以上地震40次，最大地震为2021年5月22日陕西商南3.8级地震，仍维持外强内弱的特点，与历史地震活动规律一致。

（河南省地震局）

湖北省

1. 地震概况

2021年，湖北省境内共发生$M0.0$以上地震511次，其中$0.0 \leq M < 0.9$地震435次，$1.0 \leq M < 1.9$地震68次，$2.0 \leq M < 2.9$地震6次，$3.0 \leq M < 3.9$地震2次，无$M4.0$以上地震，最大地震为2021年7月4日荆门$M3.5$。

2. 地震活动特征表现

2021年湖北省地震活动总体水平与2020年基本持平，以2.0级以下的微震为主。地震主要分布在三峡库区和丹江口库区，鄂东南地震活动稍有减弱，鄂中房县至荆门一带地震活动水平略有增强。

三峡重点监视区地震活动主要分布在巴东高桥断裂、秭归仙女山断裂等地区。丹江口重点监视区地震活动主要分布在淅川断裂附近。

（湖北省地震局）

湖南省

1. 地震概况

2021年，湖南省境内共发生 $M \geq 2.0$ 地震2次，其中最大地震为2021年8月15日发生在邵阳市邵东县的 $M2.1$ 地震。

2. 地震活动特征表现

2021年湖南省地震台网共记录到湖南省境内可测定地震参数的地震15次，从空间分布来看，湖南省地震分布较零散，主要集中在湘东南的郴州、湘中的宁乡和邵东；从时间进程来看，地震主要发生在8—11月，尤以11月较为密集。2021年度湖南省境内地震活动水平相对较低，地震频度、强度与2020年度相比均有所减弱。

（湖南省地震局）

广东省

1. 地震概况

2021年，广东省及邻近海域共发生1级（含1.0级）以上地震249次，其中1.0～1.9级211次，2.0～2.9级地震34次，3.0～3.9级4次，最大为4月2日广东东源3.8级地震。

2. 地震活动特征表现

2021年广东省地震分布较广，地震活动基本处于正常水平，总体水平略高于2020年。2.0级以上地震主要发生在河源、阳江、梅州和江门等地，粤东地区地震活动强于粤西地区。

新丰江、阳江、南澳三个老震区地震频度和强度均高于2020年度，但仍处于正常水平。

2021年4月2日广东东源3.8级和5月1日广东河源3.0级地震后，震中区附近的地震活动显著增强。之后，地震活动恢复至正常水平。

2021年6月7日广东开平3.0级地震和12月15日广东台山附近海域3.0级地震后，序列类型为孤立性，震中区附近的地震活动无明显变化。

（广东省地震局）

广西壮族自治区及近海区域

1. 地震概况

2021年，广西地震台网共记录到广西及近海地区 $M0.0$ 以上地震306次，其中2.0～2.9级地震20次，3.0～3.9级地震2次，4.0～4.9级地震2次，最大地震为8月4日广西德保4.8级。

2. 地震活动特征表现

广西德保4.8级地震序列记录到46次余震，排除余震序列后，地震频次低于2020年，但地震强度升高，地震主要分布在桂西及粤桂交界地区。

（广西壮族自治区地震局）

海南省

1. 地震概况

2021年，海南岛及近海（17.5°~20.5°N，108.0°~111.5°E）共发生 $M1.0$~1.9 地震65次，$M2.0$~2.9 地震6次，$M3.0$~3.9 地震2次，岛陆年度最大地震为8月8日海南乐东3.2级地震。

2021年，完成海南岛陆及近海地区2.0级以上地震快报和正式报地震共计8个。测震台网连续波形归档数据863GB，事件波形769MB，标定波形250MB。

2. 地震活动特征表现

2021年，海南岛及近海地震活动有如下特点：

（1）频度特征：2021年海南岛及近海地震活动频度高于2020年，为近十年以来最高的地震活动水平。海南岛陆及近海 M_L 2.5以上地震活动，经历1994—1995年北部湾6.1级、6.2级地震后的减弱，2012年开始活动增强，2021年共发生21次 M_L 2.5以上地震，达到2012年以来的最高频次。

（2）强度特征：2021年度海南岛陆及近海强度高于2020年度（最大震级2.9级），1994—1995年北部湾6.1级、6.2级地震后，本区地震频度持续走低，直至2012年开始逐渐增强，尤其是近三年发生了2019年8月20日三亚4.0级地震和2021年8月8日乐东3.2级地震，显示了海南岛陆及近海地震活动强度有所增强。

（3）2021年，海南岛近海地震分布主要集中分布于琼西南地区，主要分布在乐东千家镇一带，8月8—9日乐东千家镇出现小震活动，最大震级3.2级；11月13日，乐东千家镇再次出现小震密集活动，最大震级3.2。距离小震群最近的断裂有黎母—乐东断裂、九所—陵水断裂。受震群活动的影响，琼西南地区近期的小震活动频次已达到2000年以来最高值。

（海南省地震局）

重庆市

1. 地震概况

2021年，重庆市境内共发生2.0级以上地震11次，其中2.0~2.9级地震9次，3.0~3.9级地震2次，最大地震为10月14日沙坪坝区3.3级地震，次大地震为7月10日荣昌区3.0级地震。

2. 地震活动特征表现

2021年重庆地区地震活动总体水平与往年基本相当，下半年地震活动水平高于上半年，地震主要分布在荣昌、沙坪坝、綦江和巫溪等地。2021年重庆周边地区地震活动相对活跃，在与重庆市荣昌区交界的四川泸州市泸县发生2次中等以上地震，分别为7月23日四川泸县4.1级（距重庆市荣昌区边界2km）和9月16日四川泸县6.0级地震（距重庆市荣昌区边界15km）。

（重庆市地震局）

四川省

1. 地震概况

2021年，四川共计发生 $M2.0$ 以上地震421次，其中2.0~2.9级地震339次，3.0~3.9级省内地震68次，4.0~4.9级地10次，5.0~5.9级地震0次，6.0~6.9级省内地震1次，未发生7.0级及以上地震。最大地震为2021年9月16日泸县6.0级地震。4.0级以上地震主要分布在川东南和龙门山断裂带，川西地区4.0级地震平静显著。

2. 地震活动特征表现

2021年四川地区的地震时空分布特点有：

川东南地区依旧是四川地区中强震的主体活动区域。除了从2016年开始明显活跃的宜宾—长宁—珙县地区和从2019年开始的自贡—荣县—威远地区，2021年初的犍为震群和9月16日泸县6.0级地震序列表明这两个区域也开始活跃。

泸县6.0级地震是继2019年6月17日长宁6.0级地震之后在川东南四川盆地边缘发生的又一次6.0级以上地震，由于该区域构造复杂，其发震机理尚待研究。

2021年4月开始，川滇交界东侧的巧家—宁南一带出现小震丛集，最高震级为3.3级，表明滇东北区域应力较强，有利于中强地震发生。

2021年5月22日青海玛多7.4级地震后，川北地区出现明显的小震活动，其中以7月份开始的阿坝震群最为显著。该震群位于阿坝断裂，处于玛多7.4级地震发震构造江错断裂的东向延长线上，现场地质调查表明二者可能存在深部构造上的关联。

汶川、芦山、九寨沟地震序列持续衰减，汶川余震区发生3次4.0级以上地震，分别为2020年10月21日、22日绵阳北川4.6级、4.7级地震和2021年7月14日阿坝州汶川4.8级地震。

2021年5月21日的云南漾濞6.4级地震发生在川滇菱形块体西边界的红河断裂带上，打破了1996年2月3日丽江7.0级地震以来西边界上长达25年的6.0级地震平静。

2020年以来，四川地区的地震活动整体展现出"一带状分布和一空区"的格局，即：从川东南延展至甘青川交界的北北西—南南东向4.0级地震带状分布，以及川滇藏交界的大面积3.0级、4.0级地震空区嵌套。2021年的地震活动特征仍维持相同的格局。

（四川省地震局）

贵州省

1. 地震概况

2021年，贵州省内共记录到地震898次，其中2.0~2.9级地震14次，3.0~3.9级地震3次，4.0~4.9级地震2次，为8月21日毕节七星关4.5级地震和11月24日贵阳修文4.6级地震。

2. 地震活动特征表现

2021年，贵州省记录到19次$M \geq 2.0$地震，地震频度和强度均高于往年平均水平。最大地震为2021年11月24日贵阳修文4.6级地震。

总体上，贵州中西部地区地震活动强于东部地区，地震主要分布于威宁、七星关、修文、安龙、贞丰、黔西等地以及南北盘江流域、清水江流域、红水河流域及乌江流域大型水库库区。地震活动强度和频度较低，但下半年地震活动显著增强，贵州省内$M \geq 2.0$以上地震频次较高的月份为2021年6月和9月。

（贵州省地震局）

云南省

1. 地震概况

2021年，云南省内共发生$M \geq 2.0$地震404次，其中2.0~2.9级地震322次，3.0~3.9级地震55次，4.0~4.9级地震21次，5.0~5.9级地震5次，$M \geq 6.0$以上地震1次，最大地震为5月21日大理州漾濞县6.4级地震。

2. 地震活动特征表现

（1）与2020年相比，2021年云南地区地震活动显著增强，地震频次相比2020年显著增多，最大地震震级也显著增强，5.0级以上地震频次达6次。

（2）经历了2015年以来云南省内5.0级地震持续弱活动状态以后，漾濞6.4级地震打破了云南地区5.0级、6.0级、7.0级地震同步平静的现象。

（3）漾濞6.4级地震发生后，云省省内及周边又先后发生了多次5.0级以上地震，云南地区5.0级以上地震活动总体呈连发状态。

（云南省地震局）

西藏自治区

1. 地震概况

2021年，西藏自治区西藏地区（26.5°~36.5°N，77.0°~99.0°E）共记录到$M \geq 3.0$以上地震78次，其中3.0~3.9级地震55次，4.0~4.9级地震20次，5.0~5.9级地震2次，6.0~6.9级地震1次，最大地震为2021年3月19日西藏比如6.1级地震，此次地震位于班戈—安多地区，最近的断层是安多盆地南缘断裂。

2. 地震活动特征表现

2021年西藏地震活动频度和强度均低于2020年，从2021年3.0级以上地震$M-t$图和月频度图可以看出，地震主要集中在3月、4月、10月、12月。全年共发生了3次5.0级以上地震，分别为3月19日比如6.1级地震、3月30日双湖5.8级地震和11月30日双湖5.8级地震。9月25日至10月11日在西藏自治区波密县（30.23°~30.48°N，94.75°~94.93°E）连续发生了27次可定位地震，最大为9月25日12时41分4.2级地震。波密震群发生在西藏东部雅江大拐弯波密地区，距离最近的断层是嘉黎—察隅断裂带。

全区3.0级以上地震活动分布在西藏的北部、中南部和东部地区，主要集中在比如—聂荣、双湖—安多、波密、定日一带。

（西藏自治区地震局）

陕西省

1. 地震概况

2021年，陕西省地震台网中心共记录到本省区地震437次，其中1.0级以下地震374次，1.0~1.9级地震48次，2.0~2.9级地震11次，3.0~3.9级地震4次，最大是5月22日商南3.8级地震。空间上主要分布于关中东部和陕南中东部。

2. 地震活动特征表现

地震活动特点：①2021年陕西省地震活动的空间分布与2020年基本类似，活动水平有所增强。其中，关中东部的地震活动主要集中在与山西交界的韩城、合阳以及与河南交界的潼关、洛南等地，活动水平与2020年基本持平，最大地震是12月10日韩城1.7级地震；关中中部的地震活动较为分散，大致沿北东向分布，活动水平略强于2020年，最大地震是2月20日鄠邑2.8级地震；关中西部地震活动沿北西向分布，活动水平与2020年基本持平，最大地震是7月23日太白1.9级地震；陕南的地震活动主要集中在中东部地区，活动水平高于2020年，最大地震是5月22日商南3.8级地震；陕北的地震活动主要集中在神木、府谷等地，最大震级3.1级。②全年的地震活动时间上主要集中在上半年，其中2月和3月的地震频次明显高于其他月份，地震月频次分别为61次和82次，5月发生了全省最大地震，全年地震月频次最低的是 7 月和 8 月（各 18 次）。

（陕西省地震局）

甘肃省

1. 地震概况

2021 年，甘肃共发生 2.0 级以上地震 48 次。其中，2.0~2.9 级地震 38 次，3.0~3.9 级地震 8 次，4.0~4.9 级地震 1 次，5.0~5.9 级地震 1 次，最大地震为 8 月 26 日甘肃酒泉市阿克塞县 5.5 级地震。

2. 地震活动特征表现

2021 年甘肃省内地震活动强度不高，主要呈现西强东弱的特点。3.0 级以上地震中有 7 次集中分布于甘肃西部地区，2 次在甘肃东南部地区。时间上，1 月、5 月、11 月发生 2.0 级以上地震相对较多，均为 6 次；4 月发生 2.0 级以上地震次数最少，共 2 次。

（甘肃省地震局）

青海省

1. 地震概况

据青海省地震台网测定，2021 年青海省境内共发生 2.0 级以上地震 547 次，其中 2.0~2.9 级地震 415 次，3.0~3.9 级地震 94 次，4.0~4.9 级地震 33 次，5.0~5.9 级地震 4 次，7.0~7.9 级地震 1 次。最大地震是 2021 年 5 月 22 日青海玛多 7.4 级地震。

2. 地震活动特征表现

全年地震活动水平增强，地震频度偏高，有感地震增多。玛多 7.4 级地震余震在时间和空间分布上比较均匀，集中在青海东南部；其余 2.0 级以上地震主要分布西北部及西南部区域，中部、东北部地震活动水平相对较低。

（青海省地震局）

宁夏回族自治区

1. 地震概况

2021 年，宁夏回族自治区境内共发生 $M2.0$ 以上地震 18 次，其中 $M2.0~2.9$ 地震 14 次，$M3.0~3.9$ 地震 3 次，$M4.0~4.9$ 地震 1 次，无 $M5.0$ 以上地震。最大地震为 2021 年 11 月 18 日银川市灵武市 $M4.0$ 地震，次大地震为 2021 年 6 月 22 日固原市原州区 $M3.0$ 地震、7 月 20 日吴忠市利通区 $M3.0$ 地震和 9 月 29 日中卫市中宁县 $M3.0$ 地震。

2. 地震活动特征表现

频次上：2021 年宁夏回族自治区区域发生 18 次 $M2.0$ 以上地震，高于 2009 年以来宁夏境内 $M2.0$ 以上地震年均 15.4 次的水平，且高于 2020 年的 15 次。

空间上：2021 年宁夏及邻区 $M2.0$ 以上地震主要相对集中在以往地震多发的地区，即乌海以北地区、吴忠—灵武地区以及固原地区。而阿拉善左旗以西区域以及银川盆地中北部 $M2.0$ 以上地震相对稀少。2021 年宁夏及邻区 $M3.0$ 以上地震活动主要发生在毗邻鄂尔多斯地块西缘的区域，大体以 38.5°N 为分界线，和 2020 年 $M3.0$ 以上地震"北强南弱"的活动特征相比，2021 年 $M3.0$ 以上地震活动则呈现"南强北弱"的特征，这些地震主要位于 38.5°N 南侧区域的吴忠—灵武地区、中卫—中宁地区以及固原地区，也位于银川盆地南部和青藏高原东北缘弧形构造区；而其北侧区域的银川—石嘴山以及阿拉善左旗—乌海一带无

$M3.0$ 以上地震发生。

时间上：2021 年宁夏 $M2.0$ 以上地震在时间上呈现明显的丛集性，$M2.0$ 以上地震主要发生在 6—7 月份和 11 月份，其他时间段地震活动相对平静。

2021 年宁夏发生多次显著性地震事件。2021 年 6 月 11 日至 7 月 15 日固原地区发生 $M3.0$ 震群活动，其中 $M2.0 \sim 2.9$ 地震 6 次，$M3.0 \sim 3.9$ 地震 1 次，最大地震为 2021 年 6 月 22 日固原市原州区 $M3.0$ 地震，6 月 15 日起宁夏回族自治区地震局在该震中附近架设 5 台流动测震仪，7 月 1 日后固原地区地震活动明显减弱；2021 年 7 月 18 日至 8 月 7 日吴忠—灵武地区发生 $M3.0$ 震群活动，其中 $M2.0 \sim 2.9$ 地震 4 次，$M3.0 \sim 3.9$ 地震 1 次，最大地震为 7 月 20 日吴忠市利通区 $M3.0$ 地震，7 月 25 日后吴忠—灵武地区地震活动显著减弱；2021 年 11 月 18 日灵武市发生 $M4.0$ 地震，该地震位于黄河—灵武断裂西侧区域，宏观震中位于灵武市郝家桥镇，该地震导致银川市、灵武市和吴忠市震感强烈，未造成人员伤亡。

（宁夏回族自治区地震局）

新疆维吾尔自治区

1. 地震概况

2021 年 1 月 1 日至 2021 年 12 月 31 日，新疆维吾尔自治区及边邻地区共发生 $M2$ 以上地震 1161 次，其中 2.0～2.9 级地震 923 次，3.0～3.9 级地震 189 次，4.0～4.9 级地震 46 次，5.0～5.9 级地震 3 次。新疆地区 2021 年度最大地震为 2021 年 3 月 24 日新疆拜城 $M5.4$ 地震。

2. 地震活动特征表现

频次上：2021 年新疆地区发生 3.0 级以上地震 203 次，略高于 193 次的年均水平，低于 2020 年的 212 次。2021 年新疆地区发生 5.0 级以上地震 3 次，5.0 级地震活动水平较过往两年明显减弱。

空间上：2021 年，新疆地区 $M \geq 3.0$ 地震活动 6—7 月地震主要集中分布于天山地震带，并形成北东向带状分布；8—9 月，地震主要在温泉—库尔勒—阿克苏和乌恰—叶城—和田两个区域集中分布。新疆 4.0 级地震空间上主要集中在新源—阿合奇、叶城—皮山地区。

新疆地区 2021 年 5.0 级地震活动较弱，而新疆周边中强震较为活跃，塔吉克斯坦发生 1 次 6.0 级地震、4 次 5.0 级地震，西藏那曲双湖 3 月 30 日发生 5.8 级地震，青海茫崖发生 6 月 16 日 5.8 级、12 月 19 日 5.3 级地震，甘肃阿克塞 8 月 26 日发生 5.5 级地震，克什米尔 12 月 27 日发生 5.5 级地震，呈现外强内弱的特征。

（新疆维吾尔自治区地震局）

重要地震与震害

2021年1月23日 云南盐津4.7级地震

1. 地震基本参数

发震时间：2021年1月23日09时59分
微观震中：28.18°N，104.22°E
宏观震中：云南昭通市盐津县
震　　级：$M=4.7$
震源深度：10千米

2. 烈度分布与震害

1月23日09时59分，云南昭通市盐津县发生4.7级地震，震源深度10千米。地震造成4人受伤，直接经济损失约0.07亿元。

盐津县中和镇、盐井镇等乡镇部分村组房屋出现一定程度的破坏，主要现象为砖混结构房屋、老旧砖木结构房屋墙体开裂、墙灰脱落、梭掉瓦等，极个别房屋墙体局部被滚石砸通。另外，现场调查发现灾区2条道路受损，1处通信设施受损。当地政府实施抗震加固工程，灾区部分农危改加固房屋在本次地震中未受到损坏。灾区时逢冬季，当地政府部门切实关注震情和震区群众生产生活，积极救助有困难群众。

2021年3月19日 西藏比如6.1级地震

1. 地震基本参数

发震时间：2021年3月19日14时11分
微观震中：31.94°N，92.74°E
宏观震中：西藏那曲市比如县
震　　级：$M=6.1$
震源深度：10千米
震中烈度：Ⅷ度

2. 烈度分布与震害

3月19日14时11分，西藏那曲市比如县发生6.1级地震，震源深度10千米。地震造成直接经济损失约4.75亿元。

本次地震最高烈度为Ⅷ度（8度），Ⅵ度（6度）区及以上总面积约13888平方千米，造成西藏5个区县受灾。其中，Ⅷ度（8度）区面积为453平方千米，涉及西藏比如县、聂荣县2个县，夏曲镇、下曲乡2个乡镇；Ⅶ度（7度）区面积3370平方千米，涉及西藏比如县、聂荣县、巴青县、那曲市色尼区4个区县，达前乡、夏曲镇、达塘乡、恰则乡、聂荣镇、尼玛乡、下曲乡、白雄乡、本塔乡9个乡镇，比如县夏曲镇勒加库村九村是Ⅷ度（8度）异常点；Ⅵ度（6度）区面积10066平方千米，涉及比如县、聂荣县、巴青县、那曲市色尼区、索县5个区县，达前乡、夏曲镇、达塘乡、恰则乡、扎拉乡、香曲乡、良曲乡、茶曲乡、聂荣镇、尼玛乡、色庆乡、桑荣乡、下曲乡、白雄乡、索雄乡、当木江乡、查当乡、亚拉镇、若达乡、热瓦乡、拉西镇、杂色镇、玛如乡、阿秀乡、岗切乡、巴青乡、本塔乡31个乡镇。

2021年3月24日 新疆拜城5.4级地震

1. 地震基本参数

发震时间：2021年3月24日05时14分

微观震中：41.70°N，81.11°E
宏观震中：新疆阿克苏地区拜城县
震　　级：$M=5.4$
震源深度：10 千米
震中烈度：Ⅶ度

2. 烈度分布与震害

3月24日05时14分，新疆阿克苏地区拜城县发生5.4级地震，震源深度10千米。地震造成3人死亡，直接经济损失约0.72亿元。

本次地震最高烈度为Ⅶ度（7度），Ⅵ度（6度）区及以上总面积72.66平方千米。其中，Ⅶ度（7度）区面积11.44平方千米，涉及拜城县老虎台乡、察尔齐镇2个乡镇，老虎台乡科克亚村、开普台尔哈纳村2个村有Ⅷ度（8度）异常点。Ⅵ度（6度）区面积61.22平方千米，涉及拜城县老虎台乡、察尔齐镇、种羊场、温宿县博孜墩柯尔克孜族乡4个乡镇。

2021 年 5 月 21 日 云南漾濞 6.4 级地震

1. 地震基本参数

发震时间：2021年5月21日21时48分
微观震中：25.67°N，99.87°E
宏观震中：云南大理州漾濞县
震　　级：$M=6.4$
震源深度：8 千米
震中烈度：Ⅷ度

2. 烈度分布与震害

5月21日21时48分，云南大理州漾濞县发生6.4级地震，震源深度8千米。地震造成3人死亡，34人受伤，直接经济损失约33.16亿元。

本次地震最高烈度为Ⅷ度（8度），Ⅵ度（6度）区及以上总面积约6600平方千米。其中，Ⅷ度（8度）区面积约170平方千米，涉及漾濞县3个乡镇；Ⅶ度（7度）区面积约930平方千米，涉及漾濞县11个乡镇；Ⅵ度（6度）区面积约5500平方千米，涉及6个区县42个乡镇和2个街道办事处。

漾濞6.4级主震发生前，系列4.0级以上地震在前震起到了警示作用。已基本建成的云南地震烈度速报与预警系统震时发出预警信息，居民及时避险，有效减少人员伤亡。

地震发生后，应急管理部启动地震应急三级响应。云南省地震局立即启动二级应急响应。

2021 年 5 月 22 日 青海玛多 7.4 级地震

1. 地震基本参数

发震时间：2021年5月22日02时04分
微观震中：34.59°N，98.34°E
宏观震中：青海果洛州玛多县
震　　级：$M=7.4$
震源深度：17 千米
震中烈度：Ⅹ度

2. 烈度分布与震害

5月22日02时04分，青海果洛州玛多县发生7.4级地震，震源深度17千米。地震造成19人受伤，直接经济损失约41亿元。

本次地震最高烈度为Ⅹ度（10度），宏观震中位于玛多县玛查理镇，微观震中位于玛多县黄河乡。Ⅵ度（6度）区及以上总面积为53704平方千米，烈度圈长轴呈北西西走向，长轴约381千米，短轴约165千米，共涉及青海省3个市州7个县32个乡镇，四川省1个市州1个县4个乡。其中，Ⅹ度（10度）区面积约69平方千米，涉及玛多县玛查理镇；Ⅸ度（9度）区面积约

1079 平方千米，包含异常区面积约 375 平方千米，涉及玛多县和玛沁县的 5 个乡镇；Ⅷ度（8 度）区面积约 2295 平方千米，涉及玛多县 4 个乡镇；Ⅶ度（7 度）区面积约 10650 平方千米，涉及玛多县和玛沁县的 8 个乡镇；Ⅵ度（6 度）区面积约 39611 平方千米，涉及青海省 3 个市州 7 个县 31 个乡镇，四川省 1 个市州 1 个县 4 个乡。

地震发生后，应急管理部启动地震应急二级响应。青海省启动二级应急响应。

2021 年 6 月 10 日 云南双柏 5.1 级地震

1. 地震基本参数

发震时间：2021 年 6 月 10 日 19 时 46 分
微观震中：24.34°N，101.91°E
宏观震中：云南楚雄州双柏县
震　　级：$M = 5.1$ 级
震源深度：8 千米
震中烈度：Ⅵ度

2. 烈度分布与震害

6 月 10 日 19 时 46 分，云南楚雄州双柏县发生 5.1 级地震，震源深度 8 千米。地震造成 2 人受伤，直接经济损失约 0.4 亿元。

本次地震最高烈度为Ⅵ度（6 度），Ⅵ度（6 度）区面积为 575 平方千米，涉及楚雄州双柏县安龙堡乡、大麦地镇、法脿镇，玉溪市峨山县富良棚乡，玉溪市易门县绿汁镇。

2021 年 6 月 12 日 云南盈江 5.0 级地震

1. 地震基本参数

发震时间：2021 年 6 月 12 日 18 时 00 分
微观震中：24.96°N，97.89°E
宏观震中：云南德宏州盈江县
震　　级：$M = 5.0$
震源深度：16 千米
震中烈度：Ⅵ度

2. 烈度分布与震害

6 月 12 日 18 时整，云南德宏州盈江县发生 5.0 级地震，震源深度 16 千米。地震造成直接经济损失约 0.46 亿元。

本次地震最高烈度为Ⅵ度（6 度），Ⅵ度（6 度）区面积为 369 平方千米，涉及勐弄乡、卡场镇、苏典傈僳族乡。

2021 年 9 月 16 日 四川泸县 6.0 级地震

1. 地震基本参数

发震时间：2021 年 9 月 16 日 04 时 33 分
微观震中：29.20°N，105.34°E
宏观震中：四川泸州市泸县
震　　级：$M = 6.0$
震源深度：10 千米
震中烈度：Ⅷ度

2. 烈度分布与震害

9 月 16 日 04 时 33 分，四川泸州市泸县发生 6.0 级地震，震源深度 10 千米。地震造成 3 人死亡，157 人受伤，直接经济损失约 25.22 亿元。

本次地震最高烈度为Ⅷ度（8 度），等震线长轴呈北西西走向，长轴 62 千米，短轴 54 千米，Ⅵ度（6 度）区及以上面积为 2613 平方千米。其中，Ⅷ度（8 度）区面积约 103 平方千米，涉及四川省 2 个市州 2 个区县 4 个乡镇（街道）；Ⅶ度（7 度）区面积约 340 平方千米，涉及四川省 3 个市州 3 个区县 13 个乡镇（街道）；Ⅵ度（6 度）区面积约 2170 平方千米，涉及四川省 3 个市州 5 个区县 50 个乡镇（街道）；重庆市 1 个区县 10 个乡镇（街道）。

地震发生后,应急管理部启动三级响应。四川省启动抗震救灾二级响应。

2021年11月24日贵州修文4.6级地震

1. 地震基本参数

发震时间:2021年11月24日17时16分
微观震中:26.87°N,106.68°E
宏观震中:贵州贵阳市修文县
震　　级:$M=4.6$
震源深度:10千米
震中烈度:Ⅵ度

2. 烈度分布与震害

11月24日17时16分,贵州贵阳市修文县发生4.6级地震,震源深度10千米。地震造成直接经济损失约0.14亿元。

本次地震最大烈度Ⅵ度(6度),地震宏观震中位于修文县阳明洞街道营官村,等震线长轴呈近东西向,长轴4.6千米,短轴2.7千米,Ⅵ度(6度)区面积约为10平方千米,涉及修文县阳明洞街道、景阳街道。

(中国地震台网中心)

防震减灾

主要收载防震减灾工作情况,记载地震监测预报预警、地震灾害风险防治、防震减灾公共服务与法治工作进展,以及重要会议和重要活动等。

2021 年防震减灾工作综述

2021 年，中国共发生 5.0 级以上地震 37 次。大陆地区发生 5.0 级以上地震 20 次，其中 6.0 级以上地震 4 次，分别为 3 月 19 日西藏比如 6.1 级、5 月 21 日云南漾濞 6.4 级、5 月 22 日青海玛多 7.4 级和 9 月 16 日四川泸县 6.0 级地震；台湾及近海发生 5.0 级以上地震 17 次，其中 6.0 级以上地震 2 次，最大为 10 月 24 日台湾宜兰县 6.3 级地震。

一、防震减灾服务取得显著成效

高质量完成地震应急响应服务。2021 年调度地震系统应急处置 83 次。云南漾濞 6.4 级、青海玛多 7.4 级地震后，统筹地震系统力量双线开展余震监测、趋势研判、烈度评定等工作，做好应急宣传和舆情引导，为抗震救灾全面胜利提供了强有力的业务支撑。积极参加"应急使命·2021"演习。制订震后 12 小时应急服务响应行动清单，建立联动支援制度，开展多单位多形式实战演练，应急响应服务能力不断提升。

全方位服务国家重大战略和重大活动。开展粤港澳大湾区三维结构探测和京津冀大震巨灾情景构建试点，推动构建京津冀、长三角地震灾害联防联控工作机制，保障国家重大战略地震安全。圆满完成全国"两会"、建党 100 年庆祝大会、党的十九届六中全会等重大活动地震安全保障，启动北京冬奥会地震安全保障工作。

着力开展行业服务和公众服务。联合科学技术部、中国科学技术协会、河北省人民政府在唐山成功举办第二届全国防震减灾科普大会。发布院士系列科普精品，开展 23 次科普主题活动，参与公众超 1.4 亿人次。中国地震动参数区划图纳入国家政务服务平台，中国地震台网速报微博被授予全国二十大中央机构微博，新认定 38 个国家防震减灾科普教育基地和 128 所示范学校。启动国家防震减灾公共服务平台建设，公共服务试点取得初步成效。

二、地震监测预报预警能力持续提升

以中国地震局党组 1 号文件印发进一步加强地震监测预报工作的实施意见，明确新时代地震监测预报工作思路和重点任务。

地震监测取得新进展。继续实施青藏高原监测能力提升项目，开展海洋地震观测业务设计和站网规划编制，编制定点形变等地球物理站网规划。全面启动"一带一路"地震监测台网项目。开展仪器运行状况大检查，出台测震、地球物理站网业务管理办法等制度，加强监测业务运行标准化规范化管理。

地震预报业务不断加强。坚决落实"防大震、减大灾"工作要求，制定实施 291 项震情监视跟踪和应急准备工作强化措施，成立震情跟踪专家组，强化重点地区地震监测预测和应对准备。推动建立地震综合概率预测业务，推进前震序列识别业务化，提升短临预报抓异常能力和水平。

地震预警不断完善发展。大力推进国家地震烈度速报与预警工程建设，福建、云南、四川、京津冀等地区先行先试取得进展，与成都高新减灾研究所合作推进建设中国地震预警网并持续优化。2021年完成地震正式速报1213次，非天然地震信息服务68次。云南漾濞6.4级、四川泸县6.0级地震后，累计向2500余台专用终端和26万电视用户发布预警信息。开展地震预警信息误发事件专项整治，进一步优化业务流程、健全制度体系。

高质量完成地震应急响应服务。调度地震系统应急处置83次，在青海玛多7.4级地震等多次显著地震后，统筹地震系统力量开展余震监测、趋势研判、烈度评定等工作，提供强有力的技术支撑，积极参加"应急使命·2021"演习，制定震后12小时应急服务响应清单，开展多单位多种形式实战演练，应急响应服务能力不断提升。

三、震灾防御基础业务体系逐步形成

发展思路和推进机制进一步明确。成立地震灾害风险区划工作推进领导小组，统筹设计谋划震灾防御业务工作，推动建立以国土地震区划为主线、以探查区划评估为重点、以标准规范为支撑、以科技创新为驱动的新时代震灾防御基础业务体系。

基础能力建设取得新进展。自然灾害防治两项重点工程稳步推进，全国基本完成调查任务，44个试点区县完成风险评估与区划，229个重点区县扎实推进房屋设施加固任务。支持绵阳、宜宾等17个城市开展活动断层探测。推进地震安全性评价制度改革，强化重大工程抗震设防要求管理。

基础工作逐步业务化。开展地震灾害风险评估和区划试点，编制地震构造图等12项技术规范，编制分省1:25万地震构造图和分县1:5万活动断层分布图，初步建成全国地震灾害风险基础数据库和房屋设施抗震设防信息平台。

四、地震科技创新扎实推进

科技创新取得新成效。中国地震科学实验场纳入国家"十四五"规划纲要。会同科学技术部、自然科学基金委召开香山会议、举办双清论坛。获批3项国家重点科技项目，新增2个国家野外科学观测研究站。引进1名海外高层次人才，2人分获国家"杰青""优青"项目资助，1人荣获全国杰出专业技术人才称号，地震动力学国家重点实验室获得专业技术人才先进集体称号。

地震信息化建设稳步推进。编制未来3年地震业务信息化建设方案，组织实施公共安全信息化工程。新建28个地震中心站视频会议系统，实现140个地震监测中心站与国家、省两级地震应急指挥中心互联互通。

科技服务与开放合作不断拓展。组织开展云南漾濞6.4级地震、青海玛多7.4级地震、四川泸县6.0级地震地震科考，为抗震救灾和恢复重建提供科学依据。开发人工智能自动编目系统，开展地震短临预报专群结合试点研究。研发微型孔隙水压传感器，填补国内空白。支持埃及召开"一带一路"地震减灾协调人会议，举办第十届天山地震国际学术研讨会。深化与中国地质调查局、同济大学、国铁集团、中国铁塔、华为公司等在多领域合作。

五、体制机制和发展环境进一步优化

高位推动体制机制改革。国务院抗震救灾指挥部印发进一步健全完善地方防震减灾救灾体制机制意见,从制度层面明确地方防震减灾工作"谁来干、干什么、如何干"的问题,进一步压实地方防震减灾工作责任。配合国务院办公厅进一步深化地震安评改革,明确建设单位主体责任、地震部门综合监管责任、行业部门直接监管责任和地方政府属地管理责任,重构重大工程抗震设防要求管理体系。

台站改革取得新进展。召开全国地震监测中心站站长会,印发进一步加强改革的意见,规范业务运行、人事、财务、党建等工作,省地震台和地震监测中心站基本完成机构人员调整。稳妥推进局属培训疗养机构改革。

规划引领和法治保障作用不断加强。编制完成"十四五"国家防震减灾规划和科技、人才、科普、国际合作规划,重点任务纳入"十四五"国家应急体系和相关行业规划,30个省(自治区、直辖市)发布防震减灾规划。作为中央5个试点部门之一,中国地震局承担的财政部预算一体化改革阶段性任务全面完成,得到财政部积极评价。配合全国人大开展防震减灾法实施情况调研,浙江、江西、宁夏等地方人大开展执法检查调研。地震执法纳入应急管理综合执法体系。吉林、浙江、福建和江西修订实施防震减灾条例,天津、河北、江苏、山东、广东、西藏出台地震预警管理法规规章。发布5项地震行业标准和10项地方标准。

(中国地震局办公室)

地震监测预报预警

2021年地震监测预报预警工作综述

一、持续深化地震预报业务改革，震情跟踪工作取得新成效

2021年，建立《中国地震局党组关于进一步加强地震监测预报工作的实施意见》落实任务台账和督办机制，强化地震预报业务顶层设计。进一步统一震情短临跟踪和会商研判技术思路，不断完善"抓异常、抓指标、抓大震"工作机制，初步实现短临预报指标体系全国各省（自治区、直辖市）全覆盖，推进前震序列识别判定业务化。制定6.5级以上大震短临跟踪工作方案，成立跨部门的大震跟踪专家组，滚动研判地震趋势。云南漾濞6.4级、西藏比如6.1级、青海玛多7.4级、四川泸县6.0级等地震发生后，准确做出震后趋势研判，服务地方现场应急救援。

二、扎实做好地震应急准备工作，地震安全保障服务能力实现新提升

印发《2021年全国震情监视跟踪和应急准备工作方案》，制定291项强化措施，督促相关省级地震局主动向地方政府通报震情，全力协助做好防范应对工作。全面总结两次强震短临跟踪研判不足与薄弱环节，健全国省上下协同、抓异常工作机制，制定并实施《甘青川交界地区大震监测预测和应对准备工作方案》。加强震情滚动会商，全年共组织中国地震台网中心召开震情会商670余次。向应急管理部办公厅报送地震趋势分析报告共15期。持续跟踪《北京2022年冬奥会和冬残奥会地震安全风险防范应对方案》落实，全力做好冬奥会地震安保各项准备工作。圆满完成全国"两会"、建党100周年庆祝活动、党的十九届六中全会等重大活动共13次地震安保服务工作。

三、稳步推进国家预警工程建设，地震预警工作取得新突破

如期完成国家预警工程先行先试攻坚目标，打通地震预警信息发布"最后一公里"技术难点堵点。地震预警系统在京津冀、川滇和福建地区上线示范运行，对外提供地震预警试点服务。2021年5月份以来，在京津冀地区5次3.0级以上地震、川滇地区30余次4.0级以上地震发生后，及时发布预警信息，信息平均发布时间约为震后7秒。其中云南漾濞6.4级、四川泸县6.0级等中强地震发生后，共计向26万余用户提供试运行服务信息，较好体现预警减灾实效。与成都高新减灾所共同推进中国地震预警网共建并完成宜宾融合试

点建设，与国铁集团合作开通高铁地震预警专线，与中国铁塔、华为公司签署战略合作协议。启动新疆、甘肃、青海等地第二批专项攻坚，推进国家预警工程全国层面实施。

四、地震台站改革初见成效，业务转型升级迈出新步

召开全国地震监测中心站长会，安排部署当前和未来一段时期深化地震监测中心站改革的重点任务。地震台站改革完成阶段目标，全部省级地震台完成机构调整、人员配置和业务重组，135个中心站基本调整到位。配合驻应急管理部纪检监察组开展地震台站改革调研，坚持问题导向，组织起草印发《关于进一步加强地震监测中心站改革若干问题的意见》，着力解决制约中心站改革发展的突出问题和薄弱环节。印发中心站运维保障、震情跟踪和地震应急工作暂行要求，完善中心站业务运行体系。各省（自治区、直辖市）地震局制定修订中心站管理制度超过260项，加快推进中心站管理科学化规范化制度化。

五、发挥地震计量与专业设备管理牵引作用，质量管理体系建设打开新局面

持续推进国家地震计量站建设，2022年1月底前完成大楼检测实验室改造。8项国家计量技术规范获国家市场监管总局批复立项，10项部门最高计量标准通过计量科学研究院审核。编制《地震计量检测机构目录》，完成29个检测实验室能力评估，开展49种型号地震监测仪器定型检测。地震计量业务信息系统上线运行，推进定型检测工作由程序管理向过程管理转变。开展地震监测仪器运行状况大检查工作，系统梳理9000余套在网运行仪器基础信息，实现专业设备"一机一码"。制定《地震监测质量管理体系总体框架设计方案》《测震站网业务管理办法》和《地球物理站网业务管理暂行要求》，强化监测站网运行管理，建立地震监测预报业务质量通报机制，编制测震和地球物理2大类、4个学科、21个测项、149个指标的数据质量评价体系，动态跟踪设备质量、数据质量、监测预报业务系统运行状况。

六、继续推进地震监测站网规划与重大项目建设，夯实地震监测基础得到新发展

编制地电、定点形变等地球物理站网规划和海洋地震观测站网规划。批复"一带一路"地震监测台网项目初步设计，全面启动建设实施；完成施工深化设计和综合台、科学台阵、科考船等分系统主要设备采购。继续实施青藏高原监测能力提升项目，新建30个监测站，累计建成66个监测站，超过总任务90%。完成冬奥保障晋冀蒙地震监测能力提升项目建设与验收，建成8个井下地电阻率监测站，提升对北京周边地电异常信息捕获能力。江苏、湖南、广西、重庆、贵州等省（自治区、直辖市）地震局获得地方投资支持，完善区域地震监测站网布局，地震监测基础持续夯实。建立老旧设备动态更新机制，实施北京周边和全国年度重点危险区部分老旧观测设备升级改造。

七、不断提升地震监测站网产品产出实效性，专业服务发挥新优势

全年完成地震正式速报 1213 次，国内地震自动速报 365 次，平均用时 129 秒，平均震级偏差 0.18 级。累计完成 68 次非天然地震信息服务。部署自动编目系统试点应用，大幅提高余震分析处理效率。拓展广播电视、内置手机等渠道的地震预警信息发布服务网络，在云南漾濞、四川泸县等中强地震发生后，向 26 万余用户提供了试运行信息服务。与测绘等部门共享 GNSS 基准站数据 2050 个，接入市县地震部门地球物理监测仪器数据 1533 套，实现地球物理观测应急产品自动产出。地震科学数据中心为 150 余个科技项目，约 102 万人次提供数据服务。12322 短信平台新增交通运输部、国铁、新华社等单位用户，服务用户达 4.5 万人，年度累计服务 980 余万人次，数据共享和信息服务规模不断扩大。

八、加强地震行业网络建设与管理，地震信息化建设实现新成就

中国地震局召开 2021 年网络安全和信息化领导小组会议，围绕完善已有系统、平台功能，强化业务和信息化深度融合，印发《地震业务信息化重点任务（2022—2024 年）》。聚焦地震信息化"最后一公里"，启动近年来投资最大的信息化项目——公共安全信息化建设项目。建立信息网络运行事件及时报告制度，印发服务器和应用软件管理等多项制度。开展地震预警信息误发问题专项整治，全面排查整治信息网络业务系统风险漏洞。为 28 个地震监测中心站配备视频会议系统，实现国家、省级地震局和 140 个地震监测中心站视频互联互通，全年召开各类视频会议约 1800 场，有力支撑疫情防控下全系统线上工作会议的需求。参加公安部网络安全攻防演练和网络安全大赛，取得较好成绩。

九、开展分级分类培训和能力提升，监测预报人才队伍建设打开新局面

开展多层次、全方位培训，以基层台站为重点，全面提高监测预报人员的整体能力水平，努力打造高素质的监测预报预警人才队伍。全年共组织监测预报各类培训班 11 个班次，落实《全国地震监测台站业务轮训方案》，举办首届地震台长班、地震监测中心站站长班，以及中心站观测员、分析员培训班，采用"线上+线下"相结合方式，参加培训达近千人；举办地震预警技术、网络安全、地震计量等专项业务培训，及时服务年度重点工作和监测预报业务体制改革。

（中国地震局监测预报司）

2021 年中国地球物理台网建设运行管理

中国地球物理台网由地壳形变、电磁、地下流体三大学科观测台网组成,涵盖了中心站（含一般监测站）、省级地球物理台网中心、学科台网中心和国家地球物理台网中心四级业务运行机构;其主要任务是规范产出连续、可靠的观测数据及数据产品,为地震预报和相关学科领域的科学研究提供数据服务。

中国地球物理台网以产出精细、科学、准确的地球物理参数为主要目标,固定与流动观测相结合,形成场网结合的密集观测网,对 GNSS、重力、定点形变、地电、地磁、地下流体等地球物理场背景及精细变化进行监测,定期产出不同时空分辨率的地球物理参数。

一、台网规模

2021 年,全国有 35 个省级地球物理台网共 1042 个观测站向国家地球物理台网中心报送数据。其中国家级、省级建设的观测站 732 个,市县建设的观测站 310 个。

全国各省级台网向国家地球物理台网中心报送观测数据的仪器共 3352 套。其中数字化仪器 2921 套,人工/模拟仪器 431 套。

按观测学科统计:①地壳形变观测台网承担着全国大陆地壳形变的监测任务,由 GNSS、重力和定点形变观测台网组成。其中 GNSS 基准观测站 260 个,观测仪器 260 套（占总数的 7.76%）;重力观测站 73 个,观测仪器 79 套（占总数的 2.36%）;定点形变观测站 275 个,观测仪器 615 套（占总数的 18.35%）。②电磁观测台网承担着全国大陆电磁场的监测任务,由地磁和地电观测台网组成。其中地磁观测站 168 个,观测仪器 426 套（占总数的 12.70%）;地电观测站 157 个,观测仪器 240 套（占总数的 7.16%）。③地下流体观测台网承担着全国大陆地下流体多个物理量和化学量观测的监测任务。地下流体观测站 495 个,观测仪器 1183 套（占总数的 35.29%）。另有各站点辅助观测仪器 549 套（占总数的 16.38%）。

二、台网运行

2021 年全国地球物理台网运行总体平稳。1—12 月,全国地球物理台网平均仪器运行率为 99.47%（2020 年为 99.24%）,平均数据汇集率为 99.63%（2020 年为 99.46%）,平均数据有效率为 98.93%（2020 年为 98.85%）,总体运行质量比 2020 年有较大提升。具体见 2021 年全国地球物理台网平均运行指标统计表。

2021 年全国地球物理台网平均运行指标统计表

序号	统计类别	2021 年仪器运行	2020 年仪器运行	备注
1	仪器数量/套	3352	340	
2	仪器运行率/%	99.47	99.24	
3	数据汇集率/%	99.63	99.46	
4	数据有效率/%	98.93	98.85	

三、台网重点工作

2021 年全国地球物理台网运行管理工作继续以强化规范台网运行、台网产出和提高观测数据质量为目标,中心站、省级中心、学科台网中心和国家地球物理台网中心各环节工作协调配合,积极推进台网观测与运行、产出与服务、技术管理与项目实施等各方面的工作。

（一）全国地球物理台网运行管理工作

国家地球物理台网中心牵头全国地球物理台网运行管理工作,负责监控全国省级台网的运行管理工作;各学科台网中心负责各中心站（含一般观测站）观测质量的监控;省级中心负责本台网的观测质量监控。

国家地球物理台网中心和各学科台网中心根据技术要求等相关规定,每日对各省级台网的系统运行、仪器运行、数据汇集、观测质量等进行监控,并将监控中发现的问题以网站、电子邮件等形式反馈给各省级台网;依据评比办法对全国各省级台网运行情况进行评估,并将评估相关资料在网站发布。省级台网中心和中心站通过评价情况,查找和梳理运行中存在的问题并及时处置。

2021 年,国家地球物理台网中心一方面继续推进台网运行管理制度建设,编制地球物理站网业务管理办法、构建地球物理学科台网质量管理体系、地下流体氡标定规程、地电观测装置改造指导意见等,台网运行进一步规范;另一方面以信息化手段为抓手,聚焦主责主业,在站网监控、台网管理、质量评估等业务方面实现了自动化或半自动化业务管理,运管效率大幅提高。

（二）地球物理台网监测数据异常跟踪分析工作

2021 年,全国地球物理台网数据跟踪分析工作开展顺利,各台网观测技术人员积极进行资料分析处理,产出了大量观测事件信息,并取得了一定成效。

2021 年 1—12 月,全国地球物理台网共对 2142 套仪器进行了数据分析,产出各类事件 10520 条。国家地球物理台网中心每月对各台网数据分析质量进行评估,2021 年各台网数据分析平均完整率达到 99%。

随着数据跟踪分析工作的稳步推进,更大程度地发挥了观测站监测人员的智慧和能力,进一步提升了地球物理台网的产出质量,提高了地球物理观测数据对地震监测预报的服务水平。

（三）观测站网技术性维护与年度巡检

协助河南、海南、重庆、贵州、陕西等省级地震局和原中国地震局地壳应力研究所等单位进行数据库故障处理；协助北京、河北、辽宁、上海、江苏、广东等省级地震局处理数据管理系统数据或基础信息不同步等方面的问题，保障全台网业务系统稳定运行。

协助观测站提出合理的改造方案，跟踪改造技术过程，对比分析仪器更新前后观测资料质量动态；对京津冀水温观测进行效能分析；组织学科和省级地震局骨干力量对地电阻率井下观测现状进行评估，为井下观测技术指导意见提供支撑。组织学科专家和省级地震局观测站骨干力量对氡源标定技术研讨与实验。

全年完成地壳运动观测评比系统、GNSS数据资源共享与信息发布平台、地震站网全流程一体化监控系统等的功能升级和完善；完成重力站网融合工作，将陆态网络、"十五"项目、背景场项目以及省级地震局自建重力站统一纳入地球物理管理系统，实现了数据采集、数据汇集、台站运行、学科管理的深度融合，优化了质量评估、产品产出、支撑服务等工作，促进了重力站网应用效能的提升；完成重庆万州连续重力站故障处理工作，对问题硬件进行更新替换，升级工控机采数软件；同时组织重力站网监控平台优化对接，就发现的问题进行了讨论改进，保障数据产出。

中国地震台网中心组织调动全国6大区域保障站和共建5部门约30名技术专家分赴全国15个省份41个站点，从故障修复、隐患排查和环境整饬等方面，对观测系统、供电系统、通信系统、避雷接地和观测信号质量等进行了全面细致的巡检，有效保障了地球物理台网更稳定、高效、安全运行。

2021年度巡检共派出3名技术专家于7月下旬和10月中下旬，分别参加了新疆片区和西藏片区的站点巡检工作。通过巡检，升级了部分站点老旧设备，解决了省级地震局和站点长时间难以解决的问题，全面规范了台站运维和运维保障团队。

（四）地震监测中心站视频系统实现互联互通

依托震情会商与紧急处置视频系统，在现有国家中心、省级中心、中心站现有视频会议基础上开展融合提升工作。协同信息技术保障部对全国140个地震监测中心站的视频会商系统开展调研，形成调研报告。对具备条件的视频会商系统进行了调试、接入，对不具备条件的进行了设备采购与部署。

2021年实现了全国140个地震监测中心站视频会商系统的全部互联互通。形成了"平震结合"的保障能力，建立统一调度的工作机制，提升业务及管理工作时效，建立了涵盖国家中心、省级局中心、中心站三级联动的视频会议应用场景，为地震监测、会商、大震应急指挥等工作的开展提供保障。

（五）全国地球物理场GNSS和重力流动观测任务推进

2021年度流动GNSS实际观测点位780个，观测完成率99.5%（计划784个，其中有4个点位无法观测），数据整体有效率95%以上，观测区域基本覆盖川滇地区、南北地震带、天山地震带以及部分青藏地区等地震危险区。形成野外观测手簿共计779本，测前测后仪器检测手簿159本，其中天线相位中心稳定性检验L1、L2载波与标称相位中心水平偏差小于1mm，符合天线相位中心稳定性检验的要求。编制完成作业实施计划、小组野外工作总结、实施单位工作总结、技术报告、重绘点之记、破坏点报告、不合格点报告、放弃观测点报告、实施单位质量检查报告等技术文档，备案观测过程照片（共计6295张）和质量检查表，收集重绘点之记173张，计算完成全部流动GNSS站点观测资料评分表。整理完成的标准观测数据及时通过地震信息网FTP实现共享，产出覆盖观测区域的年度地壳运动速度场、主应变率、最大剪应变率、面膨胀率等数据产品，实现相关的形变背景场分析，跟踪中国大陆主要地震危险区应变背景和形变场特征。

重力方面，2021年全年实际完成相对重力联测6674段次、绝对重力测量145点次，其中含流动地球物理场观测任务6529段次、82点次，陆态网络工程任务145段次、63点次。数据有效率95%以上。

流动GNSS和流动重力产出相应产品成果为2021年度的地震趋势和危险性进行判定和分析提供支撑服务。

（六）全国地球物理台网运行年度评估与技术培训

1. 完成2020年度全国地球物理台网运行评估工作

国家地球物理台网中心组织开展2020年度全国地球物理台网运行评估工作。

（1）5月28日—6月1日，组织省级地震局技术骨干在河北邯郸对全国30个省级台网2020年度运行资料质量进行评估，评估内容涉及台网系统运行、台网观测质量、台网产出与应用3个系列。

（2）5月13—24日，组织省级地震局技术骨干对全国36个参评单位499个GNSS站点运行情况进行评估。评估工作采用线上提交资料、线上专家打分和线上问题反馈方式，并帮助台站人员分析存在的问题，帮扶整改。

（3）5月17—22日，地下流体技术管理组在台网中心组织开展观测资料质量评估集中工作。参加人员以地下流体技术管理组全体成员为主，特邀7名流体学科专家及技术骨干参加。本次质量评估工作首次采用了"地下流体站网运行质量与产品服务平台"进行网上申报，申报信息更为透明与便捷。参评台项数量达到926项，为历年之最，参评项目包括水位、水温、水氡、水汞、气氡与气汞、氢气与氦气、化学组分7类。

（4）5月12—15日，地电学科技术管理组组织学科技术骨干对全国28个省（自治区、直辖市）199个地电观测站开展2020年度观测资料质量评估工作，评估内容涉及地电场、地电阻率运行监控、数据质量、日常工作、产品产出、跟踪分析等内容。评估工作采用线上提交资料、线下背对背打分，并于6月进行综合统评方式进行。

（5）8—9月国家地球物理台网中心组织各个学科对评估情况进行全面总结，完成《全国地球物理台网观测资料质量评估报告》编写，并通过发函形式反馈各省级地震局，要求各省级地震局对评估中出现的问题进行处理。

（6）完成全国地球物理台网运行管理与产出业务培训工作。

8月30—31日国家地球物理台网中心组织举办全国地球物理台网运行管理与产出业务培训，全国地震台站一线观测技术人员及省级中心相关负责同志共400余人以视频形式参加培训。培训内容涵盖：台网运行管理工作推进、台网运行/观测质量与问题分析、台网信息化建设与技术系统运维、开展技术交流等。通过培训交流，进一步梳理总结当前台站改革阶段全国地球物理台网存在的问题，为后续有针对性地开展工作提供思路。

9月22—24日、10月27—29日全国地电学科技术管理组和地下流体学科技术管理组分别组织了全国地电、地下流体台网运行与产出应用技术线上业务培训，两个学科台网聚焦观测现状，在日常监控、数据跟踪分析、基础信息、台网关键技术、产品产出等方面开展了有针对性的技术培训。来自全国 31 个局属单位 500 余位从事地电、地下流体监测相关工作的技术人员参加培训，学员人数远超历年线下参与培训人数（一般为 50～70 人）。

培训以提高台网运行质量、丰富地球物理台网产品产出、提升台网监测效能为目标，增强地球物理台网监测工作者干事创业信心，提升台站运维人员技术水平，为更好服务地球物理台网打下坚实基础。

（七）**地球物理台网地震应急观测及产出**

在 5 月 21 日 21 时 48 分发生云南漾濞 6.4 级地震、5 月 22 日 2 时 04 分发生青海玛多 7.4 级地震后，为保障地震趋势跟踪研判，做好震后地震产品产出和科学研究，一方面，中国地震台网中心协调测区任务落于震区范围的实施单位提前观测，调整流动 GNSS 观测计划，统筹安排，并及时收集观测数据，应用一线应急和科考；另一方面，及时产出震时地表运动高频波形、地震同震永久形变场、应变场变化图、地震同震破裂过程与滑动分布等应急产品。

（八）**全国地球物理台网运行管理制度建设**

为进一步适应改革发展、规范台网运行，国家地球物理台网中心多次组织省级地震局和学科台网中心专家，对《地球物理站网业务管理暂行要求》（原《地壳形变、电磁、地下流体台网运行管理办法（修订）》）、《地球物理站网运行管理技术要求》进行修订。

1.《地球物理站网业务管理暂行要求》编制

2021 年 4 月 14—17 日，国家地球物理台网中心组织省级地震局和学科台网中心专家在邯郸对地球物理站网业务管理办法内容进行讨论，开始编制《地球物理站网业务管理暂行要求》。5—9 月，多次组织省级地震局和学科台网中心专家对文稿进行讨论、修改，并征求省级地震局监测人员的意见和建议。《地球物理站网业务管理暂行要求》于 2021 年 12 月 22 日发布。

2. 完成《地球物理站网运行技术要求》的修订

在 2020 年修订工作的基础上，2021 年 11 月 25 日再次组织省级地震局专家召开视频会议，对《地球物理站网运行技术要求》内容细节部分进行研讨。修订工作已基本完成，上报监测预报司审核。

（九）**地震站网全流程一体化监控平台建设**

2021 年，地震站网全流程一体化监控平台面向全国 31 个省级地震局和第一监测中心、第二监测中心进行推广。结合台网中心实际使用效用与省级地震局反馈意见建议，项目组从平台实时报警准确性、震时应急产品产出、手机 APP、站点基础信息完整性、系统的稳定性、数据质量分析专业性、系统数据源双备份、系统资源容量配置与容灾备份、智能化告警拟合和声光告警等方面对平台进行升级完善。

平台在台网中心和全国 9 家省级地震局作为日常站网监控平台落地应用，有效提升台站运管信息化水平，为中心站业务改革提供基础条件。

（十）**GNSS 数据产品平台完善并推广应用**

根据数据平台试运行中各单位提出的建议和意见，不断完善平台功能，提升产出稳定性。平台产出的标准化 GNSS 观测数据实现 GNSS 观测数据准实时在线质量评估，同时提供 GNSS 站点基础信息供一线监测预报人员在线查看与统计分析。地震系统 35 家单位将平台用于日常业务和地震会商中，并发挥重要作用。

针对一线监测预报人员周、月、年会商需求，提供精密（滞后 8～10 天）和快速（滞后 4～5 天）两种结果，分级分类产出Ⅰ级基础产品（GNSS 站点原始位置时间序列、GNSS 站点残差位置时间）和Ⅱ级加工产品（GNSS 基线时间序列、区域应变时间序列、区域速度场和区域应变率场），同时提供产品图件和结果数据的 FTP 批量下载。考虑省级地震局监测预报人员在日常跟踪中的特殊需求（区域内某条断裂带或某重点监视区、自建 GNSS 观测站），平台向其提供定制化的Ⅱ级加工产品服务。

针对中国大陆及周边地区发生的大地震（$M \geq 6.0$）应急和研究需求，平台分时段快速产出 GNSS 地震专题产品。平台向有需要的单位提供 GNSS 数据处理与分析所需相关数据文件的高速下载服务。

（十一）地电、地下流体学科台网质量管理与产品服务平台发布

地电、地下流体站网运行质量管理与产品服务平台由国家地球物理台网中心负责研发，2019 年启动算法模型研究，2020 年度开始研制，经过需求分析、总体框架设计、实施开发、功能测试等阶段的研发，于 2020 年 12 月进入试运行，2021 年 9 月中国地震台网中心向全国台网发布了《关于地球物理台网产品服务平台正式运行的函》，两个业务平台正式运行。

截至 2021 年 12 月，两个业务平台注册用户达 442 人，累计访问量超过万余次，在台网管理、质量监控、产品制作与服务等方面为地震系统内外一线台站、省级地震局、中国地震台网中心和研究院所等单位的监测预报科研人员提供了较为便捷的服务。

（十二）推进地球物理监测站网规划编制

新时代新形势下，地震行业已进入改革发展的深水区和关键期，亟需攻坚克难的勇气和先进措施。站位全局，主动作为，2021 年度积极开展地球物理站网（地电、地下流体、定点形变）十年规划设计，充分运用信息化手段，全力提升台网运管和产品服务能力，为台站改革提供业务保障，针对四级业务架构，尤其是致力解决中心站业务平台不完善的痛点，服务监测预报大局发展。

地下流体、地电和定点形变站网规划是中国地球物理站网规划的重要组成部分，于 2021 年 8 月完成文本。该规划在制定过程中多次征求全国监测、预报学科组专家、中国地震局有关领导的意见和建议，其中多数意见和建议进行了采纳，站网规划文本逐步完善。

（十三）学科专科会商对接及年度地震趋势会商

组织学科 6 家单位完成 GNSS 学科专业会商对接，利用流动 GNSS 和连续观测相结合进行 GNSS 数据处理与分析评价、异常信息梳理与核实，讨论确定了基准站、流动站以及共享 GNSS 数据处理结果，横向比较了解计算软件、算法和模型的一致性和正确性。联合产出能够反映构造形变信息的站点时间序列、基线变化，全国或区域速度场变化、应力应变率以及面膨胀率、主要断裂的滑动速率等研究成果，给出重点关注异常，并进行判断、核实和初步确认，为年度地震趋势会商提供有力支撑。

（十四）地球物理台网观测技术与问题调研

组织地壳形变、电磁和地下流体三大学科组成员赴云南开展调研工作。历时半个月时间现场调研 30 余个站点，针对站网现状与建设、台网运维管理、质量控制、规制建设、观测技术方法、观测系统运行与日常运维、产出与应用等情况和台站人员开展座谈，进行深入了解。

梳理影响地球物理台网观测技术方法和运维管理等方面的现状和突出问题，提出加强地球物理台网监测工作的规划和建议，从学科角度给出解决问题的措施，建言站网规划，谋求学科发展，促进站网改革。

（十五）继续推进援老挝地震台网项目建设

2021 年，在"一带一路"建设倡议下，项目始终坚持共商、共建、共享原则，在中国地震局、商务部经合局及驻老挝使领馆经商处领导下，中老双方在保持经常性沟通的基础上，继续推进援老挝地震台网项目建设。

（1）开展台站土建基础设施维护。4 月开始对老挝 15 个台站土建基础设施进行巡检维护。受疫情影响，老挝跨省工作受阻，2021 年仅完成 6 个台站的土建巡检维护，其余 9 站视疫情形势，计划在 2022 年度开展。

（2）开展台网运维技术培训。联合老挝气象水文厅，于 2021 年 1 月在万象举办"援老挝国家地震监测台网项目技术培训"，采取线上 PPT 授课和现场实际操作相结合的方式对相关技术人员进行了业务培训和操作演练。

（3）完成台网试运行测试。组织专家对台网建设规模、地震技术、GNSS 技术、数据中心存储和处理能力、网络通信与安全等指标进行分项测试，各技术指标均达到设计要求。

（4）完善智力成果。完善项目 14 本相关报告文档内容，并翻译成英文，提交老挝自然资源与环境部，供老挝气象水文厅、各省自然资源与环境厅使用。

（5）技术移交。配合商务部国际经济合作事务局对项目过程管理各项文件、流程等进行审查。完成项目建设期各类资料的整理。2021 年 12 月 7 日，中国地震台网中心同老挝自然资源与环境部气象水文厅举行视频会议，对援老挝国家地震监测台网项目建设期内容进行技术移交，双方还对项目运行维护与进一步合作进行了讨论。

（中国地震台网中心）

2021 年中国测震台网建设运行管理

一、站网运行

31 个省级测震台网实时运行率平均为 97.76%，运行率全部都在 95.00% ~ 98.99% 之间。

由于"防震减灾综合能力提升"和"台站优化改造"等工程项目的实施、台址被征用、观测环境改造、设备升级改造或更换等众多原因影响，造成 2021 年全国范围内台站申请停测总计 11 次，详见 2021 年全国范围内台站申请停测统计表。

2021 年全国范围内台站申请停测统计表

序号	台站名称	申请日期 年 - 月 - 日	停测原因及批复意见
1	青海玉树	2021 - 3 - 9	台站观测山洞加固改造，暂时停测，已备案留存
2	河北丰宁	2021 - 5 - 6	旧台址被征用，永久停测，更换新址，已回复意见
3	甘肃基本站 4（105 个）	2021 - 7 - 28	由于设备升级改造，建设期间可能降低地震监测能力，已备案留存
4	江西丰城、进贤、寻乌、余干	2021 - 8 - 6	省防震减灾综合能力提升工程项目，暂停观测，已备案留存
5	西藏拉萨	2021 - 8 - 10	台站优化改造项目，暂停观测，已备案留存
6	云南 27 套强震仪	2021 - 8 - 30	为提高性能，更换仪器，已批复为同意
7	江西乐安、南城、安远、龙南	2021 - 9 - 1	省防震减灾综合能力提升工程项目，暂停观测，已备案留存
8	安徽三山	2021 - 9 - 9	由于旧址位于新能源电池项目建设地块中央位置，需搬迁重建，已批复为同意
9	江西会昌、都昌、高安、井冈山、大余	2021 - 10 - 9	省防震减灾综合能力提升工程项目，暂停观测，已备案留存
10	安徽蒙城	2021 - 10 - 22	台站优化改造项目，暂停观测，已备案留存
11	安徽蒙城	2021 - 11 - 1	摆房优化改造，暂停观测，已备案留存

二、地震编目

利用 107 个国家测震台站上传的震相数据进行定位、分析等常规数据处理，产出《中国数字地震台网观测报告》和《中国地震台站观测报告》。2021 年，接收和处理国家台站原始震相数据共约 119 万条，产出目录 3006 条、震相 75 万余条。

使用国家台站和省级地震台网报送的地震目录和震相数据，通过对相同地震选取唯一结果的方式，产出全国地震统一编目。2021 年，接收统一编目快报目录 90408 条，产出目录 80392 条；接收 2020 年 11 月至 2021 年 10 月统一编目正式报目录 135765 条、震相 3040074 条，产出目录 108340 条、震相 2961926 条。

三、波形管理与处理

2021年，共存储产出全国测震台网 miniSEED 格式连续波形数据约 16.97 TB，存储产出强震动实时台 miniSEED 数据约 4.30 TB，并完成数据归档和备份。完成全国 $M \geq 3.0$ 地震事件波形数据截取，共 577 个事件，约 3.92 GB。完成共计 69 个同址强震台、129 个背景场强震台、24 个流动台、25 个自然资源部海啸预警地震台、29 个援外台、275 个国际台、4 个中韩交换台的数据接入、存储、备份和归档。

完成国内 $M \geq 2.0$ 地震的强震动数据的汇集，并对国内 $M \geq 4.0$ 和京区 $M \geq 3.0$ 地震的强震动数据进行处理、计算及归档。2021年，共汇集并归档 19 个省份记录的 213 个地震事件的 1864 组三分量数据，共对 30 次地震的 357 组强震动记录进行处理、计算及归档。

四、站网质量评估与专业设备定型

完成 2020 年度全国台网（站）质量评估工作。包括国家测震台站资料分析和运行质量评估、全国省级测震台网系统运行、地震速报和地震编目评估，以及强震动台网观测记录质量和运行维护质量的评估。

完成 2021 年度专业设备定型工作任务。

五、国际、国内资料交换

2021年，为美国地震学研究联合会数据管理中心（IRIS/DMC）提供 20 个国际资料交换台站所记录到的中国 $M \geq 5.0$ 地震事件波形数据，共约 23.70 GB。通过国际资料交换，这些台站已成为全球地震台网（GSN）重要组成部分。向国际地震中心（ISC）提供 34 个国际资料交换台站的地震目录 3006 条和震相数据 275888 条；向美国地质调查局国家地震信息中心（USGS/NEIC）提供 24 个台站的地震目录 3006 条和震相数据 190925 条。向韩国气象厅（KMA）准实时（滞后 30 分钟）提供 5 个国家台站 miniSEED 格式波形数据，并实时接收韩方 5 个台站 miniSEED 格式波形数据，共约 60 GB。

通过专线进行中国地震局 54 个地震台站和自然资源部 25 个海啸预警宽频地震台的实时波形数据共享，加强南中国海地区地震监测能力，共约 275 GB。

六、台网建设情况

测震台网：2021 年新增青藏高原能力提升台站 37 个，全国可实时汇集和交换的测震台站数量达到 1178 个，包括国家台站 166 个和区域台站 1012 个。

仪器方面，2021 年在网运行的超宽带地震仪 16 台、甚宽带地震仪 230 台、宽频带地震仪 794 台、短周期地震仪 138 台，数采 1178 台。

强震动台网：全国共有强震动台站 2301 个，其中实时强震动台站共计 665 个。

（中国地震台网中心）

各省、自治区、直辖市，中国地震局直属单位地震监测预报预警工作

北京市

1. 震情跟踪工作情况

加强组织领导，强化责任意识，落实中国地震局党组部署，结合京津冀地区震情监视跟踪工作需要，以重大活动地震安全保障服务为重点，全面加强震情监视跟踪研判、监测系统运维改造、应急准备、风险防范及新闻宣传等工作措施，提高服务意识和能力为目的，统筹部署各项任务，并在职责划分、人员组织方面提出更加明确的要求。

全年召开震情会商会 208 次，落实地震异常 28 项，地震速报 35 次；地震快报 2255 余条；正式速报编目 560 条。

牵头组织开展京津冀震情监视跟踪任务，制定京津冀地区震情监视跟踪技术方案。坚持京津冀震情趋势研判联动机制，组织召开周、月、年中、年度、震后和重大活动安保联合会商，不断完善预测指标体系，针对显著震情，5 次向北京市政府专报分析报告。

制定《北京市 2021 年度震情监视跟踪和应急准备实施方案》，制定重大活动地震安保专项实施方案，完成全国两会、庆祝建党 100 周年、党的十九届六中全会等重大活动安保服务任务。落实北京冬奥会安保服务 17 方面 34 项工作任务，圆满完成安保准备工作。

2. 台网运行管理

实行北京市地震局监测预报业务运行月通报制度，结合监测司监测预报通报制度对业务系统运行状况通报进行动态检查督导，及时解决存在问题。

2021 年，前兆台网运行总体良好，测震台网运行率平均为 98.85%，前兆台网数据汇集率达 99.95% 以上，数据有效率达 98.98% 以上；国家地震行业网北京节点运行率达 99.97%，北京地震行业网节点连通率达 99.53% 以上。

3. 台网建设情况

完成冬奥安保晋冀蒙监测能力提升项目通州台、平谷台深井地电改造项目建设和验收；新建平谷镇罗营地磁台；完成昌平中心站视频监控系统、信息化管理平台项目建设和西拨子山洞引水工程及年度地球物理台网仪器更新改造项目。

北京地区 1.0 级以上地震超快速报信息产出时间达到 30 秒左右。

4. 监测预报基础研究与应用

北京市地震局积极参与多规合一平台全市新建项目筛查，核实是否影响北京市地震监测设施和监测环境，全年核定项目 300 余项。

5. 地震速报预警信息服务

完成京津冀预警先行先试攻坚任务，形成京津冀预警信息服务产出能力，在冬奥组委

主运行中心、五棵松体育馆安装预警终端，对 64 个终端安装单位进行预警知识培训，在房山区开展预警信息服务试点工作。延庆地区地震监测能力提升项目获立项批复，完成 43 套流动监测设备采购。

（北京市地震局）

天津市

1. 震情跟踪工作情况

2021 年，天津市持续健全完善震情监视跟踪和应急准备工作机制，制定并落实《天津市地震局党组关于全面贯彻落实〈中国地震局党组进一步加强地震监测预报工作的实施意见〉的实施方案》《2021 年度天津市震情监视跟踪和应急准备工作实施方案》《天津地区 2021 年度震情短临跟踪和会商研判技术方案》。严格执行宏观异常零报告制度，统筹常态化新冠肺炎疫情防控和特殊时段重点活动地震安全保障服务需要，定期组织全市各区应急管理局汇集报送宏观异常零报告，全年累计 2000 余份，为震情监视跟踪提供有力支撑。强化滚动会商研判与异常跟踪核实，全年累计开展各类会商并按照要求报送会商报告 140 余次，会同北京、河北开展联合会商 60 余次，向地方党委政府上报震情监视报告 12 份，坚持"宏微观异常核实不过夜"，累计开展异常核实工作 10 余次并形成异常核实报告 17 份。推进基于预测指标体系的地震概率预测技术业务应用及前震自动识别软件试验应用，按要求针对前震预警信息开展复核和会商工作，为日常震情跟踪研判提供新的辅助手段。全年承担并圆满完成全国"两会""高考""中考"、汛期防范、庆祝建党 100 周年、第二届防震减灾科普大会和党的十九届六中全会等多次特殊时段和重大活动地震安全保障服务工作。

根据突发地震应急处置情况，2021 年度共开展 2 月 2 日天津蓟州区 2.1 级地震、4 月 16 日河北唐山市滦州市 4.3 级地震、8 月 18 日天津静海区 2.0 级地震、11 月 12 日天津滨海新区 2.9 级地震等 10 次震后应急联合会商。

2. 台网运行管理

天津测震台网整体运行稳定，地震速报、地震编目、烈度速报等各项台网功能及技术系统运转正常，数据产出及时可靠，31 个测震台站年平均数据运行连续率 99.31%。全年累计执行地震速报责任区内速报任务 19 次，无漏报、错报情况出现；完成地震编目责任区内地震目录编制 136 条；编报测震台网观测月报 12 期、运行月报 12 期和年报 1 期。全年累计处理专业设备故障 3 台次，通过备用设备更新或临时地面观测等手段，有效保障了站点观测恢复效率。

天津地球物理台网整体运行良好，形变、电磁、地下流体和 GNSS 等 46 个观测站点 93 套仪器设备运转正常，数据产出连续可靠。观测仪器月平均运行率 99.96%、数据连续率 99.96%、数据有效率 99.90%。全年编报地球物理台网运行月报 12 期、运行年报 1 期、观测数据与跟踪分析年报 1 期。

7 月 28 日，按照中国地震局党组统一部署要求，天津地震烈度速报与预警台网初步建成并启动示范运行，系统产出及时、稳定可靠。截至 12 月 31 日，天津地震预警系统共处理地震 20 次。其中 JEEW 系统首报平均用时为震后 5 秒内，震级平均偏差为 0.5 级；EEW 系统首报平均用时为震后 7 秒内，震级平均偏差为 0.6 级。天津区域内共触发地震 1 次，为 11 月 12 日天津滨海新区 M2.9 地震，JEEW 模块产出 3 次预警结果，震后 6 秒产出第 1 次地震预警结果，震级偏差 0.3 级，位置偏差 2.8 千米；震后 8 秒产出第 2 次地震预警结果，震级偏差 0.9 级，位置偏差 3.6 千米；震后 12 秒产出第 3 次地震预警结果，震级偏差 1.1 级，位置偏差 2.0 千米；EEW 系统无产出。

3. 台网建设情况

6 月 30 日，按照中国地震局党组关于先行先试地区地震预警建设工作的总体要求和项目法人单位中国地震台网中心的部署安排，国家地震烈度速报与预警工程天津子项目完成全部 3 个新建基准站、31 个现有基准站和 79 个现有基本站的工程建设、观测环境与技术系统改造任务；完成天津市 50 套紧急地震预警信息服务终端的上线测试和在线管理；完成天津地震预警中心改造工程和软硬件设备安装调试，接入京津冀地区 1653 个地震预警观测站点数据；联合北京、河北发布《京津冀紧急地震信息发布技术约定》《京津冀地震预警台网试运行约定》；制定出台《天津地震预警台网管理办法（试行）》和《天津市紧急地震信息服务终端运维管理细则（试行）》。2021 年 7 月 28 日，天津地震烈度速报与预警台网如期启动示范运行。

完成大沽测震台迁至天津东疆保税港区的站址迁建工程，建成观测室 1 个、300 米地震观测深井 1 口，台站供电通信和专业仪器设备安装工作全部完成并进入调试运行阶段。

4. 监测预报基础研究与应用

2021 年度分析预报基础研究工作取得了明显进展。安全天津与城市可持续发展科技重大专项"地震风险预警技术及服务产品研发与应用"项目成功通过验收。承担的"渤海湾盆地地震序列震源参数及构造意义研究""京津冀农居基于强震记录的灾损快速精准评估技术研究""基于 PS－InSAR 技术的蓟运河断裂形变监测研究""基于自组网技术的烈度计本地处理与信息发布装置的研制""构建深层神经网络系统进行天津地区微震检测和定位""浅井流动观测台站环境监控系统的研制"等 6 个中国地震局地震科技星火计划项目通过验收，其中"渤海湾盆地地震序列震源参数及构造意义研究"被评为全国优秀；"基于水文地质和水化学特征的天津地震观测井综合研究""天津地球物理台网智能化产出与应用研究""基于模板匹配的多窗谱比法震源参数计算方法研究及应用"等 3 个中国地震局地震科技星火计划项目和"宁河东部傅庄—谢家坟断裂的古地震研究"等天津市自然科学基金项目均进展顺利。

2021 年承担的"天津王 3 井水位异常的数值模拟研究""2020 年北京顺义小震群发震机理研究""基于谱比法的京津冀震源参数时空特征研究"等 3 项中国地震局震情跟踪项目均如期完成并顺利通过验收。

5. 地震速报预警信息服务

持续加强地震速报信息服务，2021 年相继完成 2 月 2 日天津蓟州 2.1 级、4 月 16 日河北滦州 4.3 级、6 月 22 日河北张家口 3.9 级、8 月 18 日天津静海 2.0 级和 11 月 12 日天津滨海新区 2.9 级等 19 次地震事件的速报任务。地震超快速报系统完成 15 次地震超快速报响应，推送超快速报信息11700余条。地震预警APP于5月11日面向地震、应急系统开放下载，截至年底下载2000余次，并通过该软件推送地震预警信息8次，同时提供国内外正式地震速报信息服务。启动地震预警电视发布试运行，部署安装试验系统机顶盒，解决地震预警信息电视发布关键技术，实现向试验系统机顶盒推送紧急地震信息。完成紧急地震信息发布系统在地震预警网（21网段）部署，实现"京津冀"三个台网信息发布"一套机制、一个结果"的目的。

6. 中心站改革情况

2021年3月2日，按照中国地震局党组关于全面深化改革的总体要求，天津市地震局党组审议印发《天津市地震局滨海地震监测中心站职能配置、机构设置和人员编制规定》《天津市地震局宝坻地震监测中心站职能配置、机构设置和人员编制规定》，正式组建滨海和宝坻地震监测中心站；9月7日，选拔聘任卞真付等6人分别任滨海和宝坻中心站站长及副站长；9月8—9日，完成2个中心站揭牌；11月16日，审议确定地震监测中心站内设机构；11月25日，审定印发《天津市地震局关于进一步推进地震监测中心站改革的实施方案》和《三年行动计划（2021—2023年）》。

（天津市地震局）

河北省

1. 震情跟踪工作情况

（1）加强全省监测预报工作管理。2021年3月，河北省地震局党组印发《关于进一步加强地震监测预报工作的实施方案》，进一步提高地震监测预报能力和水平，推进河北省防震减灾工作高质量发展。制定河北省2021年度震情监视跟踪和应急准备工作方案，明确42条具体措施，每月汇总上报落实情况。根据中国地震局重大震情评估通报制度要求，印发河北省地震局重大震情评估通报制度实施细则，编制河北省震情短临跟踪和会商技术方案，每月通报地震监测预报业务运行情况。持续推进地震监测中心站改革和台站规范化管理工作，对7个中心站开展规范化管理检查，实施2021年度地震台站人员交流和台站帮扶，召开台站规范化管理暨台站观测资料质量研讨会，对台站建设管理、学科业务运行和全国观测资料质量评比情况进行总结。

（2）严格执行会商制度和异常零报告制度。按时进行周震情跟踪和月会商，2021年度共组织震情趋势会商360余次，按时召开2021年度河北省年中和2022年度地震趋势会商会。健全完善联合会商机制，定期以视频形式与各单位联合召开会商，共同讨论地震观测数据跟踪分析与震情动态。历次地震事件发生后及时开展多方联合会商，科学研判震情趋势，有效服务政府决策。抓好京津冀等重点地区和重点时段震情形势联合会商研判，6月25日，组织召开协作区震情跟踪会商会。做好异常核实工作，针对全国"两会"、庆祝建党100周年、党的十九届六中全会开展专题会商，所有异常核实工作在24小时内展开，为震情会商提供支撑。全年处置地震预测意见15次。

2. 台网运行管理

（1）台网运行概况。截至 2021 年底，河北省测震台网共有测震台站 71 个，平均运行率 99.14%。全省地震监测能力达到 2.0 级，石家庄、邢台、唐山部分地区监测能力达到 1.0 级。地震预警台网包括基准站 84 个、基本站 250 个、一般站 975 个，共计 1309 个，全年平均运行率 98.15%。2021 年，河北测震台网发布地震速报 41 次，完成地震编目 4426 条。其中：M3.0 及以上地震速报 8 次，最大地震为 2021 年 4 月 16 日 16 时 06 分河北滦州 4.3 级地震。

（2）加强仪器巡检和维护维修。组织开展地震监测仪器运行状况大检查，推进整改工作。更新 5 套地震物理观测设备，采购 10 台强震数采备机、2 台气象三要素备机和 40 余套流动观测设备。在全国"两会"、庆祝建党 100 周年、党的十九届六中全会等重点时段的地震安全保障服务期间，强化每日台网及仪器巡检和运维。组织台站观测人员按照相关规范对地球物理观测仪器进行了巡检维护和标定。其中：流体水位每个井全年完成 4 次季度巡检、标定；气象三要素每台仪器全年完成 2 次标定；地磁全年完成 4 次季度标定；地电全年完成 4 次季度检查，2 次半年标定；10 月份完成 2 次全面巡检，巡检和标定结果均合格。

（3）强化业务培训。举办电磁学科、形变学科、流体学科观测技术培训，学科相关人员参加了全国年度评比工作和学科统评会，参加了数据跟踪分析会议和地球物理台网运行管理培训。根据 2021 年中国地震局地震监测观测资料质量评估结果通报，河北省地震局 2020 年度获得前三名 44 项，参评优秀率 100%。

3. 台网建设情况

（1）地震预警台网。完成国家地震烈度速报与预警工程项目（河北子项目）涉及的全部 10 个基准站、78 个基本站、566 个一般站和 1 个地震预警中心建设。河北地震台预警中心总面积约 560 平方米，包括预警处理系统、决策平台、预警发布平台等。2021 年 7 月，河北地震预警网进入试运行，通过地震预警信息发布终端对 347 个防震减灾示范用户提供预警服务。

（2）地球物理台网。2021 年度运行地球物理台站共计 48 个，其中国家级台站 10 个，省级台站 13 个，市县级台站 25 个。台网观测项目涵盖形变、地磁、地电和地下流体 4 个地球物理观测学科，包括形变观测站 13 个，地磁观测站 10 个，地电观测站 6 个，地下流体观测站 31 个，辅助测项观测站 25 个，共计 190 套运行仪器。

4. 监测预报基础研究与应用

（1）加强数字地震学方法应用，强化参数选取的科学性、合理性分析。加强前震自动识别告警信息的分析和处置；使用视应力、噪声成像、震源机制等方法，不断试验和对比选取、应用合理的参数，对区域应力和地下介质状态进行分析，为区域地震趋势判定提供支撑。

（2）分析研判地球物理观测资料异常。加强定点地球物理异常核实工作，对流体类异常加强水化学离子组分、氢氧同位素分析，井下电视探测应用；对形变类异常加强数值模拟分析，重视干扰排查，对 GNSS、GPS 观测资料进行分析应用；对地电资料，利用现场实验和有限元方法定量分析测区的干扰源，加强异常物理机理的分析；对于地磁资料，加强地磁日变逐日比、加卸载响应比、日变化空间相关以及地磁谐波振幅比等多种分析方法的应用研究。

（3）开展水化学背景特征普查与分析。对河北地区监测效能较好的唐山矿井、玉田井、马家沟矿井、永清井、怀 4 井的水化学进行 2 期采集和送检。2021 年 6 月 17 日河北承德 3.0 级地震后对周边温泉进行水化学采集、送检和分析；张北 3.9 级地震后开展了河北省全域观测井水化学样品的采集、送检和分析。

（4）开展流动地球化学观测及分析。充分发挥地球化学方法在地质构造中的应用，为监测断裂活动和震情跟踪提供地球化学依据。在张家口怀涿盆地北缘断裂与阳原盆地北缘断裂进行跨断层土壤气 Rn、CO_2 及 Hg 浓度 2 期原位重复测量及土壤含量检测；新增怀安盆地北缘断裂与六棱山断裂气体地球化学背景值测量。在省内有感地震后，开展流动地球化学观测，服务震情跟踪研判及年度地震趋势分析。

5. 地震速报预警信息服务

（1）强化地震预警管理。河北省地震局牵头负责京津冀地震预警工程先行先试攻坚工作，按照"一张网、一张表、一套机制、一个结果"的思路，遵照"稳为先、准为基、快为要"策略，聚焦做好预警网试运行和预警信息发布，牵头印发《京津冀地震预警台网试运行约定》等，为京津冀地震预警一体化建设运行和信息发布提供了有力保障。强化制度建设，从台站建设、中心建设、发布策略、信息服务等全链条形成一套完备的制度保障体系，制定《河北省地震预警网试运行细则》，对预警业务系统进行实时监控，加强值班值守，发现问题及时排查、规范处理，最大程度地降低预警误发、漏发风险。建立由监测处（应急处）统筹管理，河北地震台业务指导，中心站属地负责的运维机制，打造一批精通台站建设和后期运维全流程业务的技术团队。推动预警立法，《河北省地震预警管理办法》于 2022 年 1 月 1 日起实施，为发挥地震预警作用提供法治保障和有力遵循。

（2）拓展地震预警信息服务。河北省地震局深入研究地震预警信息发布工作，多次赴有关方面进行调研，与河北广电无线传媒合作，技术实现 1750 余万户网络电视（IPTV）渠道的预警信息发布，覆盖全省 75% 以上的城乡家庭。7 月 27 日，中国地震预警网示范运行新闻发布会在唐山召开，宣布京津冀地震预警系统建设完成并开展地震预警信息发布服务。打通 2 条河北省地震预警信息发布通道，一是全省选定的党委政府和学校试点布设的紧急地震预警信息终端；二是基于广电的有线电视、村村响大喇叭、户外大屏和无线传媒的网络电视进行发布，完成技术测试。此外，为强化北京冬奥会地震安全保障服务，在张家口崇礼赛区安装地震预警信息发布终端。除提供地震预警信息服务外，还可在 2 分钟内产出地震自动速报信息，在 8 分钟内产出人工速报信息，在 10 分钟内产出地震烈度速报信息，并初步形成重点地区非天然地震监测评估能力。

（河北省地震局）

山西省

1. 震情跟踪工作情况

（1）构建完善长中短临预测预报业务体系。编制印发《山西省 2021 年度震情监视跟踪和应急准备工作方案》《晋冀蒙交界协作区 2021 年度震情监视跟踪和应急准备工作方案》《冬奥会地震安全风险防范工作方案》等方案，明确职责任务，完善震情监视跟踪、震后趋势研判等工作机制。与河北省地震局、内蒙古自治区地震局、陕西省地震局、河南省地震局和中国地震台网中心、中国地震局地球物理勘探中心、中国地震局第二监测中心建立联动会商研判机制。邀请地震系统内外专家参与山西省年中和年度地震趋势会商，健全联合会商机制。

（2）完善群测群防工作体系。摸清全省宏观测报点底数，建立动态管理机制。修订《山西省地震前兆异常核实管理规定》，完善异常分级分类处置机制。加强对地震监测中心站和市县防震减灾中心的业务知识培训，完成 9 个市级防震减灾中心会商技术平台的列装和业务培训。组织年度危险区涉及的地市防震减灾中心和地震中心站，开展联合视频周会商，共同研判震情形势。编制完成《地震宏观观测技术规范》，进入公示阶段。

（3）加强地震预测预报工作服务社会的能力。每月末向省委、省政府报告地震会商意见，及时报告全国年度、年中地震危险区判定结果及重大震情信息。完成全国"两会""高考""中国共产党成立 100 周年庆祝活动"等重点时段的地震安保，不断提高地震预测预报工作服务社会的能力。

2. 台网运行管理

2021 年山西地震监测台网运行平稳。山西数字测震台网运行台站 57 个，总体运行率为 99.41%。山西强震动台网运行台站 56 个，总体运行率为 100%。山西地球物理台网运行台站 39 个，仪器 147 套，数据连续率为 99.88%、完整率为 99.56%。山西地震信息网络运行节点 21 个，网络综合运行率为 99.7%。山西陆态 GNSS 观测网络直属和托管基准站 5 个，数据连续率为 99.79%，有效率为 96.86%。

加强地震监测台网的运行维护，排查处置故障隐患。开展地震监测仪器运行状况大检查，清查在运维保障、制度建设落实等方面存在的问题与不足。开展市县地震监测资源普查，实现市县地震观测数据资源整合共享。根据新"三定"方案，调整地震监测站网运维任务，转型运维调度和业务指导。加密流动水准、流动地磁的地球物理场流动观测。

继续深化地震台站改革。完成中心站"三定"、内设机构设置等工作。落实《全国地震监测台站业务轮训方案》要求，自办业务培训班，加强业务交流、人才培养，促进监测预报预警业务深度融合。制定《中心站运维保障业务工作实施细则》，完成省地震台及中心站工作制度和业务流程汇编。制定《中心站深化改革实施方案》，进一步规范中心站组织人事管理、财务管理和党建等工作。组织中心站参加预警项目建设，开展科普宣传，参与全省地震灾害风险普查任务，技术支持市县台站建设与运维。

持续做好地震监测设施和观测环境保护。针对台站搬迁重建问题，开展调研，提出具体解决意见。如，对《中国能源建设集团山西省电力勘测设计院有限公司征询山西忻州北 500kV 输变电工程路径意见》进行情况复核并复函；指导临汾中心站推进隰县测震子台搬迁重建、曲沃强震台站搬迁等工作；针对暖气供热站施工影响灵石地震监测站观测环境，派出技术评估专家进行现场勘查，提出指导意见；与潞州区高铁协商，开展长治观测站山洞选址，将受影响的观测手段搬迁至新建观测站；在太原中心站的新台址选址、租地方面，加强与太原铁路枢纽西南环线公司、太原高速铁路投资公司沟通，在原来搬迁方案的基础上进行修订，赔偿方式等方面达成初步共识；与雄忻高铁指挥部办公室就五台山观测站观测山洞迁建款达成口头协议，确保补偿资金到位，开展新山洞的勘选工作。

加强太原大陆裂谷动力学国家野外科学观测研究站的科学研究和学术交流。通过视频方式组织省局、中心站科研人员与中国地震局地质研究所相关专家进行学术交流；通过视频方式举办太原野外站学术委员会会议，对申报 2022 年度野外站项目进行初审，省局获批 3 项。

完成 2020 年度全省地震监测预报质量检查评比工作，组织参加 2020 年度全国地震监测预报观测资料质量评估，27 项获得前三名。

3. 台网建设情况

优化省级地震监测站网布局。实施 2021 年度省级地震监测台网优化改造项目和中国地震局仪器更新改造项目，完成 8 套地球物理观测设备更新。新建大同、忻州、临汾 3 个深井地电观测站，9 套观测仪器接入中国地震台网中心。推进"一带一路"地震监测台网项目建设，完成离石综合站土建招标和灵丘综合站、离石综合站设备统招分签。与湖北局合作，在夏县新建 2 个地磁观测站。指导市县一县一台建设，完成离石钻孔形变、山阴断层气、怀仁四分量、平陆痕量氢、绛县痕量氢 5 台套新建观测手段验收入网；指导高平、平鲁、交城、芮城等观测站点规划建设；与大同、太原、朔州三市合作开展 4 个四分量钻孔形变台建设。

推进地震预警工程建设。开展预警工程"百日攻坚"行动，8 月底完成全流程打通测试，9 月 1 日起产出预警结果。督促各厅局单位开展试点，拓宽预警信息发布渠道与覆盖面。对接山西广电集团，与山西智慧科技传媒有限公司和中国广电山西网络有限公司达成试点合作意向，实现在网络电视和有线电视的机顶盒发布地震预警信息。开展地震信息误发问题专项整治，深入排查风险隐患和漏洞，制定山西局《地震预警系统整改方案》和《地震信息误发问题专项整治方案》，加强建管衔接，完善制度流程，完成集中整改。

开展矿震监测的社会及政府需求、学科发展现状、学术研究进展、矿震监测技术、矿企监测现状等专题调研。编制"十四五"规划重点项目《矿山与重大工程地震监测与风险预警示范工程》建议书初稿。赴国家矿山安全监察局山西局进行工作座谈，建立完善双方协作机制，加强协同配合与合作交流。

4. 监测预报基础研究与应用

加强新技术试用应用。省地震台和中心站开展地震站网全流程一体化监控平台试用，提高地震监测台网整体运维调度水平；开展地震监测专业设备全生命周期运维管理系统试运行，提升监测设备运维信息化、规范化管理水平。在市县防震减灾中心推广应用地震信息服务平台，实现地震信息海量数据的高速汇集和处理，为市县地震部门提供多样化属地化的地震信息大屏展示服务。

加强地震预报科技支撑。依托中国地震局《震情会商技术方法业务应用推荐清单（2020 年）》，将列装清单融入震情跟踪体系，应用到实际会商中。结合山西地区实际，推进多学科地震综合概率预测技术业务应用，建设山西地震会商与概率预测技术系统，实现常规会商材料自动产出、重要预测指标的实时跟踪等。为大同、忻州两市防震减灾中心定制功能模块，提升基层单位的震情跟踪工作能力。

加强地震信息化建设。制订《山西省地震局信息化建设管理办法》，规范山西局信息化建设管理。对全局服务器及网络设备运行情况进行梳理，搭建 IT 资产管理系统，实现集中统一管理。开展业务系统虚拟化平台迁移，淘汰老旧服务器。开展山西地震数据开放平台建设，完成 API 网关、数据资源微服务等平台基础支撑系统开发，实现地震数据、应用接口、动态咨询的综合展示，利用微服务实现地震目录、断层数据等地震数据的可视化展示。引入人工智能技术，开展地震数据编目、震相识别、地震类型判定等方面的应用。

5. 地震速报预警信息服务

全年速报省内天然地震 3 次、省外天然地震 6 次，速报省内非天然地震 4 次、省外非天然地震 2 次。全年产出地震目录 4220 多条，分析地震震相 98000 多条，产出连续及事件波形数据近 1.8TB，计算上传震源机制解 2 次，震源新参数 48 次。

（山西省地震局）

内蒙古自治区

1. 震情跟踪工作情况

2021 年，根据内蒙古自治区 3.0 级以上地震发生情况，第一时间向自治区党委、政府和中国地震局报送《地震值班信息》7 期。全年共完成地震速报 59 次，其中自治区内 $M \geq 3.0$ 地震 7 次。向自治区党委、政府以及应急管理厅等多部门上报震情信息 34 期。制定震情短临跟踪和会商研判技术方案。制定《内蒙古自治区重大震情评估通报实施细则》。开展异常现场核实分析工作并提交异常核实报告 11 份、异常取消报告 3 份；按要求开展周会商 43 期，月会商 10 期，加密会商 34 期。处置突发震情 11 次，处置震情最大的一次是 2021 年 10 月 15 日 5 时 10 分在内蒙古赤峰市阿鲁科尔沁旗发生 4.7 级地震，时任内蒙古自治区党委常委、自治区常务副主席张韶春在赤峰市阿鲁科尔沁旗 4.7 级地震值班信息上作出批示。按照规定流程及时处置地震预测意见 6 份。全力做好地震安全服务保障。完成中国共产党成立 100 周年庆祝活动、自治区党代会等重点时段地震安保工作。重大紧急信息报送工作获得自治区党委办公厅书面通报表扬。非天然地震监测工作受到应急管理部表扬。

2. 台网运行管理

（1）有力保障监测站网平稳运行。2021 年度内蒙古自治区测震台站平均运行率为 99.22%。地球物理台网技术系统和 22 个观测站 92 套仪器整体运行稳定，台网整体数据有效率为 99.50%、汇集率 99.99%。

（2）完成内蒙古自治区 102 个监测站点的运维保障任务。包括 48 个测震台站、32 个强震台站、22 个地球物理观测站 92 套仪器的运行、维护、标定、噪声计算、参数整理和看护费发放等工作，全年所辖台站现场维修故障近 30 次，电话处理故障 300 余次。

3. 台网建设情况

（1）265 个一般站全部安装完成，进入试运行阶段，每日上线台站 257 个左右，台网日平均运行率在 97% 左右。

（2）建设完成13个新建基准站、48个改建基准站、101个新建基本站并通过验收。

（3）台站设备集成安装正在进行。已完成117个台站的安装集成工作。

4. 监测预报基础研究与应用

积极推进科学研究，加强外部交流合作。承担内蒙古自治区自然科学基金、中国地震局地震科技星火计划项目、震情跟踪课题、三结合课题和局长基金课题各类课题43项。在《地震学报》《地震》《中国地震》《大地测量与地球动力学》《地震地质》等期刊和EI论文共计37篇，其中中文核心12篇。与华北科技学院联合开展煤矿爆破当量研究项目1项；与河北地震台合作2021年度河北省地震科技星火计划1项；开展"呼包地区地球物理加密观测"项目。

5. 地震速报预警信息服务

（1）保障地震信息服务平台高效运转。完成测震业务台网中心技术系统、12322地震短信服务平台、自动和人工地震速报数据交换平台（EQIM）系统运行维护工作。全年累计通过12322发送地震速报短信19万条，为包头地震局搭建EQIM数据交换平台

（2）不断完善地震预报基础数据库建设。深度梳理典型异常特征、挖掘有效预测指标，建立内蒙古地区强震预测指标体系；大力发展数字地震学方法的应用，持续完善数字地震学指标数据库

（3）积极推进非天然地震监测服务能力。完成12期非天然地震事件信息的报送工作，及时为自治区党委、政府以及应急厅、能源局、煤监局等部门提供应急信息服务；加强与煤监局合作，每季度提供非天然地震信息共享服务，共同处置煤矿塌陷8次；制定非天然地震工作手册，11月10日，举办"内蒙古自治区非天然地震监测业务培训班"，对盟市防震减灾机构和内蒙古地震台非天然地震业务人员开展培训。

（内蒙古自治区地震局）

辽宁省

1. 震情跟踪工作情况

印发《辽宁省地震局关于做好2021年震情监视跟踪和应急准备工作的通知》，编制完成《辽宁省地震局重大震情评估通报制度实施细则》和《2021年辽宁地区震情短临跟踪和会商研判技术方案》，确保震情跟踪工作有序进行。圆满完成元旦、春节等重大节日期间以及全国"两会"、庆祝建党100周年、党的十九届六中全会等重大活动和特殊时段地震安全保障服务工作。落实宏微观异常零报告制度，及时开展异常核实、预测意见处置工作；按时组织会商，滚动研判震情趋势，向辽宁省委、省政府等上级单位报告震情信息50余期。加强非天然地震监测与信息共享，落实与辽宁省煤监局和省应急厅间的非天然地震信息共享机制，报送矿震信息2期，为政府部门提供具有减灾实效的信息服务。组织召开全省年中地震趋势会商会1次和年度地震趋势会商会1次。

2. 台网运行管理

开展全省观测资料质量评比、地震监测仪器运行状况大检查、地震监测资源普查、强

化观测质量管理，全省各类站网运行率保持较好水平。骨干网络运行率达99.99%、台站网络节点运行率达99.98%、市县网络节点运行率达99.96%，测震台网运行率达99.78%，地球物理台网平均汇集率达99.74%。会同河北省地震局编发《华北东北片区地震监测台站业务轮训方案（2022—2025）》。组织编写《辽宁省地震局地震监测中心站运维保障业务工作暂行要求》等，完成运维保障、震情跟踪、地震应急业务制度建设。

3. 台网建设情况

以国家级重大项目建设（预警项目）为依托，加密台站建设、提升监测能力；配合《辽宁省前兆台网新增观测手段建设项目》完成GNSS（鞍山、岫岩）和钻孔（新民）分项施工工作。

"一带一路"项目建设有序推进。落实3个岛礁台勘选和建设用地，完成部分设备统招分签及采购，完成抚顺北大岭台勘选工作。

台站改革方面，2021年初完成辽宁地震台基本业务建立；6月底完成全省6个监测中心站组建并挂牌成立，初步建立中心站基本业务与工作流程。

4. 监测预报基础研究与应用

辽宁省地震局贯彻落实《中国地震局党组关于进一步加强地震监测预报工作的实施意见》精神，编制《中共辽宁省地震局党组关于进一步加强地震监测预报工作实施方案》；聚焦地震监测预报重点工作，组织召开"履行地震预报职责，做好新时期地震预报工作动员会"；在各类会商中广泛邀请业内专家参与，以服务党委政府为出发点，提供地震产品服务。完成与预测所合作项目"辽宁地区震源参数和地壳结构的详细研究"相关工作；配合完成与地壳所合作项目"郯庐断裂带北延段（辽宁段）强震孕育的动力学模型研究"相关工作。3月，开展2019—2021年度海城、盖州20套宽频带地震台站的数据收集工作；根据流动台观测资料，对2019—2020年期间辽南地区（121°～124°E，39°～42°N）进行重新定位，并开展加密台站的体波成像研究工作；8月，开展2021—2023年度海城余震区的20套宽频带地震台架设，于10月开始数据收取与台站维护工作；11月开展海城区域60套短周期地震计的线性布设工作。

5. 地震速报预警信息服务

国家地震烈度速报与预警工程辽宁子项目建设取得新进展，71个新建台站土建和预警中心改建工程与设备安装完毕，年底完成验收工作；一般站运行检查和预警终端运行维护工作持续开展，实现数据回传；省级信息发布平台和市级转发平台部署于2021年底完成调试。

（辽宁省地震局）

吉林省

1. 震情跟踪工作情况

制定2021年度震情监视跟踪工作方案，优化震情短临跟踪和会商研判技术方案，组织召开周会商 40 次、月会商 12 次、加密会商 37 次、紧急会商 14 次、专题会商 1 次、年中和年度会商各 1 次，开展异常现场核实 6 次，提交异常核实报告 5 份。全年开展吉林省内突发震情处置 8 次，产出趋势会商意见 8 份，向吉林省政府报送《关于辽源 3.0 级地震应急处置情况的报告》。深化与吉林省应急厅、国土厅在震情灾情信息共享、会商研判和日常协作配合等方面机制建设，建立重要时段震情分析会商机制，共同开展"全国两会"、清明和五一假期、中高考、庆祝建党 100 周年等重要时段会商研判。

2. 台网运行管理

2021 年，测震台网运行率为 99.24%，地球物理台网平均运行率 99.82%、数据汇集率为 99.35%，信息网络国家骨干网运行率 99.97%、市县节点联通率 99.15%、台站节点联通率 99.85%。2020 年度 4 个测项获得全国地震监测预报观测资料质量评估前三名。加强监测站网仪器装备管理，构建中心站运维保障业务体系，制定《监测站网仪器装备运行维护管理办法》《地震监测中心站测震站网运维管理实施细则》。

3. 台网建设情况

加强松原地区长岭、查干花、扶余蔡家沟、伯都稻田队、善友镇新屯村、前郭新艾里村、乾安列字台和大安厢房村 8 个地震流动监测设备的运行维护，强化松原震区地震的监控能力。完成长白山南坡火山地震流动监测站的建设任务，确保火山监测数据及时传输省局台网中心，为火山地震监测和研究提供数据支撑。完成流动地磁 33 个矢量测点位的观测任务，及时提交观测数据。完成长春市九台区龙家堡矿业开采区 10 个地震流动监测站点的运维保障工作，强化吉林省冲击地压矿井的地震监测能力，提高非天然地震监测的定位精度。

4. 信息服务

及时对外发布吉林震情信息 11 条，向省委、省政府和省应急厅报送震情信息 24 期，并结合省内主要形势先后向省政府报送三期工作报告，研判全省震情及火山形势，提出加强监测预报预警、灾害风险防治相关工作建议。

5. 基础研究与应用

承担 2021 年度震情跟踪定向工作任务《中国东北地区壳幔 P 波各向异性研究》，组织分析预报人员参与地磁异常跟踪专项研究。完善吉林省地震会商技术系统，推进基于预测指标的地震综合概率预测技术业务应用。补充完善松原地区小震震源机制解信息，推进地震预报分析平台数据库建设。全年第一作者发表文章 21 篇，其中 4 篇 SCI，3 篇核心期刊，2 项国家专利。

（吉林省地震局）

黑龙江省

1. 震情跟踪工作情况

黑龙江省地震局根据中国地震局有关要求，结合黑龙江省实际情况，制定《黑龙江省

2021年度震情监视跟踪和应急准备工作方案》。

围绕2021年度黑龙江省震情形势，重点抓好地震活动变化和前兆异常动态跟踪、显著地震专题研究、宏微观异常调查核实，严格执行《宏微观异常零报告制度》《地震前兆台网观测资料异常核实工作规程》等制度，加强日常分析会商和震情跟踪研判工作。

严格执行《地震观测异常现场核实报告编写——地震学》等相关文件要求。针对显著震情和地球物理异常组织开展异常核实5次，提交6篇异常核实报告及补充报告，4篇异常核实取消报告。

加强与中国地震台网中心、吉林省地震局、辽宁省地震局、黑龙江省应急管理厅和省属地震监测中心站等有关单位沟通联系。参加中国地震台网中心、黑龙江省应急管理厅等单位组织的全省自然灾害风险形势会商。

2021年黑龙江省地震局重点开展流动重力、流动地磁观测。流动重力测量完成黑龙江省2021年6个绝对重力点、3个连续重力站以及108个流动重力测点观测任务。流动地磁测量完成黑龙江省36个测点的野外流动地磁观测任务和初步数据处理工作，将处理分析结果应用到年度会商中。

2. 台网运行管理

2021年度测震台网全年运行率98.03%，10月对测震台网骨干服务器进行硬件升级和密码更新等全面维护工作。依照《中国地震台网中心震台网函〔2021〕174号文件》要求重新制定测震台网仪器标定时间表。

3. 台网建设情况

"国家烈度速报与预警工程黑龙江子项目"完成21网段预警服务器部署，共计配置服务器36台（含虚拟机32台），其中预警核心服务器12台，按照台网中心要求对核心服务器进行2次系统升级，配套定制软件服务器24台，由华为公司完成定制软件系统安装，36台服务器均投入试运行。预警基准站、基本站陆续接入，稳定运行基准站10个、基本站23个。预警一般站66个站数据均正常传输，进入质量考核期。

4. 地震速报预警信息服务

2021年共完成天然地震速报4次（1月4日俄罗斯3.8级地震，2月24日讷河3.0级地震，7月27日肇州3.4级地震，8月18日漠河3.9级地震）。完成非天然地震速报3次：3月6日0时44分黑龙江七台河市桃山区$M2.3$矿震，4月20日15时13分黑龙江双鸭山市宝清县$M2.2$爆破，10月7日18时黑龙江七台河市茄子河区$M2.1$矿震。"12322"地震速报短信服务系统全年共发送地震信息53627条，预警项目试运行阶段暂不对外提供信息服务。

（黑龙江省地震局）

上 海 市

1. 震情跟踪工作情况

2021年，上海市地震局扎实做好震情监视跟踪和应急准备工作。一是编制《上海市地震局震情监视跟踪和应急准备工作方案》和细化措施，按照职责分工和任务要求认真落实，确保震情监视、跟踪研判等各项工作按要求落实到位。二是进一步提升地震趋势会商质量。调整局地震预报评审委员会人员组成，改进年中和年度会商方式，设置会商预备会，邀请来自长三角地区苏浙皖三省预报专家参会，丰富基础资料，在充分研商的基础上形成会商意见；根据中国地震局地震会商技术系统相关工作部署，结合上海地区实际，推进 datist 技术系统和前震自动识别软件在会商工作的应用，提高会商效率。全年按时进行周、月震情趋势会商，2021 年共开展周、月会商 64 次。

强化地震安全保障服务工作，加强重大活动和特殊时段期间震情监视跟踪。一是制定相应的地震安全保障服务实施方案，强化组织领导，认真落实执行。开展安保前准备工作专项检查和动员部署，协调监测预报、应急准备、新闻宣传、值守信息等工作组，做好每日巡检、信息上报、值班值守等各项安保工作，圆满完成庆祝中国共产党成立 100 周年、2021 年全国"两会"、党的十九届六中全会、第四届进博会等重大活动以及两节、高考、国庆等特殊时段上海市地震安保服务各项工作任务。二是主动对接上海市应急局、上海市商务委、上海市教委，建立沟通联络机制，进一步提升了公共服务能力和水平，积极为上海经济社会发展创造安全稳定环境。第四届进博会地震安保服务工作获得组委会应急管理组的认可和感谢。

2. 台网运行管理

强化台网维护工作，保障运维稳定。一是组织开展上海市地震局监测仪器设备运行状况大检查工作。聚焦中心站监测仪器基本信息、运维保障、制度建设与落实等方面进行多次梳理核查，完成《上海市地震局地震监测仪器运行状况大检查自查报告》。二是实施地震监测站网老旧设备改造。会同相关业务单位开展老旧专业设备更新工作，严格把关审批事项，全年共更新 12 套设备。三是每月开展地震速报、烈度速报演练。邀请浙江、安徽、内蒙古、四川、陕西等省（自治区）地震局专家就测震和预警系统的运行维护、地震精定位及矩张量处理、地震信息综合处理发布、非天然地震振动效应分析等方面开展交流，提升测震业务人员工作能力。四是开展基于新台站设备的第二信道技术系统升级工作、不断提高测震台网运行管理水平。建立有预报、监测技术人员共同参与的前震自动识别系统长效工作机制，确保前震告警信息第一时间得到核实并及时上报。五是开展演练评比工作，提升数据质量。2021 年，根据各学科组要求开展地震活动性、电磁、流体和形变等学科的观测资料评比。每月开展监测预报技能评比，包括地震速报评比、遥测室与信息室工作评比和月会商报告评比，增强业务人员技能水平，提升观测资料质量。监测系统运行质量逐年提升，根据台网中心每月度监测预报运行通报反馈，上海监测站网整体运行率现已稳居全国前列。

深化地震台站改革，优化台网运行管理模式。一是规范地震台站职责与设置。整合原地震监测中心、预测分析中心组建上海地震台，聚焦地震速报、预报、预警等核心业务和监测站网顶层设计、评估和优化工作，强化其产出和对外发布地震监测预报专业产品信息的职能。整合原佘山地震基准台和崇明地震台，组建佘山地震监测中心站，逐步推进有人值守站职能转变，强化地震监测、仪器运维、数据质量控制等原有职能，拓展地震灾害风险防治、应急响应、科普宣传等公共服务职能。二是加快中心站全面转型发展。坚持制度先行，上海市地震局出台运维保障、震情跟踪、地震应急等中心站专项业务规定，初步建立相应的中心站业务体系。严格对照改革要求界定台和站的职责边界，推动职能逐步划转。佘山站于2021年6月正式挂牌后，全面负责上海地球物理站网所辖站点的运维工作，承担上海市各区地下流体（水氡）观测站点的资料评比组织和业务培训指导，同时加快拓展业务领域，为进一步开展地震灾害风险防范、防震减灾公共服务等建设做好准备。

3. 台网建设情况

通过科学评估和不断优化上海监测站网布局，以预警等重点项目建设为抓手，强化上海地震台网建设。一是落实地震站网规划。积极推进上海地震站网规划编制工作，组成工作专班，定期召开会议推动编制工作，完成《上海市地震监测站网规划》《上海市测震站网规划（2020—2030）》《上海市地球物理站网规划（2020—2030）》的编制，同时推动规划内容融入《上海市综合防灾减灾规划（2020—2035）》。二是加快上海预警子项目实施进度。切实加强预警项目实施的组织协调和综合保障，每周召开项目实施推进会议，编制项目实施进展月进度报告、实施工作计划等进度管理材料。强化组织领导，及时召开领导小组会议，督办项目进展，审议变更事项。按计划完成紧急信息服务终端部署、基本站基准站设备安装、一般站建设等建设内容及合同验收，完成台站观测系统、通信网络系统安装等年度工作任务。三是强化"一带一路"项目管理和实施。加快推进项目建设，为落实台站建设用地，通过多种方式商请光明资管公司配合开展奉贤海湾地震观测台站修建工作。完成台站专业设备采购意向公开，编制采购需求和采购申请；积极与项目法人单位协商解决项目资金缺口问题。四是加快推进上海市地震烈度速报网络工程项目建设，完成全部26个站点的选址工作和项目采购意向公开，开展项目公开招标文件编制。

4. 监测预报基础研究与应用

积极开展监测预报基础研究与应用，加强监测预报业务能力。"页岩气田水力压裂电磁信号特征研究"项目通过将地电（地电场、电磁扰动）观测体系在四川盆地长宁－威远国家级页岩气示范区组网观测，开展压裂过程电磁信号实时监测，结合油田精细地质资料分析压裂源地电信号产生、传播过程及特征，有望获取到可信度高的地震近场地电异常信号及中强震短临阶段的震例，为地震预测积累经验。"构建深层神经网络系统进行天津地区微震检测和定位"项目完成了地震检测机器学习模型CCLSN的设计及实现，与中科院精密测量科学与技术创新研究院开展合作，在上海市测震自动化产出系统上应用及产出研究。"基于SVM算法区域非天然地震事件类型识别软件的开发"项目开发研制区域非天然地震事件类型识别软件，提供已研究区域地震事件特征向量库查询和已研究区域非天然地震事件目录查询；输入已研究区域内未知类型地震事件波形和三要素后，软件给出事件类型识别结果，已应用于非天然地震事件类型识别。

5. 地震速报预警信息服务

加强速报演练，执行速报任务。2021年，根据速报工作特点和规律，完善速报演练流程，模拟真实地震速报环境，开展速报演练，共计15次。2021年共处理地震事件449条，其中EQIM速报2条，上海及周边地区地震事件50条，转发台网中心速报结果392条。

丰富速报信息，拓宽速报平台。依托地震速报自动化产出专项建设，实现长三角地区地震四要素，震中附近历史地震，震中附近市、县分布，以及根据震级估算烈度等信息快速产出。完善地震速报机器人、微博、微信公众号、网页和邮件等速报发布平台。

2021年11月、12月先后成功完成江苏盐城大丰海域5.0级地震和江苏常州天宁区4.2级地震的应急响应和信息服务工作,获得上海市领导充分肯定。

(上海市地震局)

江苏省

1. 震情跟踪工作情况

2021年初制定震情监视跟踪和应急准备工作实施方案,编制《江苏省地震局2021年度震情跟踪和会商研判技术方案》,围绕年度注意地区开展地震短临跟踪、分析预报及应急处置工作。严格执行宏微观异常零报告制度及地震异常落实与上报工作规范要求,确保各类异常信息不遗漏,全年召开周、月、震后趋势、安保、专题等各类会商131次,按要求完成相关会商报告编写和零异常报告上传;完成异常核实报告15篇;处置预测意见7份。加强震情会商研判,会商结论和震情趋势判断意见基本符合实际情况。有效处置盐城市大丰区海域5.0级和常州市天宁区4.2级等区域显著地震事件,完成震后趋势会商报告15份,震后地震趋势判定基本准确。印发地震安全保障服务实施方案,加强特殊时段安保工作,累计完成安保汇报材料46份。

2. 台网运行管理

根据中国地震台网中心测震台网业务运行评价系统统计结果显示:2021年度江苏省测震台网40个参评台站的实时运行率为95.73%。江苏省测震台网统计结果显示:2021年度江苏省测震台网的归档数据完整率为98.67%。

截至2021年底江苏地球物理台网在运行台站共计36个(含暂停观测的江浦台),其中国家级台站10个,省级台站7个,市县级台站19个;形变台站13个,流体台站18个,地电台站6个,地磁台站14个。2021年12月31日在运行仪器共计131套,其中形变学科仪器26套,"十五"仪器22套,人工观测仪器4套;重力学科仪器1套,为"十五"仪器;流体学科仪器34套,"十五"仪器34套;地磁学科仪器27套,"十五"仪器15套,人工观测仪器12套;地电学科仪器14套,均为"十五"仪器;辅助观测仪器29套,均为"十五"仪器。在运行131套仪器共414个测项分量,其中形变学科仪器26套,测项分量97个;重力学科仪器1套,测项分量10个;流体学科仪器34套,测项分量42个;地磁学科仪器27套,测项分量70个;地电学科仪器14套,测项分量111个;辅助观测仪器29套,测项分量84个。江苏地球物理台网2021年在运行台站、观测仪器运行基本正常,数据稳定性较高。2021年江苏地球物理台网仪器运行率为99.90%,观测资料数据连续率为99.92%,数据有效率为99.78%,年产出数据量约19317MB。

3. 台网建设情况

(1)台网布局、改造及监测能力。江苏省测震台网由1个省级测震台网中心和75个数字测震台站组成(参加全国资料评比的台站数为40个),其中国家级台站3个,省级台站57个,市县级地震台15个;按观测方式分,其中井下台站31个,地面台站44个。江苏省所属测震台站平均密度约为 7.3 台/万平方千米，平均台间距约为 28 千米。苏南、苏北地区台站稍密，苏中沿海地区因松散沉积覆盖层较厚，以井下台站为主，台站相对稀疏。为提高对网缘地震的监控能力，从中国地震台网中心接收河南、山东、安徽、浙江、上海 5 个省（直辖市）32 个台站的实时波形数据。

江苏省测震台网对全省陆地的地震监测能力可达到 $M\geq2.0$，对苏南苏北局部地区可达到 $M\geq1.5$，对邻省及附近海域地区地震监测能力达到 $M\geq2.5$。

江苏省地震局完成老旧地震监测专业设备更新升级项目，更新常熟地震台分量应变仪、宿迁苏 05 井水位仪、水温仪，项目通过中国地震局一测中心验收，数据待试运行结束后接入地球物理台网库。国家烈度速报与预警工程完成所有 54 个基准站和 54 个基本站的设备安装，数据传回测震台网。

（2）技术系统观测环境升级改造。江苏地球物理台网技术系统 2021 年运转基本正常，台网中心技术人员定期对台网中心技术系统进行巡检维护，特别是对数据库安全进行检查，对数据库和备份库的表空间进行扩展维护，保证观测数据汇集、处理、备份和上报正常。台网中心数据库服务器、应用服务器和备份服务器全年运转基本正常，网络系统稳定，数据汇集、数据处理等软件运行正常，未出现因软件原因引起的数据不能采集、入库或上报等重大情况。

根据国家地球物理台网管理要求，2021 年江苏地球物理台网将地方库共享给国家台网中心，合计共享 12 个台站、24 套仪器观测数据，主要为流体和地磁学科仪器。为保障技术系统安全，上半年和下半年分别对各服务器、数据库的所有账户密码重新设置，新设置的密码包含大小写字母、数字和特殊符号，且长度不小于十位。

为强化江苏省地球物理台站数据管理与系统维护，确保地球物理台网稳定可靠运行，台网各类数据及时汇集并上报国家地球物理台网中心，根据《地震前兆台网运行管理评比办法（修订）》《区域地震前兆台网运行管理技术要求（修订）》及《江苏省地壳形变、电磁、地下流体台网运行管理办法》，在《江苏省前兆台站数据管理与系统维护评比办法》的基础上，对原评比办法进行修订，制发《江苏省地球物理台站数据管理与系统维护评比办法（修订）》《江苏省地球物理台站数据管理与系统维护技术要求》。

4. 监测预报基础研究与应用

依托仪器研发专项、地震星火和局长基金重点项目，开展地磁观测仪器的研发工作，创新地磁观测新方法，开展地磁观测技术的实用化研究。基于江苏省数字化地震台网的宽频带记录，对中强地震的 P 波谱震级进行测定，基于 P 波谱震级对地震的辐射能量进行估算；探讨不同数字滤波方法对地电场观测中城市轨道交通干扰的抑制效果。自主研发地震事件类型智能识别软件系统上线新功能，向全国测震台网开放服务接口，提供时间类型在线判定服务，事件类型自动识别准确率达到 90% 以上。基于电、磁大数据融合分析的地震智能监测系统关键技术研发省重点研发项目的实施，在江苏地区率先实现多源数据、多台站时空上数据的综合分析，丰富与发展地震监测、预测理论体系。

5. 地震速报预警信息服务

江苏省测震台网共分析处理全省陆地及邻区地震事件 227 条。地震速报和震情信息发布及时准确，对江苏省陆地和毗邻地区共发生 10 次有影响地震事件，自动震情信息均在 1

分钟内产出结果并发送。2021年累计完成6个速报地震,平均用时6分43秒,完成227个地震的编目,其中编目在 $M2.0$ 以上地震38个(不含国内5.0级以上编目地震则为31个),3个震源机制解,6个震源参数的上报,记录到江苏及邻区地震227个。

按照中国地震台网中心统一建设步骤完成预警中心监控展示大厅、预警机房装修改造、监控显示系统、模块化机房安装部署等工作。创新性应用省大数据中心信息化资源部署地震信息服务平台。

(江苏省地震局)

浙江省

1. 震情跟踪工作情况

浙江省地震局组织完成全国"两会"、庆祝建党100周年、十九届六中全会等重要时段和重大活动的地震安保服务工作。认真落实中国地震局党组1号、125号文件精神,梳理浙江省震情形势,编制实施2021年度震情监视跟踪和应急准备工作方案,修订浙江省地震局重大震情评估通报制度。加强地震趋势研判形成会商意见,时任省长郑栅洁作出批示肯定并提出要求。落实爆破备案和非天然地震监测要求,组织市县地震部门和地震台协同工作,实现对爆破类作业的事前备案、事中监测和事后评估。

2. 台网运行管理

强化全省地震监测站网运行管理,地震速报完成率100%,测震台网运行率99.32%,地球物理台网汇集率99.93%、数据有效率99.19%。组织开展监测仪器设备运行状况大检查,开展全省地震台站普查,联合中国地震局地震预测研究所开展全省地震监测站网规划编制。深化全省地震监测站网分级分类运维管理改革,地震监测基础设施不断完善。组织开展地震预警误报事件专项整改和地震信息误发问题专项整治工作,形成专项整治报告和长效机制。

3. 台网建设情况

国家地震烈度速报与预警工程浙江子项目完成114个预警站点建设,推进省预警中心技术系统建设。兰溪地磁台地磁观测迁建工程完成工作生活区建设,推进观测区土建。湖州地震台测震搬迁及形变异地校测项目基本完成方案设计和场址勘选。"一带一路"地震监测台网项目浙江省地震局单位工程完成实施方案编制和部分岛礁台土地征用。

(浙江省地震局)

安徽省

1. 震情跟踪工作情况

安徽省地震局制定印发年度震情跟踪与应急准备工作方案,与16个市地震部门签订震情跟踪联动工作责任书，制定郯庐和大别山块体震情跟踪联防工作方案，有序推进年度震情跟踪工作。完善业务制度建设，修订《地震趋势会商工作实施细则》，制定《会商研判技术方案》，建立健全《地震灾害应急响应工作预案》《震后紧急会商工作和技术方案》等业务体系，编制完成安徽地震监测中心站《震情会商管理办法》《宏微观异常处置办法》《异常核实工作程序》等业务制度。制定《安徽省地震局重大震情评估通报制度实施细则》，向安徽省委省政府上报 3 次地震趋势会商意见。密切联系中国地震局，联合相关部门开展现场异常核实 20 余次，开展蒙城台等台站观测环境巡检 10 余次，电话核实 50 余次，提交异常核实报告 9 份。组织开展非天然地震事件现场核实 5 次，组织完成流动重力测点观测和跨断层水准场地年度任务，观测成果均用于年度会商当中，逐步建立完善地震观测异常现场调查核实和联合震情会商等震情跟踪工作机制。顺利完成庆祝中国共产党成立 100 周年、党的十九届六中全会等地震安保 8 次。

2. 台网运行管理

安徽省地震局购置 7 套专业设备、28 套通用设备，用于市县台站设备及观测手段更新升级。增上滁州定远县地震台、淮南市地震台钻孔倾斜仪，合肥肥西县地震台流体综合仪，天长皖 07 井水位仪各 1 套，调拨芜湖市测震数据采集器等设备。加强对全省监测设备和信息网络巡检维护，将故障处理时间控制在 24 小时内，做到早发现早处理，确保各系统正常运转。部署网络监控软件，实时掌握各类信息节点网络信息，做好市县台站信息节点信道维护。率先在全国台网中解决 Windows10 系统无法安装 MySQL 运行 EQIM 速报平台的问题。2021 年累计开展仪器维修和信息网络维护共计 70 余次，监测台网运行率达 98% 以上，信息网络运行率达 99% 以上，确保监测和网络系统正常运转。

"地震台网智慧信息服务平台"共聚合各类地震信息共 1801 条。向全局系统发布地震短信 165 次，在局门户网站首页"最新地震"窗口更新各类有影响震情信息 67 条，向省委、省政府速报传真地震信息 15 次。每半月通报安徽省台站运行情况，组织全省地震观测资料质量评比，全面梳理市县台站设备运行情况。

做好台站观测环境保护工作。开展监测设施破坏和观测环境干扰情况调查 8 项。积极妥善处置蒙城中心站观测环境保护事件、芜湖三山强震台迁址重建等 9 起较大环境保护事件。

3. 台网建设情况

安徽省地震局积极优化台站观测综合环境，协助市、县地震部门开展台站标准化建设、台站搬迁等工作。协助马鞍山市地震局、宣城市地震局完成台站标准化建设工程；协助芜湖市地震局和三山地震办公室完成三山强震动台站的搬迁重建工作，有效协调台站观测环境与地区经济建设之间的关系，提高台站观测管理能力。

安徽省"十三五"防震减灾重点项目建设稳步推进。"大别山监测预报试验场及郯庐断裂带探测""安徽省 GNSS 地震前兆观测网"全面建设，有计划有步骤推进项目实施任务，圆满完成年度项目建设任务。"大别山监测预报实验场及郯庐断裂带探测"项目中，地震科学台阵项目 16 个台站完成观测室建设与装修和井下地震计安装调试；电磁综合观测项目磁通门台阵 15 个观测室、金寨地磁房主体结构基本完工，完成紫蓬山、金寨井下地电阻率钻井工程和电极安装工作。

"一带一路"地震监测台网建设项目按照年度工作计划完成GNSS、气象仪、加速度计等5套专业设备统招分签和9套通用设备采购工作；依照项目管理办法，完成佛子岭地震台GNSS观测墩建设经费变更，依据变更后的项目实施方案完成GNSS观测墩建设。

4. 监测预报基础研究与应用

安徽省地震局结合安徽及邻区构造单元特点，联合山东、江苏、河南、湖北、江西5省地震局，推进郯庐断裂带中南段、大别山构造块体震情季度联防会商，召开联动视频会商会7次，对重点构造震情形势进行科学研判。完成多批次重力仪、磁力仪参数标定及性能检验工作，对老旧水准仪器进行维护及重新检定。进一步优化改造现有流动地球物理监测网，融入省"十三五"地球物理场建设项目新建及改造的33个流动重力测点和1个地磁仪比测场。完成全省25个场次跨断层水准，安徽、江苏2省50个流动地磁矢量测点，安徽及江西2省计200个重力测点（220个重力测段）的野外观测工作。进一步推进郯庐断裂带安徽段构造地球化学野外观测和跨断层土壤气运移路径的研究，依据郯庐断裂带跨断层土壤气构造性分段特征研究成果，开展泗县、明光、肥东、庐江和桐城5个场地野外观测，获得郯庐断裂带安徽段各段落气体释放特征；利用明光断层剖面氢气释放特征，结合断层岩性和粒径分布，综合分析研究断裂带中气体的运移路径，为安徽及邻区震情形势研判提供科学依据。

利用接收函数共转换点叠加方法获取郯庐断裂带南段及邻区莫霍面深度变化特征。完善接收函数与面波联合反演数量处理流程，通过联合反演获取了安徽及邻区的三维速度精细结构，研究该地区的地壳各向异性。在郯庐断裂带泗洪至明光段布设了二维面状台阵及两条线状台阵，分别使用背景噪声一步成像方法和拓距相移法构建了地壳浅层精细速度模型和二维高精细速度变化剖面。深入开展重磁电震综合探测新技术研究，积极推进最新的背景噪声数据处理技术和联合反演方法在城市活动断层探测和城市地震灾害情景构建中的应用，研发1套重力数据和背景噪声面波频散曲线联合反演程序。

5. 地震速报预警信息服务

根据中国地震局统一部署，国家地震烈度速报与预警安徽子项目严格按照法人单位要求，积极推进项目建设。

（1）台站观测系统。2021年完成136个预警台站的建设工程，其中：24个基准站的改造工程和56个基本站的新建工程、供电工程安装全部完成；统一采购设备和自行采购设备全部完成采购并验收；完成23个基准站和56个基本站的设备安装调试并实现数据回传；完成56个一般站的土建工程，设备采购安装到位，满足要求的一般站数量基本维持在54个以上，依据试运行结果完成合同验收。

（2）通信网络系统。根据数据中心建设指南细化网络结构和IP地址规划，完成核心交换机、台站路由器、接入交换机等统一采购专业设备。完成80个台站的通信设备安装和链路开通工作，实现安徽区域中心与中国地震台网中心承载网的联通和调试。

（3）数据处理和信息服务系统。完成工作站、服务器等设备采购，根据国家台网要求安装部署3套JOPENS6.1.9系统。完成速报预警和运行监控区域的改造工程并验收，预警项目定制软件硬件资源完成搭建和分配，定制软件安装工作基本完成。

（4）技术支持与保障系统。除保障车辆外，基本完成技术保障中心建设，完成全部专用设备和绝大部分通用设备采购。完成专用仪器采购 8 套，通用设备采购 10 余套。

（安徽省地震局）

福建省

1. 震情跟踪工作情况

强化地震流动观测，完成流动地磁三分量观测、第一期流动重力野外观测、第一期流动跨断层短水准野外观测、1 期综合场地 GNSS 及水准观测。进一步完善地震短临预测指标体系、震情短临跟踪和会商研判技术方案，持续提升地震短临预报规范化水平。全年组织完成周例会 44 次、月会商 10 次、年中和年度会商 2 次，召开针对台湾地区显著地震活动的应急会商 8 次，加密会商 43 次，处置民间地震预报意见 2 次；参与中国地震局组织的重点危险区滚动会商 10 次，参与东南沿海地震带构造协作区会商 2 次。完成前震序列告警信息处置 73 次，完成 5 次现场核实，提交 4 份异常核实报告，及时上报各类宏微观异常零报告。在 2021 年 1 月 3 日福建长泰 3.0 级地震、4 月 18 日台湾花莲 6.1 级地震、6 月 11 日台湾花莲 5.3 级地震和 10 月 14 日台湾宜兰 6.3 级地震后，及时向中国地震局、福建省政府报送震情专报。第一时间主动向福建省委、省政府、省应急厅等单位报告震情信息 101 次，处置民间地震预报意见 1 次。

2. 台网运行管理

福建地球物理台网严格执行各项技术要求和规章制度，规范台网管理，强化观测数据的分析应用，不断提升观测数据质量和报告质量，保障了台网中心、地球物理台站观测技术系统正常运行，为地震预报以及相关学科领域的科学研究提供连续、准确、可靠的观测数据。加强对测震台网、强震台网、地球物理台网、GNSS 台网、烈度计网及地震信息网络、地震速报与预警系统等信息系统的运维管理，强化数据质量监控，获全国统评前三名 14 项。全年测震台网运行率 99.6%，全年数据连续率 99.54%，仪器运行率 99.44%，数据有效率 99.27%，数据上报率 100%。地球物理台网数据汇集率 99.98%，地球物理台网数据有效率 99.37%，区域中心上连中国地震局台网中心核心网运行率 99.999%，区域中心局域网运行率 99.989%。地球物理台网获得产出与应用系列第一名，技术管理系列第三名。

3. 台网建设情况

福建地球物理台网包括形变、重力、地磁、地电和流体学科台网，各台网观测仪器主要沿构造带布设以长乐－诏安断裂带的覆盖密度最大，空间分布密度自东向西逐渐减小，能较好地监测省内主要断裂带活动情况。2021 年，实施了龙岩地震台地磁观测项目优化改造，建设了下潜式地磁观测房，邵武、长汀、屏南、永安、大田等 5 个重力观测等地球物理站网基本建成；完成"十三五"四网融合数据处理系统年度建设任务，数据处理云平台完成建设并通过验收，地球物理台站观测仪器采购任务正在进行中；开展"INSAR 大地形变观测系统"招投标工作，完成了永安、大田连续相对重力观测台建设招标工作，推进长汀、邵武、屏南连续相对重力观测台建设招标文件材料的准备和编写工作，重力仪设备采购项目正在进行中；完成"一带一路"项目台站修缮，签订岛礁台的 GNSS 和数字气象仪、地磁监测网络系统—磁通门磁力仪、重力连续观测台站设备采购合同。

2021 年有 36 个台站 134 套仪器正式入网，福建地球物理台网更新仪器 1 套，新入网仪器 1 套。由省重点项目"福建及海峡地震观测网工程"更新和新增仪器 19 套，已完成 14 套仪器的安装工作，进入试运行阶段；安装智能电源 14 套已投入使用。

4. 监测预报基础研究与应用

完善闽台地区地震预测指标体系和短临跟踪技术方案，针对福建特点，开展海域地震解剖，为海域中强地震发震构造的研究提供经验借鉴。逐步完善台湾地震基础资料库，应用测震学方法对台湾地区历史地震活动特征、空间分布及趋势变化等开展研究，针对台湾 7 级以上强震开展震例总结分析，对台湾 7 级强震前地震活动性变化与地球物理各学科观测数据综合分析，归纳总结形成台湾强震预测指标。

搭建了《地震监测预警大数据处理及系统试验平台》地震监测预警大数据平台，验证了大数据技术在地震监测预警系统应用的可行性，初步实现了地震数据从数据采集到分布式处理、存储到展示的技术验证，为研发新一代地震预警和烈度速报系统做好技术储备。加强地震监测预警标准化研究，初步制定《数据处理软件要求及测试规程》《系统运行质量评价规程》等技术规程。建设地震观测数据云平台，推动提升地震监测预警信息化水平，完善一体化会商平台，整合测震、地球物理、噪声成像、GNSS 等现有数据资源，提升会商信息化水平。加强物理预测创新团队研究工作，开展重力、形变、测震观测数据综合对比分析，完成部分地震事件的多手段联合分析。开展地震模板匹配方法应用研究，初步完成仙游地震序列模板匹配分析；借助福建两栖气枪震源实验，积极开展陆域流动观测，开展水库气枪信号变化分析。

5. 地震速报预警信息服务

2021 年全年完成地震速报 66 次，启动应急 8 次，速报用时控制在标准范围内，无报送非天然地震报告。报送地震观测报告 10 份，更新修改各项操作规程 5 份，完成地震观测技术报告 11 份。地震预警发布系统全年共计处理地震预警消息 211 条，涉及的地震事件有 2021 年 1 月 3 日福建漳州市长泰县 3.0 级地震，2021 年 1 月 9 日台湾宜兰县海域 5.1 级地震，2021 年 1 月 17 日台湾台东县海域 5.1 级地震，2021 年 2 月 7 日台湾宜兰县海域 5.2 级地震，2021 年 3 月 2 日台湾屏东县海域 5.3 级地震，2021 年 8 月 5 日台湾宜兰县海域 5.8 级地震。全省地震预警专用终端安装量达 1.9 万台。"福建地震预警"APP 继续提供信息服务，累计下载量达 9 万余次。

（福建省地震局）

江西省

1. 震情跟踪工作情况

严格落实年度工作计划安排，定期组织召开月会商会议，跟踪研究江西省最新震情发展趋势，印发《2021年江西省震情监视跟踪和应急准备工作方案》，全面部署2021年度震情监测与应急工作任务。及时督促11个设区市制定行政辖区震情跟踪方案并备案。组织召开东南沿海构造协作区年中地震趋势会议会，共同商议协作区地震趋势发展情况以及地震应对工作措施。5月、10月分别召开年中与年度地震趋势与震情跟踪会议，科学研判2022年度地震趋势，及时上报中国地震局，通报省政府相关部门，为地震灾害防范和应急备灾提供信息支撑。

2. 台网运行管理

落实中国地震局进一步加强地震监测预报的工作部署，提出2021年工作举措，将任务分解到各单位，压实工作责任。持续推进监测站网优化，推进台站标准化改造项目、军民融合项目和年度基础设施维修改造任务。修订《江西省地震局地震观测仪器维修与维护管理办法》，逐步过渡维修与维护职责。制定工作方案，组织江西地震台、各中心站对江西省地震监测仪器运行状况进行大检查。完成南昌中心站防雷设施改造和基础设施改造工程建设，投入使用。开展江西省各市县地震监测资源普查，摸清市县地震监测资源状况。

3. 台网建设情况

分四批陆续在全省范围内对在运行的6个综合监测站、19个测震站、5个强震台站、3个流体站、5个GNSS站，合计38个地震监测站实施地震台网业务现代化和地震台站环境标准化改造，实施台站电源和防雷改造，实施6台套地球物理仪器升级改造，实施江西省地震监测设施备机备件库建设。按年度工作目标稳步推进"一带一路"项目实施，项目进展顺利。出台江西省测震站网、地球物理站网规划十年规划。

4. 监测预报基础研究与运用

加强"江西省防震减灾与工程地质灾害工程研究中心"和"江西九江扬子块体东部地球动力学野外科学观测研究站"两个省部级创新平台管理，支持技术创新和服务创新。安排专项经费，支持设立联合开放基金，组织开展"一站一中心"基金项目指南编制工作，按时完成立项4个基金课题。

强化科研课题全过程管理，组织申报2022年度星火计划、"三结合"课题，征集星火计划、"三结合"课题5项。组织完成20项在研课题中期检查。完成2021年度2个三结合课题立项及结题验收。

加强科技创新团队建设管理。按照《江西省地震局科技创新团队管理办法（试行）》要求，按时完成5支团队年度考核。及时调整地震专业设备观测技术与计量检测团队带头人。

出台《关于加强科技创新支撑新时代江西防震减灾事业现代化建设的实施方案》。根据《新时代江西防震减灾事业现代化建设实施方案》和《江西省地震信息化行动方案（2020—2024年）》等文件精神，印发《关于加强科技创新支撑新时代江西防震减灾事业现代化建设的实施方案》，在风险防治、基本业务、社会治理等方面提出13项重点任务，其中风险防治2项、基本业务7项、社会治理4项。实施周期为2021—2025年，明确了各个重点任务的牵头单位。

持续坚持对外开放合作，与江西省地质局签订战略框架协议。10月9日，江西省地震局与省地矿局签订战略框架协议，明确将充分发挥各自科技、人才和平台优势，围绕地质和地震灾害风险防范、数据资源共享、科技项目申报、重点项目建设及人才队伍培养等方面，强化优势互补，扩大合作领域，不断提升江西省防震减灾综合实力和地质灾害防治能力，为服务江西高质量跨越式发展奠定基础。

5. **地震速报预警信息服务**

加快推进地震烈度速报与预警工程江西子项目建设。预警中心基本建设完成验收并投入使用。推进预警中心通用设备采购，组织通信信道招标采购工作，推进仪器设备安装、测试，按时序督促项目建设。组织项目组认真研究关于规范试运行期间地震预警信息发布有关事项，建立地震预警信息发布机制，印发《江西地震预警信息发布细则（内部试行）》。组织推进江西局与移动、电信、联通签订预警信息发布战略合作协议，与移动、电信、联通等共同研究预警信息发布技术。推进软件系统建设及台站仪器设备安装。

（江西省地震局）

山东省

1. **震情跟踪工作情况**

印发实施《山东省地震重点危险区震情监视跟踪和应急准备工作细则》《山东省地震局重大震情评估通报制度实施细则》，坚持落实重大震情评估通报工作机制，妥善处理有感地震事件15次，及时向山东省委、省政府和有关部门提供震情信息65期，圆满完成庆祝建党100周年、党的十九届六中全会和习近平总书记来鲁调研等重大活动地震安保服务工作。

2. **台网运行管理**

开展全省地震监测仪器运行状态大检查和市县地震资源普查，建立地震监测业务运行月度通报工作机制，全省测震站网、地球物理站网运行率、数据有效率均达到99.5%以上。

3. **台网建设情况**

山东省现有126个测震台、151个强震台，基本均匀布设在137个县（市、区），山东省主体地区地震监控能力达到1.5级，部分地区达到0.8级。积极推动地方标准《煤矿地震监测台网技术要求》印发实施，完成东滩、李楼煤矿专用台网建设。

4. **监测预报基础研究与应用**

开发完成"震后趋势快速判定系统"，实现震后15分钟自动产出地震趋势判定意见和震情专报。持续推进震情会商业务改革。强化会商和异常核实，组织郯庐断裂块体联防单位会商，邀请高校专家和省应急厅相关部门参与半年和年度全省震情趋势会商会，全年开展异常现场核实工作共11次。完善震后自动会商系统功能，提高震后会商时效。建立每月定期向省委、省政府报送震情信息的工作机制，及时服务政府需求。

5. **地震速报预警信息服务**

大力推进预警工程、"一带一路"项目实施。预警工程完成省级预警中心建设全部1468个站点仪器设备、302处预警示范终端安装，数据实时汇集，稳定运行；"一带一路"

项目完成海驴岛岛礁综合台、威海地震台阵场址变更，东明、熊耳山、郯城马陵山、灵山岛、乳山5个综合台和安丘超导重力台土建施工完成，进展顺利。全面完成79个新建基准基本站建设，238个基准基本站专业设备、1230个一般站烈度计、302个预警信息发布终端设备安装。

（山东省地震局）

河南省

1. 震情跟踪工作情况

组织完成《2021年度河南省地震局震情短临跟踪方案》，扎实做好震情跟踪监视跟踪，推进基于分析预报指标体系的综合概率预测。印发《黄河流域中东部地区震情跟踪联防工作方案》。印发《关于进一步加强地震监测预报工作的实施方案》，按月向监测预报司报送工作进展。高效应对开封兰考2.9级地震和南阳西峡3.0级地震，特别是新密3.0级塌陷地震和唐河3.0级地震。组织召开黄河流域防震减灾高质量发展研讨会，形成四省震情跟踪联防方案、沿黄九省（区）灾害风险防治联防方案和黄河流域大震震例汇编等成果。

2. 台网运行管理

台网运行平稳高效。全年测震台网运行率99.73%，地球物理台网汇集率100%，数据有效率99.432%。上报台网运行月报、运行通报、值班信息、豫震要情、非天然地震专报69份，向中国地震台网中心提交台网仪器备案62份，指导台站提交故障干扰说明19份。按要求向中国地震台网中心地震速报9次，提交河南及邻区地震编目438条，远震编目4416条。

监测质量监督管理体系初见成效。严格执行质量管理办法和错情责任划分办法，印发台网运行通报12期，提升监测质量管理规范化、科学化水平。

积极关注"一县一台"运行情况，督促市县地震机构加大运维保障力度。如期进行河南省市县防震减灾工作年度考评及全省地震监测质量检查评估工作，总结经验，查找不足，提升市县地震机构工作能力。积极关注"一县一台"运行情况，督促市县地震机构加大运维保障力度。

监测质量评比取得佳绩。河南省2020年度地震监测预报观测资料质量评估共有12项进入前三名，其中第一名2项：省级测震台网系统运行、信息服务；第二名4项：省级强震动台网运行维护质量、地电阻率（浚县地震台）、网络安全、市县节点综合评估（濮阳市地震局）；第三名6项：省级地球物理台网观测质量、GNSS基准站（济源地震台）、地下流体水位（杞县豫14井）、地下流体水温（濮阳1井）、年度地震趋势研究报告、市县节点综合评估（许昌市地震局）。

3. 台网建设情况

扎实推进台站观测环境保护工作。卢氏地震台观测功能恢复工作，进行至土地审批和初步设计阶段；洛阳地震台地磁台观测功能恢复，进行至赔偿资金落实比例阶段；荥阳形变台观测功能恢复建设,郑州地震监测中心站邀请厂家现场检查,积极恢复观测。

编制河南省地震监测站网规划(2021—2030):在豫东、豫南等地区加密建设39个测震基准二类站、1000个基本二类站;在原有地球物理台网站点的基础上,新建28个流动重力观测点、改造荥阳形变综合站和信阳形变综合站、新建13个GNSS基本站、建设1个地电基本站、3个地磁基本站、7个流体一般站,依托"一带一路"地震监测台网项目,在南阳南召建设综合观测站。

完善站网运行维护与质量体系,实现地震监测站网智能化监控管理,建设地震监测备机备件库,建立省局统筹、属地为主、社会为辅的设备维修维护机制。

针对7月20日特大暴雨受灾严重的台站——荥阳地震台(3套仪器)、辉县地震台(1套仪器)、鹤壁地震台(3套仪器)、浚县地震台(1套仪器)、安阳水化站(6套仪器)、焦作地震台(1套仪器),卫辉地震台(1套仪器),积极跟踪受损的仪器以及恢复情况,受损严重的焦作地震台开展形变山洞的修复工程,鹤壁台将进行摆房维修工作。2021年,跟踪焦作09井井壁破裂、杞县豫14井井孔渗漏事件,目前正与台站积极沟通解决办法;处理骨干网中断、数采时钟对时错误突发事件,尽快使观测数据恢复正常。

4. 监测预报基础研究与应用

强化异常核实工作。全年进行现场异常核实工作6次,指导异常核实2次,向中国地震局上报异常报告表和异常核实报告13份。开展对平顶山矿区、丹江库区、小浪底库区震情跟踪工作。

有序推进震情研判。全年开展各类会商累计99次,其中周月会商54次、年中年度会商2次、安保专题会商3次、加密会商34次,紧急会商3次、晋陕豫交界区联合会商2次、大别山块体震情跟踪会商会4次。每月,河南省地震台向河南省地震局党组做震情形势汇报,河南省地震局领导对近期震情跟踪工作做出指示。

科学处置地震预测意见。2次地震应急30分内产出快速研判意见,100分钟内产出震后趋势意见,6月27日林州地震窗开窗,立即开展现场核实工作,当天召开应急会商会。按要求处置地震预测意见。产出的会商意见上报中国地震局,河南省委、省政府及省应急管理厅单位。

开展河南地震会商技术系统建设工作。参加全国会商技术系统建设并参与测震学异常自动识别模块研发,组织全国会商分析系统建设集中工作和研讨会2次,推动测震自动识别模块在全国会商技术系统中上线使用,并完成河南省会商技术系统列装,实现自动产出河南震后趋势研判报告、周、月会商报告、震情形势分析报告,并多次在河南地区地震应急中起到较好作用。

强化重大活动地震安全保障工作,在两会、高考、国庆、庆祝建党100周年、党的十九届五中全会安保期间,24小时加强值班职守,保证各个业务系统正常运行。加强震情跟踪工作,安保期间召开专题会商3次、加密会商34次。

5. 地震速报预警信息服务

编制河南省地震局预警系统整改方案和地震信息误发整治方案,按照方案稳步推进整改,共梳理整治任务11项,包括服务器资源管理、应急软件部署管理、VPN账号管理等。组织建立健全预警系统运行、维护、服务等制度体系,确保试运行期间的安全,为正式运行提供预警信息服务打好基础。推进黄河流域震情研判与监测数据共享服务，完成地震预警信息发布标准的立项和初稿编制。市级信息服务平台集成。完成184套市级预警终端建设，并完成验收，11个市级发布中心设备全部安装到位。强化地震信息应急服务能力。根据地震短信内容、通过河南会商技术系统微信公众号，生成包括震中位置图、遥感影像图及震中距等信息报告。"12322"地震服务热心年度总呼入量3444次，人工呼入557次，产出简报12期，协助省大数据管理局完成"12322"地震服务热线并入"12345"的前期准备工作。

（河南省地震局）

湖北省

1. 震情跟踪工作情况

湖北省地震局共召开周会商52次、月会商12次、应急会商5次、重大活动地震安保加密会商44次；参加全国地震趋势和危险区滚动会商12次，参加湖北省自然灾害风险研判会商12次；与安徽省地震局、河南省地震局联合开展大别山块体季度会商3次。5月19日、10月27日分别组织召开湖北省2021年年中地震趋势会商会、2022年度地震趋势会商会，组织湖北省地震局地震预报评审委员会对2022年地震趋势会商意见进行评审。做好2021—2030年湖北省地震重点监视防御区判定工作，与湖北省应急管理厅共同提出加强地震重点监视防御区防震减灾工作的意见，经湖北省委、省政府同意后，由省政府办公厅印发实施。

牢固树立"震情第一"理念，认真履行地震预报主体责任，积极服务于全国、全省震情跟踪工作。组织召开中国地震局武汉地球观测研究所提升地震预报能力座谈会，积极参加南北地震带、大华北、西部等片区会商以及地震大形势会商，制定2021年重力、GNSS学科《全国7级地震强化跟踪和危险区震情监视跟踪工作方案》并组织实施，举办2022年度重力学科全国地震趋势专科会商等学科会议，联系和服务孙和平院士、熊熊教授等国家地震预报委员会委员参加全国年度地震趋势会商，分析研判全国震情发展趋势。健全完善湖北省地震局震情会商业务，印发《湖北省地震局重大震情评估通报制度实施细则》，调整湖北省地震局地震预报评审委员会，吸纳各学科青年人才参与分析预报工作。

加强并规范新时代地震群测群防工作，持续提高市（州）参加震情会商的积极性和专业能力。印发《湖北省2021年度震情跟踪方案》，对各市（州）尤其是危险区市（州）的震情跟踪工作提出明确要求。坚持湖北省内"大会商"联动机制，加大震情会商开放力度，贯彻执行市（州）地震宏观异常"零报告"制度，强化宏微观异常调查落实。

认真做好地震安全保障服务工作，不断提高社会服务能力。加强全省地震站网巡检和地震舆情监控，实行每日宏观异常"零报告"和滚动会商制度，圆满完成全国两会、湖北省两会、高考、庆祝中国共产党成立100周年、党的十九届六中全会等重点时段地震安全保障工作。加强长江三峡、丹江口水库诱发地震监测系统运维管理，组建三峡地震监测系统管理团队，完成流动重力、GPS 和跨断层短水准观测，为工程运行安全提供技术支撑。

2. **台网运行管理**

2021 年湖北省地震站网运行情况良好，测震站网总体运行率为 99.73%，地球物理观测站网观测仪器数据有效率为 99.87%、数据汇集率为 99.99%。

认真履行中国地震局重力学科、定点形变学科依托单位职责，主动服务重力、定点形变与测震仪器的入网定型测试，积极参与重力、GNSS 野外流动测量、数据分析处理及产品产出，认真做好重力、GNSS 等形变站点、数据中心、仪器测试平台的运维保障以及重力基准的建立、维持、传递等工作。

大力推进地震监测中心站改革，完成四个中心站"三定"方案制定和人员调整，出台中心站人员管理办法，强化台站条件保障，激发干事创业活力。进一步优化地震监测中心站的监测预报业务机制，出台《湖北省地震局党组关于进一步规范和加强地震监测中心站管理的指导意见》《湖北省地震局地震监测中心站震情跟踪业务工作细则（试行）》《湖北省地震局地震监测中心站地震应急响应工作管理细则》，建立权责一致的业务体系，形成分级分类的业务格局。中心站改革经验获中国地震局监测预报司《地震台站改革情况交流》第 3 期专题报道。

出台《湖北省地震局党组关于进一步加强地震监测预报工作的实施方案》和《湖北省地震局地震站网监测运维管理工作细则（试行）》，开展湖北省地震监测仪器设备运行状况大检查，完善地震仪器全生命周期管理。有序推进武汉市"应当建设专用地震监测设施的建设工程"备案试点工作，联合市县防震减灾工作主管部门积极协调处理地震观测环境保护相关事宜。

每月对市县地震台站及信息节点运行情况进行检查通报，印发《关于加强地震台站巡检工作的通知》和《关于开展武汉城市圈烈度站连通率问题整改工作的通知》，压实市县地震监测预报工作责任。

3. **台网建设情况**

积极实施《湖北省测震与地球物理站网规划（2021—2030 年）》，推动武汉市地震局制定《武汉市测震与地球物理站网规划（2021—2030 年）》，加强站网建设顶层设计和整体谋划。科学确定站点位置，加强与市（州）防震减灾工作主管部门的沟通协调，在十堰、襄阳、荆门等地加密新建五个地震预警一般站。积极推进恩施地震监测中心站地磁观测手段异地迁建工作，完成项目立项审批。

4. **监测预报基础研究与应用**

加强中国地震局地震监测、预测、科研三结合课题管理，2021 年二项课题全部通过验收。编制三峡库区专用地震监测台网升级改造方案，强化国家重大建设工程的地震安全保障。积极推进"一带一路"地震监测台网项目重力台分系统、湖北综合台分项目建设，认真做好设备招标采购工作。研制的短周期地震计 REMOS – CTS02 通过中国地震台网中心定型，电梯地震开关和超导重力仪数采通过专家验收，LGW 相对重力仪国产化、智能锚杆一体化应用、井下地壳形变观测技术等正在进行攻关研发，360 秒超宽频带地震计、一体化强震仪等一系列地震仪器的研发与完善工作正在持续推进。

5. **地震速报预警信息服务**

有序推进国家地震烈度速报与预警工程湖北子项目建设，完成 27 个基准站、53 个基本站、53个一般站的专业设备安装,组织专家对一般站的试运行情况、预警中心土建施工情况进行验收,积极推进虚拟化软件部署工作,实现133个预警站点数据回传,确保项目进度和质量;认真开展问题隐患专项整治,确保地震信息安全。举办2021年度地震监测预警软件研发骨干线上培训班,全国地震系统100余名学员参加培训。加强武汉城市圈地震预警与烈度速报示范工程一般站运维管理,组织相关市县对各站点烈度仪器运行状态进行检查核实,及时修复故障仪器设备。

(湖北省地震局)

湖南省

1. 震情跟踪工作情况

制定并组织实施《2021年度全省震情监视跟踪和地震应急准备工作方案》;组织召开湖南省地震趋势会商会,向湖南省委、省政府上报和省应急厅通报会商意见;组织完成全国"两会"、庆祝建党100周年、党的十九届六中全会等重大活动和全国高考、湖南汛期等特殊时段地震安保。坚持做好月周震情会商和宏微观异常报告、现场核实工作。组织处置2月18日邵阳新邵2.0级、8月15日邵阳邵东2.1级两次有感地震震情。

2. 台网运行管理

印发实施《湖南省地震局机关内设机构、直属事业单位主要职责和人员编制规定》《湖南省地震局所属事业单位内设机构设置、主要职责和人员编制方案》,完成湖南地震台机构设置、职能调整,明确人员编制;完成内设机构设置,明确职责分工,进一步细化职能职责。开展中心站综合培训,组织举办第一期"湘鄂赣中心站综合培训班"。印发实施《地震监测中心站改革实施办法》,明确推进改革任务清单;印发实施《湖南省地震局长沙、邵阳地震监测中心站主要职能、内设机构和人员编制规定》,完成2个中心站设置和人员调整,明确职能职责;推进中心站业务体系建设,印发《关于地震监测中心站业务整合的通知》,先期对中心站监测业务建设进行整合,从2021年8月1日起实行新的业务工作机制。推进中心站基础条件建设,在中国地震局监测预报司支持下,完成两个中心站视频会议系统建设。编制《湖南省地震局震情会商与短临技术方案》,制定《湖南省地震局测震站网业务管理细则》。

通过推进监测预报业务体制机制改革,基本构建"湖南地震台—中心站—一般站"新业务架构,实现台站运维管理模式转型,在一般站实行"有人看护,无人值守"新模式,台站监测业务视情集中整合至中心站或者湖南地震台。

3. 台网建设情况

大力推进国家地震烈度速报与预警工程湖南子项目实施,完成预警中心建设并投入使用,完成25个基准站、62个基本站和52个一般站仪器设备安装,完成率99%,数据回传率80%。建成4个地球物理台、1个测震台并投入运行。湖南省地震预警台网建设与地震监测台网优化工程获得批复立项,建成怀化、衡阳、常德、鼎城4个地震观测站并投入试运行，启动通道测震台建设。完成邵阳台"子午二期"改造项目；启动"一带一路"测震台网改造项目土建工程建设；开展张家界、湘乡2个流体台观测井改造。

4. 监测预报基础研究与应用

与中国地震局地球物理研究所、武汉地调中心、常德市地震局等单位合作的常德超深井宽频带地震观测试验平台项目建设，编制项目可研报告，协调、落实项目建设有关事项。

5. 地震速报预警信息服务

向湖南省委省政府和有关部门通报年度、年中地震趋势会商意见；定期向省应急厅通报省内震情；向市州地震部门提供地震目录用于年中地震趋势会商；利用门户网站向社会公众发布省内2.0级以上震情信息；通过手机短信向政府领导提供震情信息服务。

（湖南省地震局）

广东省

1. 震情跟踪工作情况

印发实施《2021年广东省震情监视跟踪和应急准备工作方案》，指导各市完善2021年震情监视跟踪和应急准备工作，完成年度震情监视跟踪和应急准备工作。云南漾濞6.4级地震、青海玛多7.4级地震后，广东省地震局党组印发《贯彻落实中国地震局党组关于扎实做好当前抗震救灾业务支撑进一步加强全国地震灾害风险防范工作实施方案》，细化15条措施，持续强化抗震救灾工作业务支撑，全力抓好地震灾害风险防范应对。

落实重大震情评估通报制度，编制《广东省地震局重大震情评估通报制度实施细则》。完善地震会商技术系统，动态跟踪观测资料变化。完成预报前震自动识别跟踪系统本地配置，实现前震自动识别日常跟踪常态化工作。2021年完成12次月会商，52次周会商，23次加密震情监视会商，5次震后应急会商，组织召开2021年中、2022年度全省地震趋势会商。强化前兆异常核实快速反应。累计完成阳江水位等10次异常核实，完成异常核实报告10篇。

强化重特大地震应对准备。修订印发《广东省地震局地震应急预案》，编制《广东省地震局地震应急服务响应等级（试行）》《震后12小时广东省地震局地震应急服务响应行动清单》。有力有序应对广东东源3.8级、广东河源3.0级，广东阳江2.9级、广东开平3.0级地震，广东台山附近海域3.0级地震，以及省外云南漾濞6.4级和青海玛多7.4级地震。

2. 台网运行管理

（1）测震台网运行管理。广东省测震台网现有4套系统在线运行，分别为广东省测震台网、国家地震速报灾备中心、珠江三角洲地震预警台网和中国—东盟地震海啸监测预警系统。

广东省测震台网：2021年度广东测震台网运行稳定，观测波形数据实时运行率97.41%，数据完整性98.41%；共记录分析地震事件4763个，按规定速报5次发生在广东省台网监控责任区内的地震事件；上报新震源参数37条。2021年获得全国地震编目评比第二名。

国家地震速报灾备中心：2021年度国家地震速报灾备中心相关业务系统稳定运行。系统上报自动EQIM 7352条地震记录，上报人工EQIM 25条地震记录，自动速报综合触发平台合成自动速报结果AU 730个地震，分析处理806条发生在全球范围内的地震。

珠江三角洲地震预警台网：2021年度珠江三角洲地震预警台网系统触发粤东地区EEW542条，分析处理入库地震258条，其中38个地震发布超快速报。

中国—东盟地震海啸监测预警系统：2021年中国—东盟地震海啸监测预警系统运行稳定，7月产出《中国—东盟地震海啸监测预警项目试运行报告》。系统能及时产出南海及东盟地区$M4.0$以上地震的自动速报信息；2021年系统共计对1849个地震进行自动速报。

地球物理台网运行管理。2021年广东地球物理台网运行仪器共计69套，测项分量共计153个。地球物理台网的整体连续率99.85%，数据有效率98.65%。

3. 台网建设情况

（1）国家地震烈度与预警工程广东子项目建设。国家地震烈度与预警工程广东子项目进入全面攻坚阶段。台站观测系统：完成272个基准基本站的土建，完工率100%；完成270个基准基本站的设备安装，安装率99.26%；完成900个一般站全部建设任务，实现数据回传，数据运行率达95%以上。国家预警备份中心和省级预警中心：完成国家预警备份中心和省级预警中心的平台部署建设任务；完成双中心的核心业务系统部署，备份中心接入全国各省局（广西、湖南除外）近1.7万（16915）个台站数据。紧急地震信息服务终端：在全省部署243个紧急地震信息服务终端，完成验收工作，运行率90%以上。

（2）"一带一路"地震监测台网建设项目广东省地震局单位工程建设。6月印发《广东省地震局关于调整"一带一路"地震监测台网项目广东局单位工程实施管理机构的通知》，调整项目管理机构。落实南澎岛、三角岛、放鸡岛、硇洲岛等4个岛礁台用地；完成3个综合台的主体工程；完成西连深井台的钻井和地面附属设备的工程招标，并入场施工。完成综合台和岛礁台GNSS设备、西连深井台光学分系统设备、电学分系统设备和辅助分系统设备的招标采购。

（3）粤港澳大湾区与粤西地区地震监测能力提升工程。完成40个监测站点台址勘选，协调落实37个站点建设用地；27个站点开工，开工率67.5%；观测井完工率55.88%；完成40个监测站点专业设备采购。

（4）水库地震监测与预测试验场建设项目。完成新丰江水库20个流动重力点，3个GNSS点的建设，开展2期流动重力加密观测。完成新丰江水库600台次短周期密集台阵观测。开展定期流动重力和GNSS观测。完成项目全部专业设备和部分辅助设备采购，包括2台CG6自动测量重力仪、8支大容量气枪震源、2个气枪控制器、2套高压气源和控制橇、1个高压储气和控制橇、2套气枪悬挂浮台、20套宽频带流动地震观测设备、2个加速度计等专业设备采购。

4. 监测预报基础研究与应用

编制《广东省2021年度震情短临跟踪和会商研判技术方案》；继续推进"广东省防震减灾科技协同创新中心"项目实施。2021年新增1项协同创新重点项目"综合地震监测业务智能化管理平台研发与应用"；2021 年完成 1 项预测基金、2 项"监测、预报、科研"三结合课题和 1 项震情跟踪课题。与南方科技大学陈晓非院士共同推动广州地球物理国家野外科学观测研究站建设。

5. 地震速报预警信息服务

2021 年度，广东省地震局对 27 个地震发布超快速报。

（广东省地震局）

广西壮族自治区

1. 震情跟踪工作情况

广西壮族自治区地震局强化责任落实，全力推进震情跟踪工作，制定并印发《2021 年度广西震情监视跟踪和应急准备工作方案》和《广西壮族自治区地震局 2021 年度震情短临跟踪和会商研判技术方案》，成立桂东南和桂西北震情联防工作组。在全区地震局长会议上，进行震情跟踪工作统一安排部署，通报 2021 年度广西地震趋势判定意见及风险评估结果，宣贯 2021 年度广西强化震情监视跟踪工作方案和技术方案。向全区防震减灾工作领导小组全体成员单位通报了年度地震预测意见，年度震情监视工作专项检查组先后赴地震重点危险区各市县参加防震减灾领导小组会议，开展震情跟踪工作检查和现场指导。各市地震局依据自治区的方案要求，制定本级震情跟踪细化方案，确保全区震情跟踪工作落实到位。全力做好台站运维，确保广西测震台网、地球物理台网、强震动台网仪器正常运转、网络畅通和数据共享及时，切实保障监测资料连续、可靠和数据传输准确；开展流动重力、流动地磁和流动化学观测，有效弥补当前广西定点前兆台网空间监测能力弱的短板。强化震情监视跟踪，持续强化各类震情会商，参加全国危险区月滚动会商，全力做好全年 24 小时震情值班、春节、高考、庆祝建党 100 周年、党的十九届六中全会、中国—东盟博览会期间等特殊时段的震情监视跟踪工作。高效完成德保 4.8 级和 4.3 级、横州 3.0 级地震震后趋势研判，及时向自治区人民政府和中国地震台网中心提交震后趋势研判意见。每月为自治区减灾委、广西消防救援总队等有关部门提供震情会商意见。作为牵头单位完成东南沿海地震带构造协作区震情跟踪工作方案编制和年度震情跟踪工作，组织召开 4 次构造协作区震情跟踪研讨会；完成广西年度危险区震情监视跟踪工作，核实 9 次前兆异常并按时提交异常核实报告；完成全区年度地震趋势研究任务。在华南地区地震预测指标体系的基础上，综合历年课题研究成果和震例总结的新认识，初步建立了东南沿海地震带地震综合预测指标体系。

2. 台网运行管理

为规范测震站网管理，起草《广西测震站网业务管理技术细则》《广西地球物理站网运行管理技术细则》，修订《广西地震监测站网仪器设备运行维护管理办法》《广西地震观测与信息网络运行质量评比办法》等制度，印发《广西地震监测台站入网及退网管理办法（试行）》。根据中国地震局工作部署，在全区范围内开展"十五""十一五"时期 135 台套地震监测仪器现场核实查对，完成广西地震监测仪器运行状况大检查自查报告。2021年广西28个参评测震台站平均运行率为98.4%，19个参评测震台站平均运行率为95.85%。地球物理台网参评台站数据有效率99.08%、数据汇集率99.64%。2021年9月16—18日在北海市合浦县举办2021年广西测震应急流动演练，13个设区市共54人参加演练。演练内容包括紧急集合与拉动、后方协调指挥、现场工作程序等。

3. **台网建设情况**

广西地震背景场观测网络项目完成德保燕峒基本站、凭祥夏石基本站等2个台站设备安装工作，完成防城、上思、隆林、都安4个测震基准站土建施工。大藤峡地震监测台网建设项目通过项目建设验收工作，于2021年9月正式投入运行。国家地震烈度速报与预警工程广西子项目完成18个一般站台站设备安装，完成21个改造基准站专业设备安装，完成55个新建基本站设备安装。截至2021年底，广西在运行测震台站608个，其中：测震类台站608个（含企业专用39个），包括测震台64个、基准站59个、基本站319个、一般站166个；全区地震监测能力达到1.5级，其中龙滩、岩滩水库区和南丹大厂矿区地震监测能力达到0.5级。

4. **监测预报基础研究与应用**

获中国地震局监测预报司资助震情跟踪课题2项、"监测、预测、科研"三结合课题2项、中国地震局地震预测研究所资助地震预测开放基金项目1项和广西壮族自治区地震局资助震情跟踪课题6项。为加深对2019年10月12日北流5.2级和11月25日靖西5.2级地震孕震机理的认识，广西壮族自治区地震局自筹经费开展"北流5.2级和靖西5.2级地震震区地震灾害风险分析"专项研究；按期推进"红水河流域水库地震特征的精细研究——以天峨至大化段为例"省部级课题。依托项目研究取得一批对震情跟踪工作有支撑作用的成果，在核心以以上期刊发表论文8篇，相关成果在震情跟踪工作中应用。"东南沿海构造区综合预测指标体系建设"项目构建适合东南沿海构造区地震大形势、年度和短临的综合预测指标，研究成果应用到震情跟踪和年度地震趋势会商；"东南沿海地震带地震震源机制和现今构造应力场研究"项目构建东南沿海地震带中小地震震源机制解数据库，反演东南沿海地震带现今构造应力场，分析东南沿海地震带西段中小地震前震源机制一致性异常特征、东南沿海地震带构造应力场特征和块体边界动力作用。"桂林地区非天然地震事件震相特征分析"项目总结广西区域非天然地震与天然地震的特征差异，为更准确地识别区域地震事件类型提供参考依据。"桂西北地区近期重力与地壳形变综合分析与研究"项目开展桂西北地区地壳形变场及其与区域构造环境和中强地震活动的关系，为广西地震危险性及年度地震趋势判定提供依据。

5. **地震速报预警信息服务**

为做好地震速报预警信息服务，在制度建设方面，2021年印发《关于广西壮族自治区地震局官网、微信、微博和移动平台等地震信息发布有关要求的通知》，对自动速报信息、正式速报信息、余震统计等信息内容、服务方式和时限进行了约定。在服务方式渠道上，通过12322手机短信、微信工作群等方式为自治区党委政府值班室、自治区应急厅和广西地震系统、广西地震灾害紧急救援队等部门相关人员，以及中国铁路南宁局集团有限公司、广西防城港核电有限公司、龙滩水电开发有限公司龙滩水力发电厂、大唐岩滩水电发电有限责任公司、广西桂冠开投电力有限公司大化水力发电总厂、广西大藤峡水利枢纽开发有限责任公司等特殊行业提供辖区（含水库区）内 2.0 级以上、行政区边线外 50 千米范围内 4.0 级以上、国内其他地区 5.0 级以上、东盟国家 6.0 级以上、全球 7.0 级以上地震速报信息服务。通过广西壮族自治区地震局官网、微信公众号、微博等方式为社会民众提供实时的地震速报信息和重大地震专题信息服务。同时通过地震速报信息共享平台为设区市地震工作机构和中国铁路南宁局集团有限公司、广西防城港核电有限公司提供地震紧急信息服务。依托国家地震烈度速报与预警工程广西子项目建设，为南宁、北海、防城港、钦州、玉林、百色、河池、崇左共 8 个设区市地震工作机构和中国铁路南宁局集团有限公司、广西防城港核电有限公司安装部署紧急地震信息服务终端，提供示范性应用。

（广西壮族自治区地震局）

海南省

1. 震情跟踪工作情况

海南省地震局密切跟踪震情，科学研究和判定地震趋势，全面落实会商机制改革。根据会商机制改革要求，不断完善震情会商制度，研究编制了《海南省地震局 2021 年度震情短临跟踪和会商研判技术方案》，强调"抓异常""建指标""抓地震"，旨在提升海南岛及邻区震情短临跟踪和会商研判的规范化、科学化水平，切实提高震情会商时效性和科学性。同时坚持每周汇报地球物理站网运行和全省各类监测仪器运维情况、前兆数据跟踪分析等各方面信息，经过多种形式的商讨，不断提高对地震活动、前兆观测等异常的认识，提高决策的可信度。全国两会、博鳌亚洲论坛、高考、庆祝建党 100 周年、党的十九届六中全会等重大活动期间，海南省地震局通过专题会商、加密会商，密切跟踪区域地震活动、各类观测资料的动态发展变化、及时对震情做出判定，较好完成重大活动期间的震情保障工作。

2021 年海南省地震局对 7 项宏微观异常进行跟踪核实，形成翔实的异常核实报告，经过详尽的调查核实分析，确认 2 项异常为干扰，非地球物理场异常。

2. 台网运行管理

坚持夯实监测基础，保障台网数据提高。坚持测震、前兆、信息学科等情况的定期通报机制，积极调配仪器设备，及时对仪器设备进行检查、更新和维护维修；开展预报效能评估，实施专业台站分级分类管理；通过重点检查，不断强化行业信息网络和核心业务系统运行管理，有力保障观测数据及时、准确产出和汇集。2021 年，完成海南省 16 个温泉观测点 2 次泉水取样与送检工作；积极推进行业标准《地震台网运行监控技术要求》第 5 部分基础信息（原台网参数）编写工作，完成征求意见；完成琼海嘉积水位观测值持续降低的异常核实工作；全年维修维护仪器 38 余次，包括台站远程重启、仪器维修保养等；完成各类报告报表 30 份；产出跟踪分析事件 420 条。

3. 台网建设情况

完成海口市向荣村台地下流体仪器更新换代工作；完成三亚南滨台观测井停测及新增

测点申报备案工作。加强地震速报预警项目建设。

4. 监测预报基础研究与应用

海南省地震局加强科技工作管理，提升监测预报基础研究与应用能力，鼓励科技人员申请各类科研课题，在国内刊物上发表科技论文1篇。开展"南海北部陆缘壳内低速层分布特征分析""琼桂粤地区重力场变化及其小波多尺度分解""基于重磁资料研究海南岛深部结构特征""基于数字化水位的琼东北地区构造应力场时序特征分析""琼北火山监测与活动性研究"等项目任务，一方面获取南海北部壳内低速层的分布范围及特征、琼桂粤地区重力场变化场源深度、海南岛陆断裂分布特征、琼东北地区构造应力场动态变化等成果；另一方面探讨火山区监测手段的可行性和监测数据的可靠性，进一步夯实海南地震预测预报研究基础，提高地震预测和震后趋势判定的准确性，同时为深部地球物理探测研究提供可靠的基础资料。

依托中国地震局星火计划项目开展地球化学观测，探究水文地球化学变化与区域地震活动的关系，逐步建立海南岛陆地球化学背景和灵敏指标；依托省局青年科研项目《海南岛陆温泉气体地球化学特征研究》，开展海南岛陆温泉气体地球化学探测及其特征研究，逐步建立海南岛陆温泉气体地球化学背景。开展一系列科研工作，为琼粤桂地区，特别是海口及江东自贸新区地震减灾工作提供重要参考信息。

5. 地震速报预警信息服务

2021年完成22个新建站点及24个改造站点土建工程；完成71个一般站安装调试及数据接入工作；完成40个预警终端的安装和验收；完成国家地震烈度速报与预警工程海南子项目预警中心、监控与展示区土建建设及验收工作；完成4个市县信息发布平台建设及联调；完成50个基准站（基本站）设备安装工作；预警中心机房，与国家应急骨干网连通；完成50个台站数据联通工作；部署完成阿里云虚拟化软件。完成50个站点安装调试；开展基准站、基本站仪器设备集成和联调，实现数据回传。完成预警终端联调；完成国、省、市三级信息发布系统建设，具备服务能力。

在琼北地震预警区选择30所中小学校开展地震预警应用示范。根据地震发生后的不同时段，向学校提供以下4类紧急地震信息服务：报警和预警信息、速报和校准信息、误报的纠正信息、警报解除信息。服务中包含通过设定不同地震场景发布相应预警信息的演练模式。该紧急地震信息服务体系具有实时信息更新和误报处理等功能，可实现自动响应、运行和检测报警。学校也结合自身条件，制定相应的地震应急预案及演练方案。

（海南省地震局）

重庆市

1. 震情跟踪工作情况

强化监测预报制度建设。编制印发《重庆市震情监视跟踪和应急准备工作方案》，在此基础上制定《重庆市地震局关于进一步加强地震监测预报工作的实施方案》《重庆市地震局短临跟踪和会商研判技术方案》《重庆市地震局重大震情评估通报制度实施细则（试行）》，立足防大震、抗大灾，不断提高地震预报业务服务政府社会能力。

切实提高数据运行质量。按照中国地震局统一部署，印发《重庆市地震局地震监测仪器运行状况大检查工作方案》，全面梳理台站地震监测仪器基本信息、地震台及中心站管理制度，针对观测环境、观测系统、供电通信、综合布线等可立即解决的问题，制定整改措施并立行立改；对需要长期解决的问题制定整改工作计划并推动实施。全年台网运行率、数据完整率均优于99%，远高于95%的行业标准。

做好震情跟踪和特殊时段地震安全保障工作。针对区县报告的地震异常情况，先后组织开展南川区微小震现场调查、綦江区打通镇石壕镇异常声响振动、巴南区麻柳镇南平坝岛周边区域房屋出现异响振动监测和秀山县官庄街道张坝社区码头组异响等核实工作。组织召开2021年年中地震趋势会商会、2022年度地震趋势会商会，邀请四川、云南等周边省局、相关区县地震部门和相关科研机构参与，云南漾濞6.4级、青海玛多7.4级、四川泸县6.0级地震发生后开展紧急会商。在元旦、春节、高考、庆祝建党100周年和党的十九届六中全会等特殊时段，制定专门的安全保障服务工作方案，落实值班值守要求，加强系统运维巡检，开展专题会商，强化网络安全防范和舆情监控，每日审核上报安保信息，圆满完成各项重大活动和特殊时段地震安全保障服务工作。全年共召开各类会商会128次，组织参加西南片区流动演练1次。

2. 台网建设情况

根据中国地震局台站改革年度任务，组织制定《中共重庆市地震局党组关于加强地震监测中心站改革若干问题的意见》；同时，汇编改革相关文件并传达各台站学习讨论，采用座谈、谈话、实地查看等多种方式开展台站改革相关调研，了解台站实际情况，倾听台站职工意见，让台站职工理解改革、积极参与改革。

截至2021年底，重庆巴南地震监测中心站改革组建工作基本完成，有职工（含台长）19人，业务范围包括重庆市全部行政辖区，负责辖区内地震监测工作职责，承担辖区地震监测设施运行维护保障、参与地震灾害风险防治和应急响应等业务工作。

3. 地震速报预警信息服务

立足主责主业，以实际需求为导向，认真落实中国地震局和重庆市委、重庆市政府相关要求，进一步优化实化震情信息服务。一是编制《重庆市地震局地震监测预报决策服务产品清单（2021年试行版）》，细化报送流程和责任部门；二是在年度、半年、月度、专题会商后主动向重庆市委、重庆市政府和重庆市有关部门报送震情信息；三是落实完善"12322"短信平台功能；四是明确震情值班和行政值职责，确保第一时间电话报告自动速报信息，20分钟内书面报告正式速报信息。

加快推进国家预警和重庆市预警项目。制订《国家地震烈度速报与预警工程重庆子项目2021年度工作计划》及《重庆市地震烈度速报与预警工程2021年度工作计划》，提出两个项目的年度总体目标和分项目标。先后三次调整预警项目管理和实施机构，进一步完善体制机制。每周汇总项目进展情况，班子分管领导定期听取汇报、研究解决项目推进中面临的问题，促使项目及时推进。

为强化国家地震烈度速报与预警工程重庆子项目实施，2021年8月10日组织启动"百日攻坚"战，保障了项目的按期推进。重庆市地震烈度速报和预警工程项目组多次协调重庆市规划与自然资源局、重庆市林业局和重庆市相关区县地震工作部门，明确项目征地、林地审批等工作办理流程，争取理解与支持，项目实施取得预期成果。

（重庆市地震局）

四川省

1. 震情跟踪工作情况

编制印发进一步加强地震监测预报工作的实施方案、震情监视跟踪和应急准备工作方案等"5+2"方案体系，完善震情短临跟踪和会商研判技术方案，建立6级以上强震短临预测指标体系，落实"抓大震、防大灾"工作部署。开展各类会商279次，异常核实31起，处置预测意见23份。云南漾濞6.4级、青海玛多7.4级、四川泸县6.0级等地震发生后，迅速会商，科学把握震情趋势。四川泸县6.0级地震后，先后开展联合会商10次，分析研判震情发展，为震区应急救援、灾情研判等提供科学依据。对照震后12小时应急响应服务行动清单和震后趋势会商业务规定，完善震后紧急会商工作方案和技术方案，制定完善震后紧急会商模板。制定印发《前震序列识别判定业务化工作方案》，明确告警信息接收处置流程，将告警处置及前震序列确认结果纳入周月会商。持续加大开放会商力度，邀请中国地质科学院、中国科学院成都山地所、西南交通大学等系统外专家参加年中、年度会商和专题研讨会。举办地震分析预报业务培训班，全省地震台站综合业务培训班，召开高端人才座谈会，组织中心站和市州业务人员省局跟班学习，加强地震监测预报队伍建设，提升在大应急体系下的综合业务能力。组建6.5级大震专家组，制定工作方案，构建业务体系，健全指标体系，强化大震短临跟踪。以凉山州为试点，推进短临预报专群结合落地。汇集106个市县台观测数据，在川滇交界布设130套新型地磁观测仪。遴选276个宏观重点跟踪点，开展宏观观测信息上报系统培训和推广应用，完成3例异常上报、核实。将气象、降雨量等其他部门数据用于异常核实分析，开展气象数据异常与地震发生关系相关性研究。与留学人才发展基金会、中核汇能有限公司等共同推动防震减灾科技创新，探索地震部门、公益基金、企业共同参与防震减灾事业新模式。

2. 台网运行管理

2021年四川地球物理台网（国家台网）有电磁学科观测台站18个，观测仪器43套，测项分量数179个；形变学科观测站14个，观测仪器36套，测项分量数125个；重力学科观测站5个，观测仪器5套，测项分量数25个；流体学科观测站25个，观测仪器78套，测项分量数111个；有辅助观测设备的台站22个，观测仪器33套，测项分量数77个。2021年四川省地球物理观测台网仪器平均运行率为98.35%，有效率为96.15%。

每月15日前上传国家局质量评比事件波形和连续波形文件。截至12月，共上传地震事件12个，单台连续波形文件720个，产出数据文件个数208513个，数据量5587G，刻录光盘765张；每日汇总本省站网运行率、故障及维修情况，截至12月，测震台网平均运行率为98.42%，示范台网平均运行率为96.27%，向国家台网中心JOPENS系统控制台报送台站故障达425次。强震动观测方面，完成强震动台站远程检查工作78480台次，远程处理强震动台站仪器故障115台次，处理强震动数据监控平台故障3次，仪器检查标定5232次，回收仪器标定3204组记录，分析处理4级以上地震的强震动记录数据186条，向国家台网中心提交上报数据表8份，编发强震动观测简报5份。在信息发布方面，截至12月，共发送地震AU短信243条，接收315900人/次；地震短信正式报341条，接收443300人/次。

3. 台网建设情况

（1）测震台网。"十五"期间，在四川省人民政府和中国地震局的大力支持下，在四川省建成由52个宽频带地震台、1个数据处理中心和12套流动台构成的四川数字测震台网，该台网的建成大幅提升了四川省的地震监测水平，在"5·12"汶川特大地震的监测工作中发挥了巨大作用。但是，在应对"5·12"汶川特大地震中也暴露出了台网部分功能和设备配置不满足应对特大地震的需求问题。针对存在的问题，在"5·12"汶川地震恢复重建项目中，除完成对受损台站的恢复加固和补建8个测震台外，重点对台网中心的台站数据接入、数据处理、数据存储、数据服务、综合业务管理和中心配电系统等6大能力进行全面升级改造。经改造完成后的四川数字测震台网，台站由原来的52个扩展为60个，台网中心达到了接入测震台站不低于300个，提供不低于2000路台站实时波形数据服务，具备了在线连续波形数据不低于3个月、事件波形数据不低于3年的存储能力；中心供电系统得到了充分保障，实现了对全川测震网络和设备进行综合监控管理。

（2）地球物理台网。四川省国家地球物理台网包含定点地球物理台站50个，观测仪器195套。重力台站5个；观测仪器5套；形变台站14个，观测仪器36套；地磁台站12个，观测仪器31套；地电台站7个，观测仪器12套；流体台站25个，观测仪器78套；含有辅助观测设备的台站24个，观测仪器33套。

四川省市县地球物理台网包含定点地球物理台站89个，观测仪器160套；形变台站35个，观测仪器40套；电磁台站27个，观测仪器28套；流体台站48个，观测仪器71套；含有辅助观测设备的台站20个，观测仪器21套。2021年，完成眉山6个地球物理台站建设、广元2个台站标准化改造、阿坝映秀台和德阳天元台共建改造；推进成都2个综合台、凉山3口深井建设，指导大山铺钻孔应变试用。完成西昌地震监测中心站优化改造、攀枝花南山台伸缩仪升级改造。市县台网自2011年起运行，截至2021年，年台站数量增加74个，仪器数量增加145台套。

（3）地震预警台网。四川地震预警网主要由国家地震烈度速报与预警工程四川子项目（以下简称"国家项目"）、"8·8"九寨沟地震灾后恢复重建地震烈度速报与预警项目（以下简称"省项目"）、川滇简易烈度计预警验证网项目（以下简称"川滇项目"）、四川西部监测能力提升项目（以下简称"西部项目"）及康定地震灾后恢复重建项目五大部分统筹建设。四川地震预警网台站观测按观测手段与类别分别为地震烈度速报与预警基准站、基本站、一般站。按照四川省地震局统一规划部署，国家项目建设1198个台站，其中基准站点210个（改造57个、新建153个）、基本站点261个（改造54个、新建207个）、一般站点727个。省项目建设221个台站，其中基准站点29个、基本站点56个、一般站点136个。川滇项目新建150个一般站点，西部项目建设70个一般站点，康定地震灾后恢复重建项目建设 30 个基准站点，共同组建由台站总规模为 1669 个的四川地震烈度速报预警观测网络，基本实现四川省内全覆盖。

按照《关于开展国家地震烈度速报与预警工程先行先试中期评估工作的通知》要求，四川地震预警网于 2020 年 7 月 15—17 日经专家组评估认为：四川省地震局根据国家预警工程和省项目建设的整体要求，按照"边建设、边服务、边改进"的"先行先试"的整体思路，打通了地震烈度速报和地震预警的数据接入、数据处理、信息发布、信息接收和信息服务全链条，在建设中开展试技术、试方法、试服务、试标准、试队伍，"先行先试"进展良好，形成规模效应，取得先期成效，起到示范带动作用。

4. 监测预报基础研究与应用

新承担重点研发课题 1 项，子课题 4 项；承担三结合课题 2 项、震情跟踪专项项目 3 项，新获批自然基金青年项目 1 项，分别配合四川大学、中科院青高所新承担联合基金项目各 1 项；与中国地震局地震预测研究所组成联合申报体申请国家重点研发计划项目；协调四川省科技厅，将能源区地震风险安全研究列入 2022 年科技指南。与中国地震局地球物理研究所、中石油西南分公司、中石油浙江油田分公司等签订合作协议，共同开展页岩气开发区地震活动监测及相关灾害风险防范研究。联合北京大学、中国石油大学以及中国地震局地球物理研究所召开"青藏高原东缘深部结构及动力学"学术报告会，展示汇报青藏高原东缘地区地震科学台阵探测和能源区勘探等领域的研究进展和成果。

5. 地震速报预警信息服务

2021 年共完成地震速报 166 次，其中 $M<3.0$ 地震 36 次，$M3.0\sim3.9$ 地震 85 次，$M4.0\sim4.9$ 地震 31 次，$M5.0\sim5.9$ 地震 11 次，$M6.0\sim6.9$ 地震 2 次，$M7.0\sim7.9$ 地震 1 次；分析产出地震目录 25678 条，计算省内 243 次地震的震源参数和 21 次地震的震源机制解；产出 12 期地震观测报告和地震月报，向《四川地震》整理提交 4 期省内地震目录；完成 EQIM 平台的维护，完善编目自动化处理系统功能，完成智能地动系统和福建局自动编目部署。

四川省紧急地震信息服务平台连续稳定运行，截至 12 月 31 日，平台接收并发布地震预警信息 164 条，最大预警地震震级 5.4 级（泸县 6.0 级地震），最小预警地震震级 3.0 级，四川省境内发布地震预警信息 138 条；接收并推送地震速报信息 119 次（正式报），省内地震 62 次；3.0 级以上地震产出乡镇仪器烈度图、PGA/PGV 等值线图等烈度速报产品；各类预警终端整体在线率保持 90% 以上。积极参加台网中心组织的技术碰头会，完成中国地震预警网融合平台产出报送工作。截至 12 月，产出报送 3.0 级以上地震专报 59 份、平台运行周报 32 份。与支付宝、川观新闻、四川观察等手机 APP，通信管理局、高铁、地铁等单位，校园网等第三方对接，不断拓宽预警信息发布渠道，形成百万级的用户信息服务覆盖能力。2021 年 7 月紧急地震信息 APP、支付宝"地震预警"小程序、川观新闻官宣上线，正式对社会公众提供地震预警服务。

（四川省地震局）

贵州省

1. 震情跟踪工作情况

贵州省地震局印发实施《贵州省2021年度震情监视跟踪和应急准备工作实施方案》，优化震情会商机制，完善长、中、短、临逐级指导和滚动评价的地震预报业务体系，密切监视跟踪震情发展。编制《贵州省地震局震情会商及短临跟踪技术方案》并应用到日常震情跟踪工作中。2021年组织召开周会商52次，月会商12次，震后紧急会商10次，专题会商6次、加密会商76次。协同南北地震带南段和中段构造协作区开展震情跟踪工作，参与西南片区和2022年全国地震趋势会商会。召开贵州省2021年下半年地震趋势会商会和贵州省2022年度地震趋势会商会，持续扩大开放会商力度，邀请贵州大学、贵州省气象局、贵州省水利厅、贵州省地矿局、中国电建集团贵阳勘测设计研究院有限公司等系统外专家学者参加会商，提出贵州省2021年下半年地震趋势意见和贵州省2022年度地震趋势意见，及时将意见报告贵州省人民政府。参与全国2021—2030年地震重点监视防御区确定工作，提出贵州省地震重点监视防御区（2021—2030年）判定结果，省人民政府办公厅转发《省应急厅 省地震局关于加强全省地震重点监视防御区（2021—2030年）防震减灾工作的实施意见》，进一步加强贵州省地震重点监视防御区的防震减灾工作。

2. 台网运行管理

印发《贵州省地震局地震监测仪器运行状况大检查工作方案》，成立地震监测仪器运行状况大检查工作组，按照职责分工，积极推进地震监测仪器运行状况大检查工作，重点聚焦地震监测中心站监测仪器基本信息、运维保障、制度建设与落实，制定整改措施并完成整改，保障了地震监测系统稳定可靠运行。完成全省17个地震监测台站老旧设备更新，接入66个水库专用地震监测台网数据，入网台站由2020年的21个增加到2021年的175个，贵州测震台网运行率稳定在99.5%以上。

3. 台网建设情况

国家地震烈度速报与预警工程贵州子项目持续推进。完成44个一般站验收，完成17个基准站和44个基本站设备安装，实现数据回传；完成中心土建并通过验收，推进预警中心系统建设、软件部署和发布平台搭建，完成10家单位预警信息服务终端安装，初步具备预警服务能力。

贵州省地震测震能力提升工程项目有序推进。开展贵州省地震监测能力提升工程项目建设，完成24个台站征地、台站土建、台站专通用设备采购和中心软硬件采购等工作。

"一带一路"地震监测台网贵州子项目有序推进，完成"一带一路"地震监测台网贵州子项目土建、专通用设备招投标等工作。

4. 监测预报基础研究与应用

完成"贵州地震台网震情信息产出自动化实现"和"贵州数字测震台网台站背景噪声分析"两个三结合课题验收并应用于日常震情监视跟踪工作。完成地震应急青年重点课题"基于深度学习的震后滑坡自动提取算法研究"并顺利结题。修订《贵州省地震局科研项目（课题）管理办法》。与中国地震局地球物理研究所联合向贵州省科技厅申报"基于大数据和人工智能的黔西南水库地震监测关键技术研究与应用"课题；与中国电建集团贵阳勘测设计研究院有限公司开展水库地震方面的研究。持续推进地震科技星火计划项目"地震风险评估与隐患大数据可视化平台的研究"。

5. 地震速报预警信息服务

完成2021年3月18日贵州安龙3.0级、2021年6月4日贵州余庆3.0级、2021年6月11日贵州贞丰3.1级、2021年8月21日贵州七星关4.5级和2021年11月24日贵州修文4.6级地震的速报工作，及时产出地震速报信息，面向社会公众提供震情信息速报服务，及时向贵州省委、贵州省人民政府报告云南漾濞6.4级、青海玛多7.4级地震应对及处置情况。地震安全保障能力不断增强，圆满完成全国两会、中国国际大数据产业博览会、中国共产党成立100周年庆祝活动、生态文明贵阳国际论坛、党的十九届六中全会等重大活动、重点时段地震安保服务工作。

（贵州省地震局）

云南省

1. 震情跟踪工作情况

云南省地震局成立震情监视跟踪工作领导小组，局领导带队到重点危险区通报震情。制定《2021年云南省震情监视跟踪和应急准备实施方案》《云南省震情短临跟踪和会商研判技术方案》等，明确68条可检查考核的工作措施，建立台账，压实责任。

定岗定人跟踪分析云南省500余项地球物理观测、1369个宏观测报点资料，每日列表登记异常变化，及时组织开展异常现场核实。进一步加强大震短临跟踪研判，制定《云南地区6.5级以上大震短临跟踪研判工作方案》，确定跟踪思路：判别强震活动主体区，研究可能的发震地点，探索强震孕震阶段，总结异常共性特征，追踪短临异常，建立指标体系，对危险区跟踪研判。以昭通为主体，包括昆明、曲靖地区，试点开展地震短临预报专群结合研究，强调专、突出群，发挥群在地震短临预报中的作用。

云南省地震局组织各类周、月、专题等会商148次，参加联合视频会商61次，参加漾濞震后序列跟踪和专题会商视频会40次。报送会商意见154份、云南宏微观异常零报告文字和图件395份、云南宏微观异常核实报告49份。完成异常分析报告、地震序列分析报告、异常震例总结、零异常报告等447份。派出100多人次开展了30次现场异常核实工作，提交异常核实报告53份。做好重大活动地震安保工作。

2. 台网运行管理

云南省地震局做好云南数字地震台网、强震台网系统运维保障、技术支撑和数据处理工作。云南省测震台网运行率99.24%；强震动台网平均运行率97.81%；信息节点连通率99.93%；地震预警示范台网运行率95%。2021年，处理触发地震事件184次，编目地震36115个。产出$M_L 3.0$以上地震震源参数184个，$M3.5$以上地震震源机制24个。发送地震短信息48万余条。

3. 台网建设情况

云南省地震局实施腾冲、曲江、祥云3个台站共计3套地电场仪更新升级，编制云南省《群测群防设备管理制度》。持续推进云龙、丽江、洱源等地震台（站）观测环境保护工作，完成云县地震台部分迁建综合观测站工程验收，办理相关档案资料移交手续，相关仪器设备安装到位进入试运行阶段；石屏综合观测站已具备架设观测仪器的基本条件。加强观测仪器设备运维管理，提高数据产出质量。完成GNSS、地磁、重力、跨断层野外流动监测年度任务。

4. 监测预报基础研究与应用

云南省地震局组织开展1212台（套）监测仪器运行状况大检查，完成《云南省地震局地震监测仪器运行状况大检查自查报告》，为"十四五"期间全国实施网站更新升级提供重要参考。继续推进基于预测指标体系的地震风险概率预测技术。承办全国震情短临跟踪观测技术研讨会。完成2期地震监测预报业务培训。引进人工智能地震编目系统并在漾濞地震序列编目和震后趋势跟踪研判发挥重要作用。完成5期地震监测预报业务培训。

按照《中国地震局地震短临预报专群结合研究试点行动方案（2021—2023年）》，以川滇交界东部为试点地区开展研究试点，成立了领导小组和专门工作组，明确工作任务清单，细化工作计划到周，每月报送工作进展，从数据汇交与处理、指标提取与跟踪、决策服务等方面，融合共享专业与专用、群测群防，国家与省、市县各类观测数据，开展试点地区短临跟踪与预报实践，实现昭通、昆明、楚雄地区各类地震观测数据共享，开展白鹤滩库区流动地震监测，开展密集电磁台阵观测，利用70次震例资料研究云南地区强震前宏观异常特征，开展试点地区地震监测项目效能评估，形成试点地区震情研判指标报告，探索研究新时代、新阶段专群结合地震短临预报模式。

5. 地震速报预警信息服务

国家地震烈度速报与预警工程云南子项目202个基准站、228个基本站、1110个一般站于2021年5月完成全部建设任务通过竣工验收，形成包含1个省级中心，16个州市信息发布平台的信息服务体系。开通覆盖全省的746套地震预警终端试运行服务，覆盖省抗震救灾指挥部成员单位、16个州市政府和应急管理部门、地震行业部门、示范学校和生命线工程等单位用户。联合云南移动、云南电信和云南广电打通电视预警渠道，目前实有电视预警用户230万，具备向全省1000余万（移动600万，电信300万，广电135万）用户提供电视预警服务的能力。

漾濞6.4级、双柏5.1级、盈江5.0级地震发生后，云南地震预警系统有效响应发出预警信息，多所学校、电视预警用户采取有效避险措施，政府部门、抗震救灾指挥部成员单位及时启动应急响应，取得一定减灾实效。

（云南省地震局）

西藏自治区

1. 震情跟踪工作情况

西藏自治区地震局成立以局主要负责同志为组长的西藏自治区2021年度震情监视跟踪与应急准备工作领导小组和实施小组，印发《西藏自治区地震局2021年震情短临跟踪和会商研判技术方案》《西藏自治区地震局2021年度震情监视跟踪和应急准备工作方案》。传达学习《中国地震局党组关于进一步加强地震监测预报工作的实施意见》和2021年全国震情监视跟踪与应急准备工作会议精神，通报2021年全国地震趋势会商意见和全区地震趋势会商意见，解读《西藏自治区地震局2021年度震情监视跟踪和应急准备工作方案》。召开2021年度震情监视跟踪和应急准备工作部署会议、全区地震局长会议，安排部署震情监视跟踪和应急准备工作。

西藏自治区地震局共召开周、月、加密、专题会商共176次，组织召开2021年中地震趋势会商会，2022年度地震趋势会商会，报送各类会商意见176份。组织和参加协作区联合会商、中国地震台网中心组织的滚动会商会76次。向自治区党委、政府报送震情专报5次。扎实做好习近平总书记视察西藏期间以及西藏和平解放70周年、庆祝建党100周年、全国两会等重要时段、重点时期的震情保障工作。

2. 台网运行管理

西藏自治区地震局进一步完善各项规章制度，包括西藏地震速报技术管理办法、地震编目管理办法、地球物理台网运行管理办法、测震台网和地球物理台网评比办法、台网和台站值班制度等。每年按时开展台站观测资料质量评比工作，提高台站观测资料的质量及处理。成立仪器维修保障组，台站断记后及时派人维修，全年测震台网运行率达到90.9%，地球物理台网运行率达到98.5%以上。

3. 台网建设情况

2021年9月由中国地震台网中心、福建省地震局、四川省地震局、广东省地震局、河北省地震局、云南省地震局、深圳防灾减灾技术研究院等单位组成第二批重点地区攻坚援藏工作组，共派30多名专家赴藏开展相关工作，11月底前完成西藏地区预警建设任务，共完成146个一般站、35个基本站、7个新建基准站和24个改造基准站的建设，完成专用软件部署联调，打通地震预警和烈度速报核心业务系统全链条。

4. 地震预报基础研究与应用

西藏自治区地震局加强对全区各项观测资料处理分析，密切跟踪资料动态变化，出现异常立即上报。完成一项2021年度震情跟踪定向工作任务，对西藏地区5.0级以上地震序列类型及特征进行研究。完成西藏区域内3次5.0级以上地震和波密震群、尼木震群5个异常跟踪分析报告。进一步对西藏地区地震前兆典型异常库和前兆典型干扰库进行完善。全力配合中国地震局地球物理研究所实现在西藏地区的温泉观测，积极协助中国地震局地震预测研究所、中国地震局第一监测中心和四川省地震局等单位在西藏开展地震科学研究。

（西藏自治区地震局）

陕西省

1. 震情跟踪工作情况

印发《关于进一步加强地震监测预报工作的实施方案》，制定并实施《陕西省2021年度震情监视跟踪和应急准备工作方案》，制定会商技术改革方案，全年组织会商164次，落实异常14次，处置社会地震预测意见26件，制定地震安保工作方案并完成庆祝建党100周年、习近平总书记来陕考察、全运会等重大活动、重要时段地震安全保障服务。

2. 台网运行管理

开展全省地震监测仪器设备运行状况大检查，2021年全省地震台网平均运行率为99.49%，处理地震事件2222个，速报地震19个，编目地震1781个，向省委、省政府报送震情信息93期。完成西安、宝鸡、渭南、安康、榆林5个中心站挂牌，制定印发《陕西省地震局地震监测中心站运维保障业务工作暂行规定》《陕西省地震局地震监测中心站地震应急工作暂行规定》《陕西省地震局地震监测中心站震情跟踪工作暂行规定》等制度，完善中心站运行机制，推动中心站业务转型升级。

3. 台网建设情况

国家地震烈度速报与预警工程67个新改建基准站、113个基本站土建以及485个一般站、142个终端全部完成，设备安装调试正在进行收尾工作。陕西省地震烈度速报与预警工程7个改造基准站土建、515个一般站建设和112个终端全部完成，1个新建基准站正在建设。

4. 地震预报基础研究与应用

加强地震预测科学研究，开展地震风险概率预测等新技术方法的探索，开展地震大形势研究等12项震情研判专题研究，重点对甘宁陕交界地区地震视应力、地球化学特征、重力变化特征进行深入探讨，继续加强应力张量非均匀性、震源机制解、波速比等数字地震学方法的应用研究，提升地震会商科学水平。

5. 地震速报预警信息服务

组织完成省预警中心、国家预警项目一般站、国家预警项目市级信息服务平台、省预警项目终端验收工作。与广电等部门沟通探索拓展地震预警服务渠道。

（陕西省地震局）

甘肃省

1. 震情跟踪工作情况

2021年，甘肃省地震局认真贯彻落实应急管理部、中国地震局以及甘肃省委和省政府震情监视跟踪部署，积极开展震情监视跟踪各项工作。研究制定《甘肃省地震局党组关于进一步加强地震监测预报工作的实施方案》《甘肃省地震局 2021 年度震情监视跟踪和应急准备工作方案》。组织召开 2021 年全省震情监视跟踪和应急准备工作部署视频会，研究部署 2021 年全省震情监视跟踪和应急准备工作，地震重点危险区涉及的 8 个市州地震局均制定了本地区震情监视跟踪和应急准备工作方案。引入系统内外多部门、多学科专家组建地震跟踪研究团队，完善跟踪措施，压实工作责任，着力在构建大震短临预测指标体系上有所进展。编制甘肃省和南北地震带北段《震情短临跟踪和会商研判技术方案》，完善地震短临跟踪研判工作机制，明确岗位责任；并接受中国地震局地震短临跟踪督导检查组的检查。印发《甘肃省地震局前震序列识别与试验应用工作方案》，压实省地震台和中心站工作责任，年内共处置前震自动识别系统告警信息 300 余次。进一步强化甘青川地区地震短临跟踪工作。继续开展流动观测、群测群防等工作，进一步加强甘青川交界地区震情短临跟踪工作，提升区域震情综合分析研判能力。

2. 台网运行管理

一是加强站网运行。建立甘肃地震监测预报业务运行情况月通报制度，将站网运行指标列入省地震台、信息中心、各地震监测中心站等站网运维单位年度目标考核指标，引导站网运维各方努力提升运维质量与效率。2021 年，各站网运行率大幅提升，测震站网运行率 99.34%，强震动站网运行率 97.22%，地球物理观测数据连续率 99.76%，地球物理观测数据有效率 99.48%。二是开展监测仪器大检查。结合《关于开展地震监测仪器运行状况大检查的通知》要求，制定印发《甘肃省地震局 2021 年地震监测仪器运行状况专项检查工作实施方案》，全面梳理 469 套地震监测仪器基本信息、运维保障等方面情况，摸清仪器运行情况底数，针对存在的问题，明确保障站网正常运行、产出高质量观测数据等方面整改措施。三是完成站网规划编制。编制印发《甘肃地震监测站网规划（2021—2030 年）》。依托国家预警工程、甘肃省预警工程项目建设实施和地震监测老旧仪器设备升级改造，进一步优化测震和地球物理站网布局，推进"一县一站"建设。四是加强地震监测设施和观测环境保护工作。对全省受干扰观测站进行全面梳理，积极推进兰州观象台受 G30 连霍高速过境线和中通道南延线建设影响、定西观测站受科创城教育大道建设影响等地震监测设施和观测环境保护工作。五是提升市县地震监测基础能力。近年来，每年投入固定资金用于优化市县地震观测环境、新上观测项目和观测仪器设备更新等。同时，将市县防震减灾技术培训纳入年度职工培训计划，加强市县预测预报专业培训和业务指导，进一步提高市县地震部门防震减灾能力和水平。

3. 监测预报基础和研究及应用

长期以来坚持科研为"地震监测预报"提供科技支撑和技术保障的科技创新发展思路，始终将地震监测预报领域作为甘肃省地震局地震科技发展基金重点支持方向。积极开展以地震预测技术和观测技术研究为主线，深入开展区域地球动力学理论、地震预测和地震监测等方面的创新性基础和应用研究，拓宽对地震预测和预报理论的研究，初步开创具有西北区域特色的地震预测预报方法研究。

4. 地震速报预警信息服务

一是强力推进预警项目的实施。制定印发《国家地震烈度速报与预警工程甘肃子项目台站土建工程验收方案》《强化责任 狠抓落实 坚决打赢预警工程攻坚会战实施方案》及

《国家地震烈度速报与预警工程甘肃子项目专项攻坚"两清单一方案"》等相关管理制度；组织召开周、月例会及局长专题办公会，加快推进任务实施。二是完成年度工作任务。完成9个标段土建验收与整改，完成900个一般站设备安装验收；完成数据处理软件系统的部署和集成，实现163个基准站、205个基本站、900个一般站数据回传，目前我局预警系统基准站、基本站运行率均在98%以上，一般站运行率达到95%以上；完成1个省级发布平台及12个市级发布节点的软硬件安装与部署联调。

（甘肃省地震局）

青海省

1. 震情跟踪工作情况

青海省地震局制定印发《2021年青海省震情跟踪和应急准备工作实施方案》《青海地区及青川藏交界地区短临跟踪和会商研判技术方案》《关于贯彻落实〈中国地震局党组关于进一步加强地震监测预报工作的实施意见〉实施方案》《甘青川交界地区大震监测预报和应对准备工作细化方案》等方案，组织召开青川藏交界危险区震情专题会商、年中地震趋势会商和青海玛多7.4级地震序列及青藏高原强震趋势研判专题研讨。尤其是玛多7.4级地震后，专门成立6.5级以上大震短临预报跟踪组，开展滚动式震后趋势判定，提出应对强余震和结束二级响应建议，为各级政府应急响应、稳定社会和抗震救灾提供决策依据。邀请气象、测绘、高科院等系统内外单位参加2021年年中和2022年度地震趋势会商会，实施重大震情与中国地震台网中心和邻省联合紧急会商机制。

2021年共形成月会商意见报告12份，52周震情监视报告52份，临时会商22次，紧急会商29次，加密会商133次，上传宏微观零异常报告417次；参加各类视频会商85次，视频专题会商6次。完成前兆学科现场异常核实30余次、电话异常核实150次，提交异常核实报告31份（形变6份，电磁9份，流体16份），测震学分析报告8份。

2. 台网运行管理

青海省地震局加强测震台网、前兆台网、强震动台网、陆态网络等监测台网的运行维护力度，确保各台网正常运行，产出高质量观测数据，累计维修维护仪器设备及监测设施270余台次。测震台网全年接入中国地震台网中心台站数量达到67个，测震仪器数量67套，平均运行率为99.24%；地球物理台网台站数量24个，强震仪器数量104套，运行率98.70%；强震动台网台站数量55个，强震仪器数量55套，运行率为99.85%；陆态网络台站数量15个，陆态网络仪器数量15套，运行率为99.88%；国家地震烈度速报与预警工程项目青海子项目台网系统已接入基准站41个、基本站71个、一般站350个，基本完成仪器架设，处于试运行阶段，基准站平均运行率97.36%、基本站平均运行率96.28%、一般站平均运行率96.75%，均达到项目建设要求。

3. 台网建设情况

青海省地震局加强台网规范化建设，先后编制《青海省测震站网规划》《青海省地球物理站网规划（地磁、重力、地壳形变）》4项规划，开展地震监测仪器运行状况专项大检查。随着国家地震烈度速报与预警工程项目青海子项目建成并逐步投入试运行，又制定印发《青海地震预警台网运行管理办法（试行）》《青海紧急地震信息服务终端运维管理细则（试行）》等管理办法和细则。

加强制度和组织管理，先后下发《关于调整国家地震烈度速报与预警工程项目青海子项目组织管理和实施机构组成人员的通知》，根据机构改革和人员变动，再次对国家地震烈度速报与预警工程项目青海子项目组织管理和实施机构组成人员进行调整，建立双总工制度，增加地震台运维人员，成立业务系统建设运维专班。同时，组织召开地震预警系统整改工作部署会，印发《青海省地震局地震预警系统整改方案》和《青海省地震局地震信息误发问题专项整治方案》，又根据《关于国家地震烈度速报与预警工程第二批重点地区建设单位专项攻坚工作要求的通知》和7月30日"国家预警工程第二批重点地区建设单位攻坚启动视频会议"要求，青海省地震局被确定为第二批重点地区建设单位，正式启动青海子项目"百日攻坚"。建立周例会工作制度和沟通协调、督促检查和协调会商研判3个工作机制，每周一参加中国地震台网中心组织的第二批攻坚单位周例会，汇报青海子项目进展情况。组织召开青海子项目领导小组会议2次、专题会议5次；开展"百日攻坚"，印发"两清单一方案"。

国家地震烈度速报与预警工程项目青海子项目完成2021年度12个台站的施工设计、征租地、土建施工及设备安装调试等工作，数据全部接入青海测震台网中心和中国地震台网中心，投入试运行；"一带一路"地震监测台网项目完成9个新建GNSS观测墩的土建施工和专业及通用设备的采购、合同签订等工作；子午工程二期项目完成格尔木台感应式磁力仪观测室施工设计、招标、土建施工等工作；完成2021年度全国重点危险区地震监测站网老旧设备更新升级和防震减灾设备配备与更新。

4. 地震速报预警信息服务

2021年，青海省地震局向青海省委省政府上报地震简报14期、震情专报4期。尤其在玛多7.4级地震应急期间，先后4次向青海省委和省抗震救灾指挥部专题汇报，对5月30日12时、14时和6月3日13时发生的3次4.9级余震向果洛州人民政府和玛多县人民政府发送《关于加强青海玛多7.4级地震灾区余震防范建议的函》。

向青海省委省政府等单位提交61期震情简报等信息。

在全国"两会"、中国共产党成立100周年庆祝活动、第二十届环青海湖国际公路自行车赛、党的十九届六中全会等重大活动期间提供地震安全保障专项服务。

地震速报预警系统在2021年度共触发5个地震，最大为2021年12月6日14时26分在青海果洛藏族自治州甘德县（34.21°N，100.58°E）发生的4.7级地震。

（青海省地震局）

宁夏回族自治区

1. 震情跟踪工作情况

牢固树立震情第一的观念，制定《宁夏回族自治区2021年度震情跟踪和应急准备工作方案》并积极落实，完成了1—11月震情跟踪和地震前兆观测效能评估工作。制定地震安全服务保障工作方案，完成全国"两会"、中国共产党成立100周年庆祝活动、党的十九届六中全会、中阿博览会、高考、国际葡萄酒文化旅游博览会等重大活动和重要时段地震安全保障服务工作。安保期间每天向中国地震台网中心汇总报送信息，参加视频会议，按时编写报送地震安保总结。

协调完成周、月震情跟踪分析与研判工作。组织召开2021年年中及2022年度全区地震趋势会商会，形成地震趋势会商意见。积极参加2021年年中、年度南北地震带北段构造协作区会商会。及时开展异常现场核实分析工作，全年开展异常现场核实92人次，提交异常现场核实分析报告15份。首次开展GNSS观测与定点形变异常对比分析工作，提升异常判定科学性。

2. 台网运行管理

宁夏回族自治区地震台站和台网运行规范有效，宁夏地震局对分布在宁夏境内的观测台站、仪器设备进行定期或不定期巡检，确保宁夏地震监测台网的连续可靠运行。

严格按照中国地震局关于地震监测仪器运行状况大检查要求，制定《宁夏地震局地震监测仪器运行状况大检查工作方案》并认真落实。制定《宁夏地震局业务系统检查工作方案》，组织开展台网观测技术系统、应急技术等各业务系统检查，确保系统安全可靠。狠抓观测资料连续率，每月开展全区地震观测系统运维及资料质量通报，全年观测资料连续可靠，测震站网月平均运行率99.79%，地球物理站网数据汇集率99.98%，数据有效率99.76%，均达到并超过台网中心评比要求。在2020年监测预报工作质量全国统评中，中卫地震监测中心站盐池地震台获GNSS基准站二等奖、国家测震台站系统运行三等奖，银川地震监测中心站获GNSS基准站三等奖、地电场观测二等奖、氦气和氢气观测获二等奖。

3. 台网建设情况

完成2021年全区台站监测运维、台站环境保护、地震监测及信息服务工作。强化业务管理及质量控制，印发《关于成立我局学科技术管理组的通知》，成立监测预警、预测与预报、地下流体等9个学科技术管理组。强化台站观测环境保护，完成北塔地磁台迁建项目框架协议签署、23套仪器设备安装架设和银川地震监测中心站办公场所搬迁工作；推进海原高台地电场观测环境保护工作。组织对全区观测手段的观测效能研究评估，完成银川胜利气氡仪、灵武大泉气氡仪和海原郑旗水位仪、水温仪永久停测手续办理。

加强台站工作管理，组织完成地震台站检查和季度绩效考核工作。组织完成2021年台站巡检和观测仪器标定检查，相对地磁、跨断层水准测量、流动地球化学等野外观测任务，电磁卫星接收站的运维工作。

积极推进地震监测中心站改革工作。每月向中国地震局汇报中心站进展情况。认真学习贯彻落实地震监测中心站站长工作会议精神。印发《关于各地震监测中心站承担观测台点运维工作任务的通知》，制定《宁夏地震局地震监测中心站管理办法（试行）》《地震监测中心站综合考评管理办法（试行）》。

组织宁夏地震台、信息中心、中心站骨干前往兄弟省局调研学习，协助举办2021年地震观测技术委员会学术交流会议并组织20名业务骨干参加学习，提升监测预报人员的业务能力。

4. 监测预报基础研究与应用

制定《宁夏地震局党组关于进一步加强地震监测预报工作的实施方案》及任务分解表，每季度按时完成并及时向中国地震局汇报工作进展。认真学习《震情会商技术方法动态评价工作规则（试行）》《震情会商技术方法业务应用推荐清单》等业务制度，制定并落实《宁夏地震局震情短临跟踪和会商技术方案》。按要求推进地震会商技术系统业务应用，开展业务试运行工作。完成基于预测指标体系的地震概率预测技术业务试用并实现月会商应用。按要求推进前震自动识别软件试验应用，及时对前震告警信息开展复核和会商工作。承担并完成震情跟踪定向工作任务6项。

5. 地震速报预警信息服务

积极推进国家地震烈度速报与预警工程宁夏子项目建设。强化组织管理，宁夏地震局党组每月专题听取项目建设情况汇报，分管局领导每半月听取汇报，部署工作，提出要求，为项目建设把准方向，提供组织保障。认真落实中国地震局关于"地震预警信息误发问题专项整治"工作部署，及时组织召开会议研究工作措施，印发并落实《宁夏地震局落实中国地震局地震信息误发问题专项整治工作方案》。项目建设总体符合法人单位进度要求，全区52个新建台站土建任务全部完成，基准站、基本站仪器设备安装集成率达90%，建成省级预警中心，72个预警信息发布终端验收通过，270个一般站运行率达96.5%。

宁夏地震监测预警项目列入自治区2021年重点支持项目，获批投资1345万元。协调成立宁夏地震监测预警工程建设项目组织机构和实施团队，明确项目实施主体责任；完成预警中心实施方案编制、仪器设备和台站土建招标、一般站合同签署等工作。银川地磁台优化改造项目、"子午工程"项目和"一带一路"项目完成年度建设任务。

（宁夏回族自治区地震局）

新疆维吾尔自治区

1. 震情跟踪工作情况

认真贯彻落实中国地震局"大震跟踪新疆方案"，2021年，新疆维吾尔自治区地震局编制新疆地区及重点危险区震情短临跟踪和会商研判技术方案，制定年度全区震情跟踪工作方案、新疆地区中强震短临跟踪技术方案、6.5级大震跟踪方案、新疆地震预测指标体系和短临预报技术方案，针对3个危险区分别成立3个震情跟踪工作组，2021年召开各类会商196次，落实异常49次，提交震情监视报告136份，完成震情专报20份，提交异常核实及分析报告82份，基本准确把握全疆4级以上地震的震后趋势，对"3·24"拜城5.4级地震提出准确的短临预测意见。

完善新疆天山地震带构造协作区震情协同工作机制。严格落实天山—西昆仑协作区工作机制，牵头组织系统内外专家研判新疆—西藏地区地震形势。联合中国地震台网中心、中国地震局地震预测研究所等相关单位共召开3次构造协作区会商会议。

召开新疆地震工作会，对全疆震情监视跟踪和应急准备工作进行部署，落实全国应急管理工作会议、全国地震局长工作会议、自治区防灾减灾救灾工作会议工作部署。成立重点危险区短临跟踪工作组，做好地震应急准备工作，及时向自治区党委、政府汇报震情研判情况提出工作建议。

组织地震监测中心站工作人员参加2021年度地震监测中心站观测员培训班、分析员培训班、2021年地震监测中心站观测员片区培训班、新疆局交流访问学者计划等培训，参加各类培训累计80人次。

印发《进一步加强地震宏观观测与信息报送的通知》，推进全区灾害信息员承担地震宏观信息报送工作，地震宏观观测员数量由615名增至近15000名，实现村级覆盖。通过线上线下方式进行培训，完成《新疆维吾尔自治区群测群防培训手册》《宏观测报观测手册》《带你了解宏观异常知识手册》汇编审核工作。对重点监视区6个县市21个宏观观测点开展现场宏观观测调研工作。

2. 台网运行管理

2021年，完成各台网年度观测、运维保障工作任务，含年度各项流动观测、定点观测任务以及台站的维护保障。对全疆11个有人值守台站远程视频监控，全疆测震台网、地球物理台网、强震动台网、流动监测台网，共运行393套仪器，全年运行率为99.66%，全年共速报地震263个，其中速报新疆境内地震206个，编目地震共25766条。新疆地震台作为全国地震系统推选的4个集体之一，获首届全国应急管理系统先进集体表彰。

开展乌鲁木齐首府圈流动GNSS观测工作、乌鲁木齐首府圈第一期、第二期流动重力观测工作；北天山第二期跨断层水准测量工作和北天山跨断层水准观测工作；北疆地区流动GNSS观测任务、北疆地区流动重力观测工作；南天山地区流动重力观测工作；石河子等地区大地四边形测量工作；地球物理场流动GNSS观测工作。

推进监测预测质量管理体系建设，获得全国地震监测预报观测资料质量评估前三名共计50项，连续8年位列地震系统第一。

3. 台网建设情况

组织开展"一带一路"、青藏高原能力提升项目，新建7个台站；完成14个台站仪器更新升级改造项目、7个台站灾损恢复及16个地震监测站综合观测技术保障系统改造项目，全疆台站的观测能力进一步提高。全疆11个有人值守台站布设远程视频监控，加强对台站的规范化管理。全年共组织开展地学化学、地磁、重力、GPS、跨断层水准、测震等流动观测12期次，有力支撑地震预测预报工作。全年地震速报与编目工作在高强度工作背景下保持平稳有序。组织专家编制全疆地震、形变观测台站站网规划。

4. 监测预报基础研究与应用

新疆维吾尔自治区地震局与中国地震局地质研究所联合申报的新疆帕米尔国家野外科学观测研究站（帕米尔野外站）获科技部正式批复建设。成功举办"第十届天山地震国际学术研讨会"，国内外近200名学者出席。举办"中亚防震减灾技术与管理培训班"，3个国家38名学员参加为期两周的培训。自治区科技厅支持防震减灾类2021年度自治区重点研发项目资金500万元，"地震短临预测技术研究"列入自治区科技创新"十四五"规划。乌鲁木齐中亚地震研究所联合7所疆内外高校和科研院所申报的2022年自治区重点研发任务专项通过自治区科技厅评审。

5. 地震速报预警信息服务

新疆地震局主要领导及项目主管部门先后 6 次对预警项目建设进行现场督导检查，根据项目开展情况，先后组织 7 次项目领导小组会议，研究解决存在的突出问题。一般站于 9 月 1 日进入试运行，数据连续率达到 95% 以上；预警中心及 12 个市级发布平台建设完成，相关软件完成部署与调试；170 个预警终端全部安装到位；316 个基本站建设与设备安装调试工作全部完成；114 个新建基准站监测室建设完成 86 个，占 75%，182 个基准站仪器设备安装调试完成 103 个，占 57%。预警信息发布拓展工作与自治区广电局开展多次对接，就技术细节进行了有效沟通，制定了地震预警信息接入方案。完成预警系统 JEEW（深研院），EEW（福建），烈度速报系统和决策系统的安装调试工作，进入试运行阶段。与帝嘉公司联系，完成 12 个市县预警发布服务器的硬件配发，系统安装工作。

聘请中科院新疆分院院长肖文交院士担任帕米尔野外站学术委员会主任，邀请地震系统内外 20 余位知名专家担任帕米尔野外站和中亚所学术委员会委员，聘请中国地震局地质所陈杰研究员任中亚所首席研究员，聘请帕米尔野外站地质所核心团队 20 余名专家作为中亚所流动岗研究人员，有力补强防震减灾科研力量。

继续开展好与中国地震局地壳应力研究所合作项目——新疆北天山地震构造带地球化学特征与震情强化跟踪技术研究。推动前兆异常识别方法研究、优化数字地震学资料的震例库，完善震源机制和地震序列库。充分利用中国地震局援疆项目产出数据产品，推进新技术、新方法的应用。完成 2021 年 2 项三结合课题的申报及中期检查，完成 2022 年度新疆地震局基金申报和评审工作。

防震减灾科研成果获 2021 年自治区科技进步二等奖 1 项，获中国地震局 2021 年度防震减灾科学成果奖 3 项，获批国家及省部级科研项目 4 项，承担国家重点研发项目 2 项、国家自然科学基金 3 项。

（新疆维吾尔自治区地震局）

中国地震局地球物理研究所

1. 震情跟踪工作情况

2021 年度，中国地震局地球物理研究所组织开展一系列的震情跟踪工作。

（1）为危险区跟踪、专题会商、大形势研判、构造协作区会商、震后趋势会商提供科技支撑。

川东南地区震情跟踪科技支撑方面，完成巧家密集台震小震频次、b 值分析，完成巧家台阵视应力分析，完成西昌台阵视应力分析，相关结果提交中国地震局地球物理研究所 2022 年度地震趋势会商。

组织参加中国地震台网中心组织的"两会"、党的十九届六中全会等专题会商会。

组织参加中国地震局地震预测所地震大形势跟踪研讨。

组织参加南北地震带中段危险区震情监视跟踪工作、华北东北地区专题会商会、南北地震带强震趋势专题会商会等构造协作区震情会商工作。

突出震情应急处置方面，组织开展云南漾濞6.4级地震、青海玛多7.4级地震、四川泸县6.0级地震的震情跟踪研判和相关科考工作。

在科技支撑方面，持续开展宾川地震信号发射台大容量气枪日常激发实验。

（2）组织2022年度流动地磁专科会商会。10月20日，组织召开2022年度流动地磁专科资料年度会商会，邀请中国地震局监测预报司领导、中国地震台网中心预报部相关人员参会，各流动地磁执行单位河北、安徽、云南、甘肃、青海、新疆、一测中心等12家实施单位代表参会。会商会形成2021年度流动地磁专科异常判定意见，会商报告按时提交电磁学科和台网中心预报部。

2. 监测预报基础研究与应用

2021年，贯彻落实《中国地震局党组关于加强地震监测预报工作的实施意见》，制定具体实施方案，推进意见落实并取得有成效的亮点工作。健全完善责任体系方面，将地震应急科技支撑产出产品纳入所绩效考核；夯实工作基础方面，在华北东北地区开展深部结构探测工作；以年度危险区为重点，推进建立流动地磁观测长效机制；加强地震监测预报科技支撑方面，牵头实施地震科技创新工程"透明地壳"计划；推进地震科学实验场建设；发展完善地震会商技术系统，推进技术系统示范应用。

（1）牵头组织流动地磁观测任务。牵头组织2021年度流动地磁观测任务，包括测量方案组织制定、数据处理流程、数据质量控制、异常核实、质量评比、仪器维护与比测、数据结果确认。基于全国流动地磁观测数据成果，组织召开流动地磁学科专题会商会，服务于华北东北地区专题会商会、南北地震带强震趋势专题会商会、新疆天山地区地震趋势会商会、地球物理研究所地震趋势会商等会商工作。

（2）完成分析预报技术协调组与技术管理组各项任务。分析预报技术协调组工作任务方面，完成协调组交办的年度各项工作任务，组织研究年度会商对地震重力相关问题的答复。技术管理组相关工作任务方面，牵头地球物理技术协调组工作，指定年度工作计划，组织开展相关问题论证。

（3）基于会商技术平台的会商技术方法模块开发完善、部署和业务应用。针对会商技术方法清单，组织研制地震会商技术系统相应功能模块方面，牵头会商系统运维组工作，研制基于API接口的会商技术方法清单，完成系统对接。组织完善地震会商技术系统并开展应用培训方面，组织系统培训，分学科集中工作3次，中国地震局第二监测中心集中培训1次。

（4）完成前震自动识别技术系统运维和服务相关工作。维护前震自动识别系统，完成与中国地震局第二监测中心数据流对接，软件漏洞维护，云南漾濞6.4级地震后的系统整改，以及与AI识别算法进行集成。

（中国地震局地球物理研究所）

中国地震局工程力学研究所

2021年，国家地震烈度速报与预警工程深入推进。

（1）国家预警工程总工办任务。配合总工进行技术指导和决策。马强研究员为国家地震烈度速报与预警工程执行总工程师，李山有研究员为副总工程师。全程参与工程百日攻坚活动，指导川滇和京津冀先行先试工作，全程参加工程总工办和项目办会议，全程参与解决项目执行中的技术问题，全程参与地震预警核心业务系统上线试运行前督导检查，参与误报整改工作。

完成软件测评并提交测评报告。5月，按照台网中心要求，马强研究员任测试组组长，完成《国家地震烈度速报与预警工程攻坚阶段软件测试报告》。11月，完成测试现场网络环境搭建，连通承载网。软件测试用硬件完成招标采购。

（2）国家预警工程子项目建设。积极推进国家预警工程燕郊技术保障中心建设，完成技术支持与保障中心的装修改造工程、对中心通信系统进行完善与调试、完成承载网开通、完成培训系统相关设备采购工作，各型设备如期到货并安装，已具备业务运转条件。

（中国地震局工程力学研究所）

中国地震局发展研究中心

2021年，中国地震局发展研究中心认真做好重大活动地震安保服务和涉震舆情监测。完成全国"两会"、庆祝建党100周年、党的十九届六中全会等重大活动地震安保服务。全年安排24小时应急值班值守1100余人次，完成云南漾濞6.4级、青海玛多7.4级等地震30多次地震应急宣传工作。组织防灾科技学院、第三方公司开展24小时涉震舆情监测与研判，全年监测涉震信息近13万条，报送《舆情反映》266期。

（中国地震局发展研究中心）

中国地震局地球物理勘探中心

1. 震情跟踪工作情况

中国地震局地球物理勘探中心（以下简称"物探中心"）领导班子高度重视震情监视跟踪工作。在2021年全国地震局长会议和2021年度全国地震趋势会商会结束之后，严格按照中国地震局要求统一部署安排，根据物探中心实际情况，制定物探中心2021年度地震监测运维工作实施方案，明确各个部门具体职责，确保年初有布置、年中有检查、年底有考核。

2021年春节前夕，内蒙古鄂尔多斯市达拉特旗、呼和浩特市土默特左旗先后发生3.6级、3.8级有感地震，物探中心及时与内蒙古地震局进行沟通，根据2020年9月份的重力场变化，提出会商意见；2021年5月31日—6月19日，3人参加云南漾濞6.4级地震流动重力应急观测，为震后地震趋势研判提供重力依据；2021年6月22日河北张北发生3.9级地震后，及时将该地震附近区域重力场变化发给重力学科组相关专家、河北地震局和内蒙古地震局，并给出震后趋势判定意见。

2021年7月河南省郑州市等地区暴雨成灾，7月底郑州市又突发新冠肺炎疫情，物探中心在做好防汛救灾和疫情防控工作的同时，及时派出3个野外测量小组奔赴各个测区开展野外观测，确保项目顺利进行。各观测组密切关注测点地区疫情防控政策，及时核酸检测，加班加点、保质保量完成了任务。汛情和疫情期间，物探中心实行中心领导带队值班，重磁电综合探察部主任和部门骨干24小时值班，密切关注测区的震情发展趋势。完成全国"两会"、中国共产党成立100周年庆祝活动和党的十九届六中全会期间地震安全保障震情值守工作；继续加强监测、预报、科研的紧密结合，严格实行野外流动重力测量与震情跟踪分析准同步进行，野外观测小组按时报送观测资料，分析预报人员随时做好资料接收、处理、分析、研究工作，经过核实后的重力场异常变化按要求及时上报。

2. 台网运行管理

2021年物探中心重力测网运行正常。测网主要涉及北京、天津、河北、山西、内蒙古、安徽、河南、湖北、陕西、甘肃和宁夏等11个省（自治区、直辖市）。

物探中心野外测量小组使用4台LCR－G和2台BURRIS重力仪进行测量，共完成5086个重力点次、622个测段、117个闭合环的监测任务，流动重力监测数据质量优秀。全年安全无事故，圆满完成2021年监测任务。

3. 台网建设情况

2021年请示流动重力技术管理部后，对测网中8个观测环境较差的测点进行优化。

野外观测中，对变化较大的2个测段现场进行异常核实，对即将被破坏的2个测点选建新点，进行新老测点之间的联测工作，从而确保流动重力观测资料的连续性。

4. 监测预报基础研究与应用

物探中心承担的中国地震局地震监测运维项目执行率为100%。按照中国地震局"四句话"业务发展要求，完成地震监测预报、震情监视跟踪及前兆异常落实和2022年度的地震趋势进行了跟踪分析，全年共提交零异常报告54期，提交月会商12次，向中国地震台网中心、中国地震局地震预测研究所和重力学科组提交了2021年年中和2022年年度地震趋势研究报告。参加重力学科专题会商会，河南、山西两省2021年年中和2022年年度地震趋势会商，2021年度陕晋豫交界区震情跟踪会商和晋冀蒙交界协作区震情跟踪会商。

2021年重力观测资料与处理结果及时与中国地震局第一监测中心、中国地震局第二监测中心、河北省地震局、山西省地震局、内蒙古自治区地震局、安徽省地震局、河南省地震局、湖北省地震局和陕西省地震局等兄弟单位共享。

（中国地震局地球物理勘探中心）

中国地震局第一监测中心

1. 震情跟踪工作情况

2021年，中国地震局第一监测中心制定《中国地震局第一监测中心2021年全国震情监视跟踪和应急准备工作方案》，有序部署开展各项震情监视跟踪工作。全年完成GNSS（150点）、相对重力（350段）、绝对重力（23点）、地磁矢量（147点）、地磁总强度（154点）、区域水准（217.6千米）、跨断层场地（11期）等7项流动监测任务。牵头跟踪管理全国地震流动观测任务，开展全国跨断层场地论证与观测成果共享发布，夯实跨断层形变观测资料共享服务。完善会商工作流程和机制。积极发挥震情会商制度改革成效，组织参加全国滚动月会商、年中年度会商、构造协作区、片区、大形势等各级会商工作，参加了构造协作区季度、年中、年度会商等。

2021年云南漾濞6.4级、青海玛多7.4级地震后，第一时间开展应急会商，制定地震应急方案，先后组织8支队伍、32人次分赴云南漾濞和青海玛多协助两地开展应急流动监测工作。

2021年落实地震安全保障服务各项工作措施，编制重大活动地震安保工作手册，规范精细化地震安保，顺利完成"两会"和庆祝建党100周年、党的十九届六中全会等地震安保工作。

2. 监测预报基础研究与应用

2021年，地震装备运维业务有序开展。收集31家省级地震局9072套仪器信息，摸清地震监测仪器运行状况和底数，初步实现在网设备的统一信息化管理。牵头地震监测中心站标准化建设，组织编制《地震监测中心站管理办法》《地震监测中心站建设技术规范（试行）》，为强化中心站管理奠定基础。逐步提升地震监测专业设备运维管理信息化规范化水平，全国地震监测专业设备全生命周期运维管理系统上线试运行。推进国家备机备件库建设，在库存储装备物资累计达到2952件。

地震计量体系建设持续完善，8项地震国家计量技术规范批准立项，编制完成《地震计量工作质量管理手册》《地震计量标准管理办法》等。开展移动标校体系探索与建设，编制《地震监测专业设备移动标校体系建设方案》，研制成便携式计量标准振动台等6项移动计量标校装置样机。推进国家地震计量站筹建，建成低频振动检测实验室，超低频振动检测实验室建设正有序推进中。修订地震监测专业设备定型技术要求和定型测试技术规范，开展22种型号测震类设备和27种型号地球物理类设备的定型检测工作，2021年累计完成预警工程99台套设备和大震应急项目1461台套设备的测试工作。举办了地震计量知识和年度地震国家计量技术规范起草人培训班。

大震应急流动观测工作方面，承担流动测震观测管理部职责，完善地震应急流动观测机制，开展了系列培训、学术交流和现场演练活动，组织完成2020年流动演练质量评估及2021年演练工作部署，组织完成西南片区地震应急流动测震台网演练。顺利完成云南漾濞6.4级、青海玛多7.4级地震应急流动观测和科学考察任务。

2021年积极推动科技创新，实现35岁以下科研人员国家自然科学基金面上项目立项突破，两项成果获国家发明专利授权，荣获防震减灾优秀成果 2 项，累计产出科技论文 41 篇，其中 SCI 论文 10 篇、EI 论文 4 篇，高质量论文创历史新高。

（中国地震局第一监测中心）

中国地震局第二监测中心

1. 震情跟踪工作情况

2021 年，完成区域水准测 530.8 千米、GNSS 观测 157 站点、绝对重力测量 29 点次、相对重力测量 522 段，跨断层水准测量 180 处，跨断层短程测距 100 条测边。完成西北保障站 6 个基准站巡检。

2. 监测预报基础研究与应用

应用流动重力、GPS 观测资料以及流动水准跨断层观测资料开展地震预测研究。开展同震形变、震间形变、地质灾害 InSAR 形变监测应用研究。完成青藏高原地区 16 个条带的 SAR 数据预处理和 InSAR 形变场产出，实现青藏高原地区 InSAR 形变监测全覆盖。

2021 年发布论文 38 篇，其中 SCI 13 篇、EI 3 篇、核心 16 篇。祝意青研究团队获中国地震局 2021 年度防震减灾科学成果一等奖。

（中国地震局第二监测中心）

台站风貌

福建省龙岩地震台

龙岩地震台为省级台，隶属于福建省地震局。台站位于龙岩市新罗区西陂镇园田塘村东面山坡，占地22667平方米，总建筑面积3000平方米，现有职工8人。

1. 台站概况

台站始建于1971年8月，1979年开凿地震观测窿道，1981年和1985年分别建设了地磁相对记录室及绝对观测室，1998年新建地震监测综合大楼，2008年建设了龙岩市地震应急指挥中心大楼，现作为龙岩地震台和龙岩市地震局的办公场所。2021年实施全国重点地震台站优化改造项目，由中央投资和省地震局配套资金，实施台站观测环境、工作条件和标准化改造。

2. 观测手段

现有观测项目：测震，地磁（磁通门磁力仪、FHD质子旋进式磁力仪），形变（垂直摆倾斜仪2套），重力（相对重力仪），GNSS（GPS和北斗观测），辅助观测（气象三要素、洞温仪）。

3. 荣誉成果

历年观测资料参加全国观测资料质量统评和福建省地震局观测资料质量评比成绩均获优秀，其中垂直摆获2011年、磁通门获2011年、地磁FHD获2013年、2015年，重力获2020年福建省地震局观测资料质量评比第一名。台站近年来申请各类科研课题10余项，发表论文10余篇。

河南省鹤壁地震监测中心站

鹤壁地震监测中心站（原河南浚县地震台）为省级重点区域中心台，隶属于河南省地震局。台站位于鹤壁市浚县南山街97号，占地11900平方米，总建筑面积685平方米，现有职工15人。

1. 台站概况

台站始建于1975年，在"十五"期间，完成台站基础设施和观测系统改造。2015年、2021年，台站经过两次优化改造项目，对观测环境、工作、生活条件等方面进行了全面改造。台站位于华北凹陷区，太行山隆起的东南麓，横跨内黄隆起和汤阴地堑，东属内黄隆起区，西属汤阴地堑区，有北北东向和北西向两个大断裂，向东临近聊兰断裂带。

2. 观测手段

经过不断的改革发展，台站已拥有多方位、多角度综合地震观测能力，现有观测项目：

测震，地磁（磁通门磁力仪、分量质子磁力仪），地电（地电阻率），地下流体（数字式水位仪、水温仪），形变（跨断层水准测量），辅助观测（气象三要素）。

3. 荣誉成果

近年来，台站资料评比成绩不断攀升、科研成果不断丰富。在全国观测资料质量统评中，2017年荣获全国台站信息节点评比第二名，2018年、2019年、2020年连续三年荣获全国地电阻率评比前三名，其他评比测项均有不同程度上升。2018年至今完成厅局级课题3项、发表论文20余篇。

安徽省蒙城地震监测中心站

蒙城地震监测中心站位于安徽省亳州市蒙城县小涧镇，地处郯庐断裂带西侧约140千米，涡河断裂从台站南西侧通过，台站岩性为震旦纪砂岩，周边分布王老人集断裂、宿北断裂、临泉－刘府断裂。台站占地18130.56平方米。台站编制16人，现有职工7人。台址周围无大型的干扰源，交通、生活较为便利，观测环境优良，具有较好的可持续发展条件。

1. 台站风貌

蒙城地震监测中心站是隶属于安徽省地震局的国家基本台、科技部批准建设的首批地球物理国家野外科学观测研究站，全省电磁学科管理中心、皖西北地震观测研究基地、"三结合"人才培养和示范基地。台站观测学科齐、测项全，观测质量处全国前列，科研水平居全省领先。

根据1975年全国趋势会商会确定的重点监视区，国家地震局要求在蒙城县建地震台，以加强对苏、鲁、豫、皖地区地震活动的监控；1976年底，蒙城台开始选址建设；1978年竣工建成，投入观测。2009年完成野外站实验楼建设、设备搬迁、水塔重建等；2010年完成院门及院内路面建设、会议室及食堂装饰、仪器房等维修工程；2012年完成招待所及宿舍用品购置、院墙维修等工程；2021年由中央投资，实施台站观测环境和标准化改造。

2. 观测手段

蒙城地震监测中心站经过多年改造，观测系统得以全面升级，仪器设备高度集成，信息化得到进一步提升，台站现有测震、电磁、形变以及地球空间物理4大观测学科，共29个测项，是安徽省测震覆盖所有观测手段最多、观测条件最好的台站。

宁夏回族自治区银川地磁台

银川地磁台为国家基准台，隶属于宁夏回族自治区地震局银川地震监测中心站。台站位于银川海宝公园（即北塔）西北300米处，占地16900平方米，总建筑面积969平方米，现有职工19人。

观测始于1970年6月，在中山公园工人俱乐部一楼架设刃口式垂直磁力仪观测，人工读数。1972年搬至宁夏地震队办公楼后新建的土坯房内观测，观测室采取双层保温式结构，由人工读数改为自动记录。由于观测环境干扰大，1973年选定在银川海宝公园（即北塔）西北300米处建北塔地磁台，1975年建成台站现有观测项目：强震，地磁（磁通门经纬仪2套、磁通门磁力仪、质子旋进式磁力仪、自动化地磁台站系统），GNSS。进入20世纪90年代中期，仪器室地基不均匀下沉，造成墙体裂缝，仪器墩倾斜，围墙倒塌，观测环境不符合规范要求。经国家地震局批准，1997年重修围墙，1999年开始在原仪器房东北侧30米处新建仪器室（半地下室，覆盖3.0米厚黏土），建筑面积100平方米。同时建办公楼两层400平方米，2000年7月竣工。2007年完成台站基础设施和观测系统建设；2021年实施全国重点地震台站优化改造项目，实施台站FHD观测室改造和相关配套设施改造。

新疆维吾尔自治区且末地震监测中心站

且末地震监测中心站是中国地震局地震背景场探测项目建设的国家地磁台，隶属于新疆维吾尔自治区地震局。始建于2010年，2013年开始正式向中国地震台网中心、新疆维吾尔自治区地震局报送数据，为国家地磁基本台。

1. 台站风貌

且末地震监测中心站地处我国新疆境内塔里木盆地塔克拉玛干沙漠的南段，位于我国著名的昆仑山及阿尔金地震大断裂的边缘，该地区具有大震、强震发生的潜在震源背景，且末地震监测中心站是该地区唯一的有人值守台站，岩石结构为花岗岩与沉积岩的接合部，地理位置：85.5°E，38.1°N，占地面积近60000平方米。

2. 观测手段

台站现有观测仪器GM4、G856、FHD多项地磁观测，还有测震、强震动、次声波测项观测与国家子午工程项目等，台站投入观测运行以来，观测数据连续稳定，高质量的台站观测为新疆及昆仑山及阿尔金地震大断裂地区的地震活动监测和区域预测预报会商研究发挥着积极作用。

3. 荣誉成果

台站现有在职职工3人，2人本科学历、1人大专学历，其中中级职称2人、初级职称1人。台站自正式投入运行以来在中国地震局地磁观测资料质量评估中连续4年获前三名，共获得中国地震局评比8项、新疆地震局评比11项荣誉。

（中国地震台网中心）

地震灾害风险防治

2021年地震灾害防御工作综述

中国地震局系统谋划地震灾害风险探查区划评估基本业务体系，着力破解震防改革难题。一是建立地震灾害风险区划推进工作机制。成立地震灾害风险区划工作推进领导小组，组建5个专项工作组，通过细化各组工作任务，为构建以国土地震区划为抓手、以标准规范为支撑、以经济社会发展和地方政府需求为导向的基本业务体系做准备。二是加强工作协同和统筹。组织召开领导小组全体会议和办公室会议，加强业务体系顶层设计，推动各领域按照风险管理链条形成有机整体，提出共性内容，协同落实各项工作任务。三是开展顶层谋划设计。结合两大工程、六代地震区划图编制、活动断层探测等日常工作，摸清人员、技术等工作基础和短板，认真研究工作方案和技术路线，为构建震灾防御业务体系建设打下基础。

一、凝心聚力，加快推进自然灾害防治两项重点工程

地震灾害风险调查和重点隐患排查工程方面。一是建立上下贯通的工程实施管理体系。指导震害防御中心成立项目管理办公室、31个省成立领导小组及业务团队，建立全国普查联络员制度、项目办周例会制度、工作进展周报送制度，统筹保障地震灾害风险普查工作实施。二是全面有效开展普查任务实施。全面完成全国86个试点市县调查和11个重点区县风险评估与区划工作、全国活动断层和钻孔资料收集及数据库建设等2项中央本级任务，以及省级1∶25万地震构造图、县级1∶5万活动断层分布图、房屋建筑抽样详查等3项省级重点任务，开展全国地震灾害风险普查首轮自评估工作，形成阶段性评估报告。京津高震级震源排查工作取得新的重大认识，首次明确了北京大兴东部地区存在全新世活动断层。三是建成全国地震灾害风险普查基础数据库。基本建成涵盖地震活动断层、场地地震工程地质、房屋建筑易损性等数据的基础数据库，新入库活动断层类数据库514项、钻孔2万多个、省级1∶25万地震构造图31幅、县级1∶5万活动断层分布图300多幅和7000万平方米房屋建筑详查数据，全国人口、经济公里网格数据逐步更新，进一步夯实地震灾害风险防治工作基础。四是探索沉淀地震灾害风险防治基础业务。推动地震灾害风险调查评估工作从科技创新向基础业务转化，完成地震构造图编制等13项技术规范，组织全国开展"一省一县"地震灾害风险评估与区划试点工作，逐步将普查成果沉淀为省级基本业务。五是在实践中巩固发展省级人才队伍。强化业务培训，举办地震灾害风险调查、评估、区划、隐患评定等9期共1000多人业务培训班，扩展了省级地震灾害风险防治业务领域。

地震易发区房屋设施加固工程方面。一是组织协调机制不断健全。指导各地按照工程总体方案要求制定本省（自治区、直辖市）工作方案，实现全覆盖。按照《关于进一步加快实施地震易发区房屋设施加固工程的通知》要求，督促指导各地不断建立健全工程协调、组织实施机制，指导各省（自治区、直辖市）编制市县级加固工程实施方案，摸清工程底数。二是信息采集全面展开。制定《关于建立房屋设施抗震设防信息采集和动态更新机制的工作方案》，建成全国房屋设施抗震设防信息采集和管理平台，推动全国31个省（自治区、直辖市）全面开展数据信息采集工作，注册用户10万余人，全国已采集数据108.48万条，图片存储量超过1.8TB。培训省级地震部门信息采集业务骨干270余名，编发信息采集工作操作手册和常见政策问答。选取天津蓟州、山东日照等6个地区开展试点，建立数据采集、汇交及定期动态更新机制。三是完成工程自评估和总体评估。制定《地震易发区房屋设施加固工程评估工作方案》，明确评估指标体系和时间节点。指导督促各省（自治区、直辖市）完成加固工程自评估。会同各成员单位完成加固工程总体评估，并向部际联席会议办公室递交自评估报告。四是加强督导调研。由局领导带队，组织发改、应急、住建、水利等成员单位共同组成督导组，赴河北、山西、新疆、云南、四川、甘肃、宁夏、陕西、青海等9地开展督导调研，指导推动工程实施。五是工程实施明显见效。工程实施以来，229个全国重点县完成农村民居加固工程40.5万余处、城镇住宅70.3万余处、学校8800余处。项目总体质量较高，在云南漾濞6.4级、青海玛多7.4级等地震中显现减灾实效。

二、深化改革，加强抗震设防要求监管

持续深化地震安全性评价制度改革。一是推动深化地震安全性评价制度改革意见发布。按照"保留审批、统一范围"的改革思路，与国办职转办深入沟通，形成改革意见和安评范围，与发改、能源、住建、水利、交通等15个行业部门开展4轮意见征求工作，和住建、司法、财政等部门召开多次协调会，广泛听取建设单位、评价单位意见，推动各方达成共识，按程序已上报国务院。二是制定改革配套制度文件。组织开展地震安全性评价管理办法、实施细则、地震安全性评价报告技术审查要点等制修订，推动构建权责明晰、科学有效的管理体系。三是完善相关技术标准。开展重大工程场地地震安全性评价、区域性地震安全性评价、地震小区划等技术标准的制修订工作，为改革落地提供技术保障。

加强抗震设防要求监管。一是完成全国建设工程地震安全监管检查整改落实。针对监管检查发现的问题，制定专项工作方案，督促指导各地开展分级分类整改，并将安评监管和大检查整改落实情况纳入2021年度全国自然灾害防治综合督查检查内容，不断推进抗震设防要求监管常态化。二是开展2021年度地震安全性评价报告检查。制定检查工作方案，成立专家组，公开报告随机抽选过程，做到重点项目、安评单位和省局的3个全覆盖。三是开展地震安全性评价单位和区评情况摸底调研。基本摸清全国现有安评单位175家，已开展区评项目415个，为地震安全性评价制度改革落地提供基础。

三、夯实基础，不断推进震害防御基础业务工作

一是启动第六代地震区划图编制工作。明确工作思路，启动关键技术与模型的实用化验证、危险性图编图指标研究、风险及防治区划图需求调研、信息服务与管理平台建设等工作，推动地震动参数区划工作从单一中央层级工作向央地两级分工工作体系转化。依托第一次全国自然灾害风险普查工作成果，编写项目文本，争取财政项目支持。二是持续深入地震构造环境探测工作。举办地震活动断层探测标准宣贯与数据库技术培训，开展粤港澳大湾区三维结构探测和绵阳、宜宾、马鞍山等12个城市活动断层探测，完成镇江、滨州、淮安等4个城市活动断层探测，在山西运城开展密集台阵观测和甲烷激发试验等新技术试点应用。推动地震活动断层探测成果应用，向应急管理部报送国土空间规划审查要点及依据材料。三是完成全国范围内房屋遥感初判工作。全国31个省（自治区、直辖市）共判别建筑物3.2亿余栋，按计划全部完成工作既定目标，概略掌握全国城乡建筑物分布信息，初步判别全国城乡建筑物抗震设防能力。四是开展年度地震灾害损失预评估。完成12个重点危险区地震灾害损失预评估，现场调查59个县，186个调查点，行程8144千米。组织四川省地震局、中国地震局震害防御中心、中国地震局工程力学研究所等单位对四川冕宁县开展精细化预评估。五是加强市县工作指导。完善市县防震减灾救灾体制机制，组织2021年度重点危险区市县防震减灾工作培训班，开展综合减灾示范社区检查和指导。

四、强化服务，做好国家战略和重大工程地震安全保障

一是构建京津冀地震灾害联防联控机制。协助应急部编制完成《建立京津冀地区地震灾害防范联防联控机制工作方案》，重点建立京津冀大震巨灾情景构建机制，在京津冀开展了大震巨灾情景构建工作试点。二是强化核电、水利水电等重大工程地震安全保障。落实中核战略合作协议，组织开展已建成核电厂地震安全复核及次生灾害风险评估，会同水利、能源等有关行业部门开展重大工程场地地震安全性评价。加强与中再保险公司合作，推出地震巨灾模型3.5版本。三是开展云南昭通地震灾害风险调研工作。组织专家两次深入开展实地调研，形成《云南省昭通市地震灾害风险评估及对策建议调研报告》，为当地避险移民搬迁提供支撑。四是做好大城市大震巨灾防范。聚焦城市"高、地、大"等重大工程的地震灾害风险防范问题，编制工作方案，成立科技创新团队，提出应对措施建议。

五、高效应对，完成地震响应处置和现场调查评估

一是开展大震现场应急处置。组织力量完成了云南漾濞6.4级、青海玛多7.4级、四川泸县6.0级等破坏性地震现场工作，完成地震灾害调查和烈度评定，及时发布地震烈度图，试点开展破坏性地震灾害事件调查。二是有力有序开展地震应对处置。制定震害防御司震后12小时地震应急服务响应实施细则，明确处置流程及职责，全年调度地震系统应急处置83次。较好地完成了地震应急处置任务。三是加强区域协作与联动支援能力建设。制

定《中国地震局地震应急区域协作与联动支援管理办法（试行）》，组织全国 6 个地震应急协作片区年度演练、交流。四是加强应急应对准备。做好全国两会、庆祝建党 100 周年、北京冬奥会等重大活动和重点时段的地震风险防范工作，参与应急管理部开展"应急使命·2021"演练，根据疫情防控形势，开展应急备勤人员核酸检测。

（中国地震局震害防御司）

2021年地震应急响应保障工作综述

一、持续推进地震应急预案体系建设

中国地震局应急预案体系建设。立足"防大震、抗大灾",落实全面融入"全灾种、大应急"要求,按照"震级与地区"相结合的原则,编制《中国地震局地震应急服务响应等级(暂行)》和《震后12小时中国地震局地震应急服务响应行动清单》,明确了各时间段具体行动责任主体、工作内容和要求,经过云南漾濞6.4级、青海玛多7.4级地震和"应急使命·2021"演练检验,修改完善后于6月正式印发。截至年底,按照应急服务响应等级和行动清单,较为圆满地完成四川泸县6.0级、青海玛多7.4级等地震多次应急处置。

京津冀地区应急预案体系建设。遵循京津冀"一盘棋"思路,在配合应急管理部地震地质司完成《建立京津冀地区地震灾害防范联防联控机制工作方案》制定工作的基础上,组织北京市地震局、天津市地震局和河北省地震局联合编制印发了《京津冀地震部门地震应急响应专项预案》,确保京津冀地区地震应急响应高效对接、有机联动和处置有序。

中国地震局属各单位应急预案体系建设。为指导中国地震局属各单位开展地震应急服务响应等级和行动清单编制,8月印发《关于开展地震应急服务响应等级和行动清单编制工作的通知》,44家单位结合本单位、本地区工作实际,围绕聚焦发挥地震部门专业技术优势,提供"技术支撑"和信息服务,实现上下贯通、横向协同,做到行动具体、特色突出、措施有针对性的目标,目前已全部完成印发并上报监测司备案。

二、全力做好应急响应准备

中国地震局党组书记、局长闵宜仁主持召开2021年震情监视跟踪和应急准备工作部署会议,对全年工作进行安排部署。监测预报司牵头汇总编制《2021年震情监视跟踪和应急准备工作方案》,梳理由291项强化任务组成的《2021年震情监视跟踪和应急准备工作方案措施台账》,细化、实化震情监视跟踪和应急准备具体任务,每月督促各单位特别是危险区涉及的省级地震局,填报震情监视跟踪和应急准备工作方案措施台账进展,汇总分析各单位措施完成情况,定期签报中国地震局领导,291项措施全年完成率达97%,有效服务应急响应准备工作。

积极组织开展区域应急演练、应急流动观测演练、应急桌面推演等40余次,进一步检验完善应急服务响应行动清单;中国地震局领导率队完成河北、福建、西藏、甘肃、青海等多个重点地区重特大地震应急准备督查检查。

三、高效开展地震现场工作

地震灾害后,中国地震局迅速开展应急响应,了解震情灾情,指挥调度发震省级地震局与周边省级地震局力量，与地方应急管理部门积极协作，联合开展应急行动。全年累计产出地震灾害快速评估简报和专报 382 期，专题图件 346 份。在云南漾濞 6.4 级、青海玛多 7.4 级和四川泸县 6.0 级等地震后，派出中国地震局领导带队的现场工作组，调集地震系统力量，积极开展余震监测、趋势会商、烈度调查、新闻科普和科学考察等工作。

全年地震系统共派出 23 人参加应急管理部工作组，派出省级现场工作队员 600 余人次，组织绘制烈度图 13 幅，云南、青海、四川省地震局试行开展破坏性地震灾害事件调查，分析造成人员伤亡和破坏的结构、风险防范措施等原因，为抗震救灾和恢复重建提供了专业支撑。

四、开展片区应急协作交流和联动演练

根据疫情形势，全国东北、华北、华东、中南、西南、西北 6 个地震应急区域协作片区，通过指挥系统演练、全科目演练、单科目演练等多种形式，围绕流动观测、趋势研判、灾害调查、烈度评定、新闻宣传等现场工作科目，开展联动支援力量模拟拉动、现场指挥协调练习，检验提升应急区域协作与联动支援能力。天津市地震局联合北京市地震局、河北省地震局及当地应急部门、高校举办"使命·2021"京津冀地震现场应急专项模拟演练，甘肃省地震局、青海省地震局和四川省地震局针对甘青川交接地区震情形势，联合开展了专项联动支援演练。

五、着力提升非天然地震处置能力

2021 年共计为各省政府、应急部门等提供 68 期非天然地震事件信息服务，共产出 122 期分析报告，事件类型包含塌陷（含疑似）40 次，矿震 4 次，疑爆（含爆破）24 次，其中比较典型的为 2021 年 3 月 18 日陕西神木 3.1 级地震（塌陷）、2021 年 9 月 21 日河南新密 3.0 级（疑似塌陷）。组织开展非天然地震典型震例库建设和监测岗位技术培训，持续开展非天然地震事件综合处理平台建设，提取不同类型的非天然地震事件的波形特征，开展 AI 机器学习识别非天然地震，利用 SVM 方法依据特征值对天然、爆破、塌陷三类事件进行分类。

（中国地震局监测预报司）

各省、自治区、直辖市，中国地震局直属单位地震灾害风险防治工作

北京市

1. 抗震设防要求

北京市地震局会同市规划自然资源委、市教委、市卫生健康委等单位召开专题会议，调研石景山区老旧幼儿园及医院相关情况。抗震设防检查首次纳入全市"双随机、一公开"监管，学校和危化品仓库的抗震设防两项监管事项明确为联合行政执法检查项目。

以平谷区为试点进行地震行政执法，以昌平区为试点完善中国地震局"互联网+监管"系统。

2. 地震安全性评价

协同开展房屋设施抗震加固工程，北京市地震局与市应急局共同组织现场推进工作会，赴西城区黑窑厂小区和朝阳区、石景山区危化品厂库调研。汇总全市加固工程工作清单，落实国抗办关于建立房屋设施抗震设防信息采集和动态更新机制的要求，组织房山、密云、顺义、昌平等4个区开展信息录入。

3. 震害预测

按照北京市第一次自然灾害综合风险普查工作部署，推进房山区地震灾害风险普查"大会战"数据汇交，编制全市普查方案，划分市区两级普查任务。

4. 活动断层探测

编制完成"十四五"防震减灾规划，地震风险探查与监测感知工程作为重大工程项目，纳入市级纲要主要目标和任务分工方案。与市地勘院联合成立活动断层探测工作组，组织编写项目建议书。

5. 地震应急保障

（1）地震应急准备。配合北京市应急管理局修订《北京市地震应急预案》《京津冀大震应急预案》，会同河北省地震局制定《京津冀地震部门应急响应专项预案》和《冬奥会地震应急联动工作方案》，根据应急响应等级、到岗人员要求、震后12小时响应清单，修订《北京市地震局应急响应工作手册》，为指导应急演练制定《年度应急演练工作规则》，形成较完善的地震应急预案体系。

（2）应急响应。针对3月25日顺义双丰街道2.3级、9月5日昌平北七家1.9级地震和河北唐山、承德、张家口地区5次地震启动7次应急响应，检验预案体系和工作流程，应急处置及时高效，服务政府决策需求。

（3）应急条件保障建设。完成中国地震局"大震应急救灾物资储备项目"，按照中国地震局统一安排，接收更新地震监测、地勘等专业仪器设备。

为检验预案体系，强化震情意识、应急意识，锻炼队伍，提升协调联动能力，6月组织北京市地震局桌面演练，9月、10月会同河北省地震局开展冬奥安保桌面和现场演练，现场演练接受应急局评估，获北京市应急演练评比三等奖。

11月，北京市地震局联合北京市应急管理局组织开展北京市地震背景下多灾种综合应急演练。

（北京市地震局）

天津市

1. 抗震设防要求

完成天津市建设工程地震安全监管检查整改，2项存在问题工程均整改到位，停止1项、降级1项。依托天津市"一张蓝图、多规合一"项目策划生成联审平台为600余个建设项目提供抗震设防要求，其中9个重大工程提出地震安评工作建议。通过天津市"用地清单"管理平台为154个项目地块提出抗震设防要求建议。天津市地震局、天津市住房和城乡建设委联合开展区划图执行情况检查，累计完成22家勘察设计单位共1068个项目检查。

2. 地震安全性评价

落实天津市工程建设项目审批制度改革工作部署，构建土地出让前由规划资源部门统一组织实施地震安全性评价的工作机制。对天津地铁11号线一期西延工程（水上公园西路至文洁路）、中国石化催化剂有限公司天津新材料生产基地（一期）建设项目等重大建设工程开展地震安全性评价服务。制定《关于进一步规范地震安全性评价相关工作的通知》《关于进一步加强地震安全性评价从业单位管理的通知》加强地震安全性评价全过程管理，规范从业单位监管，对1家从业单位进行约谈。区域地震安全性评价纳入天津市各类工业园区强制性评估事项之一，45个园区划入应开展区域性地震安全性范围，赴蓟州区、宁河区开展区域性地震安全性评价成果应用检查。

3. 震害预测

组织开展2021年度天津市全域地震灾害损失预评估实地调查工作，抽调震灾风险防治中心、信息中心、天津地震台和服务中心技术骨干组成4支实地调查工作队共计24人，对16个区的抗震加固试点街镇和城中村建筑物开展现场调查，对遥感初判房屋抗震能力结果进行复核，预评估报告经专家评审会通过后报送中国地震局震害防御司和天津市抗震救灾指挥部办公室。

调动全市各方力量，提前完成滨海新区震灾风险普查试点任务，为天津市首个通过验收的试点灾种。协调各区推进全市地震灾害风险普查工作，积极提供技术保障，支持各区开展房屋抽样详查。积极推动天津地震易发区房屋设施加固工程。强化组织协调，编制年度工作重点和工作计划，指导天津市各区和9个行业部门全部制定加固方案，建立月报制度，联合住房和城乡建设、交通运输等12家部门对全市16个区开展房屋设施加固工程现场督查检查。启动全市首次房屋设施抗震设防信息采集，建立信息采集动态更新机制，对各区开展技术指导，完成5379条加固工程、8519条新建工程信息采集。蓟州区纳入房屋设施抗震设防信息采集动态更新全国5个试点之一。

4. 活动断层探测

收集68千米的地震活动断层探测资料，补充开展10千米实地探测，掌握滨海新区的地震活动断层分布情况，完成滨海新区和2条活动断层人工地震数据整理和700个地震钻孔数据入库，完成滨海新区1:25万地震构造图编制。

5. 地震应急保障

注重协同配合，联合北京市地震局、河北省地震局制定《京津冀地震部门地震应急响应专项预案》《京津冀地区地震灾害防范联防联控机制工作方案》。天津市应急管理局、天津市地震局等7部门联合制发《关于高质量建设我市灾害信息员队伍的实施意见》，实现全市跨部门多灾种信息互通共享。修订地震应急服务响应等级和震后12小时应急服务响应行动清单，优化应急流程。联合京津冀有关地震和应急管理部门以及南开大学、天津大学等举办"使命·2021"京津冀地震现场应急专项模拟演练。有效处置11月12日滨海新区2.9级地震等多次地震突发事件。

（天津市地震局）

河北省

1. 抗震设防要求

河北省地震局会同河北省住建厅等7部门联合印发《关于贯彻落实〈建设工程抗震管理条例〉的实施意见》，协调推动将强化地震安全性评价、开展区域性地震安全性评价、加强活动断层探测及避让等内容在《关于贯彻落实〈建设工程抗震管理条例〉的实施意见》中予以明确。在省发改委全省投资项目审批监管平台、省住建厅全省工程建设项目监管平台开通用户权限，实时掌握全省工程项目清单，为实现投资项目和工程建设项目抗震设防要求全面监管提供保障。会同省住建厅、石家庄市地震局赴石家庄市行政审批局实地调研，共同研究制定加强抗震设防要求施工图审查、抗震设防专项竣工验收等环节一网通办实施方案。会同省住建厅共同牵头成立河北省减隔震技术专家委员会，集合行业优势力量，加强全省减隔震新技术推广应用。

2. 地震安全性评价

全面推进区评工作，2021年河北省共完成评审区评项目24项，总面积643.31平方千米，政府总投资3620.6万元，另有13项正在施工推进中。邢台市全域经济园区均开展区评工作，石家庄、邯郸等地陆续推进全域经济园区区评工作。全年单体安评完成评审72项。

编制印发《河北省区域性地震安全性评价技术细则（试行）》，对各项技术要求进行细化明确。依托省工程建设项目行政审批制度改革领导小组办公室，继续将雄安新区等6个项目列入全省改革试点，发挥示范带动作用。通过审查报送材料、组织现场核查、"双随机、一公开"抽查等措施，加强在冀从业单位从业条件核查，公示29家通过核查单位。组建由河北省地震局领导牵头的地震安全性评价监管工作组，整合全省地震系统专家力量强化现场监管，对南大港、海兴等7个区评项目进行现场督导检查。完成2轮次地震安全性评价技术审查专家库成员增补工作，专家库由51个单位共173名专家组成，正高级职称人员占比53%。依托河北省防震减灾信息服务平台项目，建设"河北省区域性地震安全性评价技术服务系统"和"建设工程抗震设防管理服务系统"，统一区评技术服务标准，实现全流程网上办理，提升技术审查工作效率。

3. 震害预测

积极开展地震灾害风险普查。成立河北省地震局党组书记、局长任组长的地震灾害风险普查工作组，多次召开局长专题会研究部署工作，自筹经费207万，2021年到位80万，选派骨干专家任省普查办技术组组长，选派两名技术人员常驻省普查办。制定印发全省地震灾害风险普查实施方案，召开工作启动会，派员赴基层开展培训；3个国家试点县全部通过验收和国普办的数据汇交，完成地震危险性分析，开展图件编制、报告编写和试点县震灾害重点隐患调查与评估、地震灾害风险评估与区划；开展冬奥赛区—崇礼地震灾害风险普查，编制1:25万地震构造图，指导崇礼地震局完成承载体等信息的收集整理；完成省级1:25万地震构造图、县级1:5万活动断层分布图编制，开展地震工程条件钻孔探测、房屋建筑抽样详查等工作。

着力推进地震易发区房屋设施加固工程。河北省委书记王东峰主持召开省委常委会议，专题听取全省地震易发区房屋设施加固改造方案及进展情况汇报，并进行安排部署。多次召开省级协调会、联络员会议协调部署，督促地方政府落实主体责任。省减灾委印发加固工程总体方案，省地震局印发信息采集工作实施方案等文件，扎实推进各项工作。与应急、住建、财政等部门组建督导小组，赴唐山地区调研督导加固工程试点工作。与省应急管理厅共同举办全省房屋设施抗震设防信息采集技术培训班，市、县320余人参训；通过建立技术指导、进度跟踪、情况通报、现场调研、定期调度等机制推进工作，沧州、邢台等地将房屋设施信息采集纳入绩效考核。河北省首次信息采集上报并审核通过信息50426条，其中加固工程19656条，新建工程30794条；全省注册信息采集员9825人。

强化全省地震灾害损失预评估工作。完成重点危险区地震灾害损失预评估工作，组织技术骨干梳理通过专家评审的预评估报告，形成河北地区专题报告，及时提供省抗震救灾指挥部和当地政府。组织精干力量，克服新冠肺炎疫情和坝上地区冬季严寒等不利影响，按时完成唐山、张家口、邢台3市48个县区的预评估工作，报告通过评审后，及时提供省应急管理厅和3市人民政府，为每个县区制作1套地震灾害辅助决策图件，服务当地地震灾害应急准备。2021年自筹经费120万元，部署开展全省其他11个市（含定州、辛集市）和雄安新区预评估工作，实现河北省区域全覆盖。截至12月，完成109个区县的外业调查，占比65.3%。

高效完成遥感初判。成立由河北省地震局领导任组长、震防处和应急中心骨干组成的领导小组，充分发动和依靠基层力量，组织各市成立以分管局领导为组长的工作专班；印发遥感初判专项工作通知，举办全省技术培训班，先后赴承德、廊坊、沧州、保定、邯郸等地开展实地督导调研,推动全省遥感初判工作按期保质完成。全省共判别房屋2002.697万栋,处理遥感影像面积18.8万平方千米,产出14套以市、169套以县为单位的房屋抗震能力初步评估图。开展实地抽样调查房屋661852栋,抽样率35.2‰,时间进度和抽样率均居全国前列。

4. 活动断层探测

以"十四五"规划编制为契机,推动区域活动构造探察、城市活动断层探测工作纳入地方规划,重大地震灾害源探查工程已纳入《河北省国民经济和社会发展第十四个五年规划和二〇三五年远景目标纲要分工方案》社会治理重大工程。邯东断裂综合定位与地震危险性评价项目6个子专题通过分项验收,提交总验收申请。组织召开局长专题会对《河北省地震构造图》中部分断裂的名称、活动时代、空间展布等进行研究论证,确定目前河北省断裂的最新数据,以纪要形式印发各市地震工作部门。

5. 地震应急保障

强化地震应急准备。印发《河北省地震局疫情期间地震现场工作方案》《河北省地震局地震应急服务响应等级(暂行)》《京津冀地震部门地震应急响应专项预案》等专项预案、方案,进一步完善流程、细化分工。指导地震监测中心站修订地震应急响应预案,与所在地市地震局联合开展演练,磨合协同联动工作机制。会同省应急管理厅开展京津冀地区地震灾害防范联防联控机制建设,联合印发年度抗震救灾相关工作要点和工作方案。省抗震救灾指挥部办公室对重点县区进行地震应急准备工作实地检查。

完善应急条件保障建设。按照中国地震局统一部署,实施大震应急救灾物资储备项目,投入资金约1200元万集中采购一批地震应急流动监测、灾害调查评估、应急通信和工作防护等装备。加强地震现场工作队伍建设,根据现行预案调整现场工作队,调整后,第一梯队88人,第二梯队114人,同时增加了各市地震部门现场工作力量,进一步强化基层地震现场队伍。

做好冬奥等重点时段地震安全保障。印发全国"两会"、庆祝建党100周年、党的十九届六中全会地震安全保障服务方案并组织实施强化地震安全保障工作,圆满完成各时段地震安保服务工作。全力抓好冬奥会地震安全保障准备,从监测预报预警、地震灾害风险防范、应急响应服务、信息保障等方面采取一系列强化措施,联合北京市地震局制定《北京冬奥会冬残奥会地震安保服务决战决胜阶段工作方案》,印发专项地震应急响应预案,开展桌面演练和现场演练,12月22日起,河北省地震局地震安全保障现场工作组正式进驻北京冬奥会张家口赛区。

妥善处置地震事件。2021年4月16日滦州4.3级、7月15日宁晋3.7级等地震后及时组织开展应急响应,派出现场队员,高效开展应急处置。做好非天然地震监测服务;8月31日沧州市3.0级非天然地震(塌陷)发生后,及时报送相关信息,组织专家赴现场对地震成因进行分析研判。指导基层地震部门做好年度有感地震应急处置各项工作。

(河北省地震局)

山西省

1. 抗震设防要求

开展自查。2021年10月8日，山西省地震局印发《关于开展建设工程地震安全性评价暨抗震设防要求监管工作检查的通知》，各市均组织开展了自查。经自查，全省2020年1—9月底完成设计的656个一般建设工程均严格按照GB 18306—2015《中国地震动参数区划图》给出的抗震设防要求进行抗震设防，154所学校、101个医院建设工程均达到抗震设防提标要求，17个建设工程应用区域性地震安全性评价成果，40个建设工程应用地震小区划成果。

实地抽查。山西省地震局震害防御处于11月22—23日对长治、晋城两市部分一般建设工程、学校和医院建设工程、已完成区域性地震安全性评价的园区内入驻项目的抗震设防要求落实情况进行实地现场检查，随机抽取21个建设工程（其中医院项目1个、学校项目6个、已完成区域性地震安全性评价的园区内入驻项目1个、一般建设工程13个）。长治、晋城两市学校、医院均按规定提高抗震设防要求，一般建设工程均按《中国地震动参数区划图》进行抗震设防，已完成区域性地震安全性评价的园区内入驻项目进行告知承诺并应用评价结果。

2. 地震安全性评价

修订配套管理制度。2021年出台地方标准《区域性地震安全性评价技术规范》，修订印发《山西省地震安全性评价结果技术审查管理办法》《山西省地震安全性评价技术审查专家库成员名单》，编制地震安全性评价工作归档制度和地震安全性评价结果技术审查办事指南，进一步规范地震安全性评价工作。

建立线上办理流程。地震安全性评价性作为强制性评估事项纳入政府统一服务事项、"承诺制＋标准地＋全代办"区域评价事项清单和全省一体化在线政务平台投资项目在线审批监管子平台和工程建设项目审批管理子平台决策生成阶段，将试行在线办理，进一步提高地震安全性评价强制性评估办理事项的便捷度。

开展重大建设工程地震安全性评价和区域性地震安全性评价。全省65个重大建设工程和可能发生严重次生灾害的建设工程开展地震安全性评价，34个经济技术开发区或产业集聚区开展区域性地震安全性评价。

强化地震安全性评价工作监管。山西省地震局坚持开展地震安全性评价单位信息登记和项目备案。全年2次公布符合条件的省内外地震安全性评价从业单位名单和区域性地震安全性评价项目备案信息，对37个地震安全性评价从业单位和已登记备案的34个区域性地震安全性评价项目实施动态监管。

3. 震害预测

2021年4月16日，阳泉市地震灾害预测项目通过总验收，总投资168万元。该项目成果将为阳泉市城区、矿区开展城市改造、编制城市防震减灾规划、地震应急指挥辅助决策等工作提供有力数据支撑。

4. 活动断层探测

完成"晋中市活动断层探测和地震危险性评价项目"2021年度任务，"控制性钻孔探测与第四纪地层剖面建立""1∶25万探测区地震构造图编制""晋中市活动断层详细探测与活动性鉴定""晋中市1∶5万目标区活动断层分布图编制"和"晋中市主要活动断层1∶1万条带状地质地貌填图"5个专题均通过验收。

完成"运城市中心城区地震活动断层探测工程"2021年度任务。主要包括：1∶25万区域地震构造图编制，400米控制性标准钻孔（同步进行测井、年代样品测试及孢粉样品测试），中条山北缘断裂地质地貌填图（100平方千米），龙居—临猗断裂、鸣条岗北缘断裂、安邑断裂、盐湖南岸断裂、盐湖北岸断裂浅层地震详勘（100余千米）。

推动朔州市和交城断裂（文水—汾阳段）活动断层探测项目完成立项。"朔州市区城市活动断层与地震危险性评价项目"总投资750万元。吕梁市"交城断裂（文水—汾阳段）活动断层探测项目"总投资750万元。

5. 地震应急保障

修订《山西省地震局地震应急预案》，印发局应急响应等级和行动清单，编制应急工作手册，组织开展全省地震系统应急演练，完善地震应对准备工作。积极与应急管理厅协调联动，在地震应急信息交换平台重新建立省抗震救灾指挥部成员单位间的信息交换功能。会同山西省应急管理厅对大同、朔州地震应急准备工作进行督导，接受国务院抗震救灾指挥部检查组的督导检查。完成重点区域地震灾害预评估工作，制作140余张专题图，编制预评估报告，提出防治对策、建议，上报省应急管理厅和相关市政府。在全国地震应急指挥技术系统运维质量的考核评估中，获3项前三名。

完善地震应急指挥技术系统。开发山西省地震灾情评估决策系统自动触发功能，经过测试，针对系统评估模型参数修改、基础数据更新、地震影响场计算导出、系统数据库升级等进行改进优化，提升系统的稳定性。

完善地震应急基础数据库。根据《山西统计年鉴2020》更新人口数据和经济数据；根据地震局官网地震目录更新小震目录数据；通过整理资料和处理数据，整理出加油站数据738条，煤矿数据575条；将"基于遥感影像和经验估计的区域房屋抗震能力初判工作"产出的相关数据成果完成入库；对数据库中长期未使用的、老旧的和一些空表数据进行删除，更新元数据说明。

开展全省区县地震灾害预评估。全年完成24个区县地震灾害预评估工作，对产出的报告进行分析评价。全省共72个区县完成地震灾害预评估工作。

开展视频会议系统集成建设。积极与山西省应急管理厅、山西消防救援总队协调沟通，通过不同技术手段实现与两部门的视频会议连通。通过消防总队的平台实现与省委、省政府的视频会议连通。

完善升级地震应急信息交换平台。采用主流web应用开发技术，构建B/S架构的地震应急资料交换平台，用户可使用普通电脑浏览器进行地震应急资料的交换，为现有应急交换平台提供服务方式的补充，推进平台的多应用场景扩展，提升地震应急交换平台的综合服务能力。

组织筹划2021年省抗震救灾指挥部桌面演练，演练涉及3个市政府、1个县政府和23个成员单位，完成对接与部署、演练方案、流程设计、情景策划、视频拍摄、新闻发布会、演练幻灯、预演等相关准备工作。

（山西省地震局）

内蒙古自治区

1. 抗震设防要求

内蒙古自治区地震局推进地震灾害风险调查和重点隐患排查工程。4月30日，自治区3个试点旗县（赤峰市巴林右旗、锡林郭勒盟西乌珠穆沁旗、兴安盟扎赉特旗）的地震灾害风险普查试点任务通过专家组验收，已开展包括内蒙古自治区西乌珠穆沁旗在内的11个重点试点旗县地震灾害风险评估与区划工作，后续完成全国109个试点旗县。

推进实施地震易发区房屋设施加固工程。印发《内蒙古自治区减灾委员会办公室转发〈关于建立地震易发区房屋设施加固工程工作清单〉的通知》。自治区应急管理厅、住建厅、地震局联合签发《关于建立内蒙古自治区房屋设施抗震设防信息采集和动态更新机制工作方案的通知》，自治区减灾委员会办公室、住建厅、地震局向盟市减灾委员会、自治区减灾委员会成员单位印发《自治区减灾委员会办公室　住房和城乡建设厅　地震局关于印发内蒙古自治区地震易发区房屋建筑及基础设施加固工程评估工作实施方案的通知》，完成自治区加固工程工作清单或实施方案统计1926个，完成房屋建设抗震设防水平快速评估工作，开展加固工程信息采集工作培训和盟市实地督导工作。

强化抗震设防要求监管，1月25日，召开落实安评报告整改工作视频会，邀请专家对有关报告进行复审指导，对相关安评从业单位负责人进行线下约谈。印发《关于做好内蒙古自治区建设工程地震安全监管检查整改工作的通知》。组织开展2021年度地震安全性评价从业单位备案公示，补入自治区地震安评专家库成员24人。开展2021年度一般工程、学校、医院和重大工程抗震设防要求抽查检查。

2. 地震安全性评价

深化地震安全性评价管理改革。开展2021年度地震安全性评价报告抽查检查。将地震安全性评价报告审定和观测环境保护纳入内蒙古自治区本级工程建设项目审批事项，并对观测环境保护事项部分申请材料实行"清单＋告知承诺制"；地震安全性评价报告审定纳入内蒙古自治区政务服务平台，制定审批简明问答、审批流程图，在政务服务平台进行公布。推进区域性地震安全性评价工作，制定《内蒙古自治区区域性地震安全性评价管理办法》。

3. 震害预测

开展重点危险区、重点地区地震灾害损失预评估。完成2021年度地震灾害损失预评估工作，编制《2021年度内蒙古和林格尔至山西天镇地震重点危险区地震灾害损失预评估与应急处置要点报告》。

组织开展房屋抗震能力遥感初判工作，按时完成自治区房屋抗震能力遥感快速评估工作。

4. 活动断层探测

将城市活动断层探测工作纳入自治区"十四五"防震减灾规划。结合自治区地震灾害风险普查工程，组织实施鄂尔多斯市达拉特旗、乌兰察布市活动断层探测项目。推动活动断层探测成果应用工作。

5. 地震应急保障

印发《内蒙古自治区地震局2021年度地震现场工作方案》《内蒙古地震局地震应急响应等级和服务清单》；与自治区应急管理厅联合开展内蒙古自治区防震减灾应急准备检查工作；指导各地震监测中心站编制应急服务响应等级和服务清单，编制印发《内蒙古地震监测中心站地震应急工作暂行要求》，指导地震监测中心站做好承担应急处置相关职责的各项准备工作；为中心站配备地震监测流动仪、无人机等设备，加强地震监测中心站地震应急处置能力。2月10日，组织应急现场工作人员开展线上应急演练；3月23—24日，完成对自治区消防救援总队"砺剑北疆2021"内蒙古自治区跨区域地震救援实战拉动演练的指导和支持工作。6月16日，参与自治区应急管理厅举办的内蒙古自治区地震应急演练。9月14日，开展地震处置桌面推演。4月20—22日，联合自治区应急管理厅举办内蒙古自治区地震应急管理人员培训班，邀请中国地震应急搜救中心、天津市地震局、山东省地震局等多家单位专家授课，150余人参加培训。有效处置阿鲁科尔沁旗4.7级地震，撰写应急处置工作报告，邀请专家对现场调查工作报告进行评审。

（内蒙古自治区地震局）

辽宁省

1. 抗震设防要求

落实地震安全监管检查整改任务。2021年，辽宁省地震局印发《关于开展全省建设工程地震安全整改工作的通知》，各市政府均高度重视，成立整改工作领导小组，明确责任分工，制定整改计划，筹措资金按照轻重缓急逐步落实整改任务；地震易发区各市将整改任务纳入加固工程任务清单，一并落实完成。

地震安全强制性评估监管。与辽宁省工程建设改革领导小组沟通协调，共同研究落实强制性评估监管措施，在建设工程审批流程用地选址阶段，将地震安全强制性评估纳入审批并联事项，有效强化重大工程抗震设防要求的落实。

开展2021年度一般工程、学校、医院和重大工程抗震设防要求抽查检查。辽宁省地震局印发《关于开展全省建设工程抗震设防监管和地震安全监管检查整改落实情况检查的通知》，对辽宁省重大工程、学校、医院和一般工程落实抗震设防要求情况进行检查。9月，结合加固工程督导检查，联合省发改委、省住建厅赴大连、鞍山、丹东和营口4市进行实地检查，督促各市建设工程严格执行抗震设防要求，落实监管责任。

2. 地震安全性评价

辽宁省区域性地震安全性评价工作。2021年，辽宁省地震局印发《辽宁省区域性地震安全性评价技术审查实施细则》，辽宁省工程建设改革领导小组将其转发至各市政府并在政务网站公开；辽宁省地震局印发《推进区域性地震安全性评价工作的通知》，明确2021年度各市需要完成区域性安评工作的任务指标及工作要求，同时指导各市开发园区尽快落实区域性安评工作任务。

地震安全性评价从业单位监管。2021年，辽宁省地震局印发《关于报送地震安全性评价企业信息的通知》，对备案的5家安评单位开展质量检查，强化对安评单位的监管。同时与辽宁省发改委沟通协调，将安评单位从业情况纳入辽宁省信用平台，依法及时向社会公开，构建"一处失信、处处受限"的联合惩戒机制。

提高安评报告评审质量。辽宁省地震局完善安评报告评审专家库，组成60余名专家评审队伍，经与辽宁省工程建设改革领导小组沟通协调，将安评报告技术审查纳入省地震局监管。2021年度共组织审查安评报告12份，按照程序严格审查，严把质量关。

3. 震害预测

推进全省地震灾害预评估全覆盖。2021年，辽宁省地震局自筹资金组织开展沈阳、铁岭、抚顺、本溪、丹东5个城市所辖15个区县地震预评估调研工作，填补了空白区，辽宁省地震灾害预评估达到全覆盖。

开展基于遥感影像和经验估计的房屋抗震设防能力初判。辽宁省地震局首次组织开展全省行政区域基于遥感影像和经验估计的房屋抗震设防能力初判工作，共判别房屋栋数7707539栋，处理行政区14个，遥感影像面积142352.06平方千米，从宏观上初步掌握了辽宁省房屋抗震设防情况，基本摸清地震灾害风险底数。

推进地震灾害风险普查工程。2021年，辽宁省地震局召开全省地震灾害风险普查工程启动会，对各市承担普查工作的领导干部进行动员部署。同时联合辽宁省应急管理厅编制印发《辽宁省地震灾害风险普查实施方案（修订版）》，明确省市县三级工作量和进度时限，压实工作责任。4月，完成岫岩县、大石桥市和凌海市各项试点普查任务；5月，通过全国地震灾害风险普查数据成果汇交与质检，顺利通过验收；8月，按照辽宁省自然灾害风险普查办公室要求，按时完成省级普查成果的横向汇交工作；11月末，按时完成3个试点地区评估与区划各项任务，试点工程全部完成。期间于6月23—25日举办提升地震灾害风险防治能力培训班，各市县应急局、应急中心、地震办公室相关人员共100余人参加培训。同时，技术专家组成员多次有针对性地开展实地培训，指导市县人员落实任务。

实施地震易发区房屋设施加固工程。辽宁省地震局和省发改委、省住建厅共同努力，在《辽宁省国民经济和社会发展第十四个五年规划和二〇三五年远景目标纲要》中，将加固工程列为重点任务，为顺利推进加固工程实施打下基础；辽宁省地震局印发《辽宁省地震易发区房屋设施加固工程实施方案》和《关于建立地震易发区房屋设施加固工程工作清单的通知》，全省地震易发区5市9个区县均制定并印发本辖区实施方案和任务清单；辽宁省地震局联合省发改委、省住建厅共同制定印发《辽宁省房屋设施抗震设防信息采集和动态更新工作实施方案》和《辽宁省房屋设施抗震设防自评估方案》，地震易发区各市均完成了信息采集和评估报告，2021年底加固工程已录入284项，新建工程录入993项。9月，辽宁省地震局印发《关于开展地震灾害风险防治工作检查的通知》，联合省发改委、住建厅、应急厅、教育厅等行业主管部门组成检查组，赴大连、鞍山、丹东、营口等地，对加固工程实施情况进行实地检查，督促落实。

4. 活动断层探测

将活动断层探测工作纳入辽宁省专项规划。在辽宁省应急体系"十四五"规划和辽宁省防震减灾"十四五"规划中，将地震活动断层探查和城市活动断层探测作为重要任务纳入其中，为开展活动断层探测工作做好规划支撑。

加强活动断层探测成果服务于经济社会发展。辽宁省地震局积极与省自然资源厅协调沟通，将地震风险区划纳入辽宁省国土空间规划；同时为省自然资源厅和鞍山市自然资源局提供活动断层相关成果资料，为其编制各级国土空间规划提供数据支撑，充分发挥活动断层探测等研究成果的社会服务效能。

5. 地震应急保障

地震应急准备。2021年，辽宁省地震局牵头起草东北片区地震应急区域联动工作规则，建立区域联席会议、联合演练等制度，完善区域应急协同机制；组织地震现场工作队骨干人员参加中国地震局组织的"2021年度中国地震局系统地震现场调查评估业务培训"；更新完善地震应急现场工作方案，编制地震现场处置工作流程，进一步明确责任到人、到时限、到岗位，增强行动的可操作性；修订并印发《辽宁省地震应急预案》，指导各成员单位制定地震应急配套工作方案，完成各市地震应急预案和"三网一员"信息更新工作，完善辽宁省地震应急工作手册。按照省委省政府要求，已将辽宁省抗震救灾指挥部办公室移交辽宁省应急管理厅。

地震应急响应。2021年，辽宁省地震局制定印发《辽宁省地震局地震应急服务响应等级（暂行）》《震后12小时辽宁省地震局地震应急服务响应清单》；会同省应急厅组织辽宁省抗震救灾指挥部42家成员单位开展地震应急培训和桌面演练，提升辽宁省地震灾害应急处置能力；加强应急协同联动，与省应急厅、自然资源厅、省地矿集团等3家单位签订《地震和地质灾害应急救援队伍建设合作框架协议》，组建辽宁省地震和地质灾害应急救援总队，印发《辽宁地震和地质灾害应急救援队管理办法》。全年处置地震应急响应41次。

应急条件保障建设。对地震应急基础数据库运行维护，完善辽宁省行政区划等22类数据21万余条数据核实，对其中3万余条数据进行整理、更新及空间化，并完成数据自检测试、数据库保存、备份、归档等工作；完成沈阳、朝阳、葫芦岛3市18个区县综合国情数据库更新工作。

（辽宁省地震局）

吉林省

1. 抗震设防要求

强化抗震设防要求监管。2021年，通过重大投资项目在线审批平台，使吉林省新建、改建、扩建建设工程达到抗震设防要求。开展《中国地震动参数区划图》宣传。开展地震安全监管检查整改及"双随机、一公开"执法检查，将检查结果录入国家企业信用信息平台。

2. 地震安全性评价

深化地震安全性评价管理改革，将《吉林省地震安全性评价管理办法》修订纳入2021年度吉林省政府立法调研计划。加强地震安全性评价报告技术审查，建立地震安全性评价专家库，印发《吉林省地震安全性评价报告技术审查专家库管理暂行办法》。开展对 2020 年 5 月以来重大工程开展地震安全性评价情况进行检查。全年开展 5 项重大工程地震安全性评价，为工程选址提供抗震设防服务。完成地震安全性评价专项整治工作。

3. 震害预测

夯实震灾评估基础。开展吉林省高烈度地区舒兰市地震灾害损失预评估，将预评估结果通报当地政府，为政府开展地震灾害风险防范应对提供参考。

开展房屋抗震能力遥感影像初判。完成房屋片区标绘、房屋数量统计、房屋抗震能力判别、实地抽样验证和数据复核修正等各项任务，建立影像数据库。

开展地震灾害风险普查。完成试点地区桦甸市、抚松县、延吉市地震工程条件钻孔与调查等任务，通过国家数据汇交及质检，于 2021 年 4 月 28 日组织完成验收。完成延吉市地震危险性计算及地震灾害风险评估与区划工作。2021 年 6 月，吉林省普查办印发《吉林省第一次全国自然灾害综合风险普查实施方案》，启动全省地震灾害风险普查工作。落实吉林省地震灾害风险普查经费，完成 392 个地震安全性评价钻孔工作任务及数据上传并通过国家验收；完成 1 个活动断层数据库和 9 个地区 16 个安评活动断层数据库资料收集、数据规范化处理及数据录入工作并通过国家质检；完成省级 1:25 万地震构造图编制，向中国地震灾害防御中心提交工作成果；完成白城市洮北区 105 万平方米、吉林市 255 万平方米房屋详查任务并进行数据汇交，吉林省地震局已组织验收。

推进地震易发区房屋设施加固工程实施。落实《吉林省地震易发区房屋设施加固工程实施方案》，组建协调组，统筹推进工程实施。吉林省地震易发区所在地及试点地区松原市宁江区、高烈度地区舒兰市、前郭县均印发实施方案。吉林省国网电力公司印发行业实施方案。吉林省防震抗震减灾工作领导小组办公室印发《吉林省地震易发区房屋设施加固工程评估工作方案》《吉林省房屋设施抗震设防信息采集工作方案》，完成自评估工作，召开调度会暨培训会议 2 次，组织专家赴全省各地就信息采集开展现场培训及指导，完成信息采集工作。全省注册采集员 2066 人，采集房屋信息 20382 项，其中加固工程 10757 项，新建工程采集 9625 项。

4. 活动断层探测

推进吉林市活动断层项目立项。开展"延吉市活动断层探测与地震危险性评价"成果推广应用活动，出版《延吉市活动断层探测与地震危险性评价》一书，组织专家到延吉市通过现场讲授、数据库部署、业务交流等形式开展成果推广应用。

5. 地震应急保障

组织召开吉林省防震抗震减灾工作领导小组会议，传达全国地震局长会议精神，通报震情会商研判意见，研究部署年度防震减灾工作。以省防震抗震减灾工作领导小组办公室文件印发 2021 年全省防震减灾工作要点，对加强监测预报、灾害风险防治、应急应对准备等进行具体部署。

加强自身制度建设，完善应急预案体系。制定印发吉林省地震局地震应急预案（2021 修订版），地震应急服务响应等级（暂行）和震后 12 小时应急服务响应行动清单，组织中心站制定应急响应预案。6 月上旬，派出专业人员陪同省人大社会建设委员会开展全省地震应急预案编制工作专项调研。

开展应急装备检查，强化应急装备保障。对大震应急物资及装备库现有应急装备进行梳理，做到应急保障装备设备清单化。做好极端气候条件下应急装备、物资储备工作，对各类设备、装备及其运维状况、物资储备情况进行分类统计。

制定现场工作方案，开展地震应急演练。制定印发吉林省地震局2021年地震现场工作方案和2021年局机关地震应急演练计划，组织开展应急准备工作检查2次，组织省市县80余人开展地震应急联动演练。

（吉林省地震局）

黑龙江省

1. 抗震设防要求

2021年7月，黑龙江省地震局制定抽查检查年度工作方案，组织开展2021年地震安全性评价报告抽查检查，2021年度一般工程、医院、学校和重大工程的抗震设防要求抽查检查及2021年度地震小区划和区域地震安全性评价抗震设防要求落实情况检查，形成相关检查汇总报告。

2021年完成哈尔滨机场二期扩建工程、哈尔滨医科大学P3实验室工程等5个建设工程的地震安全性评价报告审定，出具审定意见。

2. 地震安全性评价

12月21日，黑龙江省地震局主要负责人郭洪义赴省自然资源厅对接相关工作，与省自然资源厅副厅长姜扬及自然资源所有者权益处负责同志研究共同推进区域地震安全性评价，双方就推动标准地出让中的区域地震安全性评价交换意见。

12月29日，黑龙江省地震局主要负责人郭洪义带队赴省营商环境建设监督局开展工作对接，与省营商环境建设监督局副局长朱江就服务全省营商环境开展区域地震安全性评价等工作进行商讨，双方将进一步加强合作，共同推进全省营商环境持续优化。双方还就优化防震减灾工作政务服务、政务云等工作进行沟通。

3. 活动断层探测

黑龙江省地震局完成依舒断裂延寿西南段40千米剖面重磁勘探与解译工作，探明依舒断裂局部的平面展布特征和深部覆存特征，向"透明地壳"目标迈进扎实一步。

4. 地震灾害风险普查项目

黑龙江省地震局积极推进地震灾害风险普查工作，持续开展工作，成立由黑龙江省地震局党组书记、局长任组长的地震灾害防治工程领导小组，落实省普查领导小组及普查办工作部署，统筹推进地震灾害风险普查工作；抽调全省地震系统精干力量成立普查项目工作专班，下设12个分项工作组，配备集中工作办公室，全面推进普查工作实施；完成地震灾害风险普查试点任务，通过2021年4月29日黑龙江省地震局震害防御处组织的普查试点验收；根据国家方案和省级方案，梳理地震灾害风险普查工作省、市、县三级任务清单，编制黑龙江省地震灾害风险普查实施方案；落实普查试点经费，编制地震灾害风险普查省级预算，指导市县编制预算，申请2021年度普查任务省级经费；联合省普查办、省减灾办，先后2次对市县开展地震灾害风险普查相关工作培训。完成国普办年度任务，2021年12月16日全国第一次自然灾害综合风险普查调查系统确认黑龙江省地震灾害风险普查2021年度任务全部完成。

5. 地震易发区房屋设施加固工程

2月，转发《关于建立地震易发区房屋设施加固工程工作清单的通知》，指导哈尔滨市和八度区4个县制定完成加固工程实施方案和工作清单，上报震害防御司备案。3月5日，印发《关于成立黑龙江省地震局地震灾易发区房屋设施加固工程工作专班的通知》。6月30日，为进一步健全省地震易发区房屋设施加固工程工作体制机制，黑龙江省地震局经与省发改委、省住建厅、省应急厅等17家单位多次沟通协调，印发《关于组建黑龙江省地震易发区房屋设施加固工程协调工作组的通知》。

7月15—16日，由黑龙江省地震局副局长史宝森、省应急管理厅副厅长孙仁柱带领中国地震局工程力学研究所、黑龙江省寒地建筑科学研究院相关人员组成的调研组赴方正县、通河县实地督导、检查地震易发区房屋设施加固工程推进情况。

11月25日，黑龙江省政府召开地震易发区房屋设施加固工程推进会议。受黑龙江省委常委、常务副省长李海涛委托，省政府副秘书长冯昕出席会议并讲话，省地震局主要负责人郭洪义、副局长史宝森、加固工程协调工作组成员单位和哈尔滨市政府分管负责同志，方正、通河、延寿、依兰县政府主要负责同志参加会议。

截至2021年底，黑龙江省地震易发区房屋设施加固工程累计投入资金2.32亿元，加固农村民居4075处、城镇住宅1958处、交通设施2处、电力设施535处、水库大坝2座。组织完成抗震设防信息采集7732条，其中加固4875条，新建2857条。

6. 地震应急保障

应急体系与制度建设。黑龙江省防震减灾领导小组印发了《关于进一步做好2021年黑龙江省防震减灾工作的意见》，向各市（地）政府（行署）、各成员单位部署全年工作，从着力强化地震安全保障服务、扎实开展地震灾害风险防范、重点实施地震灾害风险防治、加快推进防震减灾项目建设等方面作出部署和安排，形成防震减灾工作合力，确保防震减灾工作得到推进和落实。与省减灾委联合印发《黑龙江省健全完善防震减灾救灾体制机制的意见》，进一步健全完善地方防震减灾救灾体制机制。

震前应急准备。根据黑龙江省地震局内设机构调整变化，完善地震应急预案，修订编制《黑龙江省地震局地震应急预案》，结合工作实际编制《黑龙江省地震局地震应急处置工作手册（试行）》。按照中国地震局的要求，编报《黑龙江省地震局地震应急响应等级和行动清单》。开展省地震局应急预案培训，针对局预案的结构、框架、操作、措施等几个方面进行解读。组织全局职工桌面演练2次，检验预案的时效性和可操作性。参加由辽宁省地震局牵头的东北片区地震应急联动暨流动测震台网演练，锻炼现场工作队区域协作联动能力。组织应急中心对中国地震局配发的地震现场应急装备进行验收及分装。做好疫情期间、重要节假日、重要时段和重大活动的应急保障工作。

震后应急响应。2021年，黑龙江省发生3.0级以上有感地震3次：1月24日齐齐哈尔讷河3.0级、7月27日大庆肇源3.4级、8月18日大兴安岭漠河3.9级地震。地震发生后，黑龙江省委、省政府高度重视，黑龙江省地震局迅速启动预案，开展应急值守、信息汇总、余震监测与趋势研判、灾害调查评估和应急宣传等工作。派出地震现场工作队，及时发布震情信息，要求市（地）应急局、地震局做好应急处置工作，密切监视震情，强化应急值班，做好应急保障。

非天然地震事件处置。10月7日七台河市发生2次矿震，第一时间向省委、省政府以及省煤监局发送专报，省委常委、副省长李海涛对处置建议给予充分肯定。

（黑龙江省地震局）

上海市

1. 抗震设防要求

2021年，上海市地震局认真贯彻《中华人民共和国防震减灾法》《上海市实施〈中华人民共和国防震减灾法〉办法》，始终把"一法一办法"作为地震灾害防治工作的引领和指导，从法定职责入手，采取事前事中事后监管方式，全面提升上海市建设工程抗震设防要求监管水平。

（1）事前监管"出实招"。经过与上海市规划和自然资源局多次沟通，提出抗震设防要求纳入前置审批条件。从2021年8月起，明确上海市全市各区和管委会的建设工程条件阶段和设计方案阶段征询纳入行政协助事项。上海市所有新建改建扩建建设工程的抗震设防要求均纳入审批程序，从源头上将建筑抗震设防要求监管全覆盖。对一般建设工程按照五代区划图要求进行抗震设防，学校、医院等建筑按照高于当地设防烈度进行抗震设防，对于重大建设工程要求开展安评。

2021年共受理建设工程行政协助审批项目956项，从源头上把握抗震设防要求，解决了安评项目"应评未评"问题。

（2）事中监管"谋新招"。印发《上海市地震安全性评价信用管理办法》，编制地震安评中介服务指南，建立安评评审专家库，完成上海首个区域性地震安评项目。建设上海市地震安全性评价管理信息系统，建立"做安评、用安评、管安评"三方协调机构，切实解决安评结果"评而不用"问题。

（3）事后监管"亮硬招"。上海市、区两级地震部门结合事前审批事项，联合开展建设工程地震安全检查；坚持"谁建设，谁负责"，联合上海市卫生健康委员会、上海市教育委员会等单位开展上海市医院、学校等建设工程抗震设计审查，检查结果通报当地主管部门。以国家减灾委员会来沪检查督察工作契机，压实各方责任。

2. 地震安全性评价

（1）筑牢区域性地震安全性评价制度保障。深入贯彻国家行政审批制度改革精神，全面落实和深化"放管服"改革，优化营商环境，根据《地震安全性评价管理条例》以及《上海市工程建设项目审批制度改革试点方案》《中国地震局关于加强区域地震安全性评价管理工作的通知》《上海市规划和自然资源局等部门关于优化营商环境推行区域评估工作的通知》等要求，上海市地震局、上海市规划和自然资源局联合印发规范性文件《上海市区域性地震安全性评价工作管理办法》。明确区域性地震安全性评价成果适用范围，提出区域性地震安全性评价从业单位、项目实施、技术审查、结果应用的要求，界定区域性地震安全性评价监管部门职责。该办法自 2021 年 8 月 15 日起施行，有效期 5 年。

（2）提升区域性地震安全性评价工作质量再"加码"。为确保上海市区域性地震安全性评价工作质量，规范相关工作内容，6 月 15 日，上海市地震局组织召开了"上海市区域性地震安全性评价技术导则"（以下简称"导则"）专家咨询会，会议邀请到江苏省地震局、浙江省地震局、安徽省地震局等长三角地震部门的专家进行了现场讨论，上海市地震局党组成员、副局长陈乃其出席会议。主要起草单位——上海市震灾风险防治中心重点介绍了"导则"的原则、内容、成果提交和质量控制等情况。与会专家对"导则"进行认真审阅和充分讨论，提出宝贵的意见和建议。专家一致认为"导则"在遵循中国地震局技术大纲的前提下，要突出地域特色，体现上海市工作高标准、精细化的特点，为上海经济社会发展提供地震安全保障。

上海市地震局根据"导则"，配合规范性文件《上海市地震安全性评价信用管理办法》，加大培训力度，提高服务效率，减轻企业负担，为持续推进区域性地震安全性评价工作，促进上海市经济社会发展提供科学的地震安全保障。

（3）助推地震安全性评价质量效率全方位提升。为解决地震安全性评价领域不同程度存在的"应评未评""评而不用"等问题，进一步加强上海市地震安评行业管理，5 月 11 日，上海市地震局在上海勘察设计研究院（集团）有限公司组织召开地震安评成果应用专家咨询会，会议邀请到同济大学、华东建筑设计院、轨道交通设计院、市政工程研究院等建筑设计单位的专家和安评从业单位进行现场研讨。

与会专家充分肯定了地震安评工作对上海市建筑工程安全起到的积极作用，从工程抗震设计中地震安评成果的应用情况、不同结构类型抗震设计的差异需求、设计单位在使用地震安评成果中存在的问题等方面进行充分讨论，对安评报告如何更好地与设计环节相结合提出建设性意见。上海市地震局将根据专家意见，进一步加强对上海市安评从业单位和安评报告质量的事中事后监管，承担好抗震设防要求确定的法定职责。

3. 震害预测

上海市地震局组织对上海市建筑抗震能力调查项目进行验收，该项目利用 3 年时间对全市约 247.5 万栋建筑物进行抗震能力调查、评估，建立全市建筑基础数据信息和抗震能力现状评估数据库，并对典型建筑结构开展精细化弹塑性时程分析，建成上海市建筑抗震能力评估与展示平台。

对基于遥感影响和经验估计的房屋抗震能力初判试点工作进行验收。

4. 地震应急保障

开展上海市地震局地震应急桌面推演。牵头编制演练方案，设定演练场景，编写局地震应急桌面推演脚本，不断细化完善，通过演练进一步增强上海市地震局干部职工的地震应急意识，进一步明确各工作组的职责，进一步完善应急服务产出。规范地震应急服务响应。对上海市地震局地震应急预案开展修订，牵头编制《上海市地震局地震应急服务响应等级（暂行）》和《震后 12 小时上海市地震局地震应急服务响应行动清单》。强化现场工作队建设。合理调整局现场队工作人员。组织现场工作队开展实训，邀请中国地震局工程力学研究所、云南省地震局、中国地震台网中心具有丰富现场经验的专家开展现场指导，参加两期中国地震局组织的现场队线上培训，进一步提升现场工作队的实战能力。

（上海市地震局）

江苏省

1. 抗震设防要求

江苏省地震局坚守地震安全底线思维，坚持放管并重、放管结合，统筹谋划，对地震安全性评价及抗震设防要求审批程序进行梳理，强化社会服务职能；对房屋建筑工程优先通过震害防御成果转化直接提供抗震设防要求，用于工程设计。全年共完成64项重大建设工程的抗震设防要求审批。

2. 地震安全性评价

进一步完善地震安全性评价管理制度。江苏省地震领域首部地方标准 DB/T 324050—2021《区域性地震安全性评价技术规范》颁布并实施。进一步落实地震安全性评价质量要求，制定印发《地震安全性评价原始资料报送要求》和《区域性地震安全性评价数据库及技术服务系统建设指南》，完成规范性文件《江苏省地震安全性评价管理办法（暂行）》的制定，通过省司法厅备案，于2022年2月1日正式实施。

在全省组织开展建设工程场地地震安全性评价监管检查，对6项工程地震安全性评价"应评尽评"，30项地震安全性评价报告质量、7家地震安全性评价单位从业情况进行了检查、抽查。

切实推进区域性地震安全性评价工作。联合省商务厅等七部门印发《2021年度江苏省开发区区域评估工作要点的函》，明确责任要求、扩大评估范围，进一步推进区域评估工作在江苏省全面开展。全省累计开展40个区域共计438平方千米的区域性地震安全性评价。2021年完成徐州经济技术开发区高铁新城等10个项目的区域性地震安全性评价批复。先后对盐城经开区、苏州工业园区等24个区域性地震安全性评价项目开展审查40余次。为进一步提升区域性地震安全性评价报告质量，保证区域性地震安全性评价结果的科学性和适用性，组织系统内外专家对盐城未来城南侧区域、盐城市盐都区大纵湖镇、宿迁市城市规划区、海门经济技术开发区等6个区域性地震安全性评价项目进行会审。

3. 活动断层探测

积极推进城市活动断层探测工作有序开展。先后组织完成淮安市活动断层5个专题、镇江市活动断层3个专题、盐城市活动断层4个专题的审查，配合中国地震局完成镇江市、淮安市活动断层项目总验收。盐城市活动断层完成全部专题验收和数据入库检测，即将进行项目总验收。新沂市活动断层探测成果在城区规划中得到实际应用。

4. 地震应急保障

大丰海域5.0级地震和常州市天宁区4.2级地震应急处置。11月17日13时54分，在江苏盐城市大丰区海域（33.50°N、121.19°E）发生5.0级地震，震源深度17千米。12月22日21时46分，江苏常州市天宁区（31.75°N、120.0°E）发生4.2级地震，震源深度10千米。按照《江苏省地震局地震应急预案》规定，立即启动地震应急Ⅲ级响应，全局人员全员到岗，认真履行应急职责，密切配合，及时有序开展地震应对处置工作，现场工作队快速赶往地震现场，在震中附近区域架设多套应急流动观测设备进行加密观测，并开展灾害调查。微博、微信等政务新媒体及时发布相关信息，积极回应网民关切，密切关注网络舆情发展，开展地震科普宣传，取得良好社会成效。

修订《江苏省地震局地震应急预案》。根据地震应急职责调整，以及江苏省地震局机构改革情况，5月修订印发实施《江苏省地震局地震应急预案》。对有感地震应急分段响应更加细化，对江苏省地震局应急指挥中心、现场工作队组成及主要职责重新进行界定，部门、人员的职责更清晰到位，具有更强可操作性。根据江苏省地震局地震应急预案和中国地震局有关要求，编制了中心站应急工作细则。

组织编制局地震应急响应服务等级和行动清单。编制印发《江苏省地震局地震应急服务响应等级要求和服务清单》，包括《江苏省地震局地震应急服务响应等级要求》《震后江苏省地震局地震应急服务Ⅰ、Ⅱ、Ⅲ级响应行动清单》《震后江苏省地震局地震应急服务Ⅳ级响应和有感地震事件行动清单》。

积极开展地震应急演练。5月12—13日，由华东地震应急协作联动区轮值单位江苏省地震局主办的2021年华东地震应急协作联动区地震现场工作演练活动在江苏省盐城市举行。上海市、浙江省、安徽省、福建省、江西省、江苏省地震局和盐城市地震局现场工作队员60多人参加演练。盐城市副市长吴本辉到场观摩指导。组织庆祝建党100周年专项应急演练等多项针对性强的地震应急演练活动。做好大震应急物资入库登记以及应急物资更新、补给、维修等工作。

（江苏省地震局）

浙江省

1. 抗震设防要求

浙江省地震局全面实施地震灾害风险调查和重点隐患排查工程，印发专项实施方案，开展宣贯培训指导，全省各市县落实专项经费7700多万元，完成5个试点县数据资料入库及成果报告验收、606个地震工程条件钻孔探测及资料数据库建设和省级1∶25万地震构造图，开展房屋抽样调查。组织实施地震易发区房屋设施加固工程，列入浙江省自然灾害防治能力提升行动实施方案和大都市区建设年度工作要点，杭州、嘉兴等市印发工作方案并持续推进落实，完成全省基于遥感影像和经验估计的房屋抗震能力初判工作，会同浙江省减灾委员会办公室印发《浙江省房屋设施抗震设防信息采集和动态更新机制的工作方案》，指导相关区县采集数据3715项。

2. 地震安全性评价

落实"放管服"要求，深化地震安全性评价管理改革，制定出台《关于加强浙江省地震安全性评价管理工作的通知》，强化事中事后监管，开展地震安全性评价报告抽查检查。组织开展全省建设工程地震安全监管检查，对学校、医院、一般建设工程、区域性地震安全性评价依法落实抗震设防要求情况和重大工程地震安全性评价工作情况进行全面核查检查。督促各地按要求完成对 196 项学校工程、14 项医院工程、182 项重大工程地震安全监管检查的整改整治工作。全年开展宁波轨道三期、开化水库、宁波镇海炼化等 30 余项重大工程地震安全性评价。

3. 活动断层探测

组织实施浙江省活动断层普查二期项目，完成对镇海—宁海断裂、奉化—丽水断裂、岱山—黄岩断裂的地质调查、物探及成果整理工作。组织开展浙江省生命线工程地震灾害风险评估项目、超高层建筑结构健康监测及损伤试点项目工作。

4. 地震应急保障

与浙江省应急管理厅建立地震应急联动协作机制，联合印发《浙江省抗震救灾指挥部工作规则相关职责分解方案》。修订浙江省地震局地震应急预案、应急服务响应等级、应急服务响应行动清单、应急现场工作规定，系统化应急应对机制逐步建立。加强常态化实战化应急演练，联合省、市、县应急管理部门开展地震应急现场工作演练。与第 19 届亚运会组委会深入沟通，启动杭州 2022 年亚运会地震安全保障准备工作。快速应对省内、省外有感地震影响，及时召开新闻发布会，强化舆情监控，有效保障社会稳定。

（浙江省地震局）

安徽省

1. 抗震设防要求

安徽省地震局会同省住建厅、发改委、自然资源厅、教育厅、卫健委、应急厅联合印发《关于进一步加强建设工程抗震管理的通知》，从科学开展建设工程规划选址、严格执行建设工程抗震设防要求、加强农村房屋抗震技术指导、加快推广应用减隔震技术、严格落实工程建设各方责任、加大建设工程抗震设防监管等方面，对加强建设工程抗震管理作出规定。

完成 2020 年建设工程地震安全监管检查过程中发现的 2 所抗震能力不符合要求的学校抗震性能鉴定评估、加固改造及验收工作。组织开展 2021 年度全省建设工程地震安全监管检查工作，指导各市对 2020 年以来新建的 195 项工程的抗震设防要求进行现场检查，涵盖学校、医院、高层建筑、工业厂房等。

2. 地震安全性评价

安徽省地震局推动将地震安全性评价从业单位监管列入安徽省 2021 年社会信用体系建设工作要点。制定出台《安徽省地震安全性评价信用管理办法（试行）》，加强信用体系建设，进一步规范地震安评从业单位市场行为。根据中国局关于全国地震安全性评价报告抽查检查结果通报，通过省信用信息平台对两个安评报告质量问题及其从业单位信息进行了信用公示，并要求其整改。

加强与省发展改革委协调沟通，明确将公路特大桥梁、隧道等工程是否按行业规范开展地震安全性评价纳入项目可行性研究报告论证内容，2021年先后参与省发展改革委组织的交通工程可行性研究论证会议5次，做好7个高速公路项目是否开展安评的技术咨询意见回复工作，指导项目建设单位委托有关安评单位开展3个高速公路项目的地震安全性评价工作。

完成共31家安评从业单位的信息审核、备案及公示。统一规范安评项目备案权限、材料、流程要求，压实属地管理责任，年内完成7个跨市地震安评项目的备案，全面掌握全省地震安全性评价项目开展情况。完成全省59名地震安全性评价技术审查专家队伍组建及动态调整，并通过局门户网站向社会公示。

按照重点领域全覆盖和"双随机、一公开"原则，2021年共抽查全省开展的3个地震安全性评价项目报告，涉及机场、铁路、特大桥梁等重点领域的重大工程项目，重点检查建设工程的基本概况、主要技术承担人员、项目取得方式、评审情况等，对是否按照相关技术标准开展工作、报告评审是否规范、结果是否科学合理等进行重点检查。对检查过程中发现存在明显质量问题的1个安评报告，要求其承担单位补充收集相关资料、重新编写报告，及时开展整改工作。

3. 震害预测

（1）牵头实施地震灾害风险调查和重点隐患排查工程。成立领导小组及实施团队。普查工作纳入安徽省地震局党组年度重点督察任务和局年度重点目标任务，纳入局务会议每月调度，纳入对各市政府目标考核。印发《安徽省地震灾害风险普查工作实施方案》《2021年工作方案》等文件，明确各阶段省、市级任务清单。联合省普查办对接省财政厅争取省级经费支持，全省总计落实省级普查经费422余万元。指导市县地震部门争取本级经费保障，市级落实经费442.5万元，县级落实经费1930.3万元。建立市级联络员制度，成立微信群，发布简报3期，组织省局实施团队专家为市县提供技术支撑。组织参加中国地震局各类会议、培训12次，组织全省座谈会4次、学术报告会1次、培训班2次，覆盖全省各市和70余个县（市、区）。地震灾害风险普查工程试点工作已于2021年5月全面完成，活动断层数据库建设、钻孔数据库建设接近完成。16市均印发了地震灾种普查实施方案，滁州、合肥、芜湖、马鞍山、宿州、池州等6市完成统一招标，蚌埠、淮南、铜陵等3市进入统一招标程序，宣城、安庆、六安、黄山、阜阳、亳州、淮北等7市组织县区部门自行委托，宣城、亳州2市所有县区全部完成委托。

（2）积极推动地震易发区房屋设施加固工程。定期召开厅局间加固工程推进会，传达国家有关文件精神，研究部署全省工作计划。收集汇总加固协调工作组各成员单位及三个试点地区编制加固工程实施方案，推动三个牵头单位联合向省政府行文请示加固工程有关事项。先后两次向省委常委、常务副省长汇报安徽省地震易发区房屋设施加固工作情况，并就加快推进提出了建议。会同应急、住建等部门赴试点县了解当地房屋设施抗震现状，督促地方政府落实主体责任。组织开展全省业务培训1次，联合应急厅开展培训1次，召开试点市县座谈会5次。完成全省首次地震易发区房屋设施抗震设防信息采集工作，共计采集新建工程信息15462条、加固工程信息14117条。组织明光、五河、泗县完成试点自评估，编制加固工程清单。统筹编制、报送全省加固工程评估工作总结。

（3）全面完成安徽省基于遥感影像和经验估计的区域房屋抗震能力初判工作。组建领导小组、1个技术指导组和5个初判工作组，编制完成全省实施方案。收集完成了全省1米分辨率遥感影像数据和天地图数据，完成全省104个县级行政区房屋的抗震性能初步判定和人工标绘工作，赴全省各市开展数据核查、实地抽样和图件绘制，进一步摸清全省房屋抗震风险底数。组织召开初判工作总结座谈会，系统总结专项工作成果，对甄别性开展成果应用进行部署。

（4）组织开展地震灾害综合风险防治工作。开展2021年全省自然灾害防治工作综合自查，每季度对自然灾害防治重点工程资金投入和工作进展进行汇总统计，组织开展全省地震灾害风险防治培训班，配合省安委办开展每月开展地震灾害风险监测预警分析，"7·1"前配合省安委办"全省安全生产隐患大起底大排查大整改"活动联合省应急管理厅组织开展地震灾害隐患排查检查。

4. 活动断层探测

安徽省地震局将活动断层项目推进落实情况纳入对各市年度考核及政府目标考核。全省16个市中，合肥市于2017年率先完成并将成果运用于巢湖下穿隧道等重大工程规划选址。2021年，宣城、淮南、亳州、六安、淮北、马鞍山等6市先后完成项目实施方案编制、初审并通过中国地震局论证，阜阳、池州、黄山3市完成活动断层项目招标工作，正在编制实施方案。

5. 地震应急保障

安徽省地震局成功处置广德 $M3.3$、宿松 $M2.6$、马鞍山 $M2.1$、金寨 $M2.3$、定远 $M2.5$、宣城 $M2.8$、蒙城 $M2.8$ 等有感地震。年初修订印发《安徽省地震局地震灾害应急响应工作预案》，细化实化地震部门应急服务现场工作方案，做好现场工作队伍、装备准备，时刻保证地震应急准备状态。完成大震救灾物资储备项目采购，提升应急现场工作队装备水平。编印《安徽省地震局地震应急服务响应等级》和《震后12小时安徽省地震局地震应急服务响应行动清单》，对震后应急服务产出进行了规范。指导合肥、宣城等市地震局编制市地震局应急响应预案，指导宿州、霍山等市县编制政府地震应急预案。加强系统巡检和运行状况监控分析，确保各业务系统运转正常。开展无人机技术培训、现场应急通信拉练，参与华东区地震应急协作演练，组织局地震现场工作队、市地震部门赴安庆、蚌埠市开展地震应急演练。协助省应急厅组织地震应急演练并提供技术支撑，指导全省各市地震局现场工作队开展应急演练活动。

（安徽省地震局）

福建省

1. 抗震设防要求

根据《关于做好全国建设工程地震安全监管检查整改阶段有关工作的指导意见》，深化建设工程地震安全监管大检查，印发《关于进一步做好建设工程地震安全监管检查整改工作的通知》，部署各地监管检查整改自查和"回头看"，开展学校、医院地震安全专项整治，赴漳州、龙岩实地抽查，制定出台《关于进一步加强建设工程地震安全监管工作的意见》，强化地震安全监管工作。自 3 月启用福建省地震局地震安全性评价技术审查专用章，加强地震安全性评价结果的审定和抗震设防要求的确定。

配合中国地震局、福建省数字福建建设领导小组办公室推进"互联网＋监管"信息平台建设，认领事项清单，梳理规范市县"互联网＋监管"事项清单，建立省、市、县三级监管平台，开展地震行政检查活动。在三明市实地检查地震安全性评价工作，到宁化县石板桥水库地震安全性评价项目现场开展监管。指定专人负责"互联网＋监管"平台运行，录入执法人员和地震行政检查案例。

2. 地震安全性评价

根据《关于进一步做好地震安全性评价监管和全国建设工程地震安全监管检查整改工作的通知》，对重大工程开展地震安全性评价情况、地震安全性评价报告质量情况、区域地震安全性评价工作开展情况等进行自查和检查。对 2020 年 5 月以来重大工程开展的地震安全性评价情况开展检查，对 2021 年度地震安全性评价报告进行抽查，对近年来区域地震安全性评价工作开展情况进行自查和检查工作。加强对安评单位、中介机构的监管，对照《地震安全性评价管理办法（暂行）》严格把关，审核公布第二批 5 家地震安全性评价单位。

根据《福建省区域性地震安全性评价管理办法》和《福建省区域性地震安全性评价工作大纲》，落实区域评估推进会部署，赴实地调研检查，重点推进福州、厦门、漳州等区评工作。完成福州软件园区、漳浦县赤湖工业区等 10 余个区域评估项目，厦门、莆田、福州等地推进多个区评项目。

3. **活动断层探测**

实施漳州地区深地震反射勘探项目。1 月 15 日，福建省地震局在漳州市组织召开深地震反射勘探工作现场会，正式启动深地震反射勘探野外数据采集作业。3 月 19 日，组织专家对中煤科工集团西安研究院承担的漳州地区深地震反射勘探项目野外工作进行验收，对项目野外工作的开展和数据采集的质量等进行验收并通过。11 月 21 日，联合中国地震灾害防御中心组织专家，召开网络视频会议，对项目进行总验收并通过。项目完成 1 条长度 100 千米的深地震反射勘探测线，物理点 429 个，有效探测深度超过 40 千米，获得了信噪比较高的深地震反射时间剖面，较好地反映了漳州地区 Moho 面形态、地壳构造，为福建东南部地区地震环境研究提供宝贵的深部资料。

开展龙岩城市活动断层探测项目，纳入"为民办实事"防震减灾基础能力建设项目，完成项目建设并通过野外验收。建设项目基础数据库，于 2021 年 12 月 20 日召开总验收会，通过验收。项目编制 1∶25 万探测区地震构造图，鉴定目标区断层活动性，评价目标区主要断层的地震危险性，编制目标区 1∶5 万主要断层分布图等，为城市发展规划建设、地震灾害风险防治和重要工程设施抗震设防提供科学依据。

4. **地震应急保障**

认真贯彻落实《国务院抗震救灾指挥部办公室关于加强 2021 年地震灾害防范应对工作

的通知》精神，编制《关于加强2021年福建省地震灾害防范应对工作的通知》。根据职能调整和人员变动，经福建省政府同意，调整、充实福建省抗震救灾指挥部及其办公室组成。健全完善省抗震救灾指挥部暨防震减灾联席会议工作机制，经省政府同意，在原省人民政府抗震救灾指挥部基础上增设省防震减灾联席会议，并设立"福建省人民政府抗震救灾指挥部暨防震减灾联席会议办公室"，启用新的办公室印章。修改完善省应急管理厅、省地震局防震减灾与抗震救灾协同联动工作机制。召开省抗震救灾指挥部暨防震减灾联席会议，会议审议通过《福建省地震应急预案》，将落实防震减灾工作职责、做好地震监测预警工作、做好地震灾害风险普查和重大工程地震安全隐患排查工作、强化地震应急准备工作等列入预案执行要求内容。

统筹推进各项应急准备工作。健全应急工作机制，修订《福建省地震局地震应急响应工作方案》，编制《福建省地震局地震应急服务响应等级（暂行）》和《震后12小时福建省地震局应急服务响应行动清单》。完成年度地震重点危险区、重点地区地震灾害损失评估工作。组织开展基于遥感影像和经验估计的区域房屋抗震设防能力初判工作，完成全省9地市共84个县区的内业标绘和外业核实工作。更新人口、经济、避难场所、学校、医院、行政区划、历史地震等6类应急基础数据库，提高应急产品产出与服务的时效和质量。参加华东地震应急联动协作区现场工作演练，联合省消防救援队开展"闽动—2021"地震暨大型综合跨区域灭火救援实战演练，强化地震应急联动准备，完善应急救援协调配合机制。

（福建省地震局）

江西省

1. 抗震设防要求

强化依法治理。2021年，江西省人大常委会修正《江西省防震减灾条例》。地震预警管理办法纳入2021年江西省政府立法计划重点调研的规章项目。省防震减灾工作领导小组办公室组织开展建设工程地震安全监管检查等执法检查，各地各部门加大防震减灾法贯彻实施力度，协同推动机构改革、规划实施、观测环境保护等一批重点难点问题解决。落实法律顾问制度，江西省地震局合同签订之前均提交法律顾问进行审核。组织开展本地区地震行政执法并纳入中国地震局监管系统，上栗县安评执法对业主方进行了处罚。推动开展本地区防震减灾法律法规执法检查或执法调研，11月10—12日，联合省人大和省司法厅赴赣南开展防震减灾法规规章调研和执法调研并根据调研情况修订地震预警管理办法草拟稿。

加强市县工作力度。江西省省政府将防震减灾工作纳入市县党政高质量发展考核评价体系。制定考核管理办法和2021年度考核指标，发挥考评"指挥棒"作用，督促市县落实地震安全责任。联合省减灾委办公室印发2021年度全省地震灾害风险防治工作要点，强化市县工作指导；召开2021年全省健全完善防震减灾体制机制及高质量考核工作交流研讨会，强化市县工作调研，统筹推进全省防震减灾工作。

健全完善体制机制。贯彻落实《关于印发〈国务院抗震救灾指挥部关于进一步健全完善地方防震减灾体制机制的意见〉的通知》，主动对接省应急管理厅，配合起草市县管理体制机制政策文件。8月6日，时任省委常委、常务副省长殷美根在《关于印发〈国务院抗震救灾指挥部关于进一步健全完善地方防震减灾救灾体制机制的意见〉的通知》上批示，要求省抗震救灾指挥部办公室会同省地震局等有关部门，认真抓好"意见"贯彻落实。9月7日，省政府召开江西省防震减灾工作领导小组会议，会议要求贯彻落实国务院抗震救灾指挥部相关意见，出台健全完善地方防震减灾救灾体制机制实施意见。12月3日，省抗震救灾指挥部、省防震减灾工作领导小组联合印发《关于健全完善防震减灾救灾体制机制的实施意见》，强化政策保障。与省应急管理厅建立协同联动和主要负责人定期沟通机制。省级全面实现"四个纳入"，部分市县推进"四个纳入"取得进展，确保职责有部门履行、工作有队伍落实，有效压实属地责任。

2. 地震安全性评价

完成2020年全国建设工程地震安全监管检查，建立地震安全监管抽查检查常态化机制，各地检查建设工程647项，针对地震安评报告不合格单位，依法约谈责令整改。开展地震安评等科技服务领域专项治理。南昌、赣州、九江、上饶、鹰潭、吉安等落实"放管服"改革，完成8个工业园区、开发区地震区评工作。赣州区县积极推广使用减隔震新技术新产品。

根据安评等地震科技服务专项治理发现的问题，出台《江西省地震安全性评价从业单位资质审核管理规定（试行）》《江西省建设工程地震安全性评价项目备案管理办法（试行)》《江西省区域性地震安全性评价工作管理细则（试行）》等制度，加强社会管理。

3. 震害预测

实施地震灾害风险普查。成立"两项工程"工作专班，江西省地震局主要负责人担任专班负责人。设立地震灾害风险普查项目办公室、房屋设施加固工程项目办公室，分别牵头负责全省地震灾害风险普查、房屋设施加固工程项目实施。专班由震防处、震灾风险防治中心、信息中心等26人组成。完成3个试点县（市）任务，顺利通过中国地震局验收。8月召开全省地震灾害风险普查推进会和培训会，各设区市、县（市、区）应急管理局以视频形式参加。9月印发市县普查任务文件，明确任务清单、进度安排、经费保障。完成省级1∶25万地震构造图和地震工程条件钻孔探测任务，形成江西省1∶25万地震构造图1张，相应数据库1个；地震安全性评价1∶100万地震构造图11张，地震安全性评价1∶25万地震构造图11张，相应数据库1个；全省地震安全性评价资料钻孔数据库1个。11月完成大余县评估与区划工作，开展兴国县标准的公里网格地震危险性计算工作。作风建设月对两项工程成效开展持续政治监督，提交《关于"两项重点工程"实施情况的调研报告》。

推进房屋设施加固工程。省住建厅、地震局、发改委牵头实施，成立协调工作组，办公室设在省地震局。联合省抗震救灾指挥部办公室转发国务院抗震救灾指挥部关于信息采集和评估文件。联合省住建厅、发改委召开加固工程推进会，开展市县培训。江西省地震局主要负责人率领由省住建厅、应急厅、地质局组成的调研组，赴瑞金市、会昌县、安远县、寻乌县（江西省高烈度区仅4个县）开展调研督导。注册房屋设施抗震设防信息采集员344人，采集加固项目230项，新建项目1473项。2018年以来各成员单位和4个县，累计投入138.33亿元，加固面积600.98万平方米，涉及7884栋、3.6万户、13.27万人。11

月,加固工程自评估项目通过验收,形成评估报告《关于报送江西省地震易发区房屋设施加固工程自评估报告的函》。

开展遥感快速评估。组织在全省 103 个县级行政区完成判别房屋 870 万栋,涉及遥感影像总面积 16.7 万平方千米,7 月上报《江西局基于遥感影像和经验估计的江西省房屋抗震能力初判工作总结》,以及江西省各地级市房屋抗震设防能力初步评估图等成果。启动地震灾害损失预评估工作,组织高烈度区市县应急局赴九江调研示范项目,学习经验做法,完成寻乌、会昌县灾害损失预评估基础数据资料收集、招标、合同签订和制定实地调研方案等相关工作,派出专家进行实地抽样、报告编制和成果验收。

4. 活动断层探测

《江西省"十四五"防震减灾规划》将九江市城市活动断层探测、重点断裂地震构造探察等项目纳入。10 月 21—22 日,张有林局长带队就九江市活动断层探测工作与九江市委常委应炯副市长进行深入有效沟通,九江市政府原则同意,计划投资 1000 万元启动该项目。

5. 地震应急保障

2021 年两次修订《江西省地震局地震应急预案》,组织开展应急演练。2021 年 5 月 12—13 日组织应急队伍参加华东地震应急联动协作区地震应急演练,加强片区协作,完善联动机制;11 月 28 日组织开展江西局地震应急实战演练。编制地震应急响应手册,纳入地震现场工作规范;编制江西局《地震应急服务响应等级(暂行)》《震后 12 小时行动清单》,进一步细化实化各项地震应急服务响应行动清单,确保地震应急处置高效有序开展。做好庆祝建党 100 周年、全国"两会"和党的十九届六中全会等重大活动、重要时段地震安全保障服务工作;继续做好防震保安服务工程系统集成化项目实施的管理工作;完成大震应急救援物资储备项目,理顺应急物资储备仓库管理机制,做好地震应急物资储备库管理。

2021 年及时有效处置江西省有感地震及邻省地震波及有感事件 5 次,尤其是 3 月 13 日鹰潭市余江区发生 3.1 级地震后,第一时间启动应急响应,发布地震信息通报,回应社会关切,高效处置突发震情,有力维护社会稳定。

(江西省地震局)

山东省

1. 抗震设防要求

山东省地震局对 2020 年度检查发现的"应评未评""评而不用"建设项目开展建设工程地震安全监管检查整改工作。举办了全省建设工程抗震设防要求管理培训班。

协同推进地震易发区房屋设施加固工程。召开山东省地震易发区房屋设施加固工程协调工作组联络员会议,联合省水利厅开展水利工程抗震设防专项检查。完成基于遥感影像和经验估计的山东省房屋抗震设防能力初判。配合开展全国房屋设施抗震设防信息采集系统测试。印发《山东省建立房屋设施抗震设防信息采集和动态更新机制工作方案》《山东省地震易发区房屋设施加固工程评估工作方案》。举办全省地震易发区房屋设施加固工程业务培训班。重点市、县制定加固工程清单。在日照市开展房屋设施抗震设防信息数据汇交和定期动态更新试点。

2. 地震安全性评价

召开地震安全性评价从业单位座谈会，通报全国地震安全性评价报告抽查检查结果。印发《山东省内开展地震安全性评价现场工作技术规定》，并启用地震安全性评价现场工作辅助查证系统。建立区域性地震安全性评价技术方案评审制度，制定区域性地震安全性评价数据库标准并实行专题验收。支持济南市推动"互联网+"抗震设防要求监管试点。

3. 震害预测

按照第一次自然灾害综合风险普查工作部署，完成"大会战"试点、重点县试点全链条地震灾害风险普查。印发《山东省地震灾害风险普查工作方案》，举办全省地震灾害风险普查培训班、房屋建筑抽样详查集中培训，联合省普查办开展风险普查工作检查。承办地震灾害风险普查工作（华东片区）评估与区划技术培训班。

4. 活动断层探测

滨州市活动断层探测与地震危险性评价项目通过总验收，陵县—阳信断裂、垦南断裂、滨北断裂、广饶—齐河断裂、林南断裂等五条断裂活动时代得到明确，垦南断裂最新活动时代确定为晚更新世早期，取得对济阳坳陷内部边界断裂活动性质的新认识。威海市地震活动断层探测项目正式启动，实施方案通过论证。临沂市国际生态城地震断层探测与地震危险性评价项目、济南市莱芜区断裂探测与活动性分析项目持续推进。

5. 地震应急保障

开展了2021年度地震灾害损失预评估工作。细化震后现场评估工作，印发调查评估组和现场调查评估组震后12小时地震应急服务响应行动文件，举办全省地震现场灾害调查评估培训，开展地震灾害调查评估演练。

（山东省地震局）

河南省

1. 抗震设防要求

河南省地震局及时网上公示安评报告技术审查情况，8次在网上公示11个区域性地震安全性评价项目和3个重大建设工程地震安评技术审查不通过信息及二次审查通过信息；与软件开发公司对接，完成安评管理系统网上技术审查流程优化工作，增加专家复核流程，实现网上专家全程匿名评审，确保河南省安评报告审查质量；分类完成2020年全省建设工程地震安全监管检查后续整改工作，11月完成2021年度河南省建设工程地震安全监管例行抽查检查工作。

积极配合工程建设项目审批制度改革工作，严格按照国家和省政府工作要求，紧跟河南省改革步骤，开展学习培训、认领审批事项清单、填报实施清单、完成各类各次改革方案征求意见。积极推进抗震设防"放管服"改革及地震安全性评价相关制度体系建设。加强事中事后监管，规范安评从业行为。印发《河南省地震局关于加强地震安全性评价管理工作的通知》，进一步明确全省市县应管理局地震安全性评价事中事后监管工作具体事项。通过"互联网＋监管"，开发地震安全性评价管理系统并投入运行，向92个地震安全性评价项目提供技术审查服务。加强信用监管，在门户网站公示未通过技术审查的5项地震安全性评价项目信息。及时掌握重大建设工程地震安全性评价项目信息，安评从业信息、专家信息和安评报告评审意见，加强行业监管。

为强化建设工程地震安全监管工作，摸清河南省建设工程抗震设防落实情况和地震安全性评价报告质量情况，11—12月，由河南省地震局统筹组织实施，各省辖市、济源示范区应急管理局协调住房和城乡建设、交通、水利等行业部门成立检查工作组，搜集整理2021年以来河南省一般建设工程、学校医院、重大建设工程和区域性地震安全性评价项目等4类清单，并按一定比例开展抽查检查。各省辖市、济源示范区应急管理局会同住房城乡建设部门及时对接建设单位和设计单位，搜集2021年以来一般建设工程635个，市级应急管理局随机抽查18个；学校、医院项目302个，市级应急管理局随机抽查21个；共搜集2020年5月以来重大建设工程项目67个。市级应急管理局随机抽查15个。

经抽查，河南省经设计单位设计的新建、改建、扩建房屋建筑和市政基础设施工程均能够按照第五代《中国地震动参数区划图》提供的地震动峰值加速度和地震动反应谱特征周期等参数进行设计和施工；经设计单位设计的学校、医院均采用地震基本烈度提高一度的方式采取抗震措施；被抽查工程项目均已开展地震安全性评价，未发现"应评未评"现象。

2. 地震安全性评价

（1）地震安评从业单位备案情况。在省地震局备案的地震安评从业单位31家，其中，省内注册从业单位25家，省外注册从业单位6家，均在河南省地震信息网上公示。

（2）2021年全省地震安评项目情况。2021年各相关单位共开展92个重大建设工程地震安全性评价项目，12个区域性地震安全性评价项目。

（3）地震安全性评价技术审查情况。重大建设工程地震安全性评价方面，省地震局联合软件开发公司，开发集地震安全性评价中介单位信息管理、专家信息管理、技术报告审查管理于一体，省地震局、市县应急管理局共同监管的"河南省地震安全性评价管理系统"，实现安评报告上传系统、系统分配专家、专家意见反馈系统的运行模式。2021年进行评审的92个重大建设工程地震安全性评价项目均为线上通过该系统进行评审。区域性地震安全性评价方面，经区域性地震安全性评价项目承担单位申请，省地震局共组织开展12个区域性地震安全性评价项目的评审工作，其中"南阳高新技术产业开发区中关村科技园东外环路、经十路附近区域""商城市一区两园""驻马店市城乡一体化示范区""桐柏化工产业集聚区"等4个项目为一次性审查通过，"红旗渠经济技术开发区""商丘市城乡一体化示范区（商务中心片区和装备制造园片区）""郑州金岱科创城核心板块""上街区东虢湖核心板块"等4个项目为二次审查通过；"中牟汽车产业集聚区""镇平县产业集聚区""殷都区安西循环经济试验区"等3个项目一次审查不通过；"郑州中央文化区（CCD）

北区核心板块"项目二次审查不通过。

（4）地震安全性评价不合格项目公示约谈情况。为强化地震安全性评价监管，2021年河南省地震局共在门户网上对12个区域性地震安全性评价项目通过情况进行8次公示。自《关于全国地震安全性评价报告抽查检查结果的通报》下发以来，及时约谈安评报告不合格的2家安评单位，了解项目建设情况和报告存在问题，明确整改要求，督促加强内部质量管控。

3. 震害预测

大力推进全省地震灾害风险普查工作。试点工作方面，强化协调，新郑市、灵宝市、邓州市、博爱县、平桥区5个国家级试点任务均由省地震局承担并全部通过专家验收。全面普查方面，组织召开全省地震灾害风险普查工作动员会，统一全省应急管理系统思想。联合省普查办印发两个专项方案，细化省、市、县三级任务分工，明确时间节点和工作要求。建立定期通报制度，每半月编发一期工作通报。多次单独或会同省普查办开展现场实地督导。

扎实推进地震易发区房屋设施加固工程。联合省住建厅、财政厅印发《2021年河南省农房抗震改造工作实施方案》，全省下达补助资金17510万元，农房抗震改造任务数10300户。组织开展基于遥感影像和经验估计的区域房屋抗震设防能力初判工作，完成全省18个地市、157个市县区抗震能力初判、现场核查、成果图件编制工作。开展"三年时间明显见效"评估工作，河南省地震局是第一家递交报告，报告作为各省级地震局模板在全国推广，主要负责同志在全国视频会上就加固工程做典型发言。积极开展房屋设施抗震设防信息采集和管理系统平台推广应用。组建完毕县级管理员队伍，建立全省范围8922人的数据采集员队伍，采集加固工程数据11695条，新建工程数据28704条。9月，河南省地震局被列为"全国房屋设施抗震设防信息数据汇交和定期动态更新"工作6个全国试点单位之一。组织召开2021年度河南省地震易发区房屋设施加固工程推进会，省应急管理厅、省财政厅等10个厅局的有关负责同志参加会议。

4. 活动断层探测

积极推动全省地震构造探查工程项目实施，印发《河南省城市活动断层探测和省地震构造探查项目工作动态》12期，按照管理要求和相关技术标准，组织完成活动断层探测项目专题验收10次，河南省地震构造探查工程专题验收4次。

通过"以点带面、点面结合"的思路，全面开展全省地震构造探查工程，争取2021—2022年省级财政资金1282万元，项目省级资金累计投入达到4359万元。完成区域性断裂深浅部地震构造环境探测。实施浅层地震204千米，钻孔联合地质剖面进尺1万米，对鲁山—漯河等12条断裂进行定位和活动性鉴定，建立聊兰断裂、黄河断裂等主要断裂三维空间模型，形成省级层面地震构造探查网格化多源异构数据体。开展重防区县城主要断裂活动性探测。统筹开展内黄、南乐、兰考等11个县级城市断裂空间定位和地震危险性评价，填补河南省县级城市活动断层探测空白。强化信息化公共服务产品建设。统筹项目590万元信息化建设资金，设计了标准化地震构造探查数据库，进一步完善河南省地震构造信息查询服务平台，谋划提供风险调查、警示、监控和避让对策的公共服务产品。加强成果应用。项目所取得成果为沿黄高速民权至兰考段路线方案选址、黄河悬河文化展示馆建设、开封国际陆港铁路专用线选址等20余项工程选址提供广泛的地震安全服务。

5. 地震应急保障

地震应急准备。《河南省地震应急预案》经省常务会审议通过并印发。联合省应急管理厅印发《河南省防震抗震指挥部办公室关于加强地震应急预案体系建设的通知》。印发《河南省地震局地震应急响应预案》并对全体职工进行宣讲，完成2轮应急队员调整。印发《河南省地震局地震应急服务响应等级（暂行）》和《河南省地震局地震应急服务响应行动清单》。指导郑州、安阳、濮阳、开封等市修订地震应急预案。截至目前，洛阳、平顶山市、安阳、驻马店、平顶山、南阳市和新郑机场集团地震应急预案修订出台并报备。

地震应急响应。会同省应急管理厅、安阳市应急管理局到山东观摩综合应急演练。以防震抗震指挥部名义发文，组织省指挥部有关单位参加视频观摩"应急使命·2021"演习活动。组织豫南地震应急演练，参加鄂豫陕三省地震应急演练，参加2021年度华北片区地震流动测震台网演练，每季度开展一次常规应急演练。每月组织开展应急技术系统测试，每季度开展与相邻省地震局应急技术系统测试演练。通过日常演练，提高了河南省地震局地震灾害应对能力和水平。

应急条件保障建设。强化地震应急指挥机构建设。河南省地震局承担省防震抗震指挥部办公室职责，组织召开省防震抗震指挥部会议，主管副省长参加会议并讲话，下发年度河南省防震减灾工作台账，督促工作落实。召开全省防震减灾工作座谈会，进一步理顺省地震局与省应急管理厅、市应急管理局的关系。强化应急人员培训。组织全省应急管理人员防震减灾培训班，各市应急管理局有关人员参加培训，熟悉市县防震减灾工作基础知识和法定职责。组织参加地震灾害风险普查技术培训等。

地震应急行动。2021年，河南省地震局启动应急响应4次，分别是2月9日开封兰考2.9级、3月7日南阳西峡3.0级、9月21日郑州新密3.0级（塌陷地震）和11月23日南阳市唐河县3.0级地震，地震发生后，第一时间派出现场工作组或指导市县应急管理部门开展灾情调查，兰考2.9级地震发生后，省地震局领导带队到现场召开省、市、县、乡、村5级现场工作队会议，现场部署安排灾情调查工作，4次派出现场工作组参与新密3.0级地震灾情调查及震后研判。会同省应急管理厅赴南阳市开展地震应急准备工作调研检查。相关情况及时向省政府做汇报。

（河南省地震局）

湖北省

1. 抗震设防要求

湖北省地震局与省发改委、省应急管理厅共同推进全省地震易发区房屋设施加固工程实施、评估和房屋设施抗震设防信息采集工作，及时转发国务院抗震救灾指挥部办公室《关于建立房屋设施抗震设防信息采集和动态更新机制的工作方案》和《地震易发区房屋设施加固工程评估工作方案》，组织召开加固工程推进会，认真做好房屋设施抗震设防信息采集工作，按时上报《湖北省地震易发区房屋设施加固工程自评估报告》。

湖北省地震局利用省财政对下转移支付的 2021 年湖北省农村民居地震安全工程专项经费 200 万元，指导位于地震易发区的十堰、黄冈两地开展农村民居地震安全示范工程建设，建成 8 个示范点、320 户示范农居，并积极指导宜昌、黄石、荆门等地对两千余名农村建筑工匠进行抗震设防知识培训。

湖北省地震局印发《关于做好重大工程地震安全性评价监管和湖北省建设工程地震安全监管检查整改工作的通知》，组织市（州）防震减灾工作主管部门开展整改工作。各市（州）防震减灾工作主管部门对 2020 年的监管检查数据进行了进一步核实，对其中不合格的 4 所学校、2 个医院下达整改通知书并向当地政府汇报。

2. 地震安全性评价

湖北省地震局从日常公用经费中筹集 70 万作为地震安全性评价技术审查评审费，为履行地震安全性评价报告审定职责提供了资金保障。2021 年，先后组织专家对 19 项区域性地震安全性评价项目和 38 项重大建设工程地震安全性评价项目进行技术审查并给出了审定意见，助力建设工程抗震设防和经济社会发展。

《湖北省地震安全性评价管理办法》于 2021 年 1 月 1 日以湖北省人民政府令第 415 号公布，《湖北省建设工程地震安全性评价工作范围》报经湖北省人民政府同意，于 2021 年 6 月 2 日发文公布，完成《湖北省地震安全性评价管理办法》的全部修订流程，完善湖北省地震安全性评价工作的法治体系。

为加强地震安全性评价报告管理，湖北省地震局先后印发《关于进一步加强地震安全性评价报告质量管理工作的通知》和《关于加强地震安全性评价过程管理的通知》，要求地震安全性评价从业单位规范地震安全性评价工作。为强化事中、事后监管，湖北省地震局出台《湖北省地震安全性评价从业单位信用管理办法（试行）》，通过信用评价分级分类管理，建立守信激励和失信惩戒机制，使信用监管成为"带电长牙"的监督利器。该信用评价分数成为湖北省建设单位、园区管理单位选择地震安全性评价从业单位的重要依据。

3. 震害预测

为进一步摸清湖北省地震灾害风险底数，湖北省地震局积极推进湖北省地震灾害风险普查工作。组织完成公安县、咸安区、夷陵区等三个国家级试点县（区）的地震灾害风险普查任务，顺利通过数据质检和专家组验收，按时向中国地震局震害防御司、省普查办报送试点工作总结。制定印发《湖北省地震灾害风险普查实施方案（试行版）》和《湖北省地震灾害风险普查培训工作实施方案》，选派人员参与省普查办工作组，参加普查工作督导检查，举办地震灾害风险普查等业务工作培训班，有序推进全省地震灾害风险普查工作，并积极争取在省级层面加强经费保障，落实省级财政经费。成立四个工作专班，加班加点工作，顺利完成湖北省地震灾害风险普查年度任务，在湖北省自然灾害综合风险普查进度和地震系统普查进度中均处于前列。

按照《关于在全国开展基于遥感影像和经验估计的区域房屋抗震能力初判工作的通知》要求，制定印发《湖北省基于遥感影像和经验估计的区域房屋抗震能力初判工作实施方案》，组织相关技术人员开展基于深度学习人工智能算法的遥感影像房屋片区自动提取和房屋栋数自动统计技术攻关，历时 5 个月，顺利完成全省房屋抗震能力初判工作，按时进行数据汇交和工作总结上报。此次初判工作，累计解译湖北省房屋栋数 10600739 栋，其中估计抗震能力达标的房屋 3741969 栋，约占总数的 35.3%；疑似抗震能力不足的房屋 5058935 栋，约占总数的 47.7%；疑似抗震能力严重不足的房屋 1799835 栋，约占总数的 17.0%。

4. 活动断层探测

湖北省地震局积极推进活动断层探测，将活动断层探测工作纳入《湖北省防震减灾"十四五"规划》《湖北省应急体系建设"十四五"规划》《湖北省提高自然灾害防治能力实施方案》《湖北省防范化解自然灾害领域重大风险工作方案》《湖北省第一次全国自然灾害综合风险普查实施方案（试行版）》《湖北省地震灾害风险普查实施方案（试行版）》等湖北省级相关规划和方案。在第一次全国自然灾害综合风险普查实施过程中，湖北省地震局积极与省财政厅、省应急管理厅等部门沟通协调，推进宜昌城市地震活动断层探测工作，初步确定由省财政和宜昌市承担经费情况。湖北省地震局积极指导宜昌市防震减灾中心推进该项目，向宜昌市财政局申报 2022 年宜昌市财政项目支出。

2021 年湖北省地震局组织完成的 19 项区域性地震安全性评价项目和 38 项重大建设工程地震安全性评价项目中，包含了大量活动断层探测成果，在建设工程抗震设防、国土利用、城乡规划等方面发挥了积极作用。根据活动断层探测等工作成果，湖北省地震局组织编制了 1∶50 万和 1∶75 万的《湖北省地震构造图》，发放给局属单位、省直相关厅局和各市县防震减灾工作主管部门，受到广泛好评，为各地区各单位地震灾害风险防治和国民经济建设提供了技术支撑。

5. 地震应急保障

认真做好地震应急准备。修订《湖北省地震局地震灾害应急响应工作细则》，制定震后 12 小时应急行动清单，备案 17 个市（州）防震减灾工作主管部门的震后应急行动清单，要求市（州）对县（市、区）震后应急行动清单进行备案，形成中国地震局、湖北省地震局、地震监测中心站和市县防震减灾工作主管部门的应急动作统一协调机制和服务产品标准规范。湖北省地震局举办地震现场"第一响应人"培训班，与省应急管理厅共同举办"秭归·2021"地震应急综合演练，开展季度应急拉练 4 次，鄂东、鄂西北、鄂西南协作区开展区域联动拉练各 1 次，鄂豫陕三省地震局开展联动拉练 1 次，进一步锻炼队伍，提升地震应急专业技术能力。根据地震应急装备情况，有针对性地补充完善应急服务支撑系统，购置现场地震流动监测设备，做好网络通信设备运维，强化应急条件保障。

妥善处置地震突发事件。2021 年 2 月 13 日湖北巴东 2.1 级地震、5 月 22 日陕西商南 3.6 级地震（省界附近）、7 月 4 日湖北荆门 3.5 级地震、11 月 7 日湖北保康 3.0 级地震、11 月 23 日河南唐河 3.0 级地震（省界附近）等 5 次突发地震事件发生后，湖北省地震局及时向省委、省政府、中国地震局、省应急管理厅报送震情信息，认真落实省领导批示要求，迅速做好各项应急处置工作，及时报送后续相关工作情况，服务政府应急处置决策。其中，春节期间湖北巴东发生 2.1 级地震，省市县三级地震部门快速响应，措施得力，地震突发事件得以迅速平息，无负面舆情；7 月 4 日湖北荆门 3.5 级地震发生后，湖北省地震局协调指导市县地震部门，认真贯彻省委书记应勇、省长王忠林等领导同志批示要求，迅速启动应急处置程序，扎实做好震情通报、地震监测、会商研判、信息报送、舆情监控、科普宣传等工作，及时派出地震现场工作队赶赴震区开展现场工作，回应社会关切，安抚群众情绪，较好发挥了地震部门的关键技术支持作用，维护了社会秩序稳定；11月7日（党的十九届六中全会召开前夕）湖北保康3.0级地震发生后，湖北省地震局在做好各项应急处置工作、迅速报告震情信息的同时，及时与楚天都市报极目新闻记者沟通协调，发布新闻通稿，主动报道有关情况，正向引导舆论。

积极参与国内破坏性地震应急观测与科学考察。2021年5月21日云南漾濞6.4级地震、5月22日青海玛多7.4级地震发生后，湖北省地震局连夜组织专业技术人员开展应急数据分析和震情趋势研判，22日形成7份震情分析报告上报中国地震台网中心，陆续派出10个小分队、31名队员参与地震应急观测与科学考察，在青海玛多开展同震形变场初步分析、震区周边应力调整研究、同震破裂InSAR与无人机观测，以及在云南漾濞震区重力探测工作等方面取得重要成果，为分析把握震情趋势变化、支撑服务总体抗震救灾工作提供了科学依据，受到了中国地震局领导的勉励慰问和充分肯定。

（湖北省地震局）

湖南省

1. 抗震设防要求

湖南省地震局完成2020年全国建设工程地震安全监管检查和地震安全性评价报告抽查检查问题的整治整改，开展全省一般工程、学校、医院和重大工程抗震设防要求抽查检查。

2. 地震安全性评价

完成岳阳三荷机场改扩建工程、长沙地铁7号线等10项重大建设工程地震安全性评价工作。

3. 震害预测

制定全省地震灾害风险普查工作方案和市县任务清单。争取省财政普查工作经费1739万元，2021年落实到位659万元。完成长沙县、石门县、安化县3个全国试点县地震风险普查任务。完成湖南省基于遥感影像和经验估计的区域房屋抗震能力初判工作，完成房屋初判栋数约1479万栋，处理遥感影像地域面积207958.6平方千米。召开湖南省地震易发区房屋设施加固工程协调工作组全体会议，联合省发改委制定《湖南省地震易发区房屋设施加固工程协调机制》《湖南省房屋设施抗震设防信息采集和动态更新机制的工作方案》《湖南省地震易发区房屋设施加固工程评估工作方案》。开展地震易发区建设工程抗震设防能力信息采集，采集信息5746条。

4. 活动断层探测

编制完成全省1:25万地震构造图，完成15条省内活动断层探测成果数据入库，收集符合要求的地震安评钻孔880个，收集1900个工勘钻孔数据并入库，完成岳阳市247万平方米房屋抽样详查。

5. 地震应急保障

制定并组织实施《2021年度湖南省震情监视跟踪和地震应急准备工作方案》，制定

《湖南省地震局地震应急服务响应等级》《湖南省地震局地震应急服务响应清单》。在全省市、县级地震部门部署地震灾情管理和上报系统。落实地震应急服务备班制度，每月安排现场工作队月值班备勤。快速处置两次省内有感地震震情。落实全省应急避难场所建设年度经费。

（湖南省地震局）

广东省

1. 抗震设防要求

广东省地震局印发《关于进一步加强地震安全性评价管理工作的通知》和《广东省地震安全性评价报告评审专家管理暂行办法》等相关政策文件，进一步规范安评报告评审。升级"地震安全性评价技术审查信息平台"，实现省市两级共享，落实市县地震工作部门监管责任。督促广州南粤地震工程勘察有限公司、深圳市同泰逸和震防技术有限公司对不合格地震安全性评价报告进行整改，对珠海、佛山、惠州市开展区域性地震安全性评价现场监督检查，对广州南粤地震工程勘察有限公司、广州震安科技有限公司人员配备和安评报告质量开展现场检查。举办安评从业单位政策规定、技术标准和技术审查系统培训。配合中国地震局开展安评报告抽查检查。2021年度委托第三方机构完成11个区域性安评项目的技术审查。

2. 震害预测

广东省防震减灾现代化试点省项目"基于地震风险评估的强震灾害情景构建及应用示范"，2021年完成全部数据基础数据收集工作，建立基础数据库以及专业数据库；完成全部三维模型重建及三维模型精细化处理；基本完成系统构建，基本完成风险评估模型计算。

3. 活动断层探测

2021年度汕头市地震风险排查与防控应用示范建设完成3个专题验收，项目主要成果有：①按照地震小区划工作要求，评价汕头市区域（外延150km）的地震活动性、地震地质构造、地震危险性，开展汕头市域活动断层调查与影响评价，编制探测区1∶5万地震构造图。②充分收集和利用现有资料，结合地质调查和物探方法进一步探察汕头市（除海域）内的主要断层位置。根据GB/T 36072—2018《活动断层探测》要求，采用人工浅层地震反射法初步查明主要断裂在陆地的展布位置，提供探测目标区域的断裂分布图。③构建全新的活动断层探测成果数据库。

4. 地震应急保障

（1）强化震情值班值守。为适应省委办《地震灾害信息首报》新要求，开发《地震信息智能报送与展示平台》，提高地震应急值班信息报送效率。2021年开展2次应急值班负责人业务培训。

（2）修订编制地震应急预案。修订印发《广东省地震局地震应急预案》；编制《广东省地震局地震应急服务响应等级（试行）》《震后12小时广东省地震局地震应急服务响应行动清单》；开展河源市抗震救灾指挥部地震应急业务培训；指导湛江、中山2市修订地震应急预案。办理中国地震局大震应急救灾物资储备项目2批次物资装备的采购、接收、登记入库等事宜；配备102套局地震现场工作队个人装备。

（3）高效开展地震应急处置工作。有力有序应对广东东源3.8级、广东河源3.0级、广东阳江2.9级、广东开平3.0级地震及广东台山附近海域3.0级地震，派出技术人员协助云南漾濞6.4级和青海玛多7.4级地震应急处置。

（4）加强与应急、消防等部门的协调联动。组织为粤西部分市县宣讲解读《广东省地震应急预案》；为南部战区某部提供地震信息服务；组织参加广东省消防救援总队"使命—2021"地震救援跨区域拉动演练。

（5）全力做好地震安全保障服务。完成庆祝建党100周年、全国"两会"、全国高考、党的十九届六中全会、中秋国庆假期等特殊时段的地震安全保障服务工作。

（6）提升地震应急技术保障能力。严格执行中国地震局运维管理规定，有效增加、更新、维护地震应急基础数据库相关数据，对数据做到一年一"小更"，三年一"大更"。

（广东省地震局）

广西壮族自治区

1. 抗震设防要求

（1）2021年，广西壮族自治区地震局完成广西建设工程地震安全监管检查整改事项。向自治区人民政府报送全区建设工程地震安全监管检查情况，提出整改建议。赴南宁、北海、来宾市对接抗震设防未达标建筑的后续整改工作。向中国地震局震害防御司报送广西建设工程地震安全监管检查发现问题整改情况，列出整改任务清单。4月8日，广西中核审图有限公司对合浦县石康镇十字路卫生院住院大楼抗震设计进行复核，说明该建筑按重点设防类设计，地震作用按照提高一档（提高后为7度0.15g）计算，抗震措施按提高1度（提高后为8度）采用，确认住院大楼的抗震设计满足国家规定的抗震设防要求，已按要求整改到位。

（2）抗震设防要求管理得到强化。持续利用广西工程建设项目审批管理系统，开展建设工程抗震设防监督检查、数据对比、统计分析，实现对14个设区市落实抗震设防要求审批全流程、全覆盖的监管。继续将重大建设工程地震安全性评价和区域地震安全性评价纳入工程建设项目审批流程图，要求在立项用地规划许可阶段完成。依法将一般建设工程纳入市县基本建设管理程序，对一般建设工程行使行政许可（建设工程抗震设防要求的确定），确保一般建设工程达到国家强制性要求。

（3）提供抗震设防技术服务。为建设单位提供场地地震安全性评价、建设工程抗震设防要求等服务。参加重大工程专题协商会议和可行性研究报告审查会等，履行监管职责，提出重点建设项目应在设计前完成地震安全性评价，将审查通过的安评报告送广西壮族自治区地震局备案。

2. 地震安全性评价

（1）重大工程抗震设防要求事中事后监管。摸清重大工程信息底数。2020年5月以来在广西境内共开展了35个地震安全性评价项目。地震安全性评价报告质量审查。落实好"双随机、一公开"制度，从重大工程地震安全性评价项目库中随机抽取9个安评项目，开展安评报告质量审查。事中事后监督检查。分两个检查组赴南宁、钦州、来宾、柳州、百色、梧州对随机抽取的9个项目开展事中事后监督检查

（2）区域性地震安全性评价。完善安评单位和专家库。对在广西开展区评的30家企业备案公示，更新了94名专家组成的专家库，对3家公司开展实地监督检查。出具评审结果。组织召开16个区评和5个断裂勘查评审会，出具审查报告；赴3个园区、2个场址区开展现场核验。修订管理办法。修订《广西壮族自治区区域性地震安全性评价管理办法》，制定《广西壮族自治区区域性地震安全性评价技术细则（试行）》。构建公共服务事项。构建区域性地震安全性评价项目信息登记和区域性地震安全性评价项目技术资料登记两项公共服务事项。事中事后监管。组织人员对广西震防工程科技有限公司承担的梧州高新区区域性地震安全性评价工作开展事中事后监管督查。

（3）持续做好重大建设工程地震安全保障工作，为西部陆海新通道（平陆）运河等30余个重大工程提供地震安全性评价服务。

3. 活动断层探测

广西壮族自治区城市活动断层探测与地震危险性评价项目稳步推进。钦州市活动断层探测与地震危险性评价项目取得阶段性进展，完成专题5目标区第四纪沉积环境及地层年代学研究、专题6目标区（陆域）主要断裂地球物理勘探、专题7目标区主要断裂活动性勘查鉴定及1∶5万活动断层分布图编制等3个专题工作并通过专家评审。

4. 地震应急保障

（1）地震应急行动。高效有序完成德保4.8级、德保4.3级地震的现场应急处置工作，震后第一时间分别派出34名和13名现场应急队队员，携带专业设备深入震区，指导开展灾情调查和应急处置工作。2次地震均未造成人员伤亡，取得较好的减灾效益、社会效益。

（2）应急救援体制机制建设。印发《国务院抗震救灾指挥部关于进一步健全完善地方防震减灾救灾体制机制的意见》专项实施方案。自治区应急管理厅、自治区地震局双方起草《关于建立抗震救灾和防震减灾工作协同联动机制备忘录》。协助自治区应急管理厅以自治区防震减灾工作领导小组办公室的名义印发成立广西壮族自治区抗震救灾工作组。

（3）地震应急准备。联合自治区应急管理厅印发《广西壮族自治区地震应急预案》《地震应急预案编制指导意见》。全区14个设区市均已修订印发本级地震应急预案。印发《关于加强2021年地震灾害防范应对工作的通知》《2021年度地震重点危险区地震灾害预评估和应急处置要点报告》。赴玉林、北海和百色部分地区开展实地调研，编制上报调研报告和预评估报告，向危险区所在市通报实地调研情况并给出应急处置建议。赴百色市、河池市、田林县、南丹县开展2021年地震灾害防范应对工作落实情况实地检查督导。

（4）救援队建设。组织救援队11名技术骨干赴兰州陆地搜寻与救护基地开展中级培训。组织8名技术骨干赴山东省地震应急救援训练基地开展初级培训。向武警广西总队、中国安能一局、武警广西总队医院拨付日常运转经费30万元。根据救援队训练需求，为救

援队第二支队采购一批训练物资。

（5）现场应急队建设。在北川县举办 2021 年度广西地震现场应急暨地震灾害风险普查工作培训班。印发《广西壮族自治区地震局地震现场工作管理规定实施细则》。

（广西壮族自治区地震局）

海南省

1. 抗震设防要求

（1）2021 年，海南省地震局落实抗震设防要求监管检查，保证抗震设防要求落到实处。联合省住建厅、省交通厅、省工信厅、省水务厅、省应急厅组成建设工程地震安全联合整改组，编制印发《关于全省建设工程地震安全监管检查情况整改意见的函》，部署指导各市县及洋浦经济开发区针对 2020 年建设工程地震安全监管检查发现的问题和安全隐患开展专项整治。配合省住建厅开展《2020 年城市建设安全生产专项整治三年行动》，为海南自贸区（港）建设和城市建设安全生产提供地震保障。

组织开展 2021 年度地震安全性评价报告抽查检查，编制印发《海南省地震局关于开展地震安全性评价监管和建设工程地震安全监管检查整改工作的通知》和《关于开展地震安全性评价监管检查的函》，要求各市县对 2020 年 5 月以来属于各行业标准、规范规定的需开展地震安全性评价的重大工程进行检查，对各类经济开发区、产业园区是否开展区域性地震安全性评价工作进行自查，按时将整改情况报送震防司。要求已开展区域性地震安全性评价的园区管理局将区评成果应用到园区建设的全过程中，指导各市县针对检查发现的问题和安全隐患开展专项整治。

（2）完善省级系统平台，加强建设工程抗震设防事前事中事后监管。通过"海南省政务一体化信息平台"梳理完善海南省地震局政务服务事项目录清单和办事指南，并做好政务服务事项办事指南整改，实现海南省地震局政务服务事项"零跑动"；开展"互联网＋监管"地震安全性评估报告结果应用等事项检查工作；将地震安全性评价纳入"海南省中介服务超市平台"，指导安评单位入驻注册；在"海南省策划生成信息平台系统"，推送园区区域性地震安全性评估结果；利用"建设工程行政审批平台系统"协助海南各市县开展房屋设施信息采集工作，为建设工程抗震设防事前事中事后监管提供基础。

2. 地震安全性评价

落实抗震设防"放管服"改革，推进区域性地震安全性评价工作。完成海南省工程建设审批制度改革（第一轮）工作目标，组织参与编制海南省工程建设项目审批制度改革（第二轮）目标任务。按照《海南省深化工程建设项目审批制度改革三年工作方案（2021—2023 年）》，全面推广区域地震安全性评价，组织完成洋浦经济开发区、三亚中央商务区、三亚海棠湾信息产业园区、三亚崖州湾科技城、陵水清水湾产业园区、海南南平健康养生产业园、陵水黎安教育创新试验区、博鳌乐城医疗国际旅游先行区、海南湾岭农产品加工物流园、海南生态软件园、临高金牌港开发区、东方临港产业园区等 12 个重点园区区域性地震安全性评审工作；筹备指导海口高新区、三亚全球生物谷开展区域性地震安全性评价工作，为自由贸易港建设进一步优化营商环境。

3. 震害预测

（1）持续开展地震灾害风险调查和重点隐患排查工程。组建风险防治工作专班，印发《关于认真抓好地震灾害风险普查工作的通知》，督促指导全省各市县地震工作部门全面开展地震灾害风险普查工作；组织修订《海南省第一次全国自然灾害综合风险普查实施方案（地震部分）》，完善省级实施方案，完成海南省1∶25万地震构造图编制；实施完成文昌市、万宁市地震灾害风险普查试点工作并通过验收；完成文昌市活动断层分布图编制，完成文昌市和万宁市共6个标准钻孔钻探、原位测试、土动力学测试及入库工作，完成文昌市71.6万平方米的房屋建筑抽样详查数据汇交，形成文昌市房屋抽样调查数据库和调查报告；完成活动断层与场地探测资料数据库建设，完成海南省4个代表性地震安全性评价项目（三亚凤凰机场地震安全性评价项目等）和1项活动断层探测项目（老城中学地震活动断层探测项目）成果数据的入库，完成海南省350个地震安全性评价钻孔数据的收集、整理和入库，为全面普查工作铺开打下坚实基础。

（2）夯实震灾评估基础，顺利开展基于遥感影像和经验估计的区域房屋抗震能力初判工作。组织成立海南省基于遥感影像和经验估计的区域房屋抗震能力初判工作领导小组，统筹协调，动员全省市县地震部门和本局青年骨干组建项目实施组、项目专家组；组织编制印发《关于在全省开展基于遥感影像和经验估计的区域房屋抗震能力初判工作的通知》《海南省基于遥感影像和经验估计的区域房屋抗震能力初判全省总体工作方案》和《海南省基于遥感影像和经验估计的区域房屋抗震能力初判技术实施方案》；组织召开海南省基于遥感影像和经验估计区域房屋抗震设防能力初判工作动员部署视频会议和技术培训班，共计培训70人，安排部署全省遥感影像初判工作；完成琼西南地震重点地区11个乡镇，约5021平方千米地震灾害损失预评估工作，编写《2021年度琼西南地震重点地区地震灾害预评估和应急处置要点》报告；完成《海南省基于遥感影像和经验估计的区域房屋抗震能力初判工作简报》3期，印发《关于加快推进基于遥感影像和经验估计的区域房屋抗震能力初判工作的函》，督促指导各市县按时保质保量完成遥感初判工作；海南省基于遥感影像和经验估计房屋抗震能力初判工作已基本完成完成房屋判别栋数约2571099栋，处理遥感影像面积约32355.5平方千米，完成遥感影像总面积的100%和数据质检工作，编制总结报告及材料汇编。

4. 活动断层探测

地震活动构造探察、城市地震活动断层探测及成果应用取得明显进展。推动区域活动构造探察、城市活动断层探测工作纳入海南省防震减灾"十四五"规划，组织开展海南自由贸易港活动断层资料收集、探测工作和海南自贸港韧性城乡琼北（地震安全）示范区预研究，大力推进全省活动断层探测工作。组织实施江东新区地震安全项目，完成海口江东新区场地适宜性评价和减隔震评价两个专题评审验收，为江东新区规划建设奠定了地震安全基础。组织完成文昌市活动断层资料收集与补充调查工作，更新全省活动断层数据，完善活动断层数据库建设，推动活动断层探测成果在国土空间规划、工程建设方面应用。开展建设工程抗震设防要求服务工作，指导服务东方航空物流国际枢纽机场选址、东方市滨海片区控制性规划、澄迈县国土空间规划、"海澄文定"综合经济圈城际轨道交通、"大三亚"旅游经济圈城际轨道交通、三亚市医疗废物协同处置项目、美兰机场三期建设规划、省国防工业办航天电磁推射系统等8个工程项目抗震设防要求和活动断层科技服务。

5. 地震应急保障

强化重特大地震应对准备，修订《海南省地震局地震应急预案》等。开展应急响应指挥技术系统升级改造，完成保亭等4个县应急指挥系统升级改造。加强地震现场应急队伍规范化建设，完成海南省地震局地震现场应急队人员调整，下达市县地震现场应急队伍建设重点工作任务，指导海口、三亚等6个市县建立健全市县地震现场应急队，开展全省地震现场应急响应培训，有效打牢地震应急响应基础。

（海南省地震局）

重庆市

1. 抗震设防要求

2021年，重庆市地震局加强重大建设工程和可能发生严重次生灾害的建设工程抗震设防监管。按照《重庆市政府关于印发2021年全市安全生产与自然灾害防治工作要点的通知》要求，制定专项工作方案，推进重大建设、生命线工程抗震能力专项整治，全年共审定44个重大工程地震安全性评价报告，涉及桥梁、轨道、铁路、公路、隧道、机场、医院、输气管线、码头、指挥中心等10余类项目。

强化区域性地震安全性评价工作力度。下发《关于加快推进区域性地震安全性评价工作的通知》，督促相关区县开展区域性地震安评工作，修订完善了《重庆市建设项目区域性地震安全性评价工作技术指南》，已累计有61个区域性地震安全性评价报告审定通过。

推进建设工程地震安全监管检查整改落实。先后下发《重庆市地震局关于做好建设工程防震安全专项督查整改工作的通知》《重庆市地震局关于督促完成建设工程防震安全专项督查整改工作的通知》，对各区县地震安全监管检查发现的问题督促进行整改，涉及整改的绝大多数区县克服整改项目完工多年、整改资金筹措较难等问题，已有6家学校、医院和66个高层建筑项目补做地震安全性评价工作或者对场地地震动参数进行复核并通过技术审查。

2. 震害预测

地震风险普查项目如期推进。根据行业新要求，推动重庆市普查办对《重庆市地震灾害风险普查实施方案》予以重新修订，对试点地区、其他区县工作任务、时间进度等作出明确要求。制作重庆市地震灾害风险普查宣传挂图及折页，经重庆市普查办审核并已印制下发各区县。巴南区和合川区试点工作已通过验收、完成数据汇交。完成了重庆市活动断层数据库1个、安评活动断层数据库5个和重庆市1:25万地震构造图编制工作及相关数据汇交和验收工作。重庆市1:25万地震危险性图和1:25万地震灾害风险区划图编制已完成合同签订工作，将于2022年6月完成总验收。地震灾害风险普查成果应用平台建设也已完成招投标工作，该平台基利用重庆市第一次全国综合灾害风险普查成果、地震风险评估成果，开发建设重庆市地震灾害风险普查成果应用服务平台，实现市、区（县）两级地震业务管理系统和风险评估系统联通运用。

加快组织实施地震易发区房屋设施加固工程。推进重庆市减灾办印发《关于推进地震易发区房屋设施加固工程实施的通知》；组织参与对黔江区、渝北区、荣昌区等试点区的加固工程推进情况开展督导检查；推进全市房屋设施抗震设防信息采集和动态更新机制工作，印发相关工作方案，组织专家对各区县有关业务人员开展信息采集集中培训，到2021底完成数据录取18540条，其中加固工程7454条、新建工程11086条。

基于遥感影像和经验估计的区域房屋抗震能力初判工作全面完成。在2020年荣昌试点的基础上，基于遥感影像和经验估计的区域房屋抗震能力初判工作于2021年3月在重庆市全面铺开，完成了全市8.23万平方千米范围（不含试点区县荣昌）共938.77万栋房屋的解译勾绘，进行"估计抗震能力达标、疑似抗震能力不足、疑似抗震能力严重不足"三个等级的"房屋抗震能力"分区统计，编制完成37个区县的房屋抗震能力初步评估图和技术总结报告，2021年7月项目已全部并通过验收。

推进重庆市地震灾害风险预评估工作。印发《重庆地震灾害风险预评估工作指南（修订稿）》《关于开展区县地震灾害风险预评估验收工作的通知》《关于开展区县地震灾害风险预评估验收工作的通知》，将该工作纳入2021年区县安全生产与自然灾害防治考核。年内重庆全市37个区县实质性开展地震风险预评估工作，其中巴南、万州等14个区县完成验收。

3. 地震应急保障

印发《重庆市地震局地震应急服务响应等级》《震后12小时重庆市地震局地震应急服务响应行动清单》和《重庆市地震局地震应急响应预案》，为提高地震应急保障能力提供制度保证。加强与重庆市应急管理局、重庆市消防救援总队的交流协作，在前期签订的协作方案基础上，通过座谈交流和认真梳理，建立地震信息共享机制，完善通信联络表、服务产品共享清单。强化各岗位值班值守和巡查巡检，特别是在元旦、春节、中秋、国庆等重要节假日和中高考、重要会议等特殊时段，加强值班值守和应急备勤，及时向市委、市政府、市减灾办报送地震情况，强化地震安全防范。组织对应急物资、装备、车辆等应急准备情况进行检查，在中国地震局统一组织下开展"大震应急救灾物资储备"项目采购，开展2次地震现场调查评估业务培训，组织参加西南片区应急协作演练等，扎实做好应急准备工作。

在对重庆影响较显著的云南漾濞6.4级、青海玛多7.4级、重庆荣昌3.0级、重庆沙坪坝3.2级等地震发生后，积极开展应急响应，组织紧急会商，协同市应急局指导区县开展相关处置工作。四川省泸县发生6.0级地震后，按照指令，重庆市地震局指挥部立即启动响应，根据中国地震局统一调度和西南片区应急协作联动机制，派出由副局长李贵先带队的共12人现场工作队，在震后分批赶赴震区协同四川省地震局、贵州省地震局及中国地震局相关直属单位开展现场应急处置工作。

（重庆市地震局）

四川省

1. 抗震设防要求

2021年,四川省地震局有力落实抗震设防督导责任。派员参加全省防灾减灾救灾专项督查、全国综合减灾示范社区创建现场核查等专项工作,对各地房屋设施抗震能力和加固保障情况进行检查指导,重点针对学校、医院、应急避难场所、农村房屋等进行资料查阅和现场检查,指出存在的问题并提出合理化建议。

2. 地震安全性评价

落实"放管服"改革要求。制定修订配套管理制度,组织人员开展2021年度调研类项目《四川省工程建设场地地震安全性评价管理规定》调研工作;《四川省区域地震安全性评价规范》报送省市场监管局,将作为地方标准规范全省区域安评工作。

落实地震安评监管责任。组织完成金牛区区域地震安全报告评审。协助中国地震局完成安评报告质量抽查检查。完成地震安全性评价从业单位监管检查和收录更新工作,对已收录的43家省内外从业单位进行全覆盖检查,共42家通过检查。新收录6家从业单位,累计收录48家;新收录重大工程地震安全性评价报告63份,累计收录121份。

3. 震害预测

地震灾害风险普查工作稳扎稳打。全面完成芦山县、金堂县、康定市3个县(市)风险普查试点工作并通过验收,位居全国前列。坚持"边普查、边应用、边见效"的原则,总结试点工作经验运用在全面普查阶段,落实中央和省级财政经费,完成48个县级1:5万活动断层分布图、全省1:25万地震构造图和1104个地震工程条件钻孔探测资料收集及650万平方米房屋抽样详查工作。全面完成2021年度地震灾害风险普查资料收集、调查工作目标。

地震易发区房屋设施加固工程见质见效。认真履行牵头抓总职责,建立由17个厅局组成的协调机制,指导7个市(州)37个县(市)制定了实施方案,牵头撰写《四川省地震易发区房屋设施加固工程自评估工作报告》并上报中国地震局。常态化开展房屋设施抗震设防信息采集培训及线上答疑,37个国家重点区县全部完成数据采集,全省加固工程采集数量29651个,新建工程采集数量46984个;完成全省21个市州183个县区1700余万栋房屋抗震能力初判工作,以县区为单位制作183幅基于遥感和经验估计的房屋抗震能力初步评估图。泸县地震后30分钟即依据项目成果产出评估结果,并与实际基本相符,有力服务指挥决策和抗震救灾。

4. 活动断层探测

四川省活动断层普查项目落实落细。严把质量关,组织召开冕宁1:1万城市活动断层探查项目隐伏断层活动性鉴定与精确定位工作论证会、四川省活动断层数据库集成软件咨询会等,制发四川省活动断层普查项目野外工作验收计划表,基本完成阿坝、甘孜、凉山3州活动断层普查的野外调查工作,完成全省15个活动断层普查子项目野外验收,梳理印发《四川省地震局关于印发四川省活动断层普查项目2021年专题验收安排的通知》,督促做好专题验收安排，召开 2021 年活动断层普查项目总结会，安排 2022 工作，确保项目落细落实。

5. 地震应急保障

开展预评估工作。根据划定的年度危险区范围及相关要求，组织 3 个组 23 人分赴甘孜州、凉山州、攀枝花市、乐山市和宜宾市 5 个市州进行实地调查，完成 4 个危险区、8 个市州 48 个区县预评估报告并送呈省抗震救灾指挥部及成员单位。10 月组织人员开展冕宁县精细化预评估工作，通过现场调查、无人机航拍等方式获取相关信息，完成冕宁县详本、简本、现场调研报告共计 3 份。派员参加"应急使命·2021"抗震救灾演习，完成演习筹备、脚本编制、演习评估等工作。开展地震现场应急处置工作。云南漾濞 6.4 级地震发生后，按照中国地震局要求和发震区请求，派出 13 名技术骨干赶赴灾区开展烈度调查、烈度图绘制等工作。青海玛多 7.4 级地震发生后，根据中国地震局安排部署，全力开展震后应急处置工作。四川泸县 6.0 级地震发生后，按照二级响应部署，组织 64 人奔赴灾区开展现场应急处置工作，完成烈度图绘制及灾害调查报告、人员伤亡报告、简报等资料编写。派员参加甘青川和西南片区桌面演练，达到掌握流程、磨合机制、锻炼队伍的预期效果，区域间协调合作更加扎实顺畅。

（四川省地震局）

贵州省

1. **抗震设防要求**

2021 年，贵州省人民政府抗震救灾指挥部办公室印发《关于做好全省建设工程地震安全性问题整改工作的通知》，推进全省地震安全监管检查发现问题整改。贵州省地震局印发《关于开展全省建设工程抗震设防要求执行情况检查的通知》，对全省建设工程抗震设防要求执行情况开展检查，加强学校、医院等人员密集场所建设工程抗震设防要求执行情况事中事后监管。

2. **地震安全性评价**

规范地震安全性评价工作，组建贵州省地震安全性评价技术审查专家库。积极协同省自然资源厅推进区域性地震安全性评价。在贵州省境内开展多项重大工程的工程场地地震安全性评价工作，主要涉及天然气输气管道、储备库、集装箱式储备罐；特大桥梁；高速公路；医院等。为工程建设提供科学可靠的抗震设防参数，为贵州省的经济高质量发展提供基础保障。

3. **震害预测**

完成遵义市、福泉市地震灾害风险普查工作，汇交成果数据，完成成果报告。全面推进全省风险普查工作，调整专班，修订印发实施方案，申请落实普查经费，开展遵义、福泉市风险评估与区划工作。

积极推进地震易发区房屋设施加固工程，建立工程清单，编制印发《关于建立房屋设施抗震设防信息采集和动态更新机制的工作方案》和《贵州省地震易发区房屋设施加固工程评估工作方案》，组织开展信息采集和自评估工作。

组织开展全省遥感影像房屋抗震设防能力判别，提交成果数据给各级政府。组织开展重点危险区地震灾害损失预评估，成果报告报送省人民政府，抄送相关贵州省抗震救灾指挥部成员单位和市、县人民政府。

4. 活动断层探测

对贵州省内重点断裂带开展活动性和地震风险排查工作，多次赴威宁、六盘水、铜仁等地开展活动断层探测科学研究，调查地震地质构造，摸清风险底数。2021年在六盘水活动断层探测项目实施过程中对威宁—水城断层切割的第四纪沉积物开展了野外探槽剖面、地震反射、微动台阵探测、光释光测年和 ^{14}C 测年结果显示断层北段切割了晚更新世沉积物，初步判断该断层为最新活动时代约在11万年的活动断层，填补了贵州未曾发现晚更新世以来的活动断层的历史空白。

5. 地震应急保障

贵州省地震局联合贵州省应急管理厅制定贯彻落实国震发〔2021〕2号、国办发〔2021〕34号等重要文件实施意见。协同贵州省应急管理厅、贵州省住房城乡建设厅开展全省地震应急准备工作督查指导。

组织开展西南片区应急协作联动桌面演练，在龙里县组织开展疫情防控下应急演练。2021年3月29日联合省消防总队10支队伍1000余人在威宁县开展地震应急救援演练，检验技术系统、装备仪器运行状况，熟悉地震应急工作流程和内容，总结处置经验，锻炼救援队伍，提升重大地震灾害快速反应能力，磨合省地震局、省应急厅、省消防总队等各单位之间应急协同能力。

2021年5月28日，贵州省应急管理厅、贵州省自然资源厅、贵州省地震局和毕节市人民政府在威宁县开展贵州省2021年地震和地质灾害应急救援综合演练。重点演练震情信息速报、应急指挥调度、现场指挥调度、救援力量集结、现场应急救援、救灾安置、卫生防疫消杀7个科目，1000余人参演。

高效有序处置了"8·21"七星关4.5级地震和"11·24"修文4.6级地震应急工作。派出队伍开展"9·16"四川泸县6.0级地震应急处置。

（贵州省地震局）

云南省

1. 抗震设防要求

2021年初，云南省地震局在应急准备工作检查中对年度重点危险区内的学校、医院及重大建设工程抗震设防要求落实情况进行了抽查检查。印发《关于开展建设工程地震安全监管检查整改有关工作的函》，完成2020年全省建设工程地震安全监管检查发现的建设工程地震安全隐患整改整治工作。制定2021年度事中事后监管计划，对曲靖、红河辖区内部分水电站的抗震设防要求情况进行督导抽查检查。

2. 地震安全性评价

强化地震安全性评价市场管理。协助云南省工程建设项目审批制度改革工作领导小组办公室调整印发2021版工程建设项目审批服务事项清单，优化云南省工程建设项目审批流程图（2021版）。制定一系列制度，规范安评市场。编制并印发《云南省区域性地震安全性评价工作技术大纲（试行）》和《云南省区域性地震安全性评价管理办法（暂行）》。制定完成《云南省地震安全性评价从业单位行为管理办法》《技术审查专家库管理办法》。组织开展地震安全性评价报告抽查检查工作，云南省地震局抽查6个地震安评项目和1项区评项目。配合开展地震安全性评价报告抽查检查，完成2020年5月至2021年6月的地震安评项目资料的收集与报送。增补一批省内各行业专家进入云南省地震安全性评价技术审查专家库。完成5家从业单位在省政务服务中心中介超市的入驻审核、从业信息统计等。收集汇总2016年以来云南省开展的地震安评项目报告，建立地震安评项目管理数据库。

2021年，云南省地震局完成9个区评工作并组织开展技术审查。组织回复昆明等州市近100件建设工程地震安全性评价请示，推进重大建设工程的地震安全性评价工作。

3. 震害预测

（1）地震灾害风险调查和重点隐患排查工程。2021年年初，云南省成立地震灾害风险普查组织机构，9月对全省地震灾害风险普查组织机构进行调整，召开全省地震灾害风险普查工作推进会议，进一步加强地震灾害风险普查工作的组织领导、责任落实和任务实施。印发《地震灾害风险普查项目建设领导小组办公室工作规则》，建立联络协调、信息报送及通报机制，每月召开项目例会强化工作落实。8月印发云南省地震灾害风险普查实施方案，明确省、市、县三级任务清单，确保工作落实落细。建立对口州、市技术指导工作机制，协助市县编制实施方案（细则）、经费预算申报书。强化技术队伍建设，广泛开展技术培训。组建云南地震灾害风险专业技术队伍及专家团队。组织开展4期全省地震系统地震灾害风险普查培训，承办1期地震灾害风险普查工作（西南片区）评估与区划技术培训班，培训人员数量400余人。并安排人员到临沧、版纳、普洱等州市现场培训。

完成3个试点县（红河州建水县、德宏州盈江县、楚雄州双柏县）调查任务，形成阶段性成果。3月初印发《关于进一步推进地震灾害风险普查试点工作的通知》，建立省、市、县三级协同工作机制。6月组织完成3个试点县工作任务成果的验收，按中国地震局要求完成数据的线上、线下汇交。

高质量完成基于遥感影像和经验估计的区域房屋抗震设防能力初判工作。7月中旬完成云南省39万余平方千米影像解译房屋1200余万栋。初步摸清全省房屋的数量、分布情况、抗震能力，完成工作成果的汇交。

（2）协同推进地震易发区房屋设施加固工程。云南省地震局积极与省住房和城乡建设厅协调，联合省地震易发区房屋设施抗震加固改造工程协调工作组印发加快推进地震易发区房屋设施加固改造工作相关要求的通知。及时转发相关文件要求，定期（每周）收集相关工作进展情况并报送中国地震局。主动担当作为，收集汇总市县加固工程实施方案或清单上报中国地震局，承担"地震易发区房屋设施加固工程自评估"相关工作，按要求开展数据核对。积极组织全省地震部门开展并完成"房屋设施抗震设防信息采集"工作，并督促建立动态更新机制。依托市县地震部门共完成约33.4万栋房屋的信息采集工作。

4. 活动断层探测

各项专题工作任务有力推进。完成600个钻孔数据录入工作、活动断层（1∶5万）编图工作、58个县1∶5万活动断层编图、全省1∶25万区域地震构造数据库建设和地震构造图编制工作、地震灾害事件专项调查工作以及昭通、玉溪220万平方房屋抽样详查工作。

5. 地震应急保障

（1）应急准备。2021年1月20日，云南省召开2021年全省防震减灾工作联席会议。印发年度重点任务分解方案，梳理了22条分解任务。3月，云南省地震局、应急管理厅、住房和城乡建设厅分别牵头开展应急准备工作检查。完成相关县市应急检查及情况反馈并及时上报。修订《云南省地震局地震应急服务响应等级和震后12小时响应行动清单（暂行）》等多个制度性文件。协助省应急管理厅完成《关于进一步健全完善防震减灾救灾体制机制的实施意见》《云南省地震应急预案》等一系列规范性文件的制定或修订。

（2）应急条件保障建设。加强队伍能力建设。1月印发《云南省地震局2021年度地震现场工作方案》，及时更新现场工作队队员基本信息。11月3—4日，组织各单位、中心站57人以视频方式集中参加中国地震局组织的灾评培训。11月9—14日，组织各州市地震部门、中心站80余人开展2021年度震害防御和现场应急工作培训班。全年组织开展8期地震救援第一响应人培训。切实提升基层地震应急管理人员的应急管理水平。10月中旬组织地震灾害紧急救援队伍、地震专业救援志愿者开展了为期10天的专业理论指挥与救援技能培训。应急队员在线上与贵州省地震局同步展开演练，高质量高标准完成桌面推演。印发《关于报送2021年地震现场应急队员及备勤工作的通知》，规范应急值守工作，各个节假日明确地震现场第一时间出队人员名单，确保第一时间调动人员，极大提高了队伍应急能力。

（3）应急响应及行动。2021年高效有序完成3组5.0级以上地震的应急处置工作。2021年云南省先后发生了大理漾濞6.4级、楚雄双柏5.1级、德宏盈江5.0级三组5.0级以上地震，9次4.0级以上地震。地震发生后，第一时间启动了地震灾害应急响应，派出地震现场工作组赶赴震区。成立地震现场工作队，有序、有力、高效地开展地震现场应急工作，统筹疫情防控，圆满完成震区灾害调查、烈度评定等工作，发布地震烈度图，完成灾害损失评估报告、人员伤亡情况分析报告、应急工作总结报告等，为抗震救灾、震后重建作出大量卓有成效的工作。

（云南省地震局）

西藏自治区

1. 抗震设防要求

2021年，西藏自治区地震局、应急厅、住建厅等有关部门不断强化协调沟通，7月15日自治区减灾委办公室、住建厅、地震局联合印发《西藏自治区关于建立房屋设施抗震设防信息采集和动态更新机制的工作方案》和《西藏自治区地震易发区房屋设施加固工程评估实施》。

8月，自治区住建厅督促各地（市）加快加固工程评估工作进度，阿里地区、昌都市向区住建部门上报自评估报告，那曲市上报住建行业部门（房屋）自评报告。拉萨市印发《拉萨市地震易发区房屋设施加固工程工作意见》。完成《西藏自治区基于遥感影像和经验估计的区域房屋抗震能力初判》工作。

9月，西藏自治区地震局联合地（市）地震局深入全区七地（市）组织各行业部门及乡镇街道等基层单位进行"全国房屋设施抗震设防信息采集和管理平台"的信息填报工作。

2. 地震安全性评价

2021年3月31日向自治区人民政府上报《关于上报西藏自治区建设工程地震安全监管检查工作相关情况的报告》。5月向阿里地区行署发文《关于开展全区建设工程地震安全监管检查整改工作的通知》。8月向中国地震局震害防御司上报《地震安全性评价监管和建设工程地震安全监管检查整改落实情况》。

3. 震害预测

西藏自治区地震局党组将地震灾害风险普查纳入2021年度重点工作，成立地震灾害风险普查工作领导小组和领导小组办公室。召开领导小组会议1次，领导小组办公室5次，每周汇总上报工作推进情况，相关工作在2021年度自治区抗震救灾应急指挥部电视电话会议和自治区地市地震局长会议上进行部署。2020年12月向各地市地震局（应急局）印发《关于进一步加快实施地震灾害风险普查工作的通知》，2021年2月修订印发《西藏自治区地震灾害风险普查试点地区实施方案》（江达县、米林县）及时跟踪普查工作进展，研究部署阶段性工作任务。西藏自治区地震局先后3次赴米林县，2次赴江达县检查督导试点工作推进，6月4日完成试点工作验收。

4. 活动断层探测

2021年，自治区地震局将拉萨市城关区、日喀则桑珠孜区、昌都市江达县、林芝市米林县活动断层探测进行数据入库工作。

5. 地震应急保障

组织自治区地震局地震应急现场工作人员参加由中国地震局工程力学研究所举办的地震现场工作视频培训会。应对"3·19"比如6.1级地震、"11·30"双湖5.8级地震，地震发生后自治区地震局震害防御处两位同志参加现场工作队，赶赴震区开展地震灾害损失调查评估和烈度评定等现场工作。

（西藏自治区地震局）

陕西省

1. 抗震设防要求

2021年，陕西省地震局加强抗震设防管理，继续开展全省建设工程地震安全监管检查，检查学校98所、医院52家、一般建设工程253个，抽查小区划和区评结果采用工程61个。

2. 地震安全性评价

组织开展安评从业单位信息审查，建立安评从业单位数据库和安评技术审查专家数据库。启用"陕西省地震安评管理系统"，提供在线信息填报、专家抽取、备案等功能，优化备案监管流程，线上实时监管地震安全性评价项目29个。规范建设工程地震安全性评价管理，对2016年以来未开展地震安全性评价的高层建设工程进行核查。

3. 震害预测

推进基于遥感影像和经验估计的建筑物抗震能力初判工作，完成全省1339栋房屋分区域抗震能力初判数据，形成107个县（市、区）房屋抗震能力初判评估图等成果。加快实施地震灾害风险普查工程，完成西安灞桥等3个区县普查试点工作，启动铺开全省地震灾害风险普查工作。组织开展关键技术培训10次，完成全省1:25万地震构造图、25个重点县1:5万活动断层分布图等图件报告编制等基础工作，推动宝鸡市地震灾害风险调查和重点隐患排查基础数据库建设。协调推进地震易发区房屋设施加固工程，联合省减灾办、应急厅建立地震易发区房屋设施加固工程联动工作机制，印发《陕西省房屋设施抗震设防信息采集和动态更新工作实施方案》《陕西省地震易发区房屋设施加固工程评估工作实施方案》，部署全省房屋设施抗震设防信息采集和动态更新、地震易发区房屋设施加固工程评估工作，跟进开展业务培训和检查指导，建立完成全省81个县（市、区、开发区）加固工程清单。

4. 活动断层探测

加快推进兴平活动断层探测项目收尾工作，1:25万地震构造图编制及深部构造环境分析、1:5万活动断层分布图、地震危险性评价等专题顺利通过专家组验收，完成了总技术报告、竣工报告、财务报告、档案报告等编制。铜川市地震小区划项目完成了档案报告编写、档案验收等工作。富平小区划项目做好了交工验收准备。

5. 地震应急保障

开展重点地区灾害预评估，提出应急准备与应急处置措施建议。配合修订省地震应急预案，修订局应急预案，制定应急响应行动清单。指导各地开展地震应急演练，组织现场工作组参加汶川地震现场培训演练和鄂豫陕三省联动演练，推进市县地震灾情速报演练。探索通信公司基站退服、网络舆情监控、无人机航拍等灾情收集新方法，提高地震应急救援技术支撑能力。推进"三网一员"建设，加强与网络媒体、社会力量合作，提升灾情快速收集能力。深化"全灾种、大应急"体制改革，加强与应急管理、煤监、消防、武警、铁路等部门沟通协调，完善信息共享机制。妥善应对青海玛多7.4级地震、商洛商南3.8级地震、西安鄠邑2.8级地震、汉中宁强3.4级地震以及多次塌陷地震，同省煤监局一同开展咸阳彬州区非天然地震事故调查。

（陕西省地震局）

甘肃省

1. 抗震设防要求

2021年甘肃省防震减灾工作领导小组印发《关于全省建设工程地震安全监管检查工作

情况的通报》。协调甘肃省住建厅为甘肃省地震局在"甘肃省工程建设项目审批管理系统"设立甘肃省地震局用户名和密码，共享全省建设工程审批基本信息，实时监管重大工程信息数据，开展抗震设防事中监管。协调将一般工程、学校、医院和重大工程抗震设防要求检查，以及地震小区划和区域地震安全性评价抗震设防要求落实情况纳入2021年国务院抗震救灾指挥部办公室、省抗震救灾指挥部办公室对有关重点地区的地震灾害防范应对准备工作督导检查和省地震灾害防范应对准备督导检查，并积极推进整改落实。

2. **地震安全性评价**

甘肃省地震局印发《甘肃省地震安全性评价报告技术审查管理办法》《甘肃省地震安全性评价从业单位管理办法》，落实抗震设防"放管服"改革要求，强化事前事中事后监管。组织开展2021年度地震安全性评价报告抽查检查。指导完成兰州榆中生态创新城、甘肃武威工业园区和庆阳西峰工业园区建设项目区域性地震安全性评价工作，组织完成区评报告技术审查。

3. **震害预测**

开展地震重点危险区地震灾害损失预评估实地调研，完成地震重点危险区地震灾害预评估与应急处置要点报告，并向甘肃省人民政府、重点危险区市（州）人民政府、省应急厅等省防震减灾工作领导小组成员单位报送预评估报告。

4. **活动断层探测**

开展玛曲县城地下空间展布探测项目部分野外工作，完成玛曲县城4条地震测线的探测工作。召开武威市活动断层探测与地震危险性评价项目推进会，完成武威市遥感影像解译、区域构造专题和浅层勘探初勘。完成刘家峡主动源的激发实验工作，并对实验数据及时进行分析处理。完成13个试点县的地震灾害普查工作，完成了13个试点县区活动断层资料收集与补充调查、地震构造图资料收集与补充调查、编制1∶5万活动断层分布图及说明书。

5. **地震应急保障**

2021年4月29日，召开甘肃省防震减灾工作领导小组与抗震救灾指挥部全体（扩大）会议，印发省防震减灾工作领导小组成员单位2021年度工作要点。8月27日，召开省防震减灾工作领导小组（省抗震救灾指挥部）全体（扩大）会议，安排部署防震减灾救灾工作。印发《关于调整甘肃省地震局地震现场应急工作队的通知》《甘肃省地震局地震现场应急工作出队方案》《甘肃省地震局大震应急救灾物资管理办法》。组织地震现场工作队开展地震应急演练和参加省应急厅组织的岷县等地震应急演练。配合省应急厅修订了《甘肃省地震应急预案》，由省政府办公厅印发；制定《甘肃省重特大地震应急处置手册》，修订印发《甘肃省地震局地震应急预案》《甘肃省地震局地震应急处置工作手册》，编印《甘肃省地震局地震应急响应服务等级》《震后12小时应急服务响应行动清单》。更新核查全省乡镇人口、经济、行政区划、地质灾害点、重大危险源数据，完成全省区县基于遥感影像和经验估计的区域房屋抗震设防能力初判工作，补充了重点目标数据。开展应急手机终端、现场应急服务终端和卫星电话等大震应急物资设备使用培训。积极发挥兰州搜救基地救援技术支撑优势，为武警、消防、志愿者等开展地震应急救援技术培训11期，累计培训894人次。全年开展9次3.0级以上地震应急处置，阿克塞5.5级地震发生后，甘肃省地震局迅速派出甘肃省地震局地震现场工作队联合市州地震部门24人，赶赴地震现场开展灾情调查、烈度评定、损失评估和应急宣传等工作，对阿克塞县和肃北县受灾村组进行全面现场勘验核实，完成地震烈度图绘制和灾害损失评估工作，指导地方政府和地震部门开展应急处置。

（甘肃省地震局）

青海省

1. 抗震设防要求

2021年，经青海省政府同意，青海省防震减灾领导小组下发《关于进一步加强全省防震减灾工作的实施方案》，分别与省减灾委办公室、省应急厅联合印发《关于做好全省地震灾害风险防范的通知》《关于加强地震灾害应对处置工作的通知》，组织省应急、交通等9部门组成专项督导检查组对全省6个州和部分县地震灾害风险防范工作进行专项督导检查。

依据青海省地震易发区房屋设施加固工程工作清单，组织住建、交通、教育、卫健、应急、水利、电力、电信等行业655人，采集抗震设防信息1349条、加固工程类抗震设防信息449条，完成了房屋设施抗震信息首次采集工作，建立信息动态更新工作机制。

协调推进地震易发区房屋设施加固工程，建立房屋设施抗震设防信息采集和动态更新工作机制，完成重点危险区和全省45个区县（行委）遥感影像数据处理和所有房屋抗震性能等级判定。

根据《第一次全国自然灾害综合风险普查2021年地震灾害风险普查工作方案》及《青海省第一次全国自然灾害综合风险普查实施方案》要求，完成海西州普查试点任务和全省遥感解译及现场抽样复核，省级1∶25万地震构造图及说明书编制、9个县级1∶5万活动断层分布图及说明书编制、300个钻孔资料的收集录入及校验工作、海东市70万平方米房屋建筑抽样详查等方面做了地震灾害风险普查。

同时，修改实施清单2.0平台、省政务服务平台、投资在线审批平台的内容，编制认领实施清单21个事项，办结各审批平台行政许可事项11件、行政备案事项2件。

2. 地震安全性评价

青海省地震局推进地震灾害风险防治体制改革，加强地震安全性从业单位监管，开展地震安全性报告复核审查，先后制定下发《青海省地震局关于报送建设工程地震安全监管检查整改工作情况的函》《关于加强青海省地震安全性评价从业单位监管工作的通知》《关于开展青海省地震安全性评价报告复核审查的函》，抽取近期完成的3个报告进行复核评审，针对发现的问题进行通报。

3. 活动断层探测

青海省地震局将玛沁县活动断层探测纳入《玛多7.4级地震灾后重建防灾减灾体系建设专项规划》，获得中国地震局经费支持。

4. 地震应急保障

青海省地震局联合省应急管理厅、省消防救援总队印发《青海省重特大地震应急响应任务清单》，与省应急管理厅联合印发《2021年度青海省地震重点危险区地震灾害损失预评估与应急处置要点》，制定《青海省地震局2021年地震现场工作方案》《青海省地震局地震应急服务响应等级（暂行）》和《震后12小时青海省地震局地震应急服务响应行动清单》等办法。青海省地震局分管领导3次带队对海东市、黄南州、果洛州和海北州进行震情监视跟踪和应急准备工作专项检查。玛多7.4级地震前，青海省政府组织开展"高原砺剑—2021"重特大地震跨区域综合实战拉动演练，青海省地震局应急现场工作队进行桌面应急演练。

玛多7.4级地震发生后，青海省地震局立即提请启动地震应急响应，在西宁全部工作人员立即到岗。3分钟内准确定出此次地震的三要素，上报中国地震局和省委省政府，并分送至与应急相关的部门和单位。同时，立即启动地震应急指挥技术系统和灾情速报平台，了解震情、灾情和社情，形成简报上报省委、省政府和中国地震局，为青海省政府启动重大地震灾害三级应急响应提供决策依据。省地震局在第一时间派出了由副局长王海功带队的16名现场工作队，并携带流动观测仪器赶赴震区。随后，又陆续派出19人携带通信、多旋翼无人机、新闻宣传等设备赶赴震区。

地震期间，青海省地震局及时制作震区潜在地质灾害、交通、预估死亡人口及救灾态势图等各类快速评估图件25张，在震后1小时、3小时、5小时、10小时、15小时、24小时、30小时整理数据并及时制作出余震分布图及震中分布图80张，为现场地震应急工作提供科技保障。陆续组织召开或参加新闻发布会8场，及时将地震应急工作相关信息、简报发布到局官方网站、微博、微信，让社会公众了解地震基本情况和应急处置情况。从地震现场到科学考察共安排15辆应急车辆，往返西宁28趟，行程近3万千米，采购氧气、雨衣、药品、充电宝等应急物资，安排接送人员100多人次，住宿30多人次，提供应急后勤保障条件。

之后，又妥善处置了"6·16"茫崖5.8级地震和"8·13"玛多5.8级地震等17次地震事件。

（青海省地震局）

宁夏回族自治区

1. 抗震设防要求

（1）加强抗震设防常态管理。2021年宁夏回族自治区地震局认真开展抗震设防督查检查，对"九大类"工程和学校、医院、一般建设工程抗震设防情况进行再检查再落实，做好抗震设防监管档案、数据上报、问题反馈等工作，进一步夯实了抗震设防监管基础。加强市县抗震设防工作指导，银川市地震局协同审批、住建部门开展双随机、一公开检查；石嘴山市地震局推进工业园区区域性地震安评工作，平罗工业园成为全区唯一开展区域评估并通过技术审查的园区；中卫市地震局建立健全地震监管行政执法队伍，推进行政执法工作规范化、法治化。

（2）提高抗震设防监管水平。举办抗震设防业务及相关法律法规培训班。培训班设置加强抗震设防监管、抗震设防政策解读及工作实践课程，介绍了抗震设防的目的意义、河南省抗震设防经验、抗震设防实务、减隔震技术，系统梳理2013年以来抗震设防行政许可、地震安全性评价技术审查方面的相关法律法规和政策演变过程，讲解了抗震设防与地震安全性评价的区别、法律法规适用、安评范围、三级地震部门的监管职责。

（3）积极开展抗震设防检查。2021年7—9月组成抗震设防检查组，对5个设防区市、15个县（市、区）和17个工业园区建设工程抗震设防和区域性地震安全性评价进行实地检查，印发《宁夏地震局关于抗震设防和区域性地震安全性评价检查情况的通报》，要求各地震部门做好抗震设防事中事后监管机制完善、地震安全性评价违规行为纠正、问题整改落实等工作，积极适应政府职能转变和深化"放管服"改革、优化营商环境要求，稳步推进抗震设防管理。

2. 地震安全性评价

加强地震安全性评价监管，组织召开管理人员规范学习研讨会，安排专人对2020年以来的安评监管档案进行认真对照检查，遴选自治区外专家依据项目规模、重要性和安评单位等因素对安评报告进行技术再审查，进一步统一思想认识，统一政策法规尺度，提高安评单位备案、安评报告内容、技术审查等环节的规范性和完备性。开展地震安评从业资质和报告审查，对不具备技术条件公司的从业申请进行否决。积极推进银川河东国际机场改扩建工程地震安全性工作。2021年，组织完成5项工程场地地震安全性评价项目、1项区域性地震安全评估项目。

3. 活动断层探测

2021年，中卫市沙坡头区活动断层探测与地震危险性评价项目完成了剩余的6个专题验收，12月20日，召开"中卫市沙坡头区地震活动断层探测与地震危险性评价"项目验收会，中国地震灾害防御中心组织专家通过审阅报告、听取汇报、质询讨论等形式，对项目进行评审验收。项目组根据中卫市地震构造特点，在系统收集前人资料的基础上，利用多种有效勘探手段的联合应用，查清目标区内主要活动断层的分布，甄别出地震活动断层和非地震活动断层，提供大比例尺活动断层分布图，开展地震危险性和危害性的评价工作，建立中卫市活动断层基础数据库和地理信息系统。项目通过验收，探测成果将为中卫市城市发展规划、土地利用、重大工程选址以及防震减灾提供科学依据，提高政府防震减灾决策效能。

4. 地震应急保障

（1）地震应急准备。修订印发《宁夏回族自治区地震局地震应急预案》，印发《宁夏地震局地震应急服务响应等级（暂行）》《震后12小时宁夏地震局地震应急服务响应行动清单》，汇编地震应急工作手册；加强地震现场应急工作队管理，补充工作装备，掌握可调动队员动态，做好轮值安排。指导市县地震部门积极开展地震应急预案修订。银川市地震局联合教育局开展中小学、幼儿园预案修订工作，修订预案达769份；石嘴山市地震局完成市抗震救灾指挥部57家成员单位预案修订备案；固原市、中卫市、同心县、中宁县地震局组织修订本级政府地震应急预案。

（2）应急响应。针对固原小震群、中宁县3.1级地震和灵武市4.0级地震，宁夏回族自治区地震局派出现场工作队，主动发布信息，做好线上线下科普，组织专家接受媒体采访，及时回应社会关切，稳定公众情绪。辖区内市县地震部门及时向当地党委、政府汇报震情，第一时间收集灾情，赶赴震区协助做好地震现场调查，积极开展应急响应，加强舆情处置，有力稳定社会、安定人心。

（3）应急演练。加强地震应急演练。利用"5·12"防灾减灾日等重要时段，广泛开展了形式多样的地震应急演练，切实增强了地震应急救援社会化水平。银川市地震局举办2021年地震应急实战演练暨市抗震救灾指挥部全体会议，有效检验应急处置能力；石嘴山市地震局组织消防、医疗部门及民间救援队，开展地震搜救模拟演练，强化与社会力量的协调联动；固原市地震局组织市抗震减灾指挥部地震应急响应桌面推演、实战演练各1次。

（宁夏回族自治区）

新疆维吾尔自治区

1. 抗震设防要求

新疆维吾尔自治区地震局进一步加强抗震设防要求监管，高质量完成建设工程地震安全监管检查。

与自治区应急管理厅共同完成重点地区19个县地震风险防范和应急准备工作检查指导，督促问题整改。为强化抗震设防要求监管，各地住建部门累计排查农村房屋354.03万座，其中：初判存在风险隐患4759座，组织评估鉴定4461座，鉴定确有风险隐患房屋3862座，完成整治2743座。

自治区抗震救灾指挥部办公室《关于制定地震易发区房屋设施加固工程工作任务清单的通知》明确要求各地方、各单位梳理10类加固工程任务，制定完成计划、时间，保证权责范围内建设工程的抗震设防要求。配合自治区应急管理厅开展自治区房屋设施抗震设防信息采集工作，在各地州、各部门共同努力下，完成94个县（市、区）房屋设施抗震设防信息采集（加固工程数据14553条，新建工程数据85245条）。全年实施农房抗震防灾工程30056户，全年完成老旧小区改造1138个，涉及居民16.7万户。

2. 地震安全性评价

加强对地震安全性评价在新疆从业单位监管，组织开展2021年度地震安全性评价报告抽查检查，完成相关问题整改整治。2021年年度签订地震安全性评价项目37项和伊宁边境经济合作区、伊宁苏拉宫工业园区2个区域性地震安全性评价项目。

3. 震害预测

开展地震重点危险区地震灾害预评估和应急风险评估，对重点地区深入了解当地地理地貌、人口密度、经济概况、建筑物结构类型与抗震能力、地震应急准备能力等情况，重点关注城中村、城乡接合部和农村房屋的抗震能力以及生命线工程的地震灾害风险，整理出重点风险隐患清单，对重点隐患危害等级评估，针对性提出防治对策建议。

4. 活动断层探测

将新疆城镇活动断层探测工作纳入《新疆维吾尔自治区防震减灾"十四五"规划》，

依托全国自然灾害综合风险普查、地震安全性评价、大震现场应急、新疆地震局与中国地震局直属研究所合作和援疆课题等项目对新疆境内老虎台断裂、策勒南断裂、苏勒尕孜断裂、皮西南断裂、柯坪断裂、却勒塔格断裂、克孜尔断裂、喀桑托开断裂、库木格热木断裂、俄霍布拉克盆地南缘断裂、哈尔克山断裂、萨阿尔明断裂、那拉提南断裂、那拉提断裂、喀拉温古泉断裂、库尔代（马热勒达什）断裂、阿仁布拉克断裂、特克斯河断裂、蒙马拉尔断裂、博尔博松断裂、清水河子断裂带、博—阿断裂带、独山子断裂带、可可托海—二台断裂等20余条断层的几何学展布、构造变形特征、地貌面年代学数据情况进行调查和测量，共测得差分GPS地形线近490条，无人机航测75个区域，累计拍摄照片37.5万张，采集年代学样品20个，新发现断裂现象及剖面20余个。

5. 地震应急保障

自治区防震减灾工作联席会议办公室与抗震救灾指挥部办公室合作更加密切通畅，对防震减灾、抗震救灾工作做到同部署、同检查、同考核，2021年起，各地州防震减灾工作纳入自治区应急管理考核体系（2021年考核评分440分中防震减灾工作占100分）。派出5个工作组，完成重点地区19个县（市）地震应急准备指导服务并督促整改应急准备工作中存在的突出问题；同时完成全疆106个县（市、区）房屋抗震能力初判工作并提交工作成果，印发各地州市、县市区地震工作主管部门指导地震应急准备、应急响应与处置工作。经自治区党委政府同意，经自治区应急管理厅和地震局修订后的《新疆维吾尔自治区地震应急预案》于2021年12月22日印发实施。

（1）地震应急演练。自治区应急管理厅、地震局和乌鲁木齐市共同承办2021年自治区应对复合型灾害检验性实战综合演练；新疆生产建设兵团在阿拉尔市开展2021年地震应急救援综合演练；新疆地震局举办2021年全国普通高考时段安全保障地震应急处置演练活动；新疆消防救援队伍开展跨区域地震救援60小时"全要素"实战拉动演练、跨区域地震救援演练、24小时地震救援实战拉动演练；伊犁哈萨克自治州、巴音郭楞蒙古自治州、博尔塔拉蒙古自治州开展地市级年度地震应急救援综合实战演练，阿克苏地区、克孜勒苏柯尔克孜自治州基层演练5300余场次，人数达34.72万人；与地方政府、自治区防震减灾联席会议成员单位加强震情信息沟通，进一步推进应急信息共享工作。阿勒泰地区印发《中小学幼儿园应急疏散演练指南》。

（2）地震应急指挥系统运维与人员培训。认真做好地震应急指挥系统运行维护；组织开展地震现场调查、灾害损失快速评估等业务交流；组织地震现场应急队业务骨干2次参加中国地震局现场调查评估视频培训，600余人参加；派出中国地震局二级巡视员宋立军为自治区应急管理系统开展地震应急业务专题培训，应急管理系统近1000人参加；组织技术骨干参加中国地震局地震灾害风险普查技术线上和线下培训；组织开展2021地、州、市防震减灾业务培训。

（3）提升应急救援能力。完成自治区应急能力提升项目和中国地震局大震应急救灾物资储备项目的采购、交付使用工作。完成新疆地震局应急大厅视频会议室升级工作，通过更换相关设备，提升视频会议效果，打通各单位应急沟通渠道，简化使用程序，不断提升会议效果，满足会议需求。

做好地震应急指挥技术系统数据库更新工作，及时更新人口、经济、地震等数据库数据 4000 余条，保证资料准确性；完成各类指挥中心地震演练图件制作。把握年度重点危险区、重点地区地震灾害预评估机会，充分掌握其地理地貌、人口密度、建筑物结构类型与抗震能力、地震应急准备能力等情况，夯实震灾评估基础。

新疆地震局组织召开西北地震应急协作联动预备会，加强地震应急区域协作及联动支援工作力度；细化新疆地震局地震现场应急工作方案，建立局本部、台站、野外工作站及"访惠聚"驻村工作队与地方地震主管部门多位一体的应急处置力量矩阵；完善应急人员出行报备制度，及时掌握人员行程动态，做到遇大震可就近安排人员第一时间赶赴震区。

（4）地震应急响应与行动。全年应急处置 29 次 4 级以上有影响地震，其中 5.0 级以上地震 3 次，共派出地震现场应急工作队 8 批、70 余人次。高效完成 3 月 24 日拜城 5.4 级地震现场灾情核查、灾民安置，地震部门迅速开展烈度调查评定、灾害损失评估、余震监测、震后趋势研判、应急科考等工作，协助地方政府完成迁建选址，为抗震救灾全面胜利提供强有力支撑。上报地震现场应急工作报告 1 份、灾害损失评估报告 1 份、应急处置工作总结 2 份。

（新疆维吾尔自治区地震局）

中国地震局地球物理研究所

1. 地震安全性评价

（1）第六代地震区划工作支撑。按照地震区划编制年度总体安排，中国地震局地球物理研究所开展相关工作。

根据中国地震局工作部署，为实现第六代区划图"多概率、宽频带、高精度、陆海一体"的工作目标，在 2021 年度基本科研业务费专项中设立了第六代地震区划图预研专项，资助 9 个子项目的研究经费。围绕该专项的实施，组织专家进行 2 次检查与咨询活动。项目进展情况良好。

国家重点研发计划项目"海域地震区划关键技术研究"完成项目各项研究任务，各课题于 2021 年 9 月通过课题绩效评价，获得优秀成绩。取得的成果将直接应用于第六代地震区划编制工作。

承担地震灾害预防业务—第六代地震区划预研—地震活动性模型和地震危险性计算软件的运维工作，主要开展地震活动性模型和地震危险性计算软件研究、地震动预测方程研究、场地地震动影响与场地效应调整研究等研究工作，取得阶段性研究成果。

参与第六代地震区划工作方案的起草工作，参与完成 2022 年新增财政项目建议书的起草工作。

（2）推进国家和行业标准制定。推进修订和完善国家标准《工程场地地震安全性评价》（GB 17741—2005）；推进修订和完善区域性地震安全性评价标准。

《工程场地地震安全性评价》（GB 17741—2005）修订和完善工作按照要求和进度安排，经起草组多次对相关文本调整和细化，完成《重大工程场地地震安全性评价》修订稿，部署新一轮征求意见，推进送审报批程序。现版本在安评工作中得到初步应用，在核电地震调查与评价国标修订中得到应用，在实际工作中支撑了区评等新工作要求的协调。区评标准工作开展试行版本应用中问题的搜集与整理，为标准立项做准备。

（3）核电站地震安全性评价技术支撑和服务。2021年，共承担7项核电项目，包括4项地震安全性评价工作、1项地震安全性评价复核工作、1项多方案概率地震危险性分析工作和1项地震危险性分析工作。

（4）推进地震灾害风险调查和重点隐患排查工程。根据中国地震局下达的任务，完成包括至少45个代表性涉核工程和至少10项其他代表性地震安评工作获得的活动断层探测成果数据入库工作。系统搜集已完成的所有核电项目以及其他重大工程项目地震安全性评价报告，选择了45项目核工程地震地质评价专题和10项其他重大工程地震安评工作。

2. 活动断层探测

（1）开展绿色主动源探测等新技术研发，与南京大学合作，联合重点研发计划、南京大学院士启动经费以及中国地震局运维经费等，研制一套小型化可移动式气枪震源激发技术系统。通过系统的模块化设计，实现整体系统的小型化，提升移动便捷性。该激发技术系统的研制，可以开展多点激发服务于近地表结构探测，也可以为重点断裂带波速变化连续监测提供技术手段。相应激发和监测系统在页岩气工业活动波速变化监测、二氧化碳地下封存状态监控方面也具有较好应用潜力。

（2）利用新型甲烷气爆震源，与广东省地震局、南京大学、中山大学、南京科技大学、中国地震局地球物理勘探中心多家单位合作，在广州大湾区开展城市核心地区甲烷震源激发实验。

（3）在山西运城开展密集观测和甲烷密集激发实验。

3. 地震应急保障

在应急响应准备方面，2021年按要求完成印发地震应急服务响应等级和行动清单。

（1）突出震情应急处置方面，组织开展云南漾濞6.4级地震、青海玛多7.4级地震、四川泸县6.0级地震的震情跟踪研判和相关科考工作。

（2）应急产出业务产品产出。按时完成大震应急产出（地震动强度预测图、地震破裂过程、P波初动震源机制解、地震矩张量反演、余震精定位结果等）支撑20次，包括2021年5月21日云南漾濞6.4级地震、2021年5月22日青海玛多7.4级地震、2021年9月16日四川泸县6.0级地震等国内5.0级以上地震14次，以及2021年3月05日新西兰克马德克群岛M_W8.1大地震、2021年7月29日美国阿拉斯加M_W8.2大地震等国际7.0级以上强震6次。

根据中国地震局要求，完成并提交8月31日河北沧州3.0级事件性质分析研究报告，并根据河北省应急管理厅要求前往沧州开展现地研判；自行开展8月21日贵州毕节4.5级地震、4月19日周边国家疑似地震事件性质研判；推进干热岩开采诱发地震、川南地区页岩气开采诱发地震的监测分析与风险管控技术研发，开展社会服务能力建设；推进二氧化碳地质封存等新型工业活动诱发地震监测探测的技术调研。

（中国地震局地球物理研究所）

中国地震局工程力学研究所

1. 抗震设防要求

（1）中国地震科学实验场。2021年，中国地震局工程力学研究所积极开展该项目有关工作。配合并推动中国地震科学实验场国家重大科技基础设施项目立项，完成"城市与重大工程地震韧性监测系统"设计，包括复杂工程场地地震动观测，工程结构地震响应台阵、典型城市地震致灾观测，城乡地震致灾及恢复全过程混合仿真等系统。

参与实验场财政项目申报，做好实验场基本科研业务费基金管理。配合完成中国地震科学实验场财政部运维2020年绩效考核和2021年年报数编制。利用基本科研业务费专项支持实验场"韧性城乡"专项研究，围绕地震动模拟、情景构建以及韧性城乡提升全过程中具有科学价值和应用前景的基础研究和应用基础研究项目开展项目立项工作，年度立项实验场相关研究项目6项。

（2）风险普查和重点隐患排查。2021年，开展活动断层探测成果数据库、历史灾害调查、易损性模型、重点隐患评估工作。

活动断层探测成果数据库。收集针对黑龙江地区已建重大工程的5项地震安全性评价工作报告，对其中的81个区域断裂和16个近场区地震构造涉及的断层走向、倾向、断层长度、断层性质和最新活动年代等11个地质参数进行数字化提取并录入平台数据库，同时对所有断层的分布进行空间数字化处理，完成所有入库工作。

历史灾害调查。完成年度地震灾害调查及数据整理、历史一般地震灾害调查及数据整理、重大地震灾害专项调查及数据整理，完成了历史震害调查数据库建设。

易损性模型。开展了不同区域典型建筑结构及主要公路交通基础设施建造特点和结构特征分析；完成基于震害统计分析、类比的典型工程结构的地震易损性模型5个，进行典型建筑类型的结构地震易损性试验3个，完成典型工程结构地震易损性数值模拟模型5个。

重点隐患评估。在房山区和日照岚山区2个试点地区和11个重点试点县的地震灾害隐患评估工作的基础上，完善地震灾害重点隐患评估方法，形成《建（构）筑物地震灾害隐患等级评估方法》技术标准，在地震系统开展5次片区技术培训和2次省级技术培训，初步建立地震灾害隐患等级评估系统。

（3）地震易发区房屋设施加固工程。完成落实专家组挂靠单位工作职责，评估指标体系研究等项工作。

落实专家组挂靠单位工作职责。梳理完善我国常见不同结构类型建筑的建筑构造特点和结构损伤机理，基于既有建筑的抗震薄弱部位及典型震害特征，对症下药，提出不同抗震性能与建筑使用需求的修复与加固方案，编制《地震易发区既有房屋建筑抗震加固技术选编》，为加固工程实施提供技术支撑。

完成评估指标体系研究。完成地震易发区房屋设施加固工程的评估指标体系研究，研究成果被全国印发的《地震易发区房屋设施加固工程评估工作方案》采用，与第三方公司中国国际工程咨询有限公司合作，完成全国地震易发区房屋设施加固工程实施进展评估报告。

编制科普性图书《农村房屋抗震实用手册》。由工程协调领导小组以国务院抗震救灾指挥部名义下发全国各省，供"地震易发区房屋设施加固工程"相关部门参考。

（4）京津冀地区大震灾害情景构建工程。完成组织制定工作方案，调研国内外研究现状、梳理分析试点等工作。

组织制定《京津冀地区大震情景构建试点工作方案》《京津冀地区大震情景构建试点技术方案》，印发到各单位。组织专家翻译 USGS 主持编写的 HayWired 地震情景系列科学调查报告（SIR）——《海沃德地震情景之工程影响》《海沃德地震情景之地震危险性》。

充分调研情景构建的国内外研究现状，结合京津冀地区工程结构和社会经济特点，梳理京津冀地区现有基础数据情况和较为成熟的模型方法，按照基于现有条件"先行先试"的原则，建立京津冀地区大震情景构建的工作框架（涉及 3 大领域 9 个方面 45 项任务），组织编制《京津冀地区大震情景构建试点技术指导手册》，编写《京津冀地区大震情景构建项目建议书》。

梳理分析三个试点（北京市延庆区、河北张家口市崇礼区、天津宝坻区）区域的基本概况，包括地理位置和行政区划、地形地貌及发震构造环境、气候特征、人口和经济特征、建筑物特征、建筑物抗震设防演变情况、京津冀地震历史地震等。

开展 4 个不同概率地震情景下的两个试点（北京市延庆区、河北张家口市崇礼区）地震灾害风险分析，分别给出人员死亡数量及风险分级、建筑物直接经济损失风险分级等结果和图件。

通过对中国历史上 2 次重大地震——1679 年三河—平谷 8.0 级地震和 1976 年唐山 7.8 级地震进行情景构建，估算当前经济和社会发展水平下两次地震"原地再现"可能造成的直接经济损失和人员死亡数量；模拟两地发生 7.0 级地震对当今社会的影响分析，分析"与原地震相比，再次发生同等水平地震会造成：人员死亡率明显降低，直接经济损失大幅度增加"的原因。

基于城市震害模拟器平台 YouSimulator，研发基于物理与数据驱动的城市建筑大震宏观情景模拟系统，利用部分实际数据和示例数据，开展设定地震、不同概率地震情景下的试点区域建筑物地震损伤评估和三维灾害场景物理仿真模拟。

基于统计分析，选取 14 个滑坡模型影响因子，建立各影响因子与地震滑坡发生之间的映射关系，构建基于机器学习的地震滑坡易发性评估模型，提出"基于预训练模型扩充样本数量"的样本扩充方法，给出北京市山区地震滑坡易发性分级及空间分布。

（5）韧性城乡科学计划。开展地震作用与城市工程地震破坏机理研究、地震灾害风险评估技术研究及应用、地震次生灾害风险评估与防御技术研究、工程韧性技术研究、社会韧性支持技术研究与标准体系建设。

（6）第六代地震区划图。积极参加第六代地震区划编制工作。

组织召开 2 次地震灾害风险区划图编制的研讨论会，形成地震灾害风险区划图的总体工作方案，编制 2022 年地震灾害风险区划图试点工作的项目建议书。完成第六代地震灾害风险区划的技术预研究工作，包括群体建筑物易损性模型、地震灾害风险分析评估模型。

开展服务于地震区划的强震动数据库建设工作，设计我国强震动 Flatfile 数据结构、建立强震动记录数据处理流程并开发了相应程序；研究基于地质条件和地形特征参数的场地分类方法，提出场地特征参数经验估计模型，开展场地地震反应的区域依赖性规律研究。

2. 地震应急保障

制定并严格落实《中国地震局工程力学研究所大震应急救灾储备物资管理暂行办法》《中国地震局工程力学研究所地震应急响应工作预案》；5月21日云南大理州漾濞县发生6.4级地震、9月16日四川泸州市泸县发生6.0级地震，在2次地震发生后，迅速启动应急响应预案，先后派出现场应急工作人员7人次，圆满完成现场应急与震害科考任务；受中国地震局震害防御司委托，7月6—7日，组织举办2021年度地震现场调查评估业务培训会，培训对象主要是各省级地震局分管地震应急的负责人和承担地震现场相关工作的技术和管理人员，以及中国地震局各直属单位、研究所承担地震现场相关工作的技术和管理人员。

（中国地震局工程力学研究所）

中国地震台网中心

中国地震台网中心积极开展地震应急保障相关工作。中国地震局应急指挥中心全年处置地震应急395次，应急管理部调度中国地震局47次，中国地震局调度省级地震局83次，产出地震灾害快速评估简报和专报786期，专题图4969份；报送快速评估简报和专报237期，专题图件587份。其中，5月21日云南漾濞6.4级地震、5月22日青海玛多7.4级地震、6月16日青海茫崖5.8级地震、8月13日青海玛多5.8级地震、9月16日四川泸县6.0级地震等显著地震发生后，迅速启动应急指挥技术系统，完成了应急管理部、中国地震局、中国地震台网中心、发震省地震局和地震现场的视频联通，完成了地震灾害快速评估简报、专报、专题图等各项产出，按规定时间及时报送。云南漾濞6.4级地震和青海玛多7.4级地震快速评估结果与实际灾情相符，制作云南漾濞6.4级和青海玛多7.4级地震重点救援目标分布图，为国务院抗震救灾指挥部、应急管理部指挥调度救援力量提供有力技术支撑。

2021年4月，应急管理部和四川省政府联合组织"应急使命·2021"地震演习，台网中心圆满完成中国地震局应急指挥中心节点技术支撑。应急响应部骨干参与演练脚本编写，多位技术骨干全程参加演习部署会议、联调测试和模拟合演6次，赴雅安担任专家评估组成员，完成演习评估工作。

完成"大震应急救灾物资储备项目"子项二应急通信装备相关内容，提升全国地震应急响应能力。应急响应部作为技术牵头，完成全国范围地震现场移动视频、"地震现场信息采集APP和应急信息分析系统""地震应急一张图"、卫星通信装备等内容部署落实和培训工作。相关设备和系统在青海玛多7.4级、四川泸县6.0级等地震应急中实际应用成效显著。

协助做好甘青川应急准备。与四川省地震局联合开展四川冕宁精细化预评估工作，采用多种新技术手段和方法，对常年圈定的川滇重点局部区域开展深入调查和评估。

完成2021年度地震应急青年重点任务的组织申请和2020年度地震应急青年重点任务的中期检查和结题验收，为地震应急领域培养青年人才。

（中国地震台网中心）

中国地震灾害防御中心

中国地震灾害防御中心完成全国地震灾害风险普查项目2021年度任务。依托地震灾害风险普查工作项目管理办公室，充分发挥项目牵头组织管理和技术协调职能，全面推进普查项目年度任务的实施。建立健全周例会、周督办、联络员、片区、定点帮扶、分级督导等工作机制，动态跟踪项目进展，及时协调解决项目实施中存在的问题。编制完善技术规范、建立全链条技术支撑团队、加强质检验收、举办线上线下培训、搭建普查软件平台，为普查项目实施提供技术保障。开发地震危险性计算软件，解决各省风险普查工作中千万量级超大规模数值计算存在的技术难题。开设普查专题网页、制作小视频、编报典型事例，加强普查项目宣传。

通过实施普查项目，建立包括危险性调查类、活动断层探查类、重点隐患调查类、评估和区划成果类数据的普查数据库以及房屋详查数据库。截至2021年底，数据总量达500GB；其中，普查入库数据达62GB，房屋详查入库数据约435GB；钻孔数据库已收集入库2.5万个钻孔；通过遥感影像初判专项工作，完成全国房屋判别约3.3亿栋，处理遥感影像面积约916万平方千米，建立了全国遥感影像初判成果的矢量数据库，数据量达6.7GB；全国共开展125个城市活动断层探查项目和141单条断层的填图项目（或鉴定项目），在完成的82个城市活动断层探查项目中，有73个项目的活动断层探查数据完成入库；以上2类项目共针对173条断层开展了工作，占大陆495条主要断层的35%，其中有数据入库的141条，占比28%。目前活动断层数据中心数据总量已达6.4TB。

编制完成中国地震灾害防御中心"十四五"事业发展规划。坚持系统观念，从国家安全发展、防范化解重特大地震灾害风险、防震减灾事业高质量发展需求出发，立足国家业务中心定位和核心职能，围绕业务体系建设、基础支撑能力建设、专业测试能力建设、科技创新能力建设、防震减灾技术服务能力和信息化标准化能力建设等方面，梳理主要任务，凝练重大项目，细化主要指标，进一步明确未来五年的发展方向和工作目标。

开展年度危险区预评估工作。落实重点地震危险区预评估工作的业务化和规范化要求，制定工作实施方案和相关技术手册，从现场调查、数据汇交、报告编写、成果评审等方面进行全流程业务的规范化。2021年预评估工作共涉及59个县，186个调查点，累计行程8144千米。此外，在以往工作基础上，新增对地震灾害重点隐患的调查，开展精细化预评估试点，并在此基础上，修订完成《地震灾害损失预评估基本规定（试行）》，为全面推进预评估工作规范化、精细化发展提供了基础。

开展地震安全性评价科技服务工作。坚决贯彻落实党中央、国务院和中国地震局党组防震减灾工作重大部署，聚焦国家和区域实施重大发展战略、重大建设工程等地震安全，充分发挥科技优势和人才队伍优势，分别在地震灾害风险调查、地震灾害风险评估、地震灾害风险服务等领域完成科技服务40余项，为工程选址、地震动参数设计、安全运行提供了全方位的地震科技服务。积极承担并完成《雄安新区昝岗组团、寨里组团、容东片区、雄东片区区域性地震安全性评价》工作，在时间紧、任务重的情况下，以严谨负责的态度和高质量的成果完成区评工作，为雄安新区规划与建设、承接北京非首都功能提供更加安全的地震安全保障。

开展地震应急响应处置工作。不断提高干部职工的震情意识和应急意识，修订完善《中国地震灾害防御中心地震应急响应预案》，编制《中国地震灾害防御中心震后12小时应急服务相应行动清单》《大震应急力量预置工作保障方案》。组织应急队员开展无人机操控、机载雷达操控等大震应急储备物资以及制图软件、数据处理等业务知识培训，提高大震现场工作能力。开展云南漾濞6.4级地震、青海玛多7.4级地震等多次应急响应处置工作，主动开展应急产品推送，快速产出震区地震构造图，派出专家参与地震现场评估工作，牵头组织震后地震烈度图审核工作，为烈度图绘制提供技术支撑和组织保障。

（中国地震灾害防御中心）

中国地震局地球物理勘探中心

1. 地震安全性评价

（1）区域性地震安全性评价项目开展情况。2021年，中国地震局地球物理勘探中心聚焦社会地震安全需求，高质量完成山西上党区域地震安全性评价报告编制服务；成功中标南乐县产业集聚区区域性地震安全性评价项目、唐河县产业集聚区、临港经济区、商务中心区区域地震安全性评价项目。

地震安全性评价项目开展情况。承担完成高速公路豫鲁省界至宁陵段工程场地地震安全性评价工作、河南公司三门峡新能源分公司灵宝西寨分散式风电项目地震安全性评价工作。积极推进郑州轨道交通K2线工程场地地震安全性评价项目洽谈、投标等工作。

2. 震害预测

（1）2021年，完成四川荣县、威远页岩气开采区与宁夏海原断裂带短周期超密集流动地震观测项目，仅7人组成的观测团队科学统筹跨省两地1000余台地震仪器，克服四川山高路险、暴雨酷暑，海原崇山峻岭、冰雪严寒等各种困难，成功实施两地台阵同步观测，创造密集台阵野外观测时间最长，仪器数量最多，用人最少，效率最高等多项纪录。

（2）完成粤东宽角反射/折射与深反射剖面探测项目野外数据采集工作，目前正进行室内的数据装配、震相识别预处理，以及一二维数据模型构建工作。

（3）完成"粤港澳大湾区浅层三维结构探测（一期）短周期密集台阵观测及化龙断裂二维观测采购项目"浅层速度模型的构建工作并结题。

（4）新增"阿尔金断裂带短周期密集台阵观测项目""嘉黎断裂密集台阵观测项目"

和"淮安市防震减灾服务中心盐穴勘探项目——短周期密集地震台阵三维探测专题"。

3. 活动断层探测

（1）河南省构造探查项目开展情况。完成河南地震构造探查（7）项目，在7天时间内高质量完成了6个大炮、550千米长的地震宽角反射/折射剖面探测；在21天的高温天气中完成145千米的深反射剖面探测，刷新物探中心深地震测深野外观测质量和工期用时最短纪录。

（2）浅层地震勘探工作开展情况。立足河南，面向全国，在蚌埠、宿州、汕头、内蒙古等11个城市和地区完成反射地震勘探剖面740余千米。

（3）城市活动断层探测与地震危险性评价项目开展情况。完成"濮阳市活动断层探测与地震危险性评价"项目专题13——探测数据库和信息管理系统建设专题。成功中标"蚌埠市活动断层探测与地震危险性评价"项目子专题6——跨断层钻孔联合地质剖面探测专题。持续开展许昌市活动断层与地震危险性评价工作。

4. 地震灾害风险普查

（1）中标南阳官庄工区地震灾害风险普查工作。

（2）高质量完成京津地区高震级潜在震源高精度活动断层探测项目，完成8条纵波反射浅层地震勘探测线和1条横波反射地震勘探测线，测线总长度82.522千米，探测剖面数量和完成剖面总长度，超额完成规定的工作量。为京津唐地区潜在震源区划分、活动断裂调查和地震构造模型构建提供了科学依据。

（3）完成内蒙古中部地区4条主要活动断裂补充调查层地震勘探野外施工工作。

（4）完成涞水县1:25万地震构造图及说明书编制服务。

（5）完成开展"河南洛阳嘉和500千伏变电站第三台主变扩建工程地质灾害危险性评估""安阳滨河220输变电工程地质灾害危险性评估"等地质灾害危险性评估项目18项。

5. 地震应急保障

（1）强化应急值班值守。贯彻落实中国地震局应急值班值守工作部署，在春节、疫情、汛期、清明、端午、国庆、中秋、"两会"及党的十九届六中全会等重要时段，严格落实24小时值班值守制度，时刻保持地震应急响应状态。

（2）加强自身能力建设，不断提升应急能力水平。完成物探中心2020地震应急响应与处置业务自评表、总结及佐证材料报送，在中国地震局2020年度地震应急响应与处置业务项目支出绩效再评价报告中，获得96.87分在地震系统各单位中排名第四。组织业务部门相关人员参加2次中国地震局系统地震现场调查评估业务培训，组织开展2次应急专项演练，提高应急队伍应急能力水平；按照震灾调查评估职责要求，重新调整优化物探中心震灾评估应急队伍。

（中国地震局地球物理勘探中心）

中国地震局第一监测中心

1. 地震安全性评价

2021年，中国地震局第一监测中心开展区域地震安全性评价工作3项，分别为侯马经济开发区区域地震安全性评价、红旗渠经济技术开发区地震安全性区域评估和蚌埠高新区天河科技园区区域地震安全性评价，同时完成天津市地震安全性评价项目 6 项。

2. 活动断层探测

2021 年，组织实施了安庆、三门峡、运城 3 个活动断层探测与地震危险性评价项目。安庆市城市活动断层探测与地震危险性评价项目及运城活动断层探测项目实施方案通过评审，三门峡项目的 10 个专题完成总结报告评审工作。积极推动天津市地面沉降监测、北山地下实验室场址关键断裂活动性跨断层监测及周边地壳形变特征研究、湖北省大冶市港背山钼矿地应力测试等各类项目开展。

3. 地震应急保障

2021 年，组织开展地震应急疏散演练和地震应急现场工作队实操演练，提升地震应急流动测震、现场应急灾害调查工作反应及处置能力，促进部门联动联调体系建设。

全年完成 10 余次地震应急响应工作。有效应对云南漾濞 6.4 级地震、青海玛多 7.4 级地震等重大地震，派出 32 人组成应急观测队伍赶赴震区，完成流动地磁、重力、测震和 GNSS 观测等任务，产出数据产品为地震趋势预测和会商提供可靠依据。

（中国地震局第一监测中心）

中国地震局机关服务中心

2021 年，中国地震局机关服务中心组织大震应急服务保障专题研究，印发《中国地震局地震应急服务后勤保障组应急响应等级和行动清单》《应急值班管理细则》，建立应急物资、特种车辆、票务、出队人员核酸检测、药品储备和调拨机制，落实地震应急响应值班制度。

云南漾濞 6.4 级地震和青海玛多 7.4 级地震发生后，后勤保障组统筹做好现场应急后勤保障、应急防疫物资保障和出队人员核酸检测三件大事，为指挥中心提供会议服务、出队应急药品和应急食品保障。

参与"应急使命·2021"抗震救灾演习，统筹地震应急后勤服务，进一步完善应急预案体系，磨合指挥协调机制，增强地震应急后勤服务快速响应能力。

（中国地震局机关服务中心）

防灾科技学院

防灾科技学院针对地震多发区开展区域地震安全性评价、场地地震安全性评价以及城市活动断层探测等工作。其中包含国家重点工程项目"新建高速铁路川藏线昌都至林芝段地震安全性评价"和"南水北调东线二期工程地震安全性评价报告编制"。成立了地震预测与孕震环境探测技术研究所和岩土工程抗震研究中心，研究内容包括活动断层探测技术和地震安全性评价。

为拓展市场，深化合作，与云南省地震局、江苏省地震局、贵州省地震局、安徽省地震局、湖北省地震局、北京市通州区地震局、中国地质大学等系统内外 30 多家单位开展深度合作。

（防灾科技学院）

防震减灾公共服务与法治建设

2021年防震减灾公共服务与法治建设工作综述

一、防震减灾公共服务

一是完善公共服务顶层设计。2021年，国家防震减灾公共服务平台项目成功立项并启动实施，建设基于分布式存储和云计算构架的服务平台。二是推动公共服务试点示范。建立公共服务试点评估指标体系，完成5家试点单位中期评估。围绕重大活动地震安保、服务国家区域性重大战略、服务重点监视防御区地方政府落实防震减灾责任形成3个系统性解决方案，围绕地震预警信息服务产品与渠道建设、地震数据服务产品建设形成2个标准化产品，其中服务重防区地方政府系统解决方案的典型技术在安徽合肥成功实施验证。印发实施《中国地震预警网地震预警信息发布指南》，有效推进京津冀、四川、云南3个地震预警先行先试地区地震预警信息发布实施。推进活动断层数据共享，将活动断层探测成果纳入地震应急专题图标准。三是加大公共服务供给。建立公共服务事项清单和产品落实情况评估机制，完成第一批清单和产品实施情况评估。31个省级地震局印发本单位事项清单。四是推动地震标准化建设。完成第四届全国地震标准化技术委员会换届和监测标委会、震防标委会委员调整，优化专家队伍结构。向国家标准委申报立项1项国家标准，发布5项地震行业标准，指导省地震局发布10项地方标准。五是开放合作不断深化。印发《中国地震局对外合作协议任务台账（2021年度）》，推动合作协议各项任务落实。印发《关于做好将12322全国防震减灾公益服务电话整体并入12345政务服务便民热线的通知》，进一步优化政务资源。

二、防震减灾科普

一是成功举办第二届全国防震减灾科普大会。联合科技部、中国科协、河北省人民政府在唐山成功举办第二届全国防震减灾科普大会，国务院领导同志向大会致信。大会以"防震减灾 科普助力"为主题，深入谋划新时代防震减灾科普工作，周忠和院士、陈颙院士等5位知名学者作大会报告，23名专家、媒体和企业代表进行专题交流发言。大会同期举办防灾减灾救灾应用技术成果暨新唐山建设45周年成就展等多场重要活动。华为、深圳防灾减灾技术研究院等84家企业、高校以及地震系统16家单位参展。中央广播电视总台在《新闻联播》《共同关注》《朝闻天下》等黄金栏目播出预警工作成果和科普大会内容，人民日报、新华社等16家主流媒体发布33篇相关报道，线上直播观看总量达1200余万人次，实地参观展览约 5000 人次。二是首次与中国科协联合印发《"十四五"防震减灾科普规划》，深入贯彻落实《全民科学素质行动规划纲要（2021—2035 年）》，谋划"十四五"防震减灾科普工作的目标、主要任务和重点工程。三是围绕重大纪念日、主题日集中开展 12 次科普主题活动，在日本 9.0 级地震 10 周年等 9 个重大地震事件纪念日和中小学生安全教育日、防灾减灾日等重要主题日，组织地震系统广泛开展科普工作，集中组织"防范化解灾害风险"网络直播论坛、防震减灾"随手拍"等主题活动，社会公众参与达 1.4 亿人次以上。举办第五届防震减灾科普讲解大赛，近 2000 名选手报名参赛，预赛、决赛全程直播，观看总数约 380 万人次。开展千场科普讲座活动，完成 6 场由院士主讲的核心讲座，线上受众人数达 300 万，线下受众人数达 8 万。组织完成西藏比如 6.1 级地震等 11 次震后应急科普联动试点工作，累计发布作品 173 个，阅读量超过 1151 万次。四是着力加强科普精品创作，首次与国家减灾委员会办公室联合指导，中国地震局发展研究中心、国家减灾中心合作编印"应急避险科普系列读物"《家庭减灾手册》《地震避险手册》《洪涝避险手册》。在中央党校举办专题科普讲座，发布陈晓非院士、周福霖院士关于地震预警、减隔震等科普作品，相关作品被学习强国、人民网、新华网等主流媒体转载刊发，总阅读量超 300 万。向社会发布 28 部防震减灾优秀科普作品。《防震减灾微科普》系列丛书、《地震来了，我最棒！》被科技部评为 2020 年度全国优秀科普作品，"地震科普，我们一齐努力"被科技部评为 2020 年度全国优秀科普微视频。五是修订印发国家防震减灾科普教育基地、科普示范学校认定管理办法，组织 7 个基地开展"云游防震减灾科普馆"活动，550 万余人次收看。组织开展 2021 年度基地和学校认定工作，新认定 38 个基地和 128 所学校，完成对 23 个基地和 126 个学校的中期评估。六是持续推进科普社会化，在光明网、百度、中国知网等多个主流媒体平台举办科普讲座、场馆直播等活动，观看人次超过 1150 万。组织实施 2020 年度科普社会化项目，4 个项目全部通过验收，通过局官网发布 2021 年度科普社会化项目指南，进一步支持引导社会力量积极参与。

三、防震减灾法治建设

一是推进完善防震减灾法规体系，开展防震减灾法修订专题研究，结合防震减灾工作面临的新形势新要求，开展专题调研，完成《中华人民共和国防震减灾法》《地震安全性评价管理条例》修订草案。地方地震预警等立法工作加快推进，天津、河北、江苏、山东、广东、西藏等 6 省（自治区、直辖市）出台地震预警管理法规规章，浙江、福建、江西和吉林 4 省修订实施防震减灾条例。二是推动地方防震减灾工作责任落实，全国人大常委会委员、教科文卫委副主任委员吴恒、张平带队，赴四川、青海开展防震减灾法实施情况调研，深入了解两省防震减灾法施行情况，浙江、江西、宁夏等地方人大开展执法检查调研，有力地推动了地方防震减灾工作责任落实。三是地震行政执法工作持续规范，落实中央关于应急管理综合行政执法改革意见，全面开展行政执法摸底调研，梳理地震行政执法事项及行使层级，推动改革意见落地。主动融入应急管理综合行政执法体系，编制培训大纲和题库，组织首次执法培训。组织省级地震局为首批 170 名一线执法人员采购配发行政执法制服标志。编发《地震行政执法指南》，为省级地震局开展行政执法提供指导。加强"互联网+监管"系统建设,实现与应急管理部、国务院平台的数据汇集对接。四是积极开展普法工作,组织编写《地震系统法治宣传教育第八个五年规划》,邀请中央党校卓泽渊教授做"深入学习贯彻习近平法治思想 牢固树立法治思维"专题讲座,在全民国家安全教育日、国家宪法日、防灾减灾日组织地震系统广泛开展普法活动。

四、改革工作

一是推动健全完善地方防震减灾救灾体制机制意见出台。落实中央巡视整改要求,协助国务院办公厅、应急管理部等深入各地调研防震减灾救灾体制机制存在的问题。推动国务院抗震救灾指挥部出台《关于进一步健全完善地方防震减灾救灾体制机制的意见》,从落实地方防震减灾救灾工作责任、健全指挥机构、完善地震和应急部门工作机制、落实市县工作职责等4方面提出明确要求。印发贯彻落实方案,组织云南、四川、福建等省地震局召开贯彻落实座谈会,抓好督促、指导和落实。二是统筹谋划推动全面深化改革目标任务。协助中国地震局党组召开系列会议,跟进学习习近平总书记关于全面深化改革重要讲话和6次中央全面深化改革委员会会议精神,制定印发年度改革工作要点,建立工作台账,及时跟踪问效。组织发展研究中心完成甘肃省地震局、中国地震台网中心、中国地震灾害防御中心改革评估工作。编发改革情况交流,积极宣传改革经验做法,营造改革良好氛围。

(中国地震局公共服务司(法规司))

中国地震局属各单位防震减灾公共服务与法治建设工作

北京市地震局

1. 防震减灾公共服务

（1）推动公共服务试点工作取得新进展。重大活动地震安保专项服务是防震减灾公共服务工作的重要组成部分，为了总结提升重大活动地震安保经验，形成可推广可复制的工作模式，北京市地震局以2022年北京冬奥会地震安保工作为契机，申请中国地震局防震减灾公共服务试点，试点工作在推进安保业务工作的同时，更加注重产品建设，编制重大活动地震安保系统性解决方案，形成地震安保专项服务工作指南，为其他单位提供借鉴。

（2）建立公共服务清单的评估和动态更新机制。制定印发《北京市地震局2021年度公共服务工作计划》和任务台账，明确四大方面12项工作任务37项具体措施，在地震监测、预报、预警、风险防治、数据共享等方面为政府、社会公众、行业单位提供服务，产生良好社会效益和经济效益。初步建立公共服务清单的评估和动态更新机制，适时开展自评估工作。

2. 防震减灾法治建设

设立专项，开展北京市防震减灾标准体系研究，绘制《北京市防震减灾标准体系框架图》和编制《北京市防震减灾标准体系研究报告》。

2021年，发布北京市地方标准2项：《建（构）筑物与应急设施地震安全韧性建设指南》《人员疏散掩蔽标志设计与设置》，地震标准体系更加完善。

积极推进《北京市地震预警管理办法》立法论证和实施工作。

3. 防震减灾科普宣传

持续做好首都防震减灾科普宣教工作，切实提高公众应急避险和自救互救技能。

防震减灾实践校本课程在北京八一学校试点开课，"互联网+"科普宣传和媒体矩阵全网总传播量实现从千万级到亿级的突破。

在学校举办防灾减灾日主题活动，成功举办第七届北京市防震减灾科普讲解大赛、第二届全国中学生地球科学竞赛（北京赛区）预赛，全力推进第二届全国防震减灾科普大会布展工作。

（北京市地震局）

天津市地震局

1. 防震减灾公共服务

修订《天津市地震局公共服务事项清单》，制定《公共服务事项清单管理办法》。天津市地震局紧抓防震减灾政务服务不放松，优化调整地震安全性评价结果审定事项申请表单。深化承诺制要求，实现群众办事网上办、一次办、就近办、马上办、零跑动。制发承诺审批事项事中事后监管实施细则。办理完成"地震安全性评价结果审定"12项。对标京沪完成政务服务事项认领，新增13项非依申请公共服务事项。积极参与天津"津策通"2.0版发布，实现涉企政策"一键搞定"。融入天津"跨省通办"便捷通道，2项政务服务事项进驻天津市驻京政务服务中心窗口，满足企业和群众异地办事需求。

2. 防震减灾法治建设

推进京津冀地震预警协同立法，牵头京津冀三地地震局和司法行政部门召开京津冀地震预警管理协同立法协调会。联合天津市司法局开展地震预警管理政府规章立法工作，联合赴天津市第七十八中学、河南省开展立法调研，天津市政府第173次常务会议审议通过《天津市地震预警管理办法》并发布实施。2021年3月1日，天津市应急管理局、天津市地震局、天津市城市规划设计研究院等部门联合编制的《应急避难场所建设要求》地方标准正式实施。联合有关区地震工作主管部门，在北辰区、宝坻区开展危害地震监测环境行政执法工作，对宁河区2个园区和蓟州区1个园区开展区域性地震安全性评价执法检查。组织开展新任处级干部集体宪法宣誓仪式，提高干部职工宪法意识。聘请天津行通律师事务所担任法律顾问。完成局执法人员专业法律知识考试及证件换发工作。

3. 防震减灾科普宣传

天津市地震局、应急局、科技局、科协、教委、卫生健康委、住房和城乡建设委、公安局、民政局和市总工会、共青团市委、市妇联等12个部门和单位共同建立防震减灾科普教育协同机制。防震减灾全域科普工作经验在第二届全国防震减灾科普大会上做经验交流，被《应急管理报》、中国地震局《政策研究参阅》刊发，该作法被中国科协在天津召开的全国全域科普现场会收入《典型案例汇编》。

接续完成"千场讲座进社区"品牌活动331场，2021年实现和平区、北辰区社区全覆盖。对天津市防震减灾科普宣教讲师团成员进行优化调整。有序开展"5·12"防灾减灾日、"7·28"唐山大地震纪念日等时段集中宣传活动。采用地铁等公共媒介、"农村大喇叭"和公益短信等形式广泛宣传地震科普知识，其中地震预警宣传片电视宣传覆盖210万用户；"农村大喇叭"面向村民普及防震减灾知识，覆盖天津市2783个建制村；全市400余万人次手机用户收到防震减灾公益短信推送。天津市地震局、应急局、科技局联合开展全市应急科普优秀作品征集评选、"小记者团"走进地震科普基地等各类活动。认定市级防震减灾科普示范学校17所，创建5所国家级防震减灾科普示范学校，组织开展市级防震减灾科普教育基地创建。天津市地震局荣获第五届全国防震减灾科普讲解大赛优秀组织奖。

（天津市地震局）

河北省地震局

1. 防震减灾公共服务

（1）印发《推动防震减灾公共服务的工作思路》。2021年4月6日，河北省地震局以局党组名义印发《推动防震减灾公共服务的工作思路》,对今后一段时间的公共服务工作做出具体部署和安排。提出在2025年前形成全方位一体化公共服务事项清单体系,建成高效便民的防震减灾公共服务信息化系统,实现防震减灾公共服务全部纳入河北省级"互联网+政务"平台,打造一支高素质有担当的防震减灾公共服务队伍,基本满足政府、企业和社会公众的需求,实现服务业务现代化、服务队伍专业化和服务管理规范化。

（2）持续优化公共服务质量。对河北省政务服务网防震减灾服务项目进行优化更新,配合省政务办完成12322河北省防震减灾公益服务热线整体并入12345河北省便民服务热线,完成省级政务数据资源目录编制工作并上传至省政务平台,进一步融入河北省政务服务体系,提升线上服务水平。牢固树立服务大局意识,同省水勘院、煤监局、五十四所等单位就公共服务机制体系建设交流调研,倾听相关单位意见,了解相关需求,为河北省地震局进一步提升公共服务水平,优化公共服务产品提供思路。

2. 防震减灾法治建设

（1）提升领导干部法治水平。通过河北省地震局党组理论学习中心组认真学习习近平总书记关于法治政府建设的重要指示精神、中国地震局和省委省政府关于法治政府建设的文件,特别是针对法治建设存在的问题和短板开展讨论,集思广益,群策群力,提升领导干部法治意识。将法治学习纳入处级干部培训班的必备内容,邀请专家举办讲座,讲解法治理论知识,提升干部职工法治知识水平。严格执行宪法宣誓制度,2021年12月4日,在河北省地震局举行的宪法宣誓仪式上,主要负责人亲自领誓,要求宣誓人员铭记誓词、不忘初心使命、勤勉履职尽责,坚定不移做宪法的信仰者、实践者、维护者。通过组织开展支部活动,认真学习党内法规,提升党员党纪观念,严守底线,自觉遵纪守法。按照《河北省地震局目标绩效管理考核和处级干部年度考核办法（试行）》,将法治建设成效作为考核重要指标,作为领导干部述职的必要内容。

（2）完善防震减灾法律制度。积极推动《河北省地震预警管理办法》出台,《河北省地震预警管理办法》经河北省政府第133次常务会议通过,自2022年1月1日起施行。认真执行《河北省规范性文件管理办法》,严格落实规范性文件制定公开征求意见、合法性审核、集体审议决定、向社会公开发布等程序。按照有关要求,开展规范性文件清理工作,加强规范性文件的废改立。完善规范性文件配套的技术标准建设,编制完成《河北省防震减灾科普教育基地建设规范》,"地震预警信号要求"列入2022年河北省地方标准制修订项目计划。

（3）推进严格规范公正文明执法。严格落实《河北省地震局行政执法公示实施办法》《河北省地震局行政执法全过程记录实施办法》《河北省地震局重大行政执法决定法制审核实施办法》,推进严格规范公正文明执法。结合地震安全性评价技术审查要点,细化地震安全性评价执法检查流程和内容,提升地震安全性评价现场监管效能。结合执法实际,动态调整河北省地震局行政处罚裁量权基准,向社会公开。贯彻实施新《行政处罚法》,根据《行政处罚法》修订情况对所涉规章、规范性文件进行全面清理,向主管部门报送清理建议。加强行政执法人员培训与管理,行政执法人员按规定完成通用法律和专门法律知识专题培训。

（4）提升公众防震减灾法治意识。充分利用"5·12"防灾减灾日、"7·28"防震减灾宣传周、国际减灾日等特殊时段，制定防震减灾法治宣传计划，充分结合科普活动，大量融入防震减灾法治知识，扩大法治宣传覆盖面，提升宣传效果。继续推动防震减灾法治知识"进学校、进机关、进企业、进社区、进农村、进家庭"等活动，提升防震减灾各有关部门的依法协作水平，提升重点人群防震减灾法治水平。重点做好"12·4"宪法日普法活动，开展专题讲座和答题活动，宣讲宪法知识，弘扬宪法精神，提升职工自觉维护宪法权威的意识。

3. 防震减灾科普宣传

在"5·12"防灾减灾日、科技活动周、"7·28"防震减灾知识宣传周等重点时段，通过媒体访谈、情景剧展演等形式广泛开展科普宣传，覆盖近千万人次，全面提高公众应急避险、自救互救能力。协助中国地震局在唐山举办第二届全国防震减灾科普大会，时任河北省委副书记、省长许勤出席大会并致辞。河北省地震局选派的2名选手在全国防震减灾科普讲解大赛决赛中分别获得二等奖、三等奖的成绩。在科普作品创作方面，创作科普情景剧、宣传折页、系列宣传片等多种形式和内容的宣传品，出版《地震知识漫画》科普图书，创作的视频《穿越时空 对话减隔震》获2020年省科普微视频大赛二等奖、2021年国际防震减灾科普作品视频类二等奖，图书《地震来了，我最棒!》获2020年河北省优秀科普图书作品优秀奖、2021国际防震减灾科普作品图书类三等奖、2020年全国优秀科普作品。进一步加强防震减灾科普示范阵地建设，按要求开展国家防震减灾科普示范学校和教育基地的申报及中期评估工作，推荐的七所学校全部获国家级防震减灾科普示范学校称号。

（河北省地震局）

内蒙古自治区地震局

1. 防震减灾公共服务

（1）制定防震减灾公共服务和法治工作计划。印发《2021年度防灾减灾公共服务与法治工作计划》，提出16项工作任务，制定《内蒙古自治区地震局2021年普法责任清单》。

（2）动态调整公共服务事项清单和产品清单。制定《内蒙古自治区地震局公共服务事项清单（内部试行）》《内蒙古自治区地震局第一批公共服务事项和产品清单》《内蒙古自治区地震局公共服务事项清单管理办法》，对事项名称、内容、产品名称、服务方式、责任部门、管理机制进行明确。

（3）开展自评估工作，对内蒙古自治区地震局第一批公共服务事项清单实施情况及其产品的服务、效果、影响、满意度等进行自评估。

（4）推进"12322"服务热线归并整合工作，完成"12322"防灾减灾服务热线并入"12345"便民服务热线的前期话务衔接、经费保障、运行工作机制等内容的摸底调研工作。

2. 防震减灾法治建设

形成《内蒙古自治区防震减灾条例》初步清理意见。形成《内蒙古自治区地震安全性评价管理办法》政府规章清理建议。根据《地震安全性评价管理条例》修订、修改情况，结合自治区地震安全性评价事中事后监管实际，形成《内蒙古自治区地震安全性评价管理办法（修改草案）》、修改对照表及起草说明。组织内蒙古自治区防震减灾能力提升培训班，对150余人进行行政执法培训。内蒙古自治区地震局纳入中国地震局"互联网＋监管"系统，认领省级行政许可、处罚、检查等各类监管事项，将内蒙古自治区地震局执法人员信息纳入系统，组织相关人员参加中国地震局"互联网＋监管"视频培训。向各盟市地震部门发放执法指导用书《地震行政执法指南》。印发《内蒙古自治区区域性地震安全性评价管理办法（暂行）》。2021年7月20日，经内蒙古自治区人民政府批准，内蒙古自治区人民政府办公厅正式印发《内蒙古自治区"十四五"防震减灾规划》。完成规范性文件定期清理工作，对涉及"生态建设""煤矿监管""放管服"改革三大领域的规范性文件进行专门清理。在门户网站公布《内蒙古自治区地震安全性评价从业单位管理办法》《内蒙古自治区区域性地震安全性评价管理办法》《内蒙古自治区防灾减灾科普示范学校认定管理办法》《内蒙古自治区防灾减灾科普示范教育基地认定管理办法》《内蒙古自治区地震安全性评价技术审查专家库管理办法》等规范性文件的政策解读。在门户网站公布《内蒙古自治区地震局继续有效、废止和失效规范性文件目录》。推进政务服务审批事项，制定"影响地震观测环境的新建、扩建、改建建设工程的审批""应当建设专用地震监测台网和强震动监测设施的重大工程和可能发生严重次生灾害建设工程的审批""建设工程地震安全性评价报告的审定"3项审批事项服务指南、审批流程图、审批申请表。并将地震安全性评价服务指南在门户网站进行公布。对列入发改委"投资项目在线审批监管平台"的地震安全性评价、观测环境保护、强震动监测设施审定共3项审批事项重新进行梳理，明确安评范围为《需开展地震安全性评价确定抗震设防要求的建设工程目录（暂行）》，形成《投资项目联合审批事项公开信息表》报送自治区发改委；配合自治区工改办完成审批事项"清单制＋告知承诺制"和中介服务清理规范工作，并将地震安全性评价、观测环境保护2项审批事项纳入住建厅"自治区工程建设项目审批管理系统"，指定专人进行维护和接受审批事项申请。积极开展全民国家安全教育日普法。通过门户网站、官方微信、微博积极组织社会公众参加"全民国家安全教育日知识竞赛"。组织全体职工观看视频"为什么公民有爱国和维护国家安全的义务"视频。组织开展党建结合普法进社区活动。

3. 防震减灾科普宣传

（1）做好全国第二届防震减灾科普大会相关工作。参加科普大会观展，组织防震减灾先进个人评选推荐工作，广泛宣传全国第二届防震减灾科普大会成果，转发线上科普作品和大会实况。

（2）做好全国中小学生安全教育日、防灾减灾日、科技活动周、唐山大地震纪念日、国际减灾日、地震应急响应等时段开展科普宣传管理工作。参加"走近地震，远离风险"云游防震减灾科普展馆直播活动，总浏览量突破120万。与内蒙古自治区科协、内蒙古自治区科学技术馆联合举办内蒙古自治区首届防震减灾科普讲解大赛，最终评选出3名选手参加全国比赛。在第五届全国防震减灾科普讲解大赛中，一名选手获得三等奖，2名选手获得优秀奖，内蒙古自治区地震局获得优秀组织奖。开展"千场公益电影下基层"活动，在呼和浩特市、乌兰察布市放映1000场公益电影。"5·12"召开防灾减灾周宣传工作和全区风险普查新闻发布会，回顾自治区防震减灾事业发展成就。开展线上防震减灾知识有奖问答活动。推选作品《为什么要抗震设防》在中国应急管理视频号播出。深入和林格尔县开展 2021 防灾减灾日主题活动。在 10 个乡镇开展防震减灾知识技能培训。

（3）新认定一批科普教育基地和示范学校。联合自治区党委宣传部、应急厅、教育厅、科协、科技厅等单位开展 2021 年度防震减灾科普教育基地和示范学校认定工作，评选认定 4 所自治区级防震减灾科普示范学校和 1 个自治区级防震减灾科普基地。

（4）推进防震减灾科普社会化探索与自治区科协联合组织防震减灾科普活动的模式，组织自治区地震科普讲解大赛。聘请内蒙古广播电视台主持人为内蒙古防震减灾科普宣传形象大使。

（内蒙古自治区地震局）

辽宁省地震局

1. 防震减灾公共服务

建立公共服务事项清单及清单管理机制。2021 年，编制印发《辽宁省地震局公共服务事项和产品清单》，按照公众服务、决策服务、专项服务、专业服务 4 类，发布 21 项事项及其产品。辽宁省地震局机关各有关部门和事项承担单位依据服务清单，围绕地震监测速报、地震预警、风险防治、数据共享等方面，为省教育厅、省应急管理厅、省煤监局、省消防总队、红沿河核电站等各级政府部门、企事业单位、各类组织、社会公众和重大活动提供防震减灾服务。为加强公共服务事项清单管理，不断提升公共服务效能和质量，制定印发《辽宁省地震局公共服务事项清单管理办法（试行）》，对公共服务事项清单的编写与发布、监督与考核等进行规范。

推进政务信息化建设。依据辽宁省地震局"一网通办"工作方案，在局网站链接切入"一体化政务服务平台"，切实做到政务服务事项数据同源，安排专人负责，宣传、引导企业和群众网上申报政务服务业务，开展政务服务"容缺受理""告知承诺"工作，进一步优化政务服务流程。梳理辽宁省地震局政务服务一体化平台目录数据，认领服务事项，完善服务内容，及时更新办理结果，确保服务事项内容准确完整，服务便捷高效，规范推进政务一体化数据平台建设。向辽宁省政府信息和资源共享交换平台汇聚本部门存量电子证照，实现电子证照管理常态化，确保增量电子证照生成实时化、自动化。

2. 防震减灾法治建设

地方防震减灾法规规章建设。制定《2021 年度辽宁省地震局法治建设工作计划》和《辽宁省地震局社会稳定风险评估提升年活动实施方案》，明确任务分工，并督促任务落实；对防震减灾地方性法规、政府规章和行政规范性文件进行全面清理和核对。

地震标准化工作。地震预警信息发布标准《辽宁省地震预警信息发布规程》于 2021 年 6 月正式立项，年底前完成送审；10 月，印发关于宣传贯彻地震信息化标准体系表等 2 项行业标准的通知，推进行业标准宣贯工作；认真实施《中小学防震减灾科普示范学校评定指南》（DB T 21/2692—2016），组织开展防震减灾示范学校申报和认定工作。

行政规范性文件合法性审查。全年提供法律咨询服务包括重大合同审查20余次；对辽宁省地震局（2000—2020年）行政规范性文件进行集中清理和合法性审查，并逐一归类统计。

地震行政执法工作。2021年，开展沈阳地震台和建昌地震台观测环境保护执法，就沈阳地铁一号线东沿线建设和绥中至凌原高速公路建设对两个地震台观测环境造成的影响，与地方有关部门和建设单位等进行协调，研究解决办法和赔偿方案，并纳入中国地震局监管系统；与省应急厅、司法厅沟通协调，在《辽宁省深化应急管理综合行政执法改革的实施意见》中明确健全监管执法体系，增加"调整集中防震减灾领域的行政执法权，组织开展跨领域跨部门综合执法"内容，将防震减灾行政执法纳入辽宁省应急综合行政执法范围，市县建立综合行政执法队伍，开展联合执法，以实现防震减灾方面行政处罚、行政强制职能的上下协调统一；与省应急管理部门对接，将地震部门综合行政执法制式服装和标志采购纳入省统一采购。

《中华人民共和国防震减灾法》等法律法规宣传。2021年，辽宁省地震局组织做好"全民国家安全教育日""国家宪法日"等时段的普法宣传。在官方公众号上播出系列普法讲座、图解等内容，选派专家参加辽宁交通广播《阿宝会客厅》"科普宣传周"特别节目《天空与大地的对话》，对防震减灾法及相关内容进行解读，覆盖面高达近7万人，制定"国家宪法日"宣传活动方案，做好普法宣传工作。

3. 防震减灾科普宣传

重点时段科普宣传活动。2021年，辽宁省地震局与省减灾委、应急厅、教育厅、气象局及省消防救援总队共同举办"5·12"防灾减灾日宣传启动仪式暨地震救援应急演练活动；首次参与辽宁省政府网站开展的局长专题在线访谈；与省科协联合组织开展全省"7·28"纪念唐山地震45周年宣传教育活动；9月组织开展全国科技活动周系列活动；10月组织开展国际减灾日宣传和科普活动；组织参与全国防震减灾科普讲解大赛、科普作品大赛、知识大赛。

防震减灾科普作品创作。2021年，完成科普作品2部，一是科普动画作品《为什么要加固那些房屋》，在辽宁省地震局新媒体和辽宁省内地震易发区城市户外屏幕、地铁等发布播出，预估阅读量在300万次左右；二是中国地震局发起的"伏地遮挡手抓牢"避震视频，视频发布在辽宁省地震局官方微博和微信公众号内，传播量较广。在7月14日本溪平山2.1级地震和沈阳市委办公楼拆除爆破中起到了很好的科普示范作用，并被东北新闻网、辽视第一时间等省内主流媒体转发。该视频被中国地震局评为优秀作品。

科普教育基地和示范学校认定。2021年，辽宁省沈阳市公共文化服务中心沈阳科普馆认定为国家防震减灾科普教育基地；沈阳市南昌新世界学校等全省各地9所学校认定为国家防震减灾科普示范学校。

推进防震减灾科普社会化。一是组织动员辽宁大学、沈阳师范大学，丹东地质学院、沈阳市应急救援协会、丹东市蓝天救援队与阜新市绿舟救援队等全程参与支持第五届全国防震减灾科普讲解大赛辽宁赛区选拔赛。二是联合国家卫生应急移动医疗救治中心医疗转运队及沈阳市应急救援服务协会应急救援队伍、沈阳市应急救援服务协会应急救援志愿者、中华志愿者协会应急救援志愿者委员会辽宁服务队、沈阳犬业协会搜救犬搜救队以及辽宁省航空运输协会无人机空中搜救队等百余人,积极参与防灾减灾日宣传活动。三是依托辽宁省公益基金会成立辽宁省防震减灾科普青少年志愿者宣讲团,以防震减灾科普知识宣讲、诗朗诵、情景剧、合唱表演等形式,深入开展"防震减灾科普进校园"主题宣讲演出活动。

(辽宁省地震局)

吉林省地震局

1. 防震减灾公共服务

建立公共服务标准化管理机制。2021年,制定公共服务事项清单,印发《吉林省地震局公共服务事项清单管理办法(试行)》,规范公共服务流程,提升公共服务能力。

推进防震减灾公共服务。提供决策服务,就进一步加强监测预报预警、灾害风险防治等向省政府提出工作建议;提供公众服务,地震讯息查询接入吉事办平台,12322防震减灾公益服务电话整体并入12345政府服务热线;提供专业服务,提供全球火山喷发信息、地震速报信息、非天然地震监测信息,全年发布火山周报、月报、专报共71期,监测到非天然地震事件50次,组织信息核查48次;提供专项服务,做好全国两会、庆祝建党100周年、党的十九届六中全会、中高考等重要时段地震安全保障服务。

强化总结评估及指导。对吉林省地震局第一批公共服务事项和产品清单实施情况开展自评估。指导市县开展防震减灾公共服务,完成政务服务资源目录编制。

2. 防震减灾法治建设

立法普法工作进展显著。①推进防震减灾地方立法。2021年9月28日,《吉林省防震减灾条例》重新修改颁布,重新明确地震、应急、自然资源、广播电视、民政等部门防震减灾职责,调整完善重大建设工程地震安全性评价管理制度等。《吉林省地震安全性评价管理办法》《吉林省地震预警管理办法》纳入省政府2021年度立法调研计划。②推进综合执法改革。规范执法装备配备管理,印发《吉林省地震局行政执法制式服装和标志管理办法》,完成执法服装采购。③深入开展法治宣传教育。将习近平总书记关于全面依法治国重要论述及党内法规、防震减灾法律法规纳入党组理论学习中心组、党支部学习重点内容,在"5·12"防灾减灾日、"全民国家安全教育日"及"宪法宣传周"等重要时段开展防震减灾法律法规宣传,发放法治学习材料12期,组织法治答题4次。

执法监督持续深入。①配合省人大开展检查。协助省人大制定全省地震应急预案编制与实施情况调研实施方案并参加调研。②强化法治队伍建设。举办全省市县地震行政执法培训班,2人参加应急管理部举办的地震行政执法培训,3人参加省司法厅组织的行政执法培训及执法资格考试。③开展地震行政执法检查。开展"双随机、一公开"执法检查、地震安全性评价监管检查。④推进"互联网+政务服务"。将地震行政执法结果录入中国地震局及省"互联网+监管"平台系统,提高监管行为覆盖率。

3. 防震减灾科普宣传

印发《全省防震减灾宣传工作要点》,组织开展全国中小学生安全教育日、防灾减灾日、科技活动周、唐山大地震纪念日、国际减灾日等重点时段科普宣传，参加指导长春市暨汽开区东师西湖实验学校地震应急疏散演练。在吉林卫视播出防震减灾公益广告及吉林省地震局创作的《吉林省地震与火山》科普视频，在《吉林日报》刊登"防震减灾常识问答""地震知识百科"等科普知识，新时代e支部转发吉林省举办防震减灾宣传周活动，利用科普e站、网站、微信、微博等平台发布防震减灾科普知识。仅"5·12"防灾减灾日期间全省各级新闻媒体共跟踪报道防震减灾宣传活动58次，在广播电台、电视台播放30余期防震减灾专题节目，开展宣传及地震应急演练活动180余次，展出宣传板500余块，悬挂横幅400余条，发放宣传单、挂图和宣传手册10万份左右，向全省手机用户发送防震减灾知识公益短信2000余万条。参加全国第二届防震减灾科普大会，圆满完成"防灾减灾救灾应用技术成果暨新唐山建设45周年成就展—火山展览"工作。科普作品《长白山地质公园》《智说地震》由吉林科学技术出版社出版。组织参加2021年国际科普作品大赛，推荐的"吉林省镇赉县第二实验小学举行防震减灾"演练获短视频类人气奖，"邮票中的地震"获其他创意类三等奖。参加科技活动周活动，获全国科技周组委会荣誉证书及省科技周组委会优秀组织奖，2名同志获全国科技周组委会荣誉证书。在全国科普讲解大赛获优秀组织奖，2名选手获优秀奖。获科普讲座活动优秀组织奖，1人获优秀组织工作者，1人获优秀讲师。加强部门联动，与应急、教育、科技部门和科协联合印发《吉林省防震减灾科普教育基地认定管理办法和吉林省防震减灾科普示范学校认定管理办法》。创建2个国家级、6个省级防震减灾科普示范学校，创建1个国家级防震减灾科普教育基地，与省应急厅、省气象局联合推荐37个全国综合减灾示范社区。

（吉林省地震局）

黑龙江省地震局

1. 防震减灾公共服务

2021年，编制黑龙江省地震局公共服务事项清单，包括提供地震速报信息、历史地震信息、地震活动断层基础信息等公共服务事项。印发《黑龙江省地震局公共服务事项清单管理细则》，编制完成《黑龙江省地震局公共服务事项清单（内部试行）》，于10月13日黑龙江省地震局局务会议审定通过予以印发。11月，完成黑龙江省地震局第一批公共服务事项和产品实施情况自评估工作。

2. 防震减灾法治建设

5月，黑龙江省地震局完成起草行政规范性文件涉及行政处罚内容的专项清理，保留省级地方性法规1部，即《黑龙江省防震减灾条例》；省政府规章2部，即《黑龙江省地震安全性评价管理规定》和《黑龙江省地震重点监视防御区管理办法》。

7月，按照中国地震局有关要求，更新黑龙江省地震局现有执法人员信息，上报办理执法证的人员名单，换发执法证。12月，完成应急管理综合行政执法制式服装和标志采购。

积极推进黑龙江省地震预警立法工作，10月28日，黑龙江省地震局主要负责人郭洪义与省司法厅副厅长滕凤洲进行沟通，地震预警立法得到了省司法厅大力支持，确定将地震预警立法列入全省2022年立法调研项目。

3. 防震减灾科普宣传

与黑龙江省科学技术协会联合制定印发《黑龙江省"十四五"防震减灾科普规划》，共同推动防震减灾科普高质量发展，是黑龙江省首个防灾减灾科普领域的专项规划。设计防震减灾科普调查问卷通过黑龙江省地震局官方微博和科普馆发布，收集样本数据，了解公众需求，针对性加强地震科普作品创作。制作校园防震减灾科普剧《地震那些事》10个微视频、原创制作"震震有词"系列之火山科普动画短片和探秘行星地球科学画报、设计制作"5·12"防灾减灾日地震灾害风险普查等主题宣传海报与展板，图书《画说地震》2021年1月被科技部评为2019年全国百部优秀科普作品奖。

黑龙江省防震减灾科普馆完成升级改造，对部分展项软硬件进行更新，同时做好疫情防控常态化下接待讲解工作提升参观体验感，累计开展58场线上直播、研学和参观活动。组织参加第五届全国防震减灾科普讲解大赛、第七届黑龙江省科普讲解大赛，两次讲解大赛均获得优秀组织奖；组织科普宣传人员参加全国地震系统公共服务与科普人员素质提升、全国防灾减灾千场讲座讲师等培训；为黑河、七台河、鹤岗、大兴安岭等地防震减灾科普宣传和基地建设工作提供技术支持和业务指导。

加强部门协同，形成宣传合力。"5·12"防灾减灾日联合黑龙江省消防救援总队、中国地震局工程力学研究所在哈尔滨工业大学附属中学校开展防震减灾科普进校园"四个一"活动，包括演练、主题升旗、赠阅书籍、防灾减灾公开课，活动直播观看人数达39.8万人。"7·28"唐山大地震纪念日，联合黑龙江省教育厅、省应急管理厅和省消防救援总队联合录制以"行动起来，提高灾害风险防范意识"为主题的地震和消防安全教育课，通过省、市教育部门宣传平台，学习强国、极光新闻、黑龙江发布等媒体加强防震减灾知识普及，阅读量"10万+"。全国科普日邀请黑龙江省直机关幼教发展中心和省直机关第三幼儿园进行交流，共同致力提升幼儿防震减灾意识和应急避险能力。国际减灾日期间走进哈尔滨虹桥学校，通过校园电视台为全校师生上地震安全公开课。科普工作成效明显，黑龙江省防震减灾宣传教育中心被中国科协授予全国科技活动周优秀组织单位。

（黑龙江省地震局）

上海市地震局

1. 防震减灾公共服务

为提高上海市基层地震工作管理人员的综合业务水平和行政执法能力，稳步推进上海市防震减灾工作，上海市地震局于2021年10月20—22日召开全市防震减灾综合管理暨行政执法培训班。上海市地震局党组成员、副局长陈乃其出席开班式并讲话。

此次培训是继上海市防震减灾工作会议后又一次重要的综合性培训，也是贯彻落实《关于进一步加强上海市防震减灾救灾工作的意见》、落实各区防震减灾工作责任、提升基层干部依法履职能力的重要举措。

培训班邀请中国地震局相关司室领导进行授课。上海市 16 个区应急管理局负责同志及具体从事地震工作人员共 40 余人参加培训。

2. 防震减灾法治建设

为切实履行好法律法规赋予的职责,提升超大城市高层建筑、特大桥梁等重要建设工程抗震设防水平,确保城市运行安全,依据《上海市实施〈中华人民共和国防震减灾法〉办法》规定,上海市地震局起草《上海市高层建筑地震安全性评价工作管理办法》和《上海市特大桥梁、发射塔、高层建筑设置强震动监测设施管理办法》,并召开一系列专家咨询会。

11 月 3 日,市地震局邀请上海市住房和城乡建设管理委员会、上海市规划和自然资源局、上海市交通委员会等行业部门相关处室人员从行业管理角度对两个管理办法进行研讨。11 月 11 日,邀请上海市建筑抗震设计规范编写组、同济大学、华东建筑设计院、上海建筑设计院、上海市住建委、科技委等结构设计领域知名专家从专业技术和设计流程角度做进一步研讨。上海市地震局党组成员、副局长陈乃其全程参与会议,并提出要求。

与会专家对两个管理办法出台的重要性和必要性给予充分肯定,关于需要作地震安全性评价的高层建筑范围、应设置强震动监测设施的建设工程范围、相关工作流程、相关单位职责分工等核心问题形成共识,提出进一步优化方向。上海市地震局根据专家和行业部门意见,结合公开征求的公众意见,进一步完善两个管理办法,经上海市政府批准印发,为上海市防震减灾工作提供法治保障。

3. 防震减灾科普宣传

根据中国地震局《关于开展 2021 年度国家防震减灾科普教育基地和国家防震减灾科普示范学校认定工作的通知》要求,上海市地震局联合上海市教育委员会、上海市应急管理局开展"国家防震减灾科普示范学校及科普教育基地"申报认定工作。

经过中国地震局审核评议,上海市崇明中学、上海市嘉定区金鹤学校、上海市松江二中、上海市崇明区实验中学等四所学校被认定为"国家防震减灾科普示范学校。"

科普示范学校及基地的创建,旨在通过树立示范样板,推进整体进步,带动全社会防震减灾意识、能力提升,最大限度减轻地震灾害损失。到 2021 年底,上海市累计有"市防震减灾科普示范学校"65 所,"市防震减灾科普教育基地"3 所、"国家防震减灾科普示范学校"11 所、"国家防震减灾科普教育基地"3 所。

(上海市地震局)

江苏省地震局

1. 防震减灾公共服务

江苏省地震局不断提升防震减灾公共服务能力建设。组织开展江苏政务事项全面梳理更新确认工作,完成江苏政务网政务服务清单标准化维护任务,切实完成政务数据目录编制及更新维护工作，依托省大数据共享平台，积极向消防等部门推送地震监测数据，实现资源共享。扎实开展公共服务事项自评估，召开专题会对评估工作进行深入部署，明确工作任务，落实评估要求，在各相关部门积极配合和大力支持下，保质保量完成自评估报告的整理和报送工作。

2. 防震减灾法治建设

积极推进江苏省地震预警地方立法。2021年9月29日，省十三届人大常委会第二十五次会议表决通过《江苏省人民代表大会常务委员会关于加强地震预警管理的决定》，自2022年1月1日起施行，是一部专门规范地震预警工作的地方性法规。

推进防震减灾法治建设。宣贯落实江苏省地震局行政执法"三项制度"。充分发挥局法律顾问的作用，参与重大决策法律论证，地方性法规、政府规章、规范性文件和重大行政执法决定的法制审核及各类合同、协议等法律文书审查等工作。积极开展普法宣传活动，通过江苏省地震局微信、微博平台推送普法宣传资料，组织全局干部职工300余人次参加司法部、全国普法办等部门举办的相关学习竞答活动。认真推进"双随机、一公开"监管工作，制定双随机监管年度计划和事项清单，建立检查对象库和执法人员库，完成随机抽查年度工作任务，依托平台做好"一单两库"动态维护工作。《区域性地震安全性评价技术规范》列入《2021年第六批江苏省地方标准目录》，于2021年7月3日正式实施，为江苏省第一部关于防震减灾工作地方标准以及涉及地震安全性评价工作领域技术规范。《地震大数据资源池设计规范》《地震断层气观测台站建设规范》被列为2021年度第一批江苏省地方标准立项项目。

3. 防震减灾科普宣传

扎实做好"5·12"防灾减灾日等重点时段防震减灾科普工作。5月9日，江苏广播电视总台教育频道《今日科学》栏目播出江苏省地震局高级工程师王俊主讲的地震预警专题科普片，向观众介绍地震预警技术原理、国内外发展现状、预期成效作用等知识，全面加强公众对于地震预警技术的了解和认识。该科普片于5月12日在"学习强国"江苏学习平台上线。5月12日，"学习强国"江苏学习平台、中国江苏网、新江苏客户端邀请江苏省地震局党组书记、局长刘尧兴走进"强国公益"访谈直播间，介绍江苏防震减灾工作进展，为公众普及防震减灾科学知识。光明网、扬子晚报、紫牛新闻、腾讯网、网易新闻等纷纷转发，引起强烈反响。"5·12"防灾减灾日期间，学习强国江苏平台、中国江苏网、新江苏客户端、人民网视频新闻、新华网、光明网、现代快报、扬子晚报、紫牛新闻等从"强国公益"访谈、地震预警知识、用民谣科普地震辟谣、保护地震监测设施与观测环境、传统建筑的抗震原理等方面刊发稿件14篇。积极组织全省地震系统开展"5·12"防灾减灾日防震减灾科普宣传活动。据不完全统计，全省在宣传周期间共投入近300万元，组织开展各类广场宣传活动70余场，制作发放科普宣传材料31万余份，开展防震减灾科普讲座70余场，各类应急演练活动200余场，全省防震减灾宣传活动取得明显成效。

原创多部科普作品。2021年制作完成《中小学校园安全——防震避险》《地震谣言，我们一起了解》《地震监测设施与观测环境保护》《建筑的"以柔克刚"》等4部原创科普视频和《"震"在闯关》1部科普游戏，作品内容丰富，形式新颖，在中国地震局网站及江苏省地震局微博、微信发布。人民网、新华网、应急管理部、国家应急广播、中国地震台网速报、南京发布、新华日报、江苏新闻广播、扬子晚报、现代快报、荔枝新闻、紫牛新闻等多家融媒体平台转发，视频播放总量超过500万次。科普作品获得多个奖项。《地震科普，我们一齐努力》获科技部、中科院联合评选的2020年度全国优秀科普作品奖，是地震系统唯一获奖作品；《应急避险小贴士》获应急管理部首届新媒体优秀作品奖；《科学识别地震谣言的方法你都GET了吗?》获中央网信办评选的全国互联网十大科学辟谣优秀作品奖；获江苏省科普作品大赛一等奖1项、二等奖3项、三等奖1项、优秀组织奖1项；获江苏省安全应急科普环省行优秀剧目奖1项、应急科普之星1项；获全国地球科学科普讲解大赛优秀作品奖1项；获新浪微博优质视频认证2项。

充分发挥微博平台作用，快速有效服务社会公众。2021年，江苏省地震局官方微博粉丝近3.8万，全年共发布3200余条信息。在"苏州巨响"等事件中，利用微博快速发布辟谣信息，主动回应网友关切，在2021年第一季度快速响应案例评选活动中被评为优秀案例。在人民网舆情数据中心和新浪微博联合开展的2021年度政务微博影响力评比中，江苏省地震局官方微博上榜"全国十大地震微博"，排名第五；在2021年度政务微博运营情况综合考评中，江苏省地震局官方微博在全国2000多家政务微博中脱颖而出，获评"快速响应优秀微博"荣誉称号。

（江苏省地震局）

浙江省地震局

1. 防震减灾公共服务

制定2021年度防震减灾公共服务工作计划，组织完成第一批公共服务事项和产品清单实施情况自评估。进一步完善浙江省地震局进驻浙江省政务服务网2项服务事项。完成"12322"服务热线并入"12345"政务热线及相关知识库、培训等工作。积极开展《中国地震烈度表》等地震标准培训和宣贯，组织开展《地震台站建设规范》等标准实施效果评估工作。

2. 防震减灾法治建设

3月26日，《浙江省防震减灾条例》修订颁布，强化乡镇人民政府的地震预警和地震灾害风险等属地责任，以法治保障防震减灾工作重心下移、力量下沉。开展《浙江省地震预警管理办法》立法调研。落实行政执法三项制度，组织开展全省地震安评、地震监测环境保护省市县联动执法检查，全省执法检查次数236人次。实施"互联网+信用监管"，运用"浙江省公共信用信息平台"对省内中介机构进行信用评级，评价结果应用于"双随机"检查。防震减灾综合行政执法改革不断推进，4事项纳入《浙江省综合行政执法事项统一目录》，2项抗震设防要求监管事项纳入省"监管一件事"中"建筑工地监管一件事"事项目录，并在市县试点实施。

3. 防震减灾科普宣传

完善与应急管理、教育、科技、科协等部门的协同联动机制，联合落实《浙江省推进新时代防震减灾科普工作的实施意见》,形成共享、开放、协调的防震减灾科普工作局面。组织开展防灾减灾日、科技活动周等重点时段科普活动,线上线下联动,科普宣传覆盖新华网、央视频、今日头条等线上主流媒体和地铁、站台、社区、校园、乡村等线下场景。坚持多元化作品创作,联合浙江电视台融媒体中心制作发布12部视频,借助浙江科教频道、优酷、新蓝网等平台同步播出达百万次。实施浙江省防震减灾科普基地提升工程,布设科普e站50台,新增国家基地1个,省级基地6个。组织参加第五届全国防震减灾科普讲解大赛,并取得决赛一等奖1名、二等奖1名、三等奖2名的成绩。《牛牛和妞妞2》获全国应急科普十佳图书作品。

(浙江省地震局)

安徽省地震局

1. 防震减灾公共服务

安徽省地震局制定发布《安徽省地震局公共服务事项清单(内部试行)》《安徽省地震局第一批公共服务事项和产品清单(内部试行)》,建立公共服务清单动态管理机制。完成安徽省10个紧急地震信息服务终端Ⅰ型终端DG–MEA32W、招标、安装、试运行及验收工作,不断完善预警终端的信息发布渠道。指导安徽省震防中心开展区评技术服务50次,指导其他单位开展区评技术服务104次。开发安徽省地震安全性评价服务平台,向各市局、开发区提供平台服务。指导合肥市充分运用活动断层探测成果,为当地交通运输部门提供高速公路线路选址技术咨询服务共计3次。配合省安委办每月开展地震灾害风险监测预警分析,向中国地震局报送地震灾害风险普查基础数据,编制省地震局政务数据目录,做好数据共享工作。首次被纳入省安委会下属非煤矿山安全生产专项领导小组,开展非天然地震监测和服务工作。

2. 防震减灾法治建设

安徽省地震局推进《安徽省地震预警管理办法》立法工作,成立立法工作小组,组织开展资料收集及调研工作,形成立法草案及相关材料,报送省司法厅审查。组织申报地方标准《区域性地震安全性评价技术规范》并成功立项,进入编制阶段。结合地震灾害风险防治重点工程实施,积极推广各领域行业标准在全省的贯彻实施。举办防震减灾行政执法培训班,全省地震系统100余名学员参加培训。

3. 地震科普宣传

安徽省地震局制定印发《2021年安徽省防震减灾科普宣传工作方案》,要求各市局制定年度科普宣传工作计划和防灾减灾宣传周期间活动方案。先后组织或参与2021年国家防震减灾科普示范学校地震避险疏散情景模拟活动、安徽省暨合肥市防震减灾科普宣传主场活动、"云游防震减灾科普馆"及系列地震科普讲座直播活动等。

5月12日,安徽省地震局副局长凌学书和专家走进安徽广播电视台《政风行风热线》直播间,就地震灾害风险调查、风险评估、风险治理等群众较为关心关注的问题,与全省广大听众和网友现场沟通交流，倾听群众心声，解答群众疑惑。

2021年，在防震减灾宣传活动周期间，全省各级地震部门累计开展各类科普宣传活动280余场次，开展各类演练110余场次，设立咨询台300余个，发放各类宣传资料130万份，播放科普音视频专题片800多次，服务社会公众约300余万人。

组织开展国家级防震减灾科普教育基地和科普示范学校申报推荐，8个基地和10所学校成功获评国家级示范称号，获评数量在全国名列第一。联合教育、应急管理、科协等部门修订印发省级防震减灾科普教育基地和科普示范学校认定办法，评审认定省级防震减灾科普教育基地8个，省级防震减灾科普示范学校52所。坚持"建""管"并重，引导市县地震部门对标新要求不断加强科普阵地建设，持续推进"一县一馆"建设，不断夯实科普宣传工作基础。配合省应急厅开展综合减灾示范社区创建认定工作，认定100个社区为全省综合减灾示范社区。

（安徽省地震局）

福建省地震局

1. 防震减灾公共服务

（1）强化地震预警信息服务社会能力。2021年，将地震预警信息发布终端纳入福建省预警信息发布"一张网"建设，切实发挥地震预警的减灾实效。授权四大运营商作为第三方地震预警信息专用接收终端，并完成全省1.8万余个预警终端建设，覆盖全省中小学校、社区、企事业单位。通过福建地震预警手机APP、PC客户端等自有平台及利用福建省预警信息发布平台、福建电信、福建移动、福建联通、福建广电等第三方转发平台向用户提供地震预警信息服务。拓展地震预警行业应用，为中国铁路南昌局、福州厦门地铁等提供预警和速报服务，初步完成闽政通、新福建等本地省级政务服务平台的地震预警功能开发。福建地震预警与烈度速报系统研究与示范应用项目获2021年度中国地震局防震减灾科学成果一等奖。

（2）加强新时代防震减灾科普工作。开展"5·12"防灾减灾日、"7·28"唐山大地震纪念日、国际减灾日等重点时段科普活动。组织参加全国第五届防震减灾科普讲解大赛，获大赛二、三等奖各一名和优秀组织奖；参加第二届全国防震减灾科普大会成果应用展。积极参加科技"三下乡"活动，推动防震减灾科普向基层辐射。开展国家综合减灾示范社区创建、复核工作，开展2021年度福建省防震减灾科普教育基地、科普示范学校评审认定工作，新创建15个学校、3个基地，福建省2所学校获国家防震减灾科普示范学校称号，2个示范基地、6所示范学校全部通过国家级中期评估。加强防震减灾科普作品创作，《蟾童系列防震减灾三维动画片》获首届应急管理新媒体奖，《地震逃生自救歌》获2021年国际防震减灾科普作品大赛影视歌曲类三等奖，《地震安全韧性城市》公益广告片上线学习强国。

2. 防震减灾法治建设

完成《福建省防震减灾条例》修订工作。3月31日，福建省人大召开《福建省防震减灾条例》等三项涉及"放管服"改革的地方性法规修正案（草案）初步审查会，省人大法制工作委员会副主任徐华主持，召集相关专家进行论证，省地震局局长刘建达、副局长朱海燕、副局长谢志招分别带领相关人员参加各小组会议，接受质询。4月6日，福建省人民代表大会常务委员会发布公告，《福建省防震减灾条例》等涉及"放管服"改革的地方性法规的修改由福建省第十三届人民代表大会常务委员会第二十六次会议于4月1日通过，公布施行。修订后的《福建省防震减灾条例》融入习近平总书记关于防灾减灾救灾重要论述核心要义，明确福建省县级以上地方人民政府地震风险普查及防控职责，为开展福建省区域性地震安全性评价、活动断层探测和本省行政区域有重大价值或者有重大影响的建设工程具体范围界定等工作提供重要法律依据。

3. 防震减灾科普宣传

加强新修订《福建省防震减灾条例》的宣贯，印制《福建省防震减灾条例》单行本，制作《福建省防震减灾条例》漫画宣传折页、长图，部署"5·12"期间全省《福建省防震减灾条例》普法工作，在国际减灾日期间开展专项宣传。制作《增强忧患意识 筑地震安全房》宣传挂图，创作《中小学生安全教育小课堂——认识地震》科普动画片，开发"防灾减灾安全官"互动H5。

根据国家减灾委员会办公室《关于做好2021年全国防灾减灾日有关工作的通知》精神和中国地震局《关于做好2021年全国防灾减灾日防震减灾科普宣传活动的通知》部署，突出"防范化解灾害风险，筑牢安全发展基础"主题，制定"5·12"全省防震减灾宣传教育活动方案，向市县地震工作部门印发《关于做好2021年"5·12"全国防灾减灾日期间防震减灾宣传工作的通知》，向社会大众公告福建省43个防震减灾重点科普活动，认真组织开展了全国防灾减灾日及宣传周期间全省防震减灾宣传教育活动，福建省地震局局长刘建达、副局长朱海燕、副局长林树、一级巡视员王志鹏到基层一线指导和参与宣传活动。通过举办宣传周启动仪式、"云参观"防震减灾科普教育基地、"100.7"交通应急广播直播、全省1000多个社区科普画廊展示宣传、福州地铁排播科普动漫片等活动，取得了良好效果。联合应急、科协等部门，在福州市上下杭金银里举办2021年全国防灾减灾日暨自然灾害综合风险普查宣传活动启动仪式，并向中国地震局报送"5·12"宣传周总结报告。

"7·28"唐山地震纪念日期间，组织40余人的观展队伍赴唐山观展，并争取2个展位，组织海洋地震宣传专题展区，推荐多部优秀科普作品参加展览。在全国科普日期间，组织专家赴中国人民银行福建省分行、福建空管分局开展科普讲座，联合省老科协、地震学会开展赠送图书活动。在国际减灾日期间，制作《国际减灾日宣传海报》，突出地震篇，传播"构建灾害风险适应性和抗灾力"宣传主题。

（福建省地震局）

江西省地震局

1. 防震减灾公共服务

（1）落实两项清单。2021年，江西省地震局赴省政务服务办征求意见，修订并发布

《江西省地震局防震减灾公共服务事项清单（试行）》和《江西省地震局防震减灾公共服务事项产品清单（试行）》，确定了服务事项22项，其中公众服务6项、专业服务9项、决策服务6项、专项服务1项；明确了服务产品21项，其中公众服务5项、专业服务9项、决策服务5项、专项服务2项。认真开展第一批公共服务事项和产品清单实施情况自评估，总体情况属"良"，形成《江西省地震局第一批公共服务事项和产品清单实施情况自评估报告》，于4月30日将《关于报送第一批公共服务事项和产品实施情况自评估报告等有关材料的函》上报中国地震局公共服务司。为更好地将清单落地实施，发挥出产品的服务效果，提升社会影响和满意度，将公共服务清单纳入2021年度全省市县高质量考核指标中，组织各设区市参照制定本地区公共服务事项和产品清单。

（2）构建服务平台。地震信息发布接入"赣服通"平台，研发基于互联网的"烈度速报与预警系统""快速评估系统""可视化会商系统"。加强"地震信息速报机器人"微信推送服务，累计发送信息1000余条。自主研发的"赣震信使"微信端应用服务，初步实现省内地震信息传递、智能会商、应急产出、网络监控等应用。强化应急服务定位，与江西省应急厅、省矿监局等单位进一步完善资源共享、信息互通、协作通畅的防震减灾协同联动工作机制，地震灾情上报系统、可视化震情会商系统、"赣震信使"等公共服务产品在全省第六届互联网大会宣传推广，在防震减灾领导小组重要成员单位、市县地震工作机构广泛应用。江西历史地震基础数据、地震监测台网基础数据纳入省政务数据共享平台。与省工程建设项目审批改革领导小组办公室（住建厅）共享区域性地震安全性评价数据库。实施地震灾情速报与应急联动系统项目，与省应急厅、水利厅、自然资源厅等部门建立共享机制，及时更新应急基础数据。红谷滩地震活动构造探察数据清理工作，成果已经在当地建设工程、轨道交通等项目中得到应用。

2. 防震减灾法治建设

近年来，江西省地震局深入学习习近平新时代中国特色社会主义思想和党的十九大精神，坚持以习近平新时代中国特色社会主义思想为指导，加强对习近平法治思想的学习领会。

（1）加强组织领导，健全组织机构。全面推进法治政府建设工作，局主要负责人亲自分管法治工作。成立法治建设工作领导小组，并设立了办公室，形成在局党组有力领导下，各部门各单位整体联动，广大干部群众积极参与的工作格局，为全局加快推进法治政府建设工作提供坚强组织保障。

（2）增强学法意识，提高执政能力。法治意识要深入人心，形成内化于心外化于行的良好氛围。近年来全局坚持结合"七五"普法、扫黑除恶专项斗争等工作，制定了领导干部学法、懂法、讲法用法计划，局纪检监察机关多次组织开展廉政警示教育活动，进一步增强领导干部的学法意识和执政能力。

（3）加大宣传力度，营造良好氛围。结合防震减灾科普宣传和脱贫攻坚，利用到户帮扶工作之机送法上门，共计发放法治宣传册1000余份。同时，充分利用网络知识竞赛、微信公众号、横幅、标语等进行宣传，营造人人懂法、人人知法的良好氛围，不断增强全省防震减灾工作队伍的法治自觉性和责任感。

（4）提高信访监督，确保社会稳定。江西省地震局努力做好信访矛盾调处化解工作，以解决重点疑难问题为突破口，落实党委班子成员定期接访制度，明确了重点人群重点信访问题。综合运用法律、政策、经济，教育等手段，依法、及时、合理、有效地处理群众反映的实际问题。大力开展"平安建设"，以"七五"普法宣传教育为推手，紧抓案件办理和矛盾纠纷排查。

（5）明确重点任务，夯实法治建设。坚持立改废释并举，推进地震预警等地方法规规章制订，江西省地震局预警管理办法纳入2021年省司法厅立法调研计划并于2021年11月开展。大力支持抚州市推动《建设工程抗震设防要求监督管理办法》立法，指导萍乡市开展省防震减灾条例执法检查并对违法单位开具罚单。积极配合省人大法工委推动《江西省防震减灾条例》修订，于2021年7月经省人大常务委员会会议审议通过。有力推动省人大开展2021年11月在赣州地区开展《江西省防震减灾条例》执法检查和执法调研。落实中央应急管理综合行政执法改革意见，推动将地震执法纳入各级应急管理综合行政执法内容。完善地震行政执法制度，加强地震安全性评价和抗震设防要求执行情况等行政执法和监督。编制省法治宣传教育第八个五年规划。开展制度建设年活动，健全财务、人事、项目、科技、外事、政务等内部管理制度，加强宣讲解读和执行检查。聘请局内部一位通过国家司法考试的干部及专业律师事务所资深律师担任法律顾问，建立法律顾问管理制度，加强日常管理。为6位取得行政执法证的同志购置行政执法服装并配发标志。

3. 防震减灾科普宣传

（1）抓好重点时间段防震减灾科普宣教工作。举办各类现场宣传活动，成效明显。江西省地震局领导参加江西省减灾委、省应急管理厅在九江市举行的"5·12"防灾减灾日大型宣传活动。在现场布置宣传展板，展示全省"十三五"期间防震减灾工作成果；为全省防灾减灾知识竞赛活动提供参考题库。联合公交轨道公司和省文旅厅在南昌地铁和全国各3A级景区播放防震减灾科普宣教片，受到广泛欢迎。

推进防震减灾"科普＋互联网"。2021年5月11日—6月3日与江西省大江传媒合作，推出防震减灾网络知识竞赛，网民通过手机客户端和电脑客户端参加竞赛，进一步宣传全省防震减灾工作进展，唤起社会各界对防灾减灾工作的高度关注，增强社会公众对地震灾难等突发事件的防范意识。活动周期间江西省各级防震减灾部门侧重发挥社交平台功能，使用公众号、朋友圈、有奖竞赛等形式开展形式多样的防震减灾科普工作。

市县举办丰富多彩、亮点频出的"六进"宣传活动。2021年"5·12"防灾减灾宣传周期间，全省各地广泛开展防震减灾知识宣教"进机关、进企业、进农村、进社区、进学校、进家庭"的六进活动；针对重点区域、重点单位、重点人群，组织专业队伍做好风险隐患排查；教育引导不同社会主体和家庭储备基本应急物资和防灾减灾与救生避险装备，推广使用家庭应急包；鹰潭、丰城等地针对地震灾害组织开展抢险救援演练；景德镇等地积极开展校园地震应急演练；南昌、上饶、吉安等地集中开展政策法规解读、防灾避险和安全防范知识宣传、自救互救技术培训、家庭应急准备教育等。

走进机关强化职能。全省各地纷纷开展面向机关干部的防震减灾知识宣传或应急演练活动。各级领导干部更加认同、关注、支持和参与防震减灾工作，增进对防震减灾工作的认知和对防震减灾事业的责任感和使命感，强化重视防震减灾、支持防震减灾、履行防震减灾的思想，为防震减灾工作营造良好氛围。

走进企业真诚服务。各级防震减灾部门积极围绕"关爱生命，履行义务"为主题，宣传防震减灾基本常识、逃生救护技能；宣传抗震设防的基本要求和企业在防震减灾中应履行的义务并通过知识问答环节，向企业职工普及防震减灾和安全生产等方面的知识。使"5·12"防震减灾宣传与企业安全教育融为一体。

走进农村服务"三农"。各级防震减灾部门契合农村、农民特点的宣传内容形式、方法手段，向村民宣传农居避震方法技能、农居抗震设防的意义及要求，对地震监测设施及观测环境保护的义务等有关法律知识。利用广播、农村大喇叭等把防震减灾宣传延伸到"最后一公里"，确保宣传全覆盖。江西省地震局扶贫工作队在冠洲村开展防震减灾科普讲座。

走进社区心系居民。紧密结合社区实际，江西省各级防震减灾部门派出富有经验且专业知识丰富的工作人员协助向社区居民宣传防震减灾科普知识，通过开设防震减灾知识讲座，向社区居民系统详细阐释地震时如何应急避险，震后如何自救互救等知识；让广大社区居民进一步直观地了解到地震发生时我们该如何紧急避险，科学自救。

走进学校关爱校园。全省各级防震减灾部门以防灾减灾宣传周活动为契机，各地防震减灾部门与所在地教育单位合作开展校园防震减灾科普宣传活动。江西省地震局联合省教育厅将地震预警宣传片纳入全省中小学生在线教育平台，要求各级学校组织师生观看，取得良好社会反响。

走进家庭惠及群众。各级防震减灾部门促进防震减灾宣传教育走进家庭，注重把防震减灾宣传与心理疏导结合起来，从家庭避震入手、从心理健康教育着眼，增强了宣传教育的实效性和针对性。宣传普及防震避震常识，增强广大民众的防震减灾意识和应对地震突发事件的应急、自救能力。

科普宣教场馆全面开放。防灾减灾宣传活动周期间，全省所有防震减灾科普教育基地和场馆均对社会全面免费开放，充分发挥宣传教育示范作用，引导民众尤其是机关干部和中小学生通过亲身体验方式，了解掌握防震避震基本技能，提升防震减灾意识，提升防震减灾意识和应急避险能力，受到了广大学员和社会群众的一致好评。如南昌市东湖区防震减灾局建设的防震减灾"VR"互动体验平台，寓教于乐，切合时代潮流，取得良好效果。

利用多种媒体开展全面宣传。江西省各级防震减灾部门联系各级通信管理部门推送公益宣传短信，共推送短信3000万条，覆盖了全省三分之二的人口。相关单位主流媒体上刊发文章宣传工作，拓宽宣传渠道，利用手机短信、微信、QQ、微博，发布相关文字、图片、视频等内容进行短平快宣传。

政社协同推进地震科普。江西省防震减灾系统积极支持引导社会力量参与防震减灾宣传教育工作，在防灾减灾宣传活动周期间各级防震减灾部门和各社会救援力量开展在应急演练、集中宣传等方面广泛合作，进一步拓展了全面开展防震减灾科普教育的空间。

10月13日是第32个"国际减灾日"，活动主题为"构建灾害风险适应性和抗灾力"。江西省地震局党组高度重视，要求各级防震减灾机构结合本地实际，组织制定宣传方案，认真抓好实施。各级防震减灾机构积极响应，开展一系列防震减灾宣传活动。

江西省地震局防震减灾科普讲师团前往乡村振兴点上罗村小给小学生讲解地震知识。九江市应急管理局联合濂溪区应急管理局，组织近百名小学生到九江地震监测中心站现场通过观摩地震监测观察设施和观看地震科普宣传片，学习防震减灾知识。南昌、瑞昌、永修等地应急管理局工作人员走进学校为师生开展防震减灾知识讲座，组织防震应急疏散演练，切实提高学校师生的防震减灾意识和自救互救能力。

鹰潭、萍乡、上饶、吉安等地应急管理局工作人员走进社区、街道、企业，通过现场讲解地震知识、发放防震知识手册、设立地震宣传展板等形式，广泛宣传防震应急知识，提高群众主动学习防震减灾知识的积极性。

其他地区积极开展防震减灾知识"六进"、科普场馆开放等活动，有力推动全省防震减灾科普宣传工作，营造了良好宣传氛围。

（2）其他科普宣讲工作。完成全省防震减灾科普讲师团组建，共招募成员33名。吕坚研究员、周大为高级工程师等专家在全省各地开展科普讲座；江西省代表队在全国防震减灾科普讲解大赛中获得团体优秀组织奖、个人二等奖（全国第6名）和优秀奖各一名；选派选手在全省科普讲解大赛中获得优秀奖和全省科普讲解大使称号。各级防震减灾部门积极推进防震减灾科普示范学校、防震减灾科普示范基地、综合减灾示范单位的创建工作。编制完成《江西省防震减灾科普教育基地认定管理办法》和《江西省防震减灾科普示范学校认定管理办法》，开展2021年度全省防震减灾科普示范学校和示范基地评比，推荐全省4所学校和2个基地参加全国防震减灾科普示范学校和示范基地评选。开通江西省地震局微信公众号，建设融媒体宣传平台，制作防震减灾科普宣传片和动画片，制作一批防震减灾科普宣教产品。

（江西省地震局）

河南省地震局

1. 防震减灾公共服务

（1）初步构建公共服务管理工作体系。深入推进公共服务管理机制改革，2021年成立由河南省地震局牵头，各有关部门和单位为成员的公共服务工作领导小组，加强对公共服务工作的领导。制定印发公共服务工作要点和台账，加强督导考评。设立公共服务中心，作为全局公共服务工作重要支撑单位。逐步形成管做分开、管做协同、支撑有力、齐抓共管的良好局面，增强了推动公共服务工作的合力。牵头建立黄河流域九省防震减灾"资源共享、优势互补、协作配合"的公共服务协助机制，组建协作组和联络办。建立全省公共服务联络机制，由公共服务处副处长作为联络组组长，全省地震业务部门每个单位选派技术骨干专职负责公共服务工作，强化公共服务与地震业务深度融合。六是组建公共服务政策研究团队，为河南省防震减灾公共服务高质量发展提供智力支持。

（2）持续优化公共服务产品管理机制。建立防震减灾公共服务评估评价机制、清单动态更新和调整机制以及清单实施情况考核评价机制。制定公共服务产品成果清单，内容涵盖"建立区域协同机制""服务重大工程解决方案""服务行业领域解决方案"和"服务大众的科普作品库"四大类9项公共服务产品，相应建立责任清单，明确4个技术团队组成及责任分工。

（3）不断增强公共服务能力建设合力。优化市县防震减灾公共服务年度考核指标，建立健全市县公共服务考核机制，明确任务和工作要求。印发《河南省地震局关于进一步做好2021年防震减灾公共服务工作的通知》，对市级地震部门抓好公共服务工作提出要求，推动建立市级地震部门防震减灾公共服务联络员制度。开展2021年度公共服务市县评比工作，强化市级地震部门防震减灾公共服务职责履行。组织编写印发《河南省防震减灾公共服务案例汇编》，共享公共服务工作经验。组织开展业务培训，提升专业人员业务能力。11月22日组织参加"防震减灾公共服务产品建设"专题培训和"防震减灾融媒体"线上沙龙，为推动公共服务试点科普作品创作奠定坚实的理论基础。组建监测预报领域和震灾风险防治领域技术服务团队并在网上公布，努力实现线上线下互补，提高服务实效。

（4）扎实推进公共服务试点工作。将公共服务试点工作列为全局年度重点工作；建立公共服务试点任务双周督办通报机制，定期梳理试点任务进展情况，协调解决困难和问题，督促加快任务落实，已编发专项督办通报22期，28项试点工作已完成17项，平均进度为87.4%。2021年8月圆满完成公共服务试点中期评估工作。

（5）深入开展防震减灾公共服务合作交流。深入谋划活动断层成果应用。8月27日，组织召开河南省活动断层成果应用座谈会，河南省水利勘测设计研究有限公司、河南省交通规划设计研究院股份有限公司、中国电建集团河南省电力勘测设计院有限公司、河南省建筑科学研究院有限公司、华北水利水电大学、河南省地质调查院、中化地质郑州岩土工程有限公司、中国地震局地球物理勘探中心等9家单位的10位教授、高工专家与河南省地震局管理和技术人员进行座谈。深入研讨防震减灾服务黄河流域生态保护和高质量发展。4月28日，组织召开防震减灾服务黄河流域生态保护和高质量发展战略研讨会。会议邀请河南省发展改革委、水利部黄河水利委员会、河南省建院勘测设计有限公司等单位专家就防震减灾如何更好地服务黄河流域生态保护和高质量发展战略开展研讨。针对2次研讨会成果进行认真梳理吸收，不断提升服务黄河流域生态保护和高质量发展国家战略的能力和水平。

（6）圆满完成公共服务效能提升专项工作。从1月28日始，组织开展"河南省地震局防震减灾公共服务效能评估提升"专项工作，找出不足和薄弱环节62个，提出整改提升意见95条，组织制定措施110个，其中涉及公共服务试点产品研发的形成"一产品一方案"，组织印发《河南省地震局防震减灾公共服务效能评估检查报告》和《河南省地震局防震减灾公共服务效能提升工作台账》。11月，对照《河南省地震局防震减灾公共服务效能提升工作台账》开展督促检查，形成《河南省防震减灾公共服务效能提升工作的报告》，推动公共服务效能提升。

2. 防震减灾法治建设

（1）积极推动地震地方标准研制。《应急避难场所运维规范》和《应急避难场所标志标牌》2项地方标准经河南省市场监管局发布，于7月实施。根据河南省市场监管局2021年河南省地方标准制修订计划工作安排，积极组织申报，《地震预警信息发布技术要求》《防震减灾科普场馆布展指南》2项标准被列入计划。形成2项标准征求意见稿初稿，拟根据中国地震局修订标准进行完善后再开展后续专家评审等工作。

（2）加强行政规范性文件管理。2021年，《河南省地震应急预案》印发实施。严格执行调研论证、公开征求意见、合法性审查、集体讨论决定和公开发布五个规范性文件制定程序，规范性文件合法性审查率100%。

3. 防震减灾科普宣传

（1）继续做好示范创建工作。2021年度对2017年命名的省级防震减灾科普示范学校和教育基地开展中期评估工作。2021年，河南省1所学校和2所基地被认定为2021年度国家防震减灾科普教育学校或基地。11月完成了防震减灾科普示范单位66家单位的初审和视频验收工作，12月联合省科技厅下发文件，对58家省级防震减灾科普示范单位进行命名，配合省应急管理厅开展综合减灾示范社区建设，将防震减灾科普知识作为重要内容纳入综合减灾示范社区建设标准。

（2）广泛开展专题科普活动。在"5·12"防灾减灾日、"7·28"唐山大地震纪念日、全国科普日、科技活动周、国际减灾日等重点时段组织开展防震减灾网络知识答题活动、媒体记者走基层、走进地震局，防震减灾科普知识讲座，防震减灾知识"六进"等品牌亮点活动，指导市县加强重要时段防震减灾科普宣传，积极参加全国防震减灾科普讲解大赛。

（3）加强防震减灾科普精品创作和传播。河南省地震局承担中国地震局防震减灾科普精品图书编写任务，2021年，完成出版《农村防震减灾知识读本》，组织完成《黄河流域大地震警示录》初稿编写。

（河南省地震局）

湖北省地震局

1. 防震减灾公共服务

（1）强化公共服务事项清单管理。2021年制定《湖北省地震局防震减灾公共服务事项清单管理办法》，定期对公共服务事项清单进行调整。充分利用湖北省政务服务"一网通办"平台提供防震减灾公共服务，全年共收到防震减灾社会服务申请86项，及时办结86项，满意率达到100%，在所有省直单位好差评榜中排第9名。

（2）积极推进公共服务产品应用。通过湖北防震减灾信息网、湖北省地震局官方微信公众号、官方微博提供湖北省震情月报。在"鄂汇办"政务APP上提供震情速报服务。建设湖北省震情信息发布系统，为省内科普场馆、中小学校、公众场所提供实时震情信息，已在湖北省科技馆应用。在湖北省大数据能力平台共享湖北省地震构造信息、湖北省1.0级以上地震信息、湖北省历史地震信息、湖北省工程抗震设防要求、湖北省历史地震灾害评估损失报告、湖北省现代地震调查信息等6项数据。在湖北省大数据平台共享数据22次，数据共享周期为1个月，数据体量3.31MB。开展超高层建筑强震动监测服务，2021年完成11个项目方案设计，安装48栋楼、151台设备，18个项目完成专家验收，13个项目完成备案。宜昌市防震减灾中心推广应用减隔震新技术新材料，在2021年建成通车的宜昌市伍家岗长江大桥采取了多种减隔震措施以提高抗震性能。鄂州市防震减灾中心对襄樊—广济断裂带开展探测工作，为鄂黄第二过江通道项目提供相关数据。黄冈市应急管理局与中国人寿保险股份有限公司黄冈分公司合作，推进地震灾害保险工作试点。随州市地震局2次组织骨干力量与中国人民财产保险股份有限公司随州市分公司研讨论证地震巨灾保险工作。

（3）简政放权优化服务。依照湖北省政务办要求，梳理湖北省地震局公共服务事项法定时限及办理时限，对标国家先进省市压减办理时限，除"抗震设防要求的确定"中"安评报告审定"时限无法压减外，其余事项办理时限均压减至与先进省市相同或更短。压减后，湖北省地震局政务服务事项承诺时限大于浙江、上海、广东、江苏4个先进省市事项数比例由原44.4%降为11.1%。指导推动市县防震减灾公共服务，在武汉市开展"应当建设专用地震监测设施的建设工程"备案试点工作。十堰市将建设抗震设防要求监管纳入基本建设程序，在湖北省率先实现了抗震设防要求许可办理的"无纸化""零跑腿"、业务全程电子化。荆门市将"建设工程抗震设防要求的确定"纳入市行政审批局项目审批立项环节，并建立数据库，通过加强事中事后跟踪监管，确保重大建设工程地震安全性评价有效落实。鄂州市在市行政服务中心设立地震行政审批窗口，将"建设工程抗震设防要求确定"纳入并联审批流程。黄冈市将"建设工程抗震设防要求"纳入基本建设管理程序，市应急管理局安排2人进驻市政务服务中心窗口，负责行政职权事项。恩施州将建设工程抗震设防要求确定纳入可行性研究报告的审查内容，将影响地震观测环境建设工程纳入项目选址审批程序。

（4）积极推进地震标准化工作。2021年，湖北省地震局主持的地震行业标准《地震台站建设规范 重力台站》修订项目在中国地震局获批立项，主持的地方标准《湖北省房屋安全鉴定技术规程》在湖北省住建厅立项、主持的团体标准《基于地震预警的电梯地震紧急处置系统技术规范》在中国地震学会立项。编制的湖北省计量技术规范《差阻式读数仪校准规范》《非量测相机校准规范》已于2020年12月通过湖北省市场监督管理局评审，2021年正式实施。编制的国家计量技术法规《全球导航卫星系统（GNSS）测地型和导航型接收机检定规程》和湖北省计量技术规范《GNSS土地面积测量仪校准规范》《三维建筑测量仪校准规范》已经通过评审，即将发布。武汉市地震局编制的《武汉市城市公共避难场所功能复合利用技术标准》顺利通过武汉市市场监督管理局组织的专家评审，成为湖北省内第一个兼容多灾种的公共避难场复合利用地方标准，同时也是武汉市建设标准化创新先行区的一项创举。

2. 防震减灾法治建设

（1）推进立法工作。2021年，湖北省地震局完成《湖北省预警管理办法》（草案稿），向市（州）防震减灾工作主管部门及省防震减灾工作领导小组成员单位征求意见，于9月中旬召开立法咨询会，向省司法厅申请纳入2022年度省政府立法计划。《湖北省水库地震管理办法》完成起草工作。

（2）修订完善法规规章。修订后的《湖北省地震安全性评价管理办法》于2021年1月1日以湖北省人民政府令第415号公布，自2021年3月1日起施行。1月14日，在《湖北日报》刊发了湖北省地震局党组书记、局长晁洪太署名的《湖北省地震安全性评价管理办法》解读文章。

（3）扎实推进普法宣传。湖北省地震局积极组织机关工作人员参加无纸化在线学法及考试。在"4·15"全民国家安全教育日开展普法宣传。积极组织做好"12·4"国家宪法日普法宣传活动，邀请知名专家来局作法律知识讲座，举行宪法宣誓，开展普法宣传进台站、进农村等活动，湖北省地震局新媒体同步开展普法宣传，活动期间官方微信发布文章4篇，官方微博发布文章7条，阅读量共计3261次。

（4）切实加强和改进防震减灾执法工作。出台《湖北省地震安全性评价从业单位信用管理办法》《湖北省建设工程抗震设防要求"双随机、一公开"监管检查管理办法》，进一步健全以"双随机、一公开"监管为基本手段、以重点监管为补充、以信用监管为基础的监管机制。推进"互联网＋监管"平台运用，在湖北省"双随机、一公开"监管平台上进行双随机摇号，对地震安全性评价从业单位进行执法检查，将检查结果在平台上进行公示。加强平台管理，在中国地震局"互联网＋监管"系统上进行录入执法人员信息和年度执法数据；组织专人专班对"湖北省投资项目审批监管平台""湖北省'双随机、一公开'监管平台""湖北政务服务网""湖北省行政审批中介服务网"以及"国家监管事项平台"相应端口进行日常运维。

3. 防震减灾科普宣传

（1）完成"第二届全国防震减灾科普大会"相关工作。"第二届全国防震减灾科普大会"期间，湖北省地震局积极参与"防灾减灾救灾应用技术成果暨新唐山建设45周年成就展"，展示仪器研发、地震预警、计量检定、水库监测、学科支撑等五大领域成果，展出高精度绝对重力仪、宽频带地震计、地震开关等10余套自主研发仪器，以及集声光电效果于一体的高铁、核电、高层建筑预警沙盘模型。展览结束后，湖北省地震局将参展的三套高铁、核电、高层建筑沙盘模型无偿捐赠给唐山市应急管理局，助力唐山市防震减灾工作。

（2）做好重点时段科普宣传工作。湖北省地震局大力推进"互联网＋防震减灾科普"，积极利用"两微一网"开展防震减灾科普宣传，2021年通过官方微信公众号发布信息258条、总浏览量25151次，官方微博发布信息342条、总阅读量72.33万次。组织参加第五届全国防震减灾科普讲解大赛，荣获优秀奖。

在湖北省防震减灾宣传活动周期间，黄石地震局和黄石广播电视台合作开展线上、线下知识竞赛活动。咸宁市防震减灾工作主管部门在通山、崇阳等地组织防震减灾科普竞赛，进一步提升学生防震减灾意识、提升学校开展防震减灾活动的积极性。恩施州开展防震减灾科普知识竞赛。在全国中小学生安全教育日及时转发有关新媒体作品，并指导市（州）防震减灾工作主管部门做好宣传工作。

在"5·12"防灾减灾日举办启动仪式，开展线上线下系列科普宣教活动，走进学校、社区、党校开展丰富多彩活动。湖北省地震局首次赴省委党校开展专题讲座。举办湖北省地震局公共服务媒体宣介会，省内9家媒体进行采访报道。组织黄冈市李四光纪念馆参与中国地震局公共服务司推出的"云游防震减灾科普馆"及系列地震科普讲座直播活动。武汉市在全市所有地铁车厢、站台电视上，滚动播出防灾减灾宣传短视频，受众达2000万人次。十堰公交公司利用300辆公交车载视屏，全天滚动播放防震减灾公益短视频，日均播放3万余次；十堰移动公司向全市40万民众发送防震减灾宣传短信。襄阳市防震减灾工作主管部门在谷城县委党校第一期干部主体培训班上开展防震减灾知识进课堂活动，将防震减灾知识纳入教学课程进行宣传教育。仙桃市应急管理局在《仙桃日报》开辟专栏宣传防灾减灾知识。

在"7·28"唐山地震纪念日举办新闻媒体走基层宣传活动，指导市（州）防震减灾工作主管部门开展丰富的科普宣传活动。武汉市东西湖区政府组织开展以"防范地震灾害，共筑安全城市"为主题的纪念唐山地震45周年活动，举办专题文艺表演，向群众进行宣传防震减灾知识，展示救援装备。9月11日至17日组织开展2021年全国科普日防震减灾科普宣传相关活动。10月13日至16日组织开展国际减灾日线上线下科普宣传活动，联合市（州）防震减灾工作主管部门开展进校园、进社区科普宣传；在武汉音乐广播（经典音乐）FM101.8开展"普及防震减灾知识、提升应急避险能力"公益广告套播，13天累计有效传播次数达300万次。

（3）加强科普作品创作。2021年，湖北省地震局结合自身实际与科研优势新推出《云游防震减灾科普展厅＆地震预警实验室》《北斗卫星在防震减灾中的应用》《结构健康监测——为城市安全把脉会诊》《国际减灾日三分钟特别版》等4部科普视频作品，原创科普作品《楚震战疫——裂缝中的阳光》和《楚震战疫纪实》参加第六届平安中国"三微"比赛（优秀政法文化作品征集评选），在央视频进行展播。湖北省地震局科技人员创作的《夜光遥感"点亮"震后恢复之路》《重力测量——窥探地球内部奥秘》等2篇科普文章在中国地震局2021年国际减灾日专栏中刊载。黄石市地震局编印《人防地震党史知识200题》和《防震减灾科普知识》宣传手册。十堰市地震局编辑创作宣传视频《防震减灾、防患未然》。荆门市地震局联合荆门市两化办、住建委编制了《荆门市农村新型社区建设技术导则》。黄冈市应急管理局与市科协、教育合作，编印《防震减灾知识读本》《中小学生防震减灾知识读本》等读本10余万册，免费发放广大群众和中小学生。

（4）推进防震减灾科普示范创建。湖北省地震局积极组织开展国家级科普示范学校、科普教育基地申报工作，共有10所学校和2个场馆参与申报，其中武汉市三店小学、武穴市实验小学、荆州市沙市北京路第三小学获批为国家防震减灾科普示范学校，鄂州市学生实践基地获批为国家防震减灾科普教育基地。完成省内1家国家级科普教育基地、3所国家级科普示范学校的中期评估工作。2021年11月，组织荆州市中小学生社会实践基地、黄冈李四光纪念馆、红安地震科普馆等单位申报2021—2025年全国科普示范基地，其中荆州市中小学生社会实践基地被中国地震局推荐为候选单位。黄石市地震局与市教育局、市科技局、市科协联合发文开展市级防震减灾科普示范学校创建工作，评选出8所市级防震减灾科普示范学校。

（5）推进防震减灾科普社会化。2021年5月湖北省防震减灾宣传活动周期间，湖北省地震局联合"游品慧"科普实践服务平台开展网上直播，向社会公众宣传防震减灾科普知识。10月16日开展湖北广电小记者团参观学习活动，小记者团参观湖北省地震局防震减灾科普展厅和预警实验室，科普工作人员为小记者们讲解防震减灾科普知识，接受小记者们的采访。湖北省地震局积极与省科技馆合作，捐赠地震监测历史仪器设备，推动在省科技馆新馆开辟地震科普专区。

（6）强化科普基础设施建设。湖北省地震局认真做好湖北省地震局防震减灾科普展厅、湖北省地震局科技创新成果展厅运行维护和对外开放工作，并积极指导和推进市县防震减灾科普场馆建设。武汉市江夏区专项投资对防震减灾科普馆进行升级改造，湖北应急安全教育实践基地、武汉赛孚城应急安全教育培训中心投入试运行。黄石人防地震防灾避险公园进行展示馆装修布展。2021年11月，十堰市相关部门签订了《关于十堰市青龙山地震科普体验馆建设和管理协议书》，拟投资建设200平方米地震科普体验馆。鄂州市防震减灾中心进一步加强防震减灾公园建设，先后投入资金在阳光小游园建设防震减灾主题公园，定期更新宣传内容。孝感市建成地震科普馆，使用面积198平方米，接待单位和群众数十批次，受到广泛好评，填补了该市地震科普阵地的空白。咸宁市新建咸安防灾减灾宣传教育基地。

（湖北省地震局）

湖南省地震局

1. 防震减灾公共服务

湖南省地震局印发《2021年防震减灾公共服务工作计划及分工方案》，明确市州局及机关处室公共服务工作年度任务，要求市州地震局在内设机构中明确公共服务工作承担部门。制定公共服务清单，向社会提供地震监测速报、水库地震监测、风险普查、地震安评等防震减灾技术服务，取得良好经济效益和社会效益。推动6项依申请审批和服务事项纳入"互联网＋政务"服务平台。

2. 防震减灾法治建设

推进实施"谁执法谁普法"工作计划和任务清单、责任清单，组建湖南省地震局依法行政领导小组议事协调机构，召开依法行政工作领导小组会议，审议并印发2021年法治建设工作要点及任务分工。制定印发《湖南省地震局综合行政执法制式服装和标志管理办法》，为4名执法人员配备综合执法制服，组织5人参加应急管理部举办的执法资格考试培训，组织市县工作人员参加湖南省行政执法考试培训。组织干部职工参加普法学习及考试，组织开展国安法、长江保护法、防震减灾法普法宣传，参加湖南省普法新媒体联盟，利用官方微信和微博开展普法宣传，荣获最佳创意三等奖。

3. 防震减灾科普宣传

提升领导干部防震减灾意识。组织湖南省应急管理、地震系统干部举办全省地震灾害风险管理培训班；组织省直单位、市县地震、应急管理部门40余人参加在唐山举办的防灾减灾技术展览及新唐山建设45周年成就展。扩大防震减灾科普教育宣传效应。举办第五届全省防震减灾科普讲解大赛湖南省选拔赛，2名选手进入全国决赛并获三等奖，湖南局获优秀组织奖。会同湖南省教育厅、省应急管理厅、省科技厅、省科协举办第四届全省防震减灾知识大赛，共2.5万人观看网络直播。举办首届湖南地震台防震减灾开放日活动。组织开展防震减灾科普作品征集创作活动。长沙、邵阳建成数字地震科普馆。深化防震减灾科普教育示范创建工作。创建国家级防震减灾科普示范学校9所。会同省教育厅、省科技厅、省应急管理厅、省科协等部门制定印发《湖南省防震减灾科普教育示范学校管理办法》《湖南省防震减灾科普教育基地管理办法》，评审通过省级防震减灾科普教育示范学校31

所。部署市州地震局开展市级科普教育示范学校认定、科普教育基地创建工作，夯实基层基础。配合省应急厅推进综合示范社区创建。对口支援西藏山南市开展防震减灾科普示范学校创建工作。推进防震减灾科普宣传常态化。组织开展国家安全教育日、中小学生安全教育日，"5·12"防灾减灾日、"7·28"唐山大地震纪念日等重点时段的防震减灾科普宣传教育活动，组织市州地震部门及省局有关部门参加或开展集中宣传演练等活动。

（湖南省地震局）

广东省地震局

1. 防震减灾公共服务

广东省地震局认真组织实施《广东省地震局公共服务事项清单》和《广东省地震局公共服务事项清单管理办法（试行）》，按照中国地震局的部署，完成第一批公共服务事项和产品实施情况自评估。

（1）拓展公众服务。充分利用12322短信平台、微信公众号、官方网站等线上平台向公众发布公益性地震信息。2021年年发布地震速报信息855条，历史地震信息181条，防震减灾科普信息10条，其中，发送短信120万条次，微信公众号发布140万条次，广东省地震局官方网站年浏览量达49万次，"南粤防震减灾"微信公众号用户量3.4万。

（2）做强专业服务。利用专业优势，为各类专业和特定用户提供地震预警、地震安全性评价、地震灾害风险评估、建设工程安全监测与健康诊断、强震动观测等个性化服务。采购安装1200台终端，为广东省各地震预警示范单位提供地震预警、综合预警、科普宣传服务。基本完成广州凤尾村复建项目、深圳市天然气储备与调峰库二期扩建工程、阳春至信宜高速公路、大亚湾跨海公用管廊（二期）项目等6项地震安全性评价任务。惠东县地震小区划项目基本完成。为广东省19个地市提供第一次全国自然灾害综合风险普查（地震灾害部分）技术服务，完成广州市从化区、汕头市南澳县、深圳市龙岗区地震灾害综合风险普查国家级试点项目并通过验收。完成清远市清城区、云浮市云城区、肇庆市端州区3个城区建筑物抗震性能普查及风险排查服务。编制广东省地震易发区房屋设施加固工程评估报告。对"重大工程地震安全在线监测与评估系统"进行全面升级改造，开发基于大数据处理框架及云计算的软件系统。该系统在汶川第二小学针对隔震建筑进行应用示范。面向地震系统内单位提供强震动观测技术服务，为宁夏回族自治区地震局开发部署"强震动台网仪器监控系统"。

（3）强化决策服务。高效处置省内地震事件，向广东省委、省政府、中国地震局和广东省应急管理部门提交震后趋势判定意见，为应急决策部门开展地震应急提供技术支撑与信息服务。在非天然地震监测方面，针对2021年5月18日13时50分在广东省深圳市福田区华强北街道赛格大厦发生的明显晃动事件，广东省地震局启动非天然地震事件复核工作，产出广东深圳市赛格大厦晃动事件相关情况报告，上报广东省委、省政府、中国地震局和广东省应急管理部门，为科学决策和稳定社会发挥积极作用。

（4）完善防震减灾公共服务平台。加强地震预警信息发布平台建设，完成21个地市的预警信息发布分中心建设，省级地震预警信息发布中心竣工。拓宽预警发布渠道，与移动、电信、联通等运营商达成预警信息播发合作意向。推进省地震科普馆升级改造，完成方案设计、方案论证和施工招投标，进入施工阶段。加强省级政务服务事项管理，完善广东省地震局政务服务事项目录和实施清单，新增"建设工程地震安全性评价结果的审定及抗震设防要求的确定"事项，将地震安评技术审查信息平台与广东省政务服务平台对接，实现一站式线上办理，将办件过程数据和"好差评"数据及时自动上传汇集到广东省大数据中心。

2. 防震减灾法治建设

（1）积极推进防震减灾重点领域立法和制订地方标准。《广东省地震预警管理办法》由广东省人民政府令第285号发布，2021年9月1日起施行，"地震预警信息发布"地方标准编制项目被列入广东省年度地方标准制定计划。

（2）贯彻落实法律顾问制度，加强重要文件和重大合同合法性审查，2021年完成45个重大合同及重要文件的合法性审查工作。

（3）全面梳理防震减灾法规和规章。拟订的由14项行政检查和行政处罚事项组成的清单通过司法行政管理部门审核，编制的地震行政检查和行政执法流程图通过广东省政务服务事项管理系统面向社会公开。

（4）积极开展普法宣传。在《广东省地震预警管理办法》发布之际，编写相关解读材料发布在广东省政府门户网站、广东省地震局官方网站；配合广东省政府新闻办召开《广东省地震预警管理办法》实施新闻发布会；在局处级领导干部和党务干部培训班上开展普法宣讲；通过多种形式对《广东省地震预警管理办法》进行全方位宣传和普及。此外，在国家宪法日、国家安全日、世界标准日等时段，利用网站、大屏幕、微信公众号等平台组织开展相关法律法规、标准的宣传普及、知识竞赛、作品征集等活动；组织领导干部和机关全体工作人员参加"深入学习贯彻习近平法治思想，牢固树立法治思维"专题讲座；观看行政诉讼案件网络旁听庭审直播；组织局机关人员参加广东省行政执法人员综合法律知识网上考试，9名执法岗位人员取得行政执法证件。

3. 防震减灾科普宣传

（1）联合中国地震局发展研究中心、广东省教育厅和广东省应急管理厅组织开展中山市桂山中学防震（防火）避险应急演练，约30万师生全程收看直播。

（2）开展全国"防灾减灾日"和"全国科技活动周"防震减灾宣传活动。牵头举办"灾难面前，你可以做得更好——2021年（第二届）广东省防震减灾科普知识展"系列防震减灾主题科普宣传活动，广东省40个市县图书馆同期展览，约40万读者参与活动。

（3）加强科普宣传阵地创建。联合广东省教育厅制订并印发《广东省防震减灾科普示范学校认定管理办法》（试行），修订《广东省防震减灾科普教育基地认定管理办法》，组织完成2021年度科普教育基地和示范学校申报认定工作，全省新增国家级示范学校3所，省级示范学校25所，国家级教育基地1个，省级基地2个。

（4）开展"科技三下乡""全省科技进步活动月""科普嘉年华"活动。

（5）组织8个创新成果参加全国防灾减灾救灾应用技术成果暨新唐山建设45周年成就

展,并积极配合全国第二届防震减灾科普大会筹备工作,组织市县人员参观科技成果展。

(6)组织开展2021年度防灾减灾千场科普讲座公益活动,广东省地震局被中国地震局授予优秀组织单位称号。

(7)发布广东省地震科普馆IP形象"稳稳"和"震震",制作并发布科普微视频《稳稳震震话你知——什么是地震预警》。2个参赛科普作品分别获得"全国防震减灾科普优秀作品"和"2020年广州市优秀科普微视频"奖。广东省地震局防震减灾科普馆年接待公众1.5万人次。

(广东省地震局)

广西壮族自治区地震局

1. 防震减灾公共服务

(1)制定防震减灾公共服务清单管理办法。2021年10月22日印发《广西壮族自治区地震局防震减灾公共服务清单管理办法(试行)》,明确了公共服务清单的编制实施、监督管理和评价考核等内容。

(2)用好"三大服务平台"。2021年在广西政务信息共享网站发布共享地震危险性评价、地震目录和全球重要地震等共33项数据,总量超100万条。在广西壮族自治区公共数据开放平台发布广西各乡镇地震动峰值加速度、反应谱特征周期数等共15项数据,总量超100万条。2021年共有3家单位申请调用广西壮族自治区地震局公共服务产品73次,共收到65次申请调用单位的五星好评,数据浏览量达5271次。在广西政务服务一体化平台新增"区域性地震安全性评价项目信息登记"和"区域性地震安全性评价项目技术资料登记"2个公共服务事项。组织9个区域性安全性评估、5个断裂勘查报告技术审查,对广西数字政务一体化平台中的11项广西壮族自治区地震政务服务事项进行更新维护,群众对办理政务服务事项好评率达到100%。持续优化广西防震减灾政务服务环境。2021年9—10月2次联合南宁市应急管理局、1次联合广西壮族自治区交通运输厅对广西壮族自治区沿海公路发展中心、广西右江水利开发有限公司等10家单位开展监管检查。

(3)社会服务方面。2021年为大藤峡水利枢纽、龙滩水库、大厂矿区、岩滩水库、百色水利枢纽、合山矿区、大化电站、乐滩电站台网等8个企业台网运维提供保障服务。利用"互联网+地震"平台为防城港核电站、南宁铁路局、安能公司等单位建立专用地震信息服务通道,为其开展地震应急处置工作提供决策依据。2021年8月12日印发《广西壮族自治区区域性地震安全性评价管理办法》《广西壮族自治区区域性地震安全性评价技术细则(试行)》。建立地质学、地球物理学、地震工程学等领域94名专家组成的专家库,提供专业技术服务。对9个园区开展区域性地震安全性评价,对5个重点工程开展场址区断裂勘查及活动性鉴定。2021年完成西部陆海新通道(平陆)运河等30余个项目的地震安全性评价服务。赴3个园区和2个场址区开展现场核验,实地开展抗震设防技术服务。为入桂企业北海东方希望材料科技有限公司选址提供服务,为企业节约上亿成本。为中国人民解放军某部队集训提供特殊服务。截至2021年,全区共建成334个国家级、684个自治区级综合减灾示范社区,13个国家级、52个自治区级地震安全示范社区,13所国家级、150所自治区级防震减灾示范学校。柳州科技馆被认定为2021年度国家防震减灾科普教育基地。全区共建设地震应急避难场所114处,总面积623平方千米,可容纳138.3万人,其中Ⅰ类11个,Ⅱ类40个,Ⅲ类57个,其他体育场馆等6个。

2. 防震减灾法治建设

(1) 运行好法律顾问制度。继续运行法律顾问制度,2021年共审核283份合同,提高了法律合同审查效率。

(2) 提高行政执法能力。开展行政执法检查。召开2021年度行政监管检查工作协调会,开展区评结果应用、防震减灾科普宣传、地震监测环境保护等行政检查。组织人员参加全区行政执法资格考试。

(3) 普法宣传。举办普法讲座。邀请自治区党委依法治区办公室秘书处处长倪志龙主讲《学习习近平法治思想 共筑伟大法治强国梦》。完成学法用法考试。圆满完成全局学法用法线上学习考试工作,通过率100%。开展宪法宣传讲座。12月3日,邀请广西民族大学党委委员、法学院院长蒋慧教授讲解《生活中的宪法》。

(4) 报送立法计划。向自治区司法厅报送《关于报送2022年自治区人民政府立法建议》,建议将《广西壮族自治区地震预警管理办法》(暂定名)纳入2022年政府规章立法项目。

3. 防震减灾科普宣传

(1) 重点时段地震科普宣传。充分利用防灾减灾日、国际防灾减灾日、重大地震事件纪念日、科技活动周等重要时段以及地震现场,开展主题鲜明、形式多样的防震减灾科普宣传活动。

3月20日,在全国中小学生安全教育日开展"有备无患,安全相伴"防震减灾主题宣传系列活动,分别到南宁市天桃实验学校、逸夫小学、大学东路小学赠送科普读本,开展科普讲座,并向全区教育系统推送《中小学生校园安全——防震避震》短视频,使防震避震知识在中小学全覆盖。

"5·12"防灾减灾日期间,开展"防范化解灾害风险,筑牢安全发展基础"防震减灾主题系列活动,到南宁市红星小学、星湖小学举办"地震来了我们怎么办"主题讲座,指导学校开展地震应急疏散演练。5月12日当天,深入民族宫社区、定点扶贫村开展防震减灾科普宣传,发放宣传资料4000余份,发放科普纪念品500余份。

5月22日,组织参加"2021年第三十届广西科技活动周广西创新驱动发展成就展",通过展示地震仪器设备、科普讲解、互动体验等形式,介绍防震减灾工作,普及防震减灾知识,吸引3000多名群众学习体验。

"7·28"唐山大地震75周年纪念日,赴百色市体育广场通过设立宣传点、悬挂条幅、现场讲解等方式吸引过往民众驻足了解和学习防震减灾知识,体验VR地震防灾减灾场景,接待咨询群众600余人次,发放宣传资料1000余份。

9月17日,组织参加"2021年全国科普日广西活动暨八桂科普大行动科普联展",展出20多种防震减灾科普读本、防灾减灾VR眼镜、触屏式"广西数字地震科普馆"、防震减灾知识扑克牌等，在寓教于乐中传递防震减灾知识。

"10·13"国际防灾减灾日期间，开展"构建灾害风险适应性和抗灾力"主题科普宣传系列活动，赴北海市第十七小学开展科普讲座、组织防震减灾知识竞赛、指导地震应急疏散演练；10月18—20日，赴东兴市马路中学、东兴市京族学校和防城港市残疾人康复服务中心开展讲座，并向学校赠送防震减灾图书和纪念品，将防震减灾知识送进少数民族学校和"残疾人"。

8月4日和9月11日广西德保分别发生4.8级、4.3级2次地震，引起了社会广泛关注。震后第一时间赶赴震区开展应急科普宣传，向震区民众发放防震减灾科普资料1200余份，及时普及自救互救、紧急避险技能，安抚群众情绪，并利用门户网站、微博、微信新媒体平台，加强涉震舆情监测引导。

（2）承办和参加防震减灾科普讲解大赛。4月9日，广西壮族自治区地震局会同自治区科学技术厅、应急管理厅、科学技术协会联合举办首届广西壮族自治区防震减灾科普讲解大赛，比赛的线上投票浏览量达43.4万人次，投票数达11.4万次。大赛得到了人民网、人民日报、新华网、搜狐网等15家新闻媒体，以及南宁市轨道交通1、2、3号线和南宁公交电视、南宁印象城LED大屏幕等线下平台的大力宣传报道，引发社会广泛关注。4月22日，首次承办全国防震减灾科普讲解大赛预赛，来自全国的81名选手在广西文化艺术中心参赛，32名选手晋级总决赛。比赛全程通过凤凰网、央视频移动网、新华社、广西视听、广西防震减灾抖音号进行直播，网络浏览量达77.5万人次。选送2名选手参加5月12日全国防震减灾科普讲解大赛决赛，分获二等奖和三等奖，广西地震局获优秀组织奖。4月28日，广西十佳科普使者选拔赛在南宁举办，广西地震局选送的3名选手分别获得2项三等奖和1项优秀奖。

（3）融媒体科普宣传。充分利用广西壮族自治区地震局官网、微信等融媒体宣传防震减灾工作动态，报道国内外典型地震事件，普及防震减灾科学知识，培育防震减灾文化。广西防震减灾官方微博每周更新3~4条信息，1.3万粉丝关注，近8万人次参加防震减灾知识线上有奖知识问答活动。广西防震减灾微信公众号每月4次发送信息，1.02万人次关注。广西防震减灾抖音号平均每两周更新一次，全年共发送信息42条，近300人关注。

（4）地震科普产品创作。结合民族地区特点，因地制宜，创作《地震预警》《广西地震构造》2个壮汉双语动画作品，制作《劫后余生》微电影荣获2021年广西十佳科普视频大赛三等奖。全年原创27个视频作品，上传广西壮族自治区地震局微信、微博、抖音新媒体平台，总浏览量达3.3万多人次。订制了防震减灾知识扑克牌、帆布袋、雨伞、USB小风扇等纪念品。

（5）推动防震减灾科普宣传社会化。开展部门协同合作，推进与广西壮族自治区应急管理厅、教育厅、科学技术厅、科学技术协会等部门协同科普，将防震减灾科普宣传工作纳入9—11月的八桂科普大行动，联合印发《广西壮族自治区防震减灾科普教育基地认定管理办法（试行）》《广西壮族自治区防震减灾科普示范学校认定管理办法（试行）》，组织7所学校申报被认定为国家级防震减灾示范学校，柳州科技馆被认定为2021年度国家防震减灾科普教育基地，新认定10所自治区防震减灾示范学校。会同自治区应急管理厅、气象局推进综合减灾示范社区建设，11月对49个申报创建"全国综合减灾示范社区"、103个申报创建"自治区综合减灾示范社区"开展了考评工作。与广西耀象文化传播有限公司建立合作关系，11月22日—12月5日将防震减灾公益宣传植入广西广电网络电视机顶盒，在电视音量条页面和频道切换页面发布防震减灾公益宣传的画面和文字。

（6）各市积极开展防震减灾科普宣传活动。14个设区市分别开展丰富多样的宣传活动，尤其是机构改革后，各级应急管理部门牵头组织形式多样、内容丰富的防灾减灾科普宣传，取得良好社会效果。

（广西壮族自治区地震局）

重庆市地震局

1. 防震减灾公共服务

重庆市地震局重新修订2020年印发的《防震减灾公共服务事项清单》，按照既定格式和要求报送重庆市司法局审核，审核通过后纳入全市2021年公共服务事项清单。以问题为导向提出整改措施，在办理深度、服务便捷度等方面下功夫，切实提高防震减灾公共服务水平，确保所有的审批环节在全市政务服务网上平台办理。2021年3月，就推动成渝经济圈公共服务与四川省地震局达成工作协议，助力成渝双城经济圈建设。按照《中国地震局关于报送第一批公共服务事项和产品实施情况自评估报告等有关材料的通知》要求，对第一批公共服务事项和产品清单实施情况开展自评估，评估情况上报中国地震局。

2. 防震减灾法治建设

为推进防震减灾工作步入法治轨道，积极与重庆市应急管理局磋商，双方就推进重庆市地震行政执法检查达成初步意见。2021年3月，联合重庆市规划和自然资源局召开专题会议，研究讨论重庆市地震台站观测环境保护工作，合力推进地震观测环境保护相关工作。通过申报，《重庆市地震预警管理规定》纳入重庆市政府立法计划2022年预备调研项目。组织开展"国家安全日"普法活动，在微信公众平台设立专栏普及国家安全法律知识；组织职工参加2021年应急管理（地震）行政执法培训和宪法宣传周、"五法"普法知识竞赛、应急管理普法知识竞赛等活动，着力提高干部职工法治意识和执法水平。

3. 防震减灾科普宣传

着力改革创新防震减灾科普工作模式，制定全年防震减灾科普宣传工作要点，充分发挥全市科普工作联席会议成员单位科普宣传工作机制作用，将地震科普示范学校纳入校园综合安全认定体系，切实发挥各区县地震部门贴近群众等优势，不断扩大科普宣传覆盖面。

抓好防震减灾科普示范。积极开展国家示范的申报和中级评估工作，联合市教委开展市级防震减灾科普示范学校评议审核和现场检查复核等工作，重庆自然博物馆被评为2021年国家防震减灾科普教育基地，忠县汝溪镇中心小学校等5所学校被评为2021年度国家防震减灾科普示范学校,渝中区化龙桥街道嘉博路社区等 14 个社区被确定为全国综合减灾示范社区候选单位;在国家防震减灾科普示范学校中期评估工作中,经实地检查和定量评分,初步认定重庆市武隆区第二实验小学等 5 所中小学为中期评估合格学校,重庆市涪陵高级中学为中期评估不合格学校。继续开展重庆市级防震减灾科普教育基地和防震减灾科普示范学校评定工作,全市有 20 个中小学校进行申报,对通过初审的 11 所学校进行现场检查,复核后确定 2021 年度防震减灾科普示范学校名单。

抓好重要时段宣传活动。利用防灾减灾日、唐山大地震纪念日、全国科普日、国际减灾日、四川泸县 6.0 级地震应急响应期间等重要时段,多渠道、全方位开展防震减灾科普宣传,收到较好效果。在"防灾减灾周",通过实施"互联网+地震科普行动",组织重庆自然博物馆参加"云游防震减灾科普馆"网络直播活动,组织川渝两地地震部门互派专家做客四川经济日报"川经瞭望"直播间访谈等,超过 10 万网友参与直播;线下组织召开科普宣传新闻通气会,组织参加"全国大学生应急救护知识技能大演练"暨"大学生减灾官公益计划"启动仪式,组织地震科普馆开展地震科普知识和应急避险知识讲座,选派重庆市防震减灾科普宣讲团成员为区县防震减灾科普宣传提供支持,据统计,全市共计发放防震减灾宣传资料 116 万余份,设置展板 426 余块,悬挂横幅标语 7000 余条,接受咨询 15000 人次,组织应急演练 160 次。在四川泸县 6.0 级地震应急响应期间,重庆市地震局在"两微一站"推出包括应急工作动态、科普图文和科普视频为主的主题宣传,点击量共计 64000 余次;其中与重庆电视台新闻频道联合录制的专家访谈在抖音、视频号、微博上发布,反响强烈,仅抖音就达 400 余万点击量,一度冲上同城热搜榜。

(重庆市地震局)

四川省地震局

1. 防震减灾公共服务

(1)制定公共服务计划。2021 年,四川省地震局将防震减灾公共服务纳入全局工作要点,明确相应工作任务。制定公共服务、法治建设、科普宣传、深化改革等年度分项工作计划,把职责任务分解落实到了具体部门和单位,统筹推进全局公共服务工作。完成中国地震局政策研究指令性课题 1 项,加强公共服务顶层设计。加强任务执行跟踪督查,适时听取工作进展汇报,妥善解决工作困难与问题,指导重点任务开展,确保各项任务顺利推进。协调相关单位组建公共服务平台运维、地震预警社会服务和活动断层数据服务等技术队伍,提供公共服务技术支持。

(2)推进服务清单落实。督促试行全局防震减灾公共服务事项和产品清单,认真落实清单管理办法,加强规范管理。引导市县部门规范公共服务工作,个别地区出台市县公共服务清单,推进全省防震减灾公共服务机制建设。完成第一批公共服务事项清单和产品自评估工作,严格按照指标体系提交自评估报告。开展省防震减灾领域公共服务事项基本目录专题研究,制定四川省防震减灾公共服务事项基本目录,形成 3 大类 8 小项目录清单,待审定确认。

（3）推进服务产品开发。组织开展紧急地震信息和活动断层数据服务试点工作，完成中期评估检查，制定成果清单和责任清单，地震预警信息服务开始示范运行，活动断层数据服务已尝试应用。地震应急信息接入省指挥中心平台，实时提供日常基础数据和应急产出信息。在四川省"一网通办"政务服务一体化平台开通地震速报、抗震设防参数、地震安评从业单位、地震台站4个服务系统，积极提供防震减灾公共服务，取得较好社会反响。加强"一网通办"政务服务一体化平台建设，完成百日攻坚任务，推进能力提升；调整优化政务服务热线"12322"，并入全省统一政务服务热线"12345"平台；制定《政务服务热线办理办法》，规范政务办理。全年政务服务一体化平台办理17件，政务服务热线平台办理4件，按时办结率100%。

（4）强化公共服务指导。协同举办地震监测台站工作培训，向市县台站工作人员讲解公共服务综合业务知识。向各市县工作部门印发防震减灾公共服务事项、产品清单及管理办法，指导市县工作部门推进公共服务工作，雅安市在全省率先向社会公布防震减灾公共服务事项和产品清单。向市县转发预警信息发布指南，规范地震预警社会服务。启动四川省地震学会换届选举工作，做好工作总结、章程修改等方面准备，按程序要求稳步推进。

2. 防震减灾法治建设

（1）推进地方法治建设工作。制定年度四川省防震减灾法治建设工作计划，统筹各方力量参与。协调四川省司法部门将地震预警管理办法和地震安评管理规定2项地方性法规纳入四川省政府制修订调研类计划。制定立法调研工作方案，完成地震预警管理办法资料收集、文稿起草、市县意见征集、系统内专家咨询等工作。建立法律顾问常态化沟通机制，审查8项重要文件的合法性。

（2）强化防震减灾法治宣传。专门制作《四川省地震工作主管部门行政权力》漫画、动画、挂图等系列产品，强化地震部门权力法治宣传。在防灾减灾日、国家安全教育日等时段，组织张贴宣传海报，通过网站、微博等平台，组织宣传民法典、国家安全等法制，强化防震减灾法治宣传。编制四川省地震局法治宣传教育第八个五年规划，统筹部署全局法治宣传工作。将法治建设纳入中心组学习和干部教育培训内容，编纂《防震减灾法律法规及重要文件汇编》，着力提升系统内行政执法人员法治素养。

（3）加强防震减灾行政执法。推进行政执法队伍建设，制定《关于加强防震减灾行政执法队伍建设的通知》，组织开展全省防震减灾领域执法队伍清理摸底工作。安排参加中国地震局应急管理综合行政执法培训2期4人，组织四川省地震局机关13名人员参加省行政执法资格培训，办理2名同志行政执法监督证。健全完善"双随机、一公开"监督平台，督促落实行政执法"三项制度"，促进行政执法规范化。制定《行政执法制服管理办法》，组织开展行政执法制服采购工作，反馈行政执法专用车辆配置工作意见，配合开展地方应急综合行政执法队伍建设。协同开展四川省内地震安评从业单位安评报告质量专项检查，推进"双随机、一公开"工作。筹划开展阿坝地区水库地震监测专项执法检查，配合开展中国地震局《中华人民共和国防震减灾法》修订调研组，赴宜宾、雅安等地开展立法调研。协助全国人大及四川省人大教科文卫委赴阿坝、成都等地开展《中华人民共和国防震减灾法》贯彻落实情况专项调研。向省人大社会建设委员会作了地震预警立法专题汇报。指导邛崃、雅安等地区配合地方人大开展调研工作。

（4）积极推进地震标准化工作。成功将《四川省区域性地震安全性评价技术规程》纳入省地方标准制定计划，完成文稿起草、意见征集、专家论证等程序，即将报审。《紧急地震信息—地震预警》地方标准完成2次修改，协调相关单位推进制订工作；强化地震标准执行。下文对乡镇行政区划调整改革后第五代地震区划图的适用提出要求，原则上就高不就低，加强强制性标准执行工作。认真贯彻落实中国地震局地震预警信息发布指南，加强宣传，督促落实，促进地震预警信息发布标准化；及时学习宣贯中国地震局新实施的《地震台站建设规范 全球导航卫星系统基准站》《地震观测仪器进网技术要求 地下流体观测仪 第1部分：压力式水位仪》《地震观测仪器进网技术要求地震仪》等行业标准，推动落地落实，切实规范相关业务开展。

3. 防震减灾科普宣传

（1）积极参与全国科普大会工作。组织四川省市县防震减灾部门及四川省地震局属有关单位人员组成的代表团参加全国第二届防震减灾科普大会及成果成就展。配合开展科普宣传，协调省内主流媒体记者参加新闻发布会报道工作，派出2名工作人员参与具体事务，参与相关文稿编写，完成配套活动组织，为大会圆满召开做出积极努力。

（2）积极开展重要时段科普宣传。将"地震防灾避险"纳入春季开学第一课，组织做好全国中小学生安全教育日系列活动。组织市县部门在芦山地震、汶川地震、叠溪地震、唐山地震纪念日及防灾减灾日、科技活动周、国际减灾日等重要时段，开展形式多样、内容丰富的科普活动，推动防震减灾科普宣传向基层和群众延伸。有效开展云南漾濞6.4级地震、青海玛多7.4级地震、四川泸县6.0级地震等应急科普宣传工作，维护社会秩序稳定。举办川渝地震专家在线访谈等活动，强化地震预警科普宣传。成功举办全省防震减灾科普讲解大赛，协办全国防震减灾科普讲解总决赛，荣获一等奖、三等奖各1项及优秀组织奖。组织参加全国防震减灾科普作品大赛，发动全省市县部门踊跃参与。举办全省防震减灾科普知识大赛，省内外10余万人次参加。参与全国中学生地球科学知识决赛，3人进入国家队夏令营。

（3）积极开发防震减灾科普产品。完成《地震知识一卡通》之监测预报预警、灾害风险防治两大系列产品制定，出版科普读物1本。组织开展《沉浸式科普手游》项目研究1项，启动实施水库地区科普宣传项目1项。科普微视频《吹爆全网的地震预警是什么黑科技》荣获科技部全国优秀科普微视频一等奖。

（4）积极开展示范创建认定工作。联合四川省应急、教育、科技、科协等部门共同制定《四川省防震减灾科普示范学校和教育基地认定管理办法》。组织国家示范学校和教育基地申报工作，推荐10所学校为国家示范学校。协同开展2021年度省级防震减灾科普示范学校和教育基地认定工作，认定省级示范学校42所、科普教育基地1处。

（5）积极协调社会力量参与科普。协调中国人保财险四川分公司参与全省防震减灾科普知识大赛，给予赞助。组织退休人员深入基层和群众举办科普讲座20场次，受众达到6000余人。

（四川省地震局）

贵州省地震局

1. 防震减灾公共服务

贵州省地震局深化"放管服"改革,加强项目甄别和行政许可,压缩办理时限,完成"一网通办"等改革任务,在线行政审批22项全部限时办结。2021年8月,重新修订贵州省地震局行政权力运行流程图(2021年版),规范行政权力运行。2021年7月,动态调整并在局网站公布贵州省地震局权力清单和责任清单目录(2021),营造良好的地震安全营商环境。

2021年完成贵阳北站特大桥、织金煤化工等24个重大建设工程地震安全性评价工作,为重大工程科学选址和抗震设防提供服务。优化"12345"在线政务服务机制,打造良好的在线服务环境。

2. 防震减灾法治建设

开展法律法规宣传。组织参加普法云平台无纸化学法用法及考试、微信推送各种法律法规知识、黔微法宣APP竞赛答题等活动。在贵州省地震局广泛开展学法教育,弘扬法律精神,依宪执政等理念,大力宣传新颁发的《建设工程抗震管理条例》等法规规章。深入宣传国家标准、行业标准,引导社会主体依法参与防震减灾活动。2021年12月3日,贵州省地震局组织新任处级干部和新入职人员举行宪法宣誓仪式,局领导领誓和监督,全局干部职工现场观礼,为新入职人员赠送《宪法》宣誓读本。

推进地震预警立法。2021年10月,按照贵州省司法厅工作部署,贵州省地震局报送了2022年立法项目立项申请的函。2021年11月12日,贵州省司法厅开始贵州省人民政府立法建议项目网络投票,贵州省地震预警管理办法作为预备立法项目参与投票。

3. 防震减灾科普宣传

举办2021年贵州省中学生防震减灾知识大赛。2021年8月16—22日,面向全省中学生举办2021年防震减灾知识大赛,网上答题活动开展7天,累计答题人数8129人,累计答题人次为19131人次。贵州省教育厅、团省委、省文明委和省地震局等单位联合表彰6个大赛团体、10个优秀组织集体、46名优秀指导教师和135名优秀个人。

开展2021年省级防震减灾科普教育基地和科普示范学校评选活动。经过积极创建准备,2021年贵州省共有25所学校申报省级防震减灾科普教育基地和科普示范学校,经严谨评审,评选出凯里市第二十五小学等14个省级防震减灾科普示范学校和平坝区天龙中心小学1个省级防震减灾科普教育基地。1家单位获评国家级防震减灾科普教育基地,2所学校获评国家级防震减灾科普示范学校。

重要时间段开展科宣传。2021年5月12日所在周,贵州省地震局与贵州省减灾办、贵州省应急厅在贵阳市筑城广场共同开展贵州省2021年防灾减灾日活动,现场回答、交流地震科普知识,向群众发放《你的避震小知识》等防震减灾科普宣传资料5000余份,接待咨询群众200余人次,并组织专家到学校、银行、社区、基层开展科普知识培训、宣传。2021年7月28日,开展唐山大地震45周年宣传活动,组织贵州省50余人赴唐山参观防震减灾科技成果展,组织全省地震系统工作人员通过网络直播同步观看防震减灾科技成果展,组织离退休老干部、在职干部职工走进社区,开展防震减灾科普宣传活动。2021年9月11—17日,开展全国科普日宣传。在贵州省地震局网站设置飘窗,加挂《风险普查宣传短视频》《贵州省防震减灾条例》等法律法规内容,制作防震抖音宣传视频,组织观看《凝视》、"走近地震 探秘科技""自然灾害的空间观测与空间灾害"等网络直播和网络讲坛视频。2021年10月13日开展国际减灾日科普宣传。制定印发实施活动方案,张贴宣传海报,制作抖音小视频、宣传品,参加省广播电台专题访谈,开展进社区现场宣传等系列活动。

(贵州省地震局)

云南省地震局

1. 防震减灾公共服务

云南省地震局按照中国地震局《推进防震减灾公共服务的工作思路》,从制定公共服务相关管理制度,开展服务清单评估,提供地震预警信息公众服务,加强学校防震减灾科普服务等方面,制定年度公共服务工作计划。赴四川省地震局调研了解学习公共服务做法和经验。参加中国地震局公共服务司组织的集中工作和调研座谈会,汇报云南省地震局机构改革以来开展公共服务的情况,深入分析存在的问题和困难,开展深入交流研讨,进一步明晰公共服务工作思路。

以中国地震局公共服务事项清单管理办法为指导,结合云南实际,制定《云南省地震局公共服务事项清单管理办法(试行)》,明确公众服务、专业服务、决策服务、专项服务的具体领域和内容,明确事项清单的新增、取消、冻结、变更等相关内容和要求,为清单的动态管理打下制度基础。

按照中国地震局要求,对云南省地震局2020年制定印发的第一批公共服务事项和产品清单实施情况开展评估,对存在的问题进行了初步整改。

2. 防震减灾法治建设

配合中国地震局法规司到云南昭通、大理开展《中华人民共和国防震减灾法》修法专题调研,组织教育、司法、自然资源、住房和城乡建设、交通运输、卫生健康、应急等部门和各州市地震部门,以及云南省地震局各处室、各单位通过现场和视频形式参与调研,提出修法意见和建议。派出专家参与完成《中华人民共和国防震减灾法》修订工作。完成《地震预警信息发布》地方标准立项网上申报工作,按照云南省市场监督管理局的评审意见进一步修改完善文本。

开展制度建设年活动,细化规范性文件的征求意见、集中审查等环节的工作要求,完成《云南省地震局规范性文件制定和备案管理办法》修订印发,提升制度制定水平。召开3次规范性文件集中审查,共审查规范性文件33件,正式印发19项制度。局属事业单位和地震监测中心站共制定管理制度50余项。

加强州市地震部门开展抗震设防要求监督管理的指导,建设工程抗震设防要求审核和竣工验收纳入云南省工程建设审批系统。按照事中事后监管工作计划，完成曲靖宣威万家口子水电站、红河泸西云鹏水电站和个旧马堵山水电站的地震行政检查，对水电站抗震设防、地震应急预案、水库地震监测台网的建设、运行、数据产出等情况进行综合检查，并现场反馈了检查结果和初步整改意见。加强安评从业单位监管，完成6个安评项目和1个区评项目的地震安全性评价报告检查。

加强地震监测环境保护工作，通过部门间协商机制，完成云南省78个工程建设项目的地震观测环境影响审查工作，有效推进丽江、洱源、永胜等地震台的观测环境保护。

严格落实政府法律顾问制度，聘请法律顾问，并在重大制度建设、重大决策等方面充分咨询法务意见。组织相关部门人员参加应急管理部执法培训班，完成2021年度地震行政执法证集中换证和新证申领工作，76人持地震行政执法证。

组织完成全民国家安全教育日普法宣传活动，完成《中华人民共和国民法典》学习答题活动和《中华人民共和国退役军人保障法》学习宣传活动，组织开展"国家宪法日"期间的普法活动，举办宪法宣讲培训。1名工作人员获得全国普法工作（2016—2020年）先进个人表彰。

3. 防震减灾科普宣传

加强防震减灾科普顶层设计，以云南省人民政府办公厅印发的《云南省"十四五"防震减灾规划》为指导，制定《云南省"十四五"防震减灾科普工作规划》，构建"政府主导、部门协同、社会参与"的防震减灾科普工作格局。

云南省地震局与云南省教育厅联合开展防震减灾教育进校园"五个一"活动，为全省中小学校编制一本工具书、开展一场科普讲座、组织一次应急疏散演练、打造一批试点学校、开展一次总结交流。出版《防震避险知与行》口袋书1本、《地震囧历险记》科普绘本1本、科普示范课件5部，制作的《学校地震应急演练宣教片》在"全省初高中安全教育'开学第一课'"推广，央视频等媒体同步直播，全省4580所学校、教育机构，290万师生、家长观看。2部科普作品获得中国地震局优秀奖。1部作品获国际防震减灾科普作品大赛三等奖。

云南省地震局与云南经贸外事职业学院应急管理学院承办云南省校园安全稳定高校辅导员培训班，为来自全省的2100名高校辅导员讲授校园地震安全知识。

举办第四届全省防震减灾科普讲解大赛，21名选手参赛，1名选手获得全国大赛二等奖，云南省地震局获得优秀组织奖。举办第三届全省中学生防震减灾知识竞赛，11个代表队参赛。

组织开展网络知识竞赛活动，7.4万人参与。推动科普社会化探索，联合诚泰保险公司开展线上小小科普讲解员比赛，340名学生参赛，16万人投票，访问量达141万人次。

2所学校被认定为国家级防震减灾科普示范学校，2个教育基地被认定为国家级防震减灾科普教育基地。

2021年云南省地震局组织全省地震部门利用日常和重点时段开展集中宣传690次，接受咨询12.9万人次，发放材料110万份（册）；举办科普讲座832场，直接受众102.5万人；开展应急疏散演练2312次，参与人数96.4万人；科普基地（馆）开放395场次，接待现场参观1.2万余人次，线上科普馆阅读4.7万人次；组织59人次接受媒体采访，在各级各类媒体推送、播出科普作品 651 件次；举办知识竞赛 22 次，参与人数 8 千余人；举办 4 次讲解竞赛，参与人数 256 人。

（云南省地震局）

西藏自治区地震局

1. 防震减灾公共服务

西藏自治区地震局制定印发《西藏自治区地震局 2021 年全面深化改革工作要点》，对全年改革任务进行安排部署，明确工作方向和重点任务。根据新"三定方案"和事业单位岗位设置方案，进一步细化部门职责和各事业单位岗位设置方案，及时将机构和人员调整到位。根据地震中心站设置方案，积极推进省级地震台和中心站改革工作。

对西藏自治区自然资源厅、发改委等单位的 20 余份征求意见稿提出回复意见。会同公共服务中心对"定日县 110 千伏变电站选址意见""拉康水电站选址意见"等 13 个区内重点项目给予技术支持。

会议传达 2021 年全国地震局长会议精神，部署地震灾害风险普查和地震易发区房屋设施加固两大工程及 2021 年自治区防震减灾工作。各地（市）地震局汇报辖区内防震减灾工作及存在的问题，就如何推进地（市）防震减灾工作进行深入交流研讨。

2. 防震减灾法治建设

2021 年度《西藏自治区地震预警管理办法》列入西藏自治区人民政府规章立法计划一类项目。会同西藏自治区司法厅先后完成立项、草案起草、征求意见、立法调研等工作。2021 年 5 月，由西藏自治区地震局党组书记哈辉同志带队，自治区地震局、司法厅、地（市）地震局一行 8 人赴福建、广东开展调研。2021 年 7 月，自治区副主席多吉次珠主持召开政府专题会议研究《西藏自治区地震预警管理办法（草案）》。会后，自治区地震局、司法厅根据专题会议精神对《西藏自治区地震预警管理办法（草案）》再次进行修改完善。8 月 24 日，自治区党委副书记、主席齐扎拉主持召开自治区人民政府第 69 次常务会议，审议通过《西藏自治区地震预警管理办法（草案）》。《西藏自治区地震预警管理办法》共 36 条，从地震预警系统规划与建设、地震预警信息发布与处置、监督管理与保障、法律责任等方面作出规定。

西藏自治区地震局落实法律顾问制度，为发财、监测、纪检等部门提供法律服务 21 次。邀请法律顾问为全局干部职工开展法律知识讲座，局机关全体在岗干部职工 40 余人参加讲座。积极参加自治区法制办举办的各类普法活动，参加普法讲座，申报执法资格人员名单培训，扩充执法队伍。

3. 防震减灾科普宣传

开展"5·12"防灾减灾日宣传教育活动。西藏自治区地震局按照《关于做好 2021 年全国防灾减灾日防震减灾科普宣传活动的通知》和《自治区减灾委员会办公室关于做好 2021 年防灾减灾日有关工作的通知》要求，制定《西藏自治区地震局防灾减灾宣传周活动方案》。具体内容为：在宇拓路开展防灾减灾知识宣传一条街宣传活动；在拉萨市第二中学举行自治区级防震减灾科普示范挂牌仪式，开展防震减灾知识培训、指导应急疏散演练；在西藏广播电台广播栏目中接受防震减灾科普访谈，传播应急避险、自救互救知识；在拉萨市堆龙德庆区开展防震减灾科普知识进寺庙、进乡村活动。组织专家多次在自治区党校进行科普知识讲座。根据方案，各地市地震局和驻村工作队进行多种形式的宣传工作。各地（市）地震局在自治区地震局业务指导下，整合资源、集中力量纷纷走上街头开展贴近实际的防震减灾知识宣传教育活动。各地（市）地震局根据自身优势举办有单位特色的宣传项目，积极开展地震应急避险、疏散演练活动等防震减灾科普"七进"活动。7月积极组织参加以第二届全国防震减灾科普大会和防灾减灾救灾应用技术成果暨新唐山建设45周年成就展。10月阿里地区地震局启动"阿里地区2021年防震减灾流动科普宣传下基层"活动，深入基层普及防震减灾科普知识。

西藏自治区地震局联合教育厅、科协、团区委组织开展2021年度西藏自治区防震减灾科普示范学校认定工作，认定拉萨市第二中学、拉萨市城关区拉鲁小学、山南市完全中学、山南市乃东中学、林芝市巴宜区中学等5所学校为西藏自治区2021年防震减灾科普示范学校。

（西藏自治区地震局）

陕西省地震局

1. 防震减灾公共服务

2021年，陕西省地震局建立防震减灾数据服务平台，面向政府、社会、行业不同用户提供分类服务。制定《陕西地震数据服务网运维管理办法（试行）》《陕西地震数据服务网运维细则》，明确管理部门、运维部门和产品制作部门具体职责。推动活动断层探测、小区划成果服务城市规划建设、服务国土空间规划，为西安市变电站建设、咸阳市机场公路选址、安康市镇坪通用机场选址及多个安评项目提供活动断层信息咨询服务。

2. 防震减灾法治建设

印发《陕西省地震局2021年法治建设工作要点》《陕西省地震局行政规范性文件制定和管理办法》，深入推进防震减灾法治化建设。积极开展主要负责人"坐窗口、走流程、跟执法"活动，了解社会需求、查找存在问题，制定解决措施，全面推动政务服务事项在线办理水平。配合开展应急管理综合执法改革。

3. 防震减灾科普宣传

组织第五届全国防震减灾科普讲解大赛陕西选拔赛，选拔4名选手参加全国预赛，获三等奖2项。围绕"5·12"防灾减灾日等重点时段，全省共开展500多项宣传活动，散发各类防震减灾宣传资料、图册近100万份（册），展出展板近10000板次，举办专题讲座300余场，组织各类地震应急疏散演练超3000场，各类报纸报道300余篇，直接参与群众达200多万人次。科普视频《漫话地震科学史》《可怕的地震次生灾害》被评选为2020年度陕西省优秀科普微视频，陕西省地震局官方微博位列地震系统排名前十。印发《陕西省防震减灾科普示范学校认定管理办法（试行）》，申报国家级科普示范学校10所和科普基地1个。

（陕西省地震局）

甘肃省地震局

1. 防震减灾公共服务

甘肃省地震局完善制度建设，编制印发公共服务事项清单和产品清单。

梳理完善甘肃省地震局防震减灾公共服务事项清单。为加快构建甘肃省地震局公共服务业务体系，积极推动公共服务产品研发，不断提高甘肃省防震减灾公共服务水平，增强人民群众获得感，根据中国地震局公共服务事项清单，从满足人民群众需要、社会需求、政府要求的维度，依据法定职责和"三定"方案，立足于目前的实际公共服务能力，着眼于防震减灾公共服务工作的长远发展，分类梳理和完善防震减灾公共服务事项，构建能够满足不同需求、层次清晰的服务事项，编制印发《甘肃省地震局公共服务事项清单（内部试行）》。甘肃省地震局公共服务事项清单涵盖公众服务、专业服务、决策服务和专项服务4个系统28个服务事项，成为服务人民群众、服务社会、服务政府的重要抓手。

编制印发甘肃省地震局第一批公共服务事项和产品清单。根据《甘肃省地震局公共服务事项清单（内部试行）》，制定发布《甘肃省地震局第一批公共服务事项和产品清单（内部试行）》，第一批产品清单共22项服务内容。产品清单综合考虑不同服务对象的需求、服务产品成熟度和服务能力等因素，明确产品名称、提供方式、指导部门和承担单位。要求各有关部门、单位进一步夯实基础，细化指标，规范服务供给，保障服务质量，加强对产品提供和运维服务等的指导和检查，配合做好事项清单管理，对服务产品的服务状况、服务效果及服务对象满意度进行评估，提出服务事项和产品调整优化建议。

配合推进甘肃省数字政府建设，积极开展政务服务。组织完成甘肃省地震局7个政务服务事项和2个公共服务事项的梳理工作，编制实施清单。开展14个市州地震部门、兰州新区应急管理局和86个县市区地震部门的政务服务事项认领工作培训，指导完成省市县三级政务服务事项的认领和实施清单编制工作。贯彻落实甘肃省"放管服"和"互联网+监管"工作要求，推进网上政务服务提质提标，落实"跨省通办""省内通办"和"一网通办"工作要求。完成12345政府服务便民热线与防震减灾公益服务电话12322的整合工作。落实黄河流域9省区防震减灾公共服务协作机制，向河南省地震局整理报送黄河流域甘肃段的历史地震资料；参加了中国地震灾害防御中心组织的中国地震局公共服务平台建设项目建议书的编写。制定印发《甘肃省地震预警信息发布指南》和《甘肃省地震监测中心站科普宣传工作规定》。

2. 防震减灾法治建设

（1）组织完成《甘肃省防震减灾条例》的修订工作。《甘肃省防震减灾条例》于10月

25 日通过甘肃省政府常务会议审议，11 月 25 日通过甘肃省人大常委会第一次会议审议，将于 2022 年 3 月二审。

（2）结合重要时段积极组织开展普法工作。开展 2021 年全民国家安全教育日普法宣传活动，印发《甘肃省地震局 2021 年全民国家安全教育日普法宣传活动方案》。6 月 17 日邀请兰州大学法学院副院长迟方旭教授开展"美好生活·民法典相伴"主题讲座；12 月 3 日邀请西北师范大学法学院王宏英教授作题为"第五次修宪及新时期的宪法实施路径"专题讲座。

（3）指导市县开展地震行政执法工作，强化执法队伍培训。开展市县地震行政执法工作调研，统计汇总了市县地震部门取得行政执法证的人员名单和近 5 年的地震行政执法数量；组织震防处、监预处 3 人参加应急管理部和中国地震局组织的应急管理综合行政执法证考试培训。

3. 防震减灾科普宣传

（1）积极谋划年度防震减灾科普宣传工作。编制印发《甘肃省 2021 年防震减灾宣传教育工作方案》，成立甘肃省防震减灾科普创作团队和科学传播师队伍。以庆祝建党 100 周年和党史学习教育工作为契机，宣传贯彻习近平总书记防灾减灾救灾重要论述和防震减灾重要指示批示精神。着力提升公众防震减灾科学素质和应急避险、救灾救助能力，落实全民科学素质提升计划，着力构建防震减灾宣传教育长效机制，培育传播防震减灾文化，加强舆论引导，加大宣传力度和广度，通过开展"七进"和"平安甘肃"等系列科普宣教活动，普及地震灾害防抗救知识、方法和技能，推动科普宣传常态化和社会化，为防震减灾事业改革发展营造良好社会氛围。完成《甘肃省"十四五"防震减灾科普规划》的起草工作，征求甘肃省委宣传部、科技厅、教育厅、科协和地震局各部门、单位的意见。

（2）认真组织开展重点时段防震减灾科普宣传。充分利用建党 100 周年、中国地震局成立 50 周年、"5·12"防灾减灾日（宣传周）、"7·28"唐山大地震纪念日、10 月 13 日国际减灾日、科技活动周等重要时段，协调应急、教育、科协等部门，开展防震减灾科普知识宣传教育活动。在"5·12"防灾减灾日（防震减灾宣传周）、"7·28"唐山大地震纪念日、10 月 13 日国际减灾日等重要时段，组织参加兰州金轮广场大型现场活动，开展电视专家访谈、科普教育基地开放、移动电视传媒、微信、微博、抖音、快手、今日头条等新媒体平台形式多样的科普宣传活动。全省地震系统共举办各类现场宣传活动 100 多场次，开放防震减灾科普场馆 9 个，在公交、地铁移动传媒累计播放科普短片 600 分钟，受众 500 多万人次。

（3）组织开展防震减灾科普教育基地和防震减灾示范学校认定工作。完成了《甘肃省防震减灾科普教育基地管理办法》和《甘肃省防震减灾示范学校管理办法》修订，完成 2021 年省级防震减灾科普教育基地和科普示范学校的评审认定，新认定省级科普示范基地 2 个；组织推荐 2021 年国家防震减灾科普教育基地和科普示范学校的认定工作，新认定国家级防震减灾科普示范学校 6 所，科普教育基地 2 个。

（甘肃省地震局）

青海省地震局

1. 防震减灾公共服务

2021年，青海省地震局制定印发《青海省地震局2021年度防震减灾公共服务工作计划》《青海省地震局公共服务事项清单管理办法（试行）》《青海省地震局防震减灾公共服务清单（第一批）》的通知，建立公共服务清单管理机制，第一批公共服务清单共4类27项36种服务产品。

2. 防震减灾法治建设

2021年，青海省地震局印发贯彻落实《法治中国建设（2021—2025年）》工作计划，完善防震减灾法规体系建设。将《青海省地震预警管理办法（审议稿）》《青海省地震监测设施和地震观测环境保护条例（审议稿）》《青海省农村牧区住房抗震设防要求管理办法（草案）》及附件材料报送省司法厅，参与全省2022年立法计划；完善青海省区域安评管理办法、青海省地震避难场所建设标准、青海防震减灾示范基地和示范学校管理办法等行业规范和标准；印发《青海省区域地震安全性评价工作管理办法》和《青海省地震局行政规范性文件制定和备案管理办法》；将地震安全性评价、地震监测设施与观测环境保护纳入省投资项目审批流程，办理行政许可、行政确认事项和地震安全性评价单位备案。配合全国人大对《中华人民共和国防震减灾法》实施情况开展调研，编写上报《关于全国人大教科文卫赴青调研防震减灾法实施情况的报告》和《青海省贯彻实施〈中华人民共和国防震减灾法〉情况汇报》。举办第三期青海省地震系统领导干部法治能力提升培训班。

3. 防震减灾科普宣传

2021年，继续推进地震标准化，开展第五代地震区划图、房屋设施加固工程技术标准培训宣传；举办年度防震减灾科普讲解大赛暨第五届防震减灾科普讲解大赛青海赛区选拔赛；在"4·14""5·12"、全国科普日和国际减灾日等重点时段进行专题宣传；举办防震减灾科普讲座96场、应急疏散演练70余次、制作展板600余块、悬挂横幅20余条、发放科普资料3万余份；在青海玛多7.4级地震期间，创作《地震应急 我们在行动》（一、二）、《抗震救灾 我们一直在行动》等宣传视频。

（青海省地震局）

宁夏回族自治区地震局

1. 防震减灾公共服务

印发《宁夏回族自治区地震局2021年公共服务要点》，从推动防震减灾服务提质增效、营造防震减灾良好社会氛围、确保防震减灾法治建设成效等三个方面，谋划部署20条防震减灾公共服务重点工作任务。根据中国地震局《关于印发〈中国地震局公共服务事项清单（内部试行）〉等3个文件的通知》要求，完成第一批公共服务事项和产品清单实施情况自评估工作。积极落实中国地震局巡视整改工作要求，增强防震减灾公共服务产品供给，以《宁夏回族自治区防震减灾条例》和宁夏回族自治区地震局"三定方案"为基本依据，编制印发《宁夏回族自治区地震局公共服务事项和产品清单（内部试行）》《宁夏回族自治区地震局公共服务事项清单管理办法（试行）》，进一步明确公共服务事项责任部门、主要承担单位、责任人、服务产品，夯实公共服务发展基础。

2. 防震减灾法治建设

认真学习贯彻2021年初修订的《国家防震减灾科普教育基地认定管理办法》《国家防震减灾科普示范学校认定管理办法（试行）》，加强与宁夏回族自治区应急厅、教育厅、科技厅和科协沟通协调，联合印发《宁夏回族自治区防震减灾科普教育基地管理办法（试行）》和《宁夏回族自治区防震减灾科普示范学校管理办法（试行）》，填补政策空白，为市县开展示范创建活动提供政策和制度保障。

3. 防震减灾科普宣传

强化防震减灾科普顶层设计。根据宁夏回族自治区人民政府督查室《关于办理自治区人大常委会〔2021〕23号审议意见的函》要求，将加强全区防震减灾科普工作作为落实整改的重要举措之一，积极与自治区党委宣传部、教育厅、科技厅、应急厅和科协沟通对接，联合印发《关于加强新时代宁夏防震减灾科普工作的实施意见》，对进一步深化各地各级各部门合作，强化资源共享，切实做好新时代防震减灾科普工作，提升全民防震减灾科学素质，提高全社会防震减灾综合能力等，提供了政策支持。

积极开展国家防震减灾科普教育基地和科普示范学校认定、创建工作，组织市县地震部门在综合考虑科普教育基地和科普示范学校的布局、防震减灾科普成效、引领带动作用等情况的基础上，择优推选2个科普教育基地和2所科普示范学校参与国家防震减灾科普教育基地和科普示范学校创建活动，在指导督促其认真做好材料申报等工作过程中进一步夯实其防震减灾科普教育的各项软硬件基础。联合自治区应急厅、气象局，组成全国综合减灾示范社区创建核查工作组，深入民生社区、花园社区、金融社区等20个社区，详细了解各社区综合减灾措施做法，实地查看应急物资储备点、应急避难场所、防灾减灾知识宣传栏、综合减灾体验馆等基础设施和宣传阵地，对各创建社区提出抓好防震减灾宣传教育、应急救援志愿者队伍和地震应急疏散演练等方面的工作建议，基层社区的防震减灾阵地功能得到了进一步夯实。

积极开展防震减灾主题宣传。联合5个市县地震局，在银川市第九中学阅海分校举办"宁夏回族自治区防震减灾科普讲解大赛暨第五届全国防震减灾科普讲解大赛"选拔赛。各主办单位紧密围绕庆祝建党100周年主题，积极贯彻"防震减灾 科普先行"的工作理念，认真筹备，宣传推动，吸引防震减灾从业者、教师、民间救援社会志愿者、科普工作者等社会各界人士积极参与。宁夏回族自治区地震局被第五届全国防震减灾科普讲解大赛赛事组委会评选为优秀组织单位。在全国中小学生安全教育日、防灾减灾日、唐山大地震纪念日、国际减灾日等重点时段，有序开放全区国家级、自治区级的防震减灾科普教育基地，积极发放防震减灾宣传品，举办防震减灾专题讲座，讲解地震观测基本知识等，开展"两微一端"集中宣传、防震减灾知识"五进"活动等，不断提高全民防震减灾科学素质，营造防震减灾良好社会氛围。在科技活动周和全国科普日期间，分别参与"百年回望：中国共产党领导科技发展"2021年宁夏科技活动周和2021年宁夏（银川）全国科普日暨第六届宁夏青少年科学节活动，通过现场布展的形式宣传宁夏地震预警工程，普及防震减灾知识，有效扩大社会影响面。积极参与中国地震局公共服务司举办的防震减灾科普"随手拍"活动，组织自治区地震局和石嘴山市地震局、石嘴山市科技馆人员拍摄地震应急避险短视频2部，利用微信、微博、抖音在第二届全国防震减灾科普大会期间进行集中宣传，充分发挥新媒体矩阵优势，切实增强宣传实效。

夯实防震减灾科普基础能力。组织防震减灾科学传播师，制作面向不同群体的专用课件，面向社会公众开展"地震科普传播师基层行"活动，多方面、多角度、多层次推进基层培训，使大家对地震理论知识和防震减灾业务工作有了更深入的了解。剪辑制作的30秒宣传短视频《地震来了怎么办》《地震预警你真的懂吗》，在防灾减灾日、唐山大地震纪念日期间分别通过银川市内政府机关、医院、商场、公寓小区、酒店宾馆的楼宇广告和810辆公交车载电视向市民滚动播放，切实提高防震减灾知识宣传覆盖面。依托市县地震部门，利用各种时机，向社会公众发放《防震减灾宣传知识手册》《防震减灾科普作品选》、防震减灾手提包等宣传品，切实打通防震减灾知识宣传"最后一公里"。通过微信公众号"宁夏地震信息服务"，积极开展防震减灾知识有奖竞答活动，着力普及地震监测、地震预警、抗震设防、应急避险、自救互救等科学知识。

（宁夏回族自治区地震局）

新疆维吾尔自治区地震局

1. 防震减灾公共服务

服务重大活动。2021年，新疆维吾尔自治区地震局（以下简称新疆地震局）制定专项地震安保方案，做好全国"两会"、庆祝建党100周年等重大活动、特殊时段地震安全保障服务。主动为"4·10"呼图壁煤矿透水事故救援提供震情监测与研判服务；开展非天然地震事件监测分析，为矿山、石油化工企业安全生产提供技术支持；快速提供206次3.0级以上（含乌鲁木齐2.0级以上）精细化地震参数；及时向党委政府上报震情等信息，新疆地震局获年度"自治区党委信息工作表现突出单位"。

规范公共服务管理。制定2021年度防震减灾公共服务计划，印发《新疆维吾尔自治区地震局公共服务事项和产品清单（内部试行）》《新疆维吾尔自治区地震局公共服务事项清单管理办法（试行）》；建立公共服务清单管理机制，开展公共服务情况评估。

拓展公共服务渠道。利用自有平台（网站、官方微博微信、抖音等新媒体）做好信息服务。根据新疆地震局第一批公共服务产品清单，协调相关部门将6项公共服务产品通过局网站予以提供；新疆政务服务网和新疆政务服务APP实现新疆地震动参数查询和新疆地震速报信息查询功能；补充完善自治区一体化在线政务服务平台办事流程、办理环节等信息，编制服务手册并派驻工作人员进驻政务服务大厅综合窗口。

推进服务热线整合。将新疆地震局12322防震减灾公益服务电话整合归并至自治区

12345政务服务便民热线工作，并指导地、州、市服务热线整合工作；组建"12345"咨询专家组，明确部门职责，增设相关账号，组织相关人员参加培训；梳理录入知识库、法律汇编等相关资料。

2. 防震减灾法治建设

强化组织领导。根据机构改革推进，调整新疆地震局普法依法治理工作领导小组成员，形成党政一把手负总责，一级抓一级、层层有人管、层层抓落实的良好局面。制定2021年度新疆地震局普法依法治理工作要点，明确各项普法依法治理任务和责任部门。

加强法治文化建设。利用中国地震局继续教育网平台、法宣在线平台、学习强国等线上教育平台，组织开展日常学习；利用电梯、楼宇电视、大屏幕、宣传栏、新媒体，开展线上线下主题宣传，加强法治文化建设，营造浓郁学法氛围；在"宪法宣传周"开展与法同行活动，新疆地震局党组书记、局长吕志勇作了题为《以习近平法治思想为引领 奋力开创"八五"普法工作新局面》的宣讲。

加强普法宣传。持续开展"服务总目标普法行"主题实践活动。深入学习宣传习近平总书记有关疫情防控重要讲话、重要文章、重要指示精神。大力宣传防震减灾法律、行政法规、地方性法规、规章和国家标准、行业标准，推动防震减灾依法治理能力提升。《新疆维吾尔自治区地震预警管理办法》作为公务人员必修课纳入法宣在线平台，创作的"《新疆维吾尔自治区地震预警管理办法》知多少"视频短片获得中国地震局科普作品二等奖。

强化法治监督。举办2021年度地震行政执法培训，配发地震行政执法指南及相关资料。开展国家工作人员网络学法考法，并加强考试结果运用。组织《防震减灾法（修订草案征求意见稿）》讨论，提出修改意见并报送中国地震局。印发《新疆维吾尔自治区地震预警管理办法职能分解表》，指导各地防震减灾法定职能落实；梳理调整新疆地震局权责清单并指导地、州、市防震减灾工作主管部门开展权力清单调整制定；指导新疆生产建设兵团机构承接防震减灾法定职能。制定《新疆地震局行政规范性文件合法性审核规程》并实施。完成地方性法规、政府规章、行政规范性文件清理工作。与应急管理部门协同推动应急管理综合执法改革。

3. 防震减灾科普宣传

利用新媒体，持续做好线上宣传。新疆地震局官方微博粉丝量达132万，2021年以来官方微博共发布信息2000余条。局微信公众号共发布400余篇，局官方抖音号共发布短视频40条。乌鲁木齐市建成社区地震科普体验馆，防震减灾科普网络直播1小时获10余万网友关注和15万点赞。巴州科普进公交全覆盖。

加强科普创作、推广和共享。2021年，制作科普展板、长图、挂图、手册20余种。完成以"地震安全小卫士"卡通形象为元素的原创科普视频8个，累计播放量达530万次。制作包含科普宣传资料的"地震安全小卫士"卡通闪存盘，分发自治区相关厅局，地、州、市防震减灾工作主管部门和地震监测中心站以及访惠聚住村工作队。授权自治区科协将地震局原创的科普视频翻译成维、哈两语言推广至全疆。出版发行70万字的科普著作《科学解读自然灾害》。

利用重要时间节点，提升宣传影响力。加强组织策划，先后组织开展全国中小学生安全教育日、"5·12"防灾减灾日、"7·28"唐山大地震纪念日、全国科普日和国际减灾日等重要时间节点的科普宣传活动。其间，开展防震减灾知识"六进"活动70余次，组织接待防震减灾移动科普馆参观20余场次、前往学校布展5场次；吐鲁番市、哈密市将防震减灾知识教育纳入党校培训。喀什地区将防震减灾知识纳入农村"三结合"宣讲。克州举办宣讲活动1500余场次，讲座1100余场次。塔城地区、克拉玛依市举办青少年校外地震科普实践活动。新疆地震局获第五届全国防震减灾科普讲解大赛一等奖，获2021国际防震减灾科普作品大赛展教具类一等奖、短视频类二等奖，5人获得中国地球科学奥林匹克竞赛暨"海亮杯"第二届全国中学生地球科学竞赛铜奖。

加强应急响应，做好科普联动宣传。根据新疆地震局地震应急相应工作要求，及时发布震情、科普、应急工作动态，加强舆情监控。跟踪分析科普信息传播影响力，及时回复咨询评论，回应社会关切。同时根据震区需要，配合选派科普人员深入灾区开展科普宣传，落实多震省局应急科普联动宣传工作任务，启动并参与应急科普宣传联动10余次。

加强示范创建。修订新疆维吾尔自治区《防震减灾科普示范学校认定管理办法》和《防震减灾科普教育基地认定管理办法》，并联合自治区应急管理厅、教育厅、科协共同印发，联合组织开展2021年自治区级示范创建工作；推荐9所学校和2个科技馆申报国家级防震减灾科普教育基地和科普示范学校，其中克拉玛依第十六小学、乌鲁木齐第七十四中学获得2021年全国防震减灾科普示范学校称号。北彩门社区防震减灾科普体验馆通过验收并开门接待参观。

（新疆维吾尔自治区地震局）

中国地震局地球物理研究所

2021年，中国地震局地球物理研究所积极开展防震减灾科普宣传。

（1）充分利用北京国家地球观象台教育基地资源，面向公众广泛开展防震减灾研学实践教育。

北京国家地球观象台作为全国中小学生研学实践教育基地，面向公众广泛开展科普活动，普及地震、地震灾害及风险防范等知识。

（2）充分发挥新媒体优势，远程向千余名中学生开展防震减灾科普宣传。

5月12日，王红强博士以"认识地震危害，化解灾害风险"为题，在哔哩哔哩网站直播间进行50分钟公开科普直播讲座，乌鲁木齐市第126中学（乌市一中初中）初一初二年级和武汉开发区一中高一年级共约1200名学生集中在线观看，此次课程获得同学们的广泛好评。

（3）地震专家积极创作科普文章，向公众讲解地震灾害知识。

高孟潭研究员发表科普文章《美国洛杉矶7.8级情景地震火灾叙事》《地震预警信息要发得快还要用得好》和《十三年前，汶川地震未直接告诉我们的是什么？》，陈石研究员发表科普文章《时变微重力——感受地球脉搏的科技尖兵》，蒋长胜研究员发表科普文章《那些你可能不知道的地震冷知识》，向群众讲解地震灾害知识，做到科普"既要权威专业，又要不失活泼，把死板生硬的科学数据变成老百姓能接受的普通话"。

（4）参加防灾减灾救灾应用技术成果暨新唐山建设45周年成就展。

7月27—29日，在河北省唐山市参加"第二届全国防震减灾科普大会""防灾减灾救灾应用技术成果暨新唐山建设45周年成就展"，展览内容包括国家地震科技创新工程"透明地壳"、防灾减灾救灾新技术新装备、面向国家战略和社会的地震安全服务、中国大陆地震波发射网络监测系统和中国地震科学实验场等，以展板、实物和视频等多种形式展现中国地震局地球物理所在防震减灾科技创新和服务经济社会发展等方面的奋斗历程和亮点成果，集中展示"十三五"期间的重点科研项目、中国地震科学实验场建设、中国地震科学台阵探测计划、中国地震区划、主动源探测等最新研究进展和应用实例。

（中国地震局地球物理研究所）

中国地震局地质研究所

1. 防震减灾公共服务

中国地震局地质研究所（以下简称地质所）大力推动科技服务面向国家需求，面向地方经济建设，为核电、水电、供热、交通干线、油气管线等国家重大工程地震安全提供了保障；积极参与四川活动断层普查，以及内蒙古、江苏、安徽等地区和重点城市活动断层探测及地震危险性评价工作；承担海南昌江核电厂火山活动调查与评价；另外积极深入探索水库地震成因、地震应急灾害预评、火山知识库等学科方向的对外技术服务。科技服务类项目不断地保传统创新地，已成为地质所资金补充、扩大绩效额度的重要来源。

地质所持续服务四川省活动断层普查工作，2019—2020年开始实施的11项阿坝州、甘孜州和凉山州在研项目有序推进，完成野外验收工作。新签订内蒙古自治区乌兰察布市活动断层探测与地震危险性评价项目。受新冠肺炎疫情影响，给开展野外调查工作造成诸多不便，但各项工作总体按照实施方案的进度安排稳步推进，一些项目取得可喜突破和进展。

（1）青海核电厂址普选阶段地震调查及评价。受核建高温堆控股有限公司委托，承担"青海核电厂址普选阶段地震调查及评价"项目。接到委托工作后，地质所强震构造与地震危险性研究室迅速组建项目工作组，对自临夏至乌图美仁共计26个备选厂址进行地震调查及评价，初步建议适宜进行初步可行性研究的厂址。

备选厂址均位于青藏高原东北缘，地质构造复杂，断裂活动性强，部分断裂活动对厂址的影响较大。项目组重复进行区域地质及地震资料收集，针对区域地震、地质和地貌特点，在收集的资料基础上，结合遥感解译，对区域内主要断裂进行详细梳理，编制区域地震构造图等一系列基本图件，对各厂址近区域范围及厂址附近范围进行详细遥感解译和资料收集，初步判断影响各厂址的主要断裂活动性及可能存在的能定断层。

前期受中国核能电力股份有限公司委托的青海核电科技服务工作中项目工作组通过野外地质调查、小型无人机低空航测与探槽揭露等工作，发现热水—桃斯托河断裂和夏日哈断裂晚更新世—全新世活动新证据。北西走向的夏日哈断裂、英德尔康断裂与近东西走向的热水—桃斯托断裂在柴达木盆地最东端形成一个剪切挤出的三角形，在右旋走滑夏日哈断裂与左旋走滑的热水—桃斯托断裂围限下，柴达木盆地最东端三角将有向西的相对运动，据此建立发震构造的三维模型示意图。项目组为核建高温堆控股有限公司青海核电厂址初选提供了可能厂址的参考建议结论，顺利通过专家评审。

（2）海南昌江核电厂3、4号机组火山活动调查与评价。受中国核电工程有限公司委托，承担"海南昌江核电厂3、4号机组火山活动调查与评价"项目。该项目工作目标是参照国际原子能机构安全标准专用安全导则第 SSG – 21 号"核设施厂址评估中的火山灾害"中规定的核设施厂址火山安全性评价工作内容与深度的要求，查明厂址区域范围内新构造期以来的火山岩分布，分析潜在火山及火山灾害现象特征，评价其对厂址的潜在影响。

项目共组织火山地质调查和火山灾害评估4个专题组开展工作。通过野外火山地质调查、火山岩石样品采集、室内火山岩地球化学与年代学分析测试、火山灾害模型建立、火山喷发参数获取和火山灾害评估等专题研究，对昌江核电厂址火山安全性做出评价，项目通过了由甲方组织的评审。

（3）江苏新沂市锡沂高新区系列场地活动断层钻孔探测。2021年，受江苏省新沂市沭东新城投资开发有限公司委托，承担江苏徐州新沂市锡沂高新区多个场地的活动断裂钻孔探测任务。新沂市锡沂高新区位于新沂市东北，中国东部著名的郯庐断裂带中全新世活动断层马陵山－重岗山断裂纵贯该区。依据我国相关法规、国标和最新科学研究成果，在活动断裂发育区域进行场地开发利用之前需要避让场地内活动断层。新沂市曾已经开展城市活动断层探测工作，但限于工作程度，对于具体某场地范围内活动断层的展布精度为场地的土地利用率带来较大影响，致使宝贵的土地资源浪费。针对场地内为隐伏活动断层，项目组依据 GB/T 36072—2018《活动断层探测》和《活动断层避让距离》（送审稿）中对隐伏活动断层精确定位要求，通过浅层地震勘探和钻孔联合地质剖面相结合的方法对隐伏活动断层进行定位。断层定位精度最小可控制到10米以内，控制点间距不超过50米，极大提高断层定位精度，并结合"活动断层避让"相关研究成果，显著提高土地利用率，为当地经济建设及城市规划提供科学依据。2021年完成6个场地的断层精定位工作，均顺利通过评审。

2. 防震减灾科普宣传

2021年，积极推进防震减灾宣传工作。受新冠肺炎疫情影响，年度科普活动采取线上＋线下方式进行。线上活动充分利用各相关平台，组织专家向社会公众普及防震减灾知识和应急避险技能；线下活动严格按照防疫规定，参加重要科普活动，组织专家来地质所开展科普讲座，邀请公众来所实地参观，派出专家进入学校、幼儿园进行科普宣传等。

（1）精心制作科普模型，展现科学魅力。以第二届全国防震减灾科普大会为契机，成立科普专班，投入经费，由全所各领域顶尖专家团队精心设计，反复打磨，遴选制作10个大型科普模型和20个精美科普宣传展板。每个模型都可以让观众亲手操作、互动体验，浸入式直观感受不同的科学现象，现场专家进行趣味生动的讲解，既充分展现科学魅力，又增强广大观众的代入感。在7月28日"中国大陆活动层模型"受到《新闻联播》的关注。科普展品受到中国地震局公共服务司、河北省地震局、唐山市地震局以及广大观众的青睐。

将"地震科普小馆"作为党史学习教育"我为群众办实事——青年在行动"实践活动的一个重要阵地，纪念五四运动102周年，积极响应第13个防灾减灾日，科技发展部和共青团委联合，继续推出6期（第6期到第11期）科普视频。科普视频以"震质说"公众号和地质所网页科普专栏为主要宣传方式，得到广泛观看和关注。

入驻哔哩哔哩网站，在"地问—中国地震学会"平台开展系列科普宣传，完成8期火山地震科普视频的精心制作，更多的科普作品还在源源不断的制作过程中，单篇观看量超100万，交流互动超1000人次。相关科普视频入驻抖音平台，取得良好宣传推广效果，单篇点击量超2000万次。

4月22日，许建东研究员、魏海泉研究员、陈正全助理研究员受全国中学生地球科学竞赛委员会、国际地球科学奥林匹克竞赛中国赛区委员会、中国地震学会的邀请，指导、策划并参与在云南腾冲举办的"地球科学大讲堂——腾冲火山群"科普直播活动。本次科普直播活动以习近平总书记在全国科技创新大会、两院院士大会、中国科协第九次全国代表大会上的有关科普工作讲话内容为精神指导，弘扬国际地球科学奥林匹克竞赛及全国中学生地球科学竞赛精神，以全国防灾减灾日和世界地球日为活动契机，选定云南腾冲火山区的典型火山地质地貌现象，为全国的科普爱好者举办一场别开生面的火山科普直播，获得众多知名媒体直播、转播及社会高度关注。直播平台包括央视频、腾讯视频、今日头条等，约6万名观众在线观看。

（2）走进校园科普讲座，普及科普知识。5月12日，组织开展"地震科普进社区、进课堂"活动，地壳形变研究室副主任张国宏研究员、活动火山与灾害研究室陈正全助理研究员和管理部门相关负责人到中国科学院第四幼儿园向百余名幼儿和教职工传播地震和火山科学知识，受到热烈欢迎。同日，邀请中国科学院第四幼儿园教职工到地质所调研。地质所党委书记、副所长孙晓竟同志介绍研究所基本情况，张国宏研究员讲解地震知识和应急措施。参观人员到地震动力学国家重点实验室近距离感受科学研究工作，科技人员结合实验设备和展板实地普及科学知识。

5月19日，活动构造室谭锡斌研究员、活动火山与灾害研究室陈正全助理研究员前往北京大学附属中学开展地震科普宣传讲座。

9月16日，地震与地质灾害风险研究室齐文华副研究员和活动火山与灾害研究室陈正全助理研究员、杨文健博士走进北京市佟麟阁学校，在课后服务时间为初二年级学生做地震科普讲座。

（中国地震局地质研究所）

中国地震局工程力学研究所

2021年，中国地震局工程力学研究所（以下简称工力所）围绕第二届防震减灾科普大会和"5·12"防灾减灾日等积极广泛开展防震减灾科普宣传。

（1）7月27—29日，中国地震局联合河北省人民政府、中国科协和中国灾害防御协会，在河北省唐山市组织召开第二届全国防震减灾科普大会，并举办防灾减灾救灾应用技术成果暨新唐山建设45周年成就展。工力所党委和领导班子高度重视此次大会，为有效提升防震减灾科学普及供给内容和质量，通过印发原创科普图书、接受媒体采访、科研人员作科普报告、制作科普宣传展板和演示模型等方式积极筹备和参与。

在本次科普大会和中国地震局预警网全面启动示范运行之际，工力所所长李山有研究员接受中央电视台和应急管理报采访，解答地震预警系统工作原理等内容，在2021年7月27日中央电视台新闻频道18:00档《共同关注》栏目播出。

组建由张令心副所长负责的工作专班，全力筹备防灾减灾救灾应用技术成果暨新唐山建设45周年成就展，参展主题为"摸清风险底数，强化抗震设防"，"地震灾害调查、模拟与风险评估"和"抗震韧性评价与提升技术"分两个主题展区。通过28组科普展板、20余个仪器模型实物以及工力所原创科普图书等多种方式，系统展示研究所"十三五"以来的科技成果和成就，讲解有关技术原理、制作过程以及社会实效等。特设多媒体地震科普展区，生动还原汶川地震中北川老县城实际地震场景和VR沉浸体验。

大会开幕式之后，孙柏涛研究员、马强研究员围绕"房屋震害与结构抗震""地震预警技术"等主题作大会报告。马强研究员作为中国地震局推荐代表参加"2021年度中国地震局防震减灾优秀奖和先进个人颁奖仪式"接受表彰。曲哲研究员在专题交流活动中作题为"科技创新到工程抗震能力提升"的报告。

（2）地震共振实验。与中央电视台联合拍摄的《地震共振实验》节目于2021年10月24日在CCTV10科教频道《实验现场》栏目顺利播出。节目邀请戴君武研究员作为现场嘉宾，通过节拍器同步摆动试验直观讲解共振产生的条件；通过小球摆动试验，形象解释物体固有频率的概念；通过制作一系列不同高度的缩微房屋并对其进行振动台试验，生动解释汶川地震时远在千里之外的北京的高楼出现明显震感、而在低矮房屋中震感不明显的原因，使观众更加清晰地了解地震和共振，理解地震发生时的共振现象，增强地震安全意识，降低地震发生时的恐慌情绪。

（3）"5·12"防震减灾日科普宣传。5月12日，张昊宇副研究员为黑龙江省小记者协会的40余名小记者作科普讲座，现场演示微型振动台模拟试验和摇摆墙结构无损倒塌模型试验，参观"铁路地震监测预警系统"展台，详细讲解高速铁路地震监测预警系统工作过程。

5月13日，参加在哈尔滨工业大学附属中学开展的防震减灾科普进校园"四个一"活动，不仅为学校送去原创地震科普图书，工力所党委书记、所长李山有还为全体师生亲自录制地震预警科普宣传视频。

5月14日，毛晨曦研究员受邀到哈尔滨工业大学附属中学进行防灾减灾知识科普讲座。3000余名学生共享题为"防震减灾漫谈"的科普知识盛宴。讲座深入浅出，既有地震相关专业知识又有通俗易懂的避震常识。

李山有所长在中国地震局举办的"防范化解灾害风险"网络直播论坛中作题为"地震预警——减灾的新手段"报告，孙柏涛研究员参加应急管理部宣传教育中心联合人民网录制的《如何应对地震灾害》节目。

谢礼立院士防震减灾科普宣传团队在2021年全国科技活动周中积极参与，表现优异，获科技部科技人才与科学普及司颁发的荣誉证书。

（中国地震局工程力学研究所）

中国地震台网中心

1. **防震减灾公共服务**

地震新媒体平台是地震系统开展地震信息公共服务的第一窗口,包括地震速报微博、地震速报微信公众号、抖音号、云平台网站、速报 APP 及地震信息播报机器人企业微信。地震发生后,中国地震台网中心可以第一时间通过地震新媒体平台自动向新闻媒体和社会公众发布地震信息,并回应网友关切。

2021 年,中国地震台网速报微博共发布信息 1700 余条,累计阅读量超过 13 亿,新增粉丝 30 万,累计拥有粉丝 1139.6 万。多年来,基于"服务立局"的工作思路,中国地震台网速报微博扎根群众,影响力连年攀升,于 2021 年底获得了由中央网信办授予的"走好网上群众路线突出账号"这一荣誉称号。除此之外,中国地震台网微信公众号、地震信息播报机器人企业微信及地震速报抖音号等平台的影响力也在不断提高,服务对象的覆盖范围愈发广泛。

中国地震台网中心负责防震减灾公益热线"12322"速报短信服务平台的建设、优化、运行和服务推广工作。该平台服务对象覆盖中国地震局各直属单位、绝大部分省级地震局、各应急管理厅局、消防系统、防震减灾联席单位、中央媒体等数百个单位,服务用户达 4.5 万人。2021 年,服务推广新增重庆市地震局和浙江省地震局,累计服务推广 26 家单位,年度累计服务 980 余万人次(短信)。

2021 年,中国地震台网中心建设了地震公共服务信息汇集和展示平台,该平台由地震信息综合展示与服务、移动互联网震感汇聚和公共服务驾驶舱三个子系统组成,实现国省市三级地震信息活动大屏可视化、实时地震信息展示和震感汇聚等多个功能。截至 2021 年底,该平台向全国地震系统 20 多家单位提供在线服务,也可为中心各部门提供账户和信息服务。

中国地震台网中心搭建了完善的地震信息服务平台,该平台以地震信息播报机器人系统的自动产出为支撑,实现与多家主流新闻客户端和大型互联网平台的自动对接,包括新华社客户端、央视新闻等以及百度、今日头条、腾讯新闻、凤凰新闻等。同时,随着地震信息服务能力的提高,中国地震台网中心的公共服务体系拓展至相关行业,为相关行业用户提供地震信息和数据服务,包括交通运输部路网中心、水利部信息中心、中央人民广播电台国家应急广播和中国铁道科学研究院等,中国地震台网中心与各家单位联手,共同致力于防震减灾能力的提升。

2021 年,国家地震科学数据中心测震连续波形数据新增 16TB,电磁卫星数据产品新增 12TB,科技项目汇交 11TB,累计存储资源达 220TB。在对内服务方面,2008 年以来的测震波形数据向台网中心用户开放;GNSS 行业服务向中国地震局第一监测中心、第二监测中心,湖北省地震局提供服务;电磁卫星数据除中国地震台网中心外,向新疆维吾尔自治区地震局、中国地震局地震预测研究所服务;地球物理场向地震行业提供服务(包括各省级地震局和直属单位)。总体来说,累计行业开放资源总量近 80TB,服务资源量超过 110TB。在对外服务方面，数据中心新增注册用户数近2300个，累计用户近1.5万，服务各类科技项目等150余个，2021年度提供超过102万人次数据在线检索和下载，开放资源记录超过2080万条。

地震科学专业知识服务系统2021年全新上线全球地震背景分区，更新期刊全文数据1882篇，新增地震统一目录数据8234条，地震速报991条，科普书库36条。截至2021年底，全面整合地震科学领域中外文科技论文、专利、术语、科学数据、专家及机构等资源，并提供地震科学领域海量科技文献和科学数据的查询和下载、地震术语百科检索服务、专家学术圈和知识图谱等知识应用以及地震预警、中国地震背景分区和全球火山知识库等专题服务。

中国地震局图书馆1998年创建，由中国地震局主办、中国地震台网中心承办、中国地震局系统各单位协办，旨在为地震监测预报、震害防御、应急救援等领域的科学研究人员及相关管理部门提供专业信息服务。成立以来，地震系统各单位在中国地震台网中心的牵头下，开展中外文文献资源集团联合采购、共建大型文献信息数据库资源的探索与尝试。经过多年的建设，图书馆形成覆盖多种资源类型和具备多种产品形式的资源体系提供查收查引服务，成为地震系统内外用户的信息咨询服务之一。2021年中国地震局由文字图书馆累计为用户出具50多份查收查引和科技查新报告。

2021年12月31日，组织完成《2021年全球和中国地震活动及灾害年报》编制和印刷工作，归纳解析全年度国内、外地震活动和灾害情况，提供全球和中国地震活动及地震灾害数据。

2. 防震减灾科普宣传

地震科普是地震信息公共服务的重要组成部分及内容支撑，中国地震台网中心进一步落实地震科普工作，打造了精致的"震知道"地震科普系列作品，包含13则动画、3则图件及4件文创产品，并在防灾减灾日、国际减灾日、重大地震纪念日及地震突发后等重要时间节点进行发布与宣传。同时，地震科普常态化工作也在不断深入，自2021年9月以来，通过地震速报微博，中国地震台网中心举办8期"震知道·地震知识周周答"活动，题目覆盖地震预警、应急避险、地震基础知识等多个主题，话题阅读量突破1000万，关注广泛，取得良好社会效益。

2021年4月12日，李志强研究员受邀前往首都师范大学育新学校，为初三和高一学生讲述"房屋结构与震害特点"。4月19日，李志强带队前往国家地震灾害紧急救援训练基地，对模拟的受损房屋和地震废墟进行讲解，让孩子们身临其境地领会房屋在地震中遭受损害的情况。5月7日，李志强受邀参加海淀区地震局和区应急管理局主办的"海淀城市大脑赋能防震减灾主题思想沙龙"，做主旨演讲"近期中国地震应急技术系统走向思考"，介绍我国地震领域主要工作。

（中国地震台网中心）

中国地震灾害防御中心

1. 防震减灾公共服务

（1）国家地震灾害风险防治业务平台（一期）项目进展顺利。2021年4月，中国地震局正式批复"国家地震灾害风险防治业务平台（一期）"项目初步设计和投资概算。建设工期3年，主要建设内容包括国家地震灾害风险防治业务模块、基础软硬件平台、大屏系统、系统集成以及配套工程。平台以构建地震灾害风险防治业务体系并形成服务能力为目标，在基础数据汇集、处理分析、产品服务上下功夫，围绕风险调查、评估、治理、服务四个基础环节，在全面梳理数据流、业务流的基础上，开展全链条业务需求分析和系统架构设计，初步搭建震防领域基本业务的信息化平台。为全面做好项目管理和实施工作，中国地震灾害防御中心成立项目工作组，建立项目周例会和定期汇报的工作制度。到2021年12月完成核心任务部分的采购，进入需求分析阶段。

（2）全国活动断层探测数据库建设成效显著。活动断层探测数据库建设不断规范完善，持续加强活动断层探查数据的汇交入库。到2021年底，全国共开展125个城市活动断层探查项目和141单条断层的填图项目（或鉴定项目），在完成的82个城市活动断层探查项目中有73个项目的活动断层探查数据完成入库，活动断层数据中心数据总量达6.4TB。

2. 防震减灾法治建设

2021年，积极推进震灾防御标准化建设。加强地震灾害预防标准化技术委员会自身能力建设，完成震防标委会委员递补遴选工作，形成以20个单位33名委员为代表的技术委员会。以推进《地震灾害预防专业标准体系表》为重心，加快推进活动断层探查系列标准，包括钻探、年代测定成果报告、地震动强度图、地震损失预评估与灾害现场评估工作规范等急需标准的制修订，将审查关口前移，从源头把好标准编制质量，助力震害防御事业高质量发展。

3. 防震减灾科普宣传

2021年7月27—29日，中国地震灾害防御中心以"科学防范震灾风险"为主题参加在河北省唐山市举办的第二届全国防震减灾科普大会"防灾减灾救灾应用技术成果暨新唐山建设45周年成就展"。参展内容以落实"两个坚持、三个转变"为主线，以体现国家级业务中心牵头作用为基础，重点普及展示地震灾害风险普查项目、服务国家重大战略和重大项目、地震灾害风险防治业务三个方面的内容，着重宣传展现震防中心作为国家级业务中心的指导地位、特色任务、业务发展和科技成果。为中国地震局领导、其他各级领导及社会公众提供的专业讲解服务得到广泛认可和好评。受邀参加由光明网主办的网络直播活动，录制《探访中国地震灾害防御中心展位——防灾减灾科普大使带你逛展会》专题节目，在人民网、光明网、学习强国、央视频等多家公众平台宣传报道。

（中国地震灾害防御中心）

中国地震局发展研究中心

1. 防震减灾公共服务

2021年，中国地震局发展研究中心聚焦事业高质量发展前沿，扎实推进防震减灾情报服务。围绕战略政策研究、评估评价、宣传科普等核心业务，与局属研究所图书馆、资料室和其他智库、研究机构等专业的图书馆、信息数据库系统建立共享机制，形成能够支撑防震减灾领域研究的文献资源、统计数据的系统。全面做好地震年鉴编纂等工作，完成2009年、2011年、2013年、2020年共4卷《中国地震年鉴》编纂任务。

2. 防震减灾科普宣传

围绕提升防震减灾软实力，讲好防震减灾故事，为防震减灾事业高质量发展营造良好舆论氛围，推进防震减灾宣传科普。整合地震系统内外人才和平台资源，建立"统一策划、统一采编、统一审核、统一发布"机制，打造"策采编发"为一体的传播功能体，发挥舆论引导阵地作用，提升新闻科普传播现代化水平，实现"集群效应""递进效应""品牌效应"。

（1）大力推动防震减灾融媒体建设。贯彻习近平总书记关于媒体融合发展重要论述，在中国地震局党组书记、局长闵宜仁，党组成员、副局长陈小军亲自部署指导下，"请进来、走出去"广泛开展调研，圆满完成防震减灾融媒体建设总体框架，配合中国地震局办公室起草印发关于推进防震减灾融媒体建设的通知，参与筹备融媒体建设工作视频会议，整合资源、搭建平台、完善机制，指导系统各单位完成通信站建设并形成一支170余人的通讯员队伍，组建3个核心团队，举办4期防震减灾融媒体线上沙龙，筹划核心资源库建设，收集地震系统各单位创作的应急科普作品30余件，策划推出5期"台站的故事"融媒体产品，抖音号推送作品平均阅读量达"10万+"。在大力推进融媒体建设过程中，凝练形成了"明确目标、分解任务，建立标准、加强考核，把握关键、分类推动，力求创新、务求实效"系统谋划高质量推动工作的经验启示。

（2）运维宣传阵地讲好防震减灾故事。开展庆祝建党100周年系列宣传活动，完成"致敬百年路 开启防震减灾事业现代化新征程"主题展览，制作虚拟展厅、图册、折页等宣传品，为中国地质调查局、同济大学等领导嘉宾来访提供展览讲解6次。发挥新媒体平台传播效能，全年更新门户网站信息2万余条，发布微博信息近900条，总阅读量1300多万，推送微信文章243篇，总阅读量约40万，联合第三方公司对45家单位门户网站和105个新媒体账号进行季度检（复）查9次，全面改版政府信息公开板块，编制震后公众有感信息收集系统建设方案。把好宣传意识形态关，有力维护意识形态阵地安全。

（3）完成重大科普任务和重点时段科普活动。在公共服务司的指导下，承办全国第二届防震减灾科普大会，完成大会任务统筹和网络直播，制作大会宣传片，开展"随手拍"活动，完成100余人参加的大会专题交流，参与地震预警试运行新闻发布会。协助陈运泰院士、陈颙院士参加中国地震局防震减灾科学成果奖一等奖答辩。做好重点时段科普宣传，全国中小学生安全教育日期间组织10所国家级示范学校开展地震应急避险演练活动；防震减灾日组织"防范化解灾害风险"网络直播论坛观看人数超505万人次，"云游防震减灾科普馆"活动直播观看总数达552万人次，联合应急管理部国家减灾中心组织编印《家庭减灾手册》《地震避险手册》《洪涝避险手册》。全国科普日组织"走近地震 探秘科技"网络直播；国际减灾日联合北京交通广播电台制作访谈节目。完成2020年度科普社会项目验收和2021年度科普社会化项目评审立项。

（中国地震局发展研究中心）

中国地震局地球物理勘探中心

1. 防震减灾公共服务

（1）按照《关于报送第一批公共服务事项和产品实施情况自评估报告等有关材料的通知》要求，2021年中国地震局地球物理勘探中心公共服务产品"浅层与深部地震勘探"的专业服务进行全面梳理总结，对实施情况开展自评估，上报评估报告。12月根据《关于报送第一批公共服务事项和产品清单实施情况的通知》，上报"浅层与深部地震勘探"公共服务产品实施情况。

（2）全国重点监视防御区细化方案。组织召开专家咨询会，认真组织谋划工作思路，撰写全国重点监视防御区10年细化方案和2022年度任务清单。

（3）积极推进装备现代化建设，加快活动断层探测设备的更新，完成"大震应急救灾物资储备项目"的培训、试运行和验收。

（4）实施开展"地震活动断层大吨位可控震源系统"项目，更新列装4台低宽频高精度大吨位可控震源。

2. 防震减灾法治建设

（1）加快推进防灾减灾标准建设，健全物探标准体系。组织业务骨干，集中优势力量，全力推进《活动断层探测地震勘探宽角反射/折射法标准》《活动断层探测地震勘探深地震法标准》《活动断层探测地震勘探短周期台阵观测法标准》《活动断层探测地震勘探宽频带台阵观测法标准》等地震行业标准编制工作任务。完成内部标准建设任务，探索建立物探中心内部标准体系，编制完成《地震重力测量工作规程》《地震安全性评价工作规程》《地震地质调查工作规程》《地震仪器运维检测规程》4项目内部标准评审稿。

（2）注重法治宣传，深入开展普法活动。组织职工学习《中华人民共和国宪法》《中华人民共和国保守国家秘密法》《中华人民共和国档案法》《中华人民共和国测绘法》《中华人民共和国国家安全法》《中华人民共和国信访条例》等国家法律法规；组织相关人员开展防震减灾法律法规、规章、规范性文件，以及第五代地震烈度区划图、《地震震级的规定》等国家标准、行业标准学习。积极组织并参加"12·4"国家宪法日和"宪法宣传周"等集中宣传活动；组织开展宪法和民法典知识竞赛答题活动。在"宪法宣传周"期间，积极号召中心广大职工投身学法、普法的行列中来，组织一系列活动展法治宣传教育，大力弘扬法治精神，努力营造学法、用法、守法的良好氛围；积极组织"践行总体国家安全观，统筹发展和安全，统筹传统安全和非传统安全，营造庆祝建党100周年良好氛围"第6个全民国家安全教育日宣传活动，强化单位内部宣传，创新网络新媒体宣传，认真组织干部职工参加司法部、全国普法办等部门举办的国家安全专题法律知识竞赛，巩固提升宣传效果，构建学法懂法用法守法的良好氛围。

3. 防震减灾科普宣传

（1）坚持高位谋划，积极筹备，克服极端天气、交通受阻困难，参加防灾减灾救灾应用技术成果暨新唐山建设45周年成就展。

（2）高质量完成防灾减灾日防震减灾科普宣传活动，"5·12"期间共组织开展6场次宣传活动，包括组织开展地震开放日、进学校、进企业、进社区活动。5月12日当天，与郑州市金水区减灾委、金水区应急管理局、文北社区等6家单位联合开展宣传活动，受到新浪河南网、大河网、河南商报、东方今报等8家媒体宣传报道，3篇信息被中国地震局官网采用，科普宣传形式及媒体报道创历史新高。

（3）认真落实中国地震局公共服务司《关于做好2021年全国科普日防震减灾科普宣传活动的通知》工作部署，组织职工参加"走近地震 探秘科技"网络直播活动，做好宣传活动总结。及时更新中心网站地震科普与法规标准栏目宣传内容，提高地震科普宣传的及时性和针对性。

（4）积极组织"构建灾害风险适应性和抗灾力"第32个国际减灾日科普宣传活动，联合地震构造探察部、重磁电综合探察部，组成科普宣传工作队，进文北社区、省工业学校等发放《防震减灾在身边》《防灾、减灾、救灾应急知识小手册》科普宣传材料，并向社区捐赠《地震小博士》《探秘地震科学》《青少年防震减灾知识读本》等防震减灾科普图书。

（中国地震局地球物理勘探中心）

中国地震局第一监测中心

1. 防震减灾公共服务

2021年，中国地震局第一监测中心积极谋划防震减灾公共服务事项与发展，按照中国地震局统一部署服务国家、地方重大活动，制定4大类16项公共服务事项和产品清单，利用中心科技力量和技术优势，完成区域地面沉降监测服务，面向社会开展2300多台套设备的检定校准工作。围绕防震减灾职责职能，编制并印发《一测中心公共服务事项和产品清单（试行）》《一测中心地震应急服务响应预案》《一测中心地震应急服务响应等级和震后12小时应急服务响应行动清单》，为公众服务及地震应急响应提供有效制度机制保障。

2. 防震减灾法治建设

切实履行地震标准化研究室职能。开展地震标准审核与复核工作，完成推荐性国家标准的复核1项，监测预报领域行业标准复核2项，震害防御领域标准复核2项。推进地震标准宣贯实施，参与标准化知识培训，开展新发布地震标准的宣贯活动，结合世界标准日的主题设计印制世界标准日宣传海报1440张，供局属45个单位宣传使用。组织地震系统各单位开展GB 18306—2015《中国地震动参数区划图》等一系列地震标准实施后评价工作，为后续实施效能评价工作提供经验和范例，加快推进相关标准的出版。

3. 防震减灾科普宣传

2021年，在防灾减灾周、纪念唐山地震及国际减灾日等重点宣传时段策划开展防震减灾科普宣传，在唐山地震计量检测场设置"防震减灾科普开放日"，向公众开放"7·28"唐山大地震遗址；开展防震减灾科普"六进"活动，加强对社区的防灾减灾宣传工作，在公园、广场等举办防震减灾科普户外宣传活动；官方网站开设线上宣传专题，便于公众多途径获取科普信息；组织全体职工开展地震应急疏散演练，进一步改进地震应急工作机制，完善地震应急响应预案，促进部门联动联调体系建设。圆满完成第二届全国防震减灾科普大会暨新唐山建设45周年成就展参展工作。

5月20日，以"精准计量，助力防震减灾事业高质量发展"为主题，开展"5·20"世界计量日系列宣传活动，提升地震计量对防震减灾事业的影响和意义。

（中国地震局第一监测中心）

防灾科技学院

1. 防震减灾公共服务

2021年，防灾科技学院承担重大活动及重点时段地震安全保障服务舆情监测任务，为地震行业提供舆情监测服务，编制各类舆情产品。

2. 防震减灾法治建设

开展防灾减灾政策法规研究，进行防震减灾法律法规和标准化体系建设、地震行政管理法治化两方面的制度研究，为防震减灾法律制度的健全和完善提供依据。

3. 防震减灾科普宣传

完成中国地震局下达的科普研究任务，通过校内科普项目培养科普队伍，产出高质量科普作品及产品。

围绕上述几项工作，防灾科技学院成立了一批校属研究所、研究中心，包括灾害舆情研究所、风险传播研究所、防灾减灾法治研究中心、防灾减灾现代科普研究所，制定了校属科研机构建设与管理办法、校属科研机构考核评估实施细则（试行），为各研究所、研究中心提供启动经费和必要的办公场地，保障各机构正常运行，支持研究机构的高质量成果产出。经过不断积累和沉淀，各项公共服务工作取得较好行业和社会效益，创新了一批优秀公共服务产品，提升了公共服务能力，同时拓宽了服务领域。

（防灾科技学院）

中国地震局机关服务中心

1. 防震减灾公共服务

深入社区向社会公众开展科普宣传。国际减灾日前夕，在海淀一老旧社区开展宣传活动，通过发放手册、现场咨询等方式向市民讲解和宣传地震避险、洪涝避险、家庭减灾等防灾减灾知识，让社区群众更加全面了解防灾减灾的重要意义及应急避险常识，切实提高公众防震避险、自救互救能力。

深入企业，拓展宣传教育阵地。依托大院物业、安保、餐饮服务供应企业，向企业发放并讲解减灾手册，一方面提高社会化公司人员自我保护能力，另一方面提升机关大院安全风险防范能力。

2. 防震减灾科普宣传

加大内部宣传力度。积极参与第二届防震减灾科普大会并配合大会宣传，组织职工参加地震系统"老科技工作者日"科普报告视频会、2021年地震系统公共服务与科普人员素质提升班。以图文并茂的形式宣传张贴国家减灾委员会办公室关于2021年国际减灾日有关工作安排，向全体干部职工发放应急避险科普系列读物，营造浓厚的舆论氛围。

创作发布科普作品。组织专门力量拍摄防震减灾科普视频并在抖音和微博上发布，干部职工积极参与、热情高涨，社会公众喜闻乐见、易于接受，取得了良好效果，在中国地震局发展研究中心主办的"防震减灾科普随手拍"活动中被评为优秀作品。

鼓励学习科普知识。全体干部职工通过局门户网站国际减灾日专题，参观中国地震3D云展馆、学习院士科普作品《地震现象与科学》、观看典型抗震建筑系列3D视频、研读科普资讯，深入学习地震灾害风险防治措施和正确应对地震灾害方法。

（中国地震局机关服务中心）

重要会议

2021年全国地震局长会议

2021年全国地震局长会议于2021年1月8日在北京召开。会议以习近平新时代中国特色社会主义思想为指导，全面贯彻党的十九大和十九届二中、三中、四中、五中全会精神及中央经济工作会议精神，深入学习贯彻习近平总书记防灾减灾救灾重要论述和防震减灾重要指示批示精神，传达学习国务院领导同志重要批示和致信精神，认真落实全国应急管理工作会议部署，总结"十三五"时期和2020年防震减灾工作，谋划"十四五"事业发展，部署2021年重点任务。中国地震局党组书记、局长闵宜仁作题为《统一思想、明晰思路、凝聚力量，开启防震减灾工作高质量发展新局面》的工作报告。

会议回顾了"十三五"时期防震减灾事业发展成就。会议指出，习近平总书记就防灾减灾救灾发表系列重要论述，多次对防震减灾作出重要指示批示，明确提出"两个坚持、三个转变"新理念，亲自推动应急管理体制改革，亲自部署自然灾害防治九项重点工程，高度重视中国地震科学实验场建设，为防震减灾事业发展提供了根本遵循和行动指南。地震系统坚决贯彻落实习近平总书记防灾减灾救灾重要论述，不断树牢防震减灾新理念，有效防范应对重大地震灾害风险，全面深化改革、不断完善防震减灾体制机制，坚持融入经济社会发展大局，坚持创新驱动发展，坚持开放合作，坚持打铁必须自身硬，广大干部职工迎难而上、开拓进取，防震减灾各项工作取得积极进展。

会议指出，2020年，在党中央国务院的坚强领导下，在应急管理部党委的指导督促下，地震系统坚决打赢疫情防控阻击战，中央巡视整改取得阶段性成果，改革和现代化建设迈出新步伐，地震监测预报预警能力不断提升，地震灾害风险防治稳步推进，防震减灾公共服务取得新进展，科技创新和人才队伍建设加快推进，党的建设和全面从严治党持续推进，较好完成年度任务。

会议强调，要深入贯彻落实党的十九届五中全会精神，准确把握"十四五"防震减灾发展形势和发展思路，要夯实监测基础，加强预报预警，摸清风险底数，强化抗震设防，保障应急响应，增强公共服务，创新地震科技，推进现代化建设，到2025年初步形成新时代防震减灾事业现代化体系，不断提高"防大震、减大灾、抗大震、救大灾"高质量服务能力，更加有力保障国家经济社会发展和人民群众生命财产安全。

会议指出，2021年是全面建设社会主义现代化国家的开局之年，也是实施"十四五"规划推进高质量发展的关键之年，扎实做好2021年防震减灾工作，要加强自身建设，坚持政治建局、服务立局、科技兴局、人才强局、依法治局，做好重特大地震灾害风险防范，夯实监测基础、进一步提升监测预警能力，坚决打好摸清风险底数攻坚战，加快推动防震减灾服务提质增效升级，增强防震减灾自主创新能力，继续全面深化改革，提升依法行政水平和行业监管能力，全面深化对外交流合作，全面推进全面从严治党，统筹推进疫情防控和防震减灾各项工作。

会议号召，地震系统要在以习近平同志为核心的党中央坚强领导下，坚持以习近平新时代中国特色社会主义思想为指导，全面推进新时代防震减灾事业现代化建设，以优异成绩庆祝中国共产党成立100周年，为全面建设社会主义现代化国家、实现中华民族伟大复兴的中国梦作出新的更大贡献！

为贯彻中央关于精简会议、改进会风、切实为基层减负的部署，落实新冠肺炎疫情防控要求，本次会议采用视频形式召开。中国地震局发展研究中心、中国地震台网中心、四川省地震局作交流发言。

中国地震局党组全体同志，京区单位党政主要负责人，局机关各内设机构主要负责人以及中国灾害防御协会、中国地震学会负责人在主会场参加会议。中国地震局老领导、中央纪委国家监委驻应急管理部纪检监察组有关领导，中央和国家机关特邀部门代表与会指导。各省、自治区、直辖市地震局，各直属单位领导班子成员和部门负责人、新疆生产建设兵团应急局主要负责人在本单位分会场参会。

（中国地震局办公室）

第二届全国防震减灾科普大会

2021年7月28日，中国地震局、科技部、中国科协、河北省人民政府联合在唐山召开第二届全国防震减灾科普大会。大会主题是"防震减灾 科普助力"，会议传达学习国务院领导同志致信精神，全面推进防震减灾科普工作，增强全社会抵御地震灾害综合防范能力。会议期间，周忠和院士、陈颙院士等5位知名学者作大会报告，23名专家、媒体和企业代表进行专题交流发言。大会还对全国防震减灾工作优秀奖和先进个人代表进行表彰，并向防震减灾科学成果一等奖获奖代表颁奖。同期还举办了防灾减灾救灾应用技术成果暨新唐山建设45周年成就展等多场重要活动。大会获得社会各界的广泛关注，中央广播电视总台在《朝闻天下》等栏目播出科普大会内容，人民日报等16家主流媒体发布33篇相关报道，科普大会和展览线上直播观看总量达1200余万人次，实地参观展览约5000人次，取得良好效果。

中国地震局党组书记、局长闵宜仁，河北省委副书记、省长许勤出席大会开幕式并致辞，中国地震局党组成员、副局长阴朝民主持会议，科学技术部党组成员陆明，中国科学技术协会副主席、书记处书记孟庆海，中国地震局党组成员、副局长倪岳伟出席大会开幕式。中编办、应急部、人社部、国家民委、住建部、中国科协等部委相关内设机构和中国卫星导航定位协会等3个社会组织代表，地震系统各单位、部分省（区、市）科技厅（科委）、科协代表参加大会。

（中国地震局公共服务司（法规司））

2022年全国地震趋势会商会

2021年12月1日，2022年度全国地震趋势会商会在北京召开。受中国地震局党组书记、局长闵宜仁同志委托，中国地震局党组成员、副局长阴朝民出席会议并讲话。

会议听取了2022年度全国地震大形势跟踪与趋势预测研究报告、全国地震重点危险区汇总研究报告、中国地震预测咨询委员会报告三个主题报告，与会专家针对论证依据及结论进行充分讨论。

会议指出，地震预测预报是地震部门的核心职责，年度全国地震趋势会商是地震系统一项非常重要的工作。中国地震局党组高度重视，召开会议专题研究部署年度会商筹备工作。

会议强调，要充分认识做好地震监测预报工作的重要意义，认真总结取得的进展，分析存在的不足，扎实做好震情跟踪、应急准备各项工作。要夯实监测基础，加强跟踪研判，强化应急准备和风险评估。要全力做好2022年北京冬奥会和冬残奥会、党的二十大等重大活动地震安全保障服务。要继续深化地震预报业务体制改革，深化震例总结，完善预报方法，提高各学科数据应用的准确性和科学性，加快推进地震预报业务信息化建设。

中国地震预报评审委员会院士和专家、局机关相关内设机构、台网中心、预测所负责人在主会场参加会议，部分院士和专家、局属单位领导班子成员通过视频方式参加会议。

（中国地震局监测预报司）

北京市防震抗震工作领导小组会议

2021年6月2日，北京市人民政府召开2021年防震抗震工作领导小组会议，深入学习习近平总书记关于防灾减灾救灾重要论述，传达中央领导同志重要指示批示精神，听取北京地区近期地震形势报告，全面总结2020年和"十三五"时期全市防震减灾工作，安排部署2021年防震减灾重点任务。北京市副市长卢映川出席会议并讲话。

会议强调，北京作为首都，要以更严标准和更高要求守住地震安全底线，从防震减灾工作的短板弱项、首都功能和战略定位以及城市发展的潜在隐患等方面强化地震灾害风险防范，加快地震预警能力建设，优化震情监视跟踪、应急服务保障和防震减灾宣传引导工作，为更加安全的发展提供更加有力的安全保障。

北京市政府副秘书长韩耕主持会议，北京市地震局局长孙建中代表市防震抗震领导小组办公室作工作汇报，市防震抗震工作领导小组60家成员单位在分会场参加会议。

（北京市地震局）

河北省防震减灾工作联席会议

2021年3月19日,河北省召开2021年全省防震减灾工作联席会议。会前,时清霜副省长对会议作出重要批示,并对2021年重点工作进行部署。联席会议各成员单位有关负责同志出席会议。

会议传达了李克强总理重要批示、王勇国务委员致信和时清霜副省长对本次会议的批示精神,传达了2021年全国地震局长会议精神,通报了近期河北省震情形势,汇报了2020年河北省防震减灾工作情况,并提出2021年工作安排建议。

会议指出,2020年以来,各成员单位深入学习贯彻习近平总书记关于防灾减灾救灾重要论述精神,全省防震减灾工作取得明显成效,防震减灾综合能力显著提升,为河北省经济社会发展提供了良好的地震安全保障。

会议强调,各成员单位要坚持以习近平新时代中国特色社会主义思想为指导,牢固树立"宁可千日不震,不可一日不防"的观念,扎实做好地震监测预报预警、地震灾害风险防治、防震减灾公共服务、地震应急准备等各领域工作,稳步推进新时代河北省防震减灾事业现代化建设,为建设经济强省、美丽河北作出新的更大贡献。

会议要求,一是要树立"防"的意识,切实提高做好防震减灾救灾工作的政治站位;二是强化"防"的措施,系统性增强地震灾害风险综合防范能力;三是落实"防"的责任,推进河北防震减灾救灾工作高质量发展。

(河北省地震局)

吉林省防震抗震减灾工作领导小组会议

2021年3月24日,吉林省人民政府召开2021年全省防震抗震减灾工作领导小组会议。会议深入贯彻落实习近平总书记关于防灾减灾救灾重要论述和防震减灾重要指示批示精神,传达学习国务院领导同志防震减灾工作批示致信、全国地震局长会议精神和韩俊省长批示要求,总结"十三五"时期防震减灾工作,研究谋划"十四五"总体思路,部署2021年重点任务。吉林省副省长韩福春出席会议并讲话,省政府副秘书长许才山主持会议。会议以视频形式召开,省、市、县三级防震抗震减灾工作领导小组成员超过2000人参会。

会议充分肯定了"十三五"期间特别是2020年防震减灾工作取得的新进展,强调"十四五"时期全省防震减灾工作要深入贯彻落实习近平总书记系列重要论述和重要指示批示精神,牢固树立"两个坚持、三个转变"防灾减灾救灾新理念新要求,聚焦防范化解地震灾害风险,保护人民生命财产安全,补短板、强弱项、堵漏洞、防风险。会议强调,2021年要紧扣高质量发展主题,突出抓好"十四五"防震减灾规划,震情监测跟踪,地震灾害防御,应急准备,防震减灾地方法治建设,防震减灾工作属地责任等方面各项工作,大力推进地震灾害风险普查和房屋设施抗震加固，全面提升我省防灾抗灾救灾能力，服务吉林振兴发展大局，以优异成绩庆祝建党100周年。

（吉林省地震局）

上海市防震减灾工作会议

2021年8月17日，上海市自然灾害防治委员会办公室、上海市地震局、上海市应急管理局联合召开2021年全市防震减灾工作会议，传达市领导批示精神，总结3年来防震减灾工作，分析面临形势，部署2021年下半年重点任务。上海市地震局党组书记、局长李红芳作题为《统一思想 明晰思路 夯实基础 加快推进上海市防震减灾事业高质量发展》的工作报告。上海市灾防办常务副主任、市应急局副局长沈伟忠解读《上海市自然灾害防治委员会办公室关于进一步加强上海市防震减灾救灾工作的意见》并讲话。

会议指出，要深刻领会习近平总书记防灾减灾救灾重要论述，始终坚持以人民为中心，压实防震减灾工作责任，健全完善防震减灾体制机制，坚定不移推进新时代防震减灾事业现代化建设。

会议强调，要加强组织领导，压实地震灾害风险防控责任；坚持以防为主，提高地震灾害风险防治水平；紧盯震情，推进地震监测预警能力建设；着眼社会需求，积极推进防震减灾公共服务；增强法治观念，不断强化防震减灾法治建设；坚持规划指导，抓好规划编制和重点项目实施。

会议通报震情形势，邀请云南和青海两省地震局专家介绍云南漾濞6.4级地震、青海玛多7.4级地震应对工作情况。

上海市地震局党组同志，上海市应急管理局有关领导，市地震局各单位（部门）主要负责人，各区应急管理局负责同志及相关处室负责人参加会议。

（上海市地震局）

江苏省防震减灾工作联席会议暨抗震救灾指挥部会议

2021年3月26日，江苏省人民政府召开2021年防震减灾工作联席会议暨抗震救灾指挥部会议，深入学习贯彻习近平总书记关于防灾减灾救灾重要论述和关于防震减灾重要指示批示精神，认真落实江苏省委、省政府部署要求，总结工作、分析形势、压实责任，全面部署2021年全省防震减灾工作。江苏省委常委、常务副省长樊金龙出席会议并讲话。省政府副秘书长张叶飞主持会议，并传达李克强总理重要批示精神。省地震局党组书记、局长刘尧兴通报2020年全省防震减灾总体情况，提出2021年工作建议。省应急厅党组书记、厅长宋乐伟传达应急管理部抗震救灾工作精神，提出抗震救灾工作建议。省住建厅、省科协负责同志作交流发言。省防震减灾工作联席会议成员单位负责同志参加会议。会后,印发《关于进一步加强2021年度江苏省地震灾害风险防范工作意见的通知》,下达各设区市政府防震减灾工作目标管理责任。

(江苏省地震局)

福建省防震减灾工作领导小组(联席)会议

2021年6月7日,福建省地震局召开抗震救灾指挥部暨防震减灾联席会议,省抗震救灾指挥部暨防震减灾联席会议成员单位相关负责人参加会议,福建省委常委、秘书长,省政府副省长、省抗震救灾指挥部指挥长郑新聪出席会议并讲话。福建省应急管理厅党组书记郑李亭主持会议,省应急管理厅厅长刘琳对省抗震救灾指挥部暨防震减灾联席会议调整情况和地震应急预案修订情况进行说明,省地震局党组书记、局长刘建达汇报2020年全省抗震救灾和防震减灾工作开展情况,分析福建省地震形势,提出下一步重点工作建议。联席会还审议通过了《福建省地震应急预案》。

(福建省地震局)

江西省防震抗震减灾工作领导小组会议

2021年9月7日,江西省防震减灾工作领导小组会议召开,传达学习国务院领导同志重要指示批示精神、听取全省震情形势汇报,总结"十三五"时期全省防震减灾工作,研究部署2021年下半年全省防震减灾重点工作任务。时任江西省委常委、常务副省长、省防震减灾工作领导小组组长殷美根出席并主持会议,省防震减灾工作领导小组副组长、成员参会,省委编办、省人大教科文卫委、江西广播电视台等单位代表和各成员单位联络员列席会议。

(江西省地震局)

河南省防震抗震指挥部(抗震救灾应急指挥部)会议

2021年3月31日,河南省人民政府在郑州召开省防震抗震指挥部(抗震救灾应急指挥部)会议。会议以习近平新时代中国特色社会主义思想为指导,深入学习贯彻习近平总书记关于防灾减灾救灾重要论述和防震减灾重要指示批示精神,认真落实全国应急管理工作会议、全国地震局长会议部署和省委、省政府关于防震减灾工作的各项要求,总结2020年全省防震减灾工作,部署2021年重点任务。省人民政府副省长、省防震抗震指挥部(抗震救灾应急指挥部）指挥长武国定出席会议并讲话。

会议指出，防震减灾是防灾减灾救灾的重要组成部分，事关人民生命财产安全，事关社会和谐稳定，是衡量执政党领导力、检验政府执行力、评判国家动员力、体现民族凝聚力的一个重要方面，做好防震减灾工作意义重大。

会议强调，2021年是"十四五"规划开局之年，全省防震减灾工作要更加主动融入"全灾种、大应急"管理体制，深度融入经济社会发展大局，确保防震减灾高质量发展。要加强震情监视跟踪和分析研判，狠抓应急预案宣贯实施和破坏性地震灾害应急准备。要加快推进地震灾害风险普查和地震易发区房屋设施加固两大工程，扎实做好建设工程地震安全监管检查发现问题整改工作。要科学编制全省防震减灾"十四五"规划，加快推进重点工程项目立项实施。要强化科技创新，加强科技攻关，激发地震科技创新活力。

会议强调，各地各部门要强化大局意识和"一盘棋"观念，密切沟通、加强协作，共同推动重点工作任务落实。要继续深化市、县防震减灾工作体制机制改革，进一步明确市、县应急部门和防震减灾机构职责任务，推动应急管理和防震减灾深度融合。要进一步理顺市、县防震抗震应急指挥体系，市、县应急部门要全面承担指挥机构日常工作。

河南省人民政府副秘书长、副指挥长陈治胜主持会议，省应急管理厅厅长、副指挥长吴忠华传达国务院领导同志批示和致信要求，省地震局局长、副指挥长姜金卫代表指挥部办公室作2020年度工作总结和2021年重点工作安排建议。省防震抗震指挥部（抗震救灾应急指挥部）成员单位相关负责同志出席会议，各省辖市、济源示范区应急管理局、防震减灾中心主要负责同志以视频形式参加会议。

（河南省地震局）

湖南省防震减灾工作联席会议

2021年7月28日，湖南省人民政府召开2021年防震减灾工作联席会议，传达学习国务院领导同志重要指示批示精神、全国地震局长会议精神，总结2020年全省防震减灾工作，安排部署下阶段重点工作任务，审议通过《2021年防震减灾重点工作任务分工方案》。副省长陈文浩出席会议并讲话。

副省长陈文浩对2020年防震减灾工作给予充分肯定。会议强调，全省各级各有关部门要深入领会习近平总书记关于防灾减灾救灾重要论述的深刻内涵，坚决贯彻落实习近平总书记关于防震减灾工作重要指示批示精神和党中央重大决策部署，强化风险意识和底线思维，担当起保障地震安全的政治责任。要扎实推进地震易发区房屋设施加固工程和全省地震灾害风险普查工作，摸清掌握风险底数，强化风险防范。要进一步夯实防震减灾工作监管责任，强化建设工程抗震设防要求监管。要加强震情监视跟踪，推进地震监测预警台网等重点项目建设，提升地震监测预报预警能力。要实施全民地震科学素质提升工程，广泛开展防震减灾科普宣传，提升防震减灾公共服务能力。

湖南省人民政府副秘书长黎咸兴主持会议。省地震局局长付跃武汇报工作，常德、岳阳市分管副市长及省防震减灾工作联席会议成员单位分管负责人参会。

（湖南省地震局）

广西壮族自治区防震减灾工作领导小组全体成员（扩大）会议

2021年3月30日，广西壮族自治区防震减灾工作领导小组全体成员（扩大）电视电话会议在南宁召开。会议学习贯彻习近平总书记重要论述，传达2021年国务院防震减灾工作联席会议精神，总结2020年广西防震减灾工作，对2021年重点工作任务进行部署。时任自治区党委常委、自治区副主席、自治区防震减灾工作领导小组组长黄世勇出席会议并讲话。14个设区市和20个重点县（市、区）在当地分会场参加会议。

会议指出，2020年各级各有关部门坚持以习近平新时代中国特色社会主义思想为指导，统筹疫情防控和经济社会发展，在监测预报预警、震灾风险防治、地震应急保障等方面取得新成效，为"建设壮美广西 共圆复兴梦想"提供有力地震安全保障。

会议强调，"十四五"时期是全面推进广西防震减灾事业高质量发展的重要战略机遇期，各级各有关部门要深入贯彻落实习近平总书记关于防震减灾重要指示批示精神，准确把握防震减灾新形势新要求，补短板、强弱项，加强各项基础工作，履职尽责，全面提升全社会抵御地震灾害的综合防范能力。

会议要求，各级各有关部门要凝心聚力扎实做好"十四五"和2021年工作，重点抓好七个方面：一是完善防震减灾体制机制；二是科学做好震情跟踪研判；三是排查治理重大安全风险隐患；四是落实落细防大震抢大险救大灾措施；五是提升公众防震减灾意识；六是提升抢险救灾指挥水平；七是聚焦高风险地区做好应急准备工作。

（广西壮族自治区地震局）

海南省防震减灾工作联席会议

2021年12月24日，海南省召开2021年省防震减灾救灾工作联席会议，省抗震救灾指挥部和防震减灾联席会议成员单位相关负责人参加，市县政府及有关单位负责人视频参会。河南省委常委、常务副省长、省抗震救灾指挥部和防震减灾联席会议指挥长沈丹阳同志出席会议并讲话。

会议总结回顾"十三五"时期和2021年海南省防震减灾救灾工作，对2021年、2022年海南地震趋势进行分析，提出"十四五"防震减灾救灾工作基本思路和下一步重点工作建议。通报表彰海南省全国防震减灾优秀集体和先进个人。河南省水务厅、省教育厅、海口市政府、三亚市政府分别作交流发言。

会议要求，深入学习贯彻习近平总书记关于防灾减灾救灾重要论述，力争到2025年全省城乡防震减灾救灾综合能力基本适应经济社会发展需求，初步形成符合海南自贸港地震安全需求的地震灾害风险防治、地震监测预测预警、地震应急救援、科技创新、社会治理体系现代化事业发展框架。

会议强调，切实增强防震减灾救灾工作的责任感和使命感，深刻认识海南省防震减灾救灾工作面临的形势，增强忧患意识，坚持底线思维，强化责任担当；扎实做好防震减灾救灾各项工作，提高思想认识，树牢人民至上、生命至上理念，在"防、抗、救"上下功夫；坚持统筹好发展和安全，扛起防震减灾救灾工作责任，为海南自由贸易港建设提供地震安全保障。

（海南省地震局）

重庆市防震减灾工作联席会议

2021年3月31日，重庆市人民政府召开2021年全市防震减灾工作联席会议，副市长郑向东出席会议并讲话。

会议要求，各成员单位要坚持底线思维，善于运用大概率思维应对小概率事件，做好防范应对准备，共同防范化解地震灾害风险。一是强化地震灾害风险防范应对。加强震情跟踪监视，强化应对准备，做好重点时段地震安全服务保障。二是进一步提升监测预警能力。夯实监测基础，推进国家地震烈度速报与预警工程重庆子项目和重庆市地震烈度速报与预警工程等重点项目建设，提高防震减灾信息化、智能化水平。三是打好摸清风险底数攻坚战。扎实推进地震灾害风险调查和隐患排查，提高城乡建筑抗震能力。四是推动防震减灾服务提质增效。强化抗震设防要求监管服务，确保建设工程抗震设防达标，杜绝地震安全隐患；加强防震减灾科普宣传，不断提高群众防震减灾意识和应急避险能力。五是形成防震减灾工作合力。统筹做好"十四五"规划编制和实施，强化协同作战，落实各成员单位责任，完善协同工作机制，形成整体合力。

重庆市地震局代表防震减灾工作联席会议办公室作工作汇报，有关专家通报了重庆及邻区震情形势，市教委、市住房城乡建委、市规划自然资源局、市应急局作交流发言，各成员单位相关负责人参加会议。

（重庆市地震局）

贵州省防震减灾工作联席会议

2021年4月25日，贵州省人民政府召开2021年省防震减灾工作联席会议，深入贯彻落实习近平总书记视察贵州重要讲话精神，贯彻落实全国应急管理工作会议、全国地震工作会议和省委十二届八次全会精神，总结"十三五"时期和2020年防震减灾工作，分析全省地震活动趋势，安排部署重点工作。贵州省委常委、常务副省长李再勇主持会议并讲话。

会议充分肯定了"十三五"期间及2020年全省防震减灾工作取得的成绩。会议强调，要坚决贯彻落实党中央、国务院和省委省政府决策部署。要扎实抓好"地震灾害风险调查和重点隐患排查工程""地震易发区房屋设施加固工程"两项重点工程实施，要以高度的政治责任感和极端负责的态度抓好震情跟踪研判，进一步提升地震监测预报预警能力。要扎实抓好"十四五"规划实施，积极推进地震大数据贵州中心等重点项目。要夯实基层基础，实施基层应急救援能力提升等项目。要抓牢抓实宣传教育和舆情导控，加强宣传教育，规范信息发布。要压实工作责任，加大经费保障，加强应急准备和处置，做好风险防范化解，确保工作落地落实。

贵州省地震局局长柴劲松汇报了全省2020年防震减灾工作情况和2021年地震形势，提出2021年防震减灾重点工作建议。贵州省应急厅厅长周乐职汇报了全省地震灾害风险普查和抗震救灾应对准备情况。贵州省住房城乡建设厅厅长周宏文汇报了全省地震易发区房屋设施加固工程推进情况和下步工作打算。

贵州省人民政府副秘书长邹康，贵州省抗震救灾指挥部（省防震减灾工作联席会议）成员单位有关负责同志参会。

（贵州省地震局）

云南省防震减灾工作联席会议

2021年1月20日，云南省人民政府召开2021年防震减灾工作联席会议，传达学习国务院领导同志重要批示指示精神，研究贯彻落实措施，部署下一阶段全省防震减灾工作。云南省副省长、省抗震救灾指挥部指挥长和良辉出席会议并讲话。

会议强调，各地、各有关部门要切实提高做好防震减灾救灾工作的政治站位，强化政治自觉。要把做好防震减灾救灾工作作为增强"四个意识"、坚定"四个自信"、做到"两个维护"的实践检验，作为践行"不忘初心、牢记使命"的实际行动，在思想上下功夫，在行动上见成效，做到守土有责、守土担责、守土尽责，全力担起"促一方发展、保一方平安"的政治责任。

会议要求，要系统性增强地震灾害风险综合防范能力，加快编制实施"十四五"防震减灾规划。强化震情跟踪，加快推进预警工程、地震易发区房屋设施加固工程与地震灾害风险普查工作。加强应急避难场所建设。强化科普宣传，进一步提高广大干部群众防震减灾意识。加强应急物资储备，持续强化应急准备，系统性提升地震灾害应急救援能力。进一步完善地震应急预案。加快推进基层应急动员能力建设。推进航空应急救援体系建设。做好灾情信息管理。严格落实应急值班值守制度，千方百计做好防震减灾各项工作。

云南省人民政府副秘书长、省抗震救灾指挥部副指挥长罗昭斌主持会议，云南省地震局局长、省抗震救灾指挥部常务副指挥长王彬汇报了2020年云南省防震减灾工作主要进展情况和 2021 年工作安排建议。云南省应急管理厅、省住房和城乡建设厅等单位负责同志汇报了防震减灾工作情况。

云南省抗震救灾指挥部各成员单位、应急管理部南方航空护林总站等负责同志在主会场参会；各州（市）政府分管领导，有关县市政府主要领导、分管领导，应急、地震、住房和城乡建设等部门负责同志以视频形式在分会场参会。

（云南省地震局）

西藏自治区抗震救灾应急指挥部电视电话会议

2021 年 4 月 14 日，西藏自治区人民政府组织召开 2021 年抗震救灾应急指挥部电视电话会议。会议以习近平新时代中国特色社会主义思想为指导，全面贯彻落实党的十九大和十九届二中、三中、四中、五中全会精神，深入贯彻落实习近平总书记关于防灾减灾救灾、防震减灾和防范化解重大风险重要论述和指示批示精神，全面总结 2020 年全区防震减灾工作，深入分析全区震情形势，安排部署 2021 年防震减灾工作。西藏自治区副主席多吉次珠出席会议并讲话，自治区政府办公厅二级巡视员米玛次仁主持会议。

自治区应急管理厅党委委员、副厅长巩同梁传达了国务院领导同志批示和致信精神，会议听取了 2021 年西藏地震趋势会商意见，自治区地震局党组书记哈辉代表区抗震救灾应急指挥部办公室作工作汇报。

多吉次珠在讲话中充分肯定了 2020 年全区防震减灾工作取得的成绩。会议指出，各市（地）、各成员单位认真贯彻落实习近平总书记关于防灾减灾救灾、防震减灾重要论述精神，坚持以人民为中心的发展思想，在防震减灾体制机制、地震监测预报预警能力、地震灾害风险防治水平、综合应急能力、防震减灾科普宣传上取得了较好成绩，为全区经济发展、社会稳定提供坚强的地震安全保障。

会议要求，要从编制实施"十四五"防震减灾规划、强化风险防范、加强统筹协调、做好应急准备、加快实施重点工程、提升基层能力建设、加大地震科普宣传力度等七个方面做好 2021 年全区防震减灾工作，以优异成绩迎接建党 100 周年和西藏和平解放 70 周年。

拉萨市、山南市、那曲市、阿里地区分管副市长（副专员）在会上作了汇报发言。

西藏自治区抗震救灾应急指挥部各成员单位在主会场参加会议。全区各地（市）、县（区）分管领导、成员单位在分会场参加会议。

（西藏自治区地震局）

陕西省防震减灾工作联席会议

2021 年 6 月 16 日，陕西省人民政府召开 2021 年全省防震减灾工作联席会议，副省长郭永红出席会议并讲话，副秘书长吴聪聪主持会议。

陕西省地震局党组书记、局长吕弋培在会上传达 2021 年全国应急管理工作会和全国地震局长会议精神，总结 2020 年全省防震减灾工作，提出下一阶段工作建议。西安市、汉中市、省住建厅、省教育厅有关负责同志进行交流发言。

会议指出，2021 年是中国共产党成立 100 周年，也是"十四五"规划开局之年，要始终心怀国之大者，深刻认识做好防震减灾工作的极端重要性，充分理解做好防震工作是做到"两个维护"的具体行动、是维护人民生命财产安全的现实要求、是推动高质量发展的重要保障，一以贯之做好防震减灾各项工作。

会议强调，要突出问题导向，准确把握防震减灾工作面临的新形势、新任务、新要求，聚焦防震减灾工作短板和弱项、聚焦重点领域和关键任务，持续加强震情跟踪，强化应急准备，提升灾害风险防治能力，推进防震减灾公共服务，科学谋划"十四五"防震减灾规划，扎扎实实做好 2021 年防震减灾各项工作。要不断夯实责任，始终强化组织领导、强化科技保障、强化督导检查，不断提升新时代防震减灾事业现代化建设水平。

（陕西省地震局）

甘肃省抗震救灾指挥部和甘肃省防震减灾工作领导小组全体（扩大）会议

2021 年 4 月 29 日，甘肃省召开省抗震救灾指挥部和省防震减灾工作领导小组全体（扩大）会议。会议听取省防震减灾工作领导小组办公室和省抗震救灾指挥部办公室的工作汇报，通报 2021 年全省震情形势和地震灾害风险评估结果，安排部署下一阶段重点工作。甘肃省副省长李沛兴出席会议并讲话，会议由省政府副秘书长韩显明主持。

会议指出，2020 年各级各部门地震灾害应急防范准备工作取得了明显成效，地震监测预报预警能力和地震灾害应急处置能力得到有效提升，全省防震减灾救灾体制机制、隐患排查整治等方面取得了积极进展。

会议指出，甘肃防震减灾救灾工作还存在许多薄弱环节，各级各部门对新时代防震减灾救灾的认识需要加强，救援救灾体制机制需要进一步细化，农村房屋抗震能力和应急物资储备需要加强，基层应急力量基础需要夯实。

会议强调，各级各部门要提高政治站位，强化责任担当，提升震情跟踪研判和地震监测预警能力，扎实开展地震灾害风险隐患排查和地震易发区房屋设施加固工程实施，深入开展防震减灾科普宣传，提升应急物资保障水平，提升重特大地震灾害的应急处置能力。

甘肃省抗震救灾指挥部（省防震减灾工作领导小组）、各市（州）政府抗震救灾（防震减灾）主要负责同志参会。

（甘肃省地震局）

青海省防震减灾工作领导小组工作会议

2021年3月30日,在黄南州尖扎县"青海省'高原砺剑—2021'重特大地震跨区域综合实战拉动演练"现场,青海省人民政府组织召开2021年青海省防震减灾工作领导小组工作会议。会议主要任务是深入学习贯彻习近平总书记关于防震减灾工作重要讲话、重要指示和批示精神,全面落实党中央国务院和省委省政府对防震减灾工作的决策部署,总结2020年防震减灾工作,分析研判震情形势,安排部署2021年防震减灾工作。省领导出席会议并讲话。

会议指出,青海省是全国强震活动区之一,地震灾害多发高发,防震减灾工作事关人民生命财产安全和社会和谐稳定。

会议强调,各地区各部门要切实强化政治自觉和行动自觉,居安思危,未雨绸缪,全力防范化解地震灾害风险;加快推进预警工程建设,完善震情跟踪工作体系,强化短临跟踪工作措施,切实提高地震监测预报预警能力;加快推进自然灾害防治能力"九大工程"建设,深入开展防震减灾科普宣传,发挥群策群防队伍作用;强化地震应急准备,实行联防联动,扎实做好防震减灾各项工作,切实筑牢防灾减灾救灾的人民防线,维护人民群众生命财产安全。

青海省地震局党组书记、局长、省防震减灾工作领导小组办公室主任杨立明参加会议并做《2020年全省防震减灾工作总结和2021年重点工作建议》报告。青海省委宣传部、团省委、省发展改革委、省工业和信息化厅、省教育厅、省科技厅、省民宗委、省公安厅、省民政厅、省司法厅、省财政厅等成员单位代表参加会议。

(青海省地震局)

宁夏回族自治区防震减灾工作领导小组(扩大)会议

2021年12月15日,宁夏回族自治区召开防震减灾工作领导小组(扩大)会议,自治区人民政府副主席王和山主持会议并讲话。自治区防震减灾工作领导小组成员单位负责人、各设区市政府分管负责同志和地震局局长参加会议。

会议深入学习领会习近平总书记关于防灾减灾救灾重要论述和防震减灾重要指示批示精神,传达学习国务院领导同志重要批示和致信,听取全国、全区震情形势介绍,总结2021年防震减灾工作,研究部署今后一个时期防震减灾重点工作。会议审议通过了《宁夏回族自治区防震减灾"十四五"规划》。

会议强调,"十四五"是全面建设社会主义现代化国家新征程的开局时期,要进一步增强防震减灾工作合力,推进宁夏防震减灾事业现代化建设,切实提升监测预测预警能力、地震灾害风险防治能力、地震应急准备能力和全民防震减灾素养,努力实现防震减灾事业高质量发展。

会议要求,要坚决扛起防震减灾责任,紧绷地震风险防范之弦,把防震减灾救灾摆在更加突出的位置;要细化完善防震减灾各项措施,不断提升监测预报预警能力、震灾风险防治能力、应急救援能力和公共服务能力,夯实风险防治基础;要压实压紧防震减灾工作责任,切实筑牢防震减灾救灾的人民防线。

(宁夏回族自治区地震局)

科技创新与成果推广

主要收载获国家级、省部级、中国地震局局级科技成果奖励,以及通过省部级、中国地震局鉴定的项目;中国地震局获得授权发明专利及实用新型专利;重大科技项目及科技成果的推广及应用情况等。

2021年地震科技工作综述

一、抓科学重器,"一场一室"建设取得重大进展

中国地震科学实验场列入《中华人民共和国国民经济和社会发展第十四个五年规划和2035年远景目标纲要》和国家发展改革委国家重大科技基础设施"十四五"规划,标志实验场成功立项。国家科技基础资源调查、实验场活动断裂公共模型和人工智能地震监测预测技术3项国家重点科技项目成功立项,研究所基本科研业务费专项设立33个实验场项目,实验场"软硬结合"局面初步形成。实验场共建单位完成财政性项目(2022—2024)申报,列入2022年财政预算。印发实验场管理办法和数据共享管理办法,从实验场管理、廉政勤政风险防控、数据管理等方面完善实验场管理运行机制。实验场与地震学会联合举办实验场第三次学术年会。以相对独立、实体化为原则,编制地震动力学国家重点实验室重组方案。

二、抓战略谋划,高位推进地震科技创新工作

坚持底线思维防范化解重大地震风险,分析我国防震减灾科技发展现状,认真查找问题短板,提出中国地震科学技术现状分析及发展建议。举办香山科学会议和双清论坛,邀请来自中国科学院、北京大学、南方科技大学、中国科学技术大学、中山大学等科研机构的知名地震科学家,研究地震科学发展重大问题。香山会议以"大陆型强震孕育发生的物理机制及地震预测探索"为主题,提出"中国大陆地震2.0版活动地块动力学模型"科学计划建议。双清论坛以"后克拉通破坏时期华北构造演化及对人类社会的影响"为主题,就"华北平原强震机理与韧性城市"科学问题形成共识。吸收两次论坛成果,组织编制《国家地震科技发展规划(2021—2035年)》和《"十四五"防震减灾国际合作规划》,明确"十四五"国家重点科技任务。聚焦地震科技创新工程、实验场建设、科技支撑防震减灾事业现代化等重点任务,配合科技部编制地震领域"十四五"国家重点研发科技规划,会同国家自然基金委发布地震科学联合基金2022年度指南。

三、抓科技支撑,加大成果供给支撑现代化建设

落实科技支撑事业现代化建设的实施意见,组织相关单位制定具体落实行动方案,将实施意见3个方面16项重点任务进行分解,细化成92项子任务,明确责任分工和完成时限。发挥四大研究计划牵头单位作用,梳理总结地震科技创新工程年度进展。"十三五"国家重点研发计划"重大自然灾害监测预警与防范"重点专项共立项项目30项,中国地震局承担其中20项,有力保障地震科技创新工程实施。组织中国地震局地球物理研究所、地质研究所,四川省地震局赴四川泸县开展地震监测情况调研。提前布设的81套地震仪监测到

四川泸县6.0级地震事件全过程。编制《四川盆地地震科学研究工作方案》，成立工作专家组，推动与石油公司、地方应急和能源部门的密切合作。地震系统各单位大力开展科技创新，服务防震减灾高质量发展。研发人工智能自动编目系统，大幅度提高地震余震序列的处理时效。研发高端精密微型孔隙水压力传感器，填补了中国土体变形与破坏高端监测仪器空白，出口德国、荷兰等国。研发新一代高速铁路地震预警监测系统，为大同至张家口高速铁路等8个线路提供技术服务。研究提出未来十年全国重点监视防御区。开展核电厂、重大水利水电项目地震安全性评估，为重大工程提供地震安全保障。开展云南漾濞6.4级、青海玛多7.4级地震科考，成果为抗震救灾部署和灾后恢复重建工作提供第一手科学资料。5项地震科技成果亮相国家"十三五"科技创新成就展。相比"十二五"，中国地震局"十三五"授权发明专利数实现翻两番，SCI、EI论文数增长过一半。

四、抓机制创新，科技体制改革走深走实

落实扩大科研自主权改革要求，局领导带队赴研究所开展"六个机制"调研，参加中央全面深化改革委员会办公室督察局经验交流，在出台专门落实文件和绩效工资分配制度方面受到督察局的肯定。落实中央完善科技成果评价机制和科研经费管理改革要求，组织系统各单位开展制修订工作。配合驻部纪检组开展科研项目和经费使用管理调研，查找政策落实的短板和不足。完成4个直属研究所章程统一修订，强化党的领导，更加突出行业研究所功能定位。修订防震减灾科学成果奖励办法，突出科技成果的价值贡献导向，改推荐制为提名制，增加软科学研究和科普成果。完成2021年度成果奖评选工作，评选58项优秀科技成果。修订地震科技星火计划管理办法，推进科研成果在核心业务中的转化应用，设立"自主研发""前店后厂""区域创新"类项目。推进短临预报专群结合研究试点，引入四川中科防灾减灾技术研究院等5家企事业单位在川滇地区开展试验观测，形成了专业数据、地方数据、试验数据和行业数据"一张网"，建立了国家、省、市、县协同新机制，宏观数据和试验数据在震情跟踪中发挥科技支撑作用。建立地震预测技术评估和试验工作机制。

五、抓开放合作，加强协作力争"一加一大于二"

深化与部门高校合作，与中国地质调查局签署战略合作协议，共同推进实验场建设、"深地"计划实施。与外交部加强合作，组织专家为部分驻外使领馆提供了场馆建设地震安全技术支持和防震减灾科普产品，为保障我国海外利益安全迈出重要一步。与同济大学就提升全方位、多层次战略合作，在高端智库、科技攻关、平台共建等方面加大合作力度达成共识。经科学技术部同意，上海市地震局与南方科技大学共建上海佘山国家野外科学观测研究站，提升海洋地球物理研究能力。推动"一带一路"国际合作。在新冠肺炎疫情仍在全球肆虐的情况下，配合埃及成功召开第二届"一带一路"地震减灾合作协调人会议，15个国家和国际组织代表参会，并就相关合作达成一致。组织召开第十届天山地震国际学术研讨会，近200名国内外专家学者参加会议，促进区域地震观测与科学研究合作交流。

多渠道开展援外培训。举办"中亚防震减灾技术与管理培训班""中亚及南亚国家地震监测技术国际培训班""亚美尼亚地震监测台网技术研修班"和"亚洲合作对话（ACD）成员国测震学技术培训"，为来自哈萨克斯坦、吉尔吉斯斯坦、乌兹别克斯坦、亚美尼亚、蒙古、朝鲜、老挝、缅甸、泰国、越南、巴基斯坦、尼泊尔和斯里兰卡13国155名人员提供技术培训。

六、抓条件建设，夯实科研基础加大资源利用

一批科研基地获得批复认定。新疆帕米尔陆内俯冲和河北红山巨厚沉积国家野外科学观测研究站获科技部批准，中国地震局国家野外站增至10个。北京国家地球观象台、地震动力学、国家地震工程研究示范3个国家国际科技合作基地通过科学技术部评估。中国地震局工程力学研究所地震灾害风险防治重点实验室获应急管理部批准建设。深圳防灾减灾技术研究院通过ISO质量体系认证，成立的"广东省城市基础设施防灾安全监测与控制工程技术研究中心"获广东省科技厅认定。厦门海洋所和火山所编制发展规划。统筹直属研究所修购专项资金加大区域研究所科研仪器和设备共用共享。中国地震局地质研究所、工程力学研究所、防灾科技学院在国家重大科研仪器设施共享考核中评价良好。将中国地震局各类条件平台年度主要成果纳入2020年度科技年报。科技期刊影响力稳步提升，10家期刊被《世界期刊影响力指数报告（2020科技版）》收录。中国地震局工程力学研究所《地震工程与工程振动（英文刊）》2020年度影响因子首次突破2.0，获得中国科技期刊卓越行动计划项目优秀评价。中国地震台网中心 *Earthquake Research Advances* 完成创刊，10余个国家的53位科学家组成国际化编委团队。

（中国地震局科技与国际合作司）

科技成果

2021年防震减灾科学成果奖一等奖成果简介

根据《防震减灾科学成果奖励办法》及其实施细则，中国地震局于2021年7月组织开展2021年防震减灾科学成果奖评选，评选成果58项，其中一等奖6项、二等奖23项、三等奖29项。一等奖成果简介如下。

中国地震局地质研究所陈杰等人完成的"帕米尔—西昆仑—南天山会聚带新构造变形与强震研究"基础研究成果，由张培震院士提名。该成果查明了主要晚新生代构造与活动构造的空间展布、构造变形几何图像和变形时空分配及速率，改进或建立逆断层相关褶皱定量化研究模型，对理解西构造结的变形扩展过程和隐伏活动逆断层活动性具有重要的科学意义，为区域中长期地震危险性判定提供有力支撑。

福建省地震局金星等人完成的"福建地震预警与烈度速报系统研究与示范应用"应用研究成果，由中国地震局监测预报司提名，福建省地震局、中国地震局工程力学研究所作为主要完成单位。该成果首次提出一整套地震预警与烈度速报数据处理理论与技术，建成覆盖福建全省的紧急地震信息服务系统，研发的软件在多个单位得到推广应用，为中国地震预警与烈度速报业务发展奠定了重要基础。

中国地震局第二监测中心祝意青等人完成的"强震孕育发生过程中重力变化及前兆机理研究"应用研究成果，由中国地震局第二监测中心提名，中国地震局第二监测中心、地球物理研究所作为主要完成单位。该成果提出多源重力观测资料整体处理分析方法和利用重力场变化资料进行强震危险性预测方法和判别指标，在若干强震前给出有效的年尺度中期预报意见，推动地震预报科学研究及时变重力学发展。

中国地震局地球物理研究所高孟潭等人完成的"中国地震动参数区划图（2015）及应用"转化推广类成果，由中国地震局地球物理研究所提名，中国地震局地球物理研究所、中国地震灾害防御中心等作为主要完成单位。该成果在高震级潜源划分、地震活动性参数、大震近场衰减模型、地震动参数场地类型调整方面取得重要进展，在此基础上修订完成的国家标准《中国地震动参数区划图》于2016年正式实施，提出的极罕遇地震概念和参数，在建筑物抗倒塌设计规范、巨震应对技术规范和减隔震设计规范等标准规范中得到应用，对提升国家防控大震巨灾风险具有重要作用。

陈运泰、陈颙院士各自完成的科普作品《地震浅说》及"'院士谈减轻自然灾害'系列丛书"，由中国地震局公共服务司（法规司）提名。该作品聚焦地震科学基础知识的普及，积极渗透和传播科学思辨的思想方法，弘扬科学精神，传递有温度的科学。

中国地震局2021年度防震减灾科学成果奖获奖名单

序号	成果名称	主要完成人	主要完成单位	提名者	获奖等级
1	帕米尔—西昆仑—南天山会聚带新构造变形与强震研究	陈 杰 李 涛 李文巧 覃金堂 姚 远 杨会丽 袁兆德 许建红 刘进峰 李 安		张培震	一等奖
2	强震孕育发生过程中重力变化及前兆机理研究	祝意青 陈 石 梁伟锋 赵云峰 刘 芳 卢红艳 徐伟民 徐 云 马 郭树松 张国庆 隗寿春 石 磊 贾路路 赵凌强 张 松	中国地震局第二监测中心 中国地震局地球物理研究所	中国地震局第二监测中心	一等奖
3	福建地震预警与烈度速报系统研究与示范应用	金 星 马 强 韦永祥 李 军 王青平 张红才 王士成 康兰池 周跃勇 陶冬旺 李水龙 陈 琳 黄玲珠 陈智勇 于培青	福建省地震局 中国地震局工程力学研究所	中国地震局监测预报司	一等奖
4	中国地震动参数区划图（2015）及应用	高孟潭 陈国星 谢富仁 徐锡伟 李小军 俞言祥 潘 华 周本刚 吕悦军 赵凤新 李山有 吴 健 陈 波 李昌珑	中国地震局地球物理研究所 中国地震灾害防御中心 中国地震局地质研究所 中国地震局工程力学研究所 中国地震局地壳应力研究所	中国地震局地球物理研究所	一等奖
5	"院士谈减轻自然灾害"系列丛书	陈 颙		中国地震局公共服务司（法规司）	一等奖
6	地震浅说	陈运泰		中国地震局公共服务司（法规司）	一等奖
7	电离层精细结构反演技术及地震应用研究	张学民 吴迎燕 刘 静 赵庶凡 陈一定 娄文宇 欧阳新艳 姚 璐 袁桂平		张永仙 申旭辉	二等奖
8	地壳形变动态过程与强震孕育特征研究	江在森 武艳强 王 敏 方 颖 田勤俭 刘晓霞 赵 静 魏文薪 刘代芹	中国地震局地震预测研究所		二等奖
9	近断层强地震动特性及其破坏作用	温增平 谢俊举 李小军 陈 波 徐 超 贺秋梅 王玉石 耿 飞 赵晓芬		王兰民 丁志峰	二等奖
10	汶川地震断层带物理力学性质与地震发生机理	马胜利 杨晓松 何昌荣 陈建业 姚 路 张 雷 周永胜 杨 涛 段庆宝		中国地震局地质研究所	二等奖
11	青藏高原东缘地壳深部变形与汶川地震（$M_w7.9$）的密集宽频带台阵研究	刘启元 陈九辉 李 昱 郭 飚 李顺成 赵盼盼 邓文泽 尹昕忠 齐少华		高 锐 吴庆举	二等奖
12	松原市活动断层探测与地震危险性评价	沈 军 薄景山 于晓辉 李莹甄 李 平 张宇东 戴训也 林玲玲 王 伟		单新建 刘 杰	二等奖

续表

序号	成果名称	主要完成人	主要完成单位	提名者	获奖等级
13	青藏高原东南缘强震区重力异常与深部结构探测研究	申重阳 杨光亮 玄松柏 石 磊 郭良辉 吴桂桔 谈洪波 汪 健 王嘉沛		湖北省地震局	二等奖
14	喜马拉雅东构造结南迦巴瓦地区地震安全性评价关键技术研究	周本刚 王 萍 谢 超 李正芳 韦 伟 吴 果 杨晓平 甘卫军 尹昕忠		中国地震局地质研究所	二等奖
15	2015—2017年我国地震趋势预测研究	闫 伟 蒋海昆 张永仙 薛 艳 李 纲 黎明晓 宋治平 晏 锐 牛安福	中国地震台网中心	杜 方 祝意青	二等奖
16	2017年8月9日新疆精河6.6级地震具有一定减灾实效的中短期预测	王 琼 聂晓红 刘建明 李志海 宋治平 韩桂红 孟令媛 王在华 魏芸芸	新疆维吾尔自治区地震局 中国地震台网中心	江在森 付 虹	二等奖
17	工程结构抗震韧性关键技术及应用	郭 迅 孙治国 郑志华 何 福 周 洋 王 波 薄景山 黄 猛 卢玉林	防灾科技学院	防灾科技学院	二等奖
18	中国活动火山监测与灾害预测	许建东 潘 波 魏费翔 于红梅 万 园 赵 波 李灵运 房立华 盘晓东	中国地震局地质研究所 吉林省地震局 中国地震局地球物理研究所 中国地震局第二监测中心	刘嘉麒	二等奖
19	地震诱发富水类土质高边坡滑塌应急评价与韧性消能防治关键技术	黄 帅 许 冲 牟 犇 袁仁茂 姜元俊 黄雅虹 吕悦军 王 荣 王长龙	中国地震局地质研究所 应急管理部国家自然灾害防治研究院 青岛理工大学 中国港湾工程有限公司 河北工程大学 中国科学院水利部成都山地灾害与环境研究所	甘卫军 王晓青 李 峰	二等奖
20	基于情景模拟的岩土地震灾害评估技术	王 平 王兰民 蒲小武 柴少峰 邵生俊 王丽丽 吴志坚 车高凤 严武建	甘肃省地震局 西安理工大学	甘肃省地震局	二等奖
21	中国大陆8级地震序列及震源构造研究	易桂喜 付 虹 张元生 龙 锋 闻学泽 李 丽 乔慧珍 王思维 宫 悦	四川省地震局 云南省地震局 甘肃省地震局	四川省地震局	二等奖
22	长江流域湖北段的水文重力监测与应用关键技术研究	吴云龙 胡敏章 姚运生 许才军 闫峰陵 赵 倩 张 毅 张新林 刘少明	湖北省地震局 防灾科技学院 武汉大学 长江水资源保护科学研究所 中国地震局地震预测研究所	李建成	二等奖
23	地震转动传感器及其校准设备研究	杨学山 高 峰 王 雷 杨巧玉 孙志远 杨立志 余天莉 娄良琼 尚帅锟	中国地震局工程力学研究所	中国地震局工程力学研究所	二等奖
24	地震信息播报机器人系统	侯建民 肖 健 陶 鑫 翟 颖 郭 凯 马秀丹 李雨泽 赵 影 杜广宝	中国地震台网中心 江西省地震局	中国地震台网中心	二等奖

续表

序号	成果名称	主要完成人	主要完成单位	提名者	获奖等级
25	非基岩场地核电厂结构抗震性能试验与数值模拟研究	李小军 王晓辉 荣棉水 刘爱文 王玉石 戴志军 贺秋梅 梅泽洪	中国地震局地球物理研究所 北京工业大学	温增平 刘晶波	二等奖
26	建筑结构地震损伤机制控制关键技术研究	曲 哲 纪晓东 侯和涛 林旭川 王啸霆 朱柏洁 张令心 王 涛 郭华东	中国地震局工程力学研究所 清华大学 山东大学 浙江建科减震科技有限公司	中国地震局 工程力学研究所	二等奖
27	12322速报短信服务平台建设及应用推广	赵国峰 李卫东 李 丽 安艳茹 张格仙 庞丽娜 文鑫涛 李杰飞 杜广宝	中国地震台网中心	中国地震 台网中心	二等奖
28	馆藏文物减隔震防护技术研发与应用	戴君武 温留汉·黑沙 杨永强 柏 文 周 云 邹 爽 孙得璋 刘彦辉 聂桂波	中国地震局工程力学研究所 广州大学	中国地震局 工程力学研究所	二等奖
29	从川滇国家地震监测预报实验场建设到中国地震科学实验场起步	张晓东 汤 毅 邵志刚 孙 珂 孙汉荣 王 龙 胡朝忠 席继楼 张永仙		陈晓非 吴忠良 赵俊猛	二等奖
30	广西历史强震区发震构造探测研究——以灵山震区为例	李细光 周 斌 潘黎黎 李冰溯 吴教兵		广西壮族自治区 地震局	三等奖
31	地球化学分析方法在异常核实和震情跟踪中的应用与推广	周志华 晏 锐 田 雷 钟 骏 赵 静		蒋海昆 刘耀炜	三等奖
32	改良黄土的动力特性与地基抗震处理方法	王 谦 钟秀梅 马海萍 刘红玫 王 峻		甘肃省地震局	三等奖
33	乳山震群密集观测与活动机理研究	郑建常 曲均浩 曲 利 胡旭辉 刘方斌		山东省地震局	三等奖
34	基于极化雷达的建筑物震害识别研究	翟 玮 肖修来 张皓然 姜振海 高永国		甘肃省地震局	三等奖
35	基于连续重力观测的震前异常研究	王新胜 韩宇飞 连尉平		许厚泽	三等奖
36	基于重力学的地壳深部孕震环境参数建模与反演技术研究	陈 石 卢红艳 张 贝 李红蕾 韩建成		中国地震局 地球物理研究所	三等奖
37	滇东北昭通—鲁甸断裂带活动性与地震触发滑坡研究	常祖峰 陈晓利 常 昊 周 庆 白仙富		田勤俭 聂高众	三等奖
38	区域应力场与地震活动的数值模拟及地震危险性分析	尹凤玲 黄禄渊 蒋长胜 张 怀		中国地震局 地球物理研究所	三等奖
39	中尺度地震地磁模拟实验研究及其应用	王振东 陈 斌 袁洁浩 王 粲 董 超		中国地震局 地球物理研究所	三等奖
40	中国大陆高精度壳幔结构成像及动力学意义	韦 伟 于红梅 魏费翔 白 翔 陈正全		中国地震局 地质研究所	三等奖

· 367 ·

续表

序号	成果名称	主要完成人	主要完成单位	提名者	获奖等级
41	呼图壁地下储气库三维时空变形与注采压力变化机理研究	王晓强 李 杰 刘代芹 李 瑞 阿卜杜塔伊尔·亚森		新疆维吾尔自治区地震局	三等奖
42	广西地区地震预测基础能力提升及特色地震处置关键技术应用示范	周 斌 阎春恒 文 翔 史水平 毛世榕	广西壮族自治区地震局	广西壮族自治区地震局	三等奖
43	地震灾情精细化评估与应急处置关键技术研究	刘 军 郭红梅 谭 明 洪中华 张 莹	新疆维吾尔自治区地震局 四川省地震局 上海海洋大学	杨建思 王海涛 陈 虹	三等奖
44	城市抗震设防基础数据三维可视化服务系统建设	陈小芳 戚洪飞 马国玺 王 敏 黄 飞	广东省地震局	广东省地震局	三等奖
45	基于基础数据的山西地震滑坡灾害区域及灾害链风险评估	杨 斌 马朝晖 赵文星 程紫燕	山西省地震局	山西省地震局	三等奖
46	2011—2019年重庆及邻区震情跟踪及综合预测研究	郭卫英 黄世源 巩浩波 贺曼秋 高 见	重庆市地震局	易桂喜 马禾青 朱丽霞	三等奖
47	山西地区Pb震相识别及特征研究	殷伟伟 梁向军 张 蕙 李宏伟	山西省地震局	山西省地震局	三等奖
48	广西地震超快速报与烈度速报系统研究及应用示范	孙学军 龙政强 牟剑英 谢夜玉 何嘉幸	广西壮族自治区地震局	广西壮族自治区地震局	三等奖
49	天然地震与人工爆炸识别技术的研究及应用	边银菊 黄汉明 王婷婷 任梦依 杨千里	中国地震局地球物理研究所 广西师范大学	中国地震局地球物理研究所	三等奖
50	地震台站标准化设计与应用	赵 刚 肖武军 凌学书 陈 敏 张学应	安徽省地震局 应急管理部国家自然灾害防治研究院 中国地震台网中心	薛 兵 李正媛 杨大克	三等奖
51	地震观测井（泉）高精度流量观测技术的设计与实现	刘爱春 刘洋君 王同利 胡德军 包 莹	湖南省地震局 应急管理部国家自然灾害防治研究院 北京市地震局	湖南省地震局	三等奖
52	地震观测数据连续性、完整性和可靠性保障系统的研究	孙宏志 李小军 王 琦 赵 雷 雷 晨	辽宁省地震局 河北省地震局 东北大学	辽宁省地震局	三等奖
53	测震台网地震计方位角检测技术应用研究	李少睿 张学应 谢剑波 胡 斌 魏 斌	陕西省地震局 安徽省地震局 广东省地震局	陕西省地震局	三等奖
54	离线式地震灾害快速评估与应急制图技术研究及应用	谭庆全 孙柏涛 陈相兆 马立广 薄 涛	北京市地震局 中国地震局工程力学研究所 北京山海础石信息技术有限公司	北京市地震局	三等奖

续表

序号	成果名称	主要完成人	主要完成单位	提名者	获奖等级
55	宿迁市活动断层探测与地震危险性评价	许汉刚 李丽梅 刘建达 曹筠 朱红	江苏省地震局	江苏省地震局	三等奖
56	强震动台网数据处理系统研发与应用	吴华灯 丁莉莎 叶世山 廖一帆 劳谦	广东省地震局	广东省地震局	三等奖
57	锦屏一级水电站库区地震分析研究	邵玉平 冯永祥 阮祥 张晨 杜瑶	四川省地震局 雅砻江流域水电开发有限公司	四川省地震局	三等奖
58	河北省"十一五"宣教技术系统工程	王宝坤 范志伟 李红梅 崔磊 王恬恬	河北省地震局	河北省地震局	三等奖

（中国地震局科技与国际合作司）

专利及技术转让

2021年度，中国地震局共获得授权发明专利及实用新型专利219项，其中授权发明专利61项。

详见2021年度中国地震局属各单位发明专利、实用新型专利表。

2021年度中国地震局属各单位发明专利、实用新型专利表

序号	单位名称	专利名称	所有人	完成人	专利类别	专利号	授权时间
1	北京市地震局	一种多通道不同视频接口的视频转发接受装置	北京市地震局	郁璟贻 陈亚男 谭庆全	实用新型专利	ZL202022026164.5	2021.04.20
2	天津市地震局	一种基于NB-IOT技术的地震预警信息发布设备	天津市地震局	孙路强 高也 马超群	实用新型专利	ZL202021514956.0	2021.01.08
3	河北省地震局	一种适用于地震现场的多功能安全头盔	河北省地震应急服务中心	郭秋娜 周月玲	实用新型专利	ZL202120124591.9	2021.10.26
4	河北省地震局	一种用于地震监测的流体观测井井口固定装置	孙晴	孙晴 段吉超 谭青 贾华 吕凤章	实用新型专利	ZL202120115720.8	2021.09.28
5	河北省地震局	一种地震流体观测井井口固线装置	河北省地震局红山基准台	王静 张明哲 解真 张朋杰 凌燕	实用新型专利	ZL202120435181.6	2021.09.03
6	山西省地震局	一种基于人口分布的物流配送系统	山西省地震局	杨斌	发明专利	ZL202010163184.9	2021.05.14

续表

序号	单位名称	专利名称	所有人	完成人	专利类别	专利号	授权时间
7	山西省地震局	一种洞体应变仪标定装置	李宏伟	李宏伟	实用新型专利	ZL202022351894.2	2021.05.25
8	山西省地震局	一种根据人口分布热力图控制红绿灯时长的方法	山西省地震局	杨斌	发明专利	ZL201911081679.0	2021.06.11
9	山西省地震局	地震信息快速提取方法和系统	山西省地震局	杨斌	发明专利	ZL201910207561.1	2021.08.17
10	山西省地震局	一种新型远程开关	山西省地震局	穆慧敏 胡玉良 王鹏伟 李颖 李惠玲 程冬焱	实用新型专利	ZL202120319452.1	2021.08.31
11	山西省地震局	一种用于钻孔应变测量的井下双套筒探头	陈永前	陈永前	实用新型专利	ZL202020385981.7	2021.01.29
12	山西省地震局	一种基于物联网的地震监测台远程供电管理系统	山西省地震局	胡玉良 穆慧敏 王鹏伟 李颖 李惠玲 程冬焱	实用新型专利	ZL202120318546.7	2021.10.08
13	山西省地震局	一种快速测量断层逸出气便携式装置	陈永前 李宏伟 范雪芳	陈永前 李宏伟 范雪芳	实用新型专利	ZL202023003423.9	2021.09.07
14	辽宁省地震局	一种具有监装置台站用太阳能供电用不间断供电系统	辽宁省地震局	孙艺玫 罗斐 赵雷 刘天龙 高业新 燕云 孙宏志	实用新型专利	ZL202121010101.9	2021.10.28
15	辽宁省地震局	一种可对外壳进行调节的野外视频监控装置	辽宁省地震局	侯作亮 赵明朝 于浩 冯石	实用新型专利	ZL202121205577.8	2021.12.07
16	江苏省地震局	一种地震灾情信息处理方法及系统	江苏省地震局	毕雪梅 左天惠 安立强	发明专利	ZL201910260052.5	2021.12.17
17	江苏省地震局	一种通用型量子式矢量磁力仪控制主机	江苏省地震局	居海华 冯志生 夏忠 宫杰 张岑 田韬 戴波 李鸿宇 袁桂平 郝冉 高明智 王化生 陈健 于悦颖 鲍海英	实用新型专利	ZL202120005966.X	2021.08.31
18	江苏省地震局	一种新型宽频带倾斜仪防潮安装结构	江苏省常熟地震台	钱文杰 狄樑 丁建国 刘冬冬 陆德明 刘利	实用新型专利	ZL202021188488.2	2021.01.12

续表

序号	单位名称	专利名称	所有人	完成人	专利类别	专利号	授权时间
19	江苏省地震局	一种地埋式地磁实用观测装置	江苏省地震局	张秀霞 蒋延林 郭宇鑫 赵卫红	实用新型专利	ZL202120582933.1	2021.10.20
20	江苏省地震局	矢量质子磁力仪智能选频方法	江苏省新沂地震台	夏 忠 居海华 何宇飞 徐艳军 彭 澎	发明专利	ZL201910162067.8	2021.10.29
21	江苏省地震局	一种基于观测站的地震计防护罩	江苏省地震局	立 凯 宫 杰 秦 磊 何浩宇 曾 智	实用新型专利	ZL202120710507.1	2021.11.23
22	安徽省地震局	一种地电阻率仪测试用负载盒	安徽省地震局	赵希磊	实用新型专利	ZL202120791588.2	2021.10.15
23	安徽省地震局	一种基于无人机的地震搜救装置	安徽省地震局	王 义 于书媛 丁 娟 陈 靓 李亚龙	实用新型专利	Zl202120750577.X	2021.10.26
24	安徽省地震局	一种伸缩仪测试盒	安徽省地震局	赵希磊	实用新型专利	ZL202120791610.3	2021.11.10
25	福建省地震局	一种两栖气枪震源的枪撬	福建省地震局	张艺峰 刘善虎 姚道平 金 震 王 笋 郭晓然 张国平 庄如岩	实用新型专利	ZL202022932630.6	2021.08.10
26	福建省地震局	两栖气枪震源装备	福建省地震局	金 星 刘善虎 姚道平 张艺峰 金 震 庄如岩 叶友权 郭晓然 王 笋 张国平 闫 培 唐兰兰 吴 凯	实用新型专利	ZL202022907499.8	2021.08.10
27	福建省地震局	两栖气枪震源的自动收放系统	福建省地震局	姚道平 刘善虎 张艺峰 金 震 闫 培 张国平 郭晓然 吴 凯 庄如岩	实用新型专利	ZL202022905834.0	2021.08.10
28	福建省地震局	气枪深度可调的浮艇	福建省地震局	刘善虎 金 震 郭晓然 张艺峰 姚道平 王 笋 张国平 唐兰兰 庄如岩	实用新型专利	ZL202022905911.2	2021.09.28
29	福建省地震局	可收展的降阻导向装置	福建省地震局	金 震 刘善虎 姚道平 张艺峰 闫 培 吴 凯 张丽娜 庄如岩	实用新型专利	ZL202022944879.9	2021.09.28
30	福建省地震局	一种 AEC－I 型自动排气控制仪	福建省地震局东山地震台	林木金 张清秀	实用新型专利	ZL202121003740.2	2021.11.16

续表

序号	单位名称	专利名称	所有人	完成人	专利类别	专利号	授权时间
31	山东省地震局	一种流动重力仪的减震底座	王峰吉	王峰吉	实用新型专利	ZL202021987204.6	2021.04.02
32	山东省地震局	一种地下水标本存储容器	刘凯	刘凯 李瑞华 海长洪 陈燕娥 夏岩 田兆阳	实用新型专利	ZL202020953190.X	2021.04.20
33	山东省地震局	基于离散数据进行分区和裁剪的电子地图制图方法及系统	山东省工程地震研究中心；山东省地震工程研究院	倪永进 王红卫 许洪泰	发明专利	ZL202011095437.X	2021.05.28
34	山东省地震局	一种便于调节的黏土性质测试机	山东省地震工程研究院	刘建民 宋文智 杨彬 郭婷婷	实用新型专利	ZL202023203554.1	2021.10.15
35	湖北省地震局	一种基于SVM算法的震害信息入侵检测系统和检测方法	湖北省地震局	彭懋磊 吴昊 吕筱	发明专利	ZL202010132210.1	2021.01.29
36	湖北省地震局	一种航空重力测量的方法及设备	湖北省地震局	邹彤 张黎 胡远旺 蒋冰莉 欧同庚 胡荣华	发明专利	ZL201811348976.2	2021.07.06
37	湖北省地震局	接触式调平固定装置及其组成的GNSS设备	湖北省地震局	庞聪 江勇 吴涛 廖成旺 丁炜 李新	实用新型专利	ZL202021535349.2	2021.01.05
38	湖北省地震局	一种支持自供电的小型微震监测系统野外观测墩	湖北省地震局	庞聪 江勇 吴涛 廖成旺 丁炜	实用新型专利	ZL202021237615.3	2021.01.28
39	湖北省地震局	支持减震的微震监测系统地下保护装置	湖北省地震局	庞聪 吴涛 江勇 廖成旺 丁炜	实用新型专利	ZL202021237636.5	2021.01.30
40	湖北省地震局	一种地震观测仪器的校准工装	湖北省地震局	齐军伟 吴欢 向涯 田野 吕永清 周云耀	实用新型专利	ZL202120783662.6	2021.10.15
41	湖北省地震局	一种重力仪水平梯度测量架	湖北省地震局	汪健	实用新型专利	ZL202120947616.5	2021.11.30
42	湖北省地震局	一种核电厂地震停堆保护装置	湖北省地震局	杨江 吴雄伟 张亿 邓涛 陈志高 吴鹏	实用新型专利	ZL202022510248.6	2021.12.10
43	湖北省地震局	一种用于绝对重力仪的钢带传动装置	湖北省地震局	张黎 胡远旺 邹彤 蒋冰莉 欧同庚	实用新型专利	ZL202020905387.6	2021.02.19
44	湖北省地震局	一种同轴双落体异步下落式绝对重力仪	湖北省地震局	欧同庚 蒋冰莉 邹彤 张黎 胡远旺	实用新型专利	ZL202021122598.9	2021.02.19

续表

序号	单位名称	专利名称	所有人	完成人	专利类别	专利号	授权时间
45	湖北省地震局	一种调平装置及其组成的GNSS设备	湖北省地震局	庞聪 江勇 吴涛 廖成旺 丁炜 李新星	实用新型专利	ZL202021535093.5	2021.03.12
46	湖北省地震局	一种移动式微震监测系统固定支架	湖北省地震局	吴涛 庞聪 江勇 廖成旺 丁炜	实用新型专利	ZL202021239401.X	2021.03.12
47	湖北省地震局	一种用于测量水平两点距离变化的杆式伸缩仪	湖北省地震局	李农发 余剑锋 陈志高 赵义飞 耿丽霞 张行 常坤豪	实用新型专利	ZL202022041554.X	2021.03.23
48	湖北省地震局	一种光机引张线数显装置	湖北省地震局	赵义飞 余剑锋 李农发 欧同庚 常坤豪	实用新型专利	ZL202021745107.6	2021.03.23
49	湖北省地震局	一种用于DSQ型水管倾斜仪差动位移传感器的检测装置	湖北省地震局	关伟智 徐春阳 郭晓菲 刘军 石亮	实用新型专利	ZL202022038649.6	2021.03.23
50	湖北省地震局	一种集中记录式大坝强震监测装置	湖北省地震局	黄俊 赵义飞 陈玉秀 夏界宁 罗松 邓涛 林强 王嘉伟 杨厚丽	实用新型专利	ZL202022121520.1	2021.04.06
51	湖北省地震局	一种井下地震监测装置	湖北省地震局	彭警 丁炜 翟笃林	实用新型专利	ZL202021881107.9	2021.04.16
52	湖北省地震局	一种地震预警测试装置	湖北省地震局	陈玉秀 夏界宁 周立 黄俊 李丹 余子昂 杨厚丽 罗松 陈智慧 林强 范涛	实用新型专利	ZL202022118397.8	2021.04.06
53	湖北省地震局	一种山体地震分级监测装置	湖北省地震局	彭警 丁炜 翟笃林	实用新型专利	ZL202021880859.3	2021.04.09
54	湖北省地震局	一种用于高精度振动台的多功能固定装置	湖北省地震局	吴林斌 黄兴 周林兵 史雨辉 郑勇	实用新型专利	ZL202022398960.1	2021.05.28
55	湖北省地震局	一种全封闭半罐式短基线水管倾斜仪	湖北省地震局	欧同庚 李农发 余剑锋 关伟智 陈志高 耿丽霞 张吉庆	实用新型专利	ZL202022785210.X	2021.06.01
56	湖北省地震局	一种建筑物GNSS测量设备固定装置	湖北省地震局	吴涛 庞聪 江勇 廖成旺 李查玮 李新星 丁炜	实用新型专利	ZL202120576983.9	2021.09.28

续表

序号	单位名称	专利名称	所有人	完成人	专利类别	专利号	授权时间
57	广东省地震局	一种地质体三维模型自动构建方法及装置	广东省地震局、武汉中地数码科技有限公司	陈小芳 马国玺 潘声勇 黄飞 戚洪飞	发明专利	ZL202110583138.9	2021.11.26
58	广东省地震局	地层分区图及地层等深线成图方法及其装置	广东省地震局	陈小芳 马国玺 潘声勇 黄飞 戚洪飞	发明专利	ZL202110582455.9	2021.12.07
59	广东省地震局	一种地层等厚线图的自动生成方法及装置	广东省地震局	陈小芳 马国玺 潘声勇 黄飞 戚洪飞	发明专利	ZL202110582465.2	2021.12.07
60	广东省地震局	一种具有抗震功能的建筑施工用板材	郜怀龙	郜怀龙	实用新型专利	ZL202120598196.4	2021.12.07
61	广东省地震局	一种便于安装的地震监测装置	李翀	李翀 廖桂金 唐国英 何德华 胡伟明 郜怀龙	实用新型专利	ZL202021936843.X	2021.03.12
62	广东省地震局	一种基于超宽带雷达的人体微弱呼吸信号检测方法	广东省地震局	朱嘉健 哲宁 王立新 廖少毅 赵贤任 张移 李晋 杜鹏 谢海珠 荣培淼	发明专利	ZL202010876210.2	2021.06.11
63	四川省地震局	一种实现地震烈度快速评估及自动修正的方法及系统	四川省地震局减灾救助研究所	郭红梅 赵真 张莹 廖华	发明专利	ZL202010877349.9	2021.03.26
64	四川省地震局	一种地震烈度快速修正及制图方法和系统	四川省地震局减灾救助研究所	张莹 郭红梅 赵真 廖华	发明专利	ZL202010915022.6	2021.03.30
65	四川省地震局	一种电源智能控制器	四川省地震监测中心	李兴泉 张天钟 苏金蓉 邵玉平 吴朋 谢江涛	实用新型专利	ZL202021613731.0	2021.06.22
66	云南省地震局	一种地震现场指挥、方法及可读存储介质	云南省地震局	邓树荣	实用新型专利	ZL202010542058.4	2021.09.21
67	甘肃省地震局	一种微震观测半地下室顶盖	甘肃省地震局	杨兴悦 杨晓鹏 尹志文 王燕 刘白云 张卫东 史继平 李亮 王文才 石文兵	实用新型专利	ZL202021082982.0	2021.01.12
68	甘肃省地震局	野外地震监测台站的数据采集传输装置	甘肃省地震局	田野 牛延平 周卫东 李亮 马可兴 王娟	实用新型专利	ZL202020111924.X	2021.01.19

续表

序号	单位名称	专利名称	所有人	完成人	专利类别	专利号	授权时间
69	甘肃省地震局	一种地震监测仪器用防护装置	甘肃省地震局	高振生 胡源 刘洪斌 杜英 张成军 唐丽 毛磊 陈建军 李兴坚 李通	实用新型专利	ZL202120679267.3	2021.10.26
70	甘肃省地震局	一种便携式强震加速度传感器零位电压检测装置	甘肃省地震局	王文才 杨晓鹏 高曙德 陈双贵 王维欢 苏小芸 陈丽君 王燕 张卫东 张磊	实用新型专利	ZL202120857486.6	2021.10.29
71	甘肃省地震局	一种地质样品储存装置	甘肃省地震局	柴少峰 王兰民 郭海涛 王平 王丽丽 许世阳 王会娟 车高凤	实用新型专利	ZL202120243278.7	2021.10.08
72	甘肃省地震局	一种新型地震检测器	甘肃省地震局	刘白云 尹志文 刘志文 李亮 王维欢 王文才 石文兵 张卫东	实用新型专利	ZL202120947796.7	2021.11.12
73	甘肃省地震局	一种地震滑坡监测装置	甘肃省地震局	武震	实用新型专利	ZL202121129314.3	2021.11.12
74	甘肃省地震局	一种多功能野外电源	甘肃省地震局	王文才	实用新型专利	ZL202121118452.1	2021.11.16
75	甘肃省地震局	一种地震前兆数据异常自动告警器	甘肃省地震局	陈晓龙	实用新型专利	ZL202121377441.5	2021.12.14
76	甘肃省地震局	一种车载地震应急指挥平台	甘肃省地震局	马小平 孙艳萍 陈文凯 高安泰 朱瑞 张鹤群 寇恒	实用新型专利	ZL202121200702.6	2021.12.03
77	甘肃省地震局	一种狭小空间内空气震源维护保养的辅助工具	甘肃省地震局	孙点峰 秦满忠 王亚红 郭晓 刘旭宙 邹锐 魏东星 王志栋 张成军 寇俊阳 周栋	实用新型专利	ZL202121467657.0	2021.12.03
78	甘肃省地震局	一种地下室微震观测装置	甘肃省地震局	杨兴悦 尹志文 王燕 李亮 石文兵 朱振家 赵斐 苗在鹏	实用新型专利	ZL202121172807.5	2021.12.31
79	甘肃省地震局	一种多功能地震应急装置	甘肃省地震局	马小平 陈文凯 孙艳萍 高安泰 刘岸果 杨义煊 张晓	实用新型专利	ZL202121211426.3	2021.12.07

续表

序号	单位名称	专利名称	所有人	完成人	专利类别	专利号	授权时间
80	甘肃省地震局	一种宽频带地震计防护保温罩结构	甘肃省地震局	刘白云 尹志文 李 亮 石文兵 王文采 张卫东 张 磊 杜建清 马辉源 刘志文 王维欢	实用新型专利	ZL202021441954.X	2021.02.26
81	甘肃省地震局	一种地震用余震监测设备	甘肃省地震局	刘白云 尹志文 李 亮 石文兵 王文采 张卫东 张 磊 杜建清 马辉源 刘志文 王维欢	实用新型专利	ZL202021504263.3	2021.03.13
82	甘肃省地震局	一种改善测震仪器精度的装置	甘肃省地震局	寇俊阳 邹小波 陈建军 李兴坚 王志栋 毛 磊	实用新型专利	ZL202021017973.3	2021.03.02
83	甘肃省地震局	一种用于直剪实验的黄土垂直不贯通节理模型制备装置	甘肃省地震局	王会娟 王 平 柴少峰 郭海涛 许世阳 王丽丽 蒲小武	实用新型专利	ZL202020652493.8	2021.03.09
84	甘肃省地震局	一种用于直剪实验的黄土垂直节理模型制备装置	甘肃省地震局	王会娟 王 平 李旭东 严武建 车高凤 常文斌 于一帆	实用新型专利	ZL202020653992.9	2021.03.09
85	甘肃省地震局	一种用于直剪实验的黄土斜节理模型制备装置	甘肃省地震局	王会娟 王 平 李旭东 严武建 车高凤 常文斌 于一帆	实用新型专利	ZL202020652463.7	2021.03.09
86	甘肃省地震局	一种便携的舷外工作平台	甘肃省地震局	邹 锐 王亚红 郭 晓 刘旭宙 秦满忠 魏从信 孙点峰	实用新型专利	ZL202022403790.1	2021.05.14
87	甘肃省地震局	一种并联式三轴试样含水率调节装置	甘肃省地震局	高中南 王 平 柴少峰 马紫娟 王 谦 钟秀梅 郑 龙 马海萍 马金莲 刘小丰 程 超 王韶鹏	实用新型专利	ZL202021214830.1	2021.06.18
88	甘肃省地震局	一种带刻度尺圆柱试样两端静压模具	甘肃省地震局	王 谦 高中南 钟秀梅 马海萍 江志杰 马金莲 刘钊钊 刘富强 程 超	实用新型专利	ZL202021373681.3	2021.06.18
89	甘肃省地震局	一种微形变及多尺寸破裂行迹标识器	甘肃省地震局	郭海涛 许世阳 王 平 王会娟 车高凤 马金莲	实用新型专利	ZL202021552884.9	2021.06.22

续表

序号	单位名称	专利名称	所有人	完成人	专利类别	专利号	授权时间
90	甘肃省地震局	一种双拱圈黄土窑洞支护一种双拱圈黄土窑洞支护装置	甘肃省地震局	高中南 王 谦 钟秀梅 刘富强 钱紫玲 马紫娟 刘小丰 郑 龙 赵乘程 程 超 许晓威 梁玉鑫	实用新型专利	ZL202022202542.0	2021.07.23
91	甘肃省地震局	一种理线盒	甘肃省地震局	郭海涛 王丽丽 王 平 柴少峰 许世阳 车高凤	实用新型专利	ZL202021546508.9	2021.07.27
92	甘肃省地震局	一种小空间限定位深度测量尺	甘肃省地震局	郭海涛 柴少峰 王 平 车高凤 王会娟 马金莲	实用新型专利	ZL202021546541.1	2021.07.27
93	甘肃省地震局	一种大型原状黄土试样传感器埋设装置	甘肃省地震局	王会娟 王 平 柴少峰 许世阳 郭海涛 于一帆 常文斌 王丽丽 蒲小武 车高凤	实用新型专利	ZL202020652496.1	2021.07.27
94	甘肃省地震局	一种可手动调控防蒸发的室内边坡降雨装置	甘肃省地震局	马金莲 王 谦 钟秀梅 李跃春 马新宇 高中南 柴少峰 郭海涛 车高凤	实用新型专利	ZL202022193451.5	2021.08.31
95	甘肃省地震局	一种基于编织竹网与轻质钢架的黄土窑洞防坍塌装置	甘肃省地震局	钟秀梅 刘富强 王 谦 高中南 马金莲 马星宇 许晓威 曾 林 梁玉鑫 梁收运	实用新型专利	ZL202022202544.X	2021.09.24
96	甘肃省地震局	一种基于竹竿与木构架的黄土窑洞加固装置	甘肃省地震局	钟秀梅 刘富强 王 谦 高中南 曾 林 许晓威 梁玉鑫 梁收运 马金莲 马星宇 程 超	实用新型专利	ZL202022193419.7	2021.09.24
97	甘肃省地震局	一种自动磨制土样的装置	甘肃省地震局	刘富强 钟秀梅 王 谦 梁收运 曾 林 刘钊钊 马海萍 江志杰 马金莲 高中南 高 烨	实用新型专利	ZL202021859347.9	2021.09.24
98	青海省地震局	一种用于地震勘探的测量装置	青海省地震局；甘肃省地震局（中国地震局兰州地震研究所）	李智敏 谢 虹 万秀红 王 勃 杨丽萍 杨理臣 张 波 钟秀梅 屠鸿为	发明专利	ZL202110271422.2	2021.03.12

续表

序号	单位名称	专利名称	所有人	完成人	专利类别	专利号	授权时间
99	青海省地震局	一种地震工程勘察用快速更换的钻头	青海省地震局、甘肃省地震局（中国地震局兰州地震研究所）	李智敏 谢 虹 王 勃 万秀红 杨丽萍 杨理臣 屠鸿为 钟秀梅 张 波	发明专利	ZL202110271427.5	2021.03.12
100	宁夏回族自治区地震局	一种分布式地电场观测装置	宁夏回族自治区地震局	李学波 丁凤和 金 涛 李学涛 卫定军 罗国富 唐 浩 贺嘉伟 马文娟	实用新型专利	ZL202021048576.2	2021.02.12
101	新疆维吾尔自治区地震局	一种竖直摆钻孔倾斜仪故障检测装置	新疆维吾尔自治区地震局	关冬晓 雷 晴 李晓东	实用新型专利	ZL202021955098.3	2021.03.23
102	新疆维吾尔自治区地震局	一种用于观测井下的钢索切割装置	新疆维吾尔自治区地震局	郭春生 关冬晓 李晓东	实用新型专利	ZL202022067256.8	2021.04.06
103	新疆维吾尔自治区地震局	一种用于观测站的太阳能装置	新疆维吾尔自治区地震局	斯 琴 关冬晓 毕卉娟	实用新型专利	ZL202021966982.7	2021.05.04
104	中国地震局地球物理研究所	一种动态环境下进行绝对重力测量的方法和设备	中国地震局地球物理研究所	滕云田 吴燕雄 吴 琼 张 旸	发明专利	ZL202010777015.4	2021
105	中国地震局地球物理研究所	一种基于激光干涉绝对重力仪的数据测量方法和设备	中国地震局地球物理研究所	张 旸 吴 琼 滕云田	发明专利	ZL202010939017.9	2021
106	中国地震局地球物理研究所	一种支持多串口通信的串口电路和数据采集设备	中国地震局地球物理研究所	李彩华 滕云田 胡星星 汤一翔 王 喆	实用新型专利	ZL202021542461.9	2021
107	中国地震局地球物理研究所	中高频椭圆铰链双光纤光栅加速度传感器及标定实验系统	中国地震局地球物理研究所	滕云田 邱忠超 吴燕雄 王晓美 吴 琼 李彩华 胡星星	实用新型专利	ZL202021863221.9	2021.04.02
108	中国地震局地球物理研究所	一种宽频带地震计抗气压干扰外壳	中国地震局地球物理研究所	田 鑫	实用新型专利	ZL202022167105.X	2021.04.13
109	中国地震局地球物理研究所	一种基于滑坡定位技术的滑坡监测报警装置	中国地震局地球物理研究所	王 超	实用新型专利	ZL202022430248.5	2021.05.04

续表

序号	单位名称	专利名称	所有人	完成人	专利类别	专利号	授权时间
110	中国地震局地球物理研究所	一种无扰动装样器	中国地震局地球物理研究所	李宗超 丁毅 李铁飞 陈学良 刘庆阳	实用新型专利	ZL202022343904.8	2021.05.25
111	中国地震局地球物理研究所	面向巨灾保险的房屋地图构建方法及平台	中国地震局地球物理研究所	戴志军 李小军 陈苏 熊政辉 周越 高爽 郑经纬	发明专利	ZL201810826703.8	2021.06.29
112	中国地震局地球物理研究所	洋脊生长及俯冲带地震发生模拟器	中国地震局地球物理研究所	蒋长胜 盛书中	实用新型专利	ZL202121325627.6	2021.11.19
113	中国地震局地球物理研究所	逆冲型地震发生模拟器	中国地震局地球物理研究所	蒋长胜 盛书中	实用新型专利	ZL202121325608.3	2021.11.23
114	中国地震局地球物理研究所	一种多通道数据采集控制电路	中国地震局地球物理研究所	李彩华 滕云田	发明专利	ZL202110538423.9	2021.12.03
115	中国地震局地球物理研究所	基于数据融合的现地预警装置	中国地震局地球物理研究所	彭朝勇 杨建思 陈安富 郑钰 徐志强 谷红岩 赵明远 姜旭东	实用新型专利	ZL202120893595.3	2021.12.07
116	中国地震局地球物理研究所	一种低噪电容式MEMS加速度传感器	中国地震局地球物理研究所	彭朝勇 杨建思 陈安富 郑钰 徐志强 谷红岩 赵明远 姜旭东	实用新型专利	ZL202120889453.X	2021.12.07
117	中国地震局地质研究所	用于超声功率放大器的程控多通道切换输出装置	中国地震局地质研究所	齐文博	实用新型专利	ZL202020683367.9	2021.02.02
118	中国地震局地质研究所	静密封结构以及具有该静密封结构的压力容器	中国地震局地质研究所	姚文明	实用新型专利	ZL202021928991.7	2021.03.09
119	中国地震局地质研究所	渗透愈合实验系统	中国地震局地质研究所	姚文明 陈建业 段庆宝 杨晓松	实用新型专利	ZL202120549939.9	2021.10.05
120	中国地震局地质研究所	面接触式接线端子组件及其子端子	中国地震局地质研究所	姚文明	实用新型专利	ZL202021486912.1	2021.02.09
121	中国地震局地质研究所	一种高精度地质勘查专用取样钻头	中国地震局地质研究所	魏传义 尹功明 刘春茹 李文朋	实用新型专利	ZL202021443853.X	2021.02.09
122	中国地震局地质研究所	多种采集器之间的同步授时系统	中国地震局地质研究所	汲云涛 郭彦双 刘力强	发明专利	ZL201911155728.0	2021.03.19

续表

序号	单位名称	专利名称	所有人	完成人	专利类别	专利号	授权时间
123	中国地震局地质研究所	一种异频数据对象的时间嵌套缓存模型的构建方法	中国地震局地质研究所	单新建 郭皓明 张国宏 魏闫艳 刘云华 高志钰	发明专利	ZL202011167425.3	2021.08.31
124	中国地震局地震预测研究所	一种地震前兆观测数据异常识别方法	中国地震局地震预测研究所	吴利军 杨 颖	发明专利	ZL201910193761.6	2021.05.28
125	中国地震局地震预测研究所	建筑物破坏状态检测方法	中国地震局地震预测研究所	窦爱霞 王晓青 袁小祥 王书民 丁 玲 丁 香	发明专利	ZL201810688610.3	2021.01.22
126	中国地震局地震预测研究所	一种井下综合观测装置	中国地震局地震预测研究所	李 江	实用新型专利	ZL202020488766.X	2021.01.08
127	中国地震局地震预测研究所	一种地震计自动全向调平装置	中国地震局地震预测研究所	刘明辉 梁鸿森 李 江 庄灿涛 朱小毅 周银兴 叶 鹏 陈 阳 崔仁胜 林 湛 金子迪 吴卫远	实用新型专利	ZL202120590852.6	2021.10.13
128	中国地震局地震预测研究所	建筑物破坏状态检测方法	中国地震局地震预测研究所	窦爱霞 王晓青 王书民 袁小祥 丁 玲 丁 香	发明专利	ZL201810689638.9	2021.05.25
129	中国地震局地震预测研究所	负反馈闭环交流电桥测量电路	中国地震局地震预测研究所	高尚华	实用新型专利	ZL202022842826.6	2021.08.06
130	中国地震局地震预测研究所	一种标定信号发送装置	中国地震局地震预测研究所	李 江	实用新型专利	ZL202120582460.5	2021.09.18
131	中国地震局工程力学研究所	传感器夹持装置	中国地震局工程力学研究所	高 峰 杨学山 杨巧玉 王 雷	实用新型专利	ZL202022066742.8	2021.01.05
132	中国地震局工程力学研究所	一体式微型孔压传感器	中国地震局工程力学研究所	王永志 汤兆光 段雪峰 王体强 王浩然 王鸿艳 孙 锐	实用新型专利	ZL202021976418.3	2021.01.05
133	中国地震局工程力学研究所	一种混合加速度传感器与位移传感器测试性能标定装置	中国地震局工程力学研究所	王永志 汤兆光 孙 锐 王鸿艳 王体强 段雪峰 王浩然	实用新型专利	ZL202021865803.0	2021.01.05
134	中国地震局工程力学研究所	一种泡沫金属加强桥梁防撞挡块	中国地震局工程力学研究所	孙得璋 何先龙 张昊宇 陈洪富 李思汉 戴君武	实用新型专利	ZL202021238965.1	2021.01.12
135	中国地震局工程力学研究所	道路交通震后功能韧性评价方法和装置	中国地震局工程力学研究所	孙得璋 李思汉 陈洪富 张昊宇	发明专利	ZL201810825915.4	2021.01.19

续表

序号	单位名称	专利名称	所有人	完成人	专利类别	专利号	授权时间
136	中国地震局工程力学研究所	一种用于工程地质勘察的取土器	中国地震局工程力学研究所	郑桐　齐文浩	实用新型专利	ZL202021461698.4	2021.02.09
137	中国地震局工程力学研究所	多阶段耗能泡沫金属球复合型内板防屈曲支撑及安装方法	中国地震局工程力学研究所	孙得璋　张昊宇 李思汉　陈洪富 戴君武	发明专利	ZL201910291449.0	2021.02.12
138	中国地震局工程力学研究所	一种工程地质勘察钻孔水位自动量测装置	中国地震局工程力学研究所	郑桐　齐文浩	实用新型专利	ZL202021459465.0	2021.03.09
139	中国地震局工程力学研究所	一种易于维护的内嵌型桥梁防落梁及其桥梁连接结构	中国地震局工程力学研究所	孙得璋　张昊宇 戴君武　李思汉	发明专利	ZL201911354631.2	2021.04.06
140	中国地震局工程力学研究所	通过带螺栓砌块施加预压应力的填充墙及施工方法	中国地震局工程力学研究所	王晓敏　公茂盛 左占宣	发明专利	ZL201910035786.3	2021.04.06
141	中国地震局工程力学研究所	一种测定砂土饱和度的方法	中国地震局工程力学研究所	陈龙伟　赵志旭 汪云龙　陈卓识	发明专利	ZL201810359988.9	2021.04.06
142	中国地震局工程力学研究所	地震烈度评估方法及装置	中国地震局工程力学研究所	杜轲　公晓颖 丁宝荣	发明专利	ZL201810087847.6	2021.04.16
143	中国地震局工程力学研究所	一种自走式岩土工程勘察静压设备的平台支撑装置	中国地震局工程力学研究所	冯志仁	发明专利	ZL201910772474.0	2021.04.20
144	中国地震局工程力学研究所	一种离心试验自平衡与数字化黏土预固结系统	中国地震局工程力学研究所	王永志　汤兆光 王鸿艳　王体强 段雪峰　孙锐 王浩然	实用新型专利	ZL202021976626.3	2021.05.07
145	中国地震局工程力学研究所	一种减振锁紧式防箱梁落梁装置	中国地震局工程力学研究所	孙得璋　张昊宇 戴君武	发明专利	ZL202010432381.6	2021.06.08
146	中国地震局工程力学研究所	基于耗能式结构的同步限位防落梁装置	中国地震局工程力学研究所	孙得璋　张昊宇 戴君武　李思汉	发明专利	ZL201911322448.4	2021.06.25
147	中国地震局工程力学研究所	地震感应自动关闭式燃气阀门	中国地震局工程力学研究所	高峰　杨学山 杨巧玉	实用新型专利	ZL202022392350.0	2021.07.20
148	中国地震局工程力学研究所	一种内嵌缓冲耗能型桥梁防梁落装置	中国地震局工程力学研究所	孙得璋　刘金龙 张昊宇　戴君武 何先龙	发明专利	ZL202010511451.7	2021.07.27

续表

序号	单位名称	专利名称	所有人	完成人	专利类别	专利号	授权时间
149	中国地震局工程力学研究所	一种双磁路传感器	中国地震局工程力学研究所	高 峰 杨学山 杨巧玉	实用新型专利	ZL202120314273.9	2021.08.24
150	中国地震局工程力学研究所	一种燃气管道大位移防护装置	中国地震局工程力学研究所	孙得璋 何先龙 郭恩栋 刘志斌 张昊宇	发明专利	ZL202010650519.X	2021.08.31
151	中国地震局工程力学研究所	一种预制箱梁用多级抗震防落梁装置	中国地震局工程力学研究所	孙得璋 刘金龙 张昊宇 戴君武	发明专利	ZL202010483139.1	2021.08.31
152	中国地震局工程力学研究所	防震管道连接件	中国地震局工程力学研究所	孙得璋 何先龙 郭恩栋 张昊宇	发明专利	ZL202010626257.3	2021.09.14
153	中国地震局工程力学研究所	一种具有弯剪分控耗能机制的震后功能可恢复连梁	中国地震局工程力学研究所	朱柏洁 张令心 李 行 李 宁	发明专利	ZL202110221521.X	2021.09.28
154	中国地震局工程力学研究所	兼具地震监测与分阶段耗能功能的装配式摩擦金属阻尼器	中国地震局工程力学研究所	张令心 朱柏洁 姜 冰	实用新型专利	ZL202022622630.6	2021.09.28
155	中国地震局工程力学研究所	一种高层、超高层建筑非结构试验平台	中国地震局工程力学研究所	曲 哲 付皓然 纪晓东 程禹皓	实用新型专利	ZL202022734985.4	2021.09.28
156	中国地震局工程力学研究所	扭转量测量装置	中国地震局工程力学研究所	马新生 戴君武 董艳峰 高宇博 胡振荣	实用新型专利	ZL202120453683.1	2021.09.28
157	中国地震局工程力学研究所	一种具有地震监测功能的面外刚度可变型金属阻尼器	中国地震局工程力学研究所	朱柏洁 姜 冰 张令心 李 行	实用新型专利	ZL202022599022.8	2021.09.28
158	中国地震局工程力学研究所	形状优化的分阶段屈服耗能机制的装配式剪切型阻尼器	中国地震局工程力学研究所	朱柏洁 荀梓健 张令心	实用新型专利	ZL202022626079.2	2021.09.28
159	中国地震局工程力学研究所	一种双磁路传感器	中国地震局工程力学研究所	杨巧玉 高 峰 杨学山	发明专利	ZL202110430810.0	2021.10.12
160	中国地震局工程力学研究所	一种地震感应安全阀门	中国地震局工程力学研究所	高 峰 杨学山 杨巧玉	发明专利	ZL202011141063.0	2021.10.12
161	中国地震局工程力学研究所	一种外置耗能角钢装配式挡块	中国地震局工程力学研究所	孙得璋 何先龙 张昊宇 陈洪富 李思汉 戴君武	实用新型专利	ZL202120204600.5	2021.10.19
162	中国地震局工程力学研究所	一种多级防护预应力装配式挡块	中国地震局工程力学研究所	孙得璋 何先龙 张昊宇 陈洪富 李思汉 戴君武	实用新型专利	ZL202120204621.7	2021.10.19

续表

序号	单位名称	专利名称	所有人	完成人	专利类别	专利号	授权时间
163	中国地震局工程力学研究所	一种能自动控制的双磁路传感器	中国地震局工程力学研究所	杨巧玉 高峰 杨学山	实用新型专利	ZL202120829500.1	2021.10.22
164	中国地震局工程力学研究所	一种无预应力销板装配挡块	中国地震局工程力学研究所	孙得璋 何先龙 张昊宇 陈洪富 李思汉 戴君武	实用新型专利	ZL202120204624.0	2021.10.26
165	中国地震局工程力学研究所	基于破坏强度的全球地震动定量排序的输入地震动选取方法	中国地震局工程力学研究所	胡进军 来庆辉 谢礼立	发明专利	ZL202011564947.7	2021.10.29
166	中国地震局工程力学研究所	一种装配式缓冲防落梁装置	中国地震局工程力学研究所	孙得璋 何先龙 戴君武 张昊宇 李思汉	发明专利	ZL202011026861.9	2021.11.09
167	中国地震局工程力学研究所	一种内嵌式防落梁装置	中国地震局工程力学研究所	孙得璋 何先龙 戴君武 张昊宇 李思汉	发明专利	ZL202011013882.7	2021.11.09
168	中国地震局工程力学研究所	一种低层、多层建筑非结构试验平台	中国地震局工程力学研究所	曲哲 付皓然 纪晓东 程禹皓	实用新型专利	ZL202022729724.3	2021.11.09
169	中国地震局工程力学研究所	一种具有全域耗能机制的自复位开缝剪力墙及复位方法	中国地震局工程力学研究所	朱柏洁 张令心 谢贤鑫	发明专利	ZL202110204181.X	2021.11.12
170	中国地震局工程力学研究所	一种加速度处理电路和加速度传感器	中国地震局工程力学研究所	王雷 高峰 杨巧玉	实用新型专利	ZL202121080927.2	2021.11.16
171	中国地震局工程力学研究所	一种安装平台	中国地震局工程力学研究所	马新生 闫培雷 于海英 胡振荣	实用新型专利	ZL202120890056.4	2021.11.23
172	中国地震局工程力学研究所	一种剪力墙可更换连梁的锚固装置	中国地震局工程力学研究所	朱柏洁 张令心 高华国 李锐 尚立鑫	实用新型专利	ZL202120429307.9	2021.11.23
173	中国地震局地球物理勘探中心	一种勘探用人工震源装置	中国地震局地球物理勘探中心	田晓峰 李稳 臧怡然 马策军 徐勇 邓晓果 宋向辉 郑成龙 刘宇贤 黄迅 邱勇 张彩军	发明专利	ZL201910830085.9	2021.01.12
174	中国地震局地球物理勘探中心	一种PDS型地震仪的自动校钟同步与监控装置	中国地震局地球物理勘探中心	李从庆 宋前进 白珊珊 郭磊 轩倩倩 朱红燕 邱贺 柴源浩	实用新型专利	ZL202121579789.4	2021.11.30

续表

序号	单位名称	专利名称	所有人	完成人	专利类别	专利号	授权时间
175	中国地震局地球物理勘探中心	一种用于地震勘探的横波震源装置	中国地震局地球物理勘探中心	田晓峰 李　稳 臧怡然 马策军 徐　勇 熊　伟 邓晓果 宋向辉 郑成龙 刘宇贤 黄　迅 邱　勇 张彩军	发明专利	ZL201910830096.7	2021.04.16
176	中国地震局地球物理勘探中心	一种地震勘探仪器散热装置	中国地震局地球物理勘探中心	杨利普 徐顺强 姜　磊	实用新型专利	ZL202120358243.8	2021.08.24
177	中国地震局第一监测中心	一种正弦振动输出装置	中国地震局第一监测中心	赵立军	实用新型专利	ZL202023236000.1	2021.08.10
178	中国地震局第一监测中心	一种基于水准路线分布图的海量水准点坐标修正方法	中国地震局第一监测中心	刘文龙 薄万举 马庆尊 吕　健 张　超	发明专利	ZL201810601351.6	2021.10.08
179	中国地震局第二监测中心	一种应用于经纬仪和全站仪电子辅助观测的连接装置	中国地震局第二监测中心	王文涛 李亚娟 陶茂盛 黄晶晶	实用新型专利	ZL202021501555.1	2021.01.12
180	中国地震局第二监测中心	一种便于调节基座光学对中器误差的校正平台	中国地震局第二监测中心	黄晶晶 路　雄 陶茂盛 黄　智 王文涛	实用新型专利	ZL202120604839.1	2021.10.01
181	中国地震局第二监测中心	一种用于数字水准仪钢瓦标尺的照明装置	中国地震局第二监测中心	四　浩	实用新型专利	ZL202120007564.3	2021.07.09
182	防灾科技学院	一种简易地震计	防灾科技学院	洪　利	实用新型专利	ZL202020196292.1	2020.08.14
183	防灾科技学院	土壤水分检测装置	防灾科技学院	高志涛	实用新型专利	ZL202020423746.4	2021.01.15
184	防灾科技学院	差容式地震计机械摆	防灾科技学院	高　强	实用新型专利	ZL202121024657.3	2021.02.13
185	防灾科技学院	基于静电超声传感器的超声泄漏安全检测系统	防灾科技学院	高　强	实用新型专利	ZL202022158388.1	2021.03.12
186	防灾科技学院	基于压电陶瓷传感器的超声泄露安全检测系统	防灾科技学院	吴　鹏	实用新型专利	ZL202022158536.X	2021.03.19
187	防灾科技学院	基于声发射传感器的超声泄漏安全检测装置	防灾科技学院	高　强	实用新型专利	ZL202022158387.7	2021.04.09

续表

序号	单位名称	专利名称	所有人	完成人	专利类别	专利号	授权时间
188	防灾科技学院	应用磁化率测井方法确定隐伏活动断层的位错量的方法	防灾科技学院	沈　军	发明专利	ZL201910402318.5	2021.04.27
189	防灾科技学院	面向对象的无人机高分影像煤火区土地覆被分类方法	防灾科技学院	李　峰	发明专利	ZL202020118994.8	2021.05.18
190	防灾科技学院	温度不敏感FBG加速度传感器及测试系统	防灾科技学院	洪　利	实用新型专利	ZL202021864615.6	2021.05.25
191	防灾科技学院	一种用于安全生产的平面线圈传感器	防灾科技学院	张瑞蕾	实用新型专利	ZL202022158337.9	2021.06.29
192	防灾科技学院	一种可实现载荷转移的锚杆索串并联协调支护系统	防灾科技学院	张明磊	发明专利	ZL202010172604.X	2021.07.06
193	防灾科技学院	一种高抽巷内钻孔实现沿空巷道水压致裂切顶卸压的装置及其使用方法	防灾科技学院	张明磊	发明专利	ZL202010172605.4	2021.08.03
194	防灾科技学院	一种用于高位滑坡运动模拟的滑体启动实验装置	防灾科技学院	王　磊	实用新型专利	ZL202022783471.8	2021.08.11
195	防灾科技学院	一种岩体物理模拟试验中应变砖的安防装置	防灾科技学院	苏占东	实用新型专利	ZL202022626974.4	2021.08.13
196	防灾科技学院	一种走滑断裂物理模拟装置	防灾科技学院	苏占东	发明专利	ZL202110175111.6	2021.09.10
197	防灾科技学院	一种走滑断裂局部应力场演化的物理模拟装置	防灾科技学院	苏占东	实用新型专利	ZL202021587702.7	2021.09.17
198	防灾科技学院	一种岩体物理模拟共断面破裂带预制装置	防灾科技学院	苏占东	发明专利	ZL202110125596.8	2021.10.01

续表

序号	单位名称	专利名称	所有人	完成人	专利类别	专利号	授权时间
199	防灾科技学院	一种预制含不同走向裂隙面岩体的物理模拟装置	防灾科技学院	苏占东	实用新型专利	ZL202023237802.4	2021.10.03
200	防灾科技学院	双级加筋土结构潜在破裂面的位置确定方法及装置	防灾科技学院	蔡晓光	发明专利	ZL201911327314.1	2021.10.15
201	防灾科技学院	一种用于树型网络的节点编制方法及装置	防灾科技学院	高志涛	发明专利	ZL201611036804.2	2021.11.05
202	防灾科技学院	一种指静脉识别解锁方法及系统	防灾科技学院	蔡建羡	发明专利	ZL201910026198.3	2021.11.12
203	防灾科技学院	一种含有滑板式橡胶支座和改良斜桩的装配式高桩码头	防灾科技学院	孙治国	实用新型专利	ZL202121396485.2	2021.11.26
204	防灾科技学院	一种耐地震损伤的高耐久性高桩码头	防灾科技学院	孙治国	实用新型专利	ZL202121393060.6	2021.11.30
205	防灾科技学院	一种钢筋混凝土桥墩震后快速修复方法	防灾科技学院	孙治国	发明专利	ZL201910376509.9	2021.03.02
206	防灾科技学院	铰链式高频FBG加速度传感器	防灾科技学院	蔡建羡	实用新型专利	ZL202022863901.0	2021.03.16
207	防灾科技学院	一种基于法布里珀罗的光纤传感器	防灾科技学院	蔡建羡	实用新型专利	ZL202021031850.5	2021.04.23
208	防灾科技学院	一种便携式医疗场所患者智能监控系统	防灾科技学院	蔡建羡	发明专利	ZL201910027401.9	2021.05.14
209	防灾科技学院	一种用于双柱式钢筋混凝土简支梁桥的抗震加固结构	防灾科技学院	孙治国	实用新型专利	ZL202022748567.0	2021.07.23
210	防灾科技学院	一种用于桥墩的可替换塑性铰	防灾科技学院	孙治国	实用新型专利	ZL202022748525.7	2021.07.23
211	防灾科技学院	一种智能舞蹈机器人	防灾科技学院	蔡建羡	实用新型专利	ZL202022629013.9	2021.07.27

续表

序号	单位名称	专利名称	所有人	完成人	专利类别	专利号	授权时间
212	防灾科技学院	一种水管仪微振动台	防灾科技学院	邓 淼	实用新型专利	ZL202120713879.X	2021.09.24
213	防灾科技学院	一种新型昆特管	防灾科技学院	张新超	实用新型专利	ZL202120176502.5	2021.09.24
214	深圳防灾减灾技术研究院	一种基于多元传感数据的实时隧道结构健康监测系统	深圳防灾减灾技术研究院	王立新 林健富 赵贤任 黄剑涛 胡荣攀 刘军香 汪羽凡 何玉杰	实用新型专利	ZL202121340050.6	2021.11.30
215	深圳防灾减灾技术研究院	基于综合感知的独墩立交桥超载和倾覆监测预警系统	深圳防灾减灾技术研究院	王立新 林健富 赵贤任 黄剑涛 胡荣攀 刘军香 汪羽凡 何玉杰	实用新型专利	ZL202121340047.4	2021.11.30
216	深圳防灾减灾技术研究院	一种基于融合指标的建筑结构实时诊断系统	深圳防灾减灾技术研究院	林健富 王立新 胡荣攀 黄剑涛 赵贤任 刘军香 何玉杰 汪羽凡	实用新型专利	ZL202121339937.3	2021.11.30
217	深圳防灾减灾技术研究院	一种星地协同的边坡多风险因子联合实时监测与预警系统	深圳防灾减灾技术研究院	林健富 王立新 胡荣攀 黄剑涛 赵贤任 刘军香 何玉杰 汪羽凡	实用新型专利	ZL202121339356.X	2021.12.03
218	深圳防灾减灾技术研究院	地铁上方盖建筑物用三维隔震系统	深圳防灾减灾技术研究院	黄剑涛 宋廷苏 肖华宁	发明专利	ZL201811628804.0	2021.04.30
219	深圳防灾减灾技术研究院	地铁隔震用粘滞阻尼器	深圳防灾减灾技术研究院	黄剑涛 宋廷苏 肖华宁	发明专利	ZL201811628760.1	2021.05.11

（中国地震局科技与国际合作司）

科技进展

河北省地震局科技进展

2021年10月9日,由河北省地震局和北京大学联合申报、依托河北省地震局红山基准台建设的河北红山巨厚沉积与地震灾害国家野外科学观测研究站正式获科技部批准建设,其研究方向主要包括巨厚沉积结构的探测、沉积盆地的地震效应、三维结构模型的强震动模拟、巨厚沉积盆地的震害预测、沉积盆地与强震孕育的动力学联系等。

河北省地震局拓展对接中国科学技术大学、中国电子科技集团公司第五十四研究所、中国科学院空天信息创新研究院等科研机构,围绕融合北斗 PPP–RTK 与微惯性传感器的地震位移实时智能监测技术及设备研发和示范应用开展科研联合攻关;赴河北省自然资源厅、河北省科学技术厅、河北省水文工程地质勘察院等单位调研交流,探讨双方在地震公共服务、科普宣传、数据共享等方面的合作前景。

新批复立项中国地震局地震科技星火计划青年项目1项、"基于多源遥感数据厘定郯庐断裂带安丘—莒县断裂中南段晚第四纪地表变形特征"等省科技厅项目3项,资助经费60余万元。河北省地震科技星火计划项目批复立项44项,围绕野外站建设发展,新增野外站科研专项11项,资助经费200余万元。科研人员在各类学术期刊发表论文81篇,其中在北京大学中文核心期刊发表18篇,出版专著1部,产出国家授权专利3项,计算机软件著作权16项。

(河北省地震局)

内蒙古自治区地震局科技进展

健全科研管理制度,加强科研团队建设。制定内蒙古自治区地震局科技成果转化实施细则,修订内蒙古自治区地震局科研项目(课题)管理办法、科研课题经费管理办法等管理制度。积极组织申报自治区科技厅科技专家库,19名专业技术人员被科技厅纳入自治区科技专家库。成立"地震灾害风险防治科技创新团队"。选派3名优秀科研人员参加中国地震局国内交流访问学者活动。

(内蒙古自治区地震局)

辽宁省地震局科技进展

1. 科技项目进展

省部级重点项目实施2项:"郯庐断裂带北延段(辽宁段)地震活动特征、孕震环境及动力学模型研究""新型高精度地磁场观测系统的研究"。

局所合作项目实施6项:"郯庐断裂带海城地震区地震活动性与精细结构探测研究""郯庐断裂带北延段(辽宁段)强震孕育的动力学模型研究项目""辽南地区地震加密观测及介质结构研究""辽南地区断层结构与地震活动性研究""辽宁地区流体地球化学特征成因及机理研究""辽宁地区震源参数和地壳结构的详细研究"。

星火计划项目:验收2项:"辽南地区危险区构造地球化学观测应用研究""辽宁南部地区壳幔介质各向异性特征研究";立项2项:"环渤海地区重力场变化与地壳密度结构研究""基于震源深度与双差定位方法的海城地区地震迁移特征研究"。

作为中国地震局学科技术协调组、地震大形势专家组和震例总结专家组成员单位,完成"年度全国地震重点危险区确定技术规范""中国地球物理站网规划""专群结合地球物理观测仪器技术指标"等论证工作。

2. 科技成果及应用

科技成果:由孙宏志等完成的"地震观测连续性、完整性和可靠性保障系统的研究"项目获中国地震局防震减灾科学成果三等奖。

成果应用:"基于QGIS的应急自动制图程序实现专题图快速生成""人口分布估算方法研究及成果应用""基于无人机影像的辽宁农居建筑物分类及提取技术研究""基于微博平台的震后舆情监控与分析""基于手机位置信息震后人口流动性分析编制和实现"项目成果,服务于地震应急工作。软件著作权5项:"基于波形分析的测震故障检测软件""测震系统故障实时检测软件""智能识别测震系统故障软件""地震局远程调平控制系统核心软件""宽频带地震仪数据采集系统核心软件"。实用新型发明1项:"一种具有监测装置的地震台站太阳能不间断供电系统"。

(辽宁省地震局)

吉林省地震局科技进展

(1)推进科技成果转化,完成《科技成果转化实施细则(试行)》《科研诚信管理办法》《科研项目经费管理办法(试行)》等制度制修订,获得2项国家实用新型专利,2项软件著作权登记。

(2)推进火山研究所建设,争取各级科研类和监测类项目资金693万元,牵头编制"十四五"全国火山监测研究规划。落实局校合作协议,与吉林大学共建长白山火山综合地球物理教育部野外科学观测研究站,开展学术交流。

（3）承担主持科技部野外试验站项目5项，参加国家自然基金合作项目2项，主持中国地震局地震应急青年专项、震情跟踪专项和吉林省财政专项各1项，主持中国工程科技发展战略院地合作咨询研究项目1项。

（吉林省地震局）

黑龙江省地震局科技进展

"高寒地区断层逸出气与温度变化响应特征研究""黑龙江及周边地震监视区GPS和重力数据分析及应用"2项星火攻关项目通过中国地震局验收。"黑龙江及周边地震监视区GPS和重力数据分析及应用"等15个项目通过黑龙江省地震局验收。

"寒地区断层逸出气与温度变化响应特征研究"项目通过在松辽盆地主要断裂开展断层逸出气（氢气、气汞、二氧化碳）联合定点和流动观测，结合区域卫星热红外信息，配合水温、气温等温度变化特征，分析区域断层逸出气、卫星热红外背景场、宏观水温年变特征等热异常基础信息，提取与地震活动有关的断层气异常信息；同时，综合断层气、卫星热红外、水温、气温等观测数据，分析2018年、2019年吉林松原宁江5.7级、5.1级地震和2020年黑龙江嫩江3.8级地震前后热异常信息，探讨地震孕育、构造活动、热异常变化与断层逸出气的关系。通过该项目的实施，为高寒地区推广多种断层气定点连续观测、流动周期测量提供参考；结合松辽盆地断层气动态变化和区域卫星热红外背景特征，捕捉2019年吉林松原宁江5.1级、2020年黑龙江嫩江4.1级地震前后异常信息，在2020年8月26日黑龙江肇东水位异常核实、2021年黑龙江肇源3.4级地震震后肇东—扶余断裂、讷谟尔河断裂震情跟踪等工作中发挥作用，成为异常核实和震情跟踪必备技术手段和常规工作任务。

"黑龙江及周边地震监视区GPS和重力数据分析及应用"项目通过搜集整理黑龙江及周边地区历史地震记录、GPS和重力资料，搭建GPS和重力数据分析平台；通过对地震监视区应变参数时间序列等指标的异常信息的提取和分析，加强对区域潜在危险区类型的认识和研究。在年度会商工作中，通过综合分析研究区域内重力、GPS形变、定点形变、测震资料，能捕捉年度地震前兆异常信号；研究期间，对2020年2月7日嫩江$M3.8$地震和2021年8月18日漠河$M3.9$地震做出较好的研判；通过震例分析，研究结果认为区域中小地震活动与重力场和形变场有一定关系。

（黑龙江省地震局）

上海地震局科技进展

上海市地震局加大科研支持和项目管理，持续通过佘山野外站开放基金、重点课题、研究室课题等方式择优资助科技人员开展科技创新。获得2021年度地震科技星火计划资助2项，2021年度"三结合"课题和地震应急青年重点任务资助立项各1项。2018年度上海市科研计划项目"震情快速智能评估及应急关键技术研究"顺利通过市科委评估。

着力深化科研管理改革，切实落实改革要求，调整优化科研生态。相继制定出台《上海市地震局科研诚信管理办法（暂行）》《上海市地震局数据资源共享暂行办法》，对《上海市地震局科研项目管理办法》《上海市地震局防震减灾科学成果奖励办法》《上海佘山地球物理国家野外科学观测研究站研究室课题管理办法》等多项制度进行修订。

持续推进上海佘山地球物理国家野外科学观测研究站建设。进一步理顺管理机制。组织召开佘山野外站学术委员会会议、管理委员会议，研究制定2021年佘山野外站工作重点和研究目标。2021年底召开年度工作会议，听取研究进展汇报，总结全年工作。

努力构建科技交流平台。以"协同创新、融合发展 提升防震减灾科技支撑能力"为主题，举办第十八届长三角科技论坛防震减灾学术研讨会。邀请中国地震局工程力学研究所、南方科技大学等院所专家介绍地震预警工程进展、韧性城乡建设关键问题、海洋三维探测与动态监测等方面最新科研进展。利用2021年暑期，开设"佘山学堂"，线上线下相结合的集中短期培训，吸引了上海市地震局科技人员和同济大学等多所高校百余位学员，在提高学习效率的同时也拓宽了科研思路。

（上海市地震局）

江苏省地震局科技进展

（1）科技创新团队建设。根据《江苏省地震局创新团队管理办法（试行）》和《江苏省地震局科技创新团队建设攻关方向和主要任务》，7月印发《关于组织开展2021年创新团队遴选工作的通知》，组织开展创新团队申报工作。依照程序，在依托单位审核推荐、专家评审的基础上，组织专家评审组，根据《江苏省地震局创新团队遴选评审细则》，进行评定，并报江苏省地震局党组审定，成立"地震预警技术与服务"等4个创新团队（2022—2024）。

（2）科研管理制度修订。修订印发《江苏省地震局局长基金项目管理办法》《江苏省地震局青年基金项目管理办法》，为提高青年科研人员积极性，把青年基金中一般项目的资助额度从1万~2万元提高到1万~3万元，重点项目从2万~3万元提高到2万~5万元。

（江苏省地震局）

浙江省地震局科技进展

（1）强化科技管理。组织完成2018年度、2019年度局科技项目的验收。印发浙江省地震局科技项目立项指南，组织 2022 年度浙江省地震局科研项目申报立项。完成申报 2022 年星火计划 4 个项目推荐工作。组织完成 2 项中国地震局三结合课题验收。

组织完成浙江省重点研发计划项目"地震灾害风险监测与评估技术应用"验收。

（2）加强科技交流。2021 年共组织 9 次线下科技交流活动。组织科技人员参加浙江省地球物理学会学术交流会、中国国际地学计划（IGCP）2021 学术研讨会线上学术交流。协助上海市地震局筹办第十八届长三角科技论坛防震减灾学术研讨会。

（3）推进科技合作。与浙江工业大学联合推进量子绝对重力观测实验室建设，完成量子绝对重力仪在新安江地震台的现场实验观测。

（4）加强制度建设。完成《浙江省地震局科技成果转化管理办法》《浙江省地震局科技服务项目管理办法（试行）》修订。

（浙江省地震局）

安徽省地震局科技进展

安徽省地震局继续推进科技创新工作，加强与中国科学技术大学、合肥工业大学、清华大学合肥公共安全研究院等高校院所的合作交流。着力打造安徽蒙城地球物理国家野外科学观测研究站（以下简称"蒙城野外站"）科技平台，实施蒙城野外站（2021—2025）五年发展规划，加强研究站的运行管理。与清华大学合肥公共安全研究院共同申报安徽省重点研发项目，在城市重点区域地震应急处置关键技术研发等方面开展项目合作。

在科研项目申报方面，组织申报国家、省、中国地震局各类科研项目 46 项，获批国家自然科学基金青年项目 1 项，省自然科学基金面上项目 1 项，省重点研发项目 1 项，中国地震局地震科技星火计划项目 1 项、震情跟踪课题 4 项、蒙城野外站联合开放基金项目 8 项。

1. 国家及中国地震局重点科技项目

（1）国家自然科学基金青年项目——"郯庐断裂带中段最新活动断裂 F5 在淮河以南的活动特征研究（2019—2021）"，开展了 F5 断裂淮河以南段晚第四纪活动特征的系统总结，发现 F5 在淮河以南展布长度约 20km，存在清晰连续的断层地貌特征，剖面上最新活动表现为拉张正断，最新活动时代为全新世早期，存在四期古地震事件。分析断裂垂直滑动速率，滑动速率表现为中间大、两端小的特征，平均滑动速率为 0.028mm/a，属于弱活动断层。

（2）中国地震局星火计划攻关项目——"面波频散、振幅比和接收函数联合反演郯庐南段速度结构"（XH19020），项目通过面波频散、振幅比和接收函数三种数据的联合反演，获得郯庐断裂带南段更加可靠的高分辨率地壳速度结构，并探讨速度结构分段性与地震活动性的关系，以及长江中下游成矿机制与郯庐断裂带深部可能的动力学因素。进一步提高既有模型的可靠性和精度，获得郯庐断裂带中南段内部及两侧的结构细节差异；通过获得的新的高精度速度模型综合判断郯庐断裂带中南段地震活动分段和危险性；在沉积层较厚的地区有效提高接收函数多次转换波识别，获得更加可靠的地壳厚度。联合反演的数据模型目前已用于安徽大别山监测预报实验场的多尺度模型构建中，为该地区的小震定位、震源机制反演提供参考模型。

2. 成果推广和科技开发工作情况

安徽省地震局实现4项技术服务类科技成果转化。在实施成果转化过程中，修订《安徽省地震局科技成果转化管理实施细则》，进一步完善、细化科技成果转化管理规定，优化审批流程，提升成果转化的效能。

（安徽省地震局）

福建省地震局科技进展

1. 地震科技成果转移转化

根据《福建省地震局科技成果转移转化实施细则》，做好科技成果、论文、论著和技术报告的登记和成果推广应用工作。2021年福建省地震局与深圳防灾减灾技术研究院订立《地震预警与烈度速报成果转化补充协议书》，合同额460万元科技成果转化费，并向深圳防灾减灾技术研究院提交了"地震预警系统""地震烈度速报系统"及其技术文档资料各1套、技术规程3项，完成成果转化，取得显著实效。

2. 重大科技项目进展

2018年福建省地震局与中国地震局工程力学研究所、中国科学技术大学等9家单位开展合作，共同承担科技部国家重点研发计划项目"地震预警新技术研究与示范应用"。福建省地震局韦永祥研究员牵头负责课题"海量信息秒级地震预警处理软件关键技术研究与系统研发"。课题围绕地震监测海量多源观测数据的秒级地震预警智能化处理技术问题开展研究，研发新一代地震监测预警系统。新系统构架主要包括五大组件：基于高并发多线程、云计算技术的数据汇聚与共享组件，基于流式大数据、人工智能技术的秒级预警处理组件，基于消息中间技术的预警信息实时交换组件，基于批式大数据技术的预警模拟测试组件和基于监控代理、可视化技术的预警过程监控与展示组件。新系统对地震预警的数据汇聚、信息处理、信息交换、信息展示、过程监管等全过程全方位进行重构，通过流式大数据处理技术、分布式实时计算引擎，并将人工智能与地震预警有机结合，最终实现1万台以上量级海量数据的秒级地震预警处理，为地震预警发布提供高效、稳定、实时的地震预警信息，也为国家地震预警的示范应用提供技术支撑。目前成功研发的新一代地震监测预警系统在中国地震局实施的重大项目"国家地震烈度速报与预警工程"中得到推广应用，并在中国地震局台网中心部署并运行，为我国五大重点预警区实现秒级地震预警信息发布提供支撑。在2022年1月8日青海门源6.9级地震、2022年1月2日云南宁蒗5.5级地震、2021年12月24日老挝6.0级等地震，该系统高效快速产出地震预警信息，有效提升地震行业快速应对破坏性地震的能力。

（福建省地震局）

江西省地震局科技进展

2021年共完成星火科技计划5个子项课题，分别是"安源矿区地壳速度结构和地震震源特征精细研究""基于Arduino的洞体辅助观测系统研制""利用模板匹配和尾波干涉技术跟踪分析寻乌及邻区的波速特征""测氡仪检测平台管理系统研制"和"基于非镭源高浓度氡校准装置研究"。

（江西省地震局）

山东省地震局科技进展

提升科技支撑保障能力。加强科技管理制度建设，印发实施《山东省地震局科技成果登记管理规定（试行）》《山东省地震局科技成果转化实施细则（试行）》。规范调整局本级科研项目管理，实现当年下达、当年结题验收。加强与科研院所和高校的科研合作，5项省部级科研项目获批立项，1项国家自然科学基金项目进展顺利，2项省重点研发计划项目、2项地震科技星火计划项目、2项"三结合"课题完成验收。2支创新团队完成年度任务，有效推动了地震灾害风险评估与应急服务、信息化建设与智能服务等重要业务领域关键核心应用技术攻关。2021年度发表中文核心以上期刊论文24篇（其中SCI收录3篇、EI收录12篇）、论著2部，发布实施地方标准1项，获得专利9项、软件著作权25项。1项科技成果获得中国地震局防震减灾科学成果奖三等奖。积极参与"一带一路"建设，圆满完成赴老挝援建驻场任务和中韩合作地震台网运行维护工作。

（山东省地震局）

河南省地震局科技进展

1. 主要学科领域创新性成果

（1）落实河南省地震构造探查工程（二期）经费，全省共完成12条区域性断裂定位和活动性鉴定，建立聊兰断裂、黄河断裂等主要断裂三维空间模型，开展内黄、南乐、兰考等11个县断裂空间定位和地震危险性评价，填补了河南省县级活动断层探测空白。投资建设河南省地震构造探查工程公共服务平台，实现地震构造探查、活动断层探测数据共享和地震风险评估对外服务。

（2）持续深化会商制度改革，深化列装方法研究和本土化应用，探索建立具有河南特色的预测预报指标体系。推进智能会商建设，逐步实现震情快速跟踪与自动化研判，丰富震后趋势研判产出，形成"大震资料丰富，小震有效应对"能力，提升震情服务产品质量。

（3）突出河南特色，厚植非天然地震研究和信息化领域科研优势，加强地震灾害风险防治和古建筑抗震技术研究，推动重要领域关键核心技术攻关。

2. 成果推广和科技开发工作情况

为贯彻落实中国地震局《关于完善科技成果评价机制的指导意见》精神，进一步规范科技成果转化活动，印发《河南省地震局科技成果转化项目管理办法》和《河南省地震局地震工程勘察研究院财务管理办法》。两个制度的印发是河南省地震局建立科技成果评价机制的顶层设计，也是河南省地震局推进公益二类事业单位改革的探索举措，同时还是安评专项治理的一项重要成果，对于促进科技成果转化，鼓励科技人员从事研发、成果转化，起到积极的促进作用。2021年指导全省开展地震安全性评价项目81个、区域性地震安全性评价项目36个。为黄河悬河文化展示馆建设等20余项重大工程选址提供地震安全服务。科技成果转化取得合同金额1738万元。

3. 健全激励与保障措施

制定人才贡献绩效和优秀科技人才管理办法，激励措施向关键岗位、业务骨干和突出贡献人员倾斜，增强科技人员事业和个人发展前景信心。改造局青年职工宿舍，设立"博士工作室""青年人才工作室"，改善工作生活条件，增加人才的归属感、获得感、荣誉感。深入落实与中国地震局地球物理勘探中心、中国地震局地质研究所等单位全面深入务实合作协议，充分利用其科技资源，在项目实施、人才培养、科技创新等领域加强合作。实施与省武警总队、测绘地理信息局、民政厅、水利厅、科学技术协会，中原油田、省煤田地质局等部门合作计划，健全开放合作机制，共同推进防震减灾科技创新。

（河南省地震局）

湖北省地震局科技进展

湖北省地震局持续深化中国地震局武汉地球观测研究所（以下简称"武汉所"）改革，优化组织体系和制度体系，成立所务委员会、学术委员会。完成武汉所数据服务与管理平台、学术报告厅建设，强化科技创新基础条件支撑。完善科研经费管理制度，提高科研管理效能，扩大科研人员自主权；强化科技创新工作奖励性绩效，完善科技成果评价体系，提升科技创新和成果转化积极性。制定武汉所、工程院、仪器院、检测院未来发展规划，完善"一所三院"协同创新机制。中震集团及所属企业克服疫情影响，不断拓展科技服务领域，取得良好业绩。制定实施《湖北省地震局军民融合发展"十四五"规划》，积极推进军民融合发展。主动融入"全灾种、大应急"管理体系，组织专家赴黄石、宜昌调研矿山安全科技工作，与省应急管理厅、煤炭科学技术研究院加强科技成果应用研讨交流。主办的《大地测量与地球动力学》中英文学术期刊建设成效明显，中文刊获得湖北省最具影响力学术期刊奖（20种），执行主编当选中国科技期刊编辑学会副理事长；英文刊入选2021年中国国际影响力优秀学术期刊、《世界期刊影响力指数（WJCI）》报告和《高质量科技期刊分级目录》国际知名 T2 类。

2021 年，湖北省地震局共申报获批国家自然科学基金项目 3 项，合作项目 2 项；获批地震科技星火计划项目 1 项；获批湖北省自然基金面上项目 4 项；首次获批湖北省创新群体项目 1 项。获得中国地震局防震减灾优秀成果二等奖 2 项，获得授权发明专利 5 项、实用新型专利 15 项、软件著作权 32 项，发表 SCI/EI 论文 28 篇。持续加强与相关科研院所、高校、企业的沟通合作，积极组织申报横向科研项目，推进科技成果转化。设立湖北中震"双创"研发基金，重点支持硬件装备研发。设立武汉引力与固体潮国家野外科学观测研究站开放基金，重点支持地震大地测量、地震仪器研发等方面的创新性课题。举办中国地震学会地壳形变测量专业委员会换届会议暨 2021 年学术年会，与中国地震局地球物理研究所联合举办中国地震科学实验场地壳形变监测和强震预测学术交流会，与中国科学院精密测量院等 5 家单位联合举办第 19 届"地球动力学与固体潮"国际研讨会。

（湖北省地震局）

湖南省地震局科技进展

修订印发《湖南省地震局科研课题管理办法》《湖南省地震局防震减灾科学成果奖管理办法》，修订《湖南省地震局科技成果转化实施细则（试行）》，制定《湖南省地震局科技创新团队考核办法》《湖南省地震局创新合作组考核办法》。推进实施与中国地震局地球物理研究所、武汉地调中心、常德地震局等单位合作的常德深井甚宽频带地震观测科学试验平台项目建设，编制项目可研报告，落实建设用地，下达建设任务，开展项目基本建设，完成仪器安装。承担中国地震局星火计划、湖南地方科研课题各 1 项，依托创新团队，组织申报中国地震局星火计划课题 2 项；开展湖南省地震局 2021 年到期课题结题验收和 2022 年度课题申报工作。

（湖南省地震局）

广东省地震局科技进展

（1）认真落实科技强局战略。组织认定广东省地震局 2021 年度科技创新团队 3 个。发表 SCI 论文 6 篇、EI 论文 3 篇，新增国家发明专利 4 项、软件著作权 16 项。"城市抗震设防基础数据三维可视化服务系统建设""强震动台网数据处理系统研发与应用""测震台网地震计方位角检测技术应用研究"3 项获中国地震局防震减灾科学成果三等奖。

（2）强化地震科技创新合作。与陈晓非院士商讨共同推动广州地球物理国家野外科学观测研究站建设。与合作单位共同推进"广东省防震减灾科技协同创新中心"项目，通过中期评估。"广东沿海地震海啸危险区评价系统建设""基于地震烈度速报的灾害损失评估系统研究与公共服务信息应用""综合地震监测业务智能化管理平台研发与应用"3个省直部门协同创新重点项目进展顺利。

（3）不断完善科研项目管理。积极落实《国办改革完善科研经费管理的若干意见》，制定科技管理4项制度制修订清单。组织开展"广东省防震减灾科技协同创新中心"等项目中期检查评估。结题国家自然基金项目1项、地震科技星火计划项目1项、三结合课题1项。组织申报国家自然科学基金3项、地震星火计划5项、广东省自然科学基金项目7项、粤穗区域联合基金青年项目6项。

（4）强化科技创新项目成果产出。"广东省典型强震区地壳结构与断裂属性数据库平台"项目，完成三个典型强震构造区三维精细地壳结构模型构建和地壳速度的三维可视化。项目组团队获批广东省地震局科技创新团队，发表SCI论文1篇。

"地震预警关键技术研究及系统研制"项目获5项软件著作权，分别为大震速报烈度计算软件、大震预警烈度计算软件、地震信息综合展示软件、地震预警系统监控软件、地震预警信息融合决策软件。该项目研发团队负责编制的行业标准《地震波形数据通道标识》通过中国地震局审批，于2021年11月11日对外发布。

"基于低成本MEMS传感器和大数据分析的重大工程地震安全监测应用研究"项目，实现结构损伤在线监测，完成结构监测系统基础信息及监测数据可视化；初步实现分级缓存技术于结构监测系统的应用。

（广东省地震局）

广西壮族自治区地震局科技进展

广西壮族自治区地震局实施科研项目15项，发表论文（专著）21篇，其中EI 1篇，专著1部，核心9篇，一般刊物和会议论文10篇。获得中国地震局2021年度防震减灾科学成果奖三等奖3项。按时组织完成2项中国地震局地震科技星火计划项目验收并获得优秀。评出广西防震减灾优秀成果奖一等奖1项、二等奖4项、三等奖12项。首次实施科技成果转化，已在南宁市科技成果转化服务中心完成了《龙滩水电站数字地震台网系统运行维护项目（2020—2022）》等4项技术合同认定登记，进一步激发科技人员创新与转化活力。首次组织我局科技人员开展软件著作权登记，并获得《防灾减灾要情自动化生成发布软件1.0》软件著作权登记。

实施"透明地壳"：完成广西及邻区$M_L 2.5$以上地震震源机制解和基于小震P波初动资料的综合节面解求解，在此基础上获得广西及邻区现今构造应力场分布特征及中强地震前震源机制一致性参数演化特征；完成钦—杭结合带南段和北流地震区深部结构大地电磁三维探测野外资料采集、数据三维反演和成果解译工作，揭示钦—杭结合带南段界限划分、物性结构差异等特征。完成大化至北流地区流动重力剖面野外观测工作；完成北流震区和大化震区短周期密集台阵布设及数据采集工作。

开展"解剖地震"：完成广西北流5.2级和靖西5.2级地震灾害风险调查与分析项目相

关资料收集整理，并进行初步分析；完成 2 次地震研究区地质调查，分析震区地震孕育的动力环境，判定地震的发震构造；完成 2 次地震灾害补充调查，分析房屋震灾特征；收集靖西 5.2 级地震震源区的地质断层以及遥感影像等数据；对 landsat 光学影像做假彩色合成、主成分及多重主成分处理，得到视觉效果较好的遥感图像；同时，利用 ALOS-DEM 数据进行水文分析，得到区域的水系分布图；在这些工作的基础上建立了解译标志，并以高分辨率影像辅以解译，目前已完成靖西地震震源区的初步解译工作，解译得出 55 条构造线；完成北流 5.2 级地震震区深部结构大地电磁三维探测野外资料采集和数据三维反演工作；完成靖西 5.2 级地震序列重新定位、较大地震震源深度和震源机制解重新测定。针对广西岩溶地区"小震致灾、小震级高烈度"的特点，建设成立岩溶地震研究基地，提升岩溶区地震灾害风险防治水平，先后开展了岩溶气爆地震、岩溶塌陷地震的成因机制研究，以及岩溶地区工程防震技术研究，深入剖析岩溶地区特殊地震的成因机制、地震动场的破坏特性，开发出岩溶塌陷地震快速识别的技术方法，针对岩溶地区的各种大型建筑提出对应的地震灾害防御技术与措施，为广西岩溶区的城市规划、城市抗震设防、建筑设计施工提供技术参考，最大限度地减轻岩溶地震灾害。

实施"韧性城乡"："广西北部湾经济区地震灾害风险区划工程"列入广西防震减灾"十四五"规划，并形成项目建议书。开展"玉林市主城区地震灾害承灾体调查与隐患排查"项目，收集玉林市城市抗震防灾专项规划（2013—2020 年）、玉林市城市总体规划（2008—2020 年）图集、玉林中交建投路网施工图设计文件、玉州区排水设施情况表和城镇老旧小区调查摸底表等 90 份材料或数据；基于 CGS2000 投影坐标系的遥感影像，建设玉林市主城区地震灾害承灾体调查与隐患排查项目库。推进"韧性城乡"基础工作，开展建筑抗震性能普查，配合推动综合减灾示范社区建设，开展工程场地和结构地震破坏与成灾机理研究，提升抗震设防服务能力。

实施"智慧服务"：依托广西政务一体化平台、广西公共数据开放平台、广西政务信息共享网站、加大与政府单位的数据共享力度，做好对公众数据开放、数据共享，提升对外服务能力，优化公共服务水平和质量。不断提高震后评估、趋势会商、烈度评定工作时效，加强新闻宣传和舆情引导，实现地震信息化、现代化，为政府、社会和公众提供全方位智慧化地震科技服务。持续推进现烈度速报与预警系统参数的校正工作，广西地区地震动衰减关系模型研究已完成模型的建立工作；完成近震量规函数的修正和震例的检验及各台站台基校正补偿。国家地震烈度速报与预警工程数据处理与展示大厅装修工程、核心机房承重加固改造工程、机房及配套设施的综合装修建设、核心机房系统集成建设等项目建设进展顺利，为下一步的软件系统部署和如期开展试运行打下坚实基础。

（广西壮族自治区地震局）

四川省地震局科技进展

四川省地震局 2021 年度共牵头承担国家重点研发课题 3 项，国家自然基金项目 2 项，中国地震局星火计划6项，地震短临预报专群结合研究试点1项，四川省科技计划共6项（其中重点研发项目1项、中央引导地方—自由探索类项目1项、应用基础研究项目4项）。以第一作者发表科技论文共69篇，其中SCI收录3篇，软件著作权4项；作为第一单位获得中国地震局防震减灾科学技术成果奖二等奖1项、三等奖2项，作为参与单位获得三等奖1项；作为第二参与单位，成果"青藏高原东缘龙门山活动构造与地震灾害效应研究"获得四川省科学技术进步奖一等奖。

（四川省地震局）

贵州省地震局科技进展

贵州省地震局新修订《贵州省地震局科研项目（课题）管理办法》。完成《贵州地震台网震情信息产出自动化实现》和《贵州数字测震台网台站背景噪声分析》2个三结合课题验收，并应用于日常震情监视跟踪工作；完成地震应急青年重点课题《基于深度学习的震后滑坡自动提取算法研究》的相关研究并顺利结题；与中国地震局地球物理研究所联合向贵州省科技厅申报《基于大数据和人工智能的黔西南水库地震监测关键技术研究与应用》课题；与中国电建集团贵阳勘测设计研究院有限公司开展水库地震方面的研究；持续推进地震科技星火计划项目《地震风险评估与隐患大数据可视化平台的研究》。

（贵州省地震局）

陕西省地震局科技进展

1. 国家及中国地震局重点科技项目进展，主要学科领域创新性成果

获批陕西省自然科学基础研究计划项目2项、星火计划1项、三结合课题1项，立项启航与创新基金7项。与中国地震局第二监测中心等5家单位联合验收星火计划项目，陕西省地震局承担的2项完成验收。2021年科技类成果产出54篇，其中：SCI论文2篇，EI论文10篇，核心论文12篇，标准规范2篇，一般期刊26篇，报刊2篇。2021年全年专利产出5项，软著产出15项。

2021年承担2项国家自然科学基金课题。"鲁山太华杂岩的Pb同位素地球化学研究及其构造意义"课题推算出下太华群变质杂岩原岩从地幔中分异的时间，分析得出Pb同位素的不均一主要是与岩石形成时的初始值有关等成果。"利用密集地震台站研究西秦岭造山带的地壳结构与变形特征"课题获取了更加精确的地壳各向异性和地壳结构信息，探讨了青藏高原及邻区的地壳变形特征，提出青藏高原隆升扩展机制的新认识。

星火计划项目"鄂尔多斯地块西南缘地壳速度结构和衰减结构联合反演"针对鄂尔多斯地块西南缘，开展地壳速度结构和衰减结构联合成像，提高反演的可靠性。

2. 成果推广和科技开发工作情况

陕西省地震局积极关注国家地震科技创新"四大工程"进展，协调宝鸡市县地震部门配合推进"渭河盆地波速变化的主动源短时密集连续观测研究"项目野外任务。李少睿等完成的应用研究与技术开发类项目"测震台网地震计方位角检测技术应用研究"，获得2021年度中国地震局防震减灾科学成果三等奖。

（陕西省地震局）

甘肃省地震局科技进展

1. 地震科技创新能力稳步提升

组织完成了2021年国家自然科学基金项目、甘肃省科技计划项目、基本科研业务费专项、兰州地球物理国家野外科学观测研究站项目和局科技发展基金项目的申报和推荐工作，受理各类项目申请146项，获批甘肃省科技计划项目13项；批准基本科研业务费专项8项、局科级发展基金项目17项；批准兰州地球物理国家野外观测研究站项目18项。组织完成中国地震局2021年度防震减灾科技成果奖的申报工作，共受理成果申报9项，评选二等奖2项、三等奖5项；完成中国地震局2021年度防震减灾科学成果奖提名工作，获批二等奖1项、三等奖2项。

组织完成2021年度甘肃省科技进步奖提名、甘肃省专利奖推荐和甘肃省黄土地震工程重点实验室、甘肃省岩土防灾工程技术研究中心科技创新基地评估工作。获2020年度甘肃省科技进步奖3项，其中独立完成三等奖1项，合作完成一等奖、二等奖各1项。

组织完成2020年、2021年结题的星火计划项目、基本科研业务费专项、甘肃省地震局地震科技发展基金项目等科研项目验收，验收各类项目36个；督导完成刘家峡主动源项目建设任务，并通过中国地震局组织的分项验收和竣工验收；牵头开展了青海玛多7.4级地震后强化陇东南震情跟踪工作措施，安排短临跟踪专项9个；全局科技人员登记的论文发表数量79篇，其中SCI论文14篇、EI论文7篇、EI会议论文3篇；出版专著2部；申请实用新型专利40项、发明专利1项、软件著作权12项。

2. 地震科技体制改革持续深化

进一步深化地震科技体制改革，优化完善兰州所管理体制，贯彻落实中国地震局《关于开展地震科技成果评价相关规章制度及评价标准梳理及制修订工作的通知》和关于制定落实《国务院办公厅关于改革完善中央财政科研经费管理的若干意见》制修订工作要求，完成《科研项目管理办法》《科研项目经费管理办法》《防震减灾科学成果奖评审办法》《促进科技成果转化实施细则》《科技创新奖励绩效管理办法》《地震科技发展基金管理办法》《科技档案管理办法》等7个制度的修订工作；开展已结题科研项目结余经费清理工作，梳理核实各类项目212个，拟清理项目168个，盘活经费283万元；完成《甘肃省地震局"十四五"地震科技发展规划》初稿的起草工作。

（甘肃省地震局）

宁夏回族自治区地震局科技进展

加强各类科研项目的组织申报。申报2021年度国家自然基金课题2项，2022年度自治区自然基金课题16项，2022年度自治区重点研发计划（科普专项）1项，2022年度地震星火计划项目3项，2021年度三结合课题2项，2022年度震情跟踪定向任务8项。

督促各类科研项目执行，2021年度宁夏自然科学基金项目获资助8项，2021年度自治区重点研发计划获资助1项，完成任务书填报、报备工作。完成2019年度2项自治区自然基金课题的结题验收。2021年度地震星火计划项目获批2项，现有8项在研，组织完成2项地震星火计划结题验收。组织完成2021年度2项三结合课题结题验收。2021年度震情跟踪定向任务在研6项。组织申报、立项评审资助2021年度宁夏地震科研基金课题10项，组织完成2020年度24项宁夏地震科研基金课题的验收、资料归档。2021年度地震应急青年项目获批1项，组织完成2020年度2项地震应急青年项目结题验收。2021年预测开放基金获资助1项。

加强科技成果的评奖，马禾青研究员牵头完成的项目"地震活动场理论基础、分析方法及应用实践"荣获2020年度自治区科学技术进步二等奖。完成2021年度宁夏回族自治区防震减灾优秀成果奖组织申报、形式审查、公示、专家评议，会议评审工作，共评出一等奖2项，二等奖3项，三等奖8项。

加强科技合作交流，积极与自治区科协沟通，邀请陈颙院士来宁夏开展座谈交流，并作学术报告。积极与中山大学、宁夏大学等单位开展合作交流。积极加强4个科技创新团队的建设。

加强科研制度保障和执行，修订《宁夏回族自治区地震科研基金课题管理办法》《宁夏回族自治区地震局科研项目管理办法》《宁夏回族自治区防震减灾优秀成果奖励办法》。完成宁夏回族自治区地震局2013年以来各类科研项目的统计梳理工作，按照《宁夏回族自治区地震局科研项目管理办法》统筹部分项目的结余资金。加强科技成果转化，按照自治区地震科技成果转化办法转化震灾风险防治中心科技成果1项。

2021年宁夏回族自治区地震局在研各类科研项目54项，其中在研横向合作科研课题4项。第一作者发表学术论文14篇，获软件著作权10项，获实用新型专利2项。

（宁夏回族自治区地震局）

中国地震局地球物理研究所科技进展

面向地震科技前沿，推进"透明地壳"计划——中国地震科学台阵探测和研究。聚焦地震孕育机理基础研究，牵头实施"透明地壳"计划，在华北、兴蒙造山带、青藏高原东缘等多个地区架设宽频带流动观测密集台阵开展观测和研究，在壳幔三维结构探测、监测介质变化的主动源探测和活动构造探察等方面取得重要进展。发展一系列深部结构成像方法，获得南北地震带、华北地区壳幔速度与各向异性分布特征，为提高地震定位精度、了解地球演化和地震孕育环境提供了重要深部信息；自主研发基于卷积神经网络的综合地震波形处理平台，利用 AI 技术对科学探测台阵中的地震波震相、初动等信息进行智能分析，为推动"透明地壳"计划提供技术保障。

面向国家重大需要，为国家新能源开发战略提供地震安全保障。确保地震安全和国家能源安全是地震行业服务经济社会发展和民生改善的重要工作领域。中国地震局地球物理研究所从多角度推进该领域的科技创新，包括研发诱发地震智能自动监测速报、前瞻性预测和风险管控技术体系，参与中国地质调查局干热岩试采工程实践。在中国地震局四川泸县地震科考中，面向地方政府需求和科技条件实际，提供操作便捷的工业开采诱发地震风险分级管控"交通灯系统"方案。积极跟进国家"双碳"目标的地震减灾科技需求，推进地下储气库、二氧化碳地质封存等监测技术研发，加强岩石水物室内实验和多场耦合数值模拟等断层活化机理基础研究。与油气企业和高校合作，依托国家重点研发计划和中国地震局科技创新团队，探索页岩气开发诱发地震风险防范的创新理论与技术。

（中国地震局地球物理研究所）

中国地震局地质研究所科技进展

中国地震局地质研究所（以下简称地质研究所）认真贯彻落实习近平总书记关于防灾减灾救灾重要指示批示精神，贯彻落实党中央、国务院和应急管理部的重要决策部署，在中国地震局党组的坚强领导下，积极推进新时代防震减灾事业现代化建设，将地质研究所发展融入新时代防震减灾事业现代化布局中。

（1）地质研究所科研项目申请和竞争保持良好态势。牵头申请的 1 项国家重点研发项目"川滇地区活动断裂三维公共模型与大震危险性研究"、1 项国家基础资源调查项目"中国地震科学实验场活动构造体系调查及数据库建设"获批，在研课题 19 项。18 项国家自然科学基金项目获批，面上项目资助率达 33%。承担全国自然灾害综合风险普查试点项目专题 9 项。积极争取活动断层探测项目和重大工程场地地震安全性评价项目，2021 年合同总额超 3971 万元。在研各类项目共 340 余项，与同期相比继续保持较高水平。

（2）高水平学术成果量质齐升，创历史新高。地质研究所长期以来鼓励基础科研创新，鼓励发表高质量论文，产出高质量成果。2021 年地质研究所科研人员和研究生以第一作者发表学术论文 145 篇，其中，SCI 收录 119 篇、EI 收录 24 篇。SCI 论文中，国际 SCI 收录论文 107 篇，发表在影响因子 2.0 以上 SCI 期刊的论文 89 篇。SCI 论文总数、国际 SCI 论文数量及影响因子 2.0 以上 SCI 期刊的论文均创历史新高，其中 18 篇论文发表在影响因子大于 4 的国际著名期刊上，进一步提升了地质所在国际学术界的影响力。发表在 Nature 子刊 Nature Communications 上的成果，提出青藏高原东部广泛分布的高海拔、低起伏地貌面形成新机制，为进一步认识全球范围内的夷平面形成 - 破坏过程及其驱动机制提供了新启示。发表在国际著名地学期刊 GRL 的成果,额尔齐斯河晚上新世演化研究,获得了西伯利亚河流大型重组形成北冰洋河流的同位素年代学数据,首次为西伯利亚河流的形成推动了北极海冰扩张这一学说提供年代学支持,被美国地球物理学会作为 2021 年 8 月研究亮点报道。这些成果均是科研工作潜心做、沉得住、钻研深的典范。此外,出版专著 1 部,2 项技术获国家发明专利。

(3) 持续推进科技成果转化和科技服务。发挥地质研究所在活动构造研究方面的优势,支撑服务防震减灾。推动活动构造研究成果服务于城乡规划和重大工程建设以及"一带一路"等国家倡议,承担了四川、内蒙古等地区的活动断层普查、多个城市活动断层探测、川藏铁路、核电、水电、供热、交通干线、油气管线的活动断层鉴定和地震安评等科技服务项目 58 项,其中经费超过 100 万的 15 项。充分发挥实验测试技术优势,承揽一系列测试服务项目,服务科学研究和工程建设项目。

(4) 支撑服务地震业务的能力持续提升。充分发挥地质研究所地震监测预测工作推进组的作用,强化对牵头的 7 号重点区和参与的其他重点区域进行持续监测;举办 2021 年分析预报地震地质理论基础培训班,为中国地震局监测预报队伍人才培养贡献力量。发挥地震应急理论和技术优势,及时提出震情研判的意见建议、产出地震应急产品。2021 年开展地震应急 19 次,其中新疆拜城、云南漾濞、青海玛多和四川泸县地震后,根据中国地震局和地质研究所的要求,派出科考队员前往震区进行科学考察工作。

(中国地震局地质研究所)

中国地震局地震预测研究所科技进展

中国地震局部署推进分布式光纤传感技术试验应用工作。中国地震局地震预测研究所联合中国科学技术大学通过专用激光光源、高灵敏探测系统和高保真解调器等方面的技术攻关,在 2021 年 6 月和 10 月先后研制出分布式光纤振动传感(DAS)和温度传感(DTS)原型机。DAS 性能达到监测长度 <40km,空间分辨率 3m,空间采样率优于 1m,频带范围优于 10mHz~20kHz,灵敏度 $\leq 10^{-9}\varepsilon$,元器件国产化率达 90%。DTS 性能达到监测长度不小于 20km,空间采样率优于 0.4m,测温范围覆盖 $-20℃ \sim 150℃$,测温精度优于 $\pm 0.2℃$,分辨率达到 0.1℃,元器件可以 100% 国产化。

2021 年 10 月,围绕中国地震局机关复兴路 63 号大院布设 660m 的振动和测温综合光纤传感网络,开展空间分辨率为 1m 的振动和 0.4m 的温度密集连续监测。相关成果举行展示会向公众发布,中国地震局党组成员、副局长阴朝民、陈小军,中国地震局科技委主任、中国科学院院士陈颙出席,科技日报、应急管理报等媒体进行相关报道。分布式光纤传感具有环境适应性好、架设快捷、运维简单和密集监测等优点,将为地震地质监测中重点或关键防范区域监测密度不足、复杂恶劣环境地区缺乏监测等问题提供新的技术方案。

联合研发团队的积极联系北京冬奥会场馆推广分布式光纤温度传感(DTS)系统用于赛场温度监测。2021 年 11 月 11 日,系统通过北京市科委组织的专家论证。12 月 24 日系统获得中国计量科学研究院检测证书。2022年1月3日，系统完成在冬奥会冰壶比赛场馆"冰立方"（国家游泳中心）部署，数据接入智能建筑运维管控平台，实现了分布式光纤测温技术首次应用于冬奥会冰雪温度监测。自1月13日起开始监测冰体温度，截至2月24日下午6时，系统连续运行43天，累计1026小时。运行期间，系统稳定，性能如一，未发生任何故障，成功保障冬奥会冰壶比赛49场次。系统全程实时实地记录了冰体的温度变化，展示了制冰过程以及比赛前后冰体温度的动态变化，为场馆环境监控与场地测温提供工作支持和数据参照。

（中国地震局地震预测研究所）

中国地震局工程力学研究所科技进展

由中国地震局工程力学研究所所长、研究员李山有负责的地震预警新技术研究与示范应用项目紧紧围绕国家重大建设项目"国家地震烈度速报与预警工程"实施中的关键科技问题，以"新观测手段、新预警方法、新处理技术、新发布技术"的"四新"作为创新点，开展"理论研究—技术研发—系统研制—示范应用"的地震预警系统一体化实施路线。2021年6月12日云南盈江5.0级地震，震后7秒，近千台专用终端，数万台电视机机顶盒接收到地震预警信息。

由副所长张令心研究员负责的区域与城市地震风险评估与监测技术研究项目完成了新型加速度传感器和数据采集传输模块的研发，其中传感器具有量程大、动态范围和频响范围广的优点，数据采集传输模块具有高精度、高频率、可云平台上传的优点。结合健康监测数据与拟实时区域地震灾害在线分析，实现单体工程的动态地震灾害风险评估。基于考虑不同区域与城市的空间差异，构建基于概率的风险评估模型。考虑地震易损性和可恢复能力影响，给出区域与城市大震风险动态评价方法，建立相应的动态评价指标。开发"区域与城市地震监测与风险动态评估系统"平台。

由副所长孙柏涛研究员负责的地震易发区建筑工程抗震能力与灾后安全评估及处置新技术项目围绕震害风险识别、震后安全鉴定和加固处置技术，为国家自然灾害防治"九大"工程和"韧性城乡"科学计划的顺利实施提供有力的科技支撑。提出科学实用的地震易发区建筑工程抗震能力与灾后安全评估及处置技术，研发基于知识图谱的地震现场建筑安全鉴定与处置智慧服务平台，为"地震易发区房屋设施加固工程"的顺利实施提供有力的技术保障。

由温瑞智研究员负责的重大工程地震紧急处置技术研发与示范应用在北京国家铁道试验中心组织开展轨道交通地震紧急处置系统示范应用，现场开展基于现地地震监控单元报警信息、燕郊地震台网信息的运行控车试验，进行系统的地震预报上车及紧急处置过程示范演练。城市燃气管网地震安全控制和紧急处置系统，是在国家高技术研究发展计划（"863"计划）项目支持下自主研制成功，是我国首套城市燃气管网地震安全监控和紧急处置系统，在2020年天津5.1级古冶地震中成功触发，成功实现灾后切断紧急处置，依托国家重点研究专项在北京平谷区进行小区入户安装与示范应用。

由戴君武研究员负责的城市及城市群地震重灾区现场人员搜救技术研究项目建立倒塌建筑物生命通道优选技术和现场搜救效能动态评估技术。为全面提升我国城市及城市群地震重灾区现场人员搜救能力、最大限度地减低地震现场人员伤亡提供技术支撑。模拟砌体填充墙 RC 构架结构地震倒塌，提出基于耦合的 FEM 和 F-DEM 的模拟方法。编制应急救援装备、发行地震救援技术视频教程；提出有限元和物理引擎倒塌可视化方法，解决了可视化效果差的问题。救援支撑结构承载能力性能研究，为在倒塌结构中构建救援生命通道，依据国内外相关救援指南，确定典型木支撑结构形式及其力学性能。

（中国地震局工程力学研究所）

中国地震台网中心科技进展

中国地震台网中心承担的重点研发课题"海量用户亚秒级地震预警信息发布技术研究与软件研发及整体示范应用"，完成面向千万用户的亚秒级地震预警信息发布软件全链条关键技术研究，并搭建实现秒级并发用户超 1000 万的地震预警信息发布系统，相关研究成果获得专利 4 项，软著 10 项；完成手机端预警信息发布软件和 PC 端预警信息服务软件的功能设计和研发工作，并在四川开展了示范应用工作。

中国地震台网中心承担的重点研发课题"震例回溯研究"，在亚失稳实验及理论指导下，基于地震、形变、流体、流动重力及流动地磁等野外观测资料，首次较系统总结野外观测可能的亚失稳特征。研究结果显示，在亚失稳阶段之前（应力峰值之前），发震断层及附近以应力积累为主，这一时期震源附近区域存在明显的 b 值降低、视应力升高及应力张量方差降低；流动重力出现大范围有序变化，震源区附近出现局部重力异常并沿构造活动断裂出现重力变化高梯度带或四象限分布；岩石圈磁场水平矢量"弱变区"存在由大范围分布向震源区收缩之后再次扩大且矢量方向发生转折和反向的演化过程。亚失稳阶段（峰值强度之后）以应力释放为主，可分为两个时期，前期阶段：震中附近中小地震增强活跃，Δb 由负转正、视应力转折下降；地球物理观测异常数量增多、展布范围扩大，发震断层震源区附近显示成核过程核心弱化区的扩展，震中附近区域则显示明显的变形协同化过程。后期阶段：震中附近地震活动减弱，震中区小地震活动存在向主震位置的"迁移-收缩-平静"现象；地球物理观测前兆异常数量持续增多并向震中迁移收缩，流体异常出现同步群体转折或加速，跨断层形变逆继承性活动显著增强，显示临近失稳阶段核心弱化区的收缩及附近区域的变形协同化加速现象。在此基础上，以 2014 年鲁甸 6.5 级地震为例，结合三维数值模拟结果，综合分析前兆异常演化和亚失稳过程关系，首次提供了一个可明确佐证亚失稳阶段震源区成核、震源区附近协同化过程持续加剧的典型震例和观测事实。

课题震例回溯总结得到的各学科中、短期前兆异常特征在年度会商及震情跟踪工作中得到广泛应用，所提出的野外观测亚失稳阶段判据，有望在地震短临预测中发挥积极作用。

（中国地震台网中心）

中国地震灾害防御中心科技进展

中国地震灾害防御中心紧紧围绕业务发展需求，进一步拓宽科研项目申报渠道，积极组织重大项目申报，注重推动科技成果应用。2021年，国家重点研发计划在研项目及课题2项、完成课题验收1项，国家自然科学基金在研2项、新增获批2项，地震科技星火计划项目在研5项、新增获批2项，在研和新立项的科技开发项目16项，发表SCI、EI文章6篇，申报发明专利5项，软件著作权登记4项，参与的《中国地震动参数区划图（2015）及应用》获得中国地震局防震减灾科技成果奖一等奖。

国家重点研发计划："地震社会服务及行为指导技术系统与示范应用"项目在研；"基于物联网的准实时地震灾情感知与决策支持系统研发"课题在研；"大规模救援现场场景仿真与搜救培训演练模拟技术系统"课题完成验收。

国家自然科学基金青年项目："压缩感知地震数据重建及基于波动方程的高分辨率反演成像研究""不同结构状态下土石混合体力学性状的胶结作用规律研究"在研；"新疆西准噶尔南部玛里雅增生杂岩的岩石成因、形成机制及构造意义""基于基岩断层面定量研究华山山前断裂西段活动性参数"获批。

地震科技星火计划项目："城市地震应急避难场所信息管理与服务系统""华山山前断裂基岩断面断裂活动定量参数研究""面向地震保险模型的大尺度区域场地分类方法研究及应用""逆断层—皱带分布式破裂习性研究——以五华山褶皱为例""SV波斜入射下成层场地的时域非线性地震反应分析研究"5个项目在研，"基于震后修复效益的建筑物经济损失多精度评估方法研究""地震灾评推演训练中主要情景的客观度优化研究"2个项目已通过验收，青年项目"数值计算方法对地震动参数场地调整系数的影响研究"、攻关项目"全波形反演方法在活动构造探测中的应用研究"2个项目获批。

2021年，中国地震灾害防御中心承接了雄安新区容东、雄东等4个片区区域性地震安评项目和汕头、重庆、云南、雅鲁藏布江下游梯级水电站等重大建设工程地震安全性评价和地震灾害风险评估，为雄安新区、雅鲁藏布江下游梯级水电站开发以及国家重大建设工程提供地震安全保障。自主研发的地震安全性评价计算软件SEC R2019应用广泛应用于核电、水电、地铁、机场等领域，经济和社会效益显著。

（中国地震灾害防御中心）

中国地震局发展研究中心软科学研究进展

中国地震局发展研究中心积极贯彻落实全国地震局长会议部署，聚焦防震减灾事业现代化，不断加强相关研究工作，为推进防震减灾事业现代化建设提供支撑。

1. 推进战略政策研究

落实中国地震局党组部署，围绕事业发展思路和防震减灾面临的重点难点热点问题，以高质量发展目标和问题短板为导向开展战略和政策研究，凝练具有前瞻性、战略性、现实针对性的研究成果，为国家防震减灾战略发展和局党组重大决策提供参考。

（1）全力编制好"十四五"规划。组织地震系统内外 100 余名专家开展"十四五"规划研究，及时跟踪学习领会习近平总书记关于防灾减灾救灾和自然灾害防治新理念新部署新要求，对标对表全面建设社会主义现代化国家的总体部署，融入"全灾种、大应急"体系建设，突出创新在现代化建设中的核心地位，以服务为导向加强防震减灾能力建设，坚持发扬民主、开门问策、集思广益，深入开展实地调研，面向系统和社会广泛征求意见，多次修改完善，圆满完成"十四五"国家防震减灾规划编制。提前着手起草解读、图解等说明材料，并配合中国地震局规划财务司指导省级地震局规划编制，参与 20 余次省级地震局规划咨询论证。配合编制和宣传"十四五"防震减灾科普规划和"八五"普法规划。

（2）落实党的十九届五中全会精神开展防震减灾重大课题研究。围绕党的十九届五中全会关于统筹发展和安全、提升地震等自然灾害防御工程标准、发展巨灾保险、提高防灾减灾抗灾救灾能力、建设更高水平的平安中国的要求，开展防震减灾重大课题研究，完成防范化解大震巨灾风险对策主报告和提升地震灾害防御工程标准等 8 个专题报告，提出防御 7.0 级以上重特大地震灾害风险的目标，以及防范化解大震巨灾风险的 4 项关键措施和 3 项战略政策。

（3）筹划新发展阶段防震减灾战略研究。贯彻落实中国地震局党组书记、局长闵宜仁"请发展研究中心组织有关专家开展新发展阶段防震减灾战略问题研究"的批示要求，立足新发展阶段，完整准确全面贯彻新发展理念，服务和融入新发展格局，深入分析当前防震减灾面临的新形势新挑战，广泛搜集资料并邀请系统内外专家座谈研讨，启动新发展阶段防震减灾战略研究方案编制工作。

（4）加强政策理论与实践问题课题过程管理。组织实施中国地震局重大政策理论与实践问题课题研究，完成 2019 年、2020 年课题验收和 2022 年课题立项，选编 2019 年和 2020 年咨询报告。

2. 开展评估评价工作

中国地震局发展研究中心以防震减灾现代化评估和预算绩效评估为基础，整合中国地震局层面各类改革评估工作，围绕防震减灾事业战略规划、重大项目和改革举措实施进行系统科学评估，准确判断防震减灾事业高质量发展效果，为战略政策的制定和全面深化改革提供依据，以评促建，以评促改。依托部分研究能力较强的省局建立区域评估中心，同时和部分第三方评估机构建立协作关系，共同开展评估工作。

（1）开展现代化评估。按照中国地震局现代化领导小组部署，首次开展全覆盖的现代化评估工作，召开 4 次评估交流会，组织专家 80 余人次参与评估，对北京市地震局、河南省地震局等 7 个单位进行现场或视频评估，编制完成 33 个单位的现代化评估报告，修改完善 2020 版指标体系，总结形成现代化评估工作规范，初步构建现代化评估业务体系。为及时动态了解各单位现代化推进情况、制定相关政策、引导鼓励各单位加快推进现代化建设提供支撑，为中国地震局党组推进现代化建设提供决策参考。

（2）开展绩效评估。组织第三方公司和有关专家，圆满完成 2020 年度预算绩效评价，完成中国地震台网中心、中国地震局地球物理研究所、山东省地震局 3 家试点单位整体支出绩效评价，完成地震预测预警等4个重点项目支出绩效评价，完成7份报告。完成2022年"一上"预算评审，评审45个打捆二级项目，完成1份评审总报告和45份评审意见。完成2022年度6个基本建设项目评审，涉及经费约1.2亿元。

（3）开展深化改革评估。按照中国地震局全面深化改革领导小组部署，组织第三方公司及专家，完成甘肃省地震局、中国地震灾害防御中心、中国地震台网中心3个单位全面深化改革评估，完成3个单位改革评估报告。开展地震台站改革评估工作，编制评估方案和指标体系，开展实地调研，发放问卷2600余份，编制台站改革评估报告。开展中国地震局地震科技体制改革评估，编制评估方案，构建评估指标，设计调查问卷等。2篇评估报告在《改革进展交流》刊发，为中国地震局党组推进全面深化改革提供决策参考。

（4）开展公共服务效能评估。完成防震减灾公共服务试点中期评估，先后赴北京市地震局、四川省地震局、中国地震局地震预测研究所和中国地震局第二监测中心调研，编制完成防震减灾公共服务试点中期评估报告和5个单位分报告。完成第一批公共服务事项清单实施情况评价，设计指标体系和自评提纲，完成自评估报告和数据汇总，形成评价报告和公共服务事项清单调整建议。完成预警试运行成效评估，形成运行能力评估报告。完成国家防震减灾科普教育基地和示范学校认定，完成全国59个科普教育基地和229所科普学校申报、评审、实地评估。

（中国地震局发展研究中心）

中国地震局地球物理勘探中心科技进展

中国地震局地球物理勘探中心承担的国家自然科学基金面上项目"基于密集台阵的长宁6.0级地震区浅部精细速度结构研究"，将为长宁6.0级地震震区精细速度结构提供新的证据。

国家自然科学基金面上项目"基于多种类型地震数据构建川滇地区三维地壳模型"，获得川滇地区不同构造块体速度结构特征、构造块体接触关系、强震深部构造背景的认识。

国家自然科学基金面上项目"华北地区地壳三维结构地震学参考模型"利用华北地区51条人工地震剖面探测成果，构建华北地区地壳三维结构地震学参考模型。

国家自然基金青年项目"联合利用人工源和天然源地震资料重建华南大陆东南缘岩石圈速度结构"完成宽频带地震仪记录到的远震波形数据的截取，数据的预处理工作。

国家自然基金青年项目"长宁震区地壳浅部精细结构成像"测试后，最终得到58651个地震事件，是同时间段内例行目录事件数目的15倍。

国家重点研发计划项目"重点区域超密集地震台阵观测及成像技术研发"课题，构建的三维S波速度模型将为强震地面运动模型提供精细的浅部速度结构信息，为研究大地震发震构造的深浅构造关系和城市规划安全提供定量的参考依据。

国家重点研发计划项目"高密度短周期天然地震剖面探测"专题开展高密度天然地震剖面的数据处理分析工作，为巨震震源的深部结构特征及其识别提供深部证据。

国家重点研发计划课题专题"渭河盆地多类型主动源浅层地震反射成像",不仅对于构建、完善地震构造主动源探测、监测技术系统,推进新型主动震源技术地学应用研究具有重要意义,而且可以为位于"丝绸之路"经济带上的陕西渭河盆地等重要研究区的地震危险性趋势研判及制订相应的防震减灾规划提供重要依据和数据支撑。

中国地震科学实验场项目"中国地震科学实验场建设——深部结构观测系统"的实施提升川滇块体东边界地震监测能力,为认知强震孕育的动力学全过程提供新的证据。

"'一带一路'地震监测台网项目物探中心分项"完成招标采购市场调研,并发布采购招标公告。完成2022年项目的预算填报和2021年项目绩效自评工作总结及年度报告编写。

中国地震局地震科技星火攻关项目"PDS型地震仪自动监控与校钟同步装置研制"初步研制完成样机10台。编制自动监控与校钟同步装置交互操控手机APP。该项目获得实用新型专利和计算机软件著作权各1项。

中国地震局地震科技星火项目"在线力平衡地震计自动控制标定系统研究",对标定系统进行了标定实验,并发表期刊论文《台阵地震计程控化正弦标定系统设计》。

"京津地区高震级潜在震源高精度浅层地震勘探"任务为京津地区钻孔联合地质剖面勘探的实施提供准确的断裂位置,为京津唐地区的潜在震源区划分、活动断裂调查和地震构造模型构建提供科学依据,为地震灾害风险评估提供基础数据。

"河南省地震构造探查工程(7)"实现对目标断裂的有效控制,获得测线控制范围内目标断层的精确位置和断层性质探测成果。

(中国地震局地球物理勘探中心)

中国地震局第一监测中心科技进展

2021年,中国地震局第一监测中心推进科技体制改革,强化科研团队建设,竭力提升科技创新能力,科研项目进展取得明显成效。

1. 科研项目与进展

2021年获批科研项目22项,其中在研项目15项,包括"基于大尺度形变场的大震危险性预测方法研究"等重点研发2项、国家自然科学基金4项、天津市自然基金1项、星火计划2项、震情跟踪6项。

国家自然科学基金"基于SRBFs和RTM技术的高分辨率区域全张量重力梯度场建模研究"项目,对联合球面径向基函数和剩余地形模型技术进行高分辨率区域全张量重力梯度场建模的解算策略展开研究,在陕西省与内蒙古交界处的毛乌素测区构建了区域重力梯度全张量模型。星火计划"天山地区现今地壳应力积累趋势的数值分析"项目通过三维有限元数值模拟,定量计算给出天山地区近百年来在构造加载和历史强震共同作用下的区域应力积累结果,从力学角度划定了天山地区潜在地震危险区。

2. 科技成果

2021年公开发表学术论文41篇,其中SCI收录10篇、EI收录4篇;获得国家发明专利 1 项、实用新型专利 1 项和软件著作权 23 项；召开中心青年优秀论文奖和防震减灾成果奖评审会，评选出优秀论文 20 余篇，防震减灾优秀成果 2 项。

完成科技部科技基础性工作专项"中国大陆垂直形变图的编制与资料整编项目"科技成果登记工作；修订印发《一测中心科技服务管理办法》和《一测中心科技成果转化实施细则（试行）》两项管理制度，实现 13 项技术服务类科技成果转化。

（中国地震局第一监测中心）

中国地震局第二监测中心科技进展

地震大数据和云平台建设、箱式变电站增容和双电源改造项目完成，存储总容量达 7PB。获取全国测震台网台站的基本信息主数据，畅通全国地球物理台网数据的接入渠道，接入全球部分测震台网测震数据。构建数据治理技术标准体系，完善数据资源整合、开放共享和更新机制，完成 3 项地震信息化标准的制（修）订。云平台为行业内外单位提供地震监测数据资源备份服务，为地震会商技术系统、地震短临预报专群结合、地震灾害风险普查等系统提供数据支撑与服务。

编制《地震监测数据质量评价技术规定（试行）》，明确全国 31 个省局台站的测震、地壳形变（含 GNSS 和重力）、地震电磁、地下流体四大学科的数据规范、指标体系等技术要素，产出测震站网、地球物理站网数据质量评价月报，建立地震监测数据质量评价技术平台，初步实现测震站网、地球物理站网评价结果的可视化。

（中国地震局第二监测中心）

防灾科技学院科技进展

防灾科技学院郭迅教授牵头完成的"工程结构抗震韧性关键技术及应用"项目获得中国地震局 2021 年度防震减灾科学成果奖二等奖；沈军教授牵头完成的"松原市活动断层探测与地震危险性评价"项目获得中国地震局 2021 年度防震减灾科学成果奖二等奖；姚运生教授参与完成的"长江流域湖北段的水文重力监测与应用关键技术研究"项目获得中国地震局 2021 年度防震减灾科学成果奖二等奖。

"工程结构抗震韧性关键技术及应用"项目针对汶川地震中倒塌破坏最为严重的多层钢筋混凝土框架结构和底商多层砌体结构，揭示了由于梁上填充墙的约束效应是导致"强柱弱梁"抗震设计难以实现的重要原因，发现不均衡设置的半高连续填充墙将引起地震力向受约束的柱高度凝聚这一倒塌机理，可以概括为"凝震聚力，各个击破"，类似的道理也适用于底商多层砌体；针对我国常见的房屋类型建立定性与定量相结合的"散、脆、偏、单"抗震能力评定新方法；发展适用于剪切破坏形态的墩柱抗震数值分析模型，为揭示结构的地震破坏机理提供手段；发明高度可调橡胶隔震支座，同时具备隔震和抗御地基不均匀沉陷的功能，工程应用超过 16 万平方米，且为提高高层剪力墙结构的抗震能力；发明镶嵌于连梁中间的钢滞变阻尼器，模块化装配，参数调整灵活，耗能效果十分显著，工程应用超过 200 万平方米。

"松原市活动断层探测与地震危险性评价"项目的创新点之一是充分利用石油部门所做的三维地震勘探成果获得清晰的断裂平面展布和剖面特征，查清了松原市的活动断层，结合现今地震活动和动力学环境分析，通过构造类比等方法，判定扶余北断裂具备发生震级上限为 6.5 级地震的可能，孤店断裂具备发生震级上限为 7.0 级地震的可能。创新点之二是针对该地区两个疑难问题进行了专门研究，一是第二松花江活动断裂的存在性，位于目标区东南的哈拉毛都地区业界具有很大争议的断层陡坎和断层露头实为滑坡形成，它们不能作为第二松花江断裂晚第四纪活动的证据；二是 1119 年 6¾ 级地震发震构造，对几个疑似地点进行专门的探测和综合对比分析，认为孤店断裂应是 1119 年 6¾ 级地震的发震构造。成果的另一亮点是不仅成果在松原市的城市规划、建设中得到及时应用，更重要的是经受了 2017—2019 年在松原市发生的中强地震震群的检验；在这几次中强地震的震后趋势判断、大震应急中及时地得到应用，发挥关键作用，取得了很好的社会效益。

（防灾科技学院）

科学考察

云南漾濞 6.4 级地震科学考察

2021 年 5 月 21 日 21 时 48 分,云南省大理州漾濞县发生 6.4 级地震,震源深度 8 千米。地震震中位于漾濞县县城以西 6 千米处,此次地震共造成 35 人伤亡,其中 3 人遇难,震中区域房屋建筑遭受到不同程度的破坏。地震发生后,中国地震局迅速成立科考指挥部,由中国地震局地质研究所和云南省地震局共同牵头,中国地震局地球物理研究所、中国地震局地震预测研究所、中国地震局工程力学研究所、中国科学技术大学等 7 个单位参加,共派出科研人员 40 余名,涉及地质学、地震学、地球物理学、地球化学、大地测量学、地震工程学 6 个学科,开展发震构造调查、强地面运动与工程震害机理分析、"亚失稳"观测回溯研究、地震序列研究、地震深部构造环境研究、地球化学异常变化研究、人工智能地震监测系统应用 7 个方面的工作。科考总里程累计约 1 万千米,完成 72 套地震仪布设、11 个温泉点地球化学采样和 3033 个余震精定位,首次近距离获得 368 组完整结构强震动响应记录,6 月 23 日完成野外主体任务。同时,50 余名专家和科研人员完成室内科考工作。

此次地震科学考察取得以下发现和认识:发震断层是维西—乔后—巍山断裂西侧的一条北西向次级断裂,整体倾向 SW,以右旋走滑为主,同震破裂未到达地表;亚失稳试验区短周期台网监测发现前震现象,主震前 2~3 天有两次快速破裂与扩展,主震前 30 分钟扩展加速到 190km/d;在震前阶段,部分地温台站观测到了前兆异常;主动源加密观测发现地震引起的震中区波速降低;根据 b 值、库伦应力等结果初步判定,后续在发震断层上再次发生强震的危险性不大;震害调查表明地震引起的房屋震害程度由轻到重排序为:砖混结构、钢筋混凝土结构(含高层建筑)、土木房屋。基于国家地震烈度速报与预警观测点数据,快速得到了地震峰值加速度、峰值速度、仪器烈度分布图。

(中国地震局科技与国际合作司)

青海玛多 7.4 级地震科学考察

2021 年 5 月 22 日 02 时 04 分,青海果洛州玛多县发生 7.4 级地震,震源深度 17 千米。22 日 16 时,青海玛多 7.4 级地震科考启动,由中国地震局地震预测研究所、青海省地震局牵头组织实施,中国地震局地球物理研究所、中国地震局地质研究所、中国地震局工程力学研究所、中国地震局第一监测中心、湖北省地震局、中国地质大学(武汉)、同济大学、中国科学院青藏高原研究所 8 个单位参加,共派出科研人员 41 名,涉及地震学、地球物理学、地质学、地球化学、大地测量学、地震工程学 6 个学科，开展野外地质调查、强地面运动与工程震害调查、地震序列研究、地震深部构造环境研究、地球物理和地球化学异常变化研究、地壳应力应变场分析研究 6 个方面的工作。科考总里程累计约 2 万千米，完成 150 套地震仪布设、121 个 GNSS 观测站点建设、78 个喷砂冒水点和温泉点地球化学采样、20 条断裂带二氧化碳剖面测量、20 个地磁矢量观测，获取 2013 次余震精定位结果，7 月 8 日完成野外主体任务。

此次地震科学考察取得以下发现和认识：玛多地震使北西走向、左旋走滑的昆仑山口——江错断层江错段发生破裂，在地表形成总长 160 千米的破裂带，地表同震位移为 1～2 米；玛多地震使东昆仑断裂带玛沁—玛曲段应力积累水平升高；工程震害调查表明近断层地震动的速度大脉冲和强竖向分量是导致此次地震桥梁震害的主要原因。

（中国地震局科技与国际合作司）

四川泸县 6.0 级地震科学考察

2021 年 9 月 16 日 04 时 33 分，四川泸州市泸县发生 6.0 级地震，震源深度 10 千米。中国地震局启动四川泸县 6.0 级地震科学考察，指挥部由中国地震局地震预测研究所和四川省地震局牵头，工作组由中国地震局地震预测研究所、四川省地震局、中国地震局地球物理研究所、中国地震局地质研究所、中国地震局工程力学研究所、中国地震台网中心、广东工业大学等单位的 124 名多学科专家组成，下设孕震构造环境研究、震源参数精准测定、序列特征与区域地震危险性研究、震中及周边地区构造地球化学探测、强地面运动场观测、震害现场调查与震害机理分析、地震数据共享与数据汇交、成果总结报告等 8 个科考任务组，派出 37 名专家在泸县地震现场开展科考工作。

此次科学考察取得以下发现和认识：泸县 6.0 级地震的实际深度基本上处于 4 千米左右，多数余震集中于 5 千米浅范围内；主震位于重磁异常和高低速异常分界线以及大地电磁高、低阻边界带附近；震源体下方存在明显的低速异常分布，使得上覆地层更容易积累应变能，当达到介质强度极限时发生破裂，引发强震；地震发生在北东向华蓥山褶断带内部，发震构造与震中附近的华蓥山褶断带西支断裂及附近已知的地表断层几何结构不一致；主震震源机制为逆冲型，余震区存在多条断层同时活动，震前具有少量前震活动，余震频次低、强度弱，呈现为具有少量前震的孤立型地震序列特征；地球化学观测分析认为地震的发生与四川盆地内大型北西向断裂的构造活动无关，而可能与区域强构造挤压背景下局部应力的释放有关，且地震的发生促进了震中附近北西向浅层隐伏断裂带气体的释放。

（中国地震局科技与国际合作司）

新疆拜城 5.4 级地震科学考察

2021年3月24日新疆阿克苏地区拜城县发生5.4级地震，该地震发生在中国地震局地质研究所负责的7号地震危险区（新疆塔什库尔干至乌什），根据全国和新疆地区的震情形势，有必要对该地震开展深入的综合科学考察。经向中国地震局闵宜仁局长、王昆副局长请示，并与新疆维吾尔自治区地震局沟通，中国地震局地质研究所迅速组成考察队于24日和25日分两批赴地震现场。考察队由单新建所长带队，14名队员组成，分为流动地震观测，地震构造调查和震害调查三个组。考察队出发前组建临时党支部，由单新建所长担任支部书记。

中国地震局地质研究所科考队赶赴拜城地震宏观震中区后，与新疆维吾尔自治区地震局现场队员一起开展初步的地震地质考察和灾害调查工作。在宏观震中区发现北东东向连续地裂缝，且多处有沙土液化现象，同时调查极震区地震灾害损失情况。

25日晚，中国地震局地质研究所科考队员参加新疆维吾尔自治区地震局地震现场指挥部工作会议。与会人员分析了现场资料，讨论发震构造考察、地震烈度调查、流动观测和新建村庄建设场地选址等问题，中国地震局地质研究所专家提出初步认识和建议，并协助新疆维吾尔自治区地震局完成后续相关科考工作。

（中国地震局地质研究所）

机构·人事·教育

主要收载机构设置及领导名单,地震系统院士、有突出贡献中青年专家、享受政府特殊津贴人员简介,人事教育工作,新通过评审的研究员名单,以及年度表彰情况等。

机构设置

中国地震局领导班子名单

(2021 年 12 月 31 日)

党组书记、局　长：闵宜仁
党组成员、副局长：阴朝民
党组成员、副局长：王　昆
党组成员、副局长：倪岳伟
党组成员、副局长：陈小军

(中国地震局人事教育司)

中国地震局机关司、处级领导干部名单

(2021 年 12 月 31 日)

部门	职位	姓名	处室	职务	姓名
办公室	主　任 副主任 副主任兼党组秘书	方韶东 王　峰 王春华	秘书处 （党组办）	处长 （主任）	徐　鑫
			政策研究室	主任	刘　强
			值班室	主任	陈明金
			新闻宣传处	处长	席琳琳
			文电档案处 （保密机要处）	处长	黄　媛
				副处长	姚奕婷
			综合事务处	处长	许　权
				副处长	王甲光

续表

部门	职位	姓名	处室	职务	姓名
监测预报司	司　长 副司长 副司长	宋彦云 余书明 马宏生	监测处	处　长	韩　磊
				副处长	万事成
			预报处	处　长	张浪平
				副处长	张海东
			预警处	处　长	彭汉书
			应急响应处 （信息处）	处　长	张　勇
			质量管理处	处　长	（空缺）
				副处长	熊建伟
震害防御司	副司长 副司长 副司长	关晶波 高亦飞 冯海峰	风险调查处	处　长	（空缺）
			风险区划处	处　长	刘小群
				副处长	曹　帅
			抗震设防处	处　长	王　龙
			震灾调查处 （风险应对处）	处　长	（空缺）
				副处长	岳安平
公共服务司 （法规司）	司　长 副司长	胡春峰 韦开波	行业服务处 （标准处）	处　长	马　明
			科普处	处　长	姚　妍
			法规处	处　长	林碧苍
			法制监督处	处　长	高光良
科技与国际 合作司	司　长 副司长 副司长	车　时 周伟新 朱芳芳 孙福梁	科技发展处	处　长	陈　涛
			科研管理处	处　长	齐　诚
			预测科技处	处　长	周龙泉
			国际合作处 （港澳台办）	处　长 （主任）	张红艳
规划财务司	司　长 副司长	张　敏 黄　蓓	规划处	处　长	崔文跃
			预算处	处　长	（空缺）
				副处长	梁毅强
			投资处	处　长	赵俊岩
			财务处	处　长	李羿嵘
			资产管理处 （统计处）	处　长	（空缺）

续表

部　门	职　位	姓　名	处室	职　务	姓　名
人事教育司	司　长 副司长 副司长	唐景见 熊道慧 徐　勇	干部一处	处　长	杨　鹏
			干部二处	副处长	张　芳
			人才教育处	副处长	刘　双
			机构工资处	处　长	吴　晋
			干部监督处 （干部档案处）	处　长	李　鑫
直属机关党委 （党组巡视） 工作领导小组 办公室	常务副书记兼巡视办主任 副书记、纪委书记 （机关正司级） 巡视办专职副主任	米宏亮 兰从欣 张琼瑞 李　健 孙为民	办公室 （党建办公室）	主　任	刘秀莲
			纪检室	主　任	刘耀玲
			巡视处	处　长	张琼瑞 （兼）
			审计处	处　长	王晓萌
离退休干部 办公室	主　任 副主任	刘宗坚 牟艳珠	管理服务处	处　长	王　羽
				副处长	李明霞
			文化教育处	处　长	张立军
				副处长	唐　硕

（中国地震局人事教育司）

中国地震局所属各单位领导班子成员名单

(2021年12月31日)

序号	工作单位	姓名	党政领导职务
1	北京市地震局	孙建中	党组书记、局长
		吴仕仲	党组成员、副局长
		陈锋	党组成员、副局长
		刘桂萍	党组成员、副局长
		任群	党组成员、党组纪检组长
2	天津市地震局	李广辉	党组书记、局长
		李军	党组成员、党组纪检组长
		李成日	党组成员、副局长
		郭彦徽	党组成员、副局长
3	河北省地震局	戴泊生	党组书记、局长
		高景春	副局长
		马兆清	党组成员、党组纪检组长
		翟彦忠	党组成员、副局长
		王立军	党组成员、副局长
4	山西省地震局	陈宇坤	党组书记、局长
		郭君杰	党组成员、副局长
		田勇	党组成员、副局长
		万亮	党组成员、党组纪检组长
5	内蒙古自治区地震局	卓力格图	党组书记、局长
		刘泽顺	党组成员、副局长
		弓建平	党组成员、副局长
		韩成太	党组成员、党组纪检组长
6	辽宁省地震局	李明	党组书记、局长
		孟补在	党组成员、副局长
		杨培林	党组成员、党组纪检组长
		赵广平	党组成员、副局长
7	吉林省地震局	杨清福	党组成员、副局长
		李征西	党组成员、副局长
		王军亮	党组成员、副局长
		刘伟	党组成员、党组纪检组长

续表

序号	工作单位	姓名	党政领导职务
8	黑龙江省地震局	张明宇	党组成员、副局长
		史宝森	党组成员、副局长
		郭洪义	党组成员、党组纪检组长
9	上海市地震局	李红芳	党组书记、局长
		李平	党组成员、副局长
		陈乃其	党组成员、副局长
		王志俊	党组成员、党组纪检组长
10	江苏省地震局	刘尧兴	党组书记、局长
		刘红桂	党组成员、副局长
		鹿其玉	党组成员、党组纪检组长
		徐桂明	党组成员、副局长
11	浙江省地震局	王建荣	党组书记、局长
		赵冬	党组成员、副局长
		王剑	党组成员、党组纪检组长
		王秋良	党组成员、副局长
12	安徽省地震局	刘欣	党组书记、局长
		王行舟	党组成员、副局长
		张争	党组成员、党组纪检组长
		凌学书	党组成员、副局长
13	福建省地震局	刘建达	党组书记、局长
		朱海燕	党组成员、副局长
		龙清风	党组成员、党组纪检组长
		林树	党组成员、副局长
		谢志招	党组成员、副局长
14	江西省地震局	张有林	党组书记、局长
		熊斌	党组成员、党组纪检组长
		陈家兴	党组成员、副局长
		欧阳承新	党组成员、副局长
15	山东省地震局	姜金卫	党组书记、局长
		姜久坤	党组成员、副局长、一级巡视员
		李远志	党组成员、副局长
		刘希强	党组成员、副局长
		程晓俊	党组成员、党组纪检组长
16	河南省地震局	王士华	党组成员、副局长
		王维新	党组成员、党组纪检组长
		王志铄	党组成员、副局长

续表

序号	工作单位	姓　名	党政领导职务
17	湖北省地震局	晁洪太	党组书记、局长
		杨振宇	党组成员、副局长
		王满达	党组成员、副局长
		熊宗龙	党组成员、副局长
		詹良斌	党组成员、党组纪检组长
18	湖南省地震局	付跃武	党组书记、局长
		曾建华	党组成员、副局长
		赵晋红	党组成员、党组纪检组长
		黄志东	党组成员、副局长
19	广东省地震局	孙佩卿	党组书记、局长
		钟贻军	党组成员、副局长
		何晓灵	党组成员、副局长
		吕至环	党组成员、党组纪检组长
		黄胜武	党组成员、副局长
		施伟强	党组成员、副局长
20	广西壮族自治区地震局	张　勤	党组书记、局长
		尹克坚	党组成员、副局长
		黄国华	党组成员、副局长
		谢　东	党组成员、副局长
		田锦平	党组成员、党组纪检组长
21	海南省地震局	李战勇	党组成员、副局长、一级巡视员
		陈　定	副局长
		贾英华	党组成员、党组纪检组长
		汤筱麒	党组成员、副局长
22	重庆市地震局	杜　玮	党组书记、局长
		宋晓明	党组成员、副局长
		王立军	党组成员、副局长
		王太松	党组成员、党组纪检组长
		李贵先	党组成员、副局长
23	四川省地震局	雷建成	党组书记、局长
		李　明	党组成员、党组纪检组长
		张永久	党组成员、副局长
		江小林	党组成员、副局长
		杜　斌	党组成员、副局长

续表

序号	工作单位	姓名	党政领导职务
24	贵州省地震局	柴劲松	党组书记、局长
		陈本金	党组成员、副局长
		延旭东	党组成员、党组纪检组长
25	云南省地震局	王 彬	党组书记、局长
		王希波	党组成员、党组纪检组长
		鲍 挺	党组成员、副局长
		周光全	党组成员、副局长
		李 飞	党组成员、副局长
26	西藏自治区地震局	哈 辉	党组书记
		张 军	党组成员、副局长
		尼 玛	党组成员、副局长
		孟 辉	党组成员、副局长
		曹建杰	党组成员、党组纪检组长
27	陕西省地震局	刘 晨	党组书记、局长
		王恩虎	党组成员、副局长
		王彩云	党组成员、副局长
		刘 毅	党组成员、党组纪检组长
28	甘肃省地震局	石玉成	党组成员、副局长
		王立新	党组成员、党组纪检组长
		张元生	党组成员、副局长
29	青海省地震局	杨立明	党组书记、局长
		王海功	党组成员、副局长
		马玉虎	党组成员、副局长
		曹锦岗	党组成员、党组纪检组长
		杨丽萍	党组成员、副局长
30	宁夏回族自治区地震局	张新基	党组书记、局长
		金延龙	党组成员、副局长、一级巡视员
		李根起	党组成员、副局长
		侯万平	党组成员、党组纪检组长
31	新疆维吾尔自治区地震局	吕志勇	党组书记、局长
		郑黎明	党组成员、副局长
		王 琼	党组成员、副局长
		罗树志	党组成员、党组纪检组长
		王 飞	党组成员、副局长
		热甫克提·阿不力孜	党组成员、副局长

续表

序号	工作单位	姓名	党政领导职务
32	中国地震局地球物理研究所	欧阳飚	党委书记、副所长
		丁志峰	党委副书记、副所长
		张周术	纪委书记
		李 丽	党委委员、副所长
33	中国地震局地质研究所	孙晓竟	党委书记、副所长
		单新建	党委副书记、所长
		万景林	党委委员、副所长
		李丽华	纪委书记
		何宏林	党委委员、副所长
34	中国地震局地震预测研究所	张晓东	党委书记、副所长
		王琳琳	纪委书记
		邵志刚	党委委员、副所长兼中国地震台网中心副主任
		李 营	副所长
35	中国地震局工程力学研究所	李山有	党委书记、所长
		张孟平	党委副书记
		孔繁钰	纪委书记
		张令心	党委委员、副所长
36	中国地震台网中心	李永林	党委副书记、副主任（主持行政工作）
		张大维	纪委书记
		刘 杰	党委委员、副主任
		张 锐	党委委员、副主任
		黄志斌	党委委员、副主任
		邵志刚	副主任（兼）
37	中国地震灾害防御中心	陈华静	党委书记、主任
		樊 宇	党委副书记、副主任（正厅局级）
		王继斌	纪委书记
		田学民	副主任
		吴 健	副主任
		田勤俭	副主任
38	中国地震局发展研究中心	韩志强	党总支组织委员兼宣传委员、副主任
		吴书贵	党总支纪检委员兼青年委员、副主任
		康小林	副主任
39	中国地震局地球物理勘探中心	王合领	党委书记、主任
		田晓峰	党委委员、副主任
		许国柯	纪委书记
		翟洪涛	党委委员、副主任

续表

序号	工作单位	姓 名	党政领导职务
40	中国地震局第一监测中心	齐福荣	党委书记、主任
		宋兆山	党委委员、副主任
		董 礼	党委委员、副主任
		雷 强	纪委书记
		武艳强	党委委员、副主任
41	中国地震局第二监测中心	潘怀文	党委书记、副主任
		王庆良	主任
		熊善宝	党委委员、副主任
		陈宗时	党委委员、副主任
		范增节	纪委书记
42	防灾科技学院	石 峰	党委副书记
		任云生	党委委员、副院长
		刘春平	副院长
		陈 光	党委副书记、纪委书记
		梁瑞莲	党委委员、副院长、总会计师
		郭 迅	党委委员、副院长
		洪 利	党委委员、副院长
43	地震出版社	任利生	党支部书记、社长、总编辑
		高 伟	党支部群工委员、副社长
44	中国地震局机关服务中心	武守春	党总支书记、主任
		徐铁鞠	党总支纪检委员兼青年委员、副主任
		刘铁胜	党总支组织委员兼宣传委员、副主任
45	中国地震局深圳防震减灾科技交流培训中心	庞鸿明	党组成员、党组纪检组组长、副主任

（中国地震局人事教育司）

人事教育

2021年中国地震局人事教育工作综述

一、着力抓政治引领，增强高质量发展政治自觉

以深入学习贯彻习近平新时代中国特色社会主义思想为主线，组织开展地震系统县处级以上党员领导干部党的十九届五中全会精神培训、"党史百年"网上专题培训。举办地震系统"一把手"、党组管理干部、优秀年轻干部和全系统新录用招聘人员系列培训班，选调29名司局级干部参加中组部调训和中央国家机关司局级干部研修，特别是在中央党校举办高规格高质量"一把手"培训班受到一致好评。承担局党组党史学习教育领导小组办公室联络指导组日常工作，统筹指导6个巡回指导组对局属各单位、机关各司室党史学习教育情况进行督导。服务党组学习《中国共产党组织工作条例》，开展以"学习贯彻习近平总书记在中央人才工作会议和中央党校（国家行政学院）中青年干部培训班开班式等重要讲话精神"为主题的理论学习中心组学习，全面谋划"十四五"地震人才建设。司党支部深入开展党史学习教育，创新方式方法，组织专题研讨，开展联讲联学，切实为基层办实事。

二、着力抓干部队伍建设，夯实高质量发展组织保障

持续开展班子分析研判。协助中国地震局党组把综合分析研判作为选好干部、配强班子的基础性工作，连续第五年全面系统分析45个局属单位和9个内设机构领导班子基本情况，为精准科学选人用人提供重要依据。对局党组党政领导班子建设规划纲要实施意见落实情况开展中期评估。持续规范干部选拔任用工作。先后对中国地震局属单位班子配备、纪检组长（纪委书记）队伍情况、75后80后司局级干部、干部选拔任用时长、事业单位党组管理干部交流任职等工作进行分析研判，提出改进措施。全年共调整补充领导班子35个，配备"一把手"9名，班子成员34名，交流司局级干部24人，70后干部占班子总人数超过40%。全面规范局属事业单位领导职数，对6家事业单位党组织换届"两委"委员候选人预备人选开展考察。加强优秀年轻干部选拔培养。压实局属单位党委（党组）主体责任，动态调整更新《中国地震局优秀年轻干部库》，实施"地震系统80后90后干部培养工程"，选拔45岁左右优秀年轻干部17名，局机关80后正处长12名。对地震系统挂职工作进行评估，选派局机关7名干部到局属单位基层一线挂职、2名同志赴甘肃省永靖县开展挂职，选派18名干部开展实施跨领域、跨区域、跨省份挂职锻炼，局属单位26名同志到局机关挂职，10名干部开展援疆援藏工作，3名干部帮扶贵州省地震局。严把入口关，做

好进人工作。努力克服疫情影响，开发使用中国地震局事业单位公开招聘信息网，全年招录参公人员49人、招聘事业人员334人，招聘人数、计划执行率、学历层次继续提高。

三、着力抓人才队伍建设，强化高质量发展智力支撑

加强地震系统人才工作顶层设计。开展局属单位人才队伍分析研判，制定《"十四五"地震人才发展规划》，全面规划未来五年地震系统人才发展工作。高层次人才培养取得新进展。中国地震局工程力学研究所王涛、曲哲分别获"杰青""优青"项目资助，中国地震台网中心蒋海昆、中国地震局地质研究所地震动力学国家重点实验室分别获评第六届全国杰出专业技术人才与先进集体，中国地震局工程力学研究所引进1名专家获得长江学者称号，中国地震局地质研究所引进1名青年海外高层次人才，还有一批人才获得省部级人才称号。组织召开优秀人才座谈会，强化人才服务保障。优化人才梯队建设。完善局科技创新团队组建思路，结合重大工程项目实施和年度重点任务，遴选6支符合创建思路要求、具有较好工作基础和实力的创新团队。遴选4名领军人才、24名骨干人才、33名青年人才。开展专业技术二级岗位任职资格评审，系统内6名优秀专家通过评审，有效激励优秀人才担当作为。依托"地震英才国际培养项目"，遴选13人出国访学，依托国内交流访学项目，遴选69名基层专业技术人员到研究所、业务中心交流访学，4名专家到西部省级地震局开展交流、指导业务工作。提高行业高等教育水平。支持防灾科技学院与相关院校联合组建应急管理综合性大学。加强武汉大学、中国地质大学（北京）等知名高校交流合作，促进人才队伍建设。

四、着力抓组织人事改革，增强高质量发展活力动力

深化行政管理体制改革。多措并举督促指导38个局属单位落实"三定"规定，确保机构编制、人员落实到位。实施机构编制核查，提升机构编制资源使用效益。深化地震台站改革。印发《关于做好地震监测中心站站长副站长选拔聘任管理有关工作的通知》，提升运行管理水平。深化事业单位人事制度改革。深入推进事业单位全员岗位聘用工作，健全完善用人机制。完善绩效工资管理制度，推进实施人才分类评价，建立以创新价值、能力、贡献为导向的人才评价体系。

五、着力抓组织人事监督，严肃高质量发展纪律规矩

督促领导班子履职尽责。对8个单位开展选人用人专项检查，将共性问题向全系统进行通报，以例促改。出台《中国地震局党组调整不适宜担任现职干部暂行办法》。组织开展规范领导干部配偶、子女及其配偶经商办企业行为专项工作，结合实际制定地震系统禁业范围，依规合理作出认定规范。加强对局属单位领导班子分工、党委（党组）工作规则的审核把关。开展专项治理推动问题解决。围绕组织人事领域突出问题，开展干部选拔任用工作程序、干部任免审批表填写、领导干部在高校和科研院所兼职等3项专项整治。制定

贯彻落实民主集中制 35 项具体事项清单，开展民主集中制执行情况自查自纠。组织近亲繁殖制度执行评估及地震系统退休人员返聘兼职情况摸底调查等专项工作。提升干部日常监督实效。完成干部选拔"一报告两评议"通报及反馈工作，全年查核个人有关事项报告 86 人次，征求党风廉政意见 245 人次，兼职审批 26 人次。加强组织人事领域信访举报查核，核实相关问题线索 59 件次，研究形成专项分析报告，对 2 个单位党委（党组）开展集体约谈，要求 3 个单位党组作出书面检查，对 2 名局属单位一把手提醒谈话，对 1 名在职厅局级干部谈话诫勉，对 2 名退休厅局级干部书面诫勉，对 2 个单位人事部门批评教育。受中国地震局党组委派，对 2 次地震预警信息误发事件开展责任核查工作。持续做好党组管理干部及局机关干部档案日常管理工作。

六、着力抓政策制度落实，营造高质量发展良好环境

落实公务员法及其配套法规，对地震系统贯彻落实情况进行检查。落实《党政领导干部考核工作条例》，组织开展党政主要负责人集中述职考核，会同驻应急管理部纪检监察组开展纪检组长（纪委书记）履职考核，完成党组管理干部和局机关干部年度考核。落实任职廉政谈话要求，对新任职司局级领导干部开展集体廉政谈话。落实职务与职级并行制度，省级地震局晋升一、二级巡视员 10 名，中国地震局机关 24 人实现职级晋升。规范党组管理干部推荐考察、干部选拔流程、干部任免宣布谈话、宪法宣誓、干部光荣退休、人事财务纪检机构主要负责人选配。审核局属单位处级干部选拔方案 31 批次，完成 13 名人事处长任职审批。加强组织人事业务培训，提高全局系统组织人事履职水平。为地震系统符合条件的 1071 名老党员申领颁发"光荣在党 50 年纪念章"，激发广大党员的荣誉感、归属感、使命感。组织开展全国防震减灾工作评比表彰，授予 97 个集体"防震减灾工作优秀奖"、99 名"防震减灾工作先进个人"；编印《地震系统先进事迹报告集》；授予 537 名地震台站工作满 30 年人员纪念证书和纪念牌；4 个集体和 28 名个人获得应急管理部云南漾濞 6.4 级、青海玛多 7.4 级地震抗震救灾奖励；4 个集体、12 名个人获得首届全国应急管理系统先进集体和先进工作者表彰奖励。通过选树先进典型，激励担当作为，激发广大干部职工干事创业积极性。

（中国地震局人事教育司）

2021 年中国地震局系统职工继续教育情况综述

1. 局本级培训开展情况

2021 年度局本级计划举办 31 个培训班，实际举办 31 个培训班，培训 3500 余人次。坚持把学习习近平新时代中国特色社会主义思想作为教育培训的重中之重，深入贯彻落实党的十九大和十九届历次全会精神，举办政治理论专题培训班和党建工作专题培训。围绕事业发展和改革需求，服务重大工程建设，开展重点业务培训，不断提高专业技术人员能力和水平。

序号	培训类别	责任部门	培训班名称	起止时间	培训天数	参训人数	承办单位
1	政治理论培训	人事教育司	局属单位党政主要负责人专题研讨班	7月11—17日	5	59	中国地震局机关服务中心
		人事教育司	局机关党的十九届五中全会精神轮训	4月	3	132	中国干部网络学院
		人事教育司	党组管理干部任职培训班	5月30日—6月8日	8	34	中国高级公务员培训中心
		人事教育司	局属单位优秀年轻干部培训班（第16期）	10月18—26日	8	36	中国高级公务员培训中心
2	党建工作培训	机关党委	地震系统机关党委专职副书记（党办主任）培训班	12月16—21日	4	50	中国地震局机关党委
		离退休办公室	离退休干部党建工作培训班	10月12日半天 10月27日半天	1	30	中国地震局离退休干部办公室
3	重点专题培训	监测预报司	地震台长培训班	12月19—28日	10	40	防灾科技学院
		监测预报司	地震监测中心站站长培训班	7月22—31日	10	34	防灾科技学院
4	行政管理培训	公共服务司（法规司）	防震减灾公共服务与标准化培训	7月27日	1	276	中国地震台网中心
				公共服务培训方面与地震系统科普人员素质提升班合并			
		公共服务司（法规司）	地震系统科普人员素质提升班	11月22—26日 每天下午	2	400	中国地震局发展研究中心
		机关党委	2021年地震系统审计网络培训	4—11月	5	48	上海国家会计学院
		办公室	冬奥会舆情处置和新闻发布培训班	9月27—28日	2	94	中国地震局发展研究中心
		公共服务司（法规司）	应急管理（地震）综合行政执法培训	9月线上5天 线下5天	10	100	应急管理部培训中心
		规划财务司	2021年规划财务工作人员培训班	9—11月	7.5	151	防灾科技学院
		规划财务司	2021年规划财务管理人员培训班	9—11月	4.5	59	防灾科技学院
		规划财务司	招标与采购专题培训	纳入规划财务管理人员培训班直播课			
		规划财务司	2021年财务决算、政府财务报告培训班	12月	1	150	防灾科技学院
		规划财务司	2021年财务信息系统培训班	1月	1	300	上海市地震局
		人事教育司	地震系统新录用人员初任培训班	10月10—21日	10	51	防灾科技学院

续表

序号	培训类别	责任部门	培训班名称	起止时间	培训天数	参训人数	承办单位
5	地震业务培训	监测预报司	地震监测中心站观测员培训班	11月16—30日	15	308	防灾科技学院
		监测预报司	地震监测中心站分析员培训班	12月2—10日	9	673	防灾科技学院
		监测预报司	地震监测台（站）网高级研讨班	7月4—10日 10月19—25日	14	69	防灾科技学院
		监测预报司	分析预报入职人员培训班	5月6日—6月9日	35	50	防灾科技学院
		监测预报司	地震地质基础理论与方法培训班	10月17—23日	7	32	中国地震局地质研究所
		监测预报司	2021年度地震监测预警软件研发骨干培训班	10月26日—11月5日	9	125	湖北省地震局
		监测预报司	地震网络安全培训班	6月21—26日	6	56	浙江省地震局
		监测预报司	2021年度地震国家计量技术规范起草人培训班	10月10—13日	2	52	中国地震局第一监测中心
		震害防御司	活动断层探测标准宣贯与技术培训	9月23—27日	3	90	中国地震灾害防御中心、宁夏回族自治区地震局
		震害防御司	地震灾害风险调查和重点隐患排查工程调查技术培训	7月20—22日 7月22—24日	6	126	中国地震灾害防御中心
		震害防御司	重点危险区县级分管防震减灾领导培训班	5月23—29日	7	47	防灾科技学院
		震害防御司	地震监测中心站评估员培训班	10月11—17日	7	34	防灾科技学院

2. 局属单位培训开展情况

地震系统各单位2021年度举办培训共计436期；参训人数35982人次，其中市县人员10915人次；培训天数共计1605.5天。线下培训353期，占80.963%；线上培训58期，占13.303%；线上线下相结合培训25期，占5.734%。

3. 局系统学历、学位教育情况

2021年国家下达中国地震局年度招生计划的指标数为：博士70人，硕士356人，本科生2300人。实际招生博士70人，硕士361人，本科生2300人。

（1）博士招生录取情况

单位代码	单位名称	招生计划	录取人数
85401	中国地震局地球物理研究所	20	20
85402	中国地震局地质研究所	20	20
85406	中国地震局工程力学研究所	30	30

(2) 硕士招生录取情况

单位代码	单位名称	招生计划	录取人数
85401	中国地震局地球物理研究所	20	25
85402	中国地震局地质研究所	20	22
85403	中国地震局兰州地震研究所	16	16
85404	中国地震局地震研究所	20	20
85405	中国地震局地震预测研究所	30	28
85406	中国地震局工程力学研究所	120	120
11775	防灾科技学院	130	130

(3) 本科招生录取情况

单位代码	单位名称	招生计划	录取人数
11775	防灾科技学院	2300	2300

(中国地震局人事教育司)

中国地震局属各单位教育培训工作

河北省地震局

河北省地震局注重提升干部专业素养，培育创新精神，强化干部教育培训。2021年初经河北省地震局党组会议研究，合理安排政治理论和业务技能培训，制定印发《河北省地震局2021年培训计划》，组织各级各类培训班16个，安排培训经费。鼓励各中心站结合本单位实际，开展业务技能培训，将教育培训工作在基层一线落地见效。学历学位教育方面，2021年新增接受在职学历学位教育职工5人，其中3人接受硕士研究生层次学历学位教育。

（河北省地震局）

内蒙古自治区地震局

内蒙古自治区地震局4名职工攻读博士研究生，8人攻读硕士研究生，1人取得硕士研究生学历（硕士学位）。

组织新入职事业人员参加2021年新招录地震监测岗位人员线上培训，新录用公务员参加2021年地震系统新录用人员初任培训。选派3名优秀科研人员参加中国地震局地球物理研究所、地震预测所研究和陕西省地震局国内交流访问学者活动。

（内蒙古自治区地震局）

辽宁省地震局

辽宁省地震局职工参加各类党政培训、业务学习约为1100人次。其中，各级党政教育培训9人，中国地震局和辽宁省其他各类培训88人次，交流该问学者1人，自主举办培训班5个，2021年在读博士研究生2人。辽宁省地震局职工认真参加网络教育学习，达到规定学分。

（辽宁省地震局）

吉林省地震局

吉林省地震局举办较大规模的集中培训班3次，分别是《地震监测志》编写工作培训班、地震会商技术系统培训班、地震易发区房屋设施加固工程培训班。

2021年，吉林省地震局全员参加中国地震局继续教育网络培训，1名职工在职攻读博士。

（吉林省地震局）

上海市地震局

上海市地震局职工参加组织调训、业务培训、任职培训、在线学习等各类培训1276人次，人均学时为148.1，网络在线学习覆盖率为100%。选派1名青年科技人员赴中国地震局地质研究所在职攻读博士学位，1人赴中国地震局地质研究所交流访问，1人参加出国英语培训班。积极响应组织调训，参加中国地震局专题培训班1人，中国地震局司局级领导干部调训2人，上海市领导干部促进高水平科技自立自强专题研讨班1人，上海市干部教育中心春季专题班3人、秋季专题班3人。上海市领导干部专题研讨班2人，第5期中青年干部班1人，上海市应急管理局处级领导干部应急管理专题培训班1人。组织处级及以上干部参加中国地震局组织"学习贯彻党的十九届五中全会精神"专题班和党史百年专题班网络培训，完成2021年上海市地震局事业单位新进职工入职培训。

（上海市地震局）

江苏省地震局

江苏省地震局全年共组织7个培训班和5期"苏震讲堂"。培训人数1126人次，其中省局846人次，市（县）局280人次。1名局级领导干部参加"中国地震局党组管理干部任职培训班"。1名处级领导干部参加"中国地震局中青年干部培训班"。19人次参加参加中国地震局、兄弟省局、省级机关等举办的教育培训。参公人员线下线上受训率达到85%以上。746人次参加应急管理部、中国地震局组织的视频培训。44名处级及以上干部参加中国干部网络学院学习，累计自主选学总学时616.8学时，累计专题班学时1070.9学时。293人参加中国地震局干部教育网络学院学习。

（江苏省地震局）

浙江省地震局

浙江省地震局按照要求组织完成县处级以上党员领导干部"学习贯彻党的十九届五中全会精神"专题培训。及时组织人事干部参加中国地震局培训及政策法规自学，提升人事干部专业水平。配合中国地震局人事教育司选派2人次参加"2021年中国地震局党组管理干部任职培训班"和"2021中央和国家机关司局级干部专题研修班"。选派4名新入职参公人员参加中国地震局初任培训班，并组织事业单位新入职人员通过视频方式参加初任培训班线上培训。选派2名处级干部参加浙江省委党校和省社会主义学院处级领导干部任职培训班。组织开展青年职工暨新入职人员培训班。

（浙江省地震局）

安徽省地震局

安徽省地震局修订《安徽省地震局教育培训管理办法》，依托局OA办公系统建立教育培训登记管理系统，进一步规范教育培训管理。完成各类组织调训、调学选学任务，协调业务部门开展各类业务培训，做好培训登记和学时统计，完善职工个人培训档案。共选派厅局级干部4人次、处级干部19人次参加局外专题履职能力及相关业务培训，36人次参加中国地震局及安徽省有关部门举办的各类培训班23次。2021年自办培训班8次，省市县各级地震部门共计432人参加培训。

（安徽省地震局）

福建省地震局

福建省地震局选派2名处级干部和2名科级干部参加福建省直机关党校培训；44人次参加中国地震局和省相关单位举办的各类业务培训班。

举办处级以上干部及党务干部培训班，共有86人次参加培训。

以在职学历教育为补充，鼓励干部职工利用业余时间参加与业务相关的硕博学历学位在职教育，共有3人在职攻读博士。

落实《中国地震局干部在线学习管理办法》，组织干部职工317人参加"中国地震继续教育网"在线学习。机关处级以上干部、四级调研员以上职级干部和事业单位领导班子成员共48人完成"中国干部网络学院"开设的"学习贯彻党的十九届五中全会精神"专题学习。

各相关业务部门按年初计划组织举办业务培训班,共有专业技术人员591人次参加培训。

(福建省地震局)

江西省地震局

江西省地震局结合实际制定年度培训计划,统筹利用好党校、上级培训、自主办班、网络学院等教育培训资源,并安排专项经费有效保障干部教育培训工作顺利开展。先后组织开展"学习贯彻党的十九届五中全会精神"、习近平总书记在庆祝中国共产党成立100周年大会上的重要讲话精神和"党史学习教育"主题等多次研学活动,选派1人次参加中国地震局优秀年轻干部培训,安排230余人次参加中国地震局组织的各项培训,组织近两年新进人员18人参加2021年地震系统新录用人员初任线上培训和本局组织的入职岗前培训。举办基于遥感影像和经验估计的区域房屋抗震设防能力初判技术培训、全省地震灾害风险普查推进会暨培训会2个重点专题培训,培训市县地震工作人员590余人次。

(江西省地震局)

河南省地震局

河南省地震局参加研究生学历继续教育5人,其中在读博士研究生2人,在读硕士研究生3人。

选派1名厅级领导干部参加2021年中央和国家机关司局级干部专题研修班;选派1名处级干部参加中国地震局第16期优秀青年干部培训班;选派1名正处级干部参加河南省委党校处级主体班培训。同时,根据业务培训安排,积极选派多名技术人员参加中国地震局各司室及河南省委省政府有关部门举办的各类业务培训。另有188人次参加中国地震局网络继续教育培训。

在自主办班方面,河南省地震局着力强化政治理论教育,立足提升主责主业专业知识,针对不同类型的职工,组织开展有针对性的重点培训5期。继续组织"周末大讲堂"特色培训活动,共举办3期培训,包括依法行政、廉政教育、业务提升等多个主题。

(河南省地震局)

湖北省地震局

湖北省地震局开展财务管理培训、新职工培训、党务干部培训等共计392人次；举办湖北省地震现场"第一响应人"培训班、湖北省地震现场工作队灾害评估培训班、2021年市县防震减灾工作培训班等，参训人员共计642人次。举办湖北省地震系统机关事业单位工作人员综合素质提升培训班，全省地震系统200余名干部职工参加培训。派员参加地震系统教育培训共计6人次；举办财务管理信息系统使用培训班，12名财务人员参加培训。

进一步做好职工教育和研究生的教育管理工作。2021年职工在职攻读学位15人，其中博士14人，硕士1人；招收硕士研究生20人，毕业并取得硕士学位20人。

（湖北省地震局）

湖南省地震局

湖南省地震局紧紧围绕防震减灾中心工作，扎实开展教育培训，全面提升干部职工综合素质。举办自主培训班5个，培训全省地震系统干部职工420余人次；积极组织选训送训，先后选派2名优秀青年人才分别参加党校科干班、中青班学习，选派1名四级调研员参加党校处干班学习，选派1名党务干部参加党校党务干部培训班，选派1名干部参加中国地震局优秀年轻干部培训班。

加强人才培养锻炼。选派1名业务骨干到湖北省地震局交流访问，组织4名青年技术人员参加"地震英才国际培养项目"沙龙。组织学术交流4次：组织创新团队去武汉地震仪器研究院、湖北震害风险防治中心开展学术交流；与深圳防灾减灾技术研究院就加强防震减灾重大项目建设和技术研究等方面交流合作进行学术交流；组织创新团队前往湖南大学开展学术交流；选派1名专家到湖南大学进行学术讲座。

（湖南省地震局）

广东省地震局

广东省地震局按照中国地震局人事人才工作总体部署，始终贯彻落实"人才兴局"理念，进一步加强人才培训力度，有力促进创新团队形成、人才能力提升、队伍素养提高。制定印发《广东省地震局2021年培训计划》《2021年新进人员入职培训和实习锻炼方案》。统筹抓好处级干部及党务干部集中培训、党员干部党性锤炼教育培训、专业技术人员培训、视频和网络学习培训，约457人次参加培训。开展2次学术沙龙活动。做好职工在职深造服务和交流访学，为6名在读博士和2名申读博士学位的职工做好相关服务，选派1名博士报名参加2021年国家公派留学人员英语高级培训班。选派1名同志为2022年中国地震局国内交流访问学者,接收西藏自治区地震局访问学者1名。选派1名局级干部参加中央党校学习培训,1名局级干部参加中国地震局党组管理干部专题培训班,1名局级干部参加省应急管理厅和省直专题培训班,4名局级干部参加广东省地震局第四期党员干部党性锻炼教育培训班,6名处级干部参加中国地震局、省委党校培训学习。

(广东省地震局)

广西壮族自治区地震局

广西壮族自治区地震局自主举办培训班11个,全局及各设区市地震主管部门工作人员参训472人次。举办学习党的十九届五中全会精神暨党史学习教育专题班2期。开展纪检干部业务培训班4期,编印《桂震清风》党风廉政内部学习宣传手册。安排11名同志参加中国地震局、自治区党委组织部、区直机关工委组织的各类领导干部调训。安排人员参加地震监测、灾害风险防御、重点区域风险调查和排查能力、地震灾害调查工作技能等专业技术培训。组织9名新入职职工开展岗前培训。继续开办"桂震大讲堂"。积极推广网络及新媒体学习平台,鼓励推荐干部职工参加继续教育,2021年1名职工取得硕士研究生学历学位,1名在读博士研究生。

(广西壮族自治区地震局)

重庆市地震局

重庆市地震局优化专业人才队伍,选派青年技术骨干进行交流访问学习和攻读高层次学历。

提升人员综合素质,从政治理论、党建、行政、地震业务等方面全面开展培训,如党史学习教育、保密培训、重庆市两大工程重点工作暨抗震设防信息采集培训、公务员初任培训、安全生产暨消防培训等。

创新培训模式,采用体验式、情景式教学,用活载体资源,如真实演练应急指挥技术操作,依托重庆党建教学基地开展沉浸式教学等。

共派遣交流访问人员3名,攻读博士研究生2名;参加专业技术培训150多人次;参加综合业务能力培训共530人次;参加网络培训180人次,网络培训率达100%。

(重庆市地震局)

四川省地震局

四川省地震局制定年度培训计划并推动实施，全局举办各类培训11班次，参训人次700余人；组织调训100余人次，加强年轻人才培养。服务保障干部网络学习，全员培训达标。支持2人在职提升学历。

（四川省地震局）

贵州省地震局

贵州省地震局共有62名事业单位人员（含20名地方编人员）。其中硕士研究生24人，占比38%；大学本科37人，占比60%；大学专科1人，占比2%。大学本科以上学历占比达98%，人才整体素质较高。

贵州省地震局主办中大型教育培训14次，主办10期纪检业务培训活动，组织参加6期网络学习答题。主要涉及防震减灾相关知识培训（风险普查）、地震灾害损失调查与评估培训、地震安评交流培训会、防震减灾业务暨房屋抗震性能鉴定培训、老旧房屋建筑加固新技术方法与案例培训、新入职人员培训等。根据疫情防控要求，部分培训班采用了线上线下相结合的方式举办，培训人数近2000人次。

（贵州省地震局）

云南省地震局

云南省地震局共有9人申请攻读硕士以上学历学位，1人考入云南大学固体物理学专业攻读硕士研究生，1人硕士研究生毕业，1人博士研究生毕业。在读博士7人，在读硕士3人。

印发年度培训计划，按照五年全覆盖要求，2021年度培训率达64%，网络培训覆盖率100%。组织在职党员、干部参加"学习贯彻党的十九届五中全会精神"专题网络培训。

（云南省地震局）

陕西省地震局

陕西省地震局制定印发2021年度培训计划，安排自办培训班，落实全员素质提升计划。全年共举办4期培训班，培训学员175人次。共选派38人外出参加培训，其中机关7人次、事业单位31人次。3人赴系统内单位开展普通交流访问。接受1名普访学者来局开展交流访问。组织职工坚持"学习强国"学习。完成中国干部网络学院专题班学习，坚持中国地震继续教育网在线学习，陕西省地震局总分和平均分均排名第四。

（陕西省地震局）

甘肃省地震局

甘肃省地震局自主举办各类培训班共9期，培训内容涵盖"学习贯彻党的十九届五中全会精神"、提升干部素质能力、防震减灾与应急救援能力建设、地震业务技能提升等，553人参加培训，其中参加培训的市县地震局人员290名；全局干部职工完成2021年度网络教育培训，共培训23411学时；处级人员网络培训共3496学时，平均74.38学时/人。

1人参加中国地震局优秀年轻干部培训班，2人参加地震系统新招录公务员初任培训，举办29名新招录事业人员培训，2人参加中国地震局组织的交流访问者学习，1人获得硕士学位、1人获得博士学位，2人硕士在读、15人博士在读。职工队伍的整体素质和业务水平得到极大提高，管理和科技队伍在推动防震减灾事业发展和应对有感、破坏性地震中发挥重要作用。

（甘肃省地震局）

宁夏回族自治区地震局

制定并印发《宁夏地震局2021年度培训计划》，组织培训会议16个，培训1141人次。认真组织参加中国地震局及自治区各类培训。2名处长参加自治区党校培训；2人参加中国地震局主办的新入职人员培训；1人参加自治区公务员面试考官培训。

（宁夏回族自治区地震局）

中国地震局地球物理研究所

中国地震局地球物理所积极选派干部职工参加上级部门及相关单位组织的培训和继续教育。积极组织管理干部、专业技术干部参加中央国家机关和中国地震局组织的专业培训，其中组织参加中国地震局优秀年轻干部培训班1人，中青年干部培训班1人，厅局级干部进修班1人，中国地震局党组管理干部专题培训班1人，中国地震局专题培训班2人，人社部专业技术人才知识更新工程地震重点监视防御区确定高级研修班3人，地震系统新录用人员初任培训班1人，参加国家公派留学人员英语高级培训班10人，组织地震系统新录用人员初任培训线上培训班11人，中亚及南亚国家地震监测技术国际培训班20人。另外支持研究所会计、审计、编辑人员参加继续教育，提升专业技能。

（中国地震局地球物理研究所）

中国地震局地质研究所

中国地震局地质研究所党委、领导班子将干部培训作为人才发展的重要手段，队伍建设的重要途径，注重培训工作的层次感、针对性和规范化，为做好教育培训工作营造良好氛围。全年培训时长超过2800学时，培训人次达300人次，覆盖面和参与度均有明显的提高。积极开展党史和党的十九届五中全会专题学习，连续组织9场党史学习教育主题培训，掀起学习我党历史的热潮。充分利用各种载体，开展形式灵活的网络专题学习。组织具有行业特色的科研业务培训，充分发挥外籍职工资源，开展短期特色业务培训；为行业发展提供科技人才支撑，继续组织地震系统地震地质培训班等。通过培训，职工理想信念、责任意识和业务技能得到显著提升。

（中国地震局地质研究所）

中国地震局地震预测研究所

中国地震局地震预测研究所共进行35场课程或讲座，有35位专家进行授课。培训时间达15个工作日、60个学时，接受培训的学员不仅包括2021年新入所的职工、研究生和博士后，还包括因疫情影响2020年没有参加培训的人员，共计70余人。培训内容涉及：中国地震局和地震预测研究所简介及业务介绍、研究所规章制度、科技论文参考文献技能训练、图件制作技术和程序、地震仪器操作方法与实践、自然基金申请、各研究室介绍学科及基本情况和素质拓展训练。

4位所领导亲自授课，各研究室和相关管理部门负责人与学员见面、授课，除在职的各学科专家外，还有来自北京大学、国防科技大学、中国地质大学（北京）、中国航天科工集团第二研究院的外系统专家。

结业当天还开展了党史学习教育活动，组织前往"光辉伟业 红色序章——北大红楼与中国共产党早期北京革命活动"主题展进行参观学习。

（中国地震局地震预测研究所）

中国地震局工程力学研究所

中国地震局工程力学研究所按照年度培训计划，以内培外送相结合的方式完成全年培训任务。面向所领导班子、全体党员、科技人员、管理人员、研究生导师、在读研究生等分类别多层级开展教育培训23次，其中党的政治理论学习7次、专业技术培训4次、业务能力培训9次、公益科普讲座3次，此外，组织党委中心组党史学习教育专题读书班8次，累计参训1700余人次、科普讲座受众3000余人，培训范围基本覆盖全体干部职工和研究生。1人在读中国科学技术大学专业硕士学位研究生班。

通过线上与线下相结合方式顺利完成研究生课程教学计划和业务教育培训，累计千余人次研究生参加思想政治课和4门特色专业课程的学习；持续面向新生开展入所教育培训；组织20余名导师参加黑龙江省新增列研究生指导教师培训和研究生课程思政培训。

(中国地震局工程力学研究所)

中国地震台网中心

中国地震台网中心共举办业务类培训1次，涉及20余家单位，200余人参与培训。根据中国地震局、中国地震台网中心疫情防控要求，培训采用视频会议的方式，除中国地震局有关司室主要领导和授课老师外，均以视频方式参加培训。

按照干部培训计划，2021年共选派7名干部分别参加中国地震局党组管理干部任职培训班、地震系统组织人事业务培训班、中国地震局专题培训班、地震系统新录用人员初任培训、中国地震局优秀年轻干部第16期培训班，并组织全体党员、处级以上领导干部参加"党史百年""贯彻学习党的十九届五中全会精神"网上专题培训，培训率100%。

(中国地震台网中心)

中国地震灾害防御中心

根据中国地震灾害防御中心培训计划，自主举办5场培训班，培训天数共计12天，培训人数607人。培训类型有政治理论培训、党建工作培训、软件培训和地震业务培训四类。各类培训组织有序，达到预期培训目的。

1名局管干部参加中央党校培训、1名参加中国地震局党组管理干部任职培训班，3名处级干部参加中国地震局党校培训，5名新入职职工参加中国地震局初任培训班，3人参加人社部专业技术人才知识更新工程高级研修班。此外，处级干部全部完成中国干部网络学院"党的十九届五中全会""党史百年"专题学习,所有职工按规定进行中国地震局干部教育网络学院在线学习。

(中国地震灾害防御中心)

中国地震局发展研究中心

中国地震局发展研究中紧紧围绕防震减灾核心职能,聚焦提升履职尽责能力水平,积极开展教育培训工作。

9月27—28日,组织冬奥会地震舆情处置和新闻发布培训班,进一步提升新闻发布水平和网络舆情应对能力,有效增强参与冬奥会服务保障人员的媒介素养,营造良好的舆论氛围。此次培训以线上方式进行,共94人参加。

11月22—26日,组织举办2021年地震系统公共服务与科普人员素质培训班,采取网络培训方式,共500余人在线参与。在课程设置上,注重理论与实际的结合,从公共服务产品体系的宏观视角切入防震减灾科普生产,以身边的"小科普"拓展防震减灾"大科普"产品建设。通过培训,地震系统公共服务与科普工作人员的业务素质和能力得到了提升,推动了防震减灾公共服务和科普工作创新发展。学员对培训的整体评价满意度为98.56%。

组织处级以上干部完成"学习贯彻党的十九届五中全会精神"专题培训,开展新任党总支委员集体培训。结合业务工作开展"走出去、引进来"业务交流,开展公文写作专题培训,加快人员能力转换。

积极引进和培养人才。探索"不求所有、但求所用"的柔性引才机制,核心业务部门外聘顾问、专家,建立智库专家库。支持职工在职进修,1名职工完成在职研究生学习。开展职称认定和委托评审,1人获副高级职称,2人获中级职称,2人获初级职称。

(中国地震局发展研究中心)

中国地震局地球物理勘探中心

中国地震局地球物理勘探中心坚持党管人才原则,依据《物探中心干部教育培训管理办法(试行)》,大力实施地震人才工程和素质提升计划,以政治理论方式学习为重点,统筹开展管理和业务培训。组织理论学习中心组(扩大)学习会12次,开展职工大讲堂26次,开展青年理论学习小组集中学习7次。通过学习强国、中国干部网络学院、应急管理干部网络学院、中国地震继续教育网、线上学术讲座等平台开展网络学习和学术交流。强化优秀干部人才培训,选派1名处级干部参加中国地震局优秀年轻干部培训班,选派6名处级干部、4名科级及以下干部参加系统内外组织的各类培训,2名在读博士、2名在读硕士完成年度学习任务，接收 1 名河北省地震局工程师来中心交流访问。

（中国地震局地球物理勘探中心）

中国地震局第一监测中心

中国地震局第一监测中心围绕中心重点业务领域和事业发展需要，从党建工作、政治素质、廉洁教育、业务能力和创新水平等角度，通过入职培训、出测培训、集中轮训、论坛讲座等形式，多元化地强化干部职工教育培训工作。举办党史学习教育读书班 4 期，委托天津市委党校举办 2021 年度党员党性教育暨党务干部能力提升培训班，开展各类教育培训 35 次，参加培训 1300 余人次。举办了 2021 年度地震国家计量技术规范起草人培训班和地震计量技术线上培训，选派 2 名厅级干部和 1 名处级干部参加中央党校（国家行政学院）等举办的培训班，派出 6 人赴地震系统其他单位交流访问，2 人出国交流访问，10 人攻读在职博士学位。

（中国地震局第一监测中心）

中国地震局第二监测中心

中国地震局第二监测中心贯彻落实三定规定，制定印发《二测中心内设机构职责和人员编制》，合理配置内设机构领导班子成员和人才队伍。编制《岗位职责与任职要求说明书》，明确各岗位职责与任期目标，实现岗位全流程管理。

持续开展干部队伍分析研判，选优配强内设机构领导班子，推动干部队伍建设。聚焦事业发展需要和干部成长需要，动态调整优秀年轻干部，选派干部赴中国地震局机关挂职锻炼、参加局 80 后、90 后干部培养计划。印发《二测中心"十四五"人才发展规划》，优化人才资源布局，明确未来 5 年人才发展思路和具体举措。加强科技领军人才建设，1 人入选中国地震局骨干人才，1 人入选青年人才。继续选派优秀科技人才参加"地震英才国际培养项目"和"国内交流访问计划项目"。鼓励和支持科技人才攻读在职博士。持续深化地震专业技术职称改革，破除身份、学历、资历等障碍，建立向基层和艰苦一线倾斜的评价机制。加强职工教育培训，举办各类培训班 16 期。选树先进典型，2 人被评为中国地震局防震减灾工作先进个人，4 个集体被评为防震减灾工作优秀奖，1 人被评为全国应急管理系统先进工作者。

（中国地震局第二监测中心）

防灾科技学院

防灾科技学院扎实开展教育教学、培训工作。

本科生教育：防灾科技学院深入贯彻落实党的教育方针和《深化新时代教育评价改革总体方案》，以加强教风学风建设为重点，全面推进教育教学工作高质量发展。学校搭建了"五打通一融合"一体化管理平台，"数字教务"管理系统不断建立健全。网络与新媒体、地理科学两个专业新增为学士学位授予专业，获批4门省级课程思政示范课程、1个示范中心和12个省级教研教改项目。年内共计2145名学生取得毕业资格并获得学士学位，2230名新生完成学籍注册，348名学生进行转专业、休学、复学、退学等学籍异动处理。

研究生教育：教育部下达2021年招生计划指标为130人，实际录取130人。2021届毕业生学位论文答辩中，评选出校内优秀硕士学位论文3篇。2021届毕业生共计40人，截至2021年底，40人全部就业，其中13人就业于防灾减灾行业、12人在地震系统就业、4人继续攻读博士学位。2021年，开展硕士研究生导师选聘工作，共选聘104名硕士研究生导师，其中校内导师23名，校外导师81名。

继续教育：全年举办各类培训班21期，参训3752人次。

制定地震台站人员业务轮训工作方案，组织实施地震台站人员轮训及各类管理人员培训，完成局级培训班15期，参训1876人次。培训满意度达97.90%，校内培训"一体化"服务成效显著。首次承接中国地震局党校2021年秋季学期处级干部进修班，参训21人。培训组织得到了局党组和学员的肯定。首次推出订单式培训——防震减灾科学普及业务能力提升培训班，成功举办两期培训，参训297人。组织49名新入职教师参加2021年新教师入职培训，组织39名教师参加河北省岗前培训（教师资格证考试）。青马工程培训班全年累计培训1462人次。组织搭建完成"VMix + 微赞"直播平台，改造录播教室，建设虚拟直播室，实现"线下授课、线上直播"混合式教学。

（防灾科技学院）

中国地震局机关服务中心

中国地震局机关服务中心成功举办两期培训班，分别是7月20日针对中国地震局机关所在院内各单位的"应急设备操作知识和标准化基本生命支持急救培训"和9月份针对中心值班人员举办的"应急值班培训"，参与人数共计41人次。

全年组织中心全体干部参加包括政治理论、专业技能、综合素质等一系列培训，参训人数达85人次，线上线下共计培训3000余学时。

（中国地震局机关服务中心）

人物

2021 年荣获全国杰出专业技术人才及先进集体

序号	单 位	奖项	获奖个人/集体
1	中国地震台网中心	全国杰出专业技术人才	蒋海昆
2	中国地震局地质研究所	全国专业技术人才先进集体	地震动力学国家重点实验室

2021 年度中国地震局科技创新团队入选名单

序号	单 位	团队名称	负责人
1	中国地震局地球物理研究所	诱发地震监测及震害风险分析与防控团队	吴庆举
2	中国地震局地球物理研究所	实时地震学创新团队	房立华
3	中国地震局地质研究所	中国地震科学实验场活动构造体系调查团队	周本刚
4	中国地震局工程力学研究所	地震灾害风险评估与情景构建团队	孙柏涛
5	中国地震局工程力学研究所	重大工程抗震韧性和地震灾害风险防控团队	王 涛
6	中国地震台网中心	大震短临跟踪技术研究团队	晏 锐

2021 年度中国地震局人才库入选名单

序号	姓 名	所在单位	入选类型
1	李永华	中国地震局地球物理研究所	领军人才
2	张会平	中国地震局地质研究所	领军人才
3	张学民	中国地震局地震预测研究所	领军人才
4	马 强	中国地震局工程力学研究所	领军人才
5	谭毅培	天津市地震局	骨干人才
6	李小军	河北省地震局	骨干人才
7	杨 斌	山西省地震局	骨干人才
8	顾勤平	江苏省地震局	骨干人才
9	黄显良	安徽省地震局	骨干人才
10	王青平	福建省地震局	骨干人才

续表

序号	姓　名	所在单位	入选类型
11	曲均浩	山东省地震局	骨干人才
12	赵　斌	湖北省地震局	骨干人才
13	冯　谦	湖北省地震局	骨干人才
14	王小娜	广东省地震局	骨干人才
15	徐　锐	四川省地震局	骨干人才
16	龙　锋	四川省地震局	骨干人才
17	洪　敏	云南省地震局	骨干人才
18	高锦瑞	西藏自治区地震局	骨干人才
19	王　谦	甘肃省地震局	骨干人才
20	曾宪伟	宁夏回族自治区地震局	骨干人才
21	唐明帅	新疆维吾尔自治区地震局	骨干人才
22	常利军	中国地震局地球物理研究所	骨干人才
23	张国宏	中国地震局地质研究所	骨干人才
24	周晓成	中国地震局地震预测研究所	骨干人才
25	林旭川	中国地震局工程力学研究所	骨干人才
26	孟令媛	中国地震台网中心	骨干人才
27	孙　丽	中国地震台网中心	骨干人才
28	郝　明	中国地震局第二监测中心	骨干人才
29	胡乐银	北京市地震局	青年人才
30	孙路强	天津市地震局	青年人才
31	蒋宏毅	河北省地震局	青年人才
32	李　娟	内蒙古自治区地震局	青年人才
33	翟丽娜	辽宁省地震局	青年人才
34	王　军	上海市地震局	青年人才
35	李玲利	安徽省地震局	青年人才
36	张红才	福建省地震局	青年人才
37	汤兰荣	江西省地震局	青年人才
38	李　源	河南省地震局	青年人才
39	李　雪	湖北省地震局	青年人才
40	梁亚斌	湖北省地震局	青年人才
41	黄元敏	广东省地震局	青年人才
42	张　慧	海南省地震局	青年人才
43	祁玉萍	四川省地震局	青年人才
44	王　云	云南省地震局	青年人才
45	土登次仁	西藏自治区地震局	青年人才
46	赵　韬	陕西省地震局	青年人才

续表

序号	姓名	所在单位	入选类型
47	谢虹	甘肃省地震局	青年人才
48	杨理臣	青海省地震局	青年人才
49	温少妍	新疆维吾尔自治区地震局	青年人才
50	杨微	中国地震局地球物理研究所	青年人才
51	李涛	中国地震局地质研究所	青年人才
52	潘正洋	中国地震局地震预测研究所	青年人才
53	杨永强	中国地震局工程力学研究所	青年人才
54	赵静	中国地震台网中心	青年人才
55	高永武	中国地震灾害防御中心	青年人才
56	陈为涛	中国地震局发展研究中心	青年人才
57	林吉焱	中国地震局地球物理勘探中心	青年人才
58	庞亚瑾	中国地震局第一监测中心	青年人才
59	王文青	中国地震局第二监测中心	青年人才
60	王伟	防灾科技学院	青年人才
61	刘智	深圳防灾减灾技术研究院	青年人才

2021年度获得中国地震局专业技术二级岗位任职资格人员名单

序号	姓名	单位	专业领域
1	申重阳	湖北省地震局	固体地球物理
2	苏有锦	云南省地震局	地震预报
3	滕云田	中国地震局地球物理研究所	固体地球物理学
4	周永胜	中国地震局地质研究所	构造物理实验
5	赵翠萍	中国地震局地震预测研究所	固体地球物理
6	戴君武	中国地震局工程力学研究所	地震工程

2021年度通过中国地震局正高级职称任职评审人员名单

科学研究系列

序号	所在单位	姓名	工作领域/研究方向
1	湖北省地震局	胡敏章	重力场及其变化监测与地震分析预报
2	四川省地震局	李大虎	地震学、地球深部结构
3	中国地震局地球物理研究所	戴志军	地震工程

续表

序号	所在单位	姓 名	工作领域/研究方向
4	中国地震局地球物理研究所	李平恩	地球动力学数值模拟
5	中国地震局地球物理研究所	祝爱玉	地球动力学
6	中国地震局地球物理研究所	胡星星	地球物理观测技术研究
7	中国地震局地球物理研究所	许卫卫	地震观测技术及设备研发、地震观测数据处理分析
8	中国地震局地球物理研究所	王未来	地震学
9	中国地震局地质研究所	刘彩彩	构造磁学
10	中国地震局地质研究所	覃金堂	释光年代学与地表过程
11	中国地震局地震预测研究所	赵 倩	卫星大地测量与地球动力学
12	中国地震局地震预测研究所	孙安辉	地震学
13	中国地震局地震预测研究所	张军龙	地震地质
14	中国地震局工程力学研究所	杜 轲	结构性态抗震
15	中国地震局工程力学研究所	黄 勇	桥梁抗震结构健康监测
16	中国地震局第一监测中心	占 伟	大地测量学

工程技术系列

序号	所在单位	姓 名	工作领域/研究方向
1	北京市地震局	王同利	地震预报
2	北京市地震局	罗桂纯	风险评估
3	河北省地震局	李小军	地震监测
4	上海市地震局	王小明	地震信息与服务
5	江苏省地震局	王 俊	地震监测
6	浙江省地震局	李东平	地震信息与服务
7	福建省地震局	王青平	地震信息与服务
8	福建省地震局	廖诗荣	地震监测
9	福建省地震局	王善雄	地震地质
10	福建省地震局	张艺峰	风险评估
11	山东省地震局	曲均浩	地震监测
12	湖北省地震局	聂兆生	地震监测
13	湖北省地震局	李 恒	地震区划
14	四川省地震局	郭红梅	风险评估
15	甘肃省地震局	陈文凯	地震信息与服务
16	青海省地震局	李智敏	地震地质
17	新疆维吾尔自治区地震局	刘代芹	地震监测
18	中国地震台网中心	代光辉	地震监测
19	中国地震台网中心	梁建宏	地震监测

续表

序号	所在单位	姓　名	工作领域/研究方向
20	中国地震台网中心	肖武军	地震监测
21	中国地震灾害防御中心	高　杰	风险评估
22	中国地震灾害防御中心	郝明辉	地震区划

教学系列

序号	所在单位	姓　名	工作领域/研究方向
1	防灾科技学院	吴传勇	地质学
2	防灾科技学院	袁四化	地质学
3	防灾科技学院	张丽娟	数学
4	防灾科技学院	刘小阳	测绘科学与技术
5	防灾科技学院	孙治国	土木工程
6	防灾科技学院	唐　元	中国语言文学

表彰奖励

中国地震台网中心蒋海昆获得 2021 年度中组部、中宣部、人社部和科技部联合授予"全国杰出专业技术人才"称号。

中国地震局地质研究所地震动力学国家重点实验室，被中共中央组织部、中共中央宣传部、人社部和科技部授予第六届"全国杰出专业技术人才先进集体"荣誉称号。

（中国地震局人事教育司）

中国地震局地质研究所周本刚获得"中央和国家机关优秀共产党员"称号。

中国地震局地球物理研究所陈石获得"中央和国家机关优秀党务工作者"称号。

中国地震台网中心预警速报部党支部获得"中央和国家机关先进基层党组织"称号。

中国地震局地质研究所获得"中央和国家机关创建模范机关先进单位"称号、"第六届全国文明单位"和"首都文明单位标兵"称号。

中国地震局第一监测中心西藏地震监测科研团队、内蒙古自治区地震局地震监测中心获得"全国工人先锋号"称号。

云南省地震局付虹获得"全国三八红旗手"称号。

中国地震局办公室徐鑫荣获"全国脱贫攻坚先进个人"称号。

（中国地震局直属机关党委）

中国地震局工程力学研究所王涛和曲哲分别获得 2021 年度国家杰出青年科学基金项目和国家优秀青年科学基金项目资助。

（中国地震局人事教育司）

中国地震局地球物理研究所王伟涛，中国地震局地质研究所周本刚、聂高众，中国地震局地震预测研究所王武星，中国地震台网中心孟令媛，中国地震灾害防御中心高杰，中国地震局发展研究中心韩杰，防灾科技学院孙治国，中国地震局办公室刘强，监测预报司万事成等 10 位同志获得"应急管理部直属机关优秀共产党员"称号。

中国地震局地球物理研究所陈石，中国地震局地质研究所高惠，中国地震局地震预测研究所吴婷，防灾科技学院王健等 4 位同志获得"应急管理部直属机关优秀党务工作者"称号。

中国地震局地球物理研究所地震学研究室党支部、地震预测研究所地震中长期预测研究室党支部、中国地震台网中心预警速报部党支部、防灾科技学院地质工程学院城市地下空间专业教工党支部、中国地震局监测预报司党支部等 5 个基层党支部获得"应急管理部直属机关先进基层党组织"称号。

（中国地震局直属机关党委）

中国地震局工程力学研究所曲哲被授予"全国应急管理系统二级英雄模范"称号。

云南省地震局国家地震烈度速报与预警工程云南子项目攻关部、新疆地震台、中国地震局工程力学研究所城市工程系统抗震韧性关键技术创新研究团队、中国地震台网中心预警速报部被授予"全国应急管理系统先进集体"称号。

福建地震台王士成，山东省地震局魏玮，湖北省地震局刘海波，广东省城市地震安全研究所（广东省防震减灾科技协同创新中心）叶秀薇，四川地震台龙锋，陕西省地震局牛百勇，甘肃省地震局冯建刚，中国地震局地球物理研究所李永华，中国地震局地质研究所聂高众，中国地震局地震预测研究所孟国杰，中国地震局工程力学研究所曲哲，中国地震局第二监测中心郝明被授予"全国应急管理系统先进工作者"称号。

（中国地震局人事教育司）

中国地震局授予北京市京津冀地震预测研究中心等 97 个集体"防震减灾工作优秀奖"，谭庆全等 99 名同志"防震减灾工作先进个人"（附获奖名单）。

防震减灾工作优秀奖名单

北京市京津冀地震预测研究中心
北京市震灾风险防治中心
北京市海淀区地震局
天津地震台
天津市地震局震害防御处（公共服务处）
河北地震台
河北省邢台市应急管理局（地震局）
山西省地震局临汾地震监测中心站
山西省地震局驻五寨县驻村工作队
山西省太原市防震减灾中心
内蒙古自治区地震局赤峰地震监测中心站
内蒙古自治区地震局机关党委
辽宁省地震应急服务中心
中国地震局火山研究所
吉林省地震局信息中心（应急服务中心）

黑龙江省地震局人事教育处（离退休干部办公室）
上海市地震局机关党委
江苏省高邮地震台
江苏省盐城市住房和城乡建设局（盐城市地震局）
江苏省地震局震害防御处（公共服务处）
江苏省地震局机关党委
浙江省嘉兴市科学技术局
安徽蒙城地球物理国家野外科学观测研究站
安徽省地震局震害防御处（公共服务处）
福建地震台
福建省龙岩市地震局
福建省海洋地震观测中心
江西省地震局九江地震监测中心站
江西省地震局人事教育处（离退休干部办公室）
山东省地震局聊城地震监测中心站
山东省地震局震害防御处
山东省地震应急服务中心
山东省地震局人事教育处（离退休干部办公室）
河南省地震构造探查工程实施团队
河南省地震局震害防御处（公共服务处）
河南省地震局人事教育处（离退休干部办公室）
湖北地震台
湖北省地震局武汉地震计量检定与测量工程研究院
湖北省地震局规划财务处
湖南省益阳市地震局
湖南省地震局驻扣子铺村帮扶工作队
广东省地震局新丰江地震监测中心站
广东省东莞市地震局
广西地震台
海南省东方市地震服务中心
重庆市地震局巴南地震监测中心站
四川地震台
四川省震灾风险防治中心
四川省雅安市防震减灾服务中心
四川省自贡市应急管理局
四川省地震局办公室
贵州省遵义市防震减灾中心
贵州省贵阳市地震监测预警中心

云南省昭通市防震减灾局
云南省地震应急服务中心
云南省地震局办公室
西藏自治区地震局狮泉河地震台
西藏自治区地震局办公室（机关党委）
陕西省震灾风险防治中心
陕西省地震局人事教育处（离退休干部办公室）
甘肃省地震局张掖地震监测中心站
甘肃省地震应急服务中心
青海省地震局监测中心仪器维修室
青海省震灾风险防治中心
青海省地震局地震应急现场工作队
青海省黄南藏族自治州地震局
宁夏回族自治区震灾风险防治中心
新疆地震台
新疆维吾尔自治区博尔塔拉蒙古自治州精河县防震减灾中心
新疆维吾尔自治区震灾风险防治中心（新疆防御自然灾害研究所）
中国地震局地球物理研究所强震动地震学研究室
中国地震局地球物理研究所科研设备技术服务团队
中国地震局地球物理研究所绿色主动源工作团队
中国地震局地球物理研究所离退休工作办公室
中国地震局地质研究所活动构造研究团队
中国地震局地质研究所构造物理与地震机制研究团队
中国地震局地质研究所地震应急灾情获取与评估决策技术创新团队
中国地震局地质研究所党群工作办公室
中国地震局地震预测研究所强震中长期大形势研究创新团队
中国地震局地震预测研究所宽频带地震观测技术研发创新团队
中国地震局工程力学研究所工程技术研究中心地震观测仪器计量检定组
中国地震局工程力学研究所地震灾害风险评估与韧性城乡防灾科技创新团队
中国地震局工程力学研究所城市工程系统抗震韧性关键技术创新研究团队
中国地震台网中心地震信息公共服务团队
中国地震台网中心预警速报创新团队
中国地震台网中心地震学预测研究室
中国地震台网中心应急响应部
中国地震灾害防御中心公共服务部
中国地震灾害防御中心地震区划与抗震设防部
中国地震灾害防御中心党委办公室
中国地震局发展研究中心宣传科普室

中国地震局发展研究中心政策研究室
中国地震局第一监测中心仪器装备部
中国地震局第二监测中心汇集存储部
中国地震局第二监测中心云平台部
中国地震局第二监测中心大地测量数据团队
中国地震局第二监测中心规划财务处

防震减灾工作先进个人名单

谭庆全　北京市地震局信息中心（应急服务中心）高级工程师
刘金华（女）北京市房山区地震局震害防御指导室主任、工程师
孙路强　天津地震台高级工程师
曹井泉　天津市震灾风险防治中心主任、正高级工程师
万　臣　天津市和平区应急管理局综合防治科科长、一级主任科员
宫贤丰　天津市地震局监测预报与科技处（应急服务处）副处长，驻村帮扶组组长、第一书记
苏树朋　河北省地震局保定地震监测中心站（河北省地震局流动测量队）流动地磁室负责人、高级工程师
张新东　河北省震灾风险防治中心（河北省工程地震勘察研究院）主任（院长）、正高级工程师
张　合　河北省地震局雄安新区震灾预防中心副主任、高级工程师
张帅伟　河北省地震局办公室三级主任科员
刘义智　山西省万荣县应急管理局党委委员，万荣县防震减灾中心主任
杨　斌　山西省地震应急中心技术室主任、高级工程师
韩晓明　内蒙古地震台副台长（主持工作）、高级工程师
邢馨予（女）内蒙古自治区乌兰察布市地震局震害防御科科长
赵沂鹏　辽宁省地震局财务与国有资产管理中心（后勤服务中心）中级工
张　羽　吉林省地震局信息中心（应急服务中心）高级工程师
武成智　吉林省长白山天池火山监测站高级工程师
王若兰（女）黑龙江省地震局机关党委专职副书记、一级调研员
张永刚　黑龙江地震台副台长、高级工程师
朱晟玥　上海市地震局财务与国有资产管理中心（后勤服务中心）高级会计师
居海华　江苏省徐州地震台台长、高级工程师
孙业君　江苏省地震局信息中心（应急服务中心）副主任、高级工程师
李正国　江苏省淮安市防震减灾服务中心主任
杨　鸿　浙江省温州市应急管理局地震与地质灾害救援处处长
阚宝祥　浙江省地震局温州地震监测中心站高级工程师

夏仕安	安徽地震台速报预警室主任、高级工程师
杨源源	安徽省震灾风险防治中心（安徽省地震工程研究院）地震地质室副主任、高级工程师
甘德义	安徽省地震局规划财务处副处长、三级调研员
王青平	福建省地震局信息中心（应急服务中心）总设计师、高级工程师
叶　威	福建省泉州市地震局副局长
王辉山	福建省地震局信息中心（应急服务中心）应急通讯室副主任、高级工程师
肖　健	江西地震台台长、高级工程师
郑建常	山东地震台（山东省地震预报研究中心）首席预报员、研究员
张　干	山东省地震局公共服务处（法规处）副处长
程庆龙	山东省地震局规划财务处处长
梁顺德	河南省安阳市应急管理局党委副书记、副局长，安阳市防震减灾中心党总支书记、主任、一级调研员
胡敏章	中国地震局武汉地球观测研究所重力与固体潮研究室主任、副研究员
屈红星	湖北省秭归县应急管理局地震和地质灾害救援股股长，秭归县防震减灾中心主任
伍　卉（女）	湖南省地震局人事教育处（离退休干部办公室）二级主任科员
张　项	广东省地震局监测预报与科技处（应急服务处）一级主任科员
罗锡林	广东省河源市地震局副局长
周　斌	广西地震台台长、正高级工程师
卢　滢（女）	广西壮族自治区地震局纪检室三级调研员
张　慧（女）	海南省地震局预报中心高级工程师
叶保恒	海南省海口市应急管理局（海口市地震局）党委委员、副局长、二级调研员
周红强	重庆市巴南区应急管理局自然灾害管理科科长、二级主任科员
王双洪（藏族）	四川省地震局监测预报与科技处（应急服务处）副处长
易桂喜（女）	中国地震局成都青藏高原地震研究所（中国地震科学实验场成都基地）研究员
张致伟	四川地震台副台长、高级工程师
雷昌远（苗族）	贵州省黔东南州减灾中心副主任
毕　青（女）	云南省玉溪市防震减灾局高级工程师
钟玉盛	云南地震台速报和预警部主任、工程师
杜奇蓝（女）	云南省地震局人事教育处（离退休干部办公室）四级调研员
晓　英（女）	西藏自治区地震局昌都地震台台长
李　伟	西藏自治区阿里地区应急管理局党委委员、副局长，阿里地区防震减灾中心主任、二级调研员
冯宏光	西藏自治区地震局办公室（机关党委）二级主任科员
韩晓飞	陕西省地震局西安中心地震台副台长（主持工作）、高级工程师
田勤虎	陕西省震灾风险防治中心高级工程师

牛百勇　陕西省地震局规划财务处处长、一级调研员
冯建刚　甘肃地震台副台长、高级工程师
唐若旎（女）甘肃省嘉峪关市地震局党组成员、副局长
张健强（满族）甘肃省地震局兰州国家陆地搜寻与救护基地中级工
张　云（女）甘肃省甘南藏族自治州地震局办公室主任
姚生海　青海省震灾风险防治中心高级工程师
杨理臣　青海省地震局信息中心（应急服务中心）高级工程师
程鹏图　宁夏回族自治区地震局海原地震台台长、高级工程师
朱艳霞（女）宁夏回族自治区银川市地震局党组成员、四级调研员
刘　刚（回族）宁夏回族自治区海原县地震局局长、四级调研员
赵瑞胜　新疆维吾尔自治区地震局喀什地震监测中心站工程师
李亚芳（女）新疆维吾尔自治区地震应急服务中心工程师
李　杰（回族）新疆维吾尔自治区地球物理观测中心主任、正高级工程师
胡伟华　新疆维吾尔自治区震灾风险防治中心（新疆防御自然灾害研究所）主任、高级工程师
王　坚　新疆维吾尔自治区地震局办公室主任、一级调研员
于彩红（女）新疆生产建设兵团应急管理局地震办公室副主任
陈　石（满族）中国地震局地球物理研究所党委委员、重力与地壳形变研究室主任、研究员
李永华　中国地震局地球物理研究所党委委员、所地球内部物理学研究室主任、研究员
周本刚　中国地震局地质研究所党委委员、强震构造与地震危险性研究室主任、研究员
张会平　中国地震局地质研究所党委委员、新构造与年代学实验室主任、研究员
张永仙（女）中国地震局地震预测研究所地震短临预测研究室主任、研究员
李　营　中国地震局地震预测研究所副所长、研究员
马　强　中国地震局工程力学研究所工程技术研究中心主任、研究员
戴君武　中国地震局工程力学研究所工程抗震防灾韧性科技创新团队学术带头人、研究员
林旭川　中国地震局工程力学研究所研究员
陈相兆　中国地震局工程力学研究所副研究员
熊照旭（女）中国地震局工程力学研究所党群工作办公室七级职员
王　松　中国地震台网中心工程项目管理处处长、高级工程师
赵　博　中国地震台网中心高级工程师
刘晓雨　中国地震台网中心信息技术保障部副主任、高级工程师
李一行（女）中国地震灾害防御中心高级工程师
权　利（女）中国地震灾害防御中心财务资产处处长、高级会计师
李佩泽（女）中国地震局发展研究中心战略规划室主任、助理研究员

姬计法　中国地震局地球物理勘探中心活动断层探察部主任、高级工程师
王帅军　中国地震局地球物理勘探中心地震构造探察部副主任、正高级工程师
段永红　中国地震局地球物理勘探技术研究所研究员
李文一　（女）中国地震局第一监测中心计量检定部（计量委秘书处）主任、高级工
　　　　程师
占　伟　中国地震局第一监测中心科技创新部副主任、副研究员
王文青　中国地震局第二监测中心汇集存储部副主任、高级工程师
屈　佳　中国地震局第二监测中心办公室主任、高级工程师
万永革　防灾科技学院地球科学学院研究员

（中国地震局人事教育司）

内蒙古自治区地震局被命名为第九届自治区文明单位标兵称号。内蒙古地震台荣获"自治区青年文明号"和"先进基层党组织"荣誉称号。乌兰浩特地震监测中心站荣获"先进基层党组织"

内蒙古地震台党支部、内蒙古自治区地震局纪检室党支部、内蒙古自治区地震局信息中心党支部被内蒙古自治区直属机关工委评为最强党支部。

刘小霞被内蒙古自治区直属机关工委评为优秀党务工作者。

（内蒙古自治区地震局）

刘子一获得2016—2020年上海市应急管理先进个人称号。
上海市地震局退休第一党支部被评为上海市科技系统离退休干部示范党支部。
火恩杰被评为上海市科技系统离退休干部党员模范。

（上海市地震局）

居海华被江苏省委宣传部、省应急厅、省总工会表彰为首届"江苏省最美应急人"，并被授予"江苏省五一劳动奖章"。

江苏省震灾风险防治中心被江苏省减灾委员会评为2021年全省防灾减灾工作先进集体，杜成航、缪发军被评为先进个人。

（江苏省地震局）

王飞获得安徽省脱贫攻坚先进个人。
郑颖平获得安徽省巾帼建功标兵。

（安徽省地震局）

湖北省地震局被湖北省委组织部、省政府扶贫开发办公室评为工作突出的省驻村工作队。

湖北省地震局获得2021年度省直单位档案目标管理考评一等奖。

湖北省地震局被省委办公厅、省政府办公厅评为2020年度湖北省平安建设优胜单位。

胡敏章入选"湖北省青年拔尖人才培养计划"。

丁超逸被湖北省委组织部、省政府扶贫开发办公室评为"工作突出的省驻村工作队员"。

曹晖获得"湖北省脱贫攻坚先进个人"。

（湖北省地震局）

湖南省地震学会获"2021年度中国地震学会系统优秀学会（会员单位）"。

于萍获"2021年度中国地震学会系统先进工作者"。

（湖南省地震局）

广东省震灾风险防治中心和高级工程师毕丽思受到国务院第一次全国自然灾害综合风险普查领导小组办公室（国普办）通报表扬。

广东省地震局驻河源市东源县骆湖镇江坑村扶贫工作队被省委省政府评为"脱贫攻坚先进集体"，驻村第一书记黄腾被考核组评为"优秀"。

吕黎国、叶佳宁和新丰江地震监测中心站第一党支部获广东省直机关"两优一先"表彰。

（广东省地震局）

广西壮族自治区地震局获得中国灾害防御协会颁发的第五届全国防震减灾科普讲解大赛优秀组织奖。

广西壮族自治区地震局获得"2020年度地震应急指挥中心评比地震应急视频会议系统"三等奖，"2020年度地震应急指挥中心先进集体评比"三等奖，"2020年度地震应急指挥中心评比专业地图产出奖"三等奖。

广西壮族自治区地震局获得"全区2018—2020年度驻村帮扶先进后盾单位"称号。

广西壮族自治区地震局获得2021年度第一次全国自然灾害综合风险普查先进典型单位。

（广西壮族自治区地震局）

四川省地震局党组被评为2019—2020年度省直机关"四好一强"领导班子创建活动先进单位。

四川省地震局被评为第五届四川省文明单位。

王悦获得应急管理部"应急使命·2021"抗震救灾演习先进奖励。

刘蓉被评为"四川省档案工作先进个人"。

（四川省地震局）

唐德龙获得贵州省脱贫攻坚先进个人。

（贵州省地震局）

陈家乐获中共甘肃省委、甘肃省人民政府颁发的"2021年甘肃省脱贫攻坚先进个人"。

新疆维吾尔自治区地震局监测与信息中心党支部获得自治区先进基层党组织称号。

（中国地震局直属机关党委）

常利军被评为应急管理部直属机关优秀青年干部标兵。

（中国地震局地球物理研究所）

中国地震局地质研究所科技发展部在2021年全国科技活动周及重大示范活动中，积极参与、表现优异，荣获科技部全国科技活动周组委会办公室颁发的荣誉证书。

图书《陪伴如金》以及研发的展教具"爆炸性火山喷发模拟装置"被中国地震局公共服务司评为"2021年度防震减灾优秀科普作品"。

赵国泽（第2完成人）、汤吉（第8完成人）的科研成果"极低频无线电磁超远程深地探测技术"被中国船舶工程学会评为"2020年度中国造船工程学会科学技术奖特等奖"。

李彦川的博士学位论文被中国地球物理学会评为"2021年中国地球物理学会优秀博士学位论文奖"。

（中国地震局地质研究所）

中国地震局工程力学研究所在黑龙江省直机关党建工作综合考核中荣获最高等次"好"；在"两优一先"评比表彰中，地震区划团队党支部荣获先进基层党组织称号、马强和王海波分获优秀共产党员和优秀党务工作者称号。

中国地震局工程力学研究所地震作用与地震区划科技创新团队获得黑龙江省优秀研究生导学团队。

（中国地震局工程力学研究所）

孙丽获得2021年应急管理部直属机关优秀青年干部称号。

（中国地震台网中心）

中国地震局发展研究中心制作的陈运泰院士科普作品《地震现象与科学》、陈颙院士科普作品《减轻自然灾害》、谢礼立院士团队科普系列"抗震有话说：从结构抗震到城市抗震"荣获2021国际防震减灾科普作品大赛一等奖，《防震避险手册》荣获2021国际防震减灾科普作品大赛三等奖。

（中国地震局发展研究中心）

王小英获得河北省师德标兵。

（防灾科技学院）

合作与交流

主要收载地震系统双边、多边国际合作项目,以及重要学术交流活动概况等。

合作与交流项目

2021年中国地震局合作与交流工作综述

一、加强国际合作顶层设计

聚焦服务构建人类命运共同体、服务防震减灾事业高质量发展，编制并印发"十四五"防震减灾国际合作规划，为全面提升"十四五"时期防震减灾国际合作水平、有效服务"一带一路"建设提供顶层设计和决策依据。

二、推进"一带一路"地震减灾合作

召开"一带一路"地震减灾第二届协调人会议。10月12—13日，埃及国家天文与地球物理研究所举办第二届"一带一路"地震减灾协调人会议，来自15个"一带一路"国家和国际组织的协调人参加会议。王昆副局长代表中方作开幕致辞，吴忠良研究员做"中国地震科学实验场"主旨报告。会议充分肯定中国特别是中国地震局在"一带一路"地震减灾合作中发挥的作用，建立并巩固了"一带一路"地震减灾合作机制并确定第三届会议于2023年在蒙古乌兰巴托召开。

推进援老挝地震监测台网项目。受新冠肺炎疫情影响，中国地震台网中心技术团队虽无法赴老挝执行技术驻场任务，但仍采用线上视频、远程调试等方式积极解决技术问题，确保台网运行稳定、数据可靠。12月7日通过视频会议，中国地震台网中心同老挝自然资源与环境部气象水文厅对援老挝国家地震监测台网项目建设期内容进行了技术移交。

推进中国—东盟地震海啸监测预警系统建设项目。完成印度尼西亚、泰国台站的土建工作；完成柬埔寨台站勘选并开展基建工作。建立中国广州、印度尼西亚雅加达地震数据和信息处理中心，完成老挝、缅甸、泰国、马来西亚4国信息节点建设；运行中国—东盟地震海啸监测预警系统组网，实时汇集东盟国家、日本、澳大利亚、我国华南沿海地区测震台站数据，可为相关国家提供地震海啸预警时间。

推进"一带一路"地震灾害风险国别研究报告。编制完成的《"一带一路"地震安全报告》征集外交部、发改委、商务部、国资委、国合署等部委意见，在充分了解"十四五"时期我国海外重点项目、重点投资国家地区以及相关部委企业对地震行业领域需求的基础上，实施编制"一带一路"地震灾害风险国别研究报告计划，开展了首部巴基斯坦分册的编制工作。

三、强化重点国家的双边合作

积极开展中日合作交流。驻中国日本大使馆经济部秘书高桥先生和多年致力于中日合作的四川安全技术中心首席专家顾林生研究员分别于5月7日和9月7日两次访问中国地震局及中国地震台网中心,中日双方就抗震设防标准、地震灾害风险调查、地震烈度速报与预警以及汶川大地震灾后重建等问题进行了深入探讨,双方均有意愿在地震科技领域开展务实合作,并积极推动中日两国有关部门建立长期合作机制,为减轻地震灾害、共建人类命运共同体而携手努力。

支持开展中法合作。批复甘肃省地震局关于中法合作项目地磁观测系统搬迁的请示,为有效促进中法地震科技合作铺好路、搭好桥。

引智借力助推中美合作交流。中国地震局地质研究所引进美国得克萨斯大学奥斯汀分校穆瑞特·塔纳·塔莫博士后来华工作,加强了地震科技合作交流,提升了研究所国际化水平。

四、加强与部委沟通,积极争取资源

主动提供技术服务和科普产品。组织专家为部分驻外使领馆提供场馆建设地震安全技术支持和防震减灾科普产品,开拓地震灾害风险领域合作渠道。

积极申报国际合作项目。完成科学技术部重点研发计划国际合作方向2个重点专项"十四五"实施方案组织编制工作,完成4项援外人力资源开发培训项目、3项亚洲合作资金项目征集申报评审工作、3项科学技术部国家重点研发计划政府间合作项目的申报工作。

国际科技合作基地顺利通过评估。中国地震局4个国际科技合作基地,在科学技术部开展的2020年度评估中,地震动力学国际科技合作基地和北京国家地球观象台国际科技合作基地荣获良好,国家地震工程研究示范型国际科技合作基地和地球系统科学观测与减灾新技术国际科技合作基地获得合格。

五、严格外事管理

严审因公出国(境)团组。2021年批复2个团组、5人次出访,实际成行出访1个团组、1人次。严审线上国际合作交流活动。2021年批复地震系统线上国际会议、培训班共32个,参会总人数达697人,其中外方人员334人,中方人员363人,较2020年同期相比,会议数增加近4倍,中方参会人员增加8倍。

(中国地震局科技与国际合作司)

中国地震局合作交流项目

7月12日—10月2日，福建省地震局刘善虎同志受邀参与完成了自然资源部牵头组织的"中国第12次北极科学考察"任务。该次考察实现了首次在北极地区使用地震探测技术获取洋中脊深部速度结构特征的调查，刘善虎同志因表现突出被评为本次科学考察队优秀党员。

9月8日，中国地震台网中心举办了中美地震科技交流会议，会议采用线上线下同步进行，通过哔哩哔哩、蔻享学术等平台直播。来自美国地质调查局、美国佐治亚理工大学、香港中文大学、中国科技大学、中国地震局地质研究所、中国地震台网中心的多位著名专家学者做了学术报告，会议吸引了4500余人参与直播互动。会议的召开对提升中美双方地震科技水平，开启新形势新格局下的中美地震科技合作交流具有重要意义。

9月15—16日，新疆维吾尔自治区地震局成功举办"第十届天山地震国际学术研讨会"，大会采用线上线下相结合的方式，设置地震监测预警、地震灾害与风险防范等6个专题和100场学术报告，吸引国内外近200名专家学者参会。会议的召开为中亚各国地震学者相互学习交流和共同进步提供了平台，极大促进了区域地震观测与研究的科学发展，为保障各国经济社会发展作出了积极贡献。

12月8日，中国地震局地震预测研究所举办"中美地震构造、活动断层与强震联合研讨会"视频会议，来自美国地质调查局、美国斯坦福大学、美国加州大学伯克利分校、中国科学技术大学、香港中文大学、中国地震局地质研究所等13位专家学者进行了学术交流，促进了疫情常态化情况下的中美科技学术交流。

此外，新疆维吾尔自治区地震局、中国地震局地球物理研究所、内蒙古自治区地震局等单位分别举办了"中亚防震减灾技术与管理培训班""中亚及南亚国家地震监测技术国际培训班""亚洲合作对话（ACD）成员国测震学技术培训"等多个培训班，为来自哈萨克斯坦、吉尔吉斯斯坦、乌兹别克斯坦、蒙古、朝鲜、老挝、缅甸、泰国、越南、巴基斯坦、尼泊尔和斯里兰卡和中国13国的155名人员提供技术培训，为中南亚各国地震学者相互学习交流、共同进步提供了平台，为全球地震减灾提供中国方案。

（中国地震局科技与国际合作司）

学术交流

中国地震科学实验场第三届学术年会

2021年9月25日，中国地震学会第十七次学术大会暨中国地震科学实验场第三届学术年会在广西桂林召开。本次会议由中国地震学会和中国地震局地球物理研究所联合主办，来自地震系统内外科研院所、高等院校、科技期刊、仪器设备厂家的专家、学者、科研人员、技术人员和青年学生等600余人现场参加了会议，近400人通过视频参会。大会设置23个专题分会场，交流330篇学术报告，涵盖地震科学领域的各个学科专业，有效扩大了中国地震科学实验场的学术影响力。

（中国地震局科技与国际合作司）

第293期双清论坛

2021年10月8—10日，中国地震局党组成员、副局长阴朝民出席第293期双清论坛。本期论坛由中国地震局地质研究所承办，来自地震系统内外30余所科研院所和高校的60余位专家学者参加。

论坛以"后克拉通破坏期华北的强震活动对人类社会的影响"为主题，针对"华北平原强震机理与韧性城市"等关键科学问题，梳理出"华北平原的晚新生代构造演化与环境效应""华北平原深部动力过程与断层深浅耦合""华北平原地震构造高分辨率探测的新方法、新技术""华北平原地震强地面运动及场地效应"和"韧性城市构建中的基础理论问题"等5个科学问题，进一步凝练了华北地区构造演化及其对人类活动影响的相关科学问题，为后续重大科研项目立项奠定了坚实基础。

（中国地震局科技与国际合作司）

天津市地震局学术交流

1. 地震灾害风险管理创新发展论坛

2021年10月29日，天津市地震局、天津市地震学会、南开大学金融学院、南开大学灾害风险管理与巨灾保险研究中心共同主办的"南开'灾害风险与保险'学术大讲堂（第十一期）暨地震灾害风险管理创新发展论坛"在天津市地震局成功举办。南开大学、天津市地震局、天津市应急管理局、天津市财政局、天津市科学技术局等单位相关领导出席。天津市地震局、天津市应急管理局、天津大学以及南开大学相关学者围绕"地震灾害风险管理创新发展"作主旨报告，引起了线上线下的广泛关注和强烈反响。本次论坛以全面提升天津市地震灾害风险管理水平和韧性为目标，深入探讨地震灾害风险精细化管理与城市韧性有关问题，从技术上提升地震灾害风险的精准化管理，从战略上创新发展多维度、多元机制的地震灾害风险管理体系和地震风险解决方案，为"平安天津"和"韧性城市"建设提供智慧和力量。

2. 天津市地震灾害风险管理学术研讨会

2021年10月29日，天津市地震局、天津市地震学会、天津大学应急医学研究院、南开大学金融学院、中国地震局第一监测中心、天津华北地质勘查局主办的"天津市地震灾害风险管理学术研讨会"在天津市地震局召开。会议围绕"工程抗震技术""场地地震反应和地震地质灾害""地震孕育环境和构造活动""地震灾变模拟、预测和风险管理"4个专题，探讨地震灾害风险精细化管理和城市韧性有关问题，交流地震灾害风险管理理论和前沿技术，完善政产学研沟通协作交流平台建设，为全面提升天津市地震灾害风险管理水平和城市韧性提供理论支持和智力成果。

（天津地震局）

河北省地震局学术交流

2021年11月25日，河北红山巨厚沉积与地震灾害国家野外科学观测研究站通过视频形式召开首届学术委员会会议暨学术年会。学术委员会评审通过红山野外站建设运行实施方案及2021年度工作方案，强调要充分利用华北地区巨厚沉积这一特色，发挥学科优势，继续加强野外观测和科学研究，要创新研究方法，与国内其他野外站、高等院校、科研院所等单位通力合作，在观测数据、科研结果等方面加强交流与共享，促进国内地球物理研究领域和防震减灾领域相关工作的发展。学术年会邀请来自北京大学、中国科学技术大学、应急管理部国家自然灾害防治研究院、中国地震局地球物理研究所的5位专家作学术报告，并就相关问题进行交流研讨，线上线下共计650余人参会。

（河北省地震局）

内蒙古自治区地震局学术交流

2021年11月2—5日，内蒙古自治区地震局组织举办了亚洲合作对话（ACD）成员国测震学技术培训班。培训班采取线下和线上同步培训的形式，邀请12名国内知名专家对来自蒙古、越南、巴基斯坦和朝鲜等国家的20余名学员开展集中培训，授课内容包括地球物理、地震地质、卫星遥感、应急服务和数值模拟等方面。为中国和亚洲各国加强防震减灾工作融合、构建中国及周边国家共同抵御地震灾害风险体系提供有力的科技支撑和人才储备。

（内蒙古自治区地震局）

上海市地震局学术交流

2021年11月23日，"第十八届长三角科技论坛防震减灾学术研讨会"在上海召开。此次会议以"协同创新、融合发展，提升防震减灾科技支撑能力"为主题，由上海市地震局主办。会议征集到长三角区域地震科技论文81篇，邀请沪苏浙皖三省一市地震局推荐的4位专家做会议主报告，安排7位地震科技人员做交流报告。受到疫情影响，会议形式由现场会议调整为线上会议，主会场设在上海市地震局，江苏、浙江、安徽三省设分会场，论文作者、科研和科技管理人员在各会场通过视频进行交流。

会议的顺利举办彰显了三省一市地震工作者的团结协作精神，为推动长三角防震减灾科技创新合作联动提供平台，助力长三角区域防震减灾科技协同创新。

（上海市地震局）

江苏省地震局学术交流

江苏省地震局与湖北省地震局签署科技合作协议，根据协议内容，双方将联合开展防灾减灾基础理论研究、仪器研发、南京地震仪器比测分基地建设、仪器中试和应用示范，建立资源共享、人员学习交流等方面的合作。协办"第十八届长三角科技论坛防震减灾科技分论坛"，江苏省共征集到论文38篇，推荐30篇。由于疫情原因，一市三省的有关专家和科技人员共60余人以视频方式参加了防震减灾分论坛。共有8项成果获得江苏省地震局防震减灾优秀成果奖，其中一等奖1项，二等奖2项，三等奖5项。编制印发2020年地震科技年报，内容包括在研科研项目情况、科研成果情况、发表论文情况、发明专利、实用新型专利情况统计表、软件著作权统计表、专利、软件著作权证书、成果转化情况统计表、论文他引等统计表。

（江苏省地震局）

安徽省地震局学术交流

2021年，安徽省地震局联合中国科学技术大学开展多场学术交流会，取得了丰硕成果。10月12日，安徽省地震科技创新中心举办年度工作总结交流会，会议回顾了地震科技创新工作进展、成果，围绕进一步推进地震科技创新工作进行深入研讨，并对未来重点研究方向、人才培养等方面提出建议，为今后地震科技创新中心发展指明方向。

11月20日，安徽省地震局联合中国科学技术大学在合肥举办"蒙城野外站2021年度地球物理仪器与观测技术交流研讨会"，会议采取线下、线上相结合方式召开。主会场有来自中国科学院、中国科学技术大学、南京大学、武汉大学、中国地震局预测研究所等单位近80人参会，有10000多人次通过"寇享学术"收看了会议直播，最高近2000人同时在线。会议报告内容涉及新型分布式光纤地震仪器、高精度冷原子重力观测仪等10类观测仪器设备研制成果，断裂带精细结构成像技术、电磁观测技术等11项观测技术探索与应用成果。报告充分展现了我国近几年在地球物理观测仪器探索、观测技术创新、理论与实践创新所取得的最新成果。

（安徽省地震局）

河南省地震局学术交流

为深入贯彻落实习近平总书记关于黄河流域生态保护和高质量发展重要讲话精神，推动黄河流域防震减灾事业高质量发展，4月27—29日，河南省地震局在郑州组织召开"黄河流域防震减灾高质量发展研讨会"。中国地震局党组成员、副局长陈小军出席会议并讲话。

河南省地震局党组书记、局长姜金卫致欢迎辞，党组成员、副局长王士华主持会议。来自地震、气象、水利等领域专家在会上作专题报告。与会代表共同围绕黄河流域震情跟踪联防、公共服务、灾害风险防治、综合减灾机制等进行充分研讨。

来自水利部黄河水利委员会、河南省气象局、华北水利水电大学、中国地震局公共服务司（法规司）、中国地震台网中心、中国地震局地球物理勘探中心和青海、四川、甘肃、宁夏、内蒙古、陕西、山西、山东、河南等沿黄9省（区）地震部门的领导和专家共55人参加会议。

此次形成4省震情跟踪联防方案、沿黄9省（区）灾害风险防治联防方案和黄河流域大震震例汇编一书等丰硕成果。

（河南省地震局）

湖北省地震局学术交流

2021年11月26日,中国地震学会地壳形变测量专业委员会换届大会暨2021年学术年会在武汉召开,期间共组织17场学术报告,增进了地壳形变测量学科交叉认知和融合。

4月19日,湖北省地震局与中国地震局地球物理研究所联合在北京白家疃地球物理观象台召开中国地震科学实验场地壳形变监测和强震预测学术交流会,推动了中国地震科学实验场项目设计,总结和梳理川滇地区及周边地区的地壳形变监测和强震预测科研成果。

6月22—26日,湖北省地震局与中国科学院精密测量院等5家单位在武汉联合举办第19届"地球动力学与固体潮"国际研讨会,促进了现代大地测量技术在地球科学中的应用,增进了国内外同行在地球动力学与固体潮领域的交流与合作。

(湖北省地震局)

湖南省地震局学术交流

湖南省地震局成立4个创新合作工作组,基于框架合作协议,与中国地震局地球物理研究所、武汉地调中心、湖南大学、中南大学等合作单位开展座谈交流;依托湖南地震台,与中南大学开展校外学生实践基地共建,安排第一批14名学生到基地进行为期两周的校外实习,派出湖南地震台专家到中南大学做学术报告、进行学术交流。

(湖南省地震局)

广东省地震局学术交流

2021年3月5日,邀请中国科学技术大学姚华建教授、王宝善教授,南京大学蔡辉腾研究员,广东工业大学杨军教授、罗明璋教授等到广东省地震局开展学术交流,就区域多尺度速度模型构建与地震灾害模拟评估、利用城市通信光缆进行地震观测和成像、台湾海峡西侧地震动参数区划图编制、高灵敏光学干涩测量及地震观测应用、基于压电阻抗的结构健康监测方法与应用等内容作深入交流。

12月6日,邀请中山大学沈旭章教授、侯卫生副教授,广东省地质调查院林小明正研级高级工程师、许冠军高级工程师等到广东省地震局开展学术交流,广东省地震局科技人员聆听了专家们基于体波和面波联合反演北流地震震源区地壳精细速度结构、被动源面波方法及其在城市地质调查中的应用、城市地质调查、地质信息数据库及三维地质模型构建方法的专题报告,就相关领域技术问题作深入交流探讨。

(广东省地震局)

广西壮族自治区地震局学术交流

派员参加2021韧性城市国际研讨会暨第二十一届中英资源与环境协会年会，阎春恒在会上汇报《广西靖西$M_S5.2$地震——一个发生在浅地表的破坏性地震》。

与南宁师范学院、广西财经学院、北部湾大学等4所高校合作，开展"基于遥感影像和经验估计初判广西地区区域房屋抗震能力"项目；与广西建设职业技术学院合作，开展"玉林市150万平方米房屋抗震性能调查"项目；与中国地震局第一监测中心合作开展"红水河流域水库地震特征的精细研究——以天峨至大化段为例"项目，并完成"红水河流域地下介质三维密度反演"有关重力内业资料三维反演等技术工作。与中国地震局地质研究所合作开展"钦-杭结合带南段及2019年北流5.2级地震区深部结构大地电磁三维探测"项目。

（广西壮族自治区地震局）

四川省地震局学术交流

按照中国地震局及省委、省政府疫情防控相关要求，通过线上线下多种形式开展学术交流活动。

2021年5月6日，召开"青藏高原东缘深部结构及动力学"学术报告会，展示青藏高原东缘地区地震科学台阵探测和能源区勘探等领域的研究进展和成果。参会单位包括北京大学、中国石油大学、中国地震局地球物理研究所等。

7月23日，举办第一届"青藏高原地震与地球动力学"学术研讨会，从块体动力学、深部结构、地震断裂活动习性、地震活动和地球化学等方面深入剖析青藏高原地震与动力学机理。参会单位有中国地震局地质研究所、中国科学技术大学、中国地质大学（北京）、中国地震局地震预测研究所、应急管理部国家自然灾害防治研究院、中国科学院地质与地球物理研究所、中国地质大学（武汉）等。

易桂喜研究员于9月24日参加了欧洲地震学委员会第37届学术大会专题会议线上学术交流，以电子展板形式进行学术报告，报告题目：《2019年6月17日四川长宁6.0级地震序列震源机制解及发震构造》。

梁明剑高级工程师于11月3日参加韧性城市国际研讨会暨第二十一届中英资源与环境协会年会线上会议，并做《韧性城市建设中的活动断层因素》会议报告。

（四川省地震局）

贵州省地震局学术交流

2021年4月21日，中国地震局人事教育司在贵州省地震局主办"地震英才国际培养项目"学术沙龙，人事教育司全面介绍了中国地震局"地震英才国际培养项目"实施的整体情况，中国地震局地质研究所详细介绍了出国访学人才培养工作的整体思考和实施成果，项目归国人员介绍"地震英才国际培养项目"项目平台提升个人能力和促进事业发展的经验和做法。

10月23—24日，贵州省地震局与中国地震学会空间对地观测专业委员会、应急管理部国家自然灾害防治研究院在贵阳组织召开"卫星地震观测技术与应用2021学术研讨会"和"中国电磁监测试验卫星工程第五届国际学术研讨会"。

10月25日，雷军作《地震安评中选择衰减关系的几个基本要点》学术报告，王健作《地震活动定量分析及其应用》学术报告；11月29日，王暾作《中国地震预警技术进展及应用》学术报告。

（贵州省地震局）

云南省地震局学术交流

2021年4月28日，云南省地震局在丽江组织召开丽江7.0级地震25周年学术研讨会，交流研讨地震预测预报、监测预警、科学研究等领域的最新进展与动态。中国地震台网中心、中国地震局地震预测研究所、中国地震局地球物理研究所、中国地震局第一监测中心、中国地震局第二监测中心、四川省地震局、甘肃省地震局、西藏自治区地震局、云南省地震局、北京大学、中国科学技术大学、丽江市地震局、临沧市地震局、宾川县地震局、永仁县地震局等单位领导和专家参加会议。

（云南省地震局）

陕西省地震局学术交流

为统筹创新资源，加强学术交流互通，拓宽科研人员的视野和研究领域，陕西省地震局继续加强科技合作与交流，先后邀请近10人次系统内外专家、教授来局开展科技交流讲座。

2021年5月28日，邀请中国地震局地球物理研究所陈石研究员作《陆地高精度时变重力观测、建模与应用研究》学术报告。

7月23日，邀请中国地震局地质所何昌荣研究员、西安科技大学师芸教授进行学术交流。

10月9日，邀请中国地震局第二监测中心祝意青研究员就自然基金申请与正高级职称答辩作学术交流。

11月8日，邀请深圳防灾减灾技术研究院黄剑涛院长、黄文辉副院长分别作《防震减灾技术为大应急和经济社会高质量发展服务的实践探索》《地震预警风险防范》学术报告。

11月11日，邀请湖北省地震局吴云龙研究员就国家自然科学基金申报进行学术交流。

11月12日，邀请《地震地质》杂志万园副编审就科技论文写作与投稿进行学术交流。

与陕西省地质调查院签署战略合作协议，围绕地震与地质灾害信息共享和应急联动等领域开展深度合作。继续与航天九院十六所合作，继续推进西安地球深部构造野外科学观测研究站建设、高精度惯性器件测试基地建设。

（陕西省地震局）

新疆维吾尔自治区地震局学术交流

2021年9月15日，第十届天山地震国际学术研讨会在乌鲁木齐开幕。

新疆维吾尔自治区人民政府副秘书长高志敏出席开幕式并致辞，哈萨克斯坦共和国紧急情况部紧急情况预警司副司长梅尔扎巴耶夫·阿尔泰·萨巴尔巴耶维奇、地震研究所所长苏烈耶夫·多西姆·卡斯莫维奇和中国地震局科技与国际合作司司长车时向大会致辞，中国科学院新疆分院党组书记陈曦，中国地震局地质研究所党委副书记、所长单新建出席，开幕式由新疆维吾尔自治区地震局党组书记、局长吕志勇主持，来自哈萨克斯坦、吉尔吉斯斯坦、乌兹别克斯坦等国及国内近200名专家和学者通过现场和视频形式参加此次会议。

会议指出，1992年以来，我们已经联合召开了十次天山地震国际学术研讨会，为中亚各国的地震学者互相交流、相互学习、共同进步提供平台，极大促进了区域地震观测与研究的科学发展，为保障各国经济社会发展作出积极贡献。中哈双方始终对地震领域的合作持开放态度，希望定期举办的天山地震国际学术研讨会助力解决防震减灾重要问题，提出有关有效减轻地震灾害风险的切实可行的建议，保障人民生命财产、社会发展和国家安全。

（新疆维吾尔自治区地震局）

中国地震局地球物理研究所学术交流

一、中亚及南亚国家地震监测技术国际培训班

2021年8月23日—9月15日以及11月15—29日在线举办中亚及南亚国家地震监测技

术国际培训班。中亚和南亚是我国"一带一路"倡议的重要区域。中亚和南亚多国都独立地建设过地震观测设施，也均与我国开展过地震科技交流与合作。受地区经济等因素影响，20多年来中亚和南亚区域地震观测技术发展缓慢。由科技部主办、中国地震局指导、中国地震局地球物理研究所承办、新疆维吾尔自治区地震局协办的"中亚及南亚国家地震监测技术国际培训班"顺利结束。在克服新冠肺炎疫情的影响下，为充分保障培训质量，培训班分为中亚和南亚两个部分，分别于根据地区语言习惯，采用了俄语和英语进行授课。培训班共接收来自哈萨克斯坦、吉尔吉斯斯坦、乌兹别克斯坦、尼泊尔、斯里兰卡、老挝、缅甸、泰国、巴基斯坦和蒙古10个国家的共计106名学员。

来自中国地震局地球物理研究所、地震预测研究所、地质研究所、工程力学研究所，中国地震害防御中心和新疆维吾尔自治区地震局等单位的资深专家围绕地震观测发展与地震仪原理、地震预警技术与应用、地震灾害及减灾对策等主题进行了讲授和交流。学员表示通过这次培训系统地了解了中国在地震科技、监测预测预警、地震工程、地震灾害风险管理等多个领域的发展及成就，扩展了视野，增强了自信。希望能够借助培训班搭建的平台，抓住合作机遇，加强与中方的联系，共同推动防震减灾国际合作，提升防范重大地震灾害风险的能力。

二、中国地震学会第十七次学术大会暨中国地震科学实验场第三届学术年会在广西桂林召开

2021年9月25—27日，中国地震学会第十七次学术大会暨中国地震科学实验场第三届学术年会在广西桂林召开。本次会议由中国地震学会和中国地震局地球物理研究所联合主办，桂林理工大学土木与建筑工程学院承办。

中国地震局地球物理研究所党委书记欧阳飚研究员主持开幕式，中国地震学会理事长、中山大学教授张培震院士，中国地震局科技与国际合作司周伟新副司长，桂林理工大学党委副书记、校长解庆林教授和广西壮族自治区地震局党组书记、局长张勤同志分别在开幕式致辞。

此次学术年会共邀请中国地震科学实验场科学委员会主任、南方科技大学教授陈晓非院士及来自中国地震局系统内外科研院所和高校，以及美国、日本、欧洲等国家（地区）近400名知名专家学者，分为24个专题会场做了精彩学术报告，带来了一场精彩纷呈的学术盛宴。各系统专家学者及高校学生1000余人以现场或网络视频方式参加了研讨。实验场学术年会上各参会专家深入地交流和讨论了实验场工作未来的发展规划，并集中展示了实验场近期科研成果进展、地震科考及相关研究。

中国地震科学实验场已被列入了《中华人民共和国国民经济和社会发展第十四个五年规划和2035年远景目标纲要》，通过此次大会有力地扩大了中国地震科学实验场在国内外的影响力，增进了实验场与其他学科领域的交流和沟通，中国地震科学实验场作为一个共享、开放平台将成为地震科学研究前沿，国内外学者合作交流、人才集聚的创新高地。

三、全国地震标准化技术委员会换届大会暨第四届全体委员交流年会在北京召开

2021年12月23日,全国地震标准化技术委员会(SAC/TC 225,以下简称地标委)换届大会暨第四届全体委员交流年会在中国地震局地球物理研究所召开,中国地震局党组成员、副局长陈小军出席会议并讲话。

陈小军同志对第三届地标委的工作给予了充分肯定,指出前三届地标委的工作为地震标准化的高质量发展提供了很好的基础,也积累了宝贵经验,要做好总结、继承和发展。第四届地标委要进一步提高认识,准确把握新时代地震标准化工作的新要求,一是必须紧跟国家标准化发展战略,认真贯彻落实党中央、国务院印发的《国家标准化发展纲要》;二是必须保障核心业务,进一步健全完善地震监测预报预警标准体系,提高地震灾害防御标准;三是加强与科技创新的互动发展,将标准作为科技计划的重要产出,以科技创新推动标准的迭代升级。地标委要积极开展标准化顶层设计、有序加快标准编制步伐、不断加强地标委自身建设、大力推进地震标准创新发展等。

市场监管总局标准技术管理司孙维参会宣布了第四届地标委组成方案。应急管理部政策法规司沈平参会,从"全灾种、大应急"的角度,对"十四五"期间地震标准化工作提出了具体要求。第四届地标委主任委员丁志峰和地标委秘书处承担单位中国地震局地球物理研究所党委书记欧阳飚分别作表态发言,感谢国家标准委员会的信任和重托。

新一届地标委由45名委员组成,委员来自地震系统、相关高校、学会协会、科研院所、企业等,覆盖管理、科研、生产多个方面,包括土木建筑、铁路、公路、桥梁、水电、核电、石油管道、地质学、互联网大数据、综合减灾、标准化研究等领域。此次大会的顺利召开,标志着地标委迈入了新阶段。地标委将以此次大会为契机,对标《国家标准化发展纲要》要求,创新工作模式,充分发挥标准化工作对防震减灾相关事业的支撑和引领作用,在新形势下努力开拓标准化工作新局面。

(中国地震局地球物理研究所)

中国地震局地质研究所学术交流

一、中国地震局地质研究所国家野外科学观测研究站首届学术年会在北京召开

2021年12月7日,由中国地震局地质研究所和相关省局作为依托单位的西藏拉萨地球物理、吉林长白山火山、山西太原大陆裂谷动力学和新疆帕米尔陆内俯冲等4个国家野外科学观测研究站在北京(中国地震局地质研究所报告厅)联合举办了首届学术年会。会议

邀请了丁林院士、刘嘉麒院士、赵俊猛研究员、郭正府研究员、林舟教授、陈汉林教授、程丰研究员和刘一多博士等8位专家进行了精彩的学术报告，来自相关科研院所和高校的近300名科研人员和研究生以现场和视频会议的方式参加了交流讨论，会议全程以网络视频方式进行了直播。

二、举办防灾减灾宣传科普周活动暨大地测量与地震动力学网络系列论坛

第二届防灾减灾宣传周暨大地测量与地震动力学网络论坛于2021年05月7日—8日在中国地震局地质研究所（以下简称地质所）召开。来自中国科学院大学、中国科学院空天信息创新研究院、武汉大学、中南大学、中国石油大学（华东）、成都理工大学和地质所的8位专家学者先后作了学术报告。会议由承办单位地质所副所长何宏林研究员主持，主办单位代表中国地震局科技与国际合作司周伟新副司长、科技部中国21世纪议程管理中心张书军处长（以下简称21世纪中心）出席并分别致辞，地质所科研处蒋汉朝处长、21世纪中心贾莉高级工程师以及线上线下的数百位同行学者一同参加了本次学术论坛。

本届论坛为期2天，采取线上线下相结合的方式举行，坚持兼顾科普与学术属性，旨在促进全社会对防灾减灾工作的理解和认识。论坛由中国地震局科技与国际合作司和科技部中国21世纪议程管理中心主办，中国地震局地质研究所和中国地震学会大地测量与地震动力学专业委员会承办，并得到了地震动力学国家重点实验室、遥感卫星应用国家工程实验室、地质灾害防治与地质环境保护国家重点实验室以及相关高校、科研院所的积极参与和支持。

（中国地震局地质研究所）

中国地震局地震预测研究所学术交流

2021年5月12—13日，香山科学会议第700次学术研讨会"大陆型强震孕育发生的物理机制及地震预测探索"在北京召开。会议执行主席为陈晓非（南方科技大学）、邵志刚（中国地震局地震预测研究所）、石耀霖（中国科学院大学）、吴忠良（中国地震局地震预测研究所）、张培震（中山大学）。国内外共49位专家分别在现场和线上参加了本次研讨会。中国地震局党组成员、副局长王昆及科技与国际合作司的同志全程参加会议。王昆副局长还于5月12日晚与出席地震系统外专家座谈。

会议包括三个中心议题：①地震预测预报研究的学术高地：强震孕育发生的大陆活动地块动力学模型；②新科技条件下的震源物理研究：大陆型强震孕育的区域动力学环境；③面向现代化目标的地震预测：多学科交叉创新，最大限度减轻地震灾害风险。石耀霖教授、陈晓非教授、张培震教授三位院士分别作了题为《关于地震数值预报路线图的一些想法》《地震震源动力学研究进展》《中国大陆强震的地质构造背景》的主题评述报告。中山

大学郑文俊教授、中国科学技术大学姚华建教授、中国地震局地震预测研究所张晓东研究员分别做了《地震预测预报研究的学术高地：强震孕育发生的大陆活动地块理论框架》《大陆强震孕育的区域多尺度结构和动力学环境》《面向现代化目标的地震预测：多学科交叉创新，最大限度减轻地震灾害风险》的专题评述报告。除与会专家进行热烈学术交流外，会议特别邀请了地震预测业务一线的专家参会，探讨地震预测理论方法与实践问题。

会议讨论并原则通过了《深化大陆强震机理与预测研究，建设地震科学的世界主要科学中心和创新高地》的工作倡议，提出充分利用近年来新成果、新技术，以大陆强震机理和地震成灾机理等关键科学问题为目标，进一步发展大陆强震孕育的活动地块动力学模型，推进地震物理预测，开展地震预测的交叉学科探索，构建活动地块边界带地震"情景"，并推广我国大陆强震的活动地块动力学模型到"一带一路"地震多发地区，为区域性和国际性地震科学实验提供操作规范。

会议认为中国地震科学实验场是重要的创新平台，其建设和运行将对世界上的其他实验场发挥重要的示范作用。会议建议适时启动天山实验场和华北实验场建设，组织召开第五届大陆地震国际会议，聚焦基础研究和原始创新，服务防震减灾事业发展，推动中国地震科学乃至地球科学的发展。

12月8日，地震预测研究所举办"中美地震构造、活动断层与强震联合研讨会"视频会议，来自美国地质调查局、斯坦福大学、加州大学伯克利分校、中国科学技术大学、香港中文大学、中国地震局地质研究所等13位专家学者进行了学术交流，促进了疫情常态化情况下的中美科技学术交流。

（中国地震局地震预测研究所）

中国地震局工程力学研究所学术交流

1. 国际学术交流

（1）第十七届世界地震工程大会。

第十七届世界地震工程大会（The 17th World Conference on Earthquake Engineering——17WCEE）于2021年9月27日—10月2日在日本仙台举行。因疫情影响，此次大会采取线上线下共同进行的方式，中国地震局工程力学研究所共有38名科研人员提交论文并通过线上视频方式参会。

中国地震局工程力学研究所组织特别专题"中国韧性城乡与地震灾害减灾新进展"，邀请同济大学院士吕西林，中国地震局工程力学研究所研究员孙柏涛、同济大学教授李建中、中国地震局兰州地震研究所研究员王兰民和研究员王自法作相关学术报告，中国地震局工程力学研究所研究员温瑞智作为专题召集人主持视频专题报告。

参会人员认真介绍了各自报告的研究成果，并参加相关专业的分组报告，与其他国家或地区的同行进行学术交流与探讨。

（2）土库曼斯坦建设与建筑部建筑抗震研究所视频学术交流。

4月7日，中国地震局工程力学研究所与土库曼斯坦建设与建筑部建筑抗震研究所进行视频学术交流会议。李山有、孙柏涛、张令心、温瑞智和戴君武等专家参加视频会议，并与土库曼斯坦建设与建筑部市场和对外经济关系部负责人沙穆罕默德·阿马诺夫、建筑抗震研究所所长尤素·阿曼萨希托维奇·阿曼萨希多夫等人员进行交流。此次会议得到中国地震局科技与国际合作司的指导。

（3）现代城市地震安全与韧性国际学术沙龙。

12月5日，为调查国外地震灾害风险共担模式，分析中国地震灾害风险分担的主体及模式，提出地震灾害风险共担的多主体联动模式，中国地震局工程力学研究所组织召开"2021现代城市地震安全与韧性国际学术沙龙——基于多元主体参与的城市重特大地震灾害风险基层治理路径与方法"线上研讨咨询会，邀请日本庆应大学环境信息学院大木聖子副教授在线做学术报告并与国内专家进行交流。

本次会议由中国地震局工程力学研究所主办，中国地震学会地震工程专业委员会、中国灾害防御协会城乡韧性与防灾减灾专业委员会、自然灾害学报协办。内容涵盖多主体参与工程防灾减灾、城市韧性建设、城市应急管理体系和能力建设、防灾教育和风险应对国际案例等学科领域，同时就国外案例、理论与实践等问题进行线上咨询。

2. 国内学术交流

（1）第三届韧性城乡与防灾减灾论坛。

4月10—11日，"第三届韧性城乡与防灾减灾论坛"在上海召开。此次论坛由中国地震学会可恢复功能防震体系专业委员会、中国灾害防御协会城乡韧性与防灾减灾专业委员会联合主办，上海韧性城市与智能防灾工程技术研究中心、中国地震局工程力学研究所和《建筑结构》杂志社共同承办。钱七虎、欧进萍、吕西林等13名中国工程院院士及多名全国防灾减灾领域的权威专家出席本届论坛，来自全国各地196家单位的700余名学界、业界专家学者参加此次论坛，共话我国防灾减灾事业的发展，共谋韧性城乡建设的未来。

（2）地震易发区建筑工程抗震能力评估与加固暨全国村镇防震减灾技术研讨会。

4月28—30日，为贯彻落实习近平总书记关于提高自然灾害防治能力的重要指示精神，全面推进地震易发区房屋设施加固工程实施，由中国建筑学会抗震防灾分会、中国地震局工程力学研究所、北京工业大学和华侨大学联合主办的"地震易发区建筑工程抗震能力评估与加固暨全国村镇防震减灾技术研讨会"在成都召开。来自中国建筑科学研究院、清华大学、同济大学、北京工业大学、北京建筑设计研究院有限公司等单位200余位专家学者参加本次会议。

（3）中国地震学会第十七次学术大会暨中国地震科学实验场第三届学术年会。

9月25—27日，中国地震学会第十七次学术大会暨中国地震科学实验场第三届学术年会在桂林召开。本次大会由中国地震学会和中国地震局地球物理研究所联合主办，桂林理工大学土木与建筑工程学院承办。因疫情影响，中国地震局工程力学研究所科研人员和研究生未能到现场参会，但积极参与了大会研讨，通过视频方式或委托他人进行学术报告，和与会代表深入地交流和讨论实验场工作未来的发展规划、实验场科研成果进展及相关研究。

王宏伟助理研究发表于国际知名期刊 *Journal of Geophysical Research：Solid Earth* 的学术

论文《2016—2017年意大利中部地震序列地震自相似性及破裂方向性》荣获第十二届李善邦青年优秀地震科技论文奖三等奖,并在大会上作了报告。

(中国地震局工程力学研究所)

中国地震台网中心学术交流

2021年度,中国地震台网中心举办重要学术交流活动如下:

中国地震预报论坛2021年度学术交流由地震预报专业委员会与云南省地震局于2021年9月13—17日在云南省大理市联合举办。本次学术交流设置了8个专题公开征文,于会前收到稿件113篇,其中65篇稿件在《地震地磁观测与研究》2021年增刊专辑刊出,另有27篇被其他期刊全文录用;会期交流40篇稿件;学术交流纪要刊载在《地震科学进展》2021年第12期。

9月8日,Earthquake Research Advances 协助中国地震台网中心举办第一届中美强震学术交流会。会前,编辑部负责人徐沁积极与美方沟通开会议时间、参会方式、报告内容等具体事宜。会议采取线上线下同步进行的形式,并在哔哩哔哩、蔻享学术等平台直播。会议由中国地震台网中心副主任刘杰主持,美国地质调查局、美国佐治亚理工学院、香港中文大学、中国科学技术大学、中国地震局地质研究所和中国地震台网中心的7位学者作了6个学术报告,吸引了4500余人参与直播互动,开拓了因疫情无法面对面交流的新形式新方法。

(中国地震台网中心)

中国地震灾害防御中心学术交流

(1)参加2021年第82届欧洲地质学家与工程师学会(EAGE)年会,易佳在会上作了题为 High-resolution surface wave dispersion spectrum imaging with a multichannel signal comparison method 的报告。

(2)参加由自然资源部中国地质调查局、东亚东南亚地学计划协调委员会(CCOP)联合主办的中国—东盟—CCOP海洋地学能力建设与减灾防灾第四期培训班,张效亮作为授课专家介绍中国地震危险性区划图介绍及其在东盟地区应用探索。

(3)张玉洁邀请法国国家科学研究中心翁辉辉博士参加开展地震动模拟相关方法的技术交流。

(4)3月12日,中国地震灾害防御中心举办第八期震防讲堂,邀请中国科学院院士陈颙作《城市化——防震减灾新的机遇和挑战》专题讲座。陈颙院士站在国家防震减灾事业发展的战略高度,从需求牵引、问题导向、科技与制度创新"双轮驱动"三个方面,系统讲授了绿色震源和光纤传感技术在未来防范、化解现代化都市圈重大地震灾害方面的广阔应用前景，全面解读了防震减灾事业发展面临的新的机遇和挑战，为震防中心事业发展带来了新的思路和动力。中国地震灾害防御中心科技人员就绿色震源的新技术应用、光纤地震学成像技术等与陈颙院士进行交流探讨。

（中国地震灾害防御中心）

中国地震局第一监测中心学术交流

先后邀请中国地震局地球物理研究所、中国地质大学（武汉）、中国科学院精密测量科学与技术创新研究院等多位专家到中心开展学术报告交流10余次。同时选派科研骨干参加地球物理联合会、中国地震学会等重要学术会议，促进与国内高校和科研院所间科技交流。

（中国地震局第一监测中心）

中国地震局地球物理勘探中心学术交流

2021年5月19日，中国地震局地震预测研究所孙安辉、付媛媛到访中国地震局地球物理勘探中心（以下简称"物探中心"）进行学术交流，并作题为《岩石圈深浅结构精细成像》和《青藏高原东北缘地壳深浅部成像与地震活动性》2个学术报告。物探中心科研人员同预测所两位专家就岩石圈深浅结构研究现状和主、被动源联合成像、密集台阵和人工地震测深在活动断层探测、壳幔结构研究等问题进行交流。

6月16日，中国科学技术大学张海江教授到访物探中心进行项目交流和学术研讨，并作题为"高精度地震成像揭示断层结构异常对破裂行为的控制作用"的学术报告。张海江教授讲述研究方法、探测手段、解释成果，归纳总结，为现场参会人员提供了更多科研思路。物探中心科研人员积极提问，展开细致专业的科技研讨。

（中国地震局地球物理勘探中心）

防灾科技学院学术交流

2021年7月31日—8月3日"特殊土工程学术研讨会暨中国地震学会工程勘察专业委员会2021年年会"在佳木斯市抚远市举办。本次会议由佳木斯大学和中国地震学会工程勘察专业委员会主办，防灾科技学院参与承办。大会由来自全国40余家单位的100多位专家学者参与，围绕特殊土工程问题展开讨论，邀请了20多位专家学者作大会报告。本次会议学术报告涉及面广，学术水平高，为提升特殊土工程问题理论研究及工程治理方法提供了新视野、新思路、新机遇。会议期间召开了中国地震学会工程勘察专业委员会换届大会，完成了专委会第七届委员换届并审议了专委会工作计划，其中防灾科技学院蔡晓光教授当选为主任委员，李平教授当选为副主任委员，李孝波副教授当选为秘书长。

（防灾科技学院）

政务·规划财务

主要收载地震系统年度政务和事业发展计划与财务、审计工作综述,以及有关情况统计等。

政务工作

2021年政务工作综述

一、督查督办工作

始终坚持把贯彻习近平总书记关于防震减灾重要指示批示、党中央重大决策部署和中国地震局党组重大工作举措作为首要政治任务。对习近平总书记指示批示的4项推进中的重大任务建立工作闭环，持续挂牌督办，推动取得突破性进展，开展贯彻落实情况"回头看"。对李克强总理等中央领导同志指示批示和中国地震局党组重大决策部署，纳入督查事项范围，实行清单管理，专人负责盯办，确保逐项落到实处。认真贯彻落实全国地震局长会议部署，确定58项年度重点任务、细化268条具体措施，主体任务已全面落实。全年发出督查事项66项、编印《督查周（月）报》47期，驻应急管理部纪检监察组专题听取督查机制运行情况汇报并给予充分肯定。

以更实举措督促指导、服务落实。夯实督查工作基础，建立上级重大决策部署任务清单，将中国地震局属单位纳入督查范围，加强对中国地震局党组长期工作部署的督查，先行纳入督查关注事项清单，动态跟踪进展并适时督办；建立督查事项动态跟踪机制，每月动态跟踪汇总进展，每季度组织部门会商推进工作落实；提升督查报告质量，将每月最后一期的《督查周报》调整为《督查周（月）报》，动态报告所有未完成督查事项的最新进展。配合中国地震局党组开展"口号响、调门高、落实差"专项整治，推动地震系统围绕习近平总书记重要讲话精神，组织传达学习议题1628项、研究贯彻落实措施2597条，聚焦核心职能履行等方面查摆突出问题120项、落实整改措施237条。

二、政策研究工作

聚焦事业发展需求，着力提升课题研究质量。组织开展中国地震局2022年重大政策理论与实践问题研究，编制竞争性课题指南，确定立项"新发展阶段提升抗灾韧性的中国防震减灾体系构成和推进路径研究"等12项竞争性课题，组织有关内设机构开展"防震减灾高质量发展对策研究"等8项指令性课题研究。

强化成果推广应用，着力发挥研究成果作用。编印《中国地震局2019年重大政策理论与实践问题咨询报告选编》《中国地震局2020年重大政策理论与实践问题咨询报告选编》。发挥好《政策研究参阅》主渠道作用，全年编印调研报告、课题研究成果22期。建设好防震减灾智库，完善防震减灾智库建设方案，筹备组建智库委员会。

健全完善管理制度，着力规范调查研究调研管理。修订印发《中国地震局机关干部深入基层调查研究管理细则》，不断提升调查研究制度化、规范化水平。中国地震局党组同志分赴天津、河北、山西、辽宁、吉林、湖北、广东、四川、云南、西藏、陕西等地调研，完成年度重点调研计划并形成调研报告5篇。此外，局党组同志分别带队对26个局属单位开展实地调研或视频调研，听取防震减灾高质量发展、推进全面从严治党重要措施等方面意见建议，形成调研座谈情况汇总5篇。机关内设机构主要负责同志和局属单位班子成员均制定备案2021年度调研计划，并按计划组织实施调研工作。

三、新闻宣传工作

大力宣传防震减灾事业发展新成效。理论宣传氛围浓厚，策划实施地震系统庆祝建党100周年主题展览，制作网上视频展馆。组织地震系统网站、新媒体开设"深入贯彻落实习近平总书记重要指示批示精神""党史学习教育""学习贯彻党的十九届五中全会精神"等重要专题专栏，及时转载中央媒体新闻报道和理论文章。全年转发中央要闻500余条、应急管理部要闻200余条，发布防灾减灾要闻和防震减灾要闻300余条以及重要专题信息1100余条。主题宣传亮点纷呈，开展全国地震局长会、第二届全国防震减灾科普大会、全国地震监测中心站站长工作会等主题宣传。组织召开中国地震预警网示范运行新闻发布会，人民日报、新华社、中央电视台等媒体平台进行全方位、多角度的宣传报道。组织地震系统积极参加"应急人唱支山歌给党听"快闪活动。中国地震台网中心、中国地震局工程力学研究所参加纪录电影《绝对考验》拍摄。典型宣传成果突出，讲述16名基层台站职工坚守一线的感人故事，宣传报道地震系统荣获全国应急管理系统表彰的先进集体和先进工作者。全年在应急管理报发布报道300余篇，各主流新闻媒体发布报道2000余篇，报道转载总量6000余篇。

不断巩固新闻舆论阵地。大力推进地震系统融媒体建设，组织召开融媒体建设工作视频会，印发《中国地震局关于推进防震减灾融媒体建设的通知》，推动打造全媒体功能传播体。强化网站和新媒体监管，开展网站政治表述不规范问题专项整治。建立对全系统网站和新媒体检查、通报、整改、复查和督办全流程监管。规范出版管理，印发《中国地震局出版单位管理办法》，明确出版单位及其主管、主办单位职责，开展图书质量检查，指导地震出版社推进改革任务落实。充分发挥部属媒体平台优势，学好用好《中国应急管理报》，联合应急管理部策划实施"学习英雄模范、更加奋发有为""训词激励前行、不负伟大时代"等系列宣传活动。中国地震局办公室荣获2020年首届应急管理新媒体作品评选征集活动"优秀组织单位"，北京市地震局、江苏省地震局、福建省地震局选送作品荣获首届应急管理新媒体优秀作品。四川省局荣获2021年度应急管理新闻宣传暨"学报用报"先进单位。天津市地震局选送作品入围2021年"百幅网络正能量图片"。

舆论引导主动有效。有效应对云南漾濞6.4级、青海玛多7.4级等地震事件，开展新闻发布活动和专家解读，积极引导社会舆论。配合应急管理部开展"应急使命·2021"抗震救灾演习新闻发布工作。制定《震后公众有感信息工作方案》《中国地震局重特大地震应急新闻宣传工作手册》。全力做好全国"两会"、庆祝建党100周年、党的十九届六中全会等重要时段的舆情监控。印发《中国地震局政府信息公开实施办法》，规范局政府信息公开工作。全年依法处理中国政府网留言7条，局网站留言92条，局长信箱34条，办理依申请信息公开事项6件。

四、档案管理工作

抓实机关档案资源建设。以开展局机关文书档案"单套制"改革为牵引，将机关各内设机构公文流转"应上尽上OA"情况纳入每月发文统计通报，确保2021年机关文书档案"增量电子化"；推动机关文书档案"存量数字化"，推进中国地震局建局以来全部文书档案数字化工作。

不断加强档案管理工作。研究起草《中国地震局档案管理办法》，对档案开放利用、档案信息化建设、档案移交与处置、档案监督检查等方面提出明确要求。围绕加强档案治理、资源、安全、利用体系建设，组织专家深入研究，就推进地震系统档案管理高质量发展转型升级撰写《地震档案工作高质量发展研究报告》。

以信息化引领档案工作创新发展。对标《"十四五"全国档案事业发展规划》中档案信息化建设要求，依托电子公文项目试点建设局机关档案管理系统，面向机关各内设机构提供机关文书档案在线查调阅服务。推动局属各单位开展档案数字化、档案信息系统建设，着力推进在办公平台、政务服务平台中同步规划、同步实施电子文件预归档功能。

（中国地震局办公室）

规划财务工作

2021年规划财务工作综述

2021年，地震系统规划财务全体干部职工坚持以习近平新时代中国特色社会主义思想为指导，全面贯彻落实党的十九大和十九届历次全会精神，坚决贯彻落实应急部党委和中国地震局党组部署要求，紧紧围绕业务发展思路和自身建设要求，按照全国地震局长会部署，认真履职尽责，较好地完成各项工作任务。

一、统筹"十四五"规划体系建设

积极融入国家经济社会发展大局。积极争取将防震减灾工作纳入更高层级规划。一是地震科学实验场和提升地震等自然灾害防御工程标准写入国家规划；二是第六代风险区划图项目等重大工程和地震台网建设、地震风险排查等重要任务纳入国家应急体系规划，大震应急物资储备库建设纳入国家应急物资保障规划；三是积极推动防震减灾工作纳入国家相关行业和领域规划，各省（自治区、直辖市）防震减灾工作和重点项目纳入省级经济社会发展规划和综合防灾减灾规划。

统筹推进防震减灾规划体系建设。构建1部国家规划、4部专项规划、31部省级规划和11部直属单位规划组成的"十四五"防震减灾规划体系。一是"十四五"国家防震减灾规划已经中国地震局党组审议通过，待应急管理部审定印发；二是"十四五"防震减灾人才发展规划、科普规划已经印发，地震科技发展规划、国际合作规划计划提交中国地震局党组审议。三是各省级地震部门主动作为，争取地方政府支持。11个直属单位已完成本单位规划编制主体工作。

持续推进现代化建设。一是制定印发现代化建设年度工作要点、评估实施方案和评价指标体系（2020版），实现省级现代化评估全覆盖；二是安排现代化专项资金重点支持试点单位推进三年行动方案落实，7个试点单位建设取得初步成效；三是加强监督检查，将现代化工作完成情况纳入年度财务稽查和年度综合考评，有力推进现代化任务落实。

二、落实国家重大战略部署

巩固拓展脱贫攻坚成果。一是挂职帮扶干部徐鑫获得全国脱贫攻坚先进个人表彰，甘肃省地震局、中国地震局规划财务司获得甘肃省委省政府表彰，23个省级地震部门及帮扶干部受到不同层级表彰；二是制定年度工作要点，投入帮扶资金660万元，确定21个帮扶项目并全部完成，做好挂职帮扶干部轮换，派员开展实地调研督查，帮助甘肃永靖县巩固拓展脱贫攻坚成果做好与乡村振兴的有效衔接；三是各单位认真贯彻落实党中央决策部署，认真开展帮扶工作。

接续做好援疆援藏工作。一是制定印发年度工作要点，并纳入应急管理系统年度工作统筹推进落实；二是全面总结前一轮工作经验，制定印发了"十四五"地震系统援疆和援藏工作方案，全面部署"十四五"时期工作；三是地震系统各援疆援藏单位积极与对口援助地区沟通联系，初步形成"十四五"时期对口援助重点内容。

稳妥推进培训疗养机构改革。将中国地震局机关服务中心黄金海岸科教中心转型为防灾科技学院黄金海岸教学实习基地，杭培中心成立中国地震局地震科普传播研究中心，通过改革进一步激发涉改单位内生动力，为防震减灾事业高质量发展注入新动能。

三、协同推进项目实施立项

推动重大项目立项。一是全力争取重大项目立项。国家地震监测台（站）网改扩建工程项目建议书已正式申报。西藏监测能力提升项目顺利纳入"十四五"国家支持西藏的重大项目，初步计划投资7000万元，首次实现中央预算内投资转移支付地震系统非灾后重建重大项目。二是争取专项经费5000万元用于地震灾害风险普查工作。协调财政部将地震监测运维项目纳入新增项目，努力缓解核心业务运维经费紧张局面。三是各省局充分利用双重计划财务体制优势，主动融入和服务地方经济社会发展，地方投资项目取得重大突破，有力助推了防震减灾事业发展。

保障重大项目实施。一是服务地震预警工程、"一带一路"地震监测台网项目、电子公文项目等在建项目实施。下达预警工程年度投资3.5亿元，确保第一批试点单位顺利达成先行先试工作目标和第二批重点地区建设单位专项攻坚。"一带一路"地震监测台网建设项目初步设计方案顺利获批，总投资13.95亿元，累计到位6.6亿元。电子公文项目全面进入收尾阶段。大震应急救灾物资储备项目顺利收官。二是持续推进解决竣工财务决算等历史遗留问题，批复17个项目竣工财务决算，总投资6800万元。督促推进9个历史遗留基本建设项目竣工财务决算进度。

四、持续加强预算管理

科学统筹资源配置。一是做好资金保障，2021年部门预算总收入50.28亿元；二是落实党中央过紧日子要求，进一步压减非刚性、非重点项目支出，全力保障基本需求和维持运转的必需支出；三是做好养老保险改革后的三方清算工作，提高在职人员中央财政保障力度。

加强预算执行和绩效管理。一是召开两次预算执行推进会和一次预算执行集体约谈督导会，指导推动全系统预算执行工作；二是持续推进预算绩效"全方位、全过程、全覆盖"的管理体系，实现闭环管理，各单位"花钱必问效"的理念进一步深化，中国地震局连续多年获得财政部预算绩效管理工作考核先进单位；三是持续开展"过紧日子"季度评估机制，前三季度评估均获财政部 A 级评价。2021 年第 3 季度首次实现财政部预算执行动态监控发现问题零反馈。

大力推进预算管理一体化试点。一是印发中国地震局预算管理一体化试点工作方案，成立领导小组，召开部署动员会议，完成一体化系统网络部署；二是邀请财政部国库司王小龙司长面向全系统授课，派员全程参加财政部建设专班，深度参与预算管理一体化试点工作。顺利完成 2022 年预算编制，获得财政部积极评价；三是统筹推进规划财务信息系统建设和预算管理一体化试点任务，努力构建预算管理"一张网"，逐步实现预算、核算、决算全流程管理，内控业务全覆盖的闭环管理，提高财政资金风险防范能力。

五、强化财务资产管理和监督

深入开展财务稽查和专项检查。落实驻应急管理部纪检监察组会商意见和中国地震局党组工作部署，开展地震系统"1 综合、3 专项"检查（即 2021 年财务稽查，基本建设项目、房屋土地、公务用车管理专项检查）。结合地震监测中心站财务管理调研检查发现问题、中国地震局党组内部巡视 8 家单位反馈规划财务领域存在的共性问题，规划财务司与被巡视单位、被稽查单位共同推进整改，其他局属单位对照检查，以整改成效进一步夯实财务管理内控体系建设。

健全完善制度基础。一是聚焦局中心站改革工作部署，印发《地震监测中心站财务管理细则》，建立"统一管理、统一预算、统一核算、分级负责"的财务管理工作机制；二是修订中国地震局国有资产管理办法和公务用车管理办法，制定国有资产配置、使用、处置 3 个配套实施细则，规范国有资产全过程管理。修订基本建设项目管理办法，加大对基本建设项目特别是对地方项目的管理；三是健全地震系统财务管理制度体系，整理形成《规划财务制度汇编 2.0 版》。

加强国有资产和统计管理。一是组织开展房屋土地、办公用房、经营性国有资产摸底调查，编制国有资产管理情况报告并获财政部通报表扬；二是圆满完成地震系统公务用车改革工作，2021 年批复处置 28 家单位 170 辆公务用车，公务用车管理工作获国管局充分肯定。完成中国地震局地壳应力研究所、防灾科技学院资产清查结果审批和地震出版社资产划转工作；三是强化政府采购管理，编制《招标与采购工作简报》，加强政府采购政策解读。完成地震系统各单位政府采购计划和"一带一路"地震监测台网项目等进口产品采购批复，涉及金额 13.5 亿元。四是规范开展防震减灾行业统计工作，编制印发《2020 年防震减灾事业统计年报》《2020 年中国地震局统计报告》。

六、加强人才队伍建设

开展地震系统财务机构设置和财务队伍现状调研，形成规划财务队伍分析调研报告。全年共有 12 个局属单位的财务负责人完成调整。持续完善"线上＋线下"的财务人员培训模式，精选培训课程，突出案例教学，聚焦基本建设项目管理、政府采购、资产管理、内控建设等重点领域，扩大参训人员覆盖面，邀请发改委、财政部领导及地震系统有关专家，新政策新要求。完成财务人员三年轮训任务目标，累计培训700余人，实现对在岗财务人员培训全覆盖。

（中国地震局规划财务司）

重大项目建设情况

紧密围绕防震减灾核心业务和重点工作，积极争取中央预算内投资计划支持。2021年中央预算内投资计划5.7843亿元，涉及16个项目。其中，预警工程3.5亿元，"一带一路"项目9300万元，电子公文项目3478万元，信息安全基础设施专项2965万元，12个部门自身建设项目7100万元。此外，风险普查项目继续获得财政部支持2500万元。

全力服务保障重大项目立项实施。"一带一路"地震监测台网建设项目初步设计和投资概算顺利获批，总投资13.9551亿元，项目进入全面实施阶段；中国地震科学实验场项目纳入国家"十四五"规划，进入可研阶段；国家地震监测台（站）网改扩建工程项目获国家发改委正式赋码；西藏监测能力提升项目顺利纳入"十四五"国家支持的重大项目，首次获得中央转移支付专项投资，计划投资7000万元；电子公文项目全面进入收尾阶段，成为中央国家机关项目实施典范。大力推进项目基本建设项目竣工财务决算，审核并批复18个项目竣工财务决算，总投资1.42亿元。

（中国地震局规划财务司）

财务决算及分析

一、年度收入情况

2021年度总收入78.81亿元。其中，上年结转25亿元，占31.72%；2021年收入51.69亿元，占65.59%；使用非财政拨款结余2.12亿元，占2.69%。

2021年收入中，中央财政拨款33.60亿元，占65%；地方财政拨款8.96亿元，占17.33%；单位自行组织收入9.13亿元，占17.67%。

单位自行组织收入中，事业收入7.38亿元，附属单位上缴收入0.26亿元，其他收入1.49亿元。

二、年度支出情况

2021年总支出53.75亿元，其中，基本支出30.13亿元，占比56.06%；项目支出23.62亿元，占比43.94%。

基本支出中，人员经费支出 25.37 亿元，占总支出的 47.2%；公用经费支出 4.76 亿元，占总支出的 8.86%。项目支出中，财政性项目支出 16.25 亿元，占总支出的 30.23%；建设性项目支出 7.37 亿元，占总支出的 13.71%。

三、年末结转结余情况

2021 年年末结转结余 24.13 亿元，其中，基本支出结转 2.26 亿元，占比 9.37%；项目支出结转 21.93 亿元，占比 90.88%；经营结余 -0.06 亿元。

（中国地震局规划财务司）

机构、人员、台站、观测项目、固定资产等统计情况

地震系统机构

独立机构分类	机构数/个
合　计	46
省（自治区、直辖市）地震局	31
中国地震局直属事业单位（研究所、中心、学校）	14
中国地震局机关	1

地震系统人员

人员构成	人数/人	占总人数的百分比/%
合　计	10555	—
其中：固定职工	10163	96.3
合同制职工	392	3.7
临时工	896	8.5

地震台站

观测台站种类	观测台站数/个	投入观测手段	投入观测仪器/台套	备注
合计	6503	合　计	11872	投入经费：40657.9 万元
国家地震台	1	测震	2345	
省地震台	31	强震	4897	
中心站	140	地磁	515	
一般监测站	4280	地电	251	
市、县级地震台	1707	重力	110	
企业地震台	344	地壳形变	1254	
		地下流体	1052	
		其他	1448	

地球物理流动观测（常规）

项目名称	计量单位	计划指标量	实际完成量	完成计划比例/%
区域水准	千米	718	749	100
定点水准	处/次	716/1338	716/1329	100
跨断层水准	处/次	339/1171	341/1176	100
流动地磁	点	1301	1309	100
流动重力	千米/点	427975/4453	485426/4987	100
流动GPS	点	80683	70682	100
基线测距	边	531	584	100

固定资产

固定资产分类	计量单位	数量	原值/千元 总计	原值/千元 其中：当年新增
合 计		—	11863550	903004
房屋和建筑物	平方米	2151089	4562436	527097
其中：业务用房	平方米	807237	1952548	471487
仪器设备	台套	319291	6615944	348850
交通工具	辆	796	299439	6317
图书资料	册	1373671	125642	8565
其他	—	201819	255920	12175

（中国地震局规划财务司）

国有资产管理及政府采购工作等情况

一、国有资产管理

完善资产管理制度体系。根据国有资产管理最新政策要求，组织修订《中国地震局国有资产管理办法》和《中国地震局公务用车管理办法》，制定国有资产配置、使用、处置3个实施细则，进一步明确国有资产管理各个环节的审批权限、工作程序和监管要求。

组织开展专项检查。组织开展公务用车和房屋土地有关情况2个专项检查，对公务用车管理、房屋土地出租出借等存在的问题进行全面检查。组织开展地震系统办公用房资源调查并按要求上报。

推进机构改革相关资产划转。完成中国地震局地壳应力研究所国有资产清查结果审批和地震出版社资产划转工作。防灾科技学院黄金海岸教学实习基地、中国地震局深圳防震减灾科技交流培训中心、中国地震局干部培训中心和中国地震局干部培训中心招待所改革实施方案已正式报改革工作组。

做好国有资产日常管理。按要求完成中国地震局2020年度国有资产报告、2020年度国有资产决算报告、2020年度国有企业资产决算报告编制。按要求做好日常仪器设备、车辆、房屋、土地等资产的处置备案。

二、政府采购

政府采购预算执行情况。2021年，中国地震局编报政府采购计划101456.28万元，与2020年相比减少22983.48万元，同比降低18.47%。实际采购金额为90020.11万元，相比采购计划节省11436.17万元，节约率为11.27%。政府采购计划金额减少的主要原因为国家地震烈度速报与预警项目等基本建设项目涉及的政府采购项目大幅减少。

政府采购管理情况。一是坚决落实国家政府采购改革各项要求。从加强采购需求管理出发，转发财政部《政府采购需求管理办法》，要求各采购单位进一步落实主体责任，合理确定采购需求，科学制定采购实施计划，建立健全采购需求管理制度和审查机制。二是进一步规范政府采购日常管理。印发《中国地震局关于做好2021年度政府采购工作的通知》，对采购预算编制、采购计划上报、采购执行报送等各个环节提出明确要求，政府采购日常管理能力得到大幅提升，政府采购各项统计数据的质量也得到明显提高。严格审核各单位报送的政府采购计划和执行情况，推动各项日常管理工作科学、规范、有序开展。三是加强政府采购监督检查和专业培训。编制《招标与采购工作简报》，针对各基层单位反映的问题开展针对性解读。将政府采购作为财务稽查重点内容，对8个单位政府采购情况进行现场核查，针对检查发现的问题，邀请财政部、中央国家机关政府采购中心专家开展专题培训，切实提高地震系统政府采购人员能力和水平。

（中国地震局规划财务司）

2021年审计工作综述

2021年，进一步发挥审计监督作用。一是坚持和加强党对审计工作统一领导。2次召开中国地震局党组审计领导小组会议，贯彻落实习近平总书记关于审计工作的重要指示批示精神和全国审计工作会议精神，研究部署中国地震局系统重大审计工作事项。二是聚焦"重大决策部署、重大项目、重点环节、重点人员"加大审计力度。坚持将重大决策部署贯彻落实情况作为领导干部经济责任审计、协作区专项审计的重点，推动中央、地方11项决策部署进一步落实。加强重点人员审计，完成山西省地震局等8个单位9位主要负责人的经济责任审计；局属单位继续开展新一轮领导干部经济责任审计全覆盖，2021年共审计重要岗位领导干部217人，审计金额24.37亿元，提出建议407条，采纳率100%。重视重大项目审计，加大对招标采购等重点环节监督力度，组织开展国家地震烈度速报和预警工程项目协作区专项审计和跟踪审计，累计审计金额2.70亿元；指导"一带一路"项目法人单位制定印发跟踪审计工作方案和工作重点。三是加强制度建设。印发《中国地震局党组审计领导小组工作规则》和《中国地震局内部管理党政主要领导干部和国有企事业单位主要领导人员经济责任审计办法》。四是强化审计整改。印发贯彻中央关于审计整改工作有关文件精神措施，对审计整改提出具体要求。通报2020年度地震系统内部审计发现的共性问题，对8个单位审计整改落实情况开展专项检查，督促整改落实。局属单位加大整改力度，2021年审计意见当年整改完成率72%，完善各类制度81项。五是夯实审计队伍建设。与上海国家会计学院合办地震系统审计网络培训，48人次完成40学时以上在线学习。坚持训审结合，抽调44人次参加各项审计工作。地震系统2021年共开展审计项目487项，审计金额93.86亿元，核减工程造价343.04万元，提出工作建议802条。

（中国地震局规划财务司）

党的建设

主要收载党建工作有关理论学习、基层党组织建设、正风肃纪、精神文明建设,以及纪检工作情况等。

2021年党建工作综述

2021年，地震系统各级党组织和广大党员干部坚持以习近平新时代中国特色社会主义思想为指导，全面学习贯彻党的十九大及十九届历次全会精神，深入贯彻落实习近平总书记在中央和国家机关党的建设工作会议上的重要讲话精神，以党的政治建设为统领，以庆祝中国共产党成立100周年为重点，扎实开展党史学习教育，不断推进机关党的建设高质量发展。

一、坚持以政治建设为统领，自觉践行"两个维护"

坚持把学懂弄通做实习近平新时代中国特色社会主义思想作为重要政治任务，以党的政治建设为统领，全面学习贯彻党的十九大及十九届历次全会精神，深刻领会"两个确立"的决定性意义，深入贯彻落实习近平总书记在中央和国家机关党的建设工作会议上的重要讲话精神，强化政治机关意识，进一步增强"四个意识"、坚定"四个自信"、做到"两个维护"，不断增强政治判断力、政治领悟力、政治执行力，始终在思想上政治上行动上与党中央保持高度一致。

二、落实组织责任，扎实推进地震系统党史学习教育

加强统筹协调，确保任务落实。按照中央统一部署，落实中国地震局党组要求，召开地震系统党史学习教育动员大会，制定实施方案，成立工作机构。加强组织领导，制定工作规则，定期印发工作计划，召开中国地震局党组党史学习教育领导小组会议3次、办公室会议3次，带动地震系统党史学习教育同步进行。加强与中央指导组沟通协调，配合中央指导组召开见面会，到局属单位实地调研2次，参加局党组理论学习中心组学习2次，中国地震局党组书记、局长闵宜仁讲党课，办公室党支部组织生活会，"周恩来总理与地震工作"座谈会等活动。制作以党史学习教育为主题的海报和展板，发布88期地震系统党史学习教育简报，充分反映地震系统党史学习教育进展和成果，营造浓厚党史学习教育氛围。

抓住"关键少数"，强化理论学习。深入学习习近平总书记关于党史的重要论述和习近平《论中国共产党历史》等4本必读书籍，制定局党组理论学习中心组2021年度学习计划、学习宣传贯彻党的十九届六中全会精神工作方案，召开党组理论学习中心组集体学习研讨6次，局机关读书班2期。局党组专题学习领会习近平总书记在福建、广西、青海、西藏考察期间重要讲话精神，转发相关文件部署地震系统及时跟进学习。强化青年理论学习小组，印发进一步加强地震系统青年理论学习小组建设的通知，构建青年导师库，召开2次青年理论学习小组座谈交流会，中国地震局党组书记、局长闵宜仁，中国地震局党组成员、副局长王昆出席并讲话。组建7支青年队伍，参加中央和国家机关"学党史 强素质 做表率"读书接力赛活动。

突出行业特色，开展系列主题活动。部署地震系统各级党员干部围绕习近平总书记"七一"重要讲话精神，讲好专题党课。集体参观香山革命纪念馆、"不忘初心、牢记使命"大型主题展览。组织开展"牢记嘱托、不负韶华——做新时代抗震救灾精神传承人"讲述活动，评选"十佳讲述人"并举行分享会。组织开展"学党史、做贡献"主题征文活动，评选优秀文章30篇。组织开展"两优一先"评选表彰。开展重温入党志愿书、过政治生日活动。组织参与"应急人唱支山歌给党听"快闪活动。

坚持"两个至上"，办好为民实事。印发《中国地震局"我为群众办实事"实践活动工作方案》，从6方面提出重点项目清单，制定31项举措，建立工作台账，明确完成时限，定期更新进展，及时向上级报送进展情况。积极利用上级媒体展示地震系统办实事成效。部署地震系统各单位制定办实事项目清单1000余项。

三、严密组织体系，着力推进党建业务融合

夯实基层基础，锻造坚强有力的组织体系。坚持大抓基层的鲜明导向，制定《关于进一步加强地震系统基层党支部建设的指导意见》，优化党支部设置和管理，加强分类指导，建立齐抓共管机制，推进监测中心站党支部应建尽建，形成上下贯通、执行有力的组织体系。完成第九届直属机关党委换届工作。制定直属机关党委工作规则，召开直属机关党委全体会议4次。指导有关局属单位开展换届选举工作，批复机关8个党支部补选、离退办党总支及下设支部换届选举结果。开展京区单位入党积极分子和发展对象网络培训。

推动党建业务融合，凝聚事业发展合力。印发新时代加强和改进思想政治工作的举措、思想动态分析报告办法，落实思想政治工作定期报告制度，注重以思想政治工作凝聚干事创业力量。中国地震局领导建立基层党支部联系点，实地调研指导基层支部建设情况。牢固树立融合发展的理念，紧贴中心任务推进党支部工作，在地震现场应急任务、科学考察、巡视等工作中组建临时党支部，发挥战斗堡垒作用。强化党建述职考核结果运用，未评为"好"的党组织书记年度考核不能被评为"优秀"。

完善培养激励机制，建设高素质专业化党务干部队伍。印发《关于加强地震系统党务干部队伍建设的意见》，选优配强党务工作人员，健全评价考核机制。部署局机关、京区各单位专兼职党务工作经历纳入干部履历。举办党务干部培训班。

创新方式方法，扎实做好统战群团工作。完成海淀区人大代表万寿路街道选举组织实施工作。组织健步走网络公开赛、网上瑜伽、合唱培训班、演讲比赛等各项活动。完成京区部分单位工会和团组织换届批复工作。推荐21幅作品参加部直属机关工会书画摄影展，其中1幅入选中央和国家机关书画展。开展"童心向党 党心为民"向定点扶贫县甘肃永靖少年儿童捐赠活动。

(中国地震局直属机关党委)

2021年全面从严治党工作综述

2021年，在党中央坚强领导下，在应急管理部党委指导督促和驻部纪检监察组监督下，中国地震局各级党组织深入学习贯彻习近平新时代中国特色社会主义思想，从党的百年奋斗历史中汲取智慧力量，以党的政治建设为统领，坚持全面从严治党战略方针，深入推动党风廉政建设和反腐败斗争，大力推进政治生态持续向好，为实现防震减灾"十四五"良好开局提供了有力政治保障。

一、坚持和加强党的全面领导，紧紧围绕"两个维护"从严管党治党，有力保障"十四五"开好局起好步

坚持以党的政治建设为统领，深刻领会"两个确立"的决定性意义，增强"四个意识"，坚定"四个自信"，坚决做到"两个维护"。坚持用党的创新理论引领实践，感悟思想伟力，不断提高政治判断力、政治领悟力、政治执行力。及时跟进学习习近平总书记最新重要讲话精神，建立"第一议题"制度，编印《习近平总书记重要讲话周报》，开展专题学习、中心组学习，专题研究全面从严治党、思想政治和意识形态工作。坚定有力贯彻党中央决策部署，全年研究重大议题177项，建立任务清单、专人盯办。对地震预警先行先试"百日攻坚"、自然灾害防治"两项重点工程"实行政治监督、挂牌督办，推动建党100周年地震安保、疫情防控、防汛救灾等部署落实。统筹发展和安全，坚决贯彻"两个至上"。强化防震减灾服务国家、服务社会、服务人民的能力。制定震后12小时应急服务清单，处置5.0级以上地震37次，高效应对云南漾濞、青海玛多"一夜双震"及四川泸县等重大地震。编制"十四五"防震减灾规划，推进构建震防基础业务体系，推动中心站和公共服务改革，全方位服务国家重大战略和重大活动。

二、弘扬伟大建党精神，扎实开展党史学习教育，党建工作基层基础进一步夯实

紧紧抓住党史学习教育宝贵机遇，用党的实践创造和历史经验启迪智慧、砥砺品格，着力加强地震系统党的建设。扎实开展党史学习教育。深入学习习近平总书记关于党史的重要论述和系列重要讲话精神，弘扬伟大建党精神和抗震救灾精神，组织系列主题宣传、主题征文、主题活动，组织实施"我为群众办实事"事项1000余项。持续加强政治机关意识教育，中国地震局党组同志深入26个单位调研指导，讲专题党课，组织党支部和青年理论学习小组研讨，举办读书班，认真开好专题民主生活会、组织生活会巩固深化学习效果。党史学习教育成效得到中央第23指导组的充分肯定。不断提升基层党组织政治功能和组织力。制定加强基层党支部建设、党务干部队伍建设的指导意见，完善换届提醒督促机制，推进中心站党支部应建尽建，在预警攻坚、科考、巡视等工作中组建临时党支部，让党旗在一线高高飘扬。

三、坚持"严"的主基调,强化目标引领和问题导向,全面从严治党永远在路上的政治自觉进一步增强

坚决扛起主体责任,把全面从严治党工作抓在平常、融入各项工作。坚持开展政治生态状况、违规违纪情况分析研判,强化制度建设、制度执行及风险防控。深化廉政警示教育,开展警示教育专项行动,编印案例选编,通报违纪违法案件及恶性事件,以案示警、明纪、促改、促治。持续强化作风建设。持之以恒抓好中央八项规定及其实施细则精神落实,紧盯年节假期重要节点持续提要求、打招呼、严查处。开展"口号响、调门高、落实差"和6类不正之风专项整治,查摆问题750条,制定整改措施1140条,促进从政治、责任、作风等方面改深改实。健全完善风险防控。更新廉政勤政风险防控手册。围绕科学实验场等重大项目工程制定防控清单。强化预警项目专项审计、领导干部经济责任审计监督。

四、坚持激励和约束并重,突出"关键少数"带动绝大多数,干部人才队伍更加优化

落实新时代好干部标准,加强适应新时代事业发展需求的干部队伍建设。严格"一把手"和领导班子监督。出台加强对"一把手"和领导班子监督的实施意见、调整不适宜担任现职干部等办法,坚持"凡提四必",完善干部任前近亲属主动报告机制,完善新任司局级干部集体任职和廉政谈话,组织规范领导干部经商办企业行为专项工作。突出政治标准选人用人。常态化开展领导班子和干部队伍分析研判。注重在急难险重任务中发现优秀干部,有计划地选派64名优秀干部多岗位锻炼。全面落实职务职级并行、实践锻炼培养、选树表彰先进,激励担当作为。科学谋划人才队伍建设,出台《"十四五"地震人才发展规划》,遴选7个团队、65名人才,2名青年专家获"杰青""优青",引进2名海外高层次人才,1名专家、1个集体分获全国杰出专业技术人才、集体。遴选13人赴国外访学研修,69名基层骨干到研究所、业务中心交流访学,4名专家到西部省局交流、指导。经过多年持续不断努力,高层次人才培养取得突破性进展。

五、压紧压实管党治党政治责任,强化源头治理,持续向好的政治生态进一步巩固

深刻认识存在的问题,保持态度不变、决心不减、尺度不松,始终保持惩治高压态势。落实落细"两个责任"。坚持全面从严治党工作年初谋划部署、年中重点推进、年底检查考核,中国地震局党组全年通过多种形式研究部署全面从严治党工作100多次,调研、指导工作时均同步检查全面从严治党工作。局党组书记亲自部署协调督促重点任务、重大问题和重要案件,局党组成员认真履行"一岗双责"。进一步发挥"直通车"制度作用,压责问效。持续深化中央巡视整改。开展整改"回头看",落实中央纪委关于中央巡视整改审核评估意见,统筹整改驻部纪检监察组专题会商、内部巡视共性问题。对13个单位内部巡

视、对 8 个单位选人用人专项检查，对突出问题挂牌督办。严肃认真开展突出问题专项治理。开展地震安评等科技服务领域突出问题专项治理。制定"三虚问题"负面清单，推动解决了一批历史遗留问题，有力推动事业健康发展。持之以恒正风肃纪。旗帜鲜明支持驻部纪检监察组监督执纪问责。深入推进同题共答。局党组 2 次与驻部纪检监察组专题会商，沟通情况、听取意见、协同整改，同步开展调研，推动中心站改革、地震科技经费管理等重要问题解决。推广运用驻部纪检监察组"五步工作法"，以党内监督带动其他监督、实现贯通融合。认真贯彻纪委工作条例、加强部门机关纪委建设的意见等，专职纪检干部回归专职本位，纪检室全部独立设置，剥离审计等职能。

（中国地震局直属机关党委）

2021 年巡视工作综述

2021年，中国地震局党组坚持以习近平新时代中国特色社会主义思想为指导，全面贯彻落实中央巡视工作方针，坚定不移深化政治巡视，结合地震系统实际，聚焦"四个落实"加强巡视监督，精准发现问题，推动解决问题，为推动地震系统全面从严治党向纵深发展，促进防震减灾事业改革发展提供坚强政治保障。

一、切实承担政治责任，扎实开展巡视工作

认真落实政治责任。局党组高度重视巡视工作，认真贯彻落实《关于中央部委、中央国家机关部门党组（党委）开展巡视工作的指导意见（试行）》和《关于加强巡视巡察上下联动的意见》，先后以党组会、巡视工作领导小组会议等方式，认真学习领会全国巡视工作会议精神、中央第七轮、第八轮巡视动员部署会议精神和两个意见，全年共组织召开5次党组会研究巡视工作，召开2次领导小组会、2次巡视动员部署会，以及2次视频反馈和4次现场反馈会，切实担当巡视工作主体责任。

扎实开展巡视工作。分两批组建9个巡视组对13个单位开展常规巡视，共有62人次参加党组巡视工作。巡前，组织巡视组参加部党委巡视办组织的巡视业务培训，观看中巡办视频课件，组织有关内设机构向巡视组讲授本领域巡视监督重点，组织信访、财务、人事、纪检、审计等部门对接日常监督掌握的被巡视单位有关问题，充分运用现有的监督成果。中期，以现场、视频、电话等方式与巡视组充分沟通，深入分析巡视发现的问题，坚持从业务看政治，从问题看责任，从现象看本质，对巡视组发现的问题追根溯源。

不断总结改进工作。通过巡视干部个人小结、向被巡视单位有关人员书面调研及问卷调查等方式征求对巡视工作的意见，针对巡视组提出的要细化标准、加强巡视干部队伍建设、细化现场工作重点、被巡视单位提交材料不及时等意见建议，针对被巡视单位提出的调阅资料过多过急、对巡视发现的个别问题沟通不够等问题，建立了巡视沟通工作机制、巡视干部以老带新工作机制，初步形成问题底稿、巡视档案工作流程标准化要求。

二、把握重点环节，创新工作机制

建立巡前分析研判机制。第一轮巡视组入驻前，党组巡视工作领导小组与各巡视组突出"三抓"对被巡视单位分析研判，即抓住被巡视单位在筑牢安全发展和事业发展布局中的定位，区分省级地震局和直属事业单位性质，分析所在区域和职责领域影响现代化建设进程的重大地震安全风险；抓住被巡视单位履行核心职能职责的关键点，特别是国家地震烈度速报与预警工程、自然灾害防治能力"两项重点工程"、深化改革等总体情况；抓住"关键少数"，深入分析被巡视单位"一把手"和领导班子特点，通过日常监督了解的情况帮助巡视组把握巡视监督重点，找准政治监督着力点。

建立巡视整改督促落实工作机制。对巡视发现的问题挂牌督办，做好巡视"后半篇"

文章。探索建立了分级负责、分层管理、组办结合的巡视整改督促落实工作机制，对巡视发现问题梳理形成共性问题，重点、难点问题以及被巡视单位具体问题三级问题整改清单。对共性问题，重点、难点问题挂牌督办，由有关内设机构协助局党组推动整改；对被巡视单位具体问题组办结合，适时对整改进展缓慢、质量不高的单位督促整改。对被巡视单位整改进展情况分领域由相关内设机构跟踪指导。巡视办、巡视组会同中国地震局办公室、规划财务司、人事教育司、监测预报司、震害防御司等内设机构视频"一对一"督促指导被巡视单位整改，逐一分析研究巡视发现问题的整改情况，提出进一步整改的要求。

三、突出重点内容，力求工作实效

政治巡视的定位把握更加准确。党组同志以及各内设机构与巡视组充分交流，加强巡视组对党的政治建设、履行职能责任特别是核心职能、落实全面深化改革部署、落实全面从严治党"两个责任"、加强作风建设、加强领导班子和队伍建设等情况的认识，把准了政治巡视的定位。

巡视整改更加有力。通过听取被巡视单位巡视整改进展情况汇报，发现各单位党委（党组），特别是"一把手"落实巡视整改主体责任及第一责任人责任的意识增强了，抓整改的动力足了。有关内设机构针对共性问题的整改取得很好的进展。

巡视干部队伍得到锻炼。在局机关层面，经中央编办批准，机关党委加挂了巡视办牌子，党组选配了专职副主任，设立巡视工作处，极大地增强了巡视工作力量，为巡视工作高质量开展奠定了基础，经过一年的运行，巡视办内部工作机制初步建立，与中巡办、应急管理部党委巡视办、驻部纪检监察组以及各内设机构沟通协调更加顺畅。在地震系统巡视干部队伍层面，健全完善了巡视组长、巡视干部人才库，注重以老带新，每轮巡视后与巡视组长、副组长逐一分析评价巡视干部的表现、素质和能力，并通过作风纪律后评估，请被巡视单位对巡视工作和干部作出评价，动态建立骨干队伍。

（中国地震局直属机关党委）

附 录

主要收载地震系统重大事件、各单位离退休人员人数统计表，以及出版的部分防震减灾科技图书简介等。

2021年中国地震局大事记

1月5日

中国地震局党组书记、局长闵宜仁主持召开局党组会议,传达学习习近平总书记在中央农村工作会议、中央政治局2020年度民主生活会上的重要讲话精神,部署贯彻落实工作。中国地震局党组成员、副局长阴朝民、王昆出席。

1月5日

中国地震局党组书记、局长闵宜仁主持召开局务会议,听取震情工作汇报,部署震情监视跟踪和应急准备工作。中国地震局党组成员、副局长阴朝民、王昆出席。

1月5日

中国地震局党组印发《关于进一步加强地震监测预报工作的实施意见》。

1月5—6日

中国地震局开展机关内设机构和局属单位党政主要负责人集中述职述廉工作,中国地震局党组书记、局长闵宜仁出席并讲话。中国地震局党组成员、副局长阴朝民、王昆,中央纪委国家监委驻应急管理部纪检监察组副组长刘晓晓和应急管理部人事司有关同志出席。

1月5—23日

国家地震烈度速报与预警工程专项攻坚工作组在深圳集中工作,针对软件完善、系统集成、信息发布和运行维护等4个方面开展专项攻坚。

1月6日

中国地震局党组书记、局长闵宜仁,中国地震局党组成员、副局长阴朝民、王昆出席局党组年度考核和干部选拔任用"一报告两评议"工作会议。

1月7日

中国地震局党组书记、局长闵宜仁主持召开局党组扩大会议,传达学习全国应急管理工作会议精神,研究贯彻落实措施。中国地震局党组成员、副局长阴朝民、王昆出席。

1月8日

2021年全国地震局长会议在北京召开。中国地震局党组书记、局长闵宜仁作题为《统一思想 明晰思路 凝聚力量 开启防震减灾工作高质量发展新局面》的工作报告。

1月12日

中国地震局党组书记、局长闵宜仁主持召开局务会议,听取中国地震科学实验场项目建议书编制工作进展汇报;审议《中国地震预警信息网信息发布指南》。中国地震局党组成员、副局长阴朝民、王昆出席。

1月12日

中国地震局党组书记、局长闵宜仁主持召开中国地震局新冠肺炎疫情防控工作领导小组会议,深入学习习近平总书记关于统筹疫情防控和经济社会发展重要论述,落实国务院联防联控机制部署,研究部署地震系统常态化疫情防控工作。中国地震局党组成员、副局长阴朝民、王昆出席。

1月13日

中国地震局党组书记、局长闵宜仁主持召开局长专题会议，研究《地震短临预报专群结合试点实施方案》。中国地震局党组成员、副局长阴朝民、王昆出席。

1月14日

中国地震局党组书记、局长闵宜仁主持召开中国地震局党组全面深化改革领导小组会议，传达学习中央全面深化改革委员会第十七次会议精神，研究部署地震系统深化改革工作。中国地震局党组成员、副局长阴朝民、王昆参加。

1月15日

中国地震局召开2020年度直属机关党建述职评议考核会议，中国地震局地质研究所等6家单位或部门党组织书记现场述职。

1月18日

中国地震局召开干部大会，中国地震局党组书记、局长闵宜仁主持会议并宣布中央决定：倪岳伟任中国地震局党组成员。中国地震局党组成员、副局长阴朝民、王昆出席。

1月19日

中国地震局党组书记、局长闵宜仁出席局党组巡视反馈会议并讲话。中国地震局党组成员、副局长阴朝民主持，党组成员、副局长王昆，党组成员倪岳伟出席。

1月19日

中国地震局党组书记、局长闵宜仁主持召开局党组会议，传达学习习近平总书记在省部级主要领导干部学习贯彻党的十九届五中全会精神专题研讨班开班式上的重要讲话精神，研究贯彻落实措施；审议《2021年地震系统援疆工作要点》《2021年地震系统援藏工作要点》。中国地震局党组成员、副局长阴朝民、王昆，党组成员倪岳伟出席。

1月20日

地震系统离退休干部情况通报视频会在北京召开。中国地震局党组书记、局长闵宜仁通报全国地震局长会议情况，并向地震系统老同志致以慰问。中国地震局党组成员、副局长阴朝民主持，党组成员、副局长王昆出席。

1月21日

中国地震局印发《中国地震预警网地震预警信息发布指南（内部试行）》。

1月22日

中国地震局党组书记、局长闵宜仁主持召开2021年全国震情监视跟踪和应急准备工作部署会，深入学习习近平总书记关于防灾减灾救灾重要论述和防震减灾重要指示批示精神，传达学习国务院领导同志批示要求，落实2021年全国应急管理工作会议和全国地震局长会议工作部署，专题研究部署2021年全国震情监视跟踪和应急准备工作。中国地震局党组成员、副局长阴朝民、王昆出席。同日，国务院任命倪岳伟为中国地震局副局长。

1月23日

09时59分在云南昭通市盐津县（28.18°N，104.22°E）发生4.7级地震，震源深度10千米。地震发生后，中国地震局党组书记、局长闵宜仁立即作出部署，云南省地震局派出现场工作组开展应急处置工作。

1月26日

中国地震局党组书记、局长闵宜仁主持召开局党组会议，传达学习十九届中央纪委五次全会精神，部署贯彻落实措施及近期重点工作。中国地震局党组成员、副局长阴朝民、王昆、倪岳伟出席。

1月27日

财政部办公厅印发《关于对2019年度中央部门预算绩效管理工作考核先进单位给予表扬的通报》，对2019年度中央部门预算绩效管理工作考核结果为优良的40家单位进行通报表扬，其中优秀20家，良好20家，中国地震局被评为优秀，也是自2018年全面实施预算绩效管理改革以来连续两年获得优秀。

1月28日

中国地震局党组书记、局长闵宜仁主持召开局长专题会议，研究部署国务院防震减灾工作联席会议准备工作。

1月29日

中国地震局召开地震系统规范领导干部配偶、子女及其配偶经商办企业行为动员部署视频会议，中国地震局党组书记、局长闵宜仁在全系统范围进行动员部署和政策宣讲。中国地震局党组成员、副局长王昆主持会议，并传达中央有关精神。

1月29日

中国地震局印发《关于开展地震监测仪器运行状况大检查的通知》。

2月1日

中国地震局党组书记、局长闵宜仁，中国地震局党组成员、副局长阴朝民、王昆、倪岳伟参加局党组民主生活会。

2月2日

中国地震局党组书记、局长闵宜仁主持召开局党组会议，传达学习全国组织部长会议精神，研究部署组织人事重点工作。中国地震局党组成员、副局长阴朝民、王昆、倪岳伟出席。

2月2日

中国地震局党组书记、局长闵宜仁主持召开局务会议，听取震情工作汇报；审议《地震短临预报专群结合研究试点行动方案》。中国地震局党组成员、副局长阴朝民、王昆、倪岳伟出席。同日，中国地震局党组印发《2021年度全面深化改革工作要点》。

2月3日

中国地震局党组书记、局长闵宜仁与部分地震台站和市县地震机构视频连线，慰问防震减灾基层一线干部职工。中国地震局党组成员、副局长阴朝民、王昆、倪岳伟参加。

2月3日

中国地震局党组书记、局长闵宜仁，中国地震局党组成员、副局长倪岳伟参加2021年度地震灾害应急管理重点工作专题会议。

2月4日

中国地震局党组成员、副局长王昆出席地震系统党务、纪检队伍学习贯彻十九届中央纪委五次全会与中央和国家机关党的工作暨纪检工作会议精神视频会议并讲话。

2月5日

中国地震局党组书记、局长闵宜仁，中国地震局党组成员、副局长王昆看望慰问陈颙院士。

2月8日

中国地震局党组召开审计领导小组会议，听取2020年地震系统审计工作汇报，研究部署2021年审计工作，中国地震局党组书记、局长闵宜仁主持会议并讲话。中国地震局党组成员、副局长阴朝民、王昆、倪岳伟出席。

2月9日

中国地震局党组成员、副局长阴朝民主持召开国家预警工程项目领导小组会议，研究审议2021年度国家预警工程项目工作计划和投资计划，听取可调剂资金使用方案和深圳专项攻坚进展情况汇报。

2月11日

中国地震局党组书记、局长闵宜仁赴中国地震台网中心看望慰问春节期间值班工作人员。

2月18日

中国地震局党组书记、局长闵宜仁主持召开局长专题会议，研究部署春节后重点工作。中国地震局党组成员、副局长阴朝民、王昆、倪岳伟参加。

2月22日

中国地震局党组书记、局长闵宜仁主持召开局党组会议，传达学习习近平总书记在党史学习教育动员大会上的重要讲话精神，研究贯彻落实措施。中国地震局党组成员、副局长阴朝民、王昆、倪岳伟出席。

2月25日

中国地震局党组书记、局长闵宜仁参加全国脱贫攻坚总结表彰大会。中国地震局扶贫干部徐鑫获得"全国脱贫攻坚先进个人"称号。

2月25日

中国地震局党组书记、局长闵宜仁主持召开会议，通报局党组2020年度民主生活会情况。中国地震局党组成员、副局长阴朝民、王昆、倪岳伟出席。

2月26日

中国地震局党组开展理论学习中心组集体学习，进一步深入学习领会习近平总书记在党的十九届五中全会、省部级主要领导干部专题研讨班、中央政治局第二十七次集体学习和中央全面深化改革委员会第十八次会议上的重要讲话精神，中国地震局党组书记、局长闵宜仁主持学习并讲话。中国地震局党组成员、副局长阴朝民、王昆、倪岳伟参加。

3月1日

中国地震局召开2021年全国两会地震安全保障服务动员部署视频会议。受中国地震局党组书记、局长闵宜仁委托，中国地震局党组成员、副局长阴朝民出席会议，对2021年全国两会地震安全保障服务工作作出部署。

3月2日

中国地震局党组书记、局长闵宜仁主持召开中国地震局地震预警工作推进领导小组工作会议，传达学习应急管理部党委书记、副部长黄明关于近期地震预警工作的批示要求，听取领导小组办公室和各专项工作组近期工作情况的汇报，并就2021年上半年全局地震预警重点任务落实进行部署。中国地震局党组成员、副局长阴朝民、王昆、倪岳伟出席。

3月2日

中国地震局党组书记、局长闵宜仁主持召开局党组会议，传达学习习近平总书记在全国脱贫攻坚总结表彰大会上的重要讲话精神，研究贯彻落实措施，审议《2021年中国地震局定点帮扶工作要点》。中国地震局党组成员、副局长阴朝民、王昆、倪岳伟出席。

3月2日

中国地震局党组书记、局长闵宜仁主持召开局务会议，听取震情工作汇报；研究进一步加强前震自动识别软件试验应用工作。中国地震局党组成员、副局长阴朝民、王昆、倪岳伟出席。

3月3日

中国地震局党组书记、局长闵宜仁会见唐山市委常委、常务副市长付振波一行。

3月3日

中国地震局党组成员、副局长阴朝民主持召开中国地震局老干部工作领导小组会议。

3月9日

中国地震局党组书记、局长闵宜仁主持召开专题会议，与驻部纪检监察组专题会商全面从严治党、党风廉政建设和反腐败工作。中国地震局党组成员、副局长阴朝民、王昆、倪岳伟，驻部纪检监察组副组长刘晓晓和有关人员出席。

3月9日

中国地震局党组书记、局长闵宜仁主持召开局党组会议，研究审议《地震系统党史学习教育实施方案》；听取自然灾害防治两项重点工程进展情况汇报；审议2021年度审计工作要点和工作计划。中国地震局党组成员、副局长阴朝民、王昆、倪岳伟出席。

3月10日

中国地震局党组书记、局长闵宜仁出席地震系统党史学习教育动员大会并讲话，对地震系统高标准高质量组织开展党史学习教育进行动员部署。中国地震局党组成员、副局长王昆主持会议并传达《地震系统党史学习教育实施方案》，党组成员、副局长阴朝民、倪岳伟出席。

3月11日

中国地震局党组书记、局长闵宜仁会见上海市科技工作党委书记徐枫一行。中国地震局党组成员、副局长王昆出席。

3月11日

中国地震局党组成员、副局长阴朝民出席地震系统2021年度离退休干部工作视频会议并讲话。

3月12日

中国地震局党组书记、局长闵宜仁会见云南省副省长和良辉一行。中国地震局党组成员、副局长王昆出席。

3月16日

中国地震局党组书记、局长闵宜仁主持召开局党组会议，研究贯彻落实中央纪委对局党组巡视整改工作审核评估意见及驻部纪检监察组专题会商监督建议整改措施。中国地震局党组成员、副局长阴朝民、王昆、倪岳伟出席。

3月16日

中国地震局党组书记、局长闵宜仁主持召开局务会议，听取重点危险区地震灾害损失预评估工作汇报；研究审议《地震后24小时中国地震局应急响应工作清单》《中国地震局年度综合考评实施办法（修订稿）》。中国地震局党组成员、副局长阴朝民、王昆、倪岳伟出席。

3月16日

中国地震局党组召开专题会议，对局属单位和机关内设机构领导班子进行年度分析研判。

3月17日

中国地震局党组书记、局长闵宜仁主持召开地震预警推进会，听取地震预警"先行先试"攻坚工作计划汇报，对攻坚工作作出动员部署。

3月17日

中国地震局印发《2020年内部审计发现问题情况的通报》。

3月17日

中国地震局党组印发《2021年度审计工作要点》。

3月18日

中国地震局党组书记、局长闵宜仁，中国地震局党组成员、副局长阴朝民出席中国地震局与中国铁塔股份有限公司战略合作协议签约仪式。

3月19日

14时11分在西藏那曲市比如县（31.94°N，92.74°E）发生6.1级地震，震源深度10千米。地震发生后，中国地震局党组书记、局长闵宜仁立即作出部署，中国地震局党组成员、副局长阴朝民、倪岳伟在局应急指挥中心部署应急处置工作。

3月23日

中国地震局党组书记、局长闵宜仁主持召开中国地震局党组党史学习教育领导小组第一次全体会议并讲话。中国地震局党组成员、副局长阴朝民、王昆、倪岳伟参加会议。

3月23日

中国地震局党组书记、局长闵宜仁主持召开局党组会议，研究地震安评等科技服务领域突出问题专项治理、"一带一路"地震监测台网项目、局机关干部挂职工作。中国地震局党组成员、副局长阴朝民、王昆、倪岳伟出席。

3月24日

05时14分在新疆阿克苏地区拜城县（41.70°N，81.11°E）发生5.4级地震，震源深度10千米。地震发生后，中国地震局党组书记、局长闵宜仁第一时间在应急管理部指挥中心，中国地震局党组成员、副局长阴朝民、倪岳伟在中国地震局应急指挥中心部署应急处置工作。

3月24—28日

中国地震局党组成员、副局长王昆赴重庆市地震局、贵州省地震局调研防震减灾工作，赴中国地震局深圳防灾减灾技术研究院调研，督促指导国家地震烈度速报与预警工程专项攻坚工作。

3月29日

中国地震局党组书记、局长闵宜仁主持召开局长专题会议，听取部分局属单位工作汇报，指导推动局属单位贯彻落实年度工作任务。中国地震局党组成员、副局长阴朝民、王昆、倪岳伟出席。

3月30日

01时27分在西藏那曲市双湖县（34.38°N，87.68°E）发生5.8级地震，震源深度10千米。地震发生后，中国地震局党组书记、局长闵宜仁第一时间在中国地震局应急指挥中心调度部署应急处置工作。中国地震局党组成员、副局长阴朝民、王昆参加调度。

3月30日

中国地震局召开干部大会，中国地震局党组书记、局长闵宜仁主持会议并宣布中央决定：陈小军任中国地震局党组成员。中国地震局党组成员、副局长阴朝民、王昆、倪岳伟出席。

3月30日

国务院任命陈小军为中国地震局副局长。

3月30日

中国地震局党组书记、局长闵宜仁主持召开局党组会议，传达学习习近平总书记在福建考察期间的重要讲话精神和《中国共产党组织处理规定（试行）》，研究贯彻落实措施；审议《中国地震局党组党史学习教育领导小组及其办公室工作规则》《直属机关"两优一先"评选表彰工作方案》。中国地震局党组成员、副局长阴朝民、王昆、倪岳伟、陈小军出席。

3月30日

中国地震局党组书记、局长闵宜仁主持召开局务会议，审议《测震站网业务管理办法（试行）》。中国地震局党组成员、副局长阴朝民、王昆、倪岳伟、陈小军出席。

3月30日—4月2日

中国地震局党组成员、副局长阴朝民赴甘肃省开展国务院抗震救灾指挥部办公室地震灾害防范应对准备检查，并调研中国地震局甘肃永靖定点帮扶工作，听取甘肃省地震局工作汇报。

4月1日

中国地震局机关举办局党组理论学习中心组集体学习暨党史学习教育第一期读书班开班式，中国地震局党组书记、局长闵宜仁主持并作主题发言。中国地震局党组成员、副局长阴朝民（视频）、王昆、倪岳伟、陈小军出席会议并发言。

4月1日

中国地震局党组书记、局长闵宜仁出席地震安评等科技服务领域突出问题专项治理启动视频会并讲话。中国地震局党组成员、副局长王昆主持会议，党组成员、副局长阴朝民（视频）、倪岳伟、陈小军出席。

4月1日

中国地震局党组书记、局长闵宜仁会见西藏自治区副主席多吉次珠一行。中国地震局党组成员、副局长王昆参加会见。

4月2日

中国地震局举办学习贯彻党的十九届五中全会精神专题培训班开班式，中国地震局党组书记、局长闵宜仁作动员讲话。中国地震局党组成员、副局长王昆主持会议，党组成员、副局长倪岳伟、陈小军出席。中共中央党校（国家行政学院）张克副教授以《开启全面建设社会主义现代化国家新征程——学习贯彻十九届五中全会精神》为主题作专题讲座。

4月7日

中国地震局党组书记、局长闵宜仁主持召开党组会议，审议《局党组关于十九届中央第五轮巡视整改进展情况的通报》。中国地震局党组成员、副局长阴朝民、王昆、倪岳伟、陈小军出席。

4月7日

中国地震局党组书记、局长闵宜仁主持召开局务会议，听取震情工作汇报，审议《中国地震科学实验场建设工程项目建议书》。中国地震局党组成员、副局长阴朝民、王昆、倪岳伟、陈小军出席。

4月8日

中国地震局党组书记、局长闵宜仁主持召开中国地震局2021年网络安全和信息化领导小组会议。中国地震局党组成员、副局长阴朝民出席。

4月9日

中国地震局党组书记、局长闵宜仁主持召开局长专题会议，研究讨论《唐山大地震45周年抗震救灾和新唐山建设成就展暨防灾减灾应用技术成果展示会方案》。中国地震局党组成员、副局长倪岳伟、陈小军出席。

4月9—10日

中国地震局党组成员、副局长王昆赴云南省开展国务院抗震救灾指挥部办公室地震灾害防范应对准备检查。

4月11—13日

中国地震局党组成员、副局长倪岳伟赴新疆维吾尔自治区开展国务院抗震救灾指挥部办公室地震灾害防范应对准备检查，并听取新疆维吾尔自治区地震局工作汇报。

4月13日

中国地震局党组书记、局长闵宜仁主持召开局党组会议，传达学习《中共中央关于加强对"一把手"和领导班子监督的意见》精神并研究落实措施；听取中央巡视整改"回头看"开展情况汇报。中国地震局党组成员、副局长阴朝民、王昆、陈小军出席。

4月14日

中国地震局党组成员、副局长阴朝民出席首场地震系统老同志党史学习教育宣讲报告视频会并作动员讲话。

4月15—18日

中国地震局党组成员、副局长阴朝民赴西藏自治区开展国务院抗震救灾指挥部办公室地震灾害防范应对准备检查，听取西藏自治区地震局工作汇报，赴林芝市调研；赴四川听取四川省地震局工作汇报，主持召开国家预警工程现场攻坚专题座谈会，并调研四川省震情跟踪、台站改革进展情况。

4月16日

16时06分在河北唐山市滦州市（39.75°N，118.71°E）发生4.3级地震，震源深度9千米。地震发生后，中国地震局党组书记、局长闵宜仁第一时间在中国地震局应急指挥中心调度部署应急处置工作。中国地震局党组成员、副局长王昆、倪岳伟、陈小军参加调度。

4月20日

中国地震局党组书记、局长闵宜仁主持召开局党组会议，审议《深圳培训中心和深研院机构改革方案》《中国地震局领导干部配偶、子女及其配偶经商办企业禁业范围》；研究2022年第一批部门自身建设项目立项工作。中国地震局党组成员、副局长阴朝民、王昆、倪岳伟、陈小军出席。

4月20日

中国地震局党组书记、局长闵宜仁主持召开局务会议，听取"应急使命·2021"演练准备工作汇报。中国地震局党组成员、副局长阴朝民、王昆、倪岳伟、陈小军出席。

4月20日

中国地震局党组书记、局长闵宜仁主持召开中共中国地震局党组关于十九届中央第五轮巡视整改进展情况通报会议。中国地震局党组成员、副局长阴朝民、王昆、倪岳伟、陈小军出席。

4月22日

中国地震局党组成员、副局长阴朝民主持召开"一带一路"地震监测台网项目工作领导小组会议。

4月22—23日

中国地震局党组书记、局长闵宜仁赴河北省石家庄市、唐山市检查地震灾害防范应对准备工作。

4月27—30日

中国地震局党组成员、副局长陈小军出席黄河流域防震减灾高质量发展研讨会，赴河南省地震局、中国地震局地球物理勘探中心和洛阳市调研。

4月28日

中国地震局党组书记、局长闵宜仁主持召开局长专题会议，研究"应急使命·2021"演习先期工作组方案。中国地震局党组成员、副局长阴朝民出席。

4月30日

中国地震局党组书记、局长闵宜仁主持召开局党组会议，传达学习贯彻国务院第四次廉政工作会议精神，审议《2021年地震系统全面从严治党会议工作报告》；传达学习贯彻中央领导同志重要批示精神，听取两项重点工程进展情况汇报；审议"永远跟党走"群众性主题宣传教育活动、"我为群众办实事"实践活动方案。中国地震局党组成员、副局长阴朝民、王昆、倪岳伟、陈小军参加。

4月30日

中国地震局党组书记、局长闵宜仁主持召开局务会议，审议《防震减灾科学成果奖励办法》及其实施细则；听取2021年第一季度全国特别是新疆地区震情监视跟踪和应急准备工作情况汇报。中国地震局党组成员、副局长阴朝民、王昆、倪岳伟、陈小军参加。

4月30日

中国地震局党组成员、副局长陈小军主持召开中国地震局保密委员会扩大会议，研究部署保密检查相关工作。

5月6—7日

中国地震局党组成员、副局长阴朝民赴上海市参加首届长三角国际应急减灾和救援博览会，出席深化长三角地区防震减灾一体化发展工作座谈会。

5月7—8日

中国地震局党组成员、副局长陈小军到湖南调研防震减灾工作。

5月11日

中国地震局党组书记、局长闵宜仁出席2021年地震系统全面从严治党工作会议并讲话。中国地震局党组成员、副局长阴朝民主持，党组成员、副局长王昆作工作报告，党组成员、副局长陈小军出席，驻部纪检监察组副组长刘晓晓出席并讲话。

5月11日

中国地震局党组书记、局长闵宜仁主持召开中国地震局党组巡视工作领导小组会议。中国地震局党组成员、副局长阴朝民、王昆、陈小军出席。

5月11日

中国地震局党组印发《2021年党的建设工作要点》《2021年党风廉政建设工作要点》。

5月12日

中国地震局党组成员、副局长王昆出席香山科学会议，听取与会专家报告，讨论地震预测预报科技问题和未来发展方向。

5月12日

中国地震局党组成员、副局长陈小军出席2021年北京市"防灾减灾日"暨"云上学安全"活动。

5月13日

中国地震局党组书记、局长闵宜仁赴四川省地震局调研国家地震烈度速报与预警专项攻坚工作，主持召开中国地震预警网建设研讨会，看望慰问国家地震预警工程四川现场攻坚团队。

5月14日

中国地震局党组书记、局长闵宜仁，中国地震局党组成员、副局长阴朝民在四川省雅安市出席"应急使命·2021"抗震救灾演习。中国地震局党组成员、副局长王昆、陈小军视频参加。

5月18日

中国地震局党组书记、局长闵宜仁主持召开局党组会议，传达学习习近平总书记在广西考察期间的重要讲话精神，研究贯彻落实措施；研究地震安全性评价"放管服"改革有关工作；研究"两优一先"表彰有关工作。中国地震局党组成员、副局长阴朝民、王昆、倪岳伟、陈小军出席。

5月18日

中国地震局党组书记、局长闵宜仁主持召开局务会议，听取震情工作汇报；听取开展已建成核电厂地震安全复核和地震次生灾害风险评估工作有关情况汇报；审议2021年度地震标准制修订项目立项建议。中国地震局党组成员、副局长阴朝民、王昆、倪岳伟、陈小军出席。

5月19日

中国共产党中国地震局直属机关第九次代表大会在北京召开，中国地震局党组书记、局长闵宜仁出席会议并讲话。中国地震局党组成员、副局长阴朝民代表第八届直属机关党委向大会作工作报告，党组成员、副局长王昆主持，党组成员、副局长倪岳伟出席。

5月20日

中国地震局举办"牢记嘱托 不负韶华——做新时代抗震救灾精神传承人"十佳讲述人分享会，中国地震局党组书记、局长闵宜仁出席并讲话。中国地震局党组成员、副局长王昆、倪岳伟、陈小军出席。

5月20日

中国地震局党组书记、局长闵宜仁主持召开中国地震局新时代防震减灾事业现代化建设领导小组会议。中国地震局党组成员、副局长阴朝民、王昆、倪岳伟、陈小军出席。

5月20日

中国地震局党组印发《关于中国地震局机关新增编制配置的通知》。

5月21日

21时48分在云南大理州漾濞县（25.67°N，99.87°E）发生6.4级地震，震源深度8千米。地震发生后，中国地震局党组书记、局长闵宜仁第一时间在中国地震局应急指挥中心调度部署应急处置工作。中国地震局党组成员、副局长阴朝民、王昆、倪岳伟、陈小军参加调度。

5月21日

中国地震局党组书记、局长闵宜仁出席应急管理部应急管理大学筹建工作领导小组会议，中国地震局党组成员、副局长王昆参加。

5月22日

02时04分在青海果洛州玛多县（34.59°N，98.34°E）发生7.4级地震，震源深度17千米，震中10千米范围内平均海拔约4200米，震中附近震感强烈。地震发生后，中国地震局党组书记、局长闵宜仁第一时间在中国地震局应急指挥中心调度部署应急处置工作。中国地震局党组成员、副局长阴朝民、王昆、倪岳伟、陈小军参加调度。

5月22日

国务院抗震救灾指挥部召开专题会议，研究部署云南漾濞6.4级地震、青海玛多7.4级地震抗震救灾工作，中国地震局党组书记、局长闵宜仁出席。中国地震局党组成员、副局长王昆、陈小军参加。

5月22日

云南漾濞6.4级、青海玛多7.4级地震发生后，依据地震科学考察工作预案，中国地震局迅速启动地震科学考察工作，成立地震科学考察指挥部和工作组，组织中国地震局预测研究所、中国地震局地质研究所等地震系统有关单位会同中国地质大学（武汉）、中国科学技术大学、中国科学院青藏高原研究所等高校和科研院所研究制定科学考察方案，选派

70余位多学科专家赶赴地震现场,全面开展科学考察工作。

5月22—23日

中国地震局党组书记、局长闵宜仁主持召开中国地震局党组扩大会议,研究安排地震系统抗震救灾业务支撑和应急处置工作。中国地震局党组成员、副局长王昆、陈小军出席。

5月22—25日

中国地震局党组成员、副局长阴朝民在云南指导协助地方政府开展云南漾濞6.4级地震抢险救援救灾工作。

5月22—30日

中国地震局党组成员、副局长倪岳伟在青海指导协助地方政府开展青海玛多7.4级地震抢险救援救灾工作。

5月24日

中国地震局党组印发《关于扎实做好当前抗震救灾业务支撑 进一步加强全国地震灾害风险防范工作的通知》。

5月26日

中国地震局党组成员、副局长阴朝民赴中央党校(国家行政学院)为国务院抗震救灾指挥部办公室全国抗震救灾培训研修班学员作专题授课。

5月26日

中国地震局党组成员、副局长陈小军到中国地震局工程力学研究所北京园区调研公共服务工作。

5月28日

中国地震局印发《新时代防震减灾事业现代化建设2021年工作要点》。

5月28日

中国地震局印发《防震减灾科学成果奖励办法》及《防震减灾科学成果奖励办法实施细则》。

5月29日—6月11日

中国地震局党组成员、副局长王昆在青海指导协助地方政府开展青海玛多7.4级地震抢险救援救灾工作。

5月31日

中国地震局党组管理干部专题培训班在北京举办,中国地震局党组书记、局长闵宜仁出席开班式并讲话。

6月1日

中国地震局党组书记、局长闵宜仁主持召开局党组会议,传达学习习近平总书记在中国科学院第二十次院士大会、中国工程院第十五次院士大会、中国科协第十次全国代表大会以及中央全面深化改革委员会第十九次会议上的重要讲话精神,研究贯彻落实措施。中国地震局党组成员、副局长阴朝民、倪岳伟、陈小军出席。

6月1日

中国地震局党组书记、局长闵宜仁主持召开局务会议,听取震情工作汇报;审议《科技星火计划管理办法》及《科技星火计划项目验收工作规定》。中国地震局党组成员、副局长阴朝民、倪岳伟、陈小军出席。

6月1—4日

中国地震局党组成员、副局长陈小军先后到海南省地震局、广西壮族自治区地震局调研全面从严治党和防震减灾工作。

6月2日

中国地震局党组书记、局长闵宜仁，中国地震局党组成员、副局长阴朝民参加国务院全国深化"放管服"改革着力培育和激发市场主体活力电视电话会议。

6月2日

中国地震局党组书记、局长闵宜仁慰问离退休老领导和老干部代表。

6月2—4日

中国地震局党组书记、局长闵宜仁赴湖北省地震局调研全面从严治党和科技创新工作，并视频连线慰问青海玛多地震现场科考和野外测量队员。

6月7日

中国地震局党组成员、副局长阴朝民主持召开"一带一路"地震监测台网项目工作领导小组扩大会议暨项目实施启动会。

6月8日

中国地震局党组书记、局长闵宜仁主持召开局党组会议，集体学习《中共中央 国务院关于新时代加强和改进思想政治工作的意见》，研究贯彻落实措施；听取中国地震预警网建设有关工作汇报。中国地震局党组成员、副局长阴朝民、倪岳伟、陈小军出席。

6月8日

中国地震局党组书记、局长闵宜仁主持召开中国地震局党组党史学习教育领导小组第二次全体会议并讲话。中国地震局党组成员、副局长阴朝民、倪岳伟、陈小军参加会议。

6月8日

中国地震局党组书记、局长闵宜仁主持召开局务会议，审议《测震站网业务管理办法（试行）》。中国地震局党组成员、副局长阴朝民、倪岳伟、陈小军出席。

6月9日

中国地震局党组开展理论学习中心组集体学习，到香山革命纪念馆参观学习并开展集中学习研讨，中国地震局党组书记、局长闵宜仁作主题发言。中国地震局党组成员、副局长阴朝民、倪岳伟、陈小军结合分管工作作专题发言。6月10日，党史学习教育中央第二十三指导组到中国地震局指导工作，指导组组长姜洋出席见面对接会并讲话。中国地震局党组书记、局长闵宜仁向中央指导组汇报地震系统开展党史学习教育情况。中央第二十三指导组副组长张红梅和指导组成员，中国地震局党组成员、副局长阴朝民、倪岳伟、陈小军，局党组党史学习教育领导小组办公室负责同志参加。

6月9日

中国地震局与华为技术有限公司在北京举行战略合作协议签约仪式。中国地震局党组成员、副局长阴朝民和华为公司副总裁、数字政府业务部总裁杨瑞凯代表双方签署《中国地震局 华为技术有限公司战略合作协议》。

6月9日

19时46分在云南楚雄州双柏县（24.34°N，101.91°E）发生5.1级地震，震源深度8

千米。地震发生后，中国地震局党组书记、局长闵宜仁第一时间在中国地震局应急指挥中心调度部署应急处置工作。中国地震局党组成员、副局长阴朝民、倪岳伟、陈小军参加调度。

6月12日

18时00分在云南德宏州盈江县（24.96°N，97.89°E）发生5.0级地震，震源深度16千米。地震发生后，中国地震局党组书记、局长闵宜仁第一时间在中国地震局应急指挥中心调度部署应急处置工作。中国地震局党组成员、副局长阴朝民、王昆、倪岳伟、陈小军参加调度。

6月16日

16时48分在青海海西州茫崖市（38.14°N，93.81°E）发生5.8级地震，震源深度10千米。地震发生后，中国地震局党组书记、局长闵宜仁第一时间在中国地震局应急指挥中心调度部署应急处置工作。中国地震局党组成员、副局长阴朝民、王昆、倪岳伟、陈小军参加调度。

6月16日

中国地震局党组书记、局长闵宜仁主持召开局党组（扩大）会议，传达学习习近平总书记关于湖北十堰市张湾区艳湖社区集贸市场燃气爆炸事故的重要指示精神，研究部署贯彻落实措施。中国地震局党组成员、副局长阴朝民、王昆、倪岳伟、陈小军出席。

6月21日

中国地震局党组书记、局长闵宜仁出席直属机关党史学习教育交流会议并讲话。中国地震局党组成员、副局长王昆主持，党组成员、副局长阴朝民、倪岳伟、陈小军出席。

6月21日

"致敬百年路 开启防震减灾事业现代化新征程——庆祝中国共产党成立100周年"主题展览在中国地震局东楼一层大厅开展。中国地震局党组书记、局长闵宜仁出席开展仪式并参观展览。中国地震局党组成员、副局长阴朝民、王昆、倪岳伟、陈小军一同参观。

6月21日

"奋斗百年路 启航新征程"地震系统职工书画摄影作品展在中国地震局机关西楼三层大厅开展。中国地震局党组书记、局长闵宜仁出席开展仪式并参观展览。中国地震局党组成员、副局长阴朝民、王昆、倪岳伟、陈小军一同参观。

6月21日

中国地震局印发《测震站网业务管理办法（试行）》。

6月21日

中国地震局印发《科技星火计划管理办法》及《科技星火计划项目验收工作规定》。

6月23日

中国地震局党组书记、局长闵宜仁出席"光荣在党50年"纪念章颁发仪式暨庆祝中国共产党成立100周年老党员老干部座谈会议并讲话。中国地震局党组成员、副局长阴朝民主持，党组成员、副局长王昆、倪岳伟、陈小军出席。

6月23日

中国地震局党组书记、局长闵宜仁主持召开局党组会、局务会，传达学习习近平总书记在青海考察期间和在参观"'不忘初心、牢记使命'中国共产党历史展览"时的重要讲话精神，研究部署贯彻落实措施。中国地震局党组成员、副局长阴朝民、王昆、倪岳伟、陈小军出席。

6月24日

中国地震局党组成员、副局长阴朝民出席2021年年中全国地震趋势跟踪会商会。

6月25日

中国地震局党组成员、副局长陈小军到北京市地震局调研地震系统融媒体建设相关工作。

6月25日

中国地震局印发《关于表彰防震减灾工作优秀奖和先进个人的决定》。

6月29日

中国地震局党组书记、局长闵宜仁主持召开局党组会议，传达学习李克强总理有关重要批示精神，研究贯彻落实措施。中国地震局党组成员、副局长倪岳伟、陈小军出席。

6月29日

中国地震局党组书记、局长闵宜仁主持召开局务会议，审议《震后12小时地震应急服务行动清单》《地震应急服务响应等级》及《应急管理部中国地震局 自然资源部中国地质调查局战略合作协议》。中国地震局党组成员、副局长王昆、倪岳伟、陈小军出席。

6月30日

中国地震局党组书记、局长闵宜仁出席党史学习教育专题党课报告会暨局直属机关"两优一先"表彰大会。中央第二十三指导组组长姜洋，驻应急管理部纪检监察组、应急管理部机关党委有关同志到会指导。中国地震局党组成员、副局长王昆主持，党组成员、副局长阴朝民、倪岳伟、陈小军出席。

6月30日

中国地震局党组成员、副局长阴朝民调度中国地震局庆祝中国共产党成立100周年活动期间地震安保工作。

7月1日

中国地震局党组书记、局长闵宜仁参加庆祝中国共产党成立100周年大会。中国地震局党组成员、副局长阴朝民、王昆、倪岳伟、陈小军在局机关集中收看大会实况直播。

7月2日

中国地震局党组书记、局长闵宜仁主持召开中国地震局地震预警工作推进领导小组会议。中国地震局党组成员、副局长阴朝民、王昆、倪岳伟、陈小军出席。

7月2日

中国地震局党组书记、局长闵宜仁主持召开局党组会议，传达学习习近平总书记在庆祝中国共产党成立100周年大会上的重要讲话精神，研究贯彻落实措施。中国地震局党组成员、副局长阴朝民、王昆、倪岳伟、陈小军参加。

7月6日

中国地震局党组书记、局长闵宜仁主持召开局党组会议，研究地震系统深入学习宣传贯彻习近平总书记"七一"重要讲话精神措施。中国地震局党组成员、副局长阴朝民、王昆、倪岳伟、陈小军出席。

7月6日

中国地震局党组书记、局长闵宜仁主持召开局务会议，听取震情工作汇报；研究加强机关物业管理工作。中国地震局党组成员、副局长阴朝民、王昆、倪岳伟、陈小军出席。

7月7日

中国地震局党组书记、局长、巡视工作领导小组组长闵宜仁主持召开局党组巡视工作领导小组会议，听取2021年第一轮巡视工作汇报并作工作部署。中国地震局党组成员、副局长、巡视工作领导小组副组长阴朝民、王昆，驻部纪检监察组副组长、巡视工作领导小组副组长刘晓晓出席。

7月8日

中国地震局党组成员、副局长王昆陪同驻部纪检监察组赴中国地震局地质研究所调研。

7月9日

中国地震局党组成员、副局长阴朝民赴中国地震台网中心调研，指导云南漾濞6.4级地震和青海玛多7.4级地震科学总结工作，并召开地震监测预报工作人员座谈会。

7月9日

中国地震局党组成员、副局长阴朝民会见中国华能集团有限公司党组成员、副总经理樊启祥一行。

7月9日

中国地震局党组成员、副局长倪岳伟出席预算管理一体化建设试点工作及预算执行推进会议并讲话，部署地震系统预算管理一体化工作，通报全局预算执行情况，安排部署预算推进和预算编制相关工作。会前，邀请财政部国库司司长王小龙作"中央预算管理一体化相关政策"专题讲座。

7月9日

中国地震局党组成员、副局长倪岳伟出席全国地震灾害风险普查试点总结暨全国普查工作推进会。

7月11—16日

中国地震局局属单位党政主要负责人专题培训班在中央党校（国家行政学院）举行，中国地震局党组同志、地震系统各单位和机关各内设机构党政主要负责人参加专题培训。培训期间，中国地震局党组书记、局长闵宜仁主持召开年度防震减灾工作推进会，动员部署地震系统深入学习贯彻习近平总书记"七一"重要讲话精神。

7月14日，中国地震局党组书记、局长闵宜仁会见中国地质大学（北京）校长、党委副书记孙友宏一行，双方就进一步深化战略合作进行深入交流。中国地震局党组成员、副局长倪岳伟，中国地质大学（北京）党委常委、副校长刘大锰及双方有关部门负责同志参加。

7月16日

中国地震局党组书记、局长闵宜仁会见中央党校（国家行政学院）常务副校长李书磊，双方围绕贯彻落实习近平总书记"七一"重要讲话精神进行深入交流，就完善地震系统党政领导干部培训工作、强化创新理论武装等方面深入研讨、交换意见。中国地震局党组成员、副局长阴朝民、王昆、倪岳伟、陈小军参加会见。

7月19—23日

全国人大常委会委员、教科文卫委副主任委员吴恒、张平赴四川省、青海省开展全国人大防震减灾法施行情况调研，中国地震局党组成员、副局长陈小军陪同。

7月20日

中国地震局党组书记、局长闵宜仁主持召开局党组会议，传达学习中央和国家机关工委贯彻落实习近平总书记在中央和国家机关党的建设工作会议重要讲话精神交流座谈会部署要求，研究贯彻落实措施；听取中国地震局党组巡视工作领导小组办公室关于2021年第一轮巡视综合情况汇报，审议巡视反馈意见。中国地震局党组成员、副局长阴朝民、王昆、倪岳伟出席。

7月20日

中国地震局党组开展理论学习中心组集体学习，深入学习贯彻习近平总书记"七一"重要讲话精神，中国地震局党组书记、局长闵宜仁主持学习并讲话。中国地震局党组成员、副局长阴朝民、王昆、倪岳伟出席，党史学习教育中央第二十三指导组有关同志到会指导。

7月21日

中国地震局党组书记、局长闵宜仁出席，中国地震局党组成员、副局长阴朝民、王昆、倪岳伟参加党史学习教育读书班集中学习。

7月22日

中国地震局党组书记、局长闵宜仁主持召开局长专题会议，听取第二届全国防震减灾科普大会筹备情况汇报。中国地震局党组成员、副局长阴朝民、王昆、倪岳伟出席。

7月23日

中国地震局党组书记、局长闵宜仁以普通党员身份参加所在局办公室党支部党史学习教育专题组织生活会。党史学习教育中央第二十三指导组和局党史学习教育第五巡回指导组有关同志到会指导。

7月23日

中国地震局党组书记、局长闵宜仁主持召开局长专题会议，研究国家地震烈度速报与预警工程先行先试子项目改扩建工作。中国地震局党组成员、副局长阴朝民出席。

7月26日

中国地震局党组书记、局长闵宜仁主持召开局党组会议，传达学习习近平总书记在西藏考察期间重要讲话精神和对防汛救灾工作的重要指示精神，研究贯彻落实措施；审议《国家预警工程先行先试单位子项目改扩建方案》；审议《"十四五"国家防震减灾规划》。中国地震局党组成员、副局长阴朝民、王昆、陈小军出席。

7月26日

国务院抗震救灾指挥部印发《关于进一步健全完善地方防震减灾救灾体制机制的意见》。

7月27日

中国地震局党组成员、副局长阴朝民出席中国地震预警网示范运行新闻发布会。

7月27—29日

"防灾减灾救灾应用技术成果暨新唐山建设45周年成就展"在河北省唐山市举办。中国地震局党组书记、局长闵宜仁出席展览开幕式，唐山市委副书记、代市长田国良，中国地震局党组成员、副局长倪岳伟在开幕式上致辞，党组成员、副局长阴朝民参加，中国灾害防御协会秘书长唐豹主持。

7月28日

中国地震局、科技部、中国科协、河北省政府联合在唐山召开第二届全国防震减灾科普大会，中国地震局党组书记、局长闵宜仁出席开幕式并致辞，河北省委副书记、省长许勤致辞，中国地震局党组成员、副局长阴朝民主持并宣读王勇国务委员致信。科技部党组成员陆明，中国科协副主席、书记处书记孟庆海，中国地震局党组成员、副局长倪岳伟出席。

7月28日

中国地震局党组书记、局长闵宜仁在第二届全国防震减灾科普大会期间会见河北省委副书记、省长许勤，并共同参加防震减灾救灾应用技术成果暨新唐山建设45周年成就展、2021中国·唐山国际应急产业大会相关巡展活动。

7月28日

防震减灾工作评比表彰仪式在唐山召开，中国地震局党组成员、副局长阴朝民出席，党组成员、副局长倪岳伟宣读表彰决定，并共同向防震减灾工作优秀奖和先进个人代表、2021年度防震减灾科学成果一等奖获奖代表颁奖。

7月28日

中国地震局党组成员、副局长倪岳伟出席2021中国·唐山国际应急产业大会开幕式并致辞。

7月29日

中国地震局党组成员、副局长阴朝民主持召开"一带一路"地震监测台网项目工作领导小组会议。

7月29日

中国地震局和中国地质调查局签署战略合作协议。

7月30日

中国地震局党组书记、局长闵宜仁主持召开局党组与驻部纪检监察组专题会商会。中国地震局党组成员、副局长阴朝民、王昆、倪岳伟、陈小军，中央纪委国家监委第二监督检查室四处处长刘锦、驻部纪检监察组副组长刘晓晓、李秋昌出席。

7月30日

中国地震局党组书记、局长闵宜仁主持召开机关干部大会并讲话，传达学习国务院领导同志向第二届全国防震减灾科普大会致信精神，通报2021年各项工作进展，安排部署下半年重点工作。中国地震局党组成员、副局长阴朝民、王昆、倪岳伟、陈小军出席。

8月2日

中国地震局党组书记、局长闵宜仁主持召开局党组会议，学习习近平总书记关于全面从严治党重要论述，研究地震系统党的建设和全面从严治党工作；研究贯彻落实加强中央和国家机关部门机关纪委建设意见的措施；审议《国家防震减灾"十四五"规划》。中国地震局党组成员、副局长阴朝民、王昆、倪岳伟、陈小军出席。

8月2日

中国地震局党组书记、局长闵宜仁主持召开局务会议，听取震情工作汇报，研究部署近期全国和重点地区震情监视跟踪和应急准备工作；审议《全国地震监测中心站站长工作会议方案》。中国地震局党组成员、副局长阴朝民、王昆、倪岳伟、陈小军出席。

8月4日

19时12分在广西百色市德保县（23.38°N，东经106.71°E）发生4.8级地震，震源深度10千米。地震发生后，中国地震局党组书记、局长闵宜仁立即作出部署，中国地震局党组成员、副局长阴朝民、王昆、倪岳伟在局应急指挥中心部署应急处置工作。

8月9日

18时51分在新疆克孜勒苏州阿图什市（40.09°N，75.95°E）发生4.8级地震，震源深度15千米。地震发生后，中国地震局党组书记、局长闵宜仁立即作出部署，中国地震局党组成员、副局长倪岳伟在局应急指挥中心部署应急处置工作。

8月13日

12时21分在青海果洛州玛多县（34.58°N，97.54°E）发生5.8级地震，震源深度8千米。地震发生后，中国地震局党组书记、局长闵宜仁第一时间在局应急指挥中心调度部署应急处置工作。中国地震局党组成员、副局长阴朝民、王昆、倪岳伟、陈小军参加调度。

8月16日

中国地震局党组书记、局长闵宜仁主持召开局党组会议，研究加强地震系统全面从严治党工作；审议《中国地震局党组调整不适宜担任现职干部暂行办法》。中国地震局党组成员、副局长阴朝民、王昆、倪岳伟、陈小军出席。8月18日，中国地震局党组成员、副局长陈小军赴中国地震台网中心调研公共服务相关工作。

8月19日

中国地震局党组书记、局长闵宜仁出席局机关青年理论学习小组学习"七一"重要讲话精神座谈会。中国地震局党组成员、副局长王昆主持。

8月19日

中国地震局党组印发《省（自治区、直辖市）地震局党组秘书管理规定》。

8月20日

中国地震局党组书记、局长闵宜仁主持召开第二批地震安评等科技服务领域突出问题专项治理动员部署会暨警示教育通报会。中国地震局党组成员、副局长阴朝民、王昆、倪岳伟、陈小军，驻应急管理部纪检监察组、应急管理部机关党委有关同志出席。

8月20日

中国地震局党组成员、副局长阴朝民出席国家地震烈度与预警工程项目实施全国视频推进会。

8月21日

10时20分在贵州毕节市七星关区（27.12°N，105.31°E）发生4.5级地震，震源深度10千米。地震发生后，中国地震局党组书记、局长闵宜仁立即作出部署，中国地震局党组成员、副局长阴朝民、倪岳伟在局应急指挥中心部署应急处置工作。

8月23日

中国地震局印发《关于深入推进"口号响、调门高、落实差"专项整治工作的通知》。

8月24日

中国地震局党组书记、局长闵宜仁主持召开局党组会议,传达学习习近平总书记在中共中央政治局召开会议分析研究当前经济形势和经济工作时的重要讲话精神,研究贯彻落实措施;审议《中国地震局2022—2024年支出规划和2022年"一上"部门预算》;研究国务院办公厅《关于完善科技成果评价机制的指导意见》和《关于改革完善中央财政科研经费管理的若干意见》的贯彻落实措施。中国地震局党组成员、副局长阴朝民、王昆、倪岳伟、陈小军出席。

8月24日

中国地震局党组书记、局长闵宜仁主持召开局务会议,听取地震系统内部审计统计调查情况汇报;审议《地震信息化标准体系表》和2项地震预警行业标准。中国地震局党组成员、副局长阴朝民、王昆、倪岳伟、陈小军出席。

8月25日

中国地震局党组书记、局长闵宜仁主持召开2021年第一轮巡视地震系统京外单位情况反馈暨第二批局属单位工作汇报会。中国地震局党组成员、副局长阴朝民、王昆、倪岳伟、陈小军出席。

8月25日

中国地震局党组书记、局长闵宜仁主持召开局长专题会议,听取公共服务平台建设情况汇报,中国地震局党组成员、副局长陈小军出席。

8月26日

07时38分在甘肃酒泉市阿克塞县(38.88°N,95.5°E)发生5.5级地震,震源深度15千米。地震发生后,中国地震局党组书记、局长闵宜仁第一时间在中国地震局应急指挥中心调度部署应急处置工作。中国地震局党组成员、副局长阴朝民、王昆、倪岳伟、陈小军参加调度。

8月26日

中国地震局党组成员、副局长阴朝民赴北京市地震局主持召开北京冬奥会地震安保工作调度会,督导检查各相关单位工作进展情况。

8月26日

中国地震局党组成员、副局长陈小军先后出席向中国地震局机关服务中心党委、中国地震局发展研究中心党总支反馈巡视意见会议。

8月27日

中国地震局党组成员、副局长阴朝民出席向中国地震台网中心党委反馈巡视意见会议。

8月27日

中国地震局党组成员、副局长倪岳伟出席向北京市地震局党组反馈巡视意见会议。

8月31日

中国地震局党组印发《中国地震局内部管理党政主要领导干部和国有企事业单位主要领导人员经济责任审计办法》《中国地震局党组审计领导小组工作规则》。

8月31日

中国地震局印发《关于调整机关议事协调机构和临时机构设置的通知》。

9月1—4日

中国地震局党组成员、副局长倪岳伟赴山西省开展国务院抗震救灾指挥部办公室地震灾害防范对应准备检查。期间出席山西省地震局党组会议，并参加基层党支部联系点山西省震灾风险防治中心党支部活动。

9月2日

中国地震局党组书记、局长闵宜仁会见云南省副省长和良辉一行，双方就推动云南防震减灾工作高质量发展深入交换意见。

9月3日

21时30分在四川宜宾市珙县（28.09°N，104.92°E）发生4.8级地震，震源深度15千米。地震发生后，中国地震局党组书记、局长闵宜仁立即作出指示，要求有关单位加强震情监视和趋势研判，及时报告有关情况。中国地震局党组成员、副局长阴朝民、陈小军在中国地震局应急指挥中心部署应急处置工作。

9月4日

09时54分在新疆和田地区皮山县（37.87°N，77.96°E）发生5.1级地震，震源深度7千米。地震发生后，中国地震局党组书记、局长闵宜仁第一时间在应急管理部指挥中心立即作出部署，中国地震局党组成员、副局长阴朝民、陈小军在中国地震局应急指挥中心部署应急处置工作。

9月6日

中国地震局印发《关于发布〈地震信息化标准体系表〉等2项地震行业标准的通告》。

9月7日

中国地震局党组书记、局长闵宜仁主持召开局党组会议，传达学习中央民族工作会议精神，研究贯彻落实措施；研究《国务院抗震救灾指挥部关于进一步健全完善地方防震减灾体制机制意见》贯彻落实措施。中国地震局党组成员、副局长阴朝民、倪岳伟、陈小军出席，驻部纪检监察组副组长刘晓晓列席。

9月7日

中国地震局党组书记、局长闵宜仁主持召开局务会议，听取震情工作汇报。中国地震局党组成员、副局长阴朝民、倪岳伟、陈小军出席。

9月7日

中办调研室副局长王利一行到中国地震局调研，中国地震局党组书记、局长闵宜仁参加访谈。中国地震局党组成员、副局长阴朝民参加专题座谈会。

9月8日

中国地震局党组书记、局长闵宜仁主持召开中国地震局党组党史学习教育领导小组第三次全体会议暨中国地震局"我为群众办实事"实践活动推进会议并讲话。中国地震局党组成员、副局长阴朝民、倪岳伟、陈小军参加，党史学习教育中央第二十三指导组副组长张红梅到会指导。

9月8日

中国地震局印发《关于做好2022年度全国地震趋势会商工作的通知》。

9月9日

中国地震局党组成员、副局长阴朝民出席新一届中国地震预测咨询委员会座谈会议并讲话。

9月9日

中国地震局党组成员、副局长阴朝民主持召开"一带一路"地震监测台网项目工作领导小组会议,听取项目法人关于项目总体进展的汇报,听取湖北省地震局、福建省地震局关于重力台分系统和科考船分系统设备采购招标工作的汇报,原则同意相关设备采购方案。

9月10日

中国地震局党组书记、局长闵宜仁主持召开应急管理部京津冀地区地震灾害防范联防联控机制专题视频会议。中国地震局党组成员、副局长倪岳伟参加。

9月10日

中国地震局党组召开审计领导小组会议,中国地震局党组书记、局长闵宜仁主持会议并讲话。中国地震局党组成员、副局长阴朝民、倪岳伟、陈小军出席。

9月11日

15时05分在广西百色市德保县(23.39°N,106.71°E)发生4.3级地震,震源深度10千米。地震发生后,中国地震局党组书记、局长闵宜仁立即作出部署,中国地震局党组成员、副局长阴朝民、倪岳伟在局应急指挥中心部署应急处置工作。

9月14日

中国地震局党组书记、局长闵宜仁主持召开局党组会议,传达学习习近平总书记在中央党校(国家行政学院)中青年干部培训班开班式上的重要讲话精神,研究贯彻落实措施。中国地震局党组成员、副局长阴朝民、倪岳伟、陈小军出席,驻应急管理部纪检监察组副组长刘晓晓列席。

9月14—18日

中国地震局党组成员、副局长陈小军赴广东省地震局、湖北省地震局、深圳防灾减灾技术研究院调研防震减灾工作。

9月15—16日

中国地震局党组成员、副局长阴朝民赴河北张家口调研北京冬奥会地震安保和监测中心站改革工作。

9月16日

04时33分在四川泸州市泸县(29.2°N,105.34°E)发生6.0级地震,震源深度10千米。地震发生后,中国地震局党组书记、局长闵宜仁第一时间在中国地震局应急指挥中心调度部署应急处置工作。

9月16—23日

受应急管理部派遣,中国地震局党组成员、副局长倪岳伟带领工作组赴四川泸县6.0级地震现场指挥抗震救灾工作。

9月19日

17时36分在西藏林芝市察隅县(28.56°N,96.33°E)发生4.5级地震,震源深度10千米。中国地震局党组书记、局长闵宜仁在中国地震局应急指挥中心调度部署应急处置工作。

9月23日

中国地震局印发《关于贯彻落实〈国务院抗震救灾指挥部关于进一步健全完善地方防

震减灾体制机制的意见〉的通知》。

9月24日

中国地震局党组书记、局长闵宜仁主持召开局党组会议，传达学习习近平总书记在陕西榆林考察时的重要讲话精神，研究贯彻落实措施。中国地震局党组成员、副局长阴朝民、倪岳伟、陈小军出席，驻应急管理部纪检监察组副组长刘晓晓列席。

9月28日

党史学习教育中央第二十三指导组组长姜洋一行赴中国地震台网中心，就"我为群众办实事"实践活动推进落实情况开展调研指导，推动地震系统党史学习教育走深走心走实。中国地震局党组书记、局长闵宜仁参加调研。

10月1日

中国地震局党组印发《关于开展地震系统2021年度警示教育专项行动的通知》。

10月1日

中国地震局印发《关于公布2021年度中国地震局科技创新团队的通知》。

10月8日

中国地震局党组书记、局长闵宜仁主持召开局长专题会议，传达学习应急管理部党委书记、部长黄明关于地震预警信息发布有关批示精神，研究贯彻落实措施。中国地震局党组成员、副局长阴朝民、倪岳伟、陈小军出席。

10月8日

中国地震局党组书记、局长闵宜仁主持召开局党组会议，研究推进地震监测中心站改革措施，审议通过《关于加强地震监测中心站改革若干问题的意见》。中国地震局党组成员、副局长阴朝民、倪岳伟、陈小军出席，驻应急管理部纪检监察组副组长刘晓晓列席。

10月8日

中国地震局党组书记、局长闵宜仁主持召开局务会议，听取震情工作、地震监测专业设备运行现状及业务质量报告编制情况和鑫宇出租汽车公司处置工作方案汇报。中国地震局党组成员、副局长阴朝民、倪岳伟、陈小军出席。

10月9日

中国地震局党组成员、副局长阴朝民出席国家自然科学基金委员会第293期双清论坛开幕式。

10月10—15日

中国地震局党组成员、副局长倪岳伟赴海南省、河南省开展全国自然灾害防治工作综合督查检查，期间赴中国地震局地球物理勘探中心调研并召开座谈会，听取河南省地震局、中国地震局地球物理勘探中心工作汇报。

10月11日

中国地震局党组书记、局长闵宜仁会见自然资源部党组成员、中国地质调查局党组书记、局长钟自然一行。自然资源部党组成员、中国地质调查局党组副书记谢新义，中国地质调查局党组成员、副局长李金发、牛之俊，全国政协常委、中国地质调查局副局长李朋德，中国地质调查局党组成员、总工程师严光生，中国地震局党组成员、副局长阴朝民、陈小军出席。

10月12日

第二届"一带一路"地震减灾协调人会议在埃及开罗召开。中国地震局党组成员、副局长王昆代表中方线上致辞。

10月14日

中国地震局党组书记、局长闵宜仁,中国地震局党组成员、副局长阴朝民出席地震预警信息误发事件专项整治动员会。

10月19日

中国地震局党组书记、局长闵宜仁主持召开局党组会议,传达学习习近平总书记在中央人大工作会议上的重要讲话精神,研究贯彻落实措施;传达学习中央领导同志批示精神和应急管理部党委书记、部长黄明批示要求,听取四川泸州、甘肃临洮地震预警信息误发事件有关情况和工作建议的报告,研究部署下一步工作。中国地震局党组成员、副局长阴朝民、倪岳伟、陈小军出席,驻应急管理部纪检监察组副组长刘晓晓列席。

10月19—20日

中国地震局党组书记、局长闵宜仁赴河北省调研防震减灾工作,听取河北省地震局年度重点工作汇报,督导国家地震烈度速报与预警工程建设,深入河北地震台等基层一线实地调研。

10月20日

中国地震局党组书记、局长闵宜仁与河北省委书记、省人大常委会主任王东峰在河北省石家庄市举行工作座谈。

10月25日

受中国地震局党组书记、局长闵宜仁委托,中国地震局党组成员、副局长阴朝民、倪岳伟、陈小军赴中国地震台网中心现场督导地震预警系统整改及地震信息误发问题专项整治工作。

10月29日

中国地震局党组开展理论学习中心组集体学习,深入学习中央人才工作会议精神,分析地震系统人才工作状况,研究加强人才工作举措。受中国地震局党组书记、局长闵宜仁委托,中国地震局党组成员、副局长阴朝民主持会议,党组成员、副局长倪岳伟、陈小军,党史学习教育中央第二十三指导组张红梅、张志波出席。

11月1日

人力资源社会保障部、应急管理部印发《关于表彰全国应急管理系统一级英雄模范、先进集体和先进工作者、中国消防忠诚卫士的决定》,地震系统4个集体、12名个人获得表彰。

11月1日

中国地震局党组印发《关于进一步加强地震监测中心站改革若干问题的意见》。

11月2日

中国地震局党组书记、局长闵宜仁主持召开局党组会议,传达学习习近平总书记在深入推动黄河流域生态保护和高质量发展座谈会上的重要讲话精神,研究贯彻落实措施。中国地震局党组成员、副局长阴朝民、倪岳伟、陈小军出席。

11月2日

中国地震局党组书记、局长闵宜仁主持召开局务会议，听取近期震情工作汇报，研究部署党的十九届六中全会地震安保工作。中国地震局党组成员、副局长阴朝民、倪岳伟、陈小军出席。

11月5日

习近平总书记等中央领导同志在人民大会堂会见全国应急管理系统先进模范和消防忠诚卫士代表。中国地震局党组书记、局长闵宜仁，中国地震局党组成员、副局长阴朝民、倪岳伟、陈小军参加。

11月5日

中国地震局党组书记、局长闵宜仁出席全国地震监测中心站站长工作视频会议并讲话。中国地震局党组成员、副局长阴朝民主持会议并作工作报告，党组成员、副局长倪岳伟、陈小军出席。会上，向537名台站工作满30年人员颁发"地震台站工作三十年"纪念证书和纪念牌。

11月6日

中国地震局党组成员、副局长王昆、倪岳伟会见同济大学党委书记方守恩一行。

11月8日

中国地震局党组印发《关于进一步加强地震系统基层党支部建设的指导意见》和《关于加强地震系统党务干部队伍建设的意见》。

11月9日

中国地震局党组书记、局长闵宜仁主持召开局务会议，审议《"十四五"防震减灾科普规划》《关于加强地震预警系统建设与运行管理暂行规定》《中国地震局政府信息公开实施办法》和《中国地震局机关福利费支出管理办法（试行）》。中国地震局党组成员、副局长阴朝民、王昆、倪岳伟、陈小军出席。

11月9日

中国地震局党组书记、局长闵宜仁主持召开地震灾害风险区划工作推进领导小组会议。中国地震局党组成员、副局长王昆、倪岳伟出席。

11月10日

中国地震局党组成员、副局长阴朝民出席2022年度全国地震大形势会商会。

11月11日

中国地震局印发《关于发布〈地震监测台网编码规则〉等3项地震行业标准的通告》。

11月12日

中国地震局印发《"十四五"全国地震系统援藏工作方案》。

11月12日

中国地震局印发《关于进一步加强地震预警系统建设与运行管理的暂行规定》。

11月12日

中国地震局印发《中国地震局政府信息公开实施办法》。

11月13日

中国地震局党组书记、局长闵宜仁主持召开局党组会议，传达学习党的十九届六中全会精神；审议贯彻落实加强思想政治工作有关文件工作措施；审议贯彻落实国务院办公厅转发地震重防区确定结果和加强防震减灾工作意见文件精神措施清单；听取地震预警系统整改和地震信息误发问题专项整治进展情况汇报；审议《"十四五"地震人才发展规划》。中国地震局党组成员、副局长阴朝民、王昆、倪岳伟、陈小军出席。

11月17日

13时54分在江苏盐城市大丰区海域（33.5°N，121.19°E）发生5.0级地震，震源深度17千米。地震发生后，中国地震局党组书记、局长闵宜仁立即作出指示，要求有关单位加强震情监视、趋势会商和宣传引导，及时报告有关情况。中国地震局党组成员、副局长阴朝民、王昆、倪岳伟、陈小军在中国地震局应急指挥中心部署应急处置工作。

11月17日

23时36分在四川宜宾市珙县（28.14°N，104.75°E）发生4.7级地震，震源深度13千米。地震发生后，中国地震局党组书记、局长闵宜仁立即作出部署，中国地震局党组成员、副局长阴朝民、倪岳伟在中国地震局应急指挥中心部署应急处置工作。

11月18日

20时42分在宁夏银川市灵武市（38.00°N，106.27°E）发生4.0级地震，震源深度19千米。地震发生后，中国地震局党组书记、局长闵宜仁立即作出部署，中国地震局党组成员、副局长阴朝民、倪岳伟在中国地震局应急指挥中心指挥部署应急处置工作。

11月18日

中国地震局党组印发《贯彻落实〈中共中央国务院关于新时代加强和改进思想政治工作的意见〉工作措施》。

11月18日

中国地震局印发《关于公布2021年度中国地震人才库入选名单的通知》。

11月19日

中国地震局党组成员、副局长阴朝民出席北京冬奥会地震安全保障服务工作部署视频会议。

11月19日

中国地震局党组印发《地震系统干部职工思想动态分析报告办法》。

11月21日

18时51分在四川宜宾市长宁县（28.45°N，104.79°E）发生4.6级地震，震源深度11千米。地震发生后，中国地震局党组书记、局长闵宜仁立即作出部署，中国地震局党组成员、副局长倪岳伟在中国地震局应急指挥中心部署应急处置工作。

11月23日

中国地震局召开党组会议，学习党的十九届六中全会精神，研究贯彻落实措施；传达学习第三次"一带一路"座谈会精神，研究贯彻落实措施。受中国地震局党组书记、局长闵宜仁委托，中国地震局党组成员、副局长阴朝民主持会议，党组成员、副局长王昆、倪岳伟、陈小军出席。

11月23日

中国地震局召开局务会议，听取2022年度全国地震趋势会商准备工作情况汇报，审议

《中国地震局出版单位管理办法》《中国地震局地震应急区域协作与联动支援管理办法（试行）》《中国地震局基本建设项目管理办法》《中国地震局公务用车管理办法》。受中国地震局党组书记、局长闵宜仁委托，中国地震局党组成员、副局长阴朝民主持会议，党组成员、副局长王昆、倪岳伟、陈小军出席。

11 月 24 日

17 时 16 分在贵州贵阳市修文县（26.87°N，106.68°E）发生 4.6 级地震，震源深度 10 千米。地震发生后，中国地震局党组书记、局长闵宜仁立即作出指示，要求有关单位加强震情跟踪会商，做好应对准备工作。中国地震局党组成员、副局长阴朝民、王昆、倪岳伟、陈小军在中国地震局应急指挥中心部署应急处置工作。

11 月 24 日

受中国地震局党组书记、局长闵宜仁委托，中国地震局党组成员、副局长阴朝民主持召开专题会议，视频检查地震预警先行先试和第二批专项攻坚单位地震预警系统整改进展，深入推动整改任务落实，党组成员、副局长王昆、倪岳伟、陈小军出席会议。

11 月 24 日

中国地震局党组成员、副局长阴朝民出席"周恩来总理与地震工作"视频座谈会并讲话。

11 月 24 日

中国地震局印发《"十四五"地震人才发展规划》。

11 月 26 日

地震易发区房屋设施加固工程协调工作组组长、中国地震局党组成员、副局长倪岳伟出席加固工程协调工作组全体会议。加固工程协调工作组副组长、发展改革委经济运行协调局副局长许正斌对下一步工作提出要求。

11 月 26 日

中国地震局印发《中国地震局基本建设项目管理办法》。

11 月 29 日

中国地震局印发《关于推进防震减灾融媒体建设的通知》。

11 月 30 日

21 时 53 分在西藏自治区那曲市双湖县（31.76°N，87.94°E）发生 5.8 级地震，震源深度 10 千米。地震发生后，中国地震局党组书记、局长闵宜仁立即作出部署，中国地震局党组成员、副局长阴朝民、倪岳伟、陈小军在中国地震局应急指挥中心部署应急处置工作。

11 月 30 日

中国地震局召开局党组会议，传达学习中央全面深化改革委员会第二十二次会议精神，研究贯彻落实措施，审议《"十四五"全国地震系统援疆工作方案》。受中国地震局党组书记、局长闵宜仁委托，中国地震局党组成员、副局长阴朝民主持，党组成员、副局长王昆、倪岳伟、陈小军出席。

11 月 30 日

中国地震局党组召开 2021 年第二轮巡视动员部署会。受中国地震局党组书记、局长闵宜仁委托，中国地震局党组成员、副局长阴朝民出席会议并作动员讲话，党组成员、副局长王昆、倪岳伟、陈小军，驻应急管理部纪检监察组副组长刘晓晓出席。党组成员、副局长王昆主持会议并宣布被巡视单位，向巡视组组长、副组长授权。

12月1日

2022年度全国地震趋势会商会在北京召开。受中国地震局党组书记、局长闵宜仁委托，中国地震局党组成员、副局长阴朝民出席会议并讲话。

12月7日

中国地震局党组开展理论学习中心组集体学习，深入学习党的十九届六中全会精神，结合地震系统实际，认真研讨贯彻举措。受中国地震局党组书记、局长闵宜仁委托，中国地震局党组成员、副局长阴朝民主持会议，党组成员、副局长王昆、倪岳伟、陈小军出席，党史学习教育中央第二十三指导组有关同志到会指导。

12月7日

中国地震局召开局务会议，传达李克强总理等中央领导同志在《中国地震局关于近期我国大陆地震趋势分析报告》上的批示精神，听取震情工作汇报；审议《中国地震局国有资产管理办法》及3个配套实施细则。受中国地震局党组书记、局长闵宜仁委托，中国地震局党组成员、副局长阴朝民主持会议，党组成员、副局长王昆、倪岳伟、陈小军出席。

12月7日

中国地震局印发《"十四五"全国地震系统援疆工作方案》。

12月7日

中国地震局印发《地震应急区域协作与联动支援管理办法（试行）》。

12月8日

中国地震局召开优秀人才座谈会，中国地震局党组书记、局长闵宜仁就深入学习贯彻中央人才工作会议精神、加强地震系统人才工作，引领新时代防震减灾事业高质量发展提出明确要求。受中国地震局党组书记、局长闵宜仁委托，中国地震局党组成员、副局长王昆主持会议并讲话。

12月14日

中国地震局召开局党组会议，传达学习中央经济工作会议、中共中央政治局第三十五次集体学习会议精神，研究贯彻落实措施。受中国地震局党组书记、局长闵宜仁委托，中国地震局党组成员、副局长阴朝民主持会议，党组成员、副局长王昆、倪岳伟、陈小军出席。

12月15日

中国地震局印发《中国地震局国有资产管理办法》《中国地震局国有资产处置管理细则》《中国地震局国有资产配置管理细则》《中国地震局国有资产使用管理细则》。

12月17日

14时54分在新疆乌鲁木齐市达坂城区（43.43°N，88.82°E）发生4.4级地震，震源深度25千米。地震发生后，中国地震局党组书记、局长闵宜仁立即作出部署，中国地震局党组成员、副局长阴朝民、王昆、倪岳伟、陈小军在中国地震局应急指挥中心部署应急处置工作。

12月19日

07时54分在青海海西州茫崖市（38.95°N，92.73°E）发生5.3级地震，震源深度10

千米。地震发生后,中国地震局党组书记、局长闵宜仁立即作出部署,中国地震局党组成员、副局长阴朝民、倪岳伟在中国地震局应急指挥中心部署应急处置工作。

12月21日

中国地震局召开局党组会议,传达学习中央深改委第二十三次会议精神,研究贯彻落实措施;研究意识形态工作;审议《中共中国地震局党组关于加强对"一把手"和领导班子监督的实施意见》。受中国地震局党组书记、局长闵宜仁委托,中国地震局党组成员、副局长阴朝民主持会议,党组成员、副局长王昆、倪岳伟、陈小军出席。

12月21日

中国地震局召开局务会议,审议《2022年中国地震局机关会议计划》《2022年中国地震局培训计划》《中国地震局地震应急储备物资管理办法(试行)》。受中国地震局党组书记、局长闵宜仁委托,中国地震局党组成员、副局长阴朝民主持会议,党组成员、副局长王昆、倪岳伟、陈小军出席。

12月22日

21时46分在江苏常州市天宁区（31.75°N,120.00°E）发生4.2级地震,震源深度10千米。地震发生后,中国地震局党组书记、局长闵宜仁立即作出部署,中国地震局党组成员、副局长阴朝民、王昆、倪岳伟、陈小军在中国地震局应急指挥中心部署应急处置工作。

12月22日

中国地震局中国科协印发《"十四五"防震减灾科普规划》。

12月22日

中国地震局印发《中国地震局中央应急储备物资管理办法(试行)》。

12月23日

中国地震局党组成员、副局长倪岳伟出席2021年规划财务工作会议并讲话。

12月23日

中国地震局党组成员、副局长陈小军出席第四届全国地震标准化技术委员会成立大会并讲话。

12月24日

21时43分在老挝（22.33°N,101.69°E）发生6.0级地震,震源深度15千米,距我国边境线最近约4千米。地震发生后,中国地震局党组书记、局长闵宜仁立即作出部署,中国地震局党组成员、副局长王昆、倪岳伟、陈小军在中国地震局应急指挥中心部署应急处置工作。

12月26—30日

中国地震局党组成员、副局长陈小军赴青海、甘肃调研防震减灾工作,与甘肃省副省长刘长根就防震减灾工作进行交流,听取青海省地震局和甘肃省地震局工作汇报,赴青海省果洛州,甘肃省永靖县、临洮县调研中国地震局乡村振兴定点帮扶、基层地震救援队伍建设、应急物资储备、地震监测中心站改革和学校防震减灾科普宣传教育等工作。

12月27日

中国地震局党组印发《关于加强对"一把手"和领导班子监督的实施意见》。

12月31日

中国地震局党组印发《中国地震局机构编制管理办法》。

2021 年中国地震局系统各单位离退休人员统计概况

序号	项目	退休干部							其中				工人	离休干部				其中			
		小计	局级	处级	研究员	副研	其他	56~65岁	66~75岁	76~85岁	86岁及以上	小计	小计	局级	处级	其他	80~85岁	86~90岁	91~95岁	96岁及以上
	总计	8220	457	1632	487	2157	3487	2166	3092	2528	431	1862	119	22	84	13	1	46	62	10
1	北京市地震局	107	9	31	6	36	25	42	43	22		6								
2	天津市地震局	187	9	32	13	53	80	42	99	40	6	16								
3	河北省地震局	353	14	56	14	94	175	55	163	121	14	45	2		1	2		1	1	
4	山西省地震局	196	11	48	6	44	87	46	104	38	8	24	1		1				1	
5	内蒙古自治区地震局	174	9	31	1	27	106	75	62	33	4	19	5		5			4		4
6	辽宁省地震局	284	20	76	9	103	76	46	129	96	13	54	6	3	3			1	2	
7	吉林省地震局	85	7	26	2	32	20	20	43	17	5	9	2		1	1			1	
8	黑龙江省地震局	100	11	29	7	32	26	34	38	26	2	9	1		1				1	
9	上海市地震局	126	12	33	15	31	43	21	53	41	11	21	4	1	4				2	2
10	江苏省地震局	264	15	35	2	102	97	34	108	98	24	33	2	1		1		1	1	
11	浙江省地震局	83	11	19	6	17	34	24	34	20	5	12	1	1						1
12	安徽省地震局	139	8	29	12	30	66	20	73	41	5	15	3		3			1	2	
13	福建省地震局	240	13	43	12	65	107	54	95	81	10	58	2	1		1			2	
14	江西省地震局	45	4	14		9	18	14	18	12	1	3	1		1			1		
15	山东省地震局	281	12	62	3	82	122	62	101	100	18	53	7	1	5	1		2	5	
16	河南省地震局	147	5	37	5	33	67	65	43	35	4	12	4	1	3			2	2	
17	湖北省地震局	347	16	44	40	111	136	58	106	136	47	127	5		5			1	4	

· 538 ·

续表

序号	项目	退休干部						其中				工人	离休干部				其中			
		小计	局级	处级	研究员	副研	其他	56~65岁	66~75岁	76~85岁	86岁及以上	小计	小计	局级	处级	其他	80~85岁	86~90岁	91~95岁	96岁及以上
18	湖南省地震局	69	6	34		11	18	17	32	28	4	13	2	1	1			1	1	
19	广东省地震局	295	10	64	16	58	147	90	124	66	13	111	4	1	2	1		1	2	1
20	广西壮族自治区地震局	92	11	24		11	46	32	38	20	2	5								
21	海南省地震局	58	6	19	1	14	18	28	15	15		20								
22	重庆市地震局	24	4	13		5	2	8	2	13	1	3								
23	四川省地震局	517	12	76	19	108	302	184	146	157	30	166	7	3	4				6	1
24	贵州省地震局	36		13		6	17	15	11	10		5	2	1	1			1	1	
25	云南省地震局	515	14	55	19	151	276	165	222	122	6	117	6	2	4			2	4	
26	西藏自治区地震局	33	8	15		3	7	19	2	3		4								
27	陕西省地震局	194	7	36	5	52	94	53	85	49	7	35	5		5			2	3	
28	甘肃省地震局	487	6	51	33	119	278	113	179	175	20	120	4	2	1	1		1	3	
29	宁夏回族自治区地震局	113	9	17	3	26	58	35	51	22	5	13								
30	青海省地震局	92	7	21	2	14	48	55	18	15	0	18	1		1			1	1	
31	新疆维吾尔自治区地震局	267	15	35	18	66	133	93	104	61	9	61	3	1	2			2	1	
32	中国地震局地球物理研究所	356	9	54	64	143	86	58	99	173	26	39	8		6	2		4	3	1
33	中国地震局地质研究所	279	9	48	69	77	76	47	83	108	41	50	9		9			8	1	
34	中国地震局预测研究所	190	11	70	10	60	39	37	53	97	3	13	5	1	3	1	1	2	2	

续表

序号	项目	退休干部 小计	局级	处级	研究员	副研	其他	其中 56~65岁	66~75岁	76~85岁	86岁及以上	工人 小计	离休干部 小计	局级	处级	其他	其中 80~85岁	86~90岁	91~95岁	96岁及以上
35	中国地震局工程力学研究所	243	4	22	32	87	98	21	89	117	16	80	1		1					
36	中国地震局台网中心	199	17	38	23	62	59	64	88	39	8	10	1	1					1	
37	中国地震台害防御中心	124	4	21	5	17	77	36	50	34	4	173	2		2			1	1	
38	中国地震局发展研究中心	6	3	3				6												
39	中国地震局地球物理勘探中心	261	13	42	7	73	126	86	104	48	23	79	3		2	1			3	
40	中国地震局第一监测中心	174	5	45	6	38	80	64	50	48	12	96	3		3			2	1	
41	中国地震局第二监测中心	116	7	27	3	20	59	28	16	62	10	79	2		2			1	1	
42	防灾科技学院	115	5	31	11	34	34	33	34	40	8	13								
43	中国地震局服务中心	85	13	52			20	37	36	12		20								
44	中国地震局深圳防震减灾科技交流培训中心	11	4	4		1	2	5	4	1	1	1								
45	中国地震局机关	111	52	57			2	25	45	36	5	2	5	1	2	2		3	2	

防震减灾科技图书简介

张家口地区地震危险性研究

张 合 吕国军 李 皓 著

16 开 定价：150.00 元

河北出版传媒集团、河北科学技术出版社

本书通过研究地震地质条件、地震活动性，对张家口地区地震地质灾害发育特征进行研究。

（河北省地震局）

震后应急救援移动模型与应急通信系统

王小明 编著

16 开 定价：58.00 元

清华大学出版社

本书以地震应急救援为例，根据受灾程度，提出一种应急救援人员四象限移动模型；设计了一种以能耗、连续节点数、到应急通信车的跳数、到应急通信车的距离四个属性为衡量标准的多属性决策算法。在该模型和算法下，提出一种新的应急通信路由协议，用于地震现场应急通信。同时，对于救援中应急通信网络的安全性进行了研究，主要针对应急救援中的无人机通信的侦听和干扰问题进行了详细阐述。

（上海市地震局）

地震预警与烈度速报——理论与实践

金 星 著

16 开本 定价：318.00 元

科学出版社

本书以作者及其科技团队在地震预警与烈度速报领域开展的相关研究工作为主线，结合作者作为总设计师、投资近20亿元的"国家地震烈度速报与预警工程"项目建议书及科研报告的编写，理论结合实际，以理论分析和大量的实例介绍，系统讲述了技术系统与台网设计、台网运维监控、观测数据的实时仿真、地震信号识别、预警连续定位、预警震级测定、预警信息发布与更新、大震破裂实时分析、远场大震预警、仪器烈度速报、地震参数自动速报以及技术系统集成与仿真模拟等内容。特别是近几年取得的一些重要进展，如实时分析大震破裂过程、远场大震预警和高铁预警等在书中也做了详细介绍。

（福建省地震局）

广西通志·防震减灾志（1986—2005）

广西壮族自治区地方志编纂委员会

16 开 定价：180.00 元

广西人民出版社

本书是《广西通志·地震志》（1991年版）的续写，全书由概述、地震地质与地震活动篇、地震监测预测篇、地震灾害防御篇、地震应急救援篇、地震科技篇、防震减灾事业管理篇、大事纪略及附录共设6篇、20章组成，采用述、记、志、传、图、表、录等体裁，以志为主，图、表随文穿插，全面、系统、真实、客观地记述1985—2005年间广西防震减灾工作的发展状况，是广西防震减灾工作的百科全书式的读物，同时也是一部重要的地震科学研究工具书。

（广西壮族自治区地震局）

地震知识一卡通之监测预报预警

彭涛　胥津津　李兰　张新玲
陈耕耘　冯薪　罗松　编著
16开　定价：20.00元

成都地图出版社

随着科学技术的发展，人类探索地震的方法越来越多样化、越来越现代化，本书可帮助人们初步掌握和了解地震监测、预报、预警的一些基本常识。

高烈度区水库地震研究例析

程万正　阮祥　张致伟　邵玉平　编著
16开　定价：128.00元

地震出版社

本书是一本研究水库地震的专著，主要介绍和例析高烈度区水库地震研究思路、方法、成果及应用。全书共14章，内容涉及水库地震监测数字资料的处理、波形分析和震相识别、精定位、水库诱发地震活动的时空变化、震源力学机制和波谱参数、水库蓄水与库区地震过程、地震剪切波分裂分析裂隙系图像、地震波层析成像揭示蓄水的影响空间、水库诱发地震特点及机理；水库构造地震和诱发地震的判识、水库泄洪激发的振动特征、水库诱发地震与区域强震探讨等科学计数问题及应用。

（四川省地震局）

InSAR地壳形变观测与发震断层特征

单新建　屈春燕　张国宏　宋小刚　等著
16开　定价：228.00元

科学出版社

本书以空间大地测量技术在地震和地壳形变领域的应用研究为主线，阐述了InSAR和GPS的基本理论模型、数据处理方法及其在地震周期不同阶段断裂带地壳形变观测研究中的应用进展。本书可供地震大地测量学、地球物理学及地震动力学等专业的科研人员和高校研究生阅读参考，并在国家防震减灾事业中发挥作用。

（中国地震局地质研究所）

防震减灾公共服务满意度测评理论与实践

连尉平　李玉梅　董青　朱林　著
16开　定价：96.00元

中国科学技术出版社

本书是中国地震局发展研究中心承担的多项防震减灾公共服务需求调查和满意度评估项目的成果。书中全面总结各项需求和满意度测评的主要研究成果，侧重测评的方法研究和实践分析，客观反映防震减灾公共服务的发展进程和趋势，为政府决策者、社会公众和地震系统等相关部门提供参考，也可为开展公共服务需求和满意度测评的研究人员提供参考。

（中国地震局发展研究中心）

地震工程学辞典

薄景山　编著

16 开　定价：300.00 元

地震出版社

本书由国家出版基金项目资助，收录地震工程领域词 7618 条，几乎涵盖该学科全部的学术词汇、术语。地震工程学辞典的出版一定程度上标示着地震工程学科的成熟度，对地震工程专业术语的标准化和规范化将产生积极影响，对促进地震工程学的发展具有重要意义。

灾害信息传播研究

徐占品　著

16 开　定价：58.00 元

地震出版社

该书建构了较为完整的灾害信息传播理论谱系，提出了灾害信息传播概念，对灾害信息传播者、传播媒介、灾害信息、传播受众、传播效果、传播机制、传播功能等内容进行了深入研究，并对雨雪冰冻灾害、汶川地震、天津港特大爆炸事故的信息传播情况开展了案例分析。

普通地质学实验指导书

袁四化　编著

12 开　定价：21.00 元

应急管理出版社

该书为基础地质类课程实验指导书，兼顾地球物理学、地理科学、地下水科学与工程、勘查技术与工程、测绘工程等专业的教学要求而编写。

工程地质原位试验教程

蔡晓光　编著

16 开　定价：30.00 元

应急管理出版社

该书介绍了常用工程地质原位试验的基本原理、试验仪器、试验步骤以及试验结果的工程应用。

应急物流管理

郝蒙浩　编著

16 开　定价：35.00 元

应急管理出版社

该书在应急物资智慧调配概念与特点的基础上，阐述了应急物资调配系统构建框架，实现应急物资动态调整和优化，推动应急物资供应保障网安全、高效、可控。

应急管理信息系统分析与设计

张瑞蕾　单维峰　李忠　编著

16 开　定价：39.00 元

北京交通大学出版社

该书根据应急管理，信息系统与信息管理专业的课程"应急管理信息系统"的教学大纲编写而成。

应急管理学原理

唐彦东　于汐　郎爱云　编著

16 开　定价：58.00 元

应急管理出版社

该书紧密结合世界各国的应急管理实

践，引入管理学、组织行为学、政治学、经济学等相关理论，建立了应急管理学的理论知识体系，构建了应急管理学的理论框架。

中国古代灾害文学作品研读

唐 元 编著

16 开 定价：36.00 元

应急管理出版社

该书精选了 100 篇中国古代灾害文学作品，并加以字词注释、作品解读、作者简介和书目简介，便于读者清晰地了解自然灾害题材在中国古代文学史上的优秀表达和显著特色。

中国古代灾害文献概论

张 静 编著

16 开 定价：30.00 元

应急管理出版社

本书在对中国古代灾害文献进行充分的搜集、整理与开发的基础上，介绍了古代灾害记载、古代荒政措施、古代灾害思想，以及灾害文献的获取和整理等内容。

（防灾科技学院）

国家测震台网缩微胶片扫描技术规程（2021）

模拟地震资料抢救项目办公室 著

16 开 定价：10.00 元

地震出版社

《国家测震台网微缩胶片扫描技术规程》是依据《缩微胶片数字化技术规范（DA/T 43—2009）》《电子文件归档与管理规范（GB/T 18894—2002）》《电子文件归档与电子档案管理规范（GB/T 18894—2016）》《模拟测震图纸电子化扫描技术规程（2020）》等相关技术标准制定。该规程明确规定了国家测震台网微缩胶片扫描的技术要求、实施过程、成果提交等标准，该规程的出版统一规范了国家测震台网微缩胶片扫描、基础信息录入、存储、交付等的工作标准及要求，保障微缩胶片扫描工作顺利进行。

模拟测震图纸数字化技术规程（2021）

模拟地震资料抢救项目办公室 著

16 开 定价：20.00 元

地震出版社

为统一规范国家模拟地震资料抢救项目的数字化工作，借鉴由美国开发的模拟地震图数字化软件（SeisDig），开发了有我国自主知识产权的模拟地震图数字化软件（HSD）。在开发中通过与模拟地震图专家反复讨论，并结合我国数字胶片和模拟地震图纸的电子化扫描规程相关技术标准，使用现有模拟地震图电子化资料对 HSD 软件进行反复测试后，制定《模拟测震图纸数字化技术规程》。该规程明确规定了模拟测震图纸数字化的技术要求、实施过程、成果提交等标准，以及相关配套软件的操作说明。该规程的出版统一规范了模拟测震图纸数字化、基础信息录入、存储、交付等的工作标准及要求，保障模拟测震图纸数字化顺利进行。

地震观测井地下水承压性判定方法研究与实例

丁 风 罗国富 戴 勇 著

16 开 定价：58.00 元

地震出版社

本书系统总结了与地下水埋藏类型综

合判定方法相关的基础理论。在此基础上，利用井水位对气压的阶跃响应函数方法、频谱分析方法、潮汐波群相位超前或滞后方法、水—岩平衡状态分析方法，依据诊断和判别标准给出了川滇地区、郯庐带中南段地区、张渤带地区、宁夏及邻区43口井的地下水埋藏类型。

延吉市活动断层探测与地震危险性评价

张 羽 赵成男 主编

大16开 定价：128.00元

地震出版社

本书是"城市活动断层探测与地震危险性评价"项目的探测成果，主要内容包括活动构造深部特征、高分辨率遥感信息处理解释研究、深部结构背景探测、第四纪标准钻孔建立、地球物理探测、地震构造图编制、地震危险性评价、目标断层活动性鉴定、地理信息数据库建设等。

依据活动断层探测和地震危险性评价结果，在城市规划和工程建设中，采取切实有效的防震减灾措施，可显著地提高大城市防御地震灾害的能力，从而有利于城市经济和社会的可持续发展，有利于城市的社会稳定与人民生命财产安全，是国家经济建设和保障社会可持续发展战略中不容迟缓的基础性工作。

中国震例（2016）

周龙泉 主编

16开 定价：150.00元

地震出版社

《中国震例》系列丛书是研究地震和探索地震预测预报的重要科学资料。本册为第16册，共收录2016年发生的13次地震的共12篇震例总结报告。每个报告大体包括摘要、前言、测震台网及地震基本参数、地震地质背景、烈度分布及震害、地震序列、震源机制解和地震主破裂面、观测台网及前兆异常、前兆异常特征分析、应急响应和抗震设防工作、总结与讨论等基本内容。本书是以地震前兆异常为主的系统的、规范化的震例研究成果，文字简明、图表清晰，便于查询、对比和分析研究。

北川老县城地震遗址实地教学导引

防灾科技学院 北川羌族自治县应急管理局 编

大16开 45.00元

地震出版社

本书是一本声像与文字配合的案例教学书，是基于北川老县城现场教学需求积累而编写的。其主要内容介绍了震前建筑物的结构类型、照片及震后建筑物受损情况和照片，声像以二维码形式展现。该书包括前言、54个教学点位的文字介绍、教学点位图及二维码等。

本书的出版价值在于，目前大家在北川老县城地震遗址只能看到震后破坏的建筑，很难与震前建筑有对比，这样，大家对地震破坏和建筑安全的理解很肤浅，而且很难与现实中的建筑相对应。本书制作过程中，不仅收集了大量的震前照片，还拍摄了许多震后照片，将其按每栋建筑进行编制，为现场教学提供导引。同时，本书也是面向公众的地震灾害科普读物，有助于公众更真实地了解地震及其应对措施。

建（构）筑物坍塌搜救技术培训初级学员手册

中国地震应急搜救中心

16 开　定价：68.00 元

地震出版社

本书主要由应急管理部所属中国地震应急搜救中心及其下属的国家地震紧急救援训练基地的专家及一线教官撰写，是国家级救援专家 10 余次救援实战经验及多年来在训练基地的培训训练工作的凝练总结，可以满足社会救援力量与国家、省市县级专业救援队伍力量共训共练的需求，为形成救援合作机制提供重要支撑和保障作用，社会效益显著。

本书适用于初级救援人员培训训练因建（构）筑物坍塌造成的压埋人员开展搜索和救援工作。

新疆地区地震灾害风险初步研究

温和平　著

16 开　定价：80.00 元

地震出版社

地震灾害风险是指未来一段时间内，某区域由于地震发生导致灾害损失的可能程度。这种损失包括人员伤亡、地震直接经济损失以及地震次生灾害造成的损失等。新疆是中国大陆西部的强震多发区域，70% 的城镇历史上都曾遭受Ⅶ度以上烈度地震的袭击，开展相关工作十分重要。编者试图在总结历史震例的基础上，介绍新疆区域承灾体抗震能力分析和地震灾害情景构建研究工作基本情况，为致力于新疆防震减灾的同行们提供一些参考资料。

地震水准测量实施指南

陈阜超　纪静塔拉　等　编著

16 开　定价：60.00 元

地震出版社

本书详细地介绍了 DB/T 5—2015《地震水准测量规范》标准的编制过程和条款修订原因，并有重点地解读了标准的具体条款。本书的出版能够为地震水准测量工作人员和广大读者理解标准具体条款提供帮助，并起到宣传贯彻该标准的作用。

青藏高原东南缘强震区深部结构与孕震环境研究

李大虎　等　著

16 开　定价：98.00 元

地震出版社

本书分为六章，是作者从事青藏高原东南缘强震区深部结构研究的总结性成果，是采用不同数据源和多种地球物理数据处理及反演方法研究强震区深部结构特征的系统性总结，具有原创性，为构建青藏高原东南缘重点构造部位的动力学模型提供十分重要的科学依据，对于理解驱动该区构造变形和地震活动的深部孕震环境以及认识青藏高原隆生的动力学过程等具有重要意义。

（地震出版社）

《中国地震年鉴》特约审稿人名单

谷永新	北京市地震局	张永久	四川省地震局
李成日	天津市地震局	王小龙	贵州省地震局
翟彦忠	河北省地震局	周光全	云南省地震局
郭君杰	山西省地震局	张 军	西藏自治区地震局
弓建平	内蒙古自治区地震局	王彩云	陕西省地震局
李 强	辽宁省地震局	石玉成	甘肃省地震局
王军亮	吉林省地震局	王海功	青海省地震局
张明宇	黑龙江省地震局	张新基	宁夏回族自治区地震局
王志俊	上海市地震局	吕志勇	新疆维吾尔自治区地震局
徐桂明	江苏省地震局	李 丽	中国地震局地球物理研究所
徐 刚	浙江省地震局	单新建	中国地震局地质研究所
凌学书	安徽省地震局	张晓东	中国地震局地震预测研究所
朱海燕	福建省地震局	李山有	中国地震局工程力学研究所
胡翠娥	江西省地震局	李永林	中国地震台网中心
李远志	山东省地震局	陈华静	中国地震灾害防御中心
王志铄	河南省地震局	陈洪波	中国地震局发展研究中心
熊宗龙	湖北省地震局	翟洪涛	中国地震局地球物理勘探中心
黄志东	湖南省地震局	宋兆山	中国地震局第一监测中心
钟贻军	广东省地震局	王庆良	中国地震局第二监测中心
谢 东	广西壮族自治区地震局	何本华	防灾科技学院
汤筱麒	海南省地震局	高 伟	地震出版社
杜 玮	重庆市地震局		

《中国地震年鉴》特约组稿人名单

赵希俊	北京市地震局	格桑卓玛	四川省地震局
郭　靖	天津市地震局	何国文	贵州省地震局
杨蒙蒙	河北省地震局	毕腾飞	云南省地震局
王丕煌	山西省地震局	冯宏光	西藏自治区地震局
王石磊	内蒙古自治区地震局	谢慧明	陕西省地震局
韩　平	辽宁省地震局	许丽萍	甘肃省地震局
任笑言	吉林省地震局	胡爱真	青海省地震局
李丽娜	黑龙江省地震局	沙曼曼	宁夏回族自治区地震局
刘　欣	上海市地震局	宋立军	新疆维吾尔自治区地震局
郑汪成	江苏省地震局	卜淑彦	中国地震局地球物理研究所
沈新潮	浙江省地震局	高　阳	中国地震局地质研究所
汤培亮	安徽省地震局	张　洋	中国地震局地震预测研究所
王庆祥	福建省地震局	彭　飞	中国地震局工程力学研究所
曹　健	江西省地震局	薛　杭	中国地震台网中心
李志鹏	山东省地震局	杨　睿	中国地震灾害防御中心
滕　婕	河南省地震局	许启慧	中国地震局发展研究中心
关友义	湖北省地震局	魏学强	中国地震局地球物理勘探中心
陈　萍	湖南省地震局	孙启凯	中国地震局第一监测中心
袁秀芳	广东省地震局	屈　佳	中国地震局第二监测中心
张　黎	广西壮族自治区地震局	张玉琛	防灾科技学院
曾春梅	海南省地震局	郭贵娟	地震出版社
谢　锪	重庆市地震局		